中國方技簡史

赵洪联 著

薛太芳题

上海书店出版社
SHANGHAI BOOKSTORE PUBLISHING HOUSE

凡学:必务进业,心则无营;疾讽诵,谨司闻,观欢愉,问书意,顺耳目,不逆志,退思虑,求所谓,时辨说,以论道,不苟辨,必中法;得之无矜,失之无惭。

——《吕氏春秋·尊师》

前　记

　　本书是在《中国方技史》（增订本）的基础上改写而成。改名《中国方技简史》，全因本书较原书更易读懂，全书的内容也更简单明了。

　　方技，按本书的定义：医历星筮。原书对方技史的分期，分为春秋战国、秦汉三国、两晋南北朝隋唐、五代宋辽金元明清四个时期。本书将作方技脉络、易学理论、天文、术数、医药、养生、道教方技、佛教方技八个专题的研究。本书的八个专题为何如此安排？先作方技脉络章，依正史顺序对方技有个粗略的了解。次作易学理论章，对方技的基础理论有所了解。次作天文章，因按正史顺序之故。次作术数章，在天文星占之后作占卜的研究。再作医药、养生二章，古代方技以医药、养生为重。最后作道教方技、佛教方技二章，因道长佛短之故。八个专题分作八章，而每章基本按原来的四个时期分节，间或有增减。

　　本书删除了原书的一些章节，如：萧吉的《五行大义》，张理的《易象图说》；《唐开元占经》的星占术，《演禽通纂》的演禽法，陈士元的《梦占逸旨》，张尔岐的《风角书》，李光地的《星历考原》；《五十二病方》的祝由方，孙思邈《千金翼方》中的《禁经》，张太素的《太素脉秘诀》，周学海的《读医随笔》；《圣济经》的"食饮"之道；刘一明的"八法"、"九要"；以及殷商时代的祭祀、占卜和历法初探（原书第二章）。对保留下来的章节，本书也作了删繁就简的处理。本书增写了三节，即：《夏小正》记载的《夏历》、《素问》的四时养生大论、《灵枢》与《素问》不同，为新作。

　　本书对原书作了进一步的修订。如原书说八卦的作用有二个：一是相合，二是类应，现修改说八卦的作用有三个：一是相合，二是类应，三是匹配。匹配即配属、相配，原书遗漏了匹配的作用，是不应该的。又如原书视杜预的《春秋长历》为一部历法，说《晋书·律历下》记五部历法，这显然是错误的；《春秋长历》只是一部推算检验《春秋》历法的著作，而非行于世的历法。杜预上《二元乾度历》，李修、卜显更名为《乾度历》，故《晋书·律历下》只记载了四部历法，今特更正。又如原书说南宋历凡八改，今修订为南宋历凡十改。类似的修订不在少数，但书中的缺点和错误还有存在，仍望读者诸君批评指正。

上海书店出版社编辑曹勇庆先生，为本书的出版倾注了大量的心血，在此深表感谢。

本书封面书名由薛太芳先生题写，他的落墨，字体劲健，笔精韵古；再次感谢。

2020 年 6 月

《中国方技史》前言

1991年，我在复旦大学旁听了许道勋教授的"中国经学史"课程。课程结束后，许老师承接了国家八五规划中"古代方技与科学文化"这一课题，邀我合作研究，我欣然答应了下来。我们的初步设想是，只研究古代方技中的医药和养生理论，如：方技起源与医药学；神仙家与医药学；古代养生学之发展。我们作了分工，许老师负责撰写先秦、隋唐部分，我写秦汉、南北朝部分，宋以后的内容先放一放。不幸的是，许老师随即生病，最后竟未能动笔，这一研究也就搁置了下来。自那以后，我对方技史陆续研究了十几年，本书的完成，也算了却了许先生的一个未遂遗愿。

"方技"是什么？这不是三言两语可以说清楚的。本书通过对正史"方技传"的研究，来探索"方技"的涵义。方技的涵义仍有狭义、广义之别。狭义的方技，《汉志·方技略》指"医经、经方、房中、神仙"四类；广义的方技，陈寿《三国志·方技传》载"华佗之医诊，杜夔之声乐，朱建平之相术，周宣之相梦，管辂之术筮"，《三国志·方技传》的范围，包括了《汉志》的《术数略》、《方技略》两大部分，含"医、律、相、筮"是也。陈寿之后，历朝正史大多撰立了"方技传"。《后汉书》作《方术列传》，《晋书》作《艺术列传》。无论选择什么专名，方技人物的列传都是广义的方技。本书取名《中国方技史》，也是在广义上使用"方技"一词的。

我对方技范围的分类，参考了《四库全书》的分类方法，将方技分为天文类、术数类、医药类；又因为道教、佛教的经典中，包含了天文、术数、医药的内容，因此本书将围绕天文、术数、医药三方面内容，而分天文、术数、医药、道教方技、佛教方技五个专题。面对这五个专题,我都可说是一个门外汉,本书只是作了尝试性的研究。

我对方技史的分期,分为春秋战国、秦汉三国、两晋南北朝隋唐、五代宋辽金元明清四个时期。理由是:春秋战国时期,方技初见《墨子》一书;秦汉三国时期,《史记》、《汉书》、《三国志》相继确立了方技的涵义;两晋南北朝隋唐时期,《晋书》的“艺术”,《七录》的“术伎”,《魏书》的“术艺”,均是方技的异名;五代宋辽金元明清时期,各朝正史的“方技列传”,最终沉淀在“方技”一词上。根据方技一词的变化分期,也只是为使全书更加简明而已。

《中国方技史》,据我所知,国内还无此类专著;因此,本书的写作,还是以收集资料为主。本书写作的目的有二:第一,对中国古代方技史作一初步的探索,方技史的进一步研究还有待后人;第二,欲为后人研究这一专题,提供一些资料上的帮助,对方技史资料上的进一步发掘,也还有待后人。可以说,本书写作的这两个目的,都还没有达到。本书的写作,体现了一种方法,即历史的研究,还是要立足于史料上。本书没有得出任何结论,只是在研究“古代方技与科学文化”时,探索了方技的一些基本概念。在如今科学技术高度发展的时代,古代文化不可废除已成普遍共识。我们不能认为,只需要科学技术,传统文化无用;同样,我们也不能认为,只需要哲学史、经济史,方技史、术数史无用。因此,笔者认为,对中国古代方技(包括术数)仍有研究的必要。

我们祖先创立了这样几件工具:天干,甲乙丙丁戊己庚辛壬癸;地支,子丑寅卯辰巳午未申酉戌亥;八卦,乾坤震巽坎离艮兑;五行,水火木金土。如果读者熟记了干支、八卦、五行,对阅读本书可能方便一些。对阅读本书的读者,笔者还有三条忠告:第一,本书涉及了一些中医著作,读者读后不能去为别人看病;第二,本书涉及了一些相术著作,读者读后不可去为别人算命;第三,本书涉及了一些道教、佛教的密术,读者读后不要去相信模仿,没有用的。切记,切记。

本书的写作,得到了复旦大学经济系教授、经济思想史专家、博士生导师叶世昌先生的帮助,他提出了诸多宝贵的建议,使我少走了许多弯路。当然,本书的文责,由作者个人负责。叶世昌先生审阅了本书的初稿,指出了书中存在的多处错误,二稿中已——修正。孙宁等人帮我将文稿输入电脑,其他多位友人对我的写作有过帮助,在此一并表示深深的感谢。

在目前学术著作出版难的背景下,上海人民出版社出版此书,必将对历史文化的大发展、大繁荣起到一个推动的作用。

2007 年元月初稿

2009 年 6 月二稿

2010 年 9 月三稿

《中国方技史(增订本)》出版前记

本书是在《中国方技史》的基础上增订而成。所谓"增修",增补、修订、修润而已。

第一,增补:一是范围的增补。原书《中国方技史》对方技的范围,分为天文类、术数类、医药类,本书(增修本)则增加了养生专题。二是内容的增补。原书写的过于简陋,本书则增补了一些章节。

第二,修订:解释错误的修正。原书对"太一占的周期"、"星四足"等的解释是错误的,本书作了修正。文字的修订。原书多处存在文字错误,本书则尽可能予以订正。本书的结构,较原书也作了一些微小的调整。

第三,修润:原书写的过于粗糙,如原书作京房《易传》,今更正为《京氏易传》。又如原书作《丛书集成》,今更正为《丛书集成初编》。其他标点的改正,亦不计其数。

细心的读者很容易看到,本书实际包含了八个方面,即:方技脉络、易学、天文(含律历、五行)、术数(含占卜、星命)、医药(含本草、经方)、养生(含修身)、道教方技、佛教方技。本书虽经较大的修订,缺点错误仍然存在,望读者不吝赐教。

本书交上海书店出版,全因本书的修订是在许仲毅先生的指导下完成的,须再次向许仲毅先生表示深切的感谢。本书经陈雯编辑和其他多位编辑费心校订、编审,纠正了书中多处错误,笔者在此向他们深表感谢。

2016 年 7 月

目　录

第一章 方技脉络

第一节 方技溯源

术数和方技是两个不同的名词。术数或曰数术、道术，方技或曰方伎、方术，这两个名词是既有联系又有区别的。简单点说，方技包含了术数，术数不包括方技，是这两个名词的差异特征。本节从探索这两个名词的起源展开。

术数，最早见《墨子》。《墨子·节用》曰："攻城野战，死者不可胜数……亦数术而起与?"数术即术数。《墨子》作数术，《管子》、《鹖冠子》、《素问》均作术数。墨子说术数起于战争的需要。方技，亦首见《墨子》。《墨子·迎敌祠》曰："举巫医卜有所长……及有方技者。"《迎敌祠》记载了墨子的守城方法。为了守城，墨子说要利用巫医卜及有方技者的所有特长。

司马迁著《史记·扁鹊仓公列传》，记汉文帝诏问仓公"方伎所长"，古伎、技通源，故"方伎"一词又见于史籍。司马迁所记的扁鹊、仓公，都是古代著名的医家，所以"方伎所长"，是指扁鹊、仓公的医技、医术之长。

术数和方技，这两个名词的确切涵义，直到《汉书·艺文志》(以下简称《汉志》)的出现才给出。按《汉志》的定义，天文、历谱、五行、蓍龟、杂占、形法六类为术数，医经、经方、房中、神仙四类为方技。

《墨子》首见术数、方技

术数、方技的溯源，我们从《墨子》一书说起。

墨子，名翟，先秦墨家创始人；大致与孔子同时，或说比孔子晚点，主要活动在春秋战国之际。墨子的籍贯，司马迁说是宋大夫，高诱说是鲁人。现代学者大多认为墨子出生在宋国，后长期在鲁国居住。

《墨子》与《论语》《老子》，同为我国先秦较早的三部子书，它们虽经过汉人的整理，但它们的真伪性，历来没有受到过多的质疑。与《论语》一样，《墨子》一书也非墨子本人所编，而是由其弟子记录成书，其中也有后期墨家弟子增入的内容。

墨家成为"世之显学"，有两个明显的特征。其一，墨子善"技"。墨子与公输盘比"技"的故事，一直流传至今；墨子的守城技术要高过公输盘的攻城战术。其二，班固说墨家出于"清庙之守"。清庙，古帝王之宗庙，也是古代帝王祭祀的地方。墨家虽然出于宗庙，但信鬼神而不言吉凶之命。墨子善"技"，墨家出于"清庙"，墨家的这两个特征，决定了术数、方技首见《墨子》一书中。

术数究竟讲了些什么？《墨子·迎敌祠》就是一篇记录了墨子利用术数而守城的文章。《迎敌祠》写道：

> 敌以东方来，迎之东坛，坛高八尺，堂密八；年八十者，八人，主祭；青旗、青神，长八尺者，八；弩八，八发而止；将服必青，其牲以鸡。①

《迎敌祠》又写道："敌以南方来，迎之南坛，坛高七尺"，赤旗、赤神，将服必赤。

① 《墨子》卷十五，王云五主编：《丛书集成初编》本，商务印书馆1935—1937年版，编号0576－第183页（以下凡引该丛书本，只注《丛书集成初编》本、编号、页码）。

"敌以西方来,迎之西坛,坛高九尺",白旗、素神,将服必白。"敌以北方来,迎之北坛,坛高六尺",黑旗、黑神,将服必黑。墨子的守城方法,全照繁琐刻板的"八七九六"这四个数来安排。"八七九六",匹配四方,东南西北;匹配四色,青赤白黑。《易乾凿度》曰:"文王推爻,四乃术数。"①推爻,即以大衍之数推得"八七九六"而立卦(详见本书第二章第一节),故《易乾凿度》说"八七九六"这四个数,代表了全部"术数"。《迎敌祠》记载的"八七九六",后人郑玄、孔颖达习惯说成"七八九六"。

术数除了用"八七九六"推衍做事以外,《墨子》还记载了一段日者与墨子的对话。《墨子·贵义》载:

子墨子北之齐,遇日者。日者曰:帝以今日杀黑龙于北方,而先生之色黑,不可以北……且帝以甲乙杀青龙于东方,以丙丁杀赤龙于南方,以庚辛杀白龙于西方,以壬癸杀黑龙于北方,以戊己杀黄龙于中方。②

《墨子·贵义》所记日者之言,色有青、赤、白、黑、黄,日有甲乙、丙丁、庚辛、壬癸、戊己,并作天干(合之作五日)与五方、五色的相配,以此作吉凶宜忌之说,这便是墨子所遇日者提到的术数。甲乙、丙丁、戊己、庚辛、壬癸五日,不是古人记日的六十甲子法,也不是指天干十日,而是日者的择日法,与五方、五色、五数相关。五数:《淮南子》说"八七五九六",并以此五数匹配五方、五色、五脏、五行、五星、五声等。

《史记》曰:"齐、楚、秦、赵为日者,各有俗所用。"唐司马贞《索隐》注:"名卜筮曰'日者'以《墨》,所以卜筮、占候、时日,通名'日者'故也。"③司马贞说《墨子》所谓的日者,概括了"卜筮、占候、时日"等。《礼记·王制》曰:"假于鬼神、时日、卜

---

① 黄奭辑:《易乾凿度》,上海古籍出版社,1993年版,第31—32页。
② 《墨子》卷十二,《丛书集成初编》本,编号0576-第144页。
③ 司马迁撰:《史记》卷一百二十七,中华书局点校本,1959年版,第10册,第3215页。

筮以疑众，杀。"①《礼记》说"假于鬼神、时日、卜筮"者为日者。因此，术数的范围，大体可定义为卜筮、占候、时日、祭祀、望气之类。卜筮，指用龟甲、筮草等工具进行预测的技术。占候，指视天象变化而预测吉凶灾异的技术。时日，古人以为时辰和日子都有吉凶，故有择日之术。祭祀，指祭祀神灵、祖先的一系列仪式的技术。望气，指观察云气以预测吉凶的技术。这类术数，在那个时代，都是指特定的技术。

《墨子·贵义》断言日者的术数"不可用也"；《墨子·节用》又说对众人之道的术数，要"去无用之"；而《墨子·迎敌祠》提到的祭祀、时日、望气之类术数，则是完全肯定的。韩非子说，战国后期，"墨离为三"。《墨子》一书，对术数是有不同观点的。

先秦典籍提到术数一词的，除《墨子》之外，还见于《管子》、《鹖冠子》和《素问》等书。《管子》说人主务必学习术数，言词动作要遵守术数的标准、法则，学之则变化日进，就不会被无理愚弄。《鹖冠子》书中的术数，指君子遇事而能解决问题的技能；对"术数之士"，《鹖冠子》书中是赞美的。《素问》则提出了"法于阴阳，和于术数"的养生之道。

方技一词，也首见《墨子》书中。《墨子·迎敌祠》曰：

> 举巫医卜有所长，具药，宫之，善为舍。巫必近公社，必敬神之；巫卜以请守，守独智（智与知同）。巫卜望之气请而已……望气舍近守官。牧贤大夫及有方技者若工，弟之；举屠酤者置厨给事，弟之。②

为了守城，墨子说要推举有所专长的"巫医卜"，要准备好医药和住房，要安排巫卜、牧贤大夫、有方技者、屠酤者置厨给事等人，依次居住在守官附近，共同防御。

---

① 郑玄注，孔颖达疏：《礼记正义》卷十三，《十三经注疏》本，上册，第1344页（以下凡引该丛书本，只注《十三经注疏》本、上册、下册，页码）。

② 《墨子》卷十五，《丛书集成初编》本，编号0576–第183页。

《迎敌祠》提到的巫卜、牧贤大夫、屠酤者置厨给事，均指具有某种技能的人群。据《迎敌祠》记载：巫卜"望气"，具有望气御敌的专长；牧贤大夫"祭祀"，能依据术数设坛御敌；屠酤者置厨给事，各因具备屠技、酿酒技术之类的厨技，获得"置厨给事"之类加官。可以推测，与巫卜、牧贤大夫次第居住的"有方技者"，也当指具有某些技能的人群。《墨子》说：医为有病者"和合其祝、药"，更是说医要同时具备"祝、药"之技。"祝"，谓用祝祷的方法为人治病；"药"，谓采掘、焙制和储藏药物以备治病之用。前者称为巫医，后者称为良医。无论是巫医或是良医，医为墨子所说的"有方技者"。《墨子》书中的"有方技者"，指在"具药"方面有所专长者。

"方技"的"方"，有药方的涵义。《庄子·逍遥游》载：宋人世代漂絮于水上，祖传有护手不龟裂之药方，有客人愿出百金购买这一药方。宋人于是售卖了"不龟手之药"方。"方"有药方的涵义，可能由"方"有"并"的意思引申而来。《庄子·山木》曰："方舟而济于河。"①成玄英疏："两舟相并曰方舟。"联想到古代药方是由几种草药组方而成，"方"有药方的涵义也就明白了。

"方技"的"技"，也是医技、药技的涵义。先秦其他典籍记载的"技"，多作技术、技巧、技能解。《尚书·泰誓》曰："人之有技，若己有之。"技作技术解。《老子·五十七章》曰："民多技巧，奇物滋起。"技作技巧解。《管子·形势解》曰："善治其民，度量其力，审其技能，故立功而民不困伤。"技作技能解。《礼记·王制》曰："凡执技以事上者，祝、史、射、御、医、卜及百工。"②《礼记》将祝史医卜及百工的技能，定义为"技"。所以，在"技"的使用上，"方技"与"术数"是有相同涵义的。这两个名词的一点区别是："方技"的重点在"方"，"术数"的重点是"数"。

《墨子·迎敌祠》"举巫医卜有所长"，言其人物，指的是"巫医"、"巫卜"之类人物；言其技术，指的是"望气"、"卜筮"、"具药"之类技术。墨子将"巫医"和"巫卜"并列为"巫医卜"，称之为"有方技者"。

① 郭庆藩辑：《庄子集释》卷七上，中华书局1961年版，第3册，第675页。
② 郑玄注，孔颖达疏：《礼记正义》卷十三，《十三经注疏》本，上册，第1343页。

《史记》复出"方伎"一词

《史记》，司马迁著。司马迁，字子长，夏阳（今属陕西省韩城市）人，一说龙门（今属山西省河津市）人。生于汉景帝中元五年（公元前 145 年），卒于汉昭帝始元元年（公元前 86 年），时年六十岁。

墨子善技，故《墨子》一书首见"方技"一词。《墨子》之后，在先秦的其他典籍中，我们没有再见到"方技"一词的使用。司马迁精研术数、方技，在其所著《史记·扁鹊仓公列传》中，写了"方伎所长"一句话。《扁鹊仓公列传》载：汉文帝诏问仓公，方技的特长是什么？方技所能治什么病？有无所传方技之书？这里就根据《扁鹊仓公列传》，来找出这几个问题的答案。

仓公，姓淳于名意，临淄（今属山东省淄博市）人。曾任齐国太仓长，被后人称为太仓公，简称仓公。他大约生于公元前 215 年，卒于公元前 150 年；西汉文帝时期的一代名医。

汉文帝诏问仓公：方技的特长是什么？仓公对曰："自意少时，喜医药，医药方试之多不验者。至高后八年，得见师临菑元里公乘阳庆……庆有古先道遗传黄帝、扁鹊之脉书，五色诊病，知人生死，决嫌疑，定可治，及药论书，甚精。"[1]方技的特长，仓公回答：一、"五色诊病"；二、"知人生死"；三、"决嫌疑"；四、"定可治"。仓公事阳庆三年，即尝为人治病，"诊病决死生，有验"。仓公辨证审脉，治病多验，这些都指仓公精良的医技。

汉文帝诏问方技所能治什么病？仓公讲述了自己行医的二十五个医案。《扁鹊仓公列传》载："齐王中子诸婴儿小子病，召臣意诊切其脉，告曰：'气鬲病。病使人烦懑，食不下，时呕沫。病得之心忧，数忔食饮。'臣意即为之作下气汤以饮之，一日气下，二日能食，三日即病愈。"[2]《扁鹊仓公列传》所载这些医案，记录

---

[1]　司马迁撰：《史记》卷一百五，中华书局点校本，1959 年版，第 9 册，第 2796 页

[2]　司马迁撰：《史记》卷一百五，中华书局点校本，1959 年版，第 9 册，第 2798 页。

了患者的姓名、职业、地址、病名、病候、脉象、治疗方案、治疗用药、治疗结果、病理分析及预后等内容,故《扁鹊仓公列传》记载的这些仓公医案,也被称之为《诊籍》。对汉文帝诏问方技所能治什么病者,仓公拿出自己行医的二十五个医案作了肯定的解答,并说经他治愈的疾病众多,已忘记的、不能尽识的,还不包括在上述医案中。

汉文帝再问仓公:你说你能治病,哪些人找你看过病? 及齐文王病时,不找你看病又是什么原因? 仓公对曰:"赵王、胶西王、济南王、吴王皆使人来召臣意,臣意不敢往。文王病时,臣意家贫,欲为人治病,诚恐吏以除拘臣意也。"仓公说他家贫,要靠为人治病糊口,担心为齐文王治病,恐被官吏拘为侍医而不能外出为人治病。仓公接着说他听说过齐文王的病,推断系"神气争而邪气入","法不当砭灸",而当调饮食,车步广志,以适筋骨肉血脉。仓公反对过度的治疗,齐文王正是由于不当砭灸而误治身亡。

汉文帝最后问仓公:有无所传方技之书?《扁鹊仓公列传》载:长桑君,"乃悉取其禁方书尽与扁鹊"。"禁方书"可能还不是一部书名,但可以肯定扁鹊时已有"禁方书"之类书籍。在《扁鹊仓公列传》中,司马迁通过仓公的叙述,肯定了方技"有其书"。《扁鹊仓公列传》载:仓公事阳庆三年,所受的方书中,有《脉书上下经》、《五色诊》这些诊断书,有《奇咳术》这样的医术书,有《药论》、《石神》这类药石书,也有《化阴阳》、《揆度阴阳外变》、《接阴阳》这类房中禁书。在《扁鹊仓公列传》记载的这些书籍中,包括了医术、医药和房中术方面的内容,这大致反映了司马迁的"方伎所长"的范围。

值得注意的是,在《扁鹊仓公列传》中,司马迁记扁鹊"守数精明";又记仓公受学经历。仓公先受学于孙光善,后孙光善将他推荐给了阳庆,使仓公得以受学于阳庆。孙光善特别强调仓公是一位"好数"的方技人物。数,史家都解为术数。正因为扁鹊、仓公都是好术数者,唐司马贞、张守节都说《扁鹊仓公列传》,宜与《日者列传》、《龟策列传》顺次相接。

《日者列传》,是司马迁为司马季主立的专传。司马季主,楚国人,卖卜于长安东市。司马季主说:"今夫卜者,必法天地,象四时,顺于仁义,分策定卦,旋式

正棊,然后言天地之利害,事之成败……由是言之,卜筮有何负哉!"①旋式正棊:
唐司马贞说是古代占卜工具,类似留传至今的风水罗盘。司马贞《索隐》按:"式
即栻也。旋,转也。栻之形上圆象天,下方法地,用之则转天纲加地之辰,故云旋
式。棊者,筮之状。正棊,盖谓卜以作卦也。"史载卫平、王莽随式(斗杓所指的方
向)而移坐。司马季主的一席话,令贾谊十分感慨,他说"吾闻古之圣人,不居朝
廷,必在卜医之中"。卜医:巫卜和良医。贾谊对"卜医"的评价是相当高的。卜
医,包括"日者",司马迁作《日者列传》,肯定了"日者"之技。

《龟策列传》,全篇仅存司马迁的几段论说,余下多为西汉褚少孙所补。司马
迁在《龟策列传》中写道:"至今上(汉武帝)即位,博开艺能之路,悉延百端之学,
通一伎之士咸得自效,绝伦超奇者为右,无所阿私,数年之间,太卜大集。"②司马
迁作《龟策列传》,也肯定了太卜是"通一伎之士"。在司马迁的眼里,巫卜、巫医
都是身怀特技的"绝伦超奇者"。

司马迁的"方伎所长",指的是扁鹊、仓公的医方、医技。在仓公所受的方书
中,除医术、医药类之外,还有房中术之类的书籍,司马迁"方伎所长"的范围,还
包括了房中术。司马迁又说扁鹊、仓公都是好术数者,所以司马迁的"方伎所
长",还要包括术数之类。如《墨子》的"有方技者"是与巫卜、灵巫相连,《史记》中
的扁鹊、仓公与司马季主,在"通一伎"的涵义上也是相连的。如此说来,司马迁
的"方伎所长",大体相当于《墨子》的"举巫医卜有所长"之说。

《汉志》的定义

墨子、司马迁均未对术数、方技作出过一个明确的定义,这一定义出现在
《汉志》中。班固说成帝时,诏太史令尹咸校术数,侍医李柱国校方技。"每一
书已,(刘)向辄条其篇目,撮其旨意,录而奏之。"刘向卒,哀帝使其子刘歆继承

---

① 司马迁撰:《史记》卷一百二十七,中华书局点校本,1959 年版,第 10 册,第 3218 页。
② 司马迁撰:《史记》卷一百二十八,中华书局点校本,1959 年版,第 10 册,第 3224 页。

父业，"(刘)歆于是总群书而奏其《七略》"。刘向、刘歆父子作《七略》，首曰《辑略》。班固取《七略》而作《汉志》。今《汉志》只有《六艺略》、《诸子略》、《诗赋略》、《兵书略》、《术数略》、《方技略》"六略"，而"六略"后均有一段总论文字，是班固已将《辑略》分散在"六略"中。刘向、刘歆父子《七略》作《术数略》，班固改作"数术者"，"以序数术为六种"，可见班固对《七略》的文字是作过修改的。今日所见《汉志》中的《术数略》、《方技略》，可以说是刘向、刘歆父子和班固共同创作的。

《汉志·术数略》分术数为六种，即天文、历谱、五行、蓍龟、杂占、形法。《汉志·术数略》曰：天文者研究的是二十八宿、五星日月等；历谱者研究的是四时、二分二至、日月五星之辰等；五行者研究的是五常之形、五运之气；蓍龟者用蓍草和龟甲以占吉凶；杂占者以梦占为主；形法者研究的是地理、宅形、器物之形占。

《汉志·方技略》分方技为四种，即医经、经方、房中、神仙。《汉志·方技略》曰：医经者研究的是人的血脉、经络、骨髓结构，以解百病之原由；经方者研究的是本草之寒温，辨别各种药物的性质和气味；房中者求之于内，迷者将以生命疾病作代价；神仙者求之于外，若专以为大事则非正理。

《术数略》、《方技略》的确立，表明直到西汉晚期，方技和术数还是二个不同的概念。成帝使"太史令尹咸校数术"，又使"侍医李柱国校方技"，方技和术数的书籍，分属不同的职官校订。在汉代的官制上，方技者和术数者也有各自的官名。《汉书·百官公卿表》载："奉常，秦官，掌宗庙礼仪，有丞。景帝中六年更名太常，属官有太乐、太祝、太宰、太史、太卜、太医六令丞。"[1]《汉书》记载的这个官制表明，术数者属太祝令（掌祭祀祝祷）、太史令（掌天文律历）、太卜令（掌龟卜蓍筮），方技者属太医令（掌医药治疗）；太祝、太史、太卜、太医与太乐、太宰是不同的"六令丞"，但"六令丞"同属"太常"掌管，这也预示《汉志》的《术数略》和《方技略》，也有可能完全合流在一起。

---

① 班固撰：《汉书》卷十九上，中华书局点校本，1962 年版，第 3 册，第 726 页。

第二节　先秦术数、方技人物

《周礼·春官》置祝、宗、卜、史四官。祝有大祝、小祝,掌大小祭祀,都有一套特定的祭祀祝祷方法。宗有大宗伯、小宗伯,掌祭祀时的仪式和礼节。卜有大卜、卜师,掌龟占和筮卜之术。史有大史、小史,长于天文律历。这表明早期的巫祝、巫卜,借祭祀、卜筮之术转而成"大夫",故有四官之设。先秦的祝、宗、卜、史四官,掌握着术数之技。

春秋时期,史苏、卜偃、梓慎、裨竈、苌弘,他们都是早期的"卜"、"史"。史苏精通卜筮,卜偃长于天文占验,梓慎望气占验祸福,裨竈精通天文星占,苌弘执天数无所不知。这五位所谓"巫医卜"、"巫祝史"之类人物,《晋书·天文志》称之"掌著天文"者。本节通过《左传》、《国语》的史料,研究这五位先秦术数代表人物,以期对早期术数的内容,有些直观的了解。

《周礼·春官》载:巫祝在进行祭祀卜筮时,还担负着治病除疾之事。这些以祭祀、卜筮、祝祷等巫术为人治病的巫祝,古人称之为巫医。具有医药一技之长的巫医,也被称为良医,古有医缓、医和。先秦的良医,更是以扁鹊为代表人物。

史苏卜筮

史苏,春秋时晋国史官。史苏主要活动在晋献公时期,而晋献公的在位时间,为公元前 676 年至公元前 651 年。

史苏精于卜筮。《左传》僖公十五年载:"初晋献公筮嫁伯姬于秦,遇归妹(☳)之睽(☲)。史苏占之曰:不吉。"①(建议读者先阅读一下本书的第二章第一节,以便对《周易》卦象有个基本的认知。)《左传》所记史苏的占筮方法,讲的是本卦归妹(☱)(兑下震上)与之卦睽(☲)(兑下离上)的卦象、卦辞。本卦亦称正卦,

---

① 杜预注,孔颖达疏:《春秋左传正义》卷十四,《十三经注疏》本,下册,第 1807 页。

之卦亦称变卦。郑玄说"《周易》以变者为占",实指本卦、之卦两卦之间的爻变为占。如本卦归妹(䷵)与之卦睽(䷥),在归妹卦的"上六"与睽卦的"上九",爻象互变,故以归妹"上六"与睽"上九"而占之。《左传》所载本卦、之卦的占法,有一爻变、二爻变乃至六爻全变;其解卦方法,或取本卦的卦象、卦辞,或取之卦的卦象、卦辞,或合取本卦、之卦的卦象、卦辞,占者随卦象的爻变而占筮。

《周易·睽·上九》原文曰:"睽孤,见豕负涂,载鬼一车,先张之弧,后说之弧;匪寇,婚媾;往遇雨则吉。"①这段话的下半段说,来者不是盗寇,而是来谈婚论嫁的。《周易》的预测是"往遇雨则吉",而《左传》载史苏占之曰"不吉"。史苏占筮的结论与《周易》的结论是相反的。我们怀疑古人对卦象的解释,有时是根据政治的需要而作出的。对史苏的那次占筮,《左传》记载了它的结果:"六年,其逋逃归其国,而弃其家。明年,其死于高梁之虚。"②说晋献公女伯姬嫁到秦国,过了六年后逃回晋国;第二年死在高梁一处的废墟中。

史苏的史迹,《国语》还记载了一条。《国语·晋语一》载:"(晋)献公卜伐骊戎,史苏占之,曰:'胜而不吉。'公曰:'何谓也?'对曰:'遇兆,挟以衔骨,齿牙为猾。戎、夏交捽,交捽是交胜也,臣故云。'"③史苏占卜后说:兆象显示如人口齿牙相互交胜;预示戎、夏相互战胜对方。若今日夏胜戎,则明日戎胜夏,因此占之曰"胜而不吉"。《国语》这段记载告诉我们,史苏这里使用的是龟占的方法。史苏根据"兆象"讲"胜而不吉",担忧两国相互对抗不止,婉转地表达了反对攻伐骊戎的意见。

荀子说卜筮是统治者装饰的工具,真是一点也没错。史苏的占卜对晋献公有什么约束力呢?《国语》记载,对史苏的占卜,"公弗听"。晋献公遂伐骊戎。骊戎是个小国,根本经不住晋国的攻打,被灭了国不说,公主骊姬、少姬姐妹俩还被俘获了。晋献公得胜后大赏三军,在酒宴上当着文武百官的面,罚史苏喝酒无菜肴。

---

① 王弼注,孔颖达疏:《周易正义》卷四,《十三经注疏》本,上册,第51页。
② 杜预注,孔颖达疏:《春秋左传正义》卷十四,《十三经注疏》本,下册,第1807页。
③ 《国语》卷七,上海古籍出版社,1988年版,第252页。

饮酒后出来，史苏对大夫里克说："有男戎必有女戎。若晋以男戎胜戎，而戎亦必以女戎胜晋，其若之何!"①大夫里克问：为什么这样说啊？史苏说：夏时，桀王伐有施，获得有施美人妹喜，妹喜得宠，与伊尹比而作祸，于是夏亡了。殷时，纣王殷辛伐有苏，获得美人妲己；妲己得宠，与胶鬲比而作祸，于是殷亡了。周时，幽王伐有褒，获得美人褒姒；褒姒得宠，生下伯服。周幽王欲立伯服，遂逐太子宜臼；申人、鄫人召西戎以伐周，周于是乎亡。今我晋君真是薄德，好色而宠骊姬，说他如同当年的夏桀、殷纣、周幽三王，未尝不可。鄫人，原书误作"邻人"。邻，繁体作"鄰"。鄫，古时作"鄫"，较"鄰"字少一横。太子宜臼投奔母亲娘家申国，被申侯立为新王。申侯东联鄫人西联犬戎人，围攻周幽王，事在公元前771年；时邻国已在两年前被郑所灭。故申侯不可能东联"邻人"，当以"鄫人"为是。

史苏接着辩解道：自己不敢隐蔽兆象，宁可信其有而备之无害。史苏自问，龟卜时的兆象明明"离散以应我"，晋献公伐骊戎怎么会得胜呢？史苏对晋献公的获胜仍心存疑惑，他只好预测："若晋以男戎胜戎，而戎亦必以女戎胜晋"。晋献公俘获骊姬、少姬后，纳为妃子。少姬生子卓子，骊姬生子奚齐。骊姬深得晋献公的宠爱，逐步参与朝政。后迫使晋献公的长子申生自杀，其他二子重耳、夷吾逃亡，改立骊姬生的奚齐为太子，遂引发晋国的骊姬之乱。这便是史苏所说的"胜而不吉"。

史苏是一位精通卜筮的史官，他龟占时没有说"阴阳"之辞，他筮卜时讲"为雷为火"，"火"也非五行之"火"。史苏担忧的是骊姬有宠而"亡无日"矣，从而提出"从政者不可以不戒"的告诫。史苏的这一警言还是有点意义的。

卜偃占验

卜偃，即郭偃，春秋时晋国大卜。卜偃是晋献公、惠公、怀公、文公四朝元老，在晋国处于很重要的地位。卜偃为春秋时的早期人物，是可以肯定的。

---

① 《国语》卷七，上海古籍出版社，1988年版，第253页。

卜偃处世比较谨慎。《左传》僖公二十三年载：晋惠公卒，怀公立。怀公令狐突召回跟随重耳逃亡在秦国的两个儿子，遭到狐突的拒绝，怀公于是杀了狐突。面对此事，卜偃"称疾不出"，避开了与怀公的直接冲突。《国语·晋语三》载：惠公即位，以献公葬共世子(申生)不如礼，欲改葬之。卜偃认为改葬共世子与国事民意无益，于是婉转地劝惠公"行不可不慎也"。故后人评曰：卜偃贵慎。

卜偃长于天文星占。《左传》僖公五年载："八月，甲午。晋侯围上阳，问于卜偃。"①卜偃推断，九月十月之交，晋将克虢。《左传》记："冬，十二月丙子朔，晋灭虢，虢公醜奔京师。"②从对时间的预测看，卜偃的预测是不准确的，《左传》记晋克虢在"十二月"。将"十二月"勉强解释成"夏之十月"，是不对的，因为《左传》不可能在同一段文章中使用两套历法，既说周之"九月十月"，又说"夏之十月"。这正如我们今日同时使用阴历阳历，在用阴历十月说事时，若预测失准了两个月，就推说原来指的是阳历十二月。尽管卜偃在时间上预测失准，但卜偃以天文星占预测了那次战争的结果，仍然被称为善知天文。

卜偃也是一位精于卜筮的大师。《左传》僖公二十五年载：秦穆公派军队护送周襄王回朝，驻扎在黄河边。对秦师要求过境之事，晋侯举棋不定，于是命卜偃先卜后筮。卜偃卜之，言遇黄帝战于阪泉之兆，故曰吉。卜偃筮之，言遇大有(☲)之睽(☲)卦，本卦大有(☲)(乾下离上)与之卦睽(☲)(兑下离上)，变在大有下体"九三"，故选大有九三爻辞，"公用享于天子"，亦曰吉。于是晋侯同意了秦师过境的要求。

卜偃还是一位最早使用测字术的大卜。《左传》闵公元年载：晋侯与毕万兵分二路，一举攻灭了狄、霍、魏三个小国，凯旋而归后，晋侯以战功赐毕万魏国。卜偃曰："毕万之后必大。万，盈数也；魏，大名也……今名之大，以从盈数，其必有众。"③卜偃似乎是开玩笑地说：从毕万的名字看，魏国以后的民众会多达万民。不过，以后的事竟然被卜偃言中。《史记》载："毕万卦十一年，晋献公卒，四

① 杜预注，孔颖达疏：《春秋左传正义》卷十二，《十三经注疏》本，下册，第 1795 页。
② 杜预注，孔颖达疏：《春秋左传正义》卷十二，《十三经注疏》本，下册，第 1796 页。
③ 杜预注，孔颖达疏：《春秋左传正义》卷十一，《十三经注疏》本，下册，第 1786 页。

子争更立,晋乱。而毕万之世弥大,从其国名为魏氏。"①

卜偃也以自然灾异,论著国家休咎。《左传》僖公十四年载:"秋,八月辛卯,沙鹿崩。晋卜偃曰:'期年将有大咎,几亡国。'"②沙鹿,山名,故址在今河北省大名县东北,其地春秋时属卫国。卜偃从沙鹿发生山崩,便断言那是亡国的咎征。以自然灾异预测国家的休咎,这个方法始于卜偃。

卜偃占验也会偶然言中。《左传》僖公二年载:"虢公败戎于桑田。晋卜偃曰:'虢必亡矣!亡下阳不惧,而又有功,是天夺之鉴,而益其疾也!必易晋而不抚其民矣,不可以五稔!'"③五稔,五次收成,即五年之谓。虢公在桑田击败戎人,卜偃说:虢一定会亡国,下阳(虢地名。故址在今山西省平陆县)被晋国所夺而不惧怕,这是上天要加速灭亡虢国的鉴戒。有功的虢公一定不会抚爱百姓,虢国"必易晋",不会超过五年。五年后,晋果然灭虢。卜偃这次占验不靠天象,也不靠易卦,而是从虢公不体恤民众,推断"虢必亡矣"。

《晋书》说春秋战国时,各国均有天文星占者。这批天文星占者,是由像卜偃这样的大卜掌著着的。与医起源于巫卜一样,古代天文星占者也都起源于巫卜,卜偃仅是其中一个很典型的代表人物。

梓慎望气

梓慎,春秋时鲁国"掌著天文"者,鲁襄公、鲁昭公时人,主要活动在公元前545年至前518年。

梓慎精通望气术。《左传》昭公二十年载:"日南至,梓慎望氛。曰:'今兹宋有乱,国几亡,三年而后弭;蔡有大丧。'"④日南至,即冬至;日北至,即夏至。古代望气者在二至二分时、日食时,都要登台以望,并作好记录;不书,是史官的失

---

① 司马迁撰:《史记》卷四十四,中华书局点校本,1959年版,第6册,第1836页。
② 杜预注,孔颖达疏:《春秋左传正义》卷十三,《十三经注疏》本,下册,第1803页。
③ 杜预注,孔颖达疏:《春秋左传正义》卷十二,《十三经注疏》本,下册,第1791页。
④ 杜预注,孔颖达疏:《春秋左传正义》卷四十九,《十三经注疏》本,下册,第2090页。

职。望氛，即望气，古代泛指观天文、望云气的活动，其法亦称望气术。弭，平息、停止、消除之意。梓慎在冬至日登台望气，作出了宋有乱而蔡有大丧的预测。

梓慎的望气术，是说云气颜色的变化。《左传》昭公十五年载："春，将禘于武公，戒百官。梓慎曰：'禘之日，其有咎乎？吾见赤黑之祲，非祭祥也，丧氛也，其在涖事乎？'"①氛，古训气；凶曰氛，吉曰祥。杜预注："祲，妖氛也。"云赤黑之祲为不祥之气。《周礼》载"十辉之法"：一曰祲，二曰象，三曰镌，四曰监，五曰暗，六曰瞢，七曰弥，八曰叙，九曰隮，十曰想。从云气的变化、形状、颜色、明暗、高低、远近等，各随形色，以辨吉凶。梓慎说"吾见赤黑之祲"，讲了阴阳二气相祲，渐成赤黑色。

梓慎的望气术，论述了日食、二至二分。梓慎说日食、二至二分是"日月之行"的自然现象，不为灾害。冬至夏至、春分秋分，亦称二至二分，梓慎有个解释："分，同道也；至，相过也"。杜预注："二分日夜等，故言同道。二至长短极，故相过。"梓慎说春分秋分，日月之行同道也；冬至夏至，日月之行相过也。梓慎也用阴气、阳气的概念，分析了二至二分的变化特征。他说二至二分，是阴气、阳气平衡的结果；其他月份发生日食，因为阴气、阳气不平衡，则为灾。当然，这个灾患是水灾还是旱灾，这在当时也是有争议的。

《左传》昭公二十四年载："夏五月乙未朔，日有食之。梓慎曰：'将水。'昭子曰：'旱也。日过分，而阳犹不克；克必甚，能无旱乎？阳不克，莫将积聚也。'"②梓慎说"阳不克也，故常为水"。昭子说"日过分，而阳犹不克"，将旱。结果"秋八月，大雩，旱也"。梓慎、昭子均以阴阳说水旱，昭子的结论与梓慎的结论恰恰是相反的。这条史料告诉我们，春秋时以阴阳说灾异的，不只梓慎一家，各家的结论也往往不同。西汉董仲舒也以阴阳说灾异，不过重复了梓慎、昭子的方法。

梓慎掌著天文，借助了阴阳理论和九州分野理论。《左传》襄公二十八年载："春，无冰。梓慎曰：'今兹宋郑其饥乎？岁在星纪，而淫于玄枵。以有时菑，阴不

---

① 杜预注，孔颖达疏：《春秋左传正义》卷四十七，《十三经注疏》本，下册，第 2077 页。
② 杜预注，孔颖达疏：《春秋左传正义》卷五十一，《十三经注疏》本，下册，第 2106 页。

堪阳。蛇乘龙;龙,宋郑之星也,宋郑必饥。'"①鲁历"春",指正、二、三月,实夏历之十一、十二、正月,为冬季。冬,无冰,今称暖冬。菑,古通"灾"。梓慎分析导致暖冬的原因,因为"阴不堪阳",阴气被阳气压倒,所以会发生不结冰的反常现象。梓慎使用阴阳理论解释了"春,无冰"。梓慎断言:今年宋国和郑国大概要发生饥荒了吧! 他解释说:今年岁星应在十二次的星纪位置上,实际上却淫于玄枵,这是反常的。玄枵位置上的星宿为女、虚、危,有星曰蛇。岁星,即木星,属木为龙。龙在蛇的位置之下,故曰"蛇乘龙"。梓慎又据"龙,宋郑之星"的分野说,预测了宋郑必有饥灾。梓慎在天文星占上,直接使用了九州分野理论,而九州分野的具体内容,我们后面再作介绍。

裨竈星占

裨竈,春秋时郑国大卜,差不多与子产同时,主要活动在郑简公、定公时,也是春秋时期一位精通天文星占的人物。

《左传》昭公十年载:"春王正月,有星出于婺女。郑裨竈言于子产曰:七月戊子,晋君将死。今兹岁在颛顼之虚,姜氏、任氏实守其地,居其维首,而有妖星焉,告邑姜也。邑姜,晋之妣也。天以七纪。戊子,逢公以登,星斯于是乎出,吾是以语讯之。"②杜预注:"颛顼之虚,谓玄枵。"玄枵,十二次名,含二十八宿的女、虚、危三宿。杜预又注:"妖星在婺女,齐得岁,故知祸归邑姜。""逢公将死,妖星出婺女,时非岁星所在,故齐自当祸,而以戊子日卒。"裨竈对子产说:妖星出现在婺女(指女宿),为颛顼之虚的首位。今年岁星在虚宿,是姜氏、任氏实守其地。齐以前的诸侯逢公是在戊子日去世的,当时妖星也出现在其分野之位次。天以七为法度,因此我预测晋君就在七月戊子日去世。果然,晋侯平公在七月戊子日去世了。天如何以七为纪? 杜预注"二十八宿面七",言二十八宿四方每面七宿(这实

---

① 杜预注,孔颖达疏:《春秋左传正义》卷三十八,《十三经注疏》本,下册,第1998页。
② 杜预注,孔颖达疏:《春秋左传正义》卷四十五,《十三经注疏》本,下册,第2058页。

际是东汉对星空的一种划分），裨竈就借"面七"变通为七月。裨竈占验的前提，依靠类应、相合的种种变通，似是而非，难怪被子产指责"焉知天道"。

裨竈天文星占的方法，同梓慎一样，也是建立在九州分野说上的。这种天文星占的方法，看的是岁星的位次，如梓慎说的"岁在星纪"。《左传》襄公二十八年载："今兹周王及楚子皆将死。岁弃其次，而旅于明年之次，以害鸟帑，周楚恶之。"①裨竈说，今年周天子和楚王都要死去。因为岁星不在其位，跑到明年应在的位次上，危害了鹑火、鹑尾；鹑火、鹑尾，周楚之分野；因此，周王室和楚国都要受灾。裨竈以岁星失次、九州分野，占说周、楚同时受灾。

裨竈的天文星占，却借助了五行理论。《左传》昭公九年载：四月，陈国受灾。裨竈说：五年后陈国将会重新封国，封国五十二年后灭亡。子产问其中的原因，裨竈回答说：陈国属水，楚国又属火，而水是火的嬷妃，故只得靠楚国相助，才能重建陈国。妃，合也，五行各相妃合，得五而成，所以说是五年。这一年岁星在星纪，五年在大梁，陈国复封。封国四年后又出现在鹑火；此后四十八年，共五次出现在鹑火，陈国灭亡，楚国克之，这是天道，所以说五十二年后灭亡。裨竈的星占常常出人意料，他根据岁星五十二年共五次出现在鹑火的位置，而断定陈国灭亡。这个离奇的预言后来尽管被证实了，这里面还是不存在什么"妃以五成"之说。裨竈预言的巧，只能是说《左传》系后人的传记。后人的传记当然可能将已发生的事，说成是原先的预言。

裨竈襄火的故事，也流传甚广。《左传》昭公十七年载：裨竈欲用瓘斝玉瓒（祭祀礼器）襄火，"子产弗与"，结果真的发生了火灾。《左传》昭公十八年载："（六月）数日，皆来告火。"②这次，子产依然不信裨竈的话，郑国也没有发生火灾。但是，仅仅过了一个月，"七月，郑子产为火故，大为社被襄于四方，振除火灾，礼也"。杜预注："为，治也。"孔颖达疏："祭社有常，而云大为社者，此非常祭之月，而为火特祭……被襄皆除凶之祭。"这次子产因为火灾的缘故，大治社庙，

① 杜预注，孔颖达疏：《春秋左传正义》卷三十八，《十三经注疏》本，下册，第 1999 页。
② 杜预注，孔颖达疏：《春秋左传正义》卷四十八，《十三经注疏》本，下册，第 2086 页。

祭祀四方之神,解除灾患;并说救治火灾的这点损失,这是合于礼数的。子产前后矛盾的辩解,是有点令人无语的。

苌弘执数

苌弘,字叔,又称苌叔。《淮南子》云:苌弘是周时人,苌弘是执数者,苌弘被车裂而死。我们辨析如下:

苌弘是西周何时人?许慎注《淮南子》(与高诱注相杂)曰:"苌弘,周景王之大夫。"周景王在位时间,公元前 544 年至公元前 520 年。周景王死后,王族内乱,苌弘和卿士刘文公联手,借晋国之力帮助平乱,辅立王子姬匄即位,史称周敬王。苌弘主要活动在周景王、周敬王时期,差不多与梓慎同时,可能还要晚些。

《淮南子》说苌弘是周室之执数者,"律历之数,无所不知"。许慎注:"数,历术。""律历之数",许慎注为"历术",指的是日月运行周天的度数。无论苌弘是周灵王时人,或还是周景王时人,周灵王、周景王时的律历只存在传说中,所以许慎的注解并不完全准确,苌弘擅长的不应为历术。《汉志》载《苌弘》十五篇,归类为"天文者"。苌弘是一位"知天道"的"传天数者",则是可以肯定的。

《左传》昭二十一年载:"景王问于苌弘曰:'今兹诸侯,何实吉?何实凶?'对曰:'蔡凶。此蔡侯般弑其君之岁也。岁在豕韦,弗过此矣;楚将有之,然壅也。岁及大梁,蔡复楚凶,天之道也。'"①豕韦,二十八宿之室宿。壅,积其恶也。杜预注:"襄公三十年,蔡世子般(即蔡灵侯)杀其君,岁星在豕韦。至今十三年,岁星复在豕韦。因楚近蔡,故言楚将有之。"从鲁襄公三十年(公元前 543 年)至昭公十一年(公元前 531 年),隔了十二年,故云"至今十三年"。"楚将有之,然壅也。"意楚将会占据蔡国,然而这是蔡灵侯积恶所致。苌弘试图从岁星所在的位置,来推断岁星所主国的动荡变化。楚灵王杀蔡灵侯之岁,岁星在大梁。大梁,主楚。因蔡近楚,又岁星复在大梁,蔡国复国,这对楚国而言不吉利,故言"蔡

---

① 杜预注,孔颖达疏:《春秋左传正义》卷四十五,《十三经注疏》本,下册,第 2059 页。

复楚凶，天之道也"。苌弘的"天数"也是分野说，但他的分野说，将岁星所主，从"蔡"移到"楚"上，分野说的随意性，由此亦可见一斑。

苌弘还是一位"方怪者"。《史记·封禅书》载："是时苌弘以方事周灵王，诸侯莫朝周，周力少，苌弘乃明鬼神事，设射《狸首》。《狸首》者，诸侯之不来者。依物怪欲以致诸侯。诸侯不从，而晋人执杀苌弘。周人之言方怪者自苌弘。"①苌弘善"方事"，指"乃明鬼神事"之方。时"诸侯莫朝周"，苌弘欲借助鬼神之力，令诸侯服从周天子，被司马迁称为"方怪者"。苌弘知天数，又明鬼神事，所以苌弘执数应解为知"术数"。

苌弘如何而死？《史记》说是被晋人执杀；《淮南子》说是被周人车裂而死，此从《庄子》说。《国语·周语》载："及范、中行之难，苌弘与之，晋人以为讨，二十八年，杀苌弘。"②鲁哀公三年（前492年），即周敬王二十八年。"范、中行之难"，指晋大夫范吉射、中行寅之难。周敬王二十七至二十九年之间（晋定公十九至二十一年），晋国发生了"六卿之乱"，时晋国的范氏、中行氏、智氏、赵氏、魏氏、韩氏六卿连连混战，范氏和中行氏被其他四大家族剿灭。范吉射与刘文公世为姻亲，因此在晋国内乱时，周王室是站在范氏这边的。"苌弘与之"，指苌弘参与了此事。晋国六卿混战时，苌弘出面劝说郑国帮助了范氏和中行氏，这对晋国的赵氏家族不利。因此，"晋人以为讨"，晋国的卿大夫赵鞅便以此向周王室问罪。周敬王不得不下令杀掉苌弘以取悦晋人。《左传》、《国语》均言苌弘被刀杀而死。

苌弘是一位积极参与时政的术数者，他的被杀，正如《淮南子》所说："然而不能自知"。春秋晚期，周景王逝世后，他的几个儿子各自成立了两个小王朝。王子姬朝，周景王庶长子，与嫡长子姬猛（周悼王）争国，赶走姬猛居洛邑王城，是为西王（公元前520—公元前514年在位）。王子姬匄，周景王次子，在姬猛病死后即位，即周敬王，住在王城以东的下都，是为东王（公元前519—公元前476年在位）。双方长期相互攻伐，争夺正位，史称"王子朝之乱"。在此期间，苌弘尽心竭

---

① 司马迁撰：《史记》卷二十八，中华书局点校本，1959年版，第4册，第1364页。
② 《国语》卷三，上海古籍出版社，1988年版，第148页。

力,帮助周敬王复兴周朝,平定王室之乱。苌弘念念不忘复周,他见周室衰微,建议迁都以适其周王的地位,也算得上"昏迷于天象"。

后世关于苌弘的传说,可谓纷纷纭纭。一说他因范中行之乱放逐归蜀(蜀,周时小邑,在今河南禹州市西北),剖腹自尽;一说他是被周人车裂而死;一说是赵简子派兵入蜀,将他脤刑(剖腹摘肠)而死。《庄子·外物》曰:"苌弘死于蜀,藏其血三年化为碧。"相传,因苌弘死得悲壮冤屈,其血三年化为碧玉。苌弘是否被周人所杀,庄子说的很玄乎。

巫医

《周礼》记载巫的内容非常丰富。巫有男巫女巫之分,《国语·楚语下》曰:"在男曰觋,在女曰巫"。《周礼·春官》曰:"男巫掌望祀……春招弭,以除疾病;王弔,则与祝前。女巫掌岁时袚除衅浴,旱暵则舞雩。若王后弔,则与祝前。"①《周礼》说,男巫掌望祀,也"以除疾病";望祀,遥望祭祀。女巫"掌岁时袚除",在"王后弔,则与祝前";袚除,消灾除病之祭。巫在为人除疾时,采取了与祝相同的方法。

巫即祝。《周礼·春官》载:小祝掌小祭祀时,用"侯禳祷祠之祝",使人"远罪疾"。女祝"掌以时招梗檜禳之事,以除疾殃"。从《周礼·春官》的记载看,祝已有了分工,有的祭祀鬼神,有的祈福禳灾,也有的为人除疾。由此可见,巫与祝,在目的、方法上都是相同的,所以也合称之为巫祝。

《周礼》所记,巫祝在进行祭祀卜筮时,还担负着治病除疾之事。这些以祭祀、卜筮、祝祷等巫术为人治病的巫祝,古人称之为巫医。《管子·权修》曰:"上恃龟筮,好用巫医。"意统治者依赖龟占筮卜,也好用巫医为人治病。孔子说"人而无恒,不可以作巫医",恒的字意作长久解。孔子也肯定了巫医的存在。孔子还肯定了祝祷的作用。《论语·述而》记:孔子问子路祝祷有没有作用,子路肯定地说"有之",孔夫子随即说自己早就为自己祝祷了。

---

① 郑玄注,贾公彦疏:《周礼注疏》卷二十六,《十三经注疏》本,上册,第816页。

传说中的巫医以"鸿术"为人治病。《世本》说："巫咸,尧臣也,以鸿术为帝尧之医。"传说巫咸作筮,鸿术可能是一种卜筮术。又刘向《说苑·辨物》曰:"吾闻上古之为医者曰苗父。苗父之为医也,以菅为席,以刍为狗,北面而祝,发十言耳。"①鸿术也是一种祝祷术。如此,鸿术可能是一种卜筮术和祝祷术的混合巫术。

巫医以"鸿术"为人治病,并不像刘向、郭璞说的那么简单笼统。《尚书·周书·金縢》,这是一篇记载周公为武王疗疾的历史文献。据《金縢》所记:武王久疾,二公(太公、召公)乃为武王占卜,想问一下武王疾病的结果。周公旦以"未可以戚我先王"作了阻止,却"自以为功",亲自为武王疗疾。周公乃立"三坛同墠",墠,祭祀用的平地;"为坛于南方北面",又"植璧秉珪"供上祭物。植:放置;秉,把持。最后,再叫史巫作了一篇祝祷文。

周公为武王疗疾的一套方法,也称被斋。《史记·周本纪》载:"武王病。天下未集,群公惧,穆卜,周公乃被斋,自为质,欲代武王,武王有瘳。"穆卜:恭恭敬敬地占卜。被斋,洁身斋戒。武王有瘳:武王差不多病愈了。唐张守节《正义》曰:"被谓除不祥求福也。"《史记》载:"周公被斋,自以贽币告三王,请代武王,武王病乃瘳也。"②贽币,泛指各种祭品。司马迁记周公被斋为武王疗疾,但省略了《金縢》所记的具体内容。

巫医使用"鸿术"为人疗疾,也掌握了一定的药术。《周礼·秋官》载:"庶氏掌除毒蛊,以攻说禬之,嘉草攻之。"③攻说,古祭名,大祝六祈,五曰攻,六曰说。禬,古祭名。庶氏为除害人的毒虫,并用祭祀(祝祷)、嘉草治之。《周礼·秋官》又载:"翦氏掌除蠹物,以攻禜攻之,以莽草熏之。"④禜,古祭名,大祝六祈,四曰禜。翦氏除虫,也是祭祀(祝祷)、莽草并用。庶氏、翦氏并用祭祀(祝祷)、药物治病,说明早期的巫医已掌握了一定的药术。

---

① 刘向撰:《说苑》卷十八,上海古籍出版社,1990年版,第159页。
② 司马迁撰:《史记》卷四,中华书局点校本,1959年版,第1册,第131—132页。
③ 郑玄注,贾公彦疏:《周礼注疏》卷三十七,《十三经注疏》本,上册,第888页。
④ 郑玄注,贾公彦疏:《周礼注疏》卷三十七,《十三经注疏》本,上册,第889页。

《逸周书·大聚》载：周武王既胜殷，"乡立巫医，具百药，以备疾灾。畜五味，以备百草"。周武王预知战后必伴随疾疫的流行，于是命所封乡村建立巫医，巫医具备百药以预防疫灾的发生。《逸周书》的记载表明，早期的巫医不仅具有了医药一技之长，而且已是相当普遍的事。或许可以说，早期的巫医，以祝由术（包括祝祷和祭祀）为人治病，也掌握了一定的药术，故称之为"鸿术"。

良医

具有医药一技之长的巫医，也被称为"良医"，古有医缓、医和。《左传》成公十年载：晋景公患病，遂向秦王求医，秦王派医缓前去治疗。医缓诊断后说，晋景公的病，针灸攻之不可，药疗达之不及，已病入膏肓不可为也。医缓擅长针灸术，被晋景公称之为"良医"。《左传》昭公元年又载："晋侯求医于秦，秦伯使医和视之。"[1]医和对晋平公说：你的病既不是鬼神作怪，也不是饮食失调，而是"近女室"所致，其疾不可治。医和又提出六气（阴、阳、风、雨、晦、明）致病，所谓"淫生六疾"说，也被称为"良医"。

先秦的良医，更是以扁鹊为代表人物。扁鹊，姓秦，名越人，勃海郑县（今河北省任丘市）人。也有说他出生在齐国卢邑（今山东省济南市），故又称卢医；"扁鹊"是后人对他的尊称。《史记》载：扁鹊少时遇长桑君；长桑君"有禁方"，因年老欲传扁鹊，"乃悉取其禁方书尽与扁鹊"。长桑君又出其怀中药予扁鹊，并告扁鹊曰："饮是以上池之水，三十日当知物矣"。"扁鹊以其言饮药三十日，视见垣一方人。以此视病，尽见五藏症结，特以诊脉为名耳。"[2]司马迁说，扁鹊遇神人长桑君，尽得"其禁方书"，又得其怀中药，饮之"尽见五藏症结"，遂成春秋时期一代良医。

《史记》又载：扁鹊过虢，闻虢太子死。扁鹊问中庶子"太子何病"？中庶子是位"喜方者"，他对虢太子病情的作了描述。在得知虢太子"其死未能半日"后，扁

---

① 杜预注，孔颖达疏：《春秋左传正义》卷四十一，《十三经注疏》本，下册，第 2025 页。

② 司马迁撰：《史记》卷一百五，中华书局点校本，1959 年版，第 9 册，第 2785 页。

鹊说"臣能生之"。中庶子曰："先生得无诞之乎？何以言太子可生也！"司马迁记载了扁鹊对虢太子的治疗："厉针砥石，以取外三阳五会……以八减之齐和煮之，以更熨两胁下。太子起坐。更适阴阳，但服汤二旬而复故。故天下尽以扁鹊为能生死人。"①扁鹊精通"切脉、望色、听声、写形"的诊断术，精通"厉针砥石"、"八减之剂"的医药术，这便是司马迁说的"越人之为方也"。写形，如望诊，从外形察看病人，但包括了对病机、病状的描述。

　　扁鹊医术高超，名闻天下。"为医或在齐，或在赵"。"过邯郸，闻贵妇人，即为带下医；过洛阳，闻周人爱老人，即为耳目痹医；来入咸阳，闻秦人爱小儿，即为小儿医。随俗为变。"②扁鹊的医技，诊断言脉，治疗用针石汤剂，其医术是相当全面的。秦太医令李醯自知自己的医"伎"不如扁鹊，才派人刺杀了扁鹊。司马迁说："至今天下言脉者，由扁鹊也。""扁鹊言医，为方者宗，守数精明。"扁鹊为一代"方者"之宗师，后人尊为神医。

　　司马迁记扁鹊说："病有六不治……信巫不信医，六不治也。"司马迁的"信巫不信医"之说，一直作为巫医和良医的对立被引用。但我们看到的是：医与巫虽有了分离，可分离得并不彻底；早期的巫医已具有了医药的一技之长，早期的良医也使用祝祷术为人治病。如何看待巫医？《吕氏春秋·季春纪》曰："今世上卜筮祷祠，故疾病愈来。"《吕氏春秋》已说巫医只能使疾病愈来愈严重。但对巫医也有不同的观点，《淮南子·说山训》曰："病者寝席，医之用针石，巫之用糈藉，所救钧也。"糈，许慎注"祀神之米"；藉，谓盛祭食的箩筐；泛指祭祀用品。《淮南子》说巫医和良医，所用工具不同，但救治病者的目的是一样的。

第三节　两汉、三国时期的方技

　　班固著《汉书》，记汉儒之言天者，推说阴阳灾异之变，都是一些对术数有所

---

① 司马迁撰：《史记》卷一百五，中华书局点校本，1959年版，第9册，第2792页。
② 司马迁撰：《史记》卷一百五，中华书局点校本，1959年版，第9册，第2794页。

精研者。

范晔撰《后汉书》,立《方术列传》二卷,方术是方技的另一个名词,但《后汉书》的成书,要晚于西晋陈寿的《三国志》。

陈寿著《三国志·魏书·方技传》,首次将医、律、相、梦、筮五位方技人物,合立在《方技传》中,故《三国志·方技传》的范围,包含了方技人物和术数人物。陈寿确立的方技,可谓广义之方技。

这一时期,班固、范晔、陈寿共同确立了方技的涵义。

《汉书》记西汉"言天者"

《汉书》,班固撰。班固,字孟坚,右扶风安陵(今陕西省咸阳市)人。班固在明帝永平中被召校书郎,历时二十年,于章帝建初中著成《汉书》。建初四年(公元79年),班固又著《白虎通德论》,即《白虎通》一书。班固生于建武八年(公元32年),卒于永元四年(公元92年),时年六十一岁。

汉初,人们一度称赞术数为"圣人之术"。如文帝时博士鼂错,他上书指出:"皇太子所读书多矣,而未深知术数者"。故请求文帝选择一些当今可用的术数,以授皇太子。到了西汉后期,一批明智者对术数发出了责疑的声音。如张敞上疏谏用方术曰:"愿明主时忘车马之好,斥远方士之虚语,游心帝王之术,太平庶几可兴也。"《汉书》还是收了如下一些西汉术数人物入传:

董仲舒,广川(今河北省景县广川镇)人。治《春秋公羊传》,景帝时为博士。武帝即位,举贤良文学之士,董仲舒得为江都相;后事汉武帝兄胶西王,为胶西相,不久离去。汉儒好推阴阳言灾异,董仲舒首提"天人感应"说。他说天下灾异,是"天乃先出灾害以谴告之",君主当求其变,避免国家失道之败。董仲舒以此推说阴阳灾异之变,总结了求雨术、止雨术的基本原则:他说"故求雨,闭诸阳,纵诸阴;其止雨反是"。这说明董仲舒的阴阳灾异之学,原本就很接近术数。

东方朔,字曼倩,平原厌次(今山东省德州市陵城区,一说今山东省惠民县)人。东方朔因奏"泰阶"之事,拜为太中大夫、给事中。泰阶,天之三台,上台、中台、下台，每台二星，凡六星。这原属太微垣的三台六星，被东方朔用以观察天象，陈"泰阶六符"，言六星之符验。云：上阶主天子，中阶主诸侯公卿大夫，下阶主士庶人；又云：上阶上星代表男主，下星代表女主。中阶上星代表诸侯三公，下星代表卿大夫。下阶上星代表元士，下星代表庶人。东方朔因精于"三台占"而被拜官。

刘向，字子政，本名更生，沛县（今属江苏省徐州市）人。《汉书·刘向传》载："诏（刘）向领校中五经秘书，讲六艺传记，诸子、诗赋、数术、方技，无所不究。"刘向喜言五行灾异之说，撰成《洪范五行传》（一作《洪范五行传论》，《汉书·艺文志》作《洪范五行传记》）。刘向亦好神仙方术，因献淮南枕中《鸿宝》、《苑秘书》，事不验而被判死罪。后其兄出巨资赎刘向罪，被赦免复出。其子刘歆，字子骏。刘歆考定律历，著《三统历谱》。刘向、刘歆父子二人，都是对术数、方技有所精研者。

魏相，字弱翁，济阴定陶（今山东省菏泽市定陶区）人，迁居至平陵。《汉书·魏相传》载：少学易，明《易阴阳》及《明堂月令》。举贤良，任茂陵令。宣帝即位，征为大司农。官至丞相，封高平侯。魏相将阴阳、八风、五方、五帝、八卦糅合在一起，而说四时月令。魏相说：东方之神太昊，乘震司春。南方之神炎帝，乘离司夏。西方之神少昊，乘兑司秋。北方之神颛顼，乘坎司冬。中央之神黄帝，乘坤（笔者按：疑巽）、艮司下土。汉人自谓得"六"数，言"六则备矣"，故对八方八风、四时五帝，统统配上除乾坤之外的"六子"。

翼奉，字少君，东海下邳（今江苏省睢宁县）人。治《齐诗》，好律历阴阳之占。翼奉上书汉元帝，讲了"六情十二律"，为东南西北上下六方，分别阴阳，以配十二地支。他说：北方之情，申子主之；东方之情，亥卯主之。"是以王者忌子卯也。"南方之情，寅午主之；西方之情，巳酉主之。"是以王者吉午酉也。"[1]上方之情，辰未主之；下方之情，戌丑主之。翼奉的"六情十二律"占，讲了"忌子卯"、"吉午酉"。"忌子卯"，指申子、亥卯二忌日；"吉午酉"，指寅午、巳酉二吉日。这样的说

----

[1]　班固撰：《汉书》卷七十五，中华书局点校本，1962年版，第10册，第3168页。

辞,可能是从择日术的变化而来。

李寻,字子长,扶风平陵(今陕西省咸阳市)人。学天文、月令、阴阳,好说灾异。哀帝初即位,召李寻为待诏黄门。李寻对哀帝说:"日初出时,阴云邪气起者,法为牵于女谒,有所畏难;日出后,为近臣乱政;日中,为大臣欺诬;日且入,为妻妾役使所营。"①李寻的日占,是以太阳运行的"时"或"位"为对象,以此说朝廷政治乱象。李寻又好说五星变异,言此为"天所以谴告陛下也";终因"其言亡验",遭徙敦煌郡。

据《汉书》所载:董仲舒以阴阳错行推灾异之变,东方朔借泰阶六符以言天变,刘向、刘歆父子领校术数、方技秘书,魏相说阴阳、八风、五方、六卦、月令,翼奉讲"六情十二律"占,李寻以"日占"说朝廷政治乱象。这些"汉儒",均为阴阳术数者(又:刘安、京房、扬雄等人,见本书第二章)。《汉志》立有《术数略》、《方技略》,但在列传中,还未将这些阴阳术数人物,设成独立的"术数传"或"方技传"。

《后汉书》所立的《方术列传》

《后汉书》,南朝范晔撰。范晔字蔚宗,顺阳(今河南省淅川县)人。生于东晋太元二十一年(公元 396 年),卒于宋文帝元嘉二十二年(公元 445 年),年仅四十八岁。《后汉书》的成书,要晚于西晋陈寿的《三国志》,这里按历史顺序先看《后汉书》。《后汉书》立有《方术列传》两卷,范晔曾自信地说,他的《方术列传》"实天下之奇作"。

方术,秦汉以来就有两个涵义,一指祭祀方术,包含道术、巫术、术数;一指神仙方术,包含医方、医术、养生术。《后汉书·方术列传》,也是在这两个涵义上使用方术一词的,故方术是方技的另一个名词。范晔将阴阳推步之学、河图洛书、箕子五行、风角遁甲、望云省气、谶纬符命、医药神仙等,通通谓之"方术"。

范晔的《方术列传》,共为五十多位方术人物立了简传。如:任文公,巴郡阆

① 班固撰:《汉书》卷七十五,中华书局点校本,1962 年版,第 10 册,第 3184 页。

中人；父任文孙，明晓天官风角秘要；任文公自幼从父学习天文，亦以占术驰名。谢夷吾，字尧卿，会稽山阴人，少学风角占候。杨由，字哀侯，蜀郡成都人，少习易，并七政、元气、风云占候。天官风角、七政元气、风云占候，这些都是《汉志·术数略》的内容，范晔将它们归入了《方术列传》中。可以确定，范晔的"方术"，也即"术数"、"方技"。

东汉方术人物多通《五经》，并且精通京房的《京氏易》和韩婴的《韩诗》。《方术列传》载：樊英，字季齐，南阳鲁阳人；习《京氏易》，兼明《五经》，又善风角、星算、河洛七纬、推步灾异，天下称其"术艺"；安帝时征为博士，诏光禄大夫。廖扶，字文起，汝南平舆人；习《韩诗》《欧阳尚书》，尤明天文、谶纬、风角、推步之术，教授常数百人。《京氏易》，指京房易学，京房首将易学术数化，创造了八宫卦说、纳甲法，对后世的影响深远。《韩诗》，指汉初燕人韩婴所传授的今文《诗经》，汉文帝时立为博士，与《鲁诗》、《齐诗》并称三家诗。《欧阳尚书》，指汉初欧阳生所传授的今文《尚书》；欧阳生又为《尚书》作《传》，言五行灾异。东汉术士，多因身怀术数之技而被封官。樊英被诏光禄大夫，《方术列传》又载单飏被拜尚书，这表明东汉方术人物的社会地位，比长安东市卖卜的司马季主要高。

范晔视谶纬为方术之一，将谶纬与"天文、风角、推步之术"并列。《方术列传》载：郭凤，勃海人，时为博士；"亦好图谶，善说灾异，吉凶占应"。董扶，字茂安，灵帝时人；籍广汉锦竹，与乡人任安齐名，俱事同郡杨厚，学图谶。韩说，字叔儒，灵帝时人，祖籍会稽山阴；博通《五经》，尤善图纬之学。谶纬，或称图谶，或称图纬，东汉官方流行的"内学"。《方术列传》序曰："汉自武帝颇好方术……自是习为内学，尚奇文，贵异数，不乏于时矣。"[1]谶纬的具体内容，我们在下一章第二节中再作解释。

《方术列传》还收入了医家，书载：郭玉，广汉洛人，少师事程高，学方诊六微之技，阴阳隐侧之术；郭玉乃通医卜，和帝时为太医丞。华佗，字元化，沛国谯人；华佗精究方药、针灸、外科术，传五禽戏于广陵吴普，传针术于彭城樊阿。

---

[1] 范晔撰：《后汉书》卷八十二上，中华书局点校本，1965年版，第10册，第2705页。

《方术列传》还收入了房中家，书载：甘始、东郭延年、封君达三人，皆方士也。"率能行容成御妇人术，或饮小便，或自倒悬，爱啬精气"；"皆百余岁及二百岁也"。

《方术列传》还收入了神仙家，书载：王真，上党人；自云"生能行胎息胎食之方，嗽舌下泉咽之，不决房室"。郝孟节，也上党人；云"能含枣核，不食可至五年十年。又能结气不息，身不动摇，状若死人，可至百日半年"。

以上这些医家、房中家、神仙家，《汉志·方技略》的主要内容，范晔亦将它们统统归入《后汉书·方术列传》中。

《方术列传》记载的一些方术人物也有点怪异。范晔说："汉世异术之士甚众，虽云不经，而亦有不可诬，故简其美者列于传末。"如《方术列传》载："徐登者，闽中人，本女子，化为丈夫；善为巫术。又赵炳，字公阿，东阳人，能为越方。"徐登禁水，水为不流；赵炳禁枯树，树即生秀，二人都善"禁术"。费长房，汝南人；随仙翁入山学道，"遂能医疗众病，鞭笞百鬼，及驱使社公"。费长房凭仙人赠送的一符，专制鬼魅，"后失其符，为众鬼所杀"。又河南曲圣卿，"善为丹书符劾，厌杀鬼"。徐登、赵炳的"禁术"，费长房、曲圣卿的丹书符箓，这些道教中常常出现的内容，范晔也将它们列入《方术列传》中。

《方术列传》虽然收录了五十多位方术人物，但并没有给出方术一个简明定义。南朝刘勰在《文心雕龙·书记》中曰："医历星筮，则有方术占试。"①刘勰又解释说：方为药术，术为算历极数；故曰"医历星筮"为方术。刘勰说的"方术"，包括医术、历法、天文、卜筮四个部分，基本概括了范晔《方术列传》的范围，而范晔、刘勰的"方术"，都是遵循了陈寿的《三国志·方技传》。

《三国志·方技传》的合立

《汉志》首次确立了《术数略》和《方技略》，给出了术数、方技的涵义、对象和

---

① 刘勰著：《文心雕龙》卷五，《丛书集成初编》本，编号2624－第36页。

范围。而陈寿的《三国志》，则首次将术数者、方技者合立在《方技传》中。陈寿，字承祚，巴西安汉(今四川省南充市)人。生于三国蜀建兴十一年(公元 233 年)，卒于西晋元康七年(公元 297 年)，时年六十五岁。在《三国志·魏书》中，陈寿确立了《方技传》一卷，首次在正史中为方技人物立了专传。

《三国志·方技传》载：华佗字元化，沛国谯(今安徽省亳州市)人，兼通数经，善针灸。传说华佗施行过外科手术，被后人称为神医。华佗又晓养性之术，传广陵吴普"五禽戏"，言体有不快，作一禽之戏，"以当导引"。吴普著《吴普本草》行于世，比较了八家本草学说；吴普于本草学，颇有建树。华佗传彭城樊阿针术，言后背及胸脏之间不可妄针，"(华佗)针之不过四分，而(樊)阿针背入一二寸"。樊阿针术于华佗，也有所突破。

《三国志·方技传》载：杜夔，字公良，河南县(今河南省洛阳市)人。杜夔善钟律，丝竹八音，靡所不能。陈寿称："绍复先代古乐，皆自(杜)夔始也。"①钟律为律历、算术的基础，故陈寿视杜夔的钟律为"非常之绝技"。裴松之注曰："时有扶风马钧，巧思绝世。"马钧改革绫机、造灌水翻车、复制指南车，为一代之巧技者。裴松之注《杜夔传》，加入了马钧技术创新的事迹，也是视杜夔的"绍复先代古乐"，为"非常之绝技"。

《三国志·方技传》载：朱建平，沛国(今属安徽省濉溪县)人。"善相术，于闾巷之间，效验非一。"有一次，曹操令朱建平遍相众宾。时魏文帝为五官将，也顺便问了问自己的年寿。朱建平说："将军当寿八十，至四十时当有小厄，愿谨护之。"朱建平相曹丕当寿八十，而曹丕只活了四十年，于是就变通说"谓昼夜也"。术家的这种会通，只是一种凑数，有些巧合罢了。

《三国志·方技传》载：周宣，字孔和，乐安(今江西省德兴市)人。周宣善叙梦，有人三梦刍狗来问，周宣三占而不同。如一梦刍狗(古人祭祀时用草扎成的狗状物)，周宣说刍狗者为祭神之物，解"当得余食也"。二梦刍狗，周宣说祭祀既讫，人们乘车散去，则刍狗为车轮碾轧，解"当堕车折脚也"。三梦刍狗，周宣说

———————————

① 　陈寿撰：《三国志》卷二十九，中华书局点校本，1959 年版，第 3 册，第 806 页。

"刍狗既车轹之后"，必有人拾回去当柴烧，解"故后梦忧失火也"。周宣"叙梦"，是将梦中的某物作某种事件的推断，而为何为车所碾"当堕车折脚也"？为何载以为樵"忧失火也"？周宣没有进一步的分析。故周宣这种叙梦方法，如同朱建平相术的"会通"。

《三国志·方技传》载：管辂，字公明，平原（今属山东省）人。管辂是三国时期一位著名的方技大家，陈寿用的笔墨也较多一些。管辂是一位精通八卦筮术人物，书中所记管辂对八卦筮术的应用，可谓多种多样。管辂又知鸟音占；他的方法是根据"其声甚急"。管辂视鸟兽为天象的代言，他笼统地说"夫鸟鸣之听，精在鹑火，妙在八神"。鸟兽何以通灵？他打了个比方，孔子听说卫国发生内乱，马上说"嗟乎，由死矣"，言鸟音占如同通灵者的感应。管辂也善风角占；其实，管辂的风角占术，采纳了各种占法。管辂又善相术；不过，管辂的相术，还是依靠看相超过百人来举证。

司马迁是分别为扁鹊、仓公、司马季主立传，陈寿却是将华佗、杜夔、朱建平、周宣、管辂合之作《方技传》。陈寿用了"玄妙之殊巧，非常之绝技"的语言，赞美了代表"医、律、相、梦、筮"这五位方技人物。

陈寿为什么将术数人物和方技人物合并，且取名《方技传》呢？笔者认为有两个原因。一方面，陈寿对"方技"的理解与墨子的"巫医卜"、司马迁的"方伎"相同，华佗、杜夔、朱建平、周宣、管辂都是具有"非常之绝技"的人物。另一方面，可能与魏文帝有关。魏文帝黄初五年十二月诏曰："崇信巫史……甚矣其惑也。自今，其敢设非祀之祭，巫祝之言，皆以执左道论，著于令典。"①大搞符命、谶纬登基的曹丕，五年后却斥巫祝术数为"左道"，诏令禁止。晋承魏制，魏文帝的禁令在西晋时还被执行着，陈寿也只能将术数人物，和并未遭禁的方技人物，一起合立在《方技传》中。

同方术一样，方技的涵义仍有狭义、广义之别。狭义的方技，指《汉志·方技略》所载"医经、经方、房中、神仙"之方技；《三国志·方技传》收录五位方技人物，

---

① 陈寿撰：《三国志》卷二，中华书局点校本，1959年版，第1册，第84页。

包含了《汉志》中《术数略》、《方技略》的内容,陈寿确立的方技,可谓广义的方技。借南朝刘勰"方术"的定义,因"方术"即"方技之术",广义的方技也可定义为"医历星筮"。陈寿确立了《三国志·方技传》后,历代史家大都著立《方技列传》(或云《术艺列传》、或云《艺术列传》等),它们所收入的人物,都是包括了"医历星筮"这类特殊技术人群。

第四节 方技的异名

唐史臣修撰《晋书》,为方技人物所立的专传,名《艺术列传》,"录其推步尤精、伎能可记者";"艺术"为方技的另一个异名。

南朝范晔撰《后汉书》,已立《方术列传》两卷。但南朝四史五书,均无方技人物的专传。在这段时期,南朝阮孝绪作《七录·术伎录》,将《汉志》"术数略"、"方技略"合并为"术伎","术伎"也是方技的又一个异名。

北齐魏收作《魏书·术艺列传》,收"方术伎巧"人物入传,"术艺"也是方技的另一个异名。唐初李百药私家编撰《北齐书》,置《方伎列传》一卷。而唐朝官方修撰《周书》、《隋书》,仍旧名《艺术列传》。

五代官方修撰《旧唐书·方伎列传》,立"术数占相之法","兼桑门道士方伎等",还是选择了"方伎"一词。

自陈寿撰《三国志·方技传》以来,史家并不是固定使用方技一词。南朝人于方技,或作"方术"、或作"术伎";北朝人于方技,或作"术艺"、或作"艺术"。"方术"、"术伎"、"术艺"、"艺术",这几个方技异名的呈现,表明这一时期方技一词的变化。笔者就将两晋南北朝隋唐时期,称之为方技的变化时期。

《晋书》以"艺术"名方技传

《晋书》,唐房玄龄等撰,立《艺术列传》一卷。

　　《晋书·艺术列传》的序,说了这样几件事:序说艺术"是决犹豫,定吉凶,审
存亡,省祸福",即谓艺术是卜筮之类的术数;序说艺术的产生是由于"神道设教"
的需要,其中有真有伪;序说艺术之兴,始见《左传》叙梦、《史记·龟策列传》;序
说"法术纷以多端","迂诞难可根源",即谓艺术包括神仙、谶术之类"小道";序说
《晋书》收录了天文、算历等技能可记者,为《艺术传》。据序文可见,《晋书·艺术
列传》的范围与《后汉书·方术列传》、《三国志·方技传》的范围是一致的,故《晋
书·艺术列传》的"艺术",是方术、方技的一个异名。

　　《晋书·艺术列传》共为二十四位方技人物立传。《晋书》载:"陈训,字道元,
历阳人。少好秘学,天文、算历、阴阳、占候无不毕综,尤善风角。"又载:"台产,字
国儁,上洛人……少专京氏易,善图谶、秘纬、天文、洛书、风角、星算、六日七分之
学,尤善望气、占候、推步之术。"又载:"索紞,字叔彻,敦煌人也……明阴阳天文,
善术数占候。"《晋书·艺术列传》记载的这些人物,与《后汉书·方术列传》、《三
国志·方技传》所载完全一致。这表明无论史家使用何种专名为方技人物立传,
方技人物都是一批"医历星筮"者。

　　《晋书·艺术列传》载:戴洋,字国流,吴兴长城人。吴末为台吏,后事晋武
帝。及元帝将登皇位,又与太史令陈卓一起,为元帝即位择日。然好道术,妙解
天象占候。戴洋曰:"今年官与太岁、太阴三合癸巳。癸为北方,北方当受灾……
今年六月,镇星前角亢;角亢,郑之分。岁星移入房,太白在心;心房,宋分。"①戴
洋所云,"年官"指"镇星","太岁"指"岁星"。戴洋又云"太白在心",故戴洋所说
的"太阴",当为"太白"。戴洋占候讲镇星(土星)与岁星(木星)、太白(金星)"三
合癸巳",因癸又作北方解,故云"北方当受灾"。但这种解释靠谱吗? 自古占候,
岁星所在为吉,唯对冲、失次为凶。戴洋却讲岁星与镇星、太白"三合"当受灾,如
此妙解天象,可谓离谱至极。

　　《晋书》用"艺术"作为方技传的一个异名,这并不是唐史馆臣的标新立异,而
是采用了南朝佛教中的一个常用词。齐梁僧佑《出三藏记集》记支谦:"世间艺

①　房玄龄等撰:《晋书》卷九十五,中华书局点校本,1974 年版,第 8 册,第 2474 页。

术,多所综习。"①随后慧皎在《高僧传》将这句话写作:"世间伎艺,多所综习。"②在南朝的佛教典籍中,"艺术"即"伎艺",指世间流行的方技。

唐史臣始将佛教人物纳入《晋书·艺术列传》中。《晋书》载:佛图澄,天竺人,少学道,妙通玄术。常服气自养,能终日不食;还善诵神咒,被称为大咒师;又能听铃音以言吉凶,与中国道人无异。单道开,敦煌人,自云能疗目疾,就医者颇验。僧涉,西域人,虚净服气,不食五谷,善使秘咒。鸠摩罗什,天竺人,世为国相,博览五明诸论及阴阳星算,妙达吉凶。昙霍,不知何许人,也有道术,言人死生贵贱无毫厘之差。《晋书·艺术列传》中的这五位佛教人物,基本是照传统方技人物的形象描述的,《晋书》称之为"外国道人"。而这些"外国道人",都是以"妙通玄术"、"能疗目疾"、"虚净服气"、"阴阳星算"、"言人死生贵贱"等方技入传的。佛教人物,也都涉及了"天文、医药、术数"这些方技的内容。唐初史臣"艺术"一词的使用,已不是一个名词的选择问题,而是表达了一种把握史实的方法。唐史臣的方法给我们一个启迪,即研究中国古代方技史,不仅要研究道教中的方技,还要研究佛教中的方技。

《晋书》好取鬼神怪物入传以广见闻,故多载"巫祝厌劾"之事。《晋书·艺术列传》载:"淳于智,字叔平,济北卢人也。有思义,能易筮,善厌胜之术。"③厌胜,又叫禳胜,是为除灾却病而进行的一类法术活动。厌胜之术往往取一"小物",置某处以"厌而胜之"。《南史·顾欢列传》载:山阴白石村多邪病,村人告诉求哀,顾欢建议"可取《仲尼居》置病人枕边恭敬之"。顾欢,刘宋时人,他对厌胜之术的作用,提出了"善禳恶,正胜邪"这一说辞。从《南史》所记看,南北朝时人对厌胜术,还是深信不疑的。其实,直至今日,这类厌胜之术都未完全绝迹。

《晋书·艺术列传》载神仙家:"孟钦,洛阳人也,有左慈、刘根之术,百姓惑而赴之。"苻坚恶其惑众,命苻融诛之。百姓传说他,"化为旋风,飞出第外"。左慈,

① 僧祐著:《出三藏记集》卷第十三,载《佛藏要籍选刊》本,上海古籍出版社,1994 年版,第 2 册,第 419 页(以下凡引该丛书本,只注《佛藏要籍选刊》本、册数、页码)。
② 慧皎著:《高僧传》卷第一,上海古籍出版社,1991 年版,第 6 页。
③ 房玄龄等撰:《晋书》卷九十五,中华书局点校本,1974 年版,第 8 册,第 2477 页。

传说能役使鬼神;刘根,自称有能令人见鬼的道术。又载:"王嘉,字子年,陇西安阳人也……不食五谷,不衣美丽,清虚服气,不与世人交游。隐于东阳谷,凿崖穴居,弟子受业者数百人,亦皆穴处。"①王嘉"不食五谷",即辟谷。

《晋书》列传中,还是记载了诸多方技人物及故事,如《晋书·颜含列传》载:颜畿"服药太多",伤及五脏,昏迷达十三年之久,这是一则因药物中毒而成植物人的典型病例。《晋书·裴秀列传》又载:裴秀第二子裴𬱃,兼明医术,他发现度量衡的改变,可能造成"药物轻重,分量乖互",导致古方不验,故提出"宜改诸度量","若未能悉革,可先改太医权衡"。又《晋书》列传载皇甫谧、葛洪、郭璞等方技大家,均见后面相关章节。

《七录》合术数、方伎为"术伎"

自陈寿撰《三国志·方技传》以来,南朝范晔撰《后汉书》已立《方术列传》二卷。但南朝四史(宋、南齐、梁、陈)五书,均无方技人物的专传,尤其是李延寿一人独撰《南史》和《北史》,《北史》载《艺术列传》二卷,《南史》却无此类方技人物的专传,个中原因我们并不清楚。

在南朝四史五书均无方技人物专传时,我们据南朝目录家阮孝绪《七录》中的"术伎录",对南朝方技一词的变化,作一些简单的考察。

阮孝绪所著《七录》已佚,其《七录序》保存在《广弘明集》卷第三中。据《七录序》,阮孝绪的《七录》系从王俭的《七志》而来,而王俭的《七志》,又是仿刘向、刘歆的《七略》而作。阮孝绪曰:"王(俭)以数术之称有繁杂之嫌,故改为阴阳;方伎之言事无典据,又改为艺术。"阮孝绪说了王俭改名的理由。简而言之,王俭的《七志》,将《数术略》改为《阴阳》,将《方技略》改为《艺术》。王俭的"阴阳",类似《汉志》的"术数";王俭的"艺术",类似《汉志》的"方技"。

阮孝绪接着说:"窃以阴阳偏有所系,不如数术之该通。术艺则滥,六艺与数

---

① 房玄龄等撰:《晋书》卷九十五,中华书局点校本,1974 年版,第 8 册,第 2496 页。

术不逮方伎之要显,故还依刘氏各守本名。但房中、神仙既入仙道,医经、经方不足别创,故合术伎之称,以名一录,为内篇。"①阮孝绪说的也算清楚,他认为王俭的改名"偏有所系","故还依刘氏各守本名",但将刘向父子的"数术"、"方伎",合称为"术伎"。阮孝绪"合术伎之称",如同陈寿合立医、律、相、梦、筮等方技人物,故阮孝绪的"术伎"一词,类似《三国志》的"方技"。

《七录序》载《七录目录》:《经典录》、《记传录》、《子兵录》、《文集录》、《术伎录》,为内篇;《佛法录》为外篇一,《仙道录》为外篇二。其中《术伎录》载:天文部四十九种,纬谶(即谶纬)部三十二种,历(谱)部五十种,五行部八十四种,卜筮部五十种,杂占部十七种,刑法部四十七种,医经部八种,经方部一百四十种,杂艺部十五种。从《术伎录》所载十部看,《术伎录》的内容是《术数略》的全部、《方技略》的半部(无神仙、房中),增加了谶纬部、杂占部。谶纬部录东汉盛行的方术类书籍,杂占部则包括音乐、绘画、书法。但音乐、绘画、书法虽也为"技",毕竟未入《汉志》的《术数略》、《方技略》,也未入《三国志》的《方技传》,本书也就不包括这方面的内容。

《七录》的特色,不仅合"数术"、"方伎"为《术伎录》,而且又撰《佛法录》、《仙道录》。《七录序》曰:"编次佛、道,以为方外之篇"。阮孝绪的"佛、道",是独立于《术伎录》之外的《佛法录》和《仙道录》。阮孝绪说,王俭的《七志》"先道而后佛",他的《七录》则"先佛而后道"。

南朝四史五书虽未立方技人物专传,但并不缺乏方技人物的史实。如:

《宋书》载:何承天改定《元嘉历》。《南齐书》载:祖冲之造《大明历》。《宋书》载:彭城颜敬以式卜。《陈书》载:陈叔坚,字子成,陈宣帝第四子;尤好术数、卜筮、祝禁。《梁书》载:陶弘景尤明阴阳五行、风角星算、医术本草,又尝造浑天象。

《南史》载:徐熙得扁鹊《镜经》,因精心学之,遂名震海内。其子徐秋夫,弥工其术,精通针灸;子徐道度。《宋书》载:宋文帝称天下有"五绝",徐道度的医术为

① 阮孝绪:《七录序》,见道宣著:《广弘明集》卷第三,上海古籍出版社,1991年版,第112页。

"五绝"之一。徐道度子徐文伯亦精针灸,官至东莞、泰山、兰陵三郡太守。

《南史》又载:褚澄,字彦道,阳翟人,善医术。褚澄对医学的最大贡献,著《褚氏遗书》传于世,全书分受形、本气、平脉、津润、分体、精血、除疾、审微、辩书、问子十篇,故又称《医论十篇》。

《南齐书》记载了"太一九宫占"。《南齐书》史臣曰:"(元嘉)十八年,太一在二宫,客主俱不利;是岁氐杨难当寇梁、益,来年仇池破……泰始元年,太一在二宫,为大小将、奄、击之;其年景和废。"①氐杨难:即氐人杨难敌,时仇池国首领。《南齐书》载:元嘉十八年(公元 441 年),太一在二宫;泰始元年(公元 465 年),太一复在二宫。《南齐书》所载太一九宫占,谓二十四年一周期,与《灵枢·九宫八风》的"太一日游"之说不同,也与《易乾凿度》、郑玄"太一下九宫"之说不同(详见本书第四章第二节和第五节)。

以上这些,均是散见于南朝正史中的方技史实。

《魏书》以"术艺"名方技传

北齐时的魏收著《魏书》,立《术艺列传》一卷。魏收,字伯起,巨鹿下曲阳(今河北省晋州市)人;生于北魏正始三年(公元 506 年),卒于北齐隆化元年(公元 576 年)。陈寿《三国志·吴书》记王蕃,"博览多闻,兼通术艺"。范晔《后汉书·方术列传》记樊英,"天下称其术艺"。所以魏收的"术艺",即为陈寿的"方技"、范晔的"方术","术艺"为"方技"的另一个异名。

魏收在《魏书·术艺列传》的序文中,表达了四层涵义:其一,"盖小道必有可观"。魏收取《论语》"虽小道必有可观焉"句,在儒家经典中找到为方技人物立传的依据,后世史家多循此说。其二,"标历数之术"、"垂卜筮之典"。《魏书·术艺列传》将方技大体分为"历数"和"卜筮",但其传中仍然收入了医药人物。其三,"论察有法,占候相传"。魏收注意到方技人物系世代相传这一特征。其四,《魏

---

① 萧子显撰:《南齐书》卷一,中华书局点校本,1972 年版,第 1 册,第 23 页。

书·术艺列传》中增加了"工艺"内容。《魏书·术艺列传》中增加书画人物的方法,也被一些史家接受,在后世的《方技列传》中,我们会陆续见到这类人物的影子。

《魏书·术艺列传》共为十三位方技人物立传,其中天文家三位:晁崇,字子业,辽东襄平人;"善天文术数",造了一部浑仪,历象日月星辰。张渊,籍里不详;"明占候,晓内外星分······世祖(苻坚)以(张)渊为太史令",尝著《观象赋》。殷绍,长乐人;好阴阳术数,曾游学四方,通晓《九章》、《七曜》等。

《魏书·术艺列传》录张渊《观象赋》一文。《观象赋》曰:"睹紫宫之环周。"注(原书小字注,下同):"紫宫垣十五星在北斗北。"①紫微垣在北天极之北,包括北斗星附近的十五星座。《观象赋》曰:"四七列九土之异。"注:"四七二十八宿。"②《观象赋》包括了紫微垣、太微垣、天市垣、二十八宿这一天文结构。这是一篇被忽略了的天文大象赋,其成文要早于《步天歌》。《步天歌》七字一韵,显然是习《观象赋》而作。在张渊之前的三国陈卓(晋太史令),早已构筑了这一星图结构,但陈卓星图有图而无文,《观象赋》起到了一个承前启后的作用。只是《观象赋》的注,是张渊自注,或是魏收所注,我们还未见史料说明。严可均《全后魏文》卷二十二考曰:"《魏书·张渊传》,又见《十六国春秋》六十九,无注。"据严可均所考,《十六国春秋》、《初学记》亦略载张渊的《观象赋》,原本"无注"。故《观象赋》的注,或是魏收所注,也是极有可能的。

《魏书·术艺列传》载术数家三位:王早,勃海南皮人,"明阴阳九宫及兵法,尤善风角"。耿玄,钜鹿宋子人,善占卜,"其所卜筮,十中八九"。刘灵助,燕郡人,好阴阳占卜。

《魏书·术艺列传》载医药家五位:周澹,京兆人,"为人多方术,尤善医药,为太医令"。李修,字思祖,"就沙门僧坦研习众方",针灸授药,莫不有效。徐謇,字成伯,丹阳人,"合和药剂,攻救之验,精妙于(李)修"。王显,字世荣,乐平人,"以

①　魏收撰:《魏书》卷九十一,中华书局点校本,1974年版,第6册,第1945页。
②　魏收撰:《魏书》卷九十一,中华书局点校本,1974年版,第6册,第1947页。

医术自通"。崔彧,字文若,"逢隐逸沙门,教以《素问》、《九卷》及《甲乙》,遂善医术",精针灸。

《魏书·术艺列传》载书画家二位:江式,字法安,陈留济阳人,善虫篆(即虫书,是篆书的变体)、诂训。蒋少游,乐安博昌人,"性机巧,颇能画刻"。《汉志》的《术数略》、《方技略》,并无书画之类。汉人视钟律为律历的基础,故陈寿将杜夔列入《方技传》。魏收将书画家列入《魏书·术艺列传》,是对陈寿《三国志·方技传》的曲解。

孝文帝在北魏太和九年(公元485年)下诏曰:"图谶之兴,起于三季。既非经国之典,徒为妖邪所凭。自今图谶、秘纬及名为《孔子闭房记》者,一皆焚之。留者以大辟论。又诸巫觋假称神鬼,妄说吉凶,及委巷诸卜非坟典所载者,严加禁断。"①孝文帝对图谶、秘纬及房中类书籍"一皆焚之",对巫祝占卜"严加禁断"。《孔子闭房记》之类房中书籍被焚,直接导致了隋唐以后房中术几成绝学。魏收就是在此背景下著作《魏书·术艺列传》的。魏收说:"阴阳卜祝之事,圣哲之教存焉。虽不可以专,亦不可得而废也……方术伎巧,所失也深,故往哲轻其艺。夫能通方术而不诡于俗,习伎巧而必蹈于礼者,几于大雅君子。"②面对孝文帝火焚方技书籍,魏收说方技"不可得而废也",以"通方术而不诡于俗"为正。魏收的《魏书》有"秽史"之名,但他的《术艺列传》,还是写得比较好的。

北齐为"方伎"

《北齐书》,唐初李百药私家编撰的一部史籍。李百药,字重规,定州安平(今属河北省)人。生于北周保定五年(公元565年),卒于唐贞观二十二年(公元648年)。李百药奉诏编撰《北齐书》,书成五十卷,置《方伎列传》一卷,其体例可能是由其父李德林制定的。

---

① 魏收撰:《魏书》卷七上,中华书局点校本,1974年版,第1册,第155页。
② 魏收撰:《魏书》卷九十一,中华书局点校本,1974年版,第6册,第1972页。

《北齐书·方伎列传》序曰："定天下之吉凶，成天下之亹亹，莫善于蓍龟。是故天生神物，圣人则之。又神农、桐君论本草药性，黄帝、岐伯说病候治方，皆圣人之所重也。"①两晋南北朝隋唐时期，正史惟李百药的《北齐书》，仍在坚持使用"方伎"一词。从《北齐书·方伎列传》序看，《北齐书》对方技的定性，已是唯医卜而已。但《北齐书·方伎列传》的范围，却是与《魏书·术艺列传》一样，大体为术数、医药和书画。

《北齐书·方伎列传》载易卜数事：

宋景业，广宗（今属河北省）人。明阴阳纬候之学，兼明历数。显祖（北齐文宣帝高洋）令宋景业卜筮，遇《乾》之《鼎》。宋景业曰："《乾》为君，天也。《易》曰：'时乘六龙以御天。'《鼎》，五月卦也。宜以仲夏吉辰御天受禅。"②（六十四卦的书名号，本书不是一一注出。）宋景业，表面还在使用《左传》的占筮术，实际上只是抽取了两卦的卦辞说话，并非《左传》本卦、之卦的解卦方法。"《鼎》，五月卦也"，出纬书《易稽览图》。宋景业引《周易》卦象配十二月的卦气说，附会显祖吉辰受禅吧。

许遵，高阳（今属河北省）人，"明易，善筮，兼晓天文、风角、占相、逆刺，其验若神"。许遵精通多种占术，其中"逆刺"较为罕见。《晋书·葛洪列传》载：葛洪师事南海太守上党鲍玄，"玄亦内学，逆占将来"。《南史·陶弘景列传》载："弘景妙解术数，逆知梁祚覆没。"《隋书·艺术列传》载：韦鼎"明阴阳、逆刺，尤善相术。"此三条史料，或是"逆刺占"之记。

《北齐书·方伎列传》记道教医学：

《北齐书·方伎列传》载：由吾道荣，琅邪沭阳（今属江苏省）人。少好道法，入长白、太山潜隐，具闻道术。传云遇晋阳异人，"其人道家符水、呪禁、阴阳历数、天文、药性无不通解，以（由吾）道荣好尚，乃悉授之"。由吾道荣，后"仍归本部。隐于琅邪山，辟谷，饵松朮茯苓，求长生之秘"。琅邪山，今琅琊山，位于安徽

① 李百药撰：《北齐书》卷四十九，中华书局点校本，1972年版，第2册，第673页。
② 李百药撰：《北齐书》卷四十九，中华书局点校本，1972年版，第2册，第675页。

省滁州市西郊。

《北史》在由吾道荣传后增曰："又有张远游者,显祖时令与诸术士合九转金丹。及成,显祖置之玉匣,云:'我贪世间作乐,不能即飞上天,待临死时取服。'"①术士合丹,北齐文宣帝准备临死时再取服食,南朝梁武帝则供养礼拜。《南史·隐逸下》载:梁武帝敬信殊笃,命邓郁为其合丹,丹成献之。"帝不敢服,起五岳楼贮之供养,道家吉日,躬往礼拜。"②比较魏武帝"令死罪者试服",梁武帝只是虔诚祭拜。既不敢服,何必炼之!

《北齐书·方伎列传》载医家数事:

《北齐书·方伎列传》记:马嗣明,河内(今河南省沁阳市)人。少明医术,博综经方。"杨令患背肿,嗣明以炼石涂之便差。作炼石法:以粗黄色石鹅鸭卵大,猛火烧令赤,内淳醋中,自屑,频烧至石尽,取石屑曝干,捣下筵,和醋以涂肿上,无不愈。"③捣下筵,谓将石屑舂捣后放置筛中上下抛接,以分离粗细。一代名医马嗣明,善用便方,作炼石法治疗背肿。

南北朝时期,方技大家,当以徐之才最为代表。徐之才祖先原在南朝,父徐雄事南齐,以医术为江左所称。徐之才被北朝所俘,后入仕北朝,官至尚书令。《徐之才列传》载:"少解天文,兼图谶之学。"徐之才亦是一位医卜双通人物。徐之才精通医术,以医技被授"西阳王",后人有"徐王"之称;但为人并不怎样。《徐之才列传》载:"历事诸帝,以戏狎得宠。"④徐之才家族,从东海徐熙开始,家学相传,历经七世,这在中国方技史上,都是十分罕见的。徐之才在医学上取得的主要成就,就是创制了十剂。徐之才撰《雷公药对》(佚),提出了药有"宣、通、补、泄、轻、重、涩、滑、燥、湿"十剂。中国传统医学,如果说秦汉时是以"医经者"见长,徐氏家学出现后,中国古代的"医方者",开始占据了主导地位。

---

① 李延寿撰:《北史》卷八十九,中华书局点校本,1974年版,第9册,第2931页。
② 李延寿撰:《南史》卷七十六,中华书局点校本,1975年版,第6册,第1896页。
③ 李百药撰:《北齐书》卷四十九,中华书局点校本,1972年版,第2册,第680页。
④ 李百药撰:《北齐书》卷三十三,中华书局点校本,1972年版,第2册,第444页。

北周为"艺术"

《周书》,唐初官方设史馆修撰,主修人令狐德棻。令狐德棻,宜州华原(今陕西省铜川市耀州区)人。生于隋文帝开皇二年(公元 582 年),卒于唐高宗乾封元年(公元 666 年),时年八十五岁。按唐官方修撰《晋书》惯例,《周书》置《艺术列传》一卷。

《周书·艺术列传》载方技九人:

蒋升,字凤起,楚国平河(今安徽省怀远县)人,少好天文玄象之学。

姚僧垣,字法卫,吴兴武康(今浙江省德清县武康街道)人。姚僧垣年二十四,即传家业,撰《集验方》十二卷,行于世。次子姚最,字士会,幼在江左,未习医术。年十九,随父姚僧垣入关,"于是始受家业。十许年中,略尽其妙"。

褚该,字孝通,河南阳翟(今河南省禹州市)人。尤善医术,见称于时。褚该医术虽亚于姚僧垣,"但有请之者,皆为尽其艺术"。子褚士则,亦传其家业。

强练,不知何许人,亦不知其名字。然好预测,"初闻其言,略不可解;事过之后,往往有验"。

冀儁,字僧儁,太原阳邑人,善隶书,工模写。黎景熙,字季明,河间人,少以字行于世。赵文深,字德本,南阳宛人,少学楷隶。《周书》将这三位书法家收入《艺术列传》中,虽是符合今之"艺术"的涵义,却是习魏收将书画家列入《魏书·术艺列传》。《魏书》、《周书》的此类做法,不符合班固、陈寿的原义,是对方技一词的滥用。

《周书·艺术列传》附载的卫元嵩,倒值得一提。《周书·艺术列传》载:"又有蜀郡卫元嵩者,亦好言将来之事,盖江左宝志之流……史失其事,故不为传。"[1]四库馆臣引温大雅《创业起居注》云:卫元嵩造作谣谶,亦妖妄之徒。近人余嘉锡先生,搜讨内典,采集逸事,对卫元嵩的生平本末,考之甚详。余嘉锡考

---

[1]　令狐德棻等撰:《周书》卷四十七,中华书局点校本,1971 年版,第 3 册,第 851 页。

曰:"寻元嵩所以佯狂者,盖凡好言休咎之人,多托之疯癫以避祸。然愈疯癫,愈使人惊为神圣。从来惑众之徒,多操此术。"①

卫元嵩著《元包经传》五卷传世,由苏源明传、李江注。《元包经传》前四卷,祖京房"八宫卦"的排列,却将《周易》六十四卦分为:"太阴"、"太阳"、"少阴"、"少阳"、"仲阴"、"仲阳"、"孟阴"、"孟阳"八目,即以坤卦为首,而以坤乾兑艮离坎巽震为序;并重写了全部卦辞。《元包经传》第五卷载《运蓍》、《说源》二篇,文字与前四卷大不相同,或为后人的窜文。南北朝存世的易学专著不多,卫元嵩的《元包经传》,可能是唯一的一个全本。卫元嵩还著有《齐三教论》七卷、《三易异同论》等,见《元包经传》唐李江注中。

《隋书》的《艺术列传》

《隋书》是唐初史馆编撰的第二部史籍,参加编写的有颜师古、孔颖达、许敬宗等人。其纪传部分成书于贞观十年(公元 636 年),设立《艺术列传》一卷。《艺术列传》收入阴阳、卜筮、医巫、音律、相术、技巧六类方技人物,并言"艺术"的作用,"非徒用广异闻,将以明乎劝戒"。

《隋书·艺术列传》记阴阳,指天文律历,以庾季才、张胄玄为代表。

庾季才,字叔奕,新野(今属河南省)人。年少时好占玄象。入周,参掌太史。诏撰《灵台秘苑》一百二十卷,今存十五卷,系宋人重修本。《灵台秘苑》并非全为天文占书,其卷三所载《土圭影》考,也是《周礼·地官》记土圭之法以来,一篇最详细的考释。

张胄玄,渤海蓨县(今河北省景县)人。师从祖冲之,博学多通,尤精天文历算。隋文帝年间,供职于太史监,参与制定历法。大业六年,张胄玄制成《大业历》,将原定冬至点起虚五度改为起虚七度,使《大业历》成为隋代一部较好的历

---

① 余嘉锡著:《北周毁佛主谋者卫元嵩》,载《现代佛教学术丛刊》第 5 册,大乘文化基金会出版,1980 年版,第 248 页。

法。《隋书·艺术列传》记张胄玄所创历法，与古不同者有三事，超古独异者有七事，俱言张胄玄的历术有独到之处。

《隋书·艺术列传》记卜筮者，以萧吉为代表。萧吉，字文休。南兰陵（今江苏省常州市）人。"江陵陷，遂归于周，为仪同。"入隋，以本官太常考定古今阴阳书。博学多通，尤精阴阳算术。及献皇后崩，上令萧吉卜择葬地。有《五行大义》一书行于世。

《隋书·艺术列传》记医巫者，以许智藏为代表。许智藏，高阳（今河北省高阳县）人。祖许道幼，世号名医。许道幼诚其诸子曰："为人子者，尝膳视药，不知方术，岂谓孝乎？"①此为人子不可不知方术说，由是传为美谈。许智藏亦以医术自达，为隋代御医。

《隋书·艺术列传》记善音律者：万宝常，不知何许人也。妙达钟律，遍工八音。隋初，沛国公郑译等定乐，万宝常指责说："此亡国之音"。万宝常"请以水尺为律，以调乐器"，"其声率下郑译调二律"。万宝常造水尺律，"以调乐器"，时人"谓以为神"。

《隋书·艺术列传》载相术者：韦鼎，字超盛，京兆杜陵（今陕西省西安市）人。明阴阳、逆刺，尤善相术。开皇十二年（公元592年），除光州刺史，百姓咸称其有神，道无拾遗。

《隋书·艺术列传》载相卜者：杨伯醜，冯翊武乡（今陕西省大荔县）人。好读《易》，隐于华山。常与卖卜者张永乐游。张永乐遇卦不能决者，杨伯醜帮其分析爻象，寻幽入微；张永乐自以为不能及也。后杨伯醜亦开肆卖卜。《隋书·艺术列传》载："时有杨伯醜、临孝恭、刘祐，俱以阴阳术数知名。"

《隋书·艺术列传》载技巧者：耿询，字敦信，丹阳（今安徽省当涂县丹阳镇）人。故人高智宝以玄象直太史，耿询从之受天文算术。耿询制造的浑天仪，不假人力，以水转之，技巧绝人。耿询又作马上刻漏，世称其妙。著《鸟情占》一卷，佚。

---

① 魏徵等撰：《隋书》卷七十八，中华书局点校本，1973年版，第6册，第1782页。

　　唐史臣使用艺术一词,但对术艺、方术诸词,并没有废置不用。如《周书·艺术列传》史臣曰:"仁义之于教,大矣;术艺之于用,博矣。"①又如《周书·艺术·姚僧垣列传》载:父菩提,乃留心医药;"梁武帝性又好之,每召菩提讨论方术,言多会意"。艺术和术艺、方术诸词,这些方技的异名,唐史臣都是并列使用的。

　　唐初史馆编撰史籍,在纪传中立"艺术"列传,而在志书中则作"五行者"。《隋志》按"经史子集"立部,子部收:"天文者"、"历数者"、"五行者"、"医方者"等书,而"五行者"收入了风角、九宫、太一、遁甲、《周易》、六壬、堪舆、婚嫁、占梦、地形等术数类书名。《隋志》似乎用"五行"一词来替代"术数",但《隋志》的"五行者",不包括"天文者"、"历数者"。天文、历法从术数中独立出来,《隋志》已作了范例。

《旧唐书》的《方伎列传》

　　《旧唐书》,五代后晋时官方修撰,刘昫等人监修,立《方伎列传》一卷。《旧唐书·方伎列传》,收术数、占相、桑门、道士、方伎五类方技人物。

　　术数人物:

　　崔善为,贝州武城(今河北省故城县)人。善天文算历,明达时务,撰《戊寅元历》。严善思,同州朝邑(今陕西省大荔县)人,尤善天文历数及卜相之术。参加销声幽数科考试得中,累迁太史令。尚献甫,卫州汲县(今河南省卫辉市)人,尤善天文地理。原本道士,被提升为太史令,后改迁为浑仪监令。

　　占相人物:

　　乙弗弘礼,贝州高唐(今属山东省)人。隋炀帝居藩,召令相己。乙弗弘礼跪而贺曰:"大王骨法非常,必为万乘之主"。袁天纲,益州成都(今四川省成都市)

① 令狐德棻等撰:《周书》卷四十七,中华书局点校本,1971年版,第3册,第851页。

人,尤工相术。武德九年,被召入京。武则天尝在襁褓中,穿着男孩服装。袁天纲视之大惊曰:"必若是女,实不可窥测,后当为天下之主矣。"①袁天纲"前知武后"一事,恐是虚构。但袁天纲仍以善相名世。

桑门人物:

僧玄奘,姓陈氏,洛州缑氏(今河南省偃师市)人,大业末出家,博涉经论。贞观初随商人往西域,在西域十七年,撰《西域记》十二卷。僧神秀,姓李氏,汴州尉氏(今属河南省尉氏县)人。北魏时,"达摩赍衣钵航海而来",弘扬禅宗。达摩传慧可,慧可传僧璨,僧璨传道信,道信传弘忍,弘忍以坐禅为业,传神秀、慧能。"天下乃散传其道,谓神秀为北宗,慧能为南宗。"僧一行,姓张氏,先名遂,魏州昌乐(今属河南省南乐县)人。少聪敏,博览经史,尤精历象、阴阳、五行之学。撰《大衍论》三卷。时《麟德历经》推步渐疏,敕一行考前代诸家历法,改撰新历;一行于是撰成《开元大衍历经》。僧玄奘、神秀、一行,皆唐时佛教方技大师。

道士人物:

薛颐,滑州(今河南省滑县)人。大业中为道士,解天文律历,尤晓杂占。薛颐于紫府观建一清台专候玄象,"有灾祥薄蚀谪见等事,随状闻奏。前后所奏,与京台李淳风多相符契"。叶法善,括州(今浙江省丽水市)人。"自曾祖三代为道士,皆有摄养占卜之术。法善少传符箓,尤能厌劾鬼神。"桑道茂,大历中游京师,善太一、遁甲、五行灾异之说,言事无不中。唐代宗召之禁中,待诏翰林。

方伎人物:

张文仲,洛州洛阳(今属河南省)人。少与乡人李虔纵、京兆人韦慈藏并以医术知名。武则天初为侍御医,尤善治疗风疾。李虔纵,官至侍御医;韦慈藏,景龙中光禄卿。初唐诸医,咸推张文仲、李虔纵、韦慈藏等三人为首。

---

① 刘昫等撰:《旧唐书》卷一百九十一,中华书局点校本,1975年版,第16册,第5092页。

许胤宗，常州义兴（今江苏省宜兴市）人，隋唐时名医。许胤宗医技非常，却不愿著书以贻后人。他说："医者意也，在人思虑。又脉候幽微，苦其难别，意之所解，口莫能宣……吾思之久矣，故不能著述耳。"①许胤宗已指出，脉诊"莫识病源"，只是"意之所解"，依靠"以情臆度，多安药味"，"所以难差"。许胤宗最早指出了脉诊存在的问题，也最早提出"唯须单用一味"的想法。

孙思邈，京兆华原（今陕西省铜川市耀州区）人。"弱冠，善谈庄、老及百家之说，兼好释典。"卢照邻评说："（孙思）邈道合古今，学殚数术，高谈正一，则古之蒙庄子；深入不二，则今维摩诘耳。其推步甲乙，度量乾坤，则洛下闳、安期先生之俦也。"孙思邈还保持着医家亦精通术数的传统。

《旧唐书·方伎列传》收入三十位方技人物，当然也不是唐代方技人物的全部，有些重要的方技人物，《旧唐书》或立有专传，或被收入《隐逸传》、《孝行传》中，也有的或附于他人传后。如李淳风，《旧唐书》立有《李淳风列传》；又如刘贶，"博通经史，明天文、律历、音乐、医算之术"。刘贶算是一位兼通天文、医药之术的方技人物，可惜刘贶的史料不多，《旧唐书》只将他附在其父刘子玄列传后。

唐朝对祭祀占卜，可谓严加管控。《旧唐书·太宗本纪》载：武德九年（公元626年），唐太宗立下二条基本国策：第一，对私家祭祀祠祷，"一皆禁绝"；第二，对龟、易、五兆之外的诸杂占卜，"亦皆停断"。唐太宗一方面管控祭祀占卜，另一方面又命吕才校"阴阳方伎之书"。唐太宗说："安危在人事，吉凶系于政术。"②对术数之书，私家禁绝，官方校正，唐太宗还算有一个比较正确的认识。

唐代禁限术数，禁除的只是私习，官方仍为方技设置了官职。《全唐文·定伎术官进转制》载："至今本色出身，解天文者，进转官，不得过太史令；音乐者，不得过太乐鼓吹署令；医术者，不得过尚药奉御；阴阳卜筮者，不得过司膳寺诸署令。"③司膳寺，即光禄寺，设有令、丞，隶属于礼部掌管。"伎术官"包括：天文者、

①　刘昫等撰：《旧唐书》卷一百九十一，中华书局点校本，1975 年版，第 16 册，第 5091 页。
②　董诰编：《全唐文》卷五，上海古籍出版社，1990 年版，第 1 册，第 19 页。
③　董诰编：《全唐文》卷九十五，上海古籍出版社，1990 年版，第 1 册，第 430 页。

音乐者、医术者、阴阳卜筮者。"天文者"和"阴阳卜筮者"的分离，表明天文已从"阴阳者"中独立出来，而术数者重新贴上了"阴阳"标签。"伎术官"制度，规定了唐代方技的最高官职。

第五节　方技的沉淀

宋人修《旧五代史》，欧阳修撰《新五代史》，都未对方技人物设立专传，笔者汇录一些五代时期的方技人物史料。

《宋史·方技列传》提出了"巫医不可废"的观点，认为后世方技"皆以巫医为宗"，实际认为方技是以天文、医药为重。

辽、金、元三史均设立了方技（伎）列传。《辽史·方技列传》惟"医卜是已"，《金史·方伎列传》以"吉凶导人而为善"，《元史·方技列传》载"星历、医卜、方术异能之士"。

《明史·方伎列传》序言说，录医与天文"最异者"；实以医药、天文、术数人物为重，亦本"医历星筮"遗意。

《清史稿》复立《艺术列传》。《清史稿·艺术列传一》，亦可堪称有清一代医家史。天文律历人物，《清史稿》另立有《畴人列传》。笔者选择了薛凤祚、王锡阐、梅文鼎、王贞仪四人，作为清朝天文律历人物的代表。

五代以后各朝所修正史，均立有《方技（伎）列传》（除《清史稿》），陈寿始创的《方技传》，最终是沉淀在"方技"一词上，笔者就将五代宋辽金元明清时期，作为方技史的沉淀时期。

五代方技人物史料

《旧五代史》原称《五代史》，或叫《梁唐晋汉周书》，宋初史馆修于开宝六年（公元 973 年），时薛居正位居宰相，书成题薛居正等撰。《旧五代史》并未对方技人物设立专传,笔者摘录一些书中的史料及其他史料,以对五代时期方技人物窥见一斑。按本书的天文、术数、医药、养生、道教、佛教六个专题排列。

天文

仇殷,不知何郡人。"开平中,仕至钦天监,明于象纬历数。"①可以看到,五代虽为乱世,而钦天监仍然存在。史载王景仁出师,仇殷上言:"太阴亏,不利深入"。太祖立即遣使止之,王景仁已败于柏乡矣。仇殷预知王景仁出师胜败的结果,应该说是后人"备录"的。可以肯定地说,仇殷占象"不足凭"。

马重绩,字洞微。其先出于北狄,而世事军中,后居于太原。"少学数术,明太一、五纪、八象、《三统》大历。"大历:具有完整体系而影响较大的历法。仕晋,拜太子右赞善大夫,迁司天监。天福三年,马重绩整合《宣明》、《崇玄》二历,创为新法,以唐天宝十四载乙未为上元,雨水正月中气为气首,以午正为时始,号《调元历》。

王朴,字文伯,山东东平人。汉乾祐中,擢进士第,后事周世宗为枢密使。史载:"至如星纬声律,莫不毕殚其妙;所撰《大周钦天历》及《律准》,并行于世。"②王朴精通天文律历,所造《钦天历》,有功于世。

《五代会要》载:"后唐同光二年九月,司天奏请禁天下造私历者。从之。"③五代禁私家传习天文律历,但这种禁限时紧时松,如王处讷"私撰《明玄历》于家",就是在时日之书"不在禁限"之律的背景下完成的。

《五代会要》又载:"显德三年八月勑:应诸色阴阳占卜书,宜令司天台、翰林院集官详定其书。如是曾经前代圣贤行用合正道者,只可存留;其有浅近妖妄不依典据者,并可毁废。"④显德三年(公元956年),后周世宗又下令,详定外来术士所造的阴阳占卜之书。敬授民时,历来属于官方的专利,现在外族术士也来编造天文历书,官方若不加以毁废,会给社会带来麻烦的。

---

① 薛居正等撰:《旧五代史》卷二十四,中华书局点校本,1976年版,第1册,第328页。
② 薛居正等撰:《旧五代史》卷一百二十八,中华书局点校本,1976年版,第5册,第1682页。
③④ 王溥撰:《五代会要》卷十一,《丛书集成初编》本,编号0830-第142页。

术数

郑玄素,京兆人。"避地鹤鸣峰下,萃古书千卷,采薇蕨而弦诵自若……后益入庐山青牛谷,高卧四十年。"①郑玄素善谈名理,他说"论五行者,以气不以形","若以形言,则万物皆萌于春,盛于夏,衰于秋,藏于冬"。他还是以五行之气,解说了五行之形。

赵延义,字子英,秦州人。晋天福中,代马重绩为司天监。父赵温珪,仕蜀为司天监,长于袁天纲、许负的相术。临终谓赵延义曰:"技术虽是世业,吾仕蜀已来,几由技术而死,尔辈能以他途致身,亦良图也。"赵延义父辈世为星官,却因为尤精相术,几乎被拖累致死。赵延义亦否定"禳祈之术",他认为修德要行盛唐政治,即治国安民之术。

医药

段深,不知何许人。"开平中,以善医待诏于翰林。"时太祖长期服食石药,其溲甚浊。段深进言:"当进饮剂,而不当粒石也。"段深又从《史记·仓公列传》中,找出不可服石的依据。面对仓公、段深"不可服石"的禁告,五代时又有几人听得进?

陈玄,京兆人,家世为医。"长兴中,集平生所验方七十五首,并修合药法百件,号曰《要术》,刊石置于太原府衙门之左,以示于众,病者赖焉。"②陈玄刻七十五首所验方为医方石经,明示天下。

张泳,后周时人。"显德初,进新集《普济方》五卷,诏付翰林院考验,寻以(张)泳为翰林医官。"③

刘翰,亦后周时人。"显德初,进《经用方书》一部三十卷,《论候》一十卷,《今体治世集》二十卷。上览而嘉之,乃以为翰林医官,其书付史馆。"④

---

① 薛居正等撰:《旧五代史》卷九十六,中华书局点校本,1976年版,第4册,第1280页。
② 薛居正等撰:《旧五代史》卷九十六,中华书局点校本,1976年版,第4册,第1282页。
③④ 王钦若等编:《册府元龟》卷八五九,中华书局,1960年版,第11册,第10207页。

养生

王镕，"唐末为成德军节度。宴安既久，惑于左道，专求长生之要，尝聚缋黄，合炼仙丹；或讲说佛经，亲受符箓。西山多佛寺，又有王母观，镕增置馆宇，雕饰土木。道士王若讷者，诱镕登山、临水访求仙迹，每一出数月方归，百姓劳弊"。①王镕世袭为节度使，不亲军政，却"惑于左道，专求长生之要"。

卢华，"晋卢华，庄宗时为平章事；登庸之后，不以进贤功能为务，唯事修炼，求长生之术。尝服丹砂，呕血数日，垂死而愈"。②服食金丹之害，延续到五代。登庸，指应考中试、选拔任用的意思。

史圭，"晋史圭，仕后唐为河南少尹。有嵩山术士，遗圭石药如斗，谓圭曰：'日服之可以延寿，然不可中辍，辍则疾作矣。'圭后服之，神爽力健……天福中，疾生胸臆之间，尝如火灼。圭知其不济，求归乡里，诏许之。及涉河，竟为药气所蒸，卒于路"。③服食石药，初期"神爽力健"，不久则"疾生胸臆之间"。史圭深受"嵩山术士"之诱，服石而卒。

道教

杜光庭，字宾圣（亦作圣宾），号东瀛子。处州缙云（今属浙江省）人，主要生活在唐末五代时期。少习儒，屡试不第，乃入天台山为道士。杜光庭对道教教义、斋醮科范、修道方术等多方面作了研究和整理，对后世道教影响很大。前蜀高祖王建，赐号"广成先生"，招为皇子师。王建曰："昔汉有四皓，不如吾一先生足矣。"④四皓，秦朝末年隐居于商山的东园公、夏黄公、绮里季、角里先生，号商山四皓。汉初，吕后聘出辅佐太子。杜光庭尝撰《混元图》行于世；又兼通医理，著脉学专著《玉函经》（一名《广成先生玉函经》）。

---

①②③　王钦若等编：《册府元龟》卷九二九，中华书局，1960年版，第12册，第10952页。

④　赵道一编修：《历世真仙体道通鉴》，见《道藏要籍选刊》本，第6册，第234页（以下凡引该丛书本，只注《道藏要籍选刊》本、册数、页码）。

佛教

广微，"后唐广微者，华州僧也，知术数。末帝在河中，广微尝密谓房暠：'日相公，极贵；然明年有大厄，极危。如得济，此厄事不可言。'明年果有杨彦温之变"。①不知广微的相术，是用佛教的三十二相，或还是用袁、许之术。房暠，长安人，后梁末帝朱友贞登极后，历任南、北二院宣徽使。

遇尧，"周沙门遇尧，浙东人也。世宗酷好点化之术，遇尧为帝面致其事，及览其所为，则莹泽可爱，帝大嗟，赏之。故令攻而为器，以赐近臣焉"。②点化之术，诈称点石为金，即炼伪金。五代时的佛教僧人，还善炼金术。僧人不仅炼金，也在炼丹，五代孙光宪《北梦琐言》载：成都觉性院，有僧合"知命丹"卖之于人，人服之而多遇其害。

《宋史·方技列传》"皆以巫医为宗"

《宋史》是元朝翰林国史院组织宋史局修撰的，题"元中书右丞相总裁脱脱等修"，实欧阳玄为主笔。欧阳玄，字元功，其先家江西庐陵，曾祖时迁湖南浏阳。

《宋史》载《方技列传》上下二卷。《宋史·方技列传》的序，肯定了"巫医不可废"，并强调说"皆以巫医为宗"，实际认为方技是以天文、医药为重。序中将占候、测验、厌禳、祭禬、遁甲、风角、鸟占、修炼、吐纳、导引、黄白、房中等十二种方术，称之为"一切焄蒿妖诞之说"。焄蒿：原指祭祀时祭品所发出的香臭气味，后亦用指祭祀。《宋史·方技列传》对"方技"的定性，与司马迁、陈寿的定性不同，然作为宋时方技的分类，还是可以参考的。

《宋史·方技列传》载"皆以巫医为宗"的"巫"，如：王处讷，河南洛阳人，深究星历、占候之学，造《应天历》；子熙元，幼习父业，上所修《仪天历》。韩显符，不知何许人，少习三式，善察视辰象，造铜浑仪、候仪，上其《法要》十卷。楚衍，

<hr/>

①② 王钦若等编：《册府元龟》卷八七七，中华书局，1960年版，第11册，第10396页。

开封胙城人，明相法及《聿斯经》，善推步、阴阳、星历之数，天圣初，与历官宋行古等九人，制《崇天历》。显然，《宋史·方技列传》的"巫"，是指这些天文律历人物。

天文学家沈括，《宋史》另置本传。《宋史·沈括列传》载：沈括，字存中，钱塘人。擢进士第，提举司天监。"博学善文，于天文、方志、律历、音乐、医药、卜筮，无所不通。"沈括领太史局："始置浑仪、景表、五壶浮漏；招卫朴造新历，募天下上太史占书，杂用士人。分方技科为五，后皆施用。"①沈括所分的方技五科，具体内容不详，当不包括医药方面内容。他留下了一部《梦溪笔谈》，对象数作了深入的研究。

《宋史·方技列传》载"皆以巫医为宗"的"医"，如：刘翰，沧州临津人，世习医业；入宋，开宝中，诏与道士马志、医官翟煦等人详定《唐本草》，成《开宝重定本草》。庞安时，字安常，蕲州蕲水人，著《难经辨》《主对集》《本草补遗》，皆有功于世。钱乙，字仲阳，本吴越王俶支属，祖从北迁，遂为郓州人，为医以擅《颅囟方》著名于山东一带。

有宋一代，国家最留意发展医学：

一是改革了太医署的设置。宋初设立的太医署，医设三科：方脉科、风产针科、口齿咽喉眼目科；或说方脉科、针科、疡科。宋医三科，已不见唐代的"咒禁科"之设，祝由、咒禁之类，此后只是存在民间巫医、道教和佛教中。熙宁九年，改称太医局，医设九科，分大方脉、风、小方脉、产、眼、疮肿、口齿兼咽喉、金镞兼书禁、疮肿兼折伤九科。金镞兼书禁科，指疡医兼祝由科。太医局每年春试，招三百人为额；绍熙后，"局生以百员为额"。

二是设立了校正医书局。宋初诏直秘阁学士掌禹锡、光禄卿直秘阁林亿、国子博士高保衡、尚书屯田郎中孙奇等人，校订、整编了宋以前的重要医经。儒者习医，却苦于缺乏医书，如庐山白鹿洞学医者常数千百人，曾上表请赐医之《九经》。校正医书局的设立，改变了这一状况。

---

① 脱脱等撰：《宋史》卷三百三十一，中华书局点校本，1985年版，第30册，第10654页。

三是特设医学博士。《宋史翼》载："朱肱，字翼中，归安人，元祐三年进士……属朝廷大兴医学，求深于道术者为之官师，起肱为医学博士。"①朝廷为大兴医学，立朱肱为医学博士，极大地提高了医家的社会地位。朱肱，存世《南阳活人书》最为著名。

四是皇帝亲力亲为。据《宋史·徽宗纪》载：宋徽宗赵佶继位不久，于崇宁二年（1103 年），置医学；三年，置书、画、算学。赵佶对医算书画颇为关注，本人也精通医道，除撰《圣济经》之外，还编撰《圣济总录》、下诏敕定《证类本草》等。

《宋史·方技列传》记载的术数人物并不多，仅仅提到：马韶，赵州平敕人，习天文、三式。孙守荣，临安富阳人，遇异人教以风角、鸟占之术。这是因为《宋史·方技列传》，已不再给予巫术或卜筮有如天文、医药一样重要的地位。民间巫师之类人物，在宋代是要遭到镇压的。如夏竦《洪州请断祆巫》记："当州师巫，一千九百余户，臣已勒令改业归农，及攻习针灸方脉。"②所有神像、符箓、钟、角、刀、笏等，"已令禁毁及纳官讫"。

宋代更加严禁私习天文星算历法、六壬相术遁甲等术数。如景德元年（1004年）宋真宗下诏曰："自今民间应有天象器物、谶候禁书，并令首纳，所在焚毁。匿而不言者论以死，募告者赏钱十万。星算伎术人并送阙下。"③宋真宗对民间私藏玄象器物、天文星算、相术图书、七曜历等"星算术数人"，"当行处斩"。宋代术数人物的社会地位，真是岌岌可危。

《宋史·方技列传》载道教方技人物：苏澄隐，得养生之术；丁少微，献金丹、仙药；赵自然，言修炼之要；赵抱一，善养生之事；贺兰栖真、柴通玄二人均善辟谷。王怀隐，善医诊；甄栖真，以药术济人，亦精通养生秘术。林灵素，妖狂之人；莎衣道人，妄说休咎。宋代道教方技人物，以养生、医诊、占相为要。

《宋史·方技列传》载佛教方技人物：沙门洪蕴，以医术知名。僧志言，以善卜休咎知名。僧怀丙，修真定构木佛图、赵州洨河桥。僧智缘，善医，亦善"太素

---

① 陆心源撰：《宋史翼》卷三十八，《二十五史三编》本，岳麓书社，1994 年版，第 7 册，第 907 页。
② 吕祖谦编：《宋文鉴》卷四十三，中华书局，1992 年版，第 652 页。
③ 李焘著：《续资治通鉴长编》卷五十六，上海古籍出版社，1986 年版，第 1 册，第 475 页。

脉"。所谓"太素脉",云诊父之脉而能道其子吉凶,察夫之脉而能知其妇福祸,荒诞不经。宋代佛教方技人物,以医术、占卜、工艺为要。

辽、金、元史的《方技（伎）列传》

元脱脱等人同时修撰了《宋史》、《辽史》、《金史》。《辽史》载《方技列传》一卷。自《魏书》叙方技"盖小道必有可观"已来,《辽史》也视方技为"小道"。《辽史》说,方技这一"小道",唯"医卜"而已,且医卜"皆有补于国,有惠于民"。《辽史》对"方技"的这一评介,是接近历史实际情况的。

《辽史·方技列传》载医家二人:直鲁古,吐谷浑人。长亦能医,专事针灸,尝撰《脉诀》、《针灸书》,行于世。耶律敌鲁,字撒不椀。精于医,察形色知病原,有十全功。

《辽史·方技列传》载术家三人:王白,冀州人。明天文,善卜筮,晋司天少监;辽太宗耶律德光入汴京(今河南省开封市)得之。魏璘,不知何郡人。以卜名世,辽太宗得于汴京。耶律乙不哥,字习撚,尤长于卜筮,当时占候,无不验。

《辽史·方技列传》后论曰:"方技,术者也。苟精其业而不畔于道,君子必取焉。"《辽史》撰者强调方技是"术",君子必取方技这一"小道"。方技是否"小道"?明王崇庆有不同提法。王崇庆将农与卜、医并立,视为民生之三件大事,直言方技为"天下之大端也"。明王阳明说,今之博学者所言"皆是卜筮",故天下之理莫有大于方技者。

《金史》将《宦者列传》与《方伎列传》合为一卷。《金史·方伎列传》序言:古之方技,"以吉凶导人而为善","以活人为功";后世方技,"或以休咎导人为不善","或因以为利而误杀人"。《金史》序言,虽然有点厚古薄今,但也反映出金世方技的不足之处。

《金史·方伎列传》载医家五人:

刘完素,字守真,河间人。撰《运气要旨论》、《精要宣明论》,又著《素问玄机原病式》。好用凉剂,以降心火、益肾水为主,自号通玄处士云。

张从正,字子和,号戴人,睢州考城人。精《难》、《素》之学,其法宗刘守真,用药多寒凉。古医书有汗下吐法,张从正用之最精,号张子和"汗下吐法"。

李庆嗣,洺州人,少举进士不第而学医。所著《伤寒纂类》四卷、《改证活人书》三卷、《伤寒论》三卷、《针经》一卷,传于世。

纪天锡,字齐卿,泰安人。早弃进士业,学医,精于其技,遂以医名世。集注《难经》五卷,是书久佚。大定十五年上其书,授医学博士。

张元素,字洁古,易州人。二十七岁应试下第,乃去学医。平素治病不用古方,云"运气不齐,古今异轨,古方新病不相能也"。

《金史·方伎列传》载术家五人:

马贵中,天德中,为司天提点;久之,迁司天监。擅长天文星象占卜,预言海陵王完颜亮伐宋受制皆验。正隆三年三月辛酉朔,日当食。是日,候之不食。海陵王谓马贵中曰:"自今凡遇日食,皆面奏不须颁示内外。"[①]

武祯,宿州临涣人。祖官太史,靖康后业农,后画界属金。武祯深究数学,善占卜;长期主持观测天象、推算和编制历法之职。其子武亢,亦善分野占。

李懋,不知何许人,或能道隐事及吉凶之变,人以为神。

胡德新,河北士族也,嗜酒落魄不羁,言祸福有奇验。

《金史·方伎列传》所记十人(含武祯之子武亢),虽说医家、术家各占五人,但《金史·方伎列传》记医药人物比较详细,记术数人物也是渐趋简略。宋朝以来,有一个重医轻卜的倾向,这一倾向在《金史·方伎列传》中,表现得尤其明显。

《元史》,明宋濂等撰,载《方技列传》一卷。《元史·方技列传》序说:方技人物,皆为"星历医卜方术异能之士";《元史·方技列传》取"术数言事辄验,及以医著效"者入传,而附以工艺著名者。

《元史·方技列传》载方技四人,是典型的天文、术数、医药之类人物。

靳德进,其先潞州人,后徙大名;元世祖时,被选授天文、星历、卜筮三科管勾;累迁秘书监,掌司天事。

① 脱脱等撰:《金史》卷一百三十一,中华书局点校本,1975年版,第8册,第2813页。

田忠良，字正卿，其先平阳赵城人；金亡，徙中山；善星历、遁甲，任职司天台。

张康，字汝安，号明远，潭州湘潭人；早孤力学，旁通术数。张康精太乙术，至元十八年，上奏："岁壬午，太一理艮宫，主大将客、参将囚，直符治事，正属燕分"。十九年，元世祖忽必烈欲征日本，命张康以太乙术推测，张康奏曰："南国甫定，民力未苏，且今年太一无算，举兵不利"。元世祖接受了张康的直言规劝，从之罢兵。

李杲，字明之，晚号东垣老人，真定人；从张元素学医，尤长伤寒、痈疽、眼目病，与刘完素、张从正、朱震亨并称金元四大家。

《四库全书总目》曰："儒之门户分于宋，医之门户分于金元。"指金元时期逐渐形成了四大医学流派，后人称金元四大家，即刘完素的火热说、张从正的攻邪说、李东垣的脾胃说、朱震亨的养阴说。刘完素著《素问玄机原病式》一书，以"六气皆从火化"，提出了著名的"火热论"，故在治病上多用寒凉药，世称"寒凉派"（见本书第五章第四节）。张从正著《儒门事亲》一书，他认为邪留致病，治病应着重祛邪扶正，故善用汗、吐、下三法，世称"攻下派"。李杲著有《脾胃论》、《兰室秘藏》等，他认为"内伤脾胃，百病由生"，故在治疗上长于温补脾胃，喜用补中升气之方，世称"补土派"。朱震亨，字彦修，又称丹溪，著有《丹溪心法》、《格致余论》等医书，他提出了"阳有余阴不足论"，主张养阴保元，善用"凉润滋阴"的治方，世称"滋阴派"，亦称"养阴派"。

相对于《元史·方技列传》所载方技人物不多，《元史》列传中则记载了更多的方技人物。《元史·爱薛列传》载："爱薛，西域弗林人。通西域诸部语，工星历、医药。"[1]西域弗林：今叙利亚西部。爱薛，今译"伊萨"，擅长阿拉伯星历、医药之术。中统四年（1263 年），元世祖命爱薛掌西域星历、医药二司事。爱薛是一位东罗马人，他可能第一次带来了西域各地的天文学、医药学。

《明史》的《方伎列传》

《明史》，是清朝官方修撰的一部史籍，题张廷玉等撰，实际大半为万斯同旧

---

[1]　宋濂等撰：《元史》卷一百三十，中华书局点校本，1976 年版，第 11 册，第 3249 页。

稿。万斯同,字季野,号石园,浙江鄞县(今浙江省宁波市鄞州区)人。《明史》载《方伎列传》一卷,所收人物限医药、天文与术数之类,包括几位道教、佛教人物。《明史·方伎列传》序说:《左传》载医和、梓慎,《史记》传扁鹊、日者,《明史·方伎列传》也是录医与天文"足以名当世而为后学宗"者。

《明史·方伎列传》载医药人物

滑寿,字伯仁,号撄宁生,祖籍河南襄城。著《十四经发挥》一卷,通考隧穴六百四十有七;又著《读伤寒论抄》、《诊家枢要》,又采诸书《本草》为《医韵》,皆有功于世。

吕复,字元膺,鄞县人。遇名医郑礼之,遂谨事之,因得其古先禁方及色脉、药论诸书,试辄有验。所著有《内经或问》、《灵枢经脉笺》、《切脉枢要》、《五色诊奇眩》、《切脉枢要》、《运气图说》、《养生杂言》等,著书甚众,惜均未见行世。

李时珍,字东璧,蕲州人。穷搜博采,芟烦补阙,历三十年,阅书八百余家,著《本草纲目》。李时珍又著《濒湖脉学》,于脉学亦有订正。对中国传统医学,李时珍在医药(本草)、诊断(脉学)两方面,均有建树。

《明史·方伎列传》又记:明士大夫以医名者,还有王纶、王肯堂。王纶有《本草集要》、《名医杂著》行于世;王肯堂所著《证治准绳》,为医家所宗。明朝医学大家,差不多已备载于此。《明史·方伎列传》实以医家为重。

明代医家亦有兼通术数人物,如:葛乾孙,字可久,长州人。父葛应雷以医名。葛乾孙幼习兵法,兼通阴阳、律历、星命之术。屡试不中,转而继承家业,研习岐黄之术,后与金华朱丹溪齐名。

明代医家多受金元四大家的影响。如:倪维德,字仲贤,吴县人。倪维德习医,以《内经》为宗,又求金人刘完素、张从正、李杲三家书读之,出而治疾,无不立效。

王履,字安道,号畸叟,又号抱独老人,昆山人。学医于朱丹溪,尽得其术。著《医经溯洄集》、《百病钩玄》、《医韵统》等书,唯《医经溯洄集》存世。

戴思恭,字原礼,号肃斋,浦江人。治疾多获神效,被征为正八品御医。所著有《证治要诀》、《证治要诀类方》、《推求师意》诸书,皆橐括丹溪之旨;又订正丹溪《金匮钩玄》三卷,附以己意,人谓无愧其师云。

《明史·方伎列传》载天文人物

皇甫仲和,河南睢州人,精天文推步学,所占多奇验。明洪武年间为天文生,历升钦天监正。明朝正统年间,皇甫仲和赴南京观象台,将元郭守敬所造天文仪器做成木样,再据北京、南京两地纬度差加以调整,用铜铸造成浑仪、简仪、圭表、浑象等仪器,置北京观星台。

周述学,字继志,会稽山阴人。读书好深湛之思,尤邃于历学。又推究五星运行,为《星道五图》,于天文学也有所发挥。"又撰《大统万年二历通议》,以补历代之所未及。自历以外,图书、皇极、律吕、山经、水志、分野、舆地、算法、太乙、壬遁、演禽、风角、鸟占、兵符、阵法、卦影、禄命、建除、葬术、五运六气、海道、针经,莫不各有成书,凡一千余卷,统名《神道大编》。"①周述学的《神道大编》,对明朝方技作了分类,其中兵符、阵法、山经、水志、海道,为新增的内容。壬遁:六壬、遁甲。演禽:以三十六禽星占验吉凶的方术。卦影:以诗书笔画附会人事的方术。《神道大编》提到了"太乙、壬遁、演禽、风角、鸟占"等传统术数,甚至还包括了不常见的卦影之术,却没有提及"逆刺"。大概宋以后,"逆刺"这种占法就已失传了。

又:天文学家徐光启,《明史》列有专传(详见本书第三章第四节)。

《明史·方伎列传》载术数人物

张中,字景华,临川人。少应进士不第,遂放情山水,遇异人授数学,谈祸福,多奇中。数学:指太极图数之学。

袁珙,字延玉,浙江鄞县人。托言遇异僧别古崖授以相人术,其法以夜中燃两炬,视人形状气色,而参以所生年月,百无一谬。子袁忠彻,字静思,传承父术,著《人相大成》等。

---

①　张廷玉等撰:《明史》卷二百九十九,中华书局点校本,1974 年版,第 25 册,第 7654 页。

仝寅,字景明,安邑人。年十二而瞽,乃从师学京房占术,所占祸福多奇中。

明朝,术数人物的社会地位持续下降,这在野史笔记中,也可窥见一斑。明皇甫禄《近峰纪略》载:平民叶兑精通天文历数,占运有验,朱元璋欲加官于他,他却选择了"不就",能明哲保身也。明方鹏《责备余谈》说,自古以来,术数者屡遭杀身之祸,全因不识时务为术所害。方鹏的话,虽有点过于偏激,但他所说的"时语则语,时默则默",就不只是术家须牢记的。

《明史·方伎列传》载道教方技人物

周颠,建昌人,无名字。洪武中,朱元璋亲撰《周颠仙传》,记其事迹。

张三丰,辽东懿州人,名全一,一名君宝,三丰其号也。以其不饰边幅又号张邋遢。或言金时人,元初与刘秉忠同师,后学道于鹿邑之太清宫,然皆不可考。

张正常,字仲纪,号冲虚子,汉张道陵四十二世孙。世居贵溪龙虎山,元时赐号天师,明太祖改授正一嗣教真人。

刘渊然,赣县人。幼为祥符宫道士,颇能呼招风雷。为人清静自守,故为累朝所礼。又有沈道宁者,亦有道术。

更多的道教方技人物,如:李孜省,乃学五雷法;邵元节,龙虎山上清宫道士;陶仲文,道士,专事静摄养生;段朝用,炼丹方士;龚可佩,昆山道士;胡大顺,灵济宫道士;王金,道士,被授太医院御医;顾可学,自言能炼童男女溲为秋石,服之延年;瑞明,自言通晓药石,服之可长生;朱隆禧,进所传长生秘术。这些"范蔚宗乃以方术名传"者,被载入《明史·佞倖列传》中。

佛教方技人物,在《明史·方伎列传》中,所占分量最轻,仅有"时有浮屠智光者"一条,似乎还没有写完。智光,字无隐,俗姓王,庆云人。曾二次西去天竺,通外国诸经,多所译解。历事六朝,与道人刘渊然一样淡泊自甘,不失戒行。

《清史稿》方技的终结

《清史稿》,由民国初设立的清史馆集体编撰,先后参加编写的有柯劭忞等一百多人。时清史馆由赵尔巽任馆长，书成题赵尔巽名。

《清史稿》立《艺术列传》四卷，《艺术列传一》大抵载清代医药名家，《艺术列传二》多收清代书法、书论家，《艺术列传三》是清代画家的专传，《艺术列传四》涉及了清代的武术、百工和制造。由于本书的研究对象是医历星筮，不包括书画、技击，故对《清史稿·艺术列传》四卷，这里只研读《清史稿·艺术列传一》。

《清史稿·艺术列传一》载：

喻昌，字嘉言，江西新建人。著《医门法律》，又著《寓意草》等，皆见行于世。弟子徐彬，字忠可，著《伤寒一百十三方发明》及《金匮要略论注》，皆有名于世。

张志聪，字隐庵，浙江钱塘人。注《素问》《灵枢》二经，集诸家之说；又注《伤寒论》、《金匮要略》、《本草》；自著《侣山堂类辨》、《针灸秘传》。

柯琴，字韵伯，浙江慈溪人。注《伤寒论》名曰《来苏集》，又著《伤寒论翼》，论者谓柯琴二书，实有功于张仲景。尤怡，字在泾，江苏吴县人。注《伤寒论》名曰《贯珠集》。世以《贯珠集》与柯琴《来苏集》并重。

吴谦，字六吉，安徽歙县人。官太医院判，供奉内延。乾隆中，奉诏编修医书，历时三年而成，乾隆钦定书名《医宗金鉴》。是书采集了乾隆以前医说凡二十余家，流传极为广泛。

王清任著《医林改错》，以中国无解剖之学，宋元后相传脏腑诸图，疑不尽合，故于刑人时，考验有的。又：光绪中，唐宗海著《中西汇通医经精义》，证以经脉奇经各穴及营卫经气，为西医所未及。《清史稿》评王清任、唐宗海曰："两人之开悟，皆足以启后者。"清代名医，《清史稿·艺术列传一》已备载于此。

清代医家以治瘟疫著名。如：吴有性，字又可，江南吴县人。当崇祯辛巳岁，多地大疫，医以伤寒法治之不效。吴有性推究病源，就所历验，著《瘟疫论》。其后有戴天章、余霖、刘奎皆以治瘟疫名于世。

清代部分医家兼通术数。如：王维德，字洪绪，自号林屋山人。曾祖字若谷，精医，王维德传其学，著《外科全生集》。王维德亦精阴阳术数，著《永宁通书》、《卜筮正宗》。自扁鹊"守数"、仓公"好数"以来，南北朝徐之才"少解天文，兼图谶之学"，唐孙思邈"学殚数术"，明葛乾孙兼通阴阳、律历、星命之术，医家兼通术数，看来是一个传统。

徐大椿，原名大业，字灵胎，晚号洄溪，江苏吴江人。凡星经、地志、九宫、音律、技击、句卒、嬴越之法，靡不通究。尤邃于医，注《神农本草经》，著《兰台轨范》、《医学源流论》、《慎疾刍言》，"为溺于邪说俗见者痛下针砭，多惊心动魄之语"。徐大椿精通句卒、嬴越之法，提"防病如防敌"、"择医如用将"、"用药如用兵"论。句卒：古越国军队阵法，亦写作勾卒。嬴越之法：旧说搏力为秦法、勾卒为越法，故曰嬴越之法，亦指用兵之法。

中药存在的问题，清人并非一无所知。张尔岐《蒿菴闲话》记："有市医以'滚痰丸'治一老人致毙，其子将鸣之官。医出前药对众人言曰：'前所饵与此药形味不异耶？'其子曰：'不异。'医曰：'此药甚平，何能杀人？殆天命耳。不信，吾当自饵之。'因立吞一掬。其子去。明日，医已死矣。盖青蒙石炼制不易，而大黄、沉香，并坠人元气故也……近见酒人服'滚痰丸'以为快，亦太轻易矣。"[①]时至今日，国人还误以为中药无毒，认为冬令服食一些中药可以进补。张尔岐已记：中药亦能杀人；常人服食中药，"亦太轻易矣"。

传统的术数人物，《清史稿·艺术列传一》仅载：

蒋平阶，字驭闳，一字大鸿，又字雯阶、斧山，号宗阳子。江南华亭人。少孤，习形家之学，十年始得其传，遂著《地理辨》。

章攀桂，字淮树，安徽桐城人。多术艺，尤精形家言，为明张宗道《地理全书》作注，大旨本元人《山阳指迷》之说，专主形势。

刘禄，河南人，善风角。圣祖康熙召直蒙养斋，欲授以官，屡辞。

戴尚文，湖南漵浦人，凡天官星卜诸书，无不究览。闻江南某僧精六壬、奇门，遂前往拜师，尽得其秘。

术数，作为占候的主要方法，有清一代仍在沿用。康熙五十二年（1713 年），

---

① 张尔岐撰：《蒿菴闲话》卷一，《丛书集成初编》本，编号 0347 -第 28 页。

诏大学士李光地考定《星历考原》；乾隆五年（1740 年），又诏修《协纪辨方书》，对传统术数作了官方的"御定"。

　　传统的天文律历人物，《清史稿·艺术列传一》仅载张永祚一人。张永祚，字景韶（一作景绍），号两湖。幼即喜仰观五纬，长通晓星学，究悉天象；校勘《二十二史》中《天文》、《律历》两志，晚著《天象原委》。张永祚秉承了欧阳修之法，重《天文》、《律历》两志，而舍《五行志》。

　　清代的天文律历人物，《清史稿》另设立《畴人列传》二卷。《畴人列传》收薛凤祚、王锡阐、梅文鼎等人入传，皆当时一代卓然名家。《畴人列传》载：

　　薛凤祚，字仪甫，淄川人。薛凤祚译穆尼阁所传《天步真原》一书，又著其他西学诸书。《清史稿》评曰："然贯通其中、西，要不愧为一代畴人之功首云。"[①]在西方天文学初传中国之时，薛凤祚"皆会中、西以立法"，言其学贯中西，他实际上是全盘接受了"西学"。

　　王锡阐，字寅旭，又字昭冥，号晓庵，吴江人。"兼通中、西之学，自立新法，用以测日、月食不爽秒忽。"著《晓庵新法》六卷，又作《历说》六篇，《历策》一篇，其说精辟翔实，与新法互有详略。王锡阐也是一位兼通中、西天文学人物。

　　梅文鼎，字定九，号勿庵，宣城人。喜读外来历书，所著历算之书凡八十余种；又作《历学疑问》进呈，论述了中西历法的异同，并将西方天文新学纳入中国古代历法体系中，"后又引申其说，作《历学疑问补》二卷，皆平正通达，可为步算家准则"。梅文鼎于传统天文学，能正其误、补其缺；对普及传统天文学，梅文鼎作了一定的贡献。

　　清代另一位精通天文历算人物，因其女性而入《列女传》。《清史稿·列女传》载：王贞仪，字德卿，南京江宁人。祖父王者辅，字惺斋，官宣化知府，戍吉林，精通历算，著述甚丰。父亲王锡琛精通医学，以行医为业，在她祖父和父亲的影响下，王贞仪也精通天文星象、历算医学。王贞仪的著作，大多已被湮没，只有

① 　赵尔巽等撰：《清史稿》卷五百六，中华书局点校本，1977 年版，第 46 册，第 13934 页。

《金陵丛书》中《德风亭初集》还保存了一些。从王贞仪遗留下来的这些著作可以看到，她是一位精通数学的天文律历人物。

唐人作《艺术列传》以来，大多数史家还是选择了"方技"一词。除黄宗羲《明文海》、陆心源《宋史翼》外，如柯劭忞的《新元史》，其卷二百四十二，仍作《方技列传》，收入"术数之学"、"异能之士"。再如，刘锦藻撰《清朝续文献通考》，其卷八十九为《选举六·方伎》条，记载了乾隆五十一年后的"天文医理卜筮数学"等，卷末收入佛教、道教、基督教等事。又如，胡承诺《读书说》卷二列《方技》篇，依旧例记载了卜筮、方术、五行诸事。赵翼在《廿二史劄记》一书中，也是将孙道玉、李孜省等明代道士，称为方技。《清史稿》复用"艺术"一词，这个做法并没有为其他史家所接受。柯劭忞、刘锦藻、胡承诺、赵翼等史家，仍然沿用了"方技"一词。

民国初，"方技"一词还在医学的涵义上使用着。由于 1929 年发生了"废止中医"风波，民国政府在 1931 年成立了"中央国医馆"，又于 1936 年颁布了"中医条例"，随着"国医"、"中医"两个词汇的正式法定，狭义的"方技"也逐渐地被"国医"、"中医"所代替。"方技"一词，终始走完二千多年历程，最终沉淀在历史文献中。诗曰："尔曹身与名俱裂，不废长江万古流。"这不正是中国古代"方技"的写照吗？

第二章 阴阳五行

第一节 阴阳、八卦和五行

阴阳,出《周易》,《周易》本是卜筮之书;五行,出《尚书》,《尚书·洪范》不仅记述了箕子九畴,也记载了卜筮之事。《周易》、《尚书》都被尊为儒家的经典著作,儒家与术数、方技,存在着千丝万缕的关系。颜师古说:"凡有道术,皆为儒。"①其实,不仅仅指"道术",古人谓有一术可称者,皆名之曰儒。这即是说,古时有术数者、有方技者,都可谓之儒。《说文》曰:"儒,柔也;术士之称。"②故儒家的经典著作,记载了早期术数、方技的基本学说。

《周易》的阴阳,《洪范》的五行,这些都是术数、方技的基本内容。中国古代术数、方技的基本学说,就是立足在阴阳、五行这两个名词上的。所以,本节先研究阴阳、五行这两个基本概念,兼及八卦象数说、五行的造说,以作为对术数、方技基础理论的研究。

《周易》阴阳论

秦始皇焚书,"所不去者,医药、卜筮、种树之书"。《周易》正因为是一本卜筮

---

① 班固撰:《汉书》卷五十七下,中华书局点校本,1962年版,第8册,第2592页。
② 段玉裁注:《说文解字注》,上海古籍出版社,1981年版,第366页。

之书而得以传世。现存《周易》这本书,包括《易》经文和《易传》两部分。《易》经文含书中的卦象、卦名、卦辞和爻辞四个部分,如《周易》载:"(☰)乾:元亨利贞";"初九,潜龙勿用。"这里,(☰),卦象;乾,卦名;"元亨利贞",卦辞;"初九,潜龙勿用",爻辞。一般认为:《易》经文部分的内容,产生在周文王之后、战国之前,可称为《易》。《易》是对先民卦象爻辞整理的结果,非一时一人之作。汉武帝建元五年(公元前136年),置五经(《诗》、《书》、《礼》、《易》、《春秋公羊》)博士,《易》始被经学家尊称为《易经》。

《易传》指书中的《彖》上下篇、《象》上下篇、《文言》、《系辞》上下篇、《说卦》、《序卦》、《杂卦》,共七种十篇,也称为《十翼》。《易传》是春秋战国时人对《易》的解释,原来与《易》是分开的,东汉郑玄作《周易》注,才将《彖》、《象》和《易》合并在一起,终成今天这样的《周易》一书。北宋欧阳修作《易童子问》说,不仅《易》经文是"筮人之占书",《易传》的部分篇章也是"筮人之占书"。作为卜筮之人的占书,《易传》的成书也只能是非一时一人之作。

《周易》一书最精彩部分是它的阴阳概念。阴阳这对概念产生在《易传》中,《周易》经文中仅见"在阴"的记载,"阴"作北面解。那么,"阳"作南面解的意思,应该说是存在的,只不过未见《周易》经文的记载罢了。成书西周初时的《诗经·大雅》,已见"相其阴阳,观其流泉"的记载,"阴阳"就是作北面和南面解。《易传》中开始普遍使用阴阳的概念,如《说卦》曰"一阴一阳之谓道";又曰"立天之道曰阴与阳"。《易传》中的阴阳是什么呢? 笔者归纳如下:

第一,阴阳代表了天地、四时、日月。《系辞上》曰:"广大配天地,变通配四时,阴阳之义配日月。"[1]这里似乎直观地用日释阳、用月释阴。许慎《说文》也是这样解释的。《说文》曰:"日月为易,象阴阳也。"许慎说日月之象为阴阳也。扩展开来,天地、四时都可用阴阳来表示。

第二,阴阳是气。《易传》除用日月来解释阴阳,又引出阴气和阳气的概念。《周易·乾·象》曰:"潜龙勿用,阳在下也。"[2]谓阳气潜藏在下。《周易·坤·

---

①　韩康伯注,孔颖达疏:《周易正义》卷七,《十三经注疏》本,上册,第79页。
②　王弼注,孔颖达疏:《周易正义》卷一,《十三经注疏》本,上册,第15页。

象》曰："履霜坚冰,阴始凝也。"①指霜、冰是阴气凝结的结果。《文言》曰："阴疑于阳必战。"疑,同凝;言阴气阳气相遇必生变化。《庄子·则阳》曰："是故天地者,形之大者也;阴阳者,气之大者也。"②庄子说,以形而言天地者,以气言之为阴阳。

第三,阴阳是变化关系。《系辞上》曰："阴阳不测之谓神。"韩康伯注："神也者,变化之极妙。"韩康伯说阴阳的妙处在于变化。《系辞上》又曰："知变化之道者,其知神之所为乎?"③"神"亦作变化解。这是说阴阳的本质是变化,知道了阴阳的变化关系,就能"知神之所为"也。

阴阳变化的关系,《周易》讲了三种。

其一,阴阳消息。《周易·丰·彖》曰："天地盈虚,与时消息。"④盈虚,指进退;消息,指更替。日月进退、昼夜更替,一年四季的天气变化,都可以用阴阳之气的更迭消长来表述。《国语》解释了阴阳消息的变化:"阳至而阴,阴至而阳";并将阴阳消息视作天地常法。

其二,阴阳相交。《周易·泰·彖》曰："泰,小往大来,吉亨。则是天地交而万物通也,上下交而其志同也。内阳而外阴,内健而外顺。"⑤《易传》说天地相交的结果为"内阳而外阴"。《周易·否·彖》曰："大往小来,则是天地不交而万物不通也,上下不交而天下无邦也。内阴而外阳,内柔而外刚。"⑥《易传》说天地不交的结果为"内阴而外阳"。由此可见,天地相交、上下相交、内外相交,都可以用阴阳相交这对概念来概括。

其三,阴阳相薄。《说卦》曰："战乎乾,乾西北之卦也;言阴阳相薄也。"⑦这是说,乾卦代表西北方的时候,为立冬时节,此时阴气与阳气互相交战。《说卦》

---

① 王弼注,孔颖达疏:《周易正义》卷一,《十三经注疏》本,上册,第18页。
② 郭庆藩辑:《庄子集释》卷八下,中华书局,1961年版,第4册,第913页。
③ 韩康伯注,孔颖达疏:《周易正义》卷七,《十三经注疏》本,上册,第81页。
④ 王弼注,孔颖达疏:《周易正义》卷六,《十三经注疏》本,上册,第67页。
⑤ 王弼注,孔颖达疏:《周易正义》卷二,《十三经注疏》本,上册,第28页。
⑥ 王弼注,孔颖达疏:《周易正义》卷二,《十三经注疏》本,上册,第29页。
⑦ 韩康伯注,孔颖达疏:《周易正义》卷九,《十三经注疏》本,上册,第94页。

还提到："雷风相薄，水火不相射。"这里，"薄"字与"射"字相对使用。"射"通"压"，"薄"通"搏"，即水火（月日）不相压制之意。《淮南子》曰："阴阳相薄，感而为雷。"①因为阴阳二气的相搏，才有"感而为雷"的结果。

《周易》对阴阳变化的论述，不是简单地说了"《否》极《泰》来，《剥》极则《复》，物极必反"，而是概括了阴阳消息、阴阳相交、阴阳相薄的三种变化关系。

《说卦》曰："立天之道曰阴与阳，立地之道曰柔与刚，立人之道曰善与恶；兼三才而两之，故《易》六画而成卦。"表面上看，《易传》说了"阴阳"、"刚柔"、"善恶"三对概念，一说立天之道，一说立地之道，一说立人之道。其实《易传》要说的是：立天之道曰阴与阳，阴与阳中亦有刚柔；立地之道曰柔与刚，柔与刚中亦有阴阳；立人之道曰善与恶，善与恶中亦有阴阳、刚柔。《说卦》这里说天、地、人为"三才"。"兼三才而两之"，即说《周易》一书，综合了天之阴阳、地之刚柔、人之善恶，故六画而成卦。一部方技史，简单地说，便是以天、地、人"三才"为研究对象。

宋沈作喆曰："《易》之为书，虽不可为典要，然圣人大概示人以阴阳、柔刚、消息、盈虚之理，进退、存亡、吉凶、悔吝之义。"②这大概是对《周易》一书的最精要的概括。

八卦象数说

《周易》到底是一本什么样的书？《系辞下》曰："易者，象也；象也者，像也。"③这是说《周易》的六十四卦为"象"。《周易》的卦象指卦的图形，由—与－－两种爻象构成，分别称阳爻与阴爻。爻象连叠三层构成八卦，即：（☰）乾、（☷）坤、（☳）震、（☴）巽、（☵）坎、（☲）离、（☶）艮、（☱）兑。八卦极易混淆，宋朱熹写了《八卦取象歌》以便记忆，歌曰："乾三连（☰），坤六断（☷），震仰盂（☳），艮覆碗

---

① 刘安撰：《淮南鸿烈解》卷五，《道藏要籍选刊》本，第 5 册，第 20 页。
② 沈作喆撰：《寓简》卷一，《丛书集成初编》本，编号 0296 – 第 7 页。
③ 韩康伯注，孔颖达疏：《周易正义》卷八，《十三经注疏》本，上册，第 87 页。

（☰），离中虚（☲），坎中满（☵），兑上缺（☱），巽下断（☴）"。以此三字歌诀来记八卦的卦象确实有点方便。

八卦再两两重叠，自叠用原名，如乾（☰）（乾下乾上）、坤（☷）（坤下坤上）等；互叠另起名，如屯（䷂）（震下坎上）、蒙（䷃）（坎下艮上）等。如此，共得六十四卦。六十四卦的记载就有了三种方法：第一，卦名；第二，卦象；第三，直指下上结构，如曰"震下坎上"。从卦象上看，六十四卦象不反则对，如乾（☰）与坤（☷）的卦象是两两相对，屯（䷂）与蒙（䷃）的卦象是两两相反，即屯的卦象倒过来便成蒙的卦象了。

八卦的作用有三个：一是相合，二是类应，三是匹配。在《易传》看来，八卦有神奇的作用，能"通神明之德"。《系辞上》曰："是故知鬼神之情状与天地相似，故不违。"①《易传》说从八卦的卦象上可"知鬼神之情状"，故通过相合的方法，从而说可由"八卦定吉凶"。《系辞上》又曰："天垂象，见吉凶。"《易传》曰：天垂象，地必有类应相见。《系辞上》曰："圣人设卦观象，系辞焉而明吉凶。"②《易传》说八卦的卦象代表了天地万物，故通过类应的方法，可以从八卦的卦象上而明吉凶。《系辞上》说，八卦可以匹配天地，变化会通可以匹配四时，阳刚阴柔可以匹配日月，"易简之善配至德"。《易传》以八卦而说六十四卦，说通过相合、类应、匹配这三种方法，可占吉凶贵贱、生死悔咎。

八卦的应用"像也"。《系辞上》曰："天地设位，而易行乎其中矣。"③这里"天地设位"，就是用八卦代表天地八方。《说卦》曰："震，东方也"；"巽，东南也"；离，"南方之卦也"；"乾，西北之卦也"；"坎者，水也，正北方之卦也"；"艮，东北之卦也"；"兑，正秋也"，为西；"坤也者，地也"，为西南。《易传》八卦代表的八方：乾在西北，坤在西南，巽在东南，艮在东北，震东兑西，离南坎北，据此作图 2-1-1（按上南下北左东右西画）。

---

① 韩康伯注，孔颖达疏：《周易正义》卷七，《十三经注疏》本，上册，第 77 页。
② 韩康伯注，孔颖达疏：《周易正义》卷七，《十三经注疏》本，上册，第 76 页。
③ 韩康伯注，孔颖达疏：《周易正义》卷七，《十三经注疏》本，上册，第 79 页。

离 ☲ 南

巽 ☴ 东南　　　　坤 ☷ 西南

震 ☳ 东　　　　　　　　兑 ☱ 西

艮 ☶ 东北　　　　乾 ☰ 西北

坎 ☵ 北

图 2-1-1

宋邵雍将此图称为后天八卦方位图。通过八卦的卦象代表天地八方,八卦成了天地划分的一个工具。

八卦的排序,虽然有乾无始、坤无终一说,但《易传》的八卦确实存在着三种排序。其一,《说卦》首先说:"天地定位,山泽通气。"①因《说卦》后面解曰:"乾为天","坤为地","艮为山","兑为泽","震为雷","巽为风","坎为水","离为火。"《说卦》这里存在一个乾坤艮兑震巽坎离的顺序,宋邵雍据此作了一个先天八卦方位图(见图 2-1-2)。其二,《说卦》曰:"帝出乎震,齐乎巽,相见乎离,致役乎坤,说言乎兑,战乎乾,劳乎坎,成言乎艮。"②文中震巽离坤兑乾坎艮的顺序,是就八卦代表的方位而言的,即后天八卦方位图。其三,《说卦》又曰:"乾,健也;坤,顺也;震,动也;巽,入也;坎,陷也;离,丽也;艮,止也;兑,说也。"文中乾坤震巽坎离艮兑的顺序,是就八卦的变化性质而言的;后人八卦的排序大多依此而言。

乾 ☰ 南

兑 ☱ 东南　　　　巽 ☴ 西南

离 ☲ 东　　　　　　　　坎 ☵ 西

震 ☳ 东北　　　　艮 ☶ 西北

坤 ☷ 北

图 2-1-2

《易传》说六十四卦的象,还说了一个"爻位"。《系辞下》曰:"八卦成列,象在其中矣;因而重之,爻在其中矣。"③《系辞下》又曰:"爻也者,效此者也;象也者,

---

① ② 韩康伯注,孔颖达疏:《周易正义》卷九,《十三经注疏》本,上册,第 94 页。
③ 韩康伯注,孔颖达疏:《周易正义》卷八,《十三经注疏》本,上册,第 85 页。

像此者也。爻象动乎内,吉凶见乎外。"①爻的意思就是效仿,像天地内外变动。六十四卦每卦均有六行,每一行叫一爻。自下而上,用初、二、三、四、五、上表示。阳爻称九,阴爻称六。六十四卦共有三百八十四爻。《说卦》曰:"故易六位而成章。"是说六爻构成一卦的卦象。《系辞上》曰:"列贵贱者,存乎位。"《易传》说要从卦象的爻位上,预测贵贱吉凶。

六十四卦的卦象各有六位,《易传》讲了三句话:

第一,《系辞下》曰:"六爻相杂,唯其时物也。其初难知,其上易知,本末也。初辞拟之,卒成之终。"②这里讲初、上爻位,有"其初难知,其上易知"之说。用本、末解释初、上这两个爻位,这一解释并没有被后人接受,至少西汉以后经学家很少再持此说。

第二,《系辞下》曰:"二与四同功,而异位,其善不同。二多誉,四多惧,近也。柔之为道,不利远者,其要无咎,其用柔,中也。"③五爻处于尊位,是一卦之君者。这里说卦中的二爻离五爻君位远多获美誉,四爻离五爻近多得恐惧,故有"二多誉,四多惧"之说。

第三,《系辞下》曰:"三与五同功,而异位。三多凶,五多功,贵贱之等也。其柔危,其刚胜邪。"④这里讲三五爻位;吉凶贵贱就在这个三五爻位上。三爻处于下卦极点,多有凶危;五爻处于尊位,又居中位,当然会有很多功绩,故有"三多凶,五多功"之说。

《系辞下》这三句话,说的全是爻位,可以说对六爻作了很经典的解释。从卦象的位次上预测贵贱吉凶,《易传》是特别强调三五爻位的。《系辞上》曰:"参伍以变,错综其数。通其变,遂成天下之文;极其数,遂定天下之象。"⑤"参伍以变",讲的是三五爻位的变化。《易传》将三五爻位的变化,归结为"数",说"极其数",可知"天下之至变"。

---

① 韩康伯注,孔颖达疏:《周易正义》卷八,《十三经注疏》本,上册,第86页。
②③④ 韩康伯注,孔颖达疏:《周易正义》卷八,《十三经注疏》本,上册,第90页。
⑤ 韩康伯注,孔颖达疏:《周易正义》卷七,《十三经注疏》本,上册,第81页。

《易传》讲了两个数：一个是天地之数，一个是大衍之数。《易传》将一至十的自然之数，赋予了天地之名。所谓天一、地二、天三、地四、天五、地六、天七、地八、天九、地十；五个奇数为天数，五个偶数为地数；因天数二十有五，地数三十，故天数地数的和为五十五，被《易传》命名为"天地之数"。

《系辞上》曰："大衍之数五十，其用四十有九。分而为二，以象两；挂一，以象三；揲之以四，以象四时；归奇于扐，以象闰。五岁再闰，故再扐而后挂……是故四营而成易，十有八变而成卦。"①这是用大衍之数说了《周易》筮法，唐贾公彦在对《仪礼·士冠礼》作义疏中解释了这种筮法，分四步：第一步，大衍之数五十中取四十九个数。第二步，四十九个数任意分成二组。第三步，"揲之以四"，即各除以"四"。第四步，反复演算六次，每次三变，三变后的余数必为"八七九六"，用老阳、老阴、少阳、少阴表示，故"十有八变而成卦"，即以"八七九六"而立卦。贾公彦解释了如何使用大衍之数五十并得出"八七九六"而立卦，但是没有回答什么是大衍之数，以及为何只用四十九等问题。

《系辞上》曰："《易》有圣人之道四焉。以言者尚其辞；以动者尚其变；以制器者尚其象；以卜筮者尚其占。"②《易传》说：言者从"辞"的角度，动者从"变"的角度，制器者从"象"的角度，卜筮者从"占"的角度，来研究六十四卦。每一卦都有辞，如乾卦，辞曰："元亨利贞"。每一卦都有变，如乾卦，"乾为天"，"乾，西北之卦也"（此应用之变，另有卦象之变）。每一卦都有象，如上所说，卦象一、爻象各有六位。每一卦都有占，如乾卦，占曰："用九，见群龙无首，吉"。辞、变、象、占，可谓对《周易》作了最好的概括。

和《周易》永远捆绑在一起的，一是阴阳、二是八卦。《周易》的阴阳论，讲了盈虚、相交、相搏的三种变化关系；阴阳，是术数、方技的基本理论之一。《周易》的象数说，讲了象、位、序、数等诸多概念，八卦（亦指六十四卦）则是集合了这些概念的常用工具，《周易》就是通过八卦的象数而占吉凶。

---

① 韩康伯注，孔颖达疏：《周易正义》卷七，《十三经注疏》本，上册，第 80 页。
② 韩康伯注，孔颖达疏：《周易正义》卷七，《十三经注疏》本，上册，第 81 页。

《洪范》五行

《洪范》是《尚书》今文二十九篇中的一篇。《尚书·洪范》曰："初一曰五行，次二曰敬用五事，次三曰农用八政，次四曰协用五纪，次五曰建用皇极，次六曰乂用三德，次七曰明用稽疑，次八曰念用庶征，次九曰飨（向）用五福、威用六极。"①这便是箕子叙说的"《洪范》九畴"。"九畴"，即提出治国的九条根本大法；其中说的五行、五事、庶征等，是各自并立的。

五行亦见《尚书·甘誓》，曰："有扈氏威侮五行，怠弃三正。"《墨子·明鬼》也记载了这句话。《尚书·甘誓》说有扈氏"威虐而侮慢"五行、废弃三正（夏、殷、周三历的建正—参第三章第二节），这里的五行是什么？并不好理解。《韩非子·饰邪》说：魏攻得陶、卫，此非丰隆、五行、岁星等在西也。《韩非子》是将"五行"与丰隆、太一、摄提、岁星、荧惑等星名并立使用的，可以看出，《韩非子》的"五行"，当也是天上神星之一。如此看来，有扈氏无所畏忌的，只是一颗叫"五行"的神星。

《尚书·洪范》曰：箕子"汩陈其五行"。《洪范》的五行，就从天上落到了地上。五行究竟何义，当从《洪范》说起。

《洪范》曰："一、五行：一曰水，二曰火，三曰木，四曰金，五曰土。水曰润下，火曰炎上，木曰曲直，金曰从革，土爰稼穑。润下作咸，炎上作苦，曲直作酸，从革作辛，稼穑作甘。"②爰，于是。从《洪范》对五行的论述中，可以看到以下三方面的内容。其一，《洪范》五行的排序为水火木金土。"一曰水，二曰火，三曰木，四曰金，五曰土"，这就是五行的排序。其二，《洪范》论述了五行的某种性质。如说"水曰润下，火曰炎上，木曰曲直"，指水具有滋润和向下的特性，火具有温热、上升的特性，木具有生长、升发的特性，这样的解释还算比较直观；至于说"金曰从革，土曰稼穑"，指金具有清洁、肃降、收敛的特性，土具有种植和收获的特性，则

---

① ②　孔颖达疏：《尚书正义》卷十二，《十三经注疏》本，上册，第188页。

有点抽象了。其三，《洪范》作了五行与五味的匹配。如曰："水曰润下"，"润下作咸"；"火曰炎上"，"炎上作苦"；"木曰曲直"，"曲直作酸"；"金曰从革"，"从革作辛"；"土爱稼穑"，"稼穑作甘"。这便是《洪范》五行的原文原义。

《洪范》又载敬用五事："二、五事：一曰貌，二曰言，三曰视，四曰听，五曰思。貌曰恭、恭作肃，言曰从、从作义，视曰明、明作哲，听曰聪、聪作谋，思曰睿、睿作圣。"①《洪范》作排比曰：五事（貌、言、视、听、思），又曰（恭、从、明、聪、睿），又作（肃、义、哲、谋、圣）。《洪范》的主要内容是讲治国的根本方法，敬用五事，就是针对统治者而言的。一个统治者要治理国家，首先在自己的外貌行为上，要达到并符合相应的准则。所谓"貌曰恭"，即恭敬的"恭"；"恭作肃"，即严肃的"肃"。所谓"言曰从、从作义"，即"言有物，而行有恒"。"视曰明、明作哲，听曰聪、聪作谋，思曰睿、睿作圣。"就是针对眼睛、耳朵、大脑而言的，《洪范》对五事作了如此匹配。

《洪范》又载念用庶征。庶征，表面字义指庶民的各种征验，实指自然天气出现的某种迹象与征兆。《洪范》曰："八、庶征：曰雨，曰旸，曰燠，曰寒，曰风。"②后有"曰时"二字，"时"并非"庶征"之一，而是说"庶征"与"五事"在"时"上的一一对应的关系。《洪范》实际将庶征分为休征与咎征，各有五种，故可称之五庶征、五休征、五咎征。

休征，善行吉祥之征验。《洪范》载五休征："曰肃，时寒（雨）若；曰义，时旸若；曰哲，时燠若；曰谋，时寒若；曰圣，时风若。"③第一个"寒"字，当为"雨"字（与庶征相同，这里可能存在错简）。五休征（雨、旸、燠、寒、风）与五事（肃、义、哲、谋、圣），建立了一一对应的关系。五休征作为对自然天气的五种分类，《洪范》作了上面这样的匹配，无非是说这五种自然天气，是人君作善行的五种休征。

咎征，恶行灾祸之征验。《洪范》又载五咎征："曰狂，恒雨若；曰僭，恒旸若；曰豫，恒燠若；曰急，恒寒若；曰蒙，恒风若。"④五咎征（狂、僭、豫、急、蒙）对自然

---

① 孔颖达疏：《尚书正义》卷十二，《十三经注疏》本，上册，第188页。
②③④ 孔颖达疏：《尚书正义》卷十二，《十三经注疏》本，上册，第192页。

灾异作了五种分类,且与五休征(雨、旸、燠、寒、风)也建立了一一对应的关系。《洪范》进一步说,这五种灾异是人君作恶行的五种咎征。《洪范》的五咎征,欲探索自然灾异产生的原因。说灾异是人君的咎征,这是无稽之谈;若说人类的活动会导致灾异的产生,这是需要重新认识的。

《洪范》的五庶征,是与五行、五事、五纪一样,同为箕子治国的"九畴"之一。正如《洪范》五行还没有提到五行相胜、五行相生说一样,《洪范》也没有将五事、五纪、五庶征与五行建立一一对应的关系。《洪范》只有五味与五行的匹配,五休征与五事的匹配,五咎征与五休征的匹配。不过,若五味与五行可以作相应的匹配,当《洪范》论及五事、五庶征时,也极易使人将它们与五行建立一一对应的关系。

五行的造说

《荀子·非十二子》曰:"案:往旧造说,谓之五行。"战国时,五行究竟有哪些"往旧造说"? 我们作些考察。

五行相胜说

五行相胜说见《左传》、《孙膑兵法》等书。《左传》说庚午之日,日始有变异,因为"火"日,"火胜金"。《左传》已见六十甲子配属五行。《孙膑兵法》曰:"如以水胜火。"[1]《左传》、《孙膑兵法》说的火胜金、水胜火,这些零星的史料,为五行相胜说。五行相胜这一说法出现后,遭到墨子、孙子、孟子、文子等人的反对。《孙子》曰:"五行无常胜,四时无常位。"[2]孙子以四时的变化,肯定"五行无常胜"。《文子》曰:"水之势胜火,一酌不能救一车之薪。"[3]文子说五行相胜不是绝对的。五行讲性、讲气不讲形。墨子、孙子说"五行无常胜",都是可以接受的;但孟子、

---

① 银雀山汉简整理小组编:《孙膑兵法》,下编,文物出版社,1975年版,第122页。

② 孙武著:《孙子》,《丛书集成初编》本,编号0935-第10页。

③ 徐慧君、李定生校注:《文子要诠》,复旦大学出版社,1988年版,第121页。

文子却从数量上说五行相胜的"不能"，则是片面的。

先秦，并没有五行相生、相胜说的完整史料，我们只能看汉人所记。《淮南子·天文训》曰："水生木、木生火、母（火）生土、土生金、金生水。"五行相生，《淮南子·天文训》作水木火土金的排序。《淮南子·墬形训》曰："木胜土，土胜水，水胜火，火胜金，金胜木。"五行相胜，《淮南子·墬形训》作木土水火金的排序。《淮南子》成书，去先秦不久，但已完整地记载了五行相生、五行相胜说。

董仲舒《春秋繁露》确定的五行排序，为木火土金水。《春秋繁露·五行之义》曰："天有五行：一曰木，二曰火，三曰土，四曰金，五曰水。"①《春秋繁露》也完整地记载了五行相生、相胜说。《春秋繁露·五行相生》曰：东方者木，木生火。南方者火，火生土。中央者土，土生金。西方者金，金生水。北方者水，水生木。《春秋繁露·五行相胜》曰：木者，金胜木。火者，水胜火。土者，木胜土。金者，火胜金。水者，土胜水。在木火土金水的排序下，五行之间顺位相生，隔位相胜。

《汉志》言"五行者"，"因此以为吉凶，而行于世，（渐）以相乱"。西汉以来，五行说渐以相乱，故《白虎通》对五行作了一个标准的解释，曰："五行者，何谓也？金木水火土也。"《白虎通》又说五行方位："水位在北方"，"木在东方"，"火在南方"，"金在西方"，"土在中央"。《白虎通》说的五行顺序、五行方位，成了后世的标准说法。

五行"回环不已"说

五行"回环不已"说，是《关尹子》书中提出的。《关尹子·四符篇》载："五行之运，因精有魂，因魂有神，因神有意，因意有魄，因魄有精；五者回环不已。"②《关尹子》的五行"回环不已"说，有三层涵义：

第一，《关尹子·二柱篇》曰："水为精、为天；火为神、为地；木为魂、为人；金为魄、为物。运而不已者，为时。"③《关尹子》虽给五行之中的四行配上精神魂

① 董仲舒著：《春秋繁露》第十一卷，上海古籍出版社，1989年版，第65页。
② 尹喜撰：《关尹子》，《丛书集成初编》本，编号0556-第27页。
③ 尹喜撰：《关尹子》，《丛书集成初编》本，编号0556-第14页。

魄、天地人物,但是说"运而不已者,为时",是指五行之运(水火木金土)在时间上的回环不已。

第二,《关尹子·四符篇》曰:"精神,水火也。五行互生灭之,其来无首,其往无尾。"[1]《关尹子》说五行之运的回环不已,指五行无首尾之说;五行之间是并立的,没有五行次序之说,也没有五行以水为本、以土为主之说,故《关尹子·四符篇》曰:"一者不存,五者皆废"。

第三,《关尹子·四符篇》曰:"夫果之有核,必待水火土三者具矣,然后相生不穷。"[2]《关尹子·四符篇》说,五行中的"水火土三者",如同"果之有核",但"三者不具","皆不足以生物";惟人以阴阳二根合之,方能生生不息;故五行之间"相生不穷"。五行以"水火土"三者为核心,《关尹子》的这一思想,并没有被后人接受。

《关尹子》的五行说,旨在生克变化,已不如战国初期五行说之淳简,而渐有机巧之饰。《关尹子》说的五行,就不仅是"互生灭之",而扩展为在天、在地、在人。《关尹子》说,"所谓五行者,孰能变之"? 五行应用在天、在地、在人,已是无法改变。在阴阳之外,古人提出了五行。

"五行,业也"说

"五行,业也"说,出《鹖冠子》。《鹖冠子·夜行》曰:"阴阳,气也;五行,业也。"[3]陆佃注:"五材也;在地成行,故曰业。"陆佃用"五材"注五行,还可理解为五种物质,但"在地成行,故曰业",意思并不太清楚。这里还是来看《鹖冠子》一书。

《鹖冠子》将五行和五方、五时作了匹配。《鹖冠子·泰鸿》说:木居东方,主春;火居南方,主夏;金居西方,主秋;水居北方,主冬;土居中央,主四季。《鹖冠子》的木、火、金、水、土排序,可能是据春、夏、秋、冬作出的。《鹖冠子·天权》曰:

---

[1]　尹喜撰:《关尹子》,《丛书集成初编》本,编号 0556-第 26 页。
[2]　尹喜撰:《关尹子》,《丛书集成初编》本,编号 0556-第 32 页。
[3]　陆佃解:《鹖冠子》卷上,《道藏要籍选刊》本,第 5 册,第 738 页。

"下因地利,制以五行。左木右金,前火后水,中土。"①五行之制,五方、四时(加四季成五时)的匹配:左木,位东,主春;右金,位西,主秋;前火,位南,主夏;后水,位北,主冬;土居中央,主四季。《鹖冠子》五行和五位、四时的匹配,构成一幅清晰的五行四时方位图。

《鹖冠子》又将五行匹配五声。《鹖冠子·泰鸿》载:东方者,木,调以徵;南方者,火,调以羽;西方者,金,调以商;北方者,水,调以角;中央者,土,调以宫。②木、徵,火、羽,金、商,水、角,土、宫。也就是说,土、金、水、木、火,分别对应宫、商、角、徵、羽。反过来说,五声分属五行。

《鹖冠子》说"天用四时,地用五行";又说"下因地利,制以五行"。在《鹖冠子》看来,在天有阴阳,在地用五行,故地上的五方、五时、五声、五位、五色、五事等,所谓世上的万物万事,变化无穷,为"五行,业也"。《关尹子·四符篇》曰:"其形、其居、其识、其好,皆以五行契之……圣人假物以游世,五行不得不对。"契,相契,相合。《关尹子》说,圣人假使天下万物,悉数匹配五行。这也就是《鹖冠子》所说的"五行,业也"。

"五行以正天时"说

《管子》曰:"五声既调,然后作五行以正天时,立五官以正人位。"③这便是《管子》提出的"五行以正天时"说。《管子》曰:

> "日至,睹甲子,木行御……七十二日而毕。"
> "睹丙子,火行御……七十二日而毕。"
> "睹戊子,土行御……七十二日而毕。"
> "睹庚子,金行御……七十二日而毕。"
> "睹壬子,水行御……七十二日而毕。"④

---

① 陆佃解:《鹖冠子》卷下,《道藏要籍选刊》本,第 5 册,第 759 页。
② 陆佃解:《鹖冠子》卷中,《道藏要籍选刊》本,第 5 册,第 751 页。
③ 石一参著:《管子今诠》,中编,中国书店影印本,1988 年版,第 308 页。
④ 石一参著:《管子今诠》,中编,中国书店影印本,1988 年版,第 309—312 页。

《管子》的"木行御"、"火行御"说,木、火、土、金、水,各行七十二日。《管子》是以五行划分了一年三百六十日,五行也成了一个划分时间的工具。《周易》用八卦划分天地八方,《管子》用五行划分了时间。顺便指出:《管子》说"睹甲子,木行御";"睹丙子,火行御";"睹戊子,土行御";"睹庚子,金行御";"睹壬子,水行御";已初步构成天干和五行的匹配。这与《左传》说庚午为"火"日,方法上是一致的;也为后人提出五运说,建立了一个理论基础。

《管子》的"五行以正天时"说,是以五行规划了天子一年的"行事",与《吕氏春秋》说的"月令"、"制度"相符。如《管子》说:"木行御",行木令;"火行御",行火令;"土行御",行土令;"金行御",行金令;"水行御",行水令。《管子》是借五行"行御"的方法,对"天子"的政令与灾害的发生,作出了匹配。《管子》提出了"五行以正天时"说,以政令不失时宜为唯一精义,规范了天子因天时而制人事,《管子》的目的还是要限制"天子"发号施令。

五德转移说

五德转移说,是邹衍提出的。邹衍说五德与五行之气是"类固相召,气同则合,声比则应",因此可用五行之气比应帝王的五种德性。他说:黄帝时是黄,禹之时是青,汤之时是白,文王之时是赤,周以后必是黑,周而复始。他又说:土气胜代表土德黄色,木气胜代表木德青色,金气胜代表金德白色,火气胜代表火德赤色,水气胜代表水德黑色。邹衍就这样以五德匹配五色、五德转移来讲上古王朝的更替。邹衍认为帝王治天下,得五行中当运的一德,德各有色,新朝代的主色便要依运而改变。邹衍的五德是按五行相配的五德,转移是五德各如五行所胜的周而复始,这便是邹衍的五德转移说。邹衍的五德转移说,如同《管子》"五行以正天时"说,将五行学说的应用范围,扩展到社会历史政治上。

春秋战国之时,五行相胜说已经受到墨子、孙子、孟子、文子的批驳,邹衍似乎是用五德转移说替代五行相胜说。秦始皇接受了邹衍的五德转移说,大行"水德"制度,"以冬十月为年首,色上黑","音上大吕,事统上法",数四。

邹衍的五德转移说，至汉初已莫衷一是。《史记·封禅书》载：孝文帝时，鲁人公孙臣上书曰：秦得水德，推汉当土德，证以黄龙见。丞相张苍说汉乃水德，河决金隄是其符。汉代当得何德，邹衍的五德转移说成不了标准，要靠"黄龙见"、"其符也"证之，于是公孙臣、张苍各争执不下，公孙臣之说被丞相张苍"请罢之"。《史记·张丞相列传》载："其后黄龙见成纪"县，"张丞相由此自绌，谢病称老"还家。

汉人的造说

汉初，《淮南子》提出了"五行相治"。《淮南子·墬形训》曰："木壮、水老、火生、金囚、土死；火壮、木老、土生、水囚、金死；土壮、火老、金生、木囚、水死"；"金壮、土老、水生、火囚、木死；水壮、金老、木生、土囚、火死。"①《淮南子》的"五行相治"，是在五行相生相胜之外，提出了"壮老生囚死"。《淮南子》认为，五行不仅相生相胜，还存在一个"壮老生囚死"的关系。

《淮南子》的"壮老生囚死"，《白虎通》则改为"王相死囚休"。《白虎通》曰："五行所以更王何？以其转相生，故有终始也。木生火，火生土，土生金，金生水，水生木，是以木王、火相、土死、金囚、水休，王所胜者死、囚，故王者休。"②《白虎通》说，五行之间的"王（旺）相死囚休"，与"木火土金水"相配，叫做五行的更王、转相生，见下表：

	春	夏	秋	冬	四季
王（旺）	木旺	火旺	金旺	水旺	土旺
相	火相	土相	水相	木相	金相
死	土死	金死	木死	火死	水死
囚	金囚	水囚	火囚	土囚	木囚
休	水休	木休	土休	金休	火休

---

① 刘安撰：《淮南鸿烈解》卷八，《道藏要集选刊》本，第5册，第33页。
② 班固撰：《白虎通》卷二上，《丛书集成初编》本，编号0238 –第90页。

五行的造说，散见先秦诸多典籍中。《关尹子》提出了五行之运回环不已说，《鹖冠子》提出了五行与五方、五时、五声、五位、五色、五事的匹配，《管子》提出了用五行以正天时，邹衍则提出了五德转移说。西汉之初，《淮南子》提出了"五行相治"，《白虎通》解说"以其转相生，故有终始也"。五行，也是术数、方技的基本理论之一。

第二节　汉易之变占法

汉初，刘安"招致宾客方术之士"撰写的《淮南子》，虽不是一部易学专著，但《淮南子·天文训》对汉以后易学的术数化，产生了深远的影响。

京房的《京氏易传》，以八卦立八宫，用八宫衿七变卦，讲了世、应、飞、伏。京房说"考天时察人事在乎卦"，八卦之要，"通乎万物"。京房首创纳甲法、纳支法，将天干地支纳入阴阳五行。故汉易之变占法，就是以《京氏易传》为标志。

扬雄的《太玄经》，"方州部家"，是仿《周易》而作的占候之书；扬雄讲了星、时、数、辞四个字。《太玄经》又构造了甲己、乙庚、丙辛、丁壬、戊癸的匹配，对后世术数之说的影响极大。

谶纬，后汉方术之一。《易纬》讲八卦用事，一卦直一月，作六十四卦爻辰说，欲以卦气的"当至"与"不至"，说灾祸疾病的发生，也是术数著作之一。

郑玄合《易》、《彖》、《象》为《周易》，后世各家注《易》，实际都是采用了郑玄的这一结构。研究两汉易学，非得研究郑玄的《周易注》不可。

三国虞翻作《易注》，作为东汉易学的最后一人，虞翻扩展了八卦取象，发挥了六十四卦的"易位"说。

笔者通过研读以上几部易学专著，作为对两汉术数、方技的基础理论研究。

刘安的《淮南子·天文训》

刘安,汉高祖刘邦的孙子,厉王刘长的长子,袭封淮南王。司马迁说刘安是一位喜"方略者",班固说汉武帝喜欢与刘安谈说"方技、赋颂"。正史记刘安因谋反事败而自杀身亡,数千人受到牵连被诛;老百姓可能因刘安"行阴德拊循百姓",传说他得道升天了。拊循:安抚、抚慰、护养,爱护之意。

《淮南子·天文训》对天地万物的起源有一个论述。《淮南子·天文训》说:"道始于虚霩,虚霩生宇宙,宇宙生气,气有汉垠。清阳者薄靡而为天,重浊者凝滞而为地……故天先成而地后定。"①《淮南子·天文训》造说了天地万物起源之后,又说天有九野、五星、五官、八风、六府、七舍、二十四节。

九野。同《吕氏春秋·有始览》中的记载一样,《淮南子》也分天为九野。《淮南子·天文训》曰:"何谓九野? 中央曰钧天,其星角、亢、氐;东方曰苍天,其星房、心、尾。东北曰变天,其星箕、斗、牵牛。北方曰玄天,其星须女、虚、危、营室。西北方曰幽天,其星东壁、奎、娄。西方曰颢天,其星胃、昴、毕。西南方曰朱天,其星觜巂、参、东井。南方曰炎天,其星舆鬼、柳、七星。东南方曰阳天,其星张、翼、轸。"②九野,即九天;《淮南子》说"上有九天,下有九野",仍是说地上九州依据"九天"而分野。《淮南子》的分野占法,全凭"岁星之所居"。《淮南子·天文训》曰:"岁星之所居,五谷丰昌;其对为冲,岁乃有殃。当居而不居,越而之他处,主死国亡。"③《淮南子》说,岁星所居之处,"五谷丰昌";岁星所冲之处(太岁与岁星为对),"岁乃有殃";岁星失次,"主死国亡"。

五星。《淮南子·天文训》曰:何谓五星? 东方木也,岁星;南方火也,荧惑;中央土也,镇星;西方金也,太白;北方水也,辰星。《淮南子》这部分内容,将《吕氏春秋》"四时"说,完整地改编成"五行"说。《吕氏春秋》讲"四时",《淮南子》讲

① 刘安撰:《淮南鸿烈解》卷三,《道藏要籍选刊》本,第5册,第20页。
② 刘安撰:《淮南鸿烈解》卷五,《道藏要籍选刊》本,第5册,第20页。
③ 刘安撰:《淮南鸿烈解》卷五,《道藏要籍选刊》本,第5册,第27页。

"五行"。"五行"作为一种符号,轻易地分属四时、五星、五方。这种"五行四时"说,也已见《管子》和《素问》书中。

五官。《淮南子·天文训》曰:"何谓五官? 东方为田,南方为司马,西方为理,北方为司空,中央为都。"①《淮南子》所言"五官",似指五方所主。五方所主之神,或为星神,或为天神。五官的具体内容,《淮南子·天文训》中还不太清楚;我们只知《史记·天官书》说,"故紫宫、房心、权衡、咸池、虚危,列宿部星,此天之五官座位也"。

八风。《淮南子·天文训》记八风名:条风、明庶风、清明风、景风、凉风、阊阖风、不周风、广莫风。《淮南子》借八风对一年三百六十日作了划分,为八节风。《吕氏春秋·有始览》记八风名:炎风、滔风、熏风、巨风、凄风、飂风、厉风、寒风,为八方风。《灵枢·九宫八风》记八风名:大弱风、谋风、刚风、折风、大刚风、凶风、婴儿风、弱风,为八病风。八风的应用有三:一作八方向的划分,一作八时节的划分,一作八病风的分类。

六府。《淮南子·天文训》曰:"何谓六府? 子午、丑未、寅申、卯酉、辰戌、巳亥是也。"②由于《淮南子·天文训》又曰:"子午、卯酉为二绳。"子午、卯酉为二根垂直相交的"二绳";丑未、寅申、辰戌、巳亥为另外互交的"四绳"。故十二地支构成的"六府"可视为"六绳"。古人作图,上南下北。"子午、卯酉为二绳",子北、午南、卯东、酉西,代表了北南、东西的对应关系。故"六府",当指十二地支中的两两对应关系。我们据十二地支在环形上的分配,先作下图 2-2-1:

图 2-2-1

①② 刘安撰:《淮南鸿烈解》卷五,《道藏要籍选刊》本,第 5 册,第 21 页。

《淮南子·天文训》又说:"丑寅、辰巳、未申、戌亥为四钩。东北为报德之维也,西南为背阳之维,东南为常羊之维,西北为蹷(啼)通之维。"①四钩,四角。许慎注"四角为维",故丑寅、辰巳、未申、戌亥"四钩",代表了东北、东南、西南、西北"四维"。何谓"四维"? 东北位于由阴复阳,所以叫报德之维;西南位于由阳复阴,所以叫背离之维;东南阳气不盛不衰,所以叫徜徉之维;西北纯阴,阳气将萌,需呼号疏通,所以叫啼通之维。

七舍。《淮南子·天文训》曰:"阴阳刑德有七舍。何谓七舍? 室、堂、庭、门、巷、术、野。"②《淮南子·天文训》的"七舍",是相对排列的。《淮南子》说:"十二月,德居室……德在室则刑在野。"十二月,德居室三十日;先日至十五日,后日至十五日,而徙所居各三十日。德在室则刑在野,德在堂则刑在术,德在庭则刑在巷。八月、二月,"刑德合门",谓八月、二月合在"门"舍。八月、二月阴阳气均,日夜分平,故曰刑德合门。何谓刑德?《淮南子》说,冬至为德、夏至为刑。刑德"二至"反映了阴气阳气的升降变化,则七舍为阴气阳气变化的时间和位置。

二十四节,即二十四节气。《淮南子》已列出全部二十四节气,以北斗的指向而定。《淮南子·天文训》曰:"日行一度,十五日为一节,以生二十四时之变。斗指子,则冬至,音比黄钟。加十五日,指癸,则小寒,音比应钟……加十五日,指壬,则大雪,音比应钟。加十五日,指子。"③这里,《淮南子·天文训》借八天干、十二地支、四维,既对"天"作了二十四部划分,又对"时"作了二十四节划分。《淮南子》的划分,既指方位,又指时间。

《淮南子》构造了天干、地支与五行的匹配。《淮南子·天文训》曰:"甲乙、寅卯,木也;丙丁、巳午,火也;戊己,四季,土也;庚辛、申酉,金也;壬癸、亥子,水也。"④《淮南子》最早将天干、地支与四时、五行作了完整的匹配,即:春旺甲乙寅卯,木;夏旺丙丁巳午,火;秋旺庚辛申酉,金;冬旺壬癸亥子,水。天干配上八卦,

①③ 刘安撰:《淮南鸿烈解》卷五,《道藏要籍选刊》本,第 5 册,第 22 页。
② 刘安撰:《淮南鸿烈解》卷六,《道藏要籍选刊》本,第 5 册,第 22 页。
④ 刘安撰:《淮南鸿烈解》卷六,《道藏要籍选刊》本,第 5 册,第 27 页。

因为"戊己,四季,土也",故天干纳去"戊己",只用余下"甲乙、丙丁、庚辛、壬癸"八个。地支和天干相配,地支则纳去"丑辰未戌",只用了"寅卯、巳午、申酉、亥子"八支。

十二地支与五行的关系,《淮南子》又讲了"三合局"。《淮南子·天文训》说:木生于亥月,壮在卯月,死于未月,故亥卯未三辰合化木局。火生于寅月,壮于午月,死于戌月,故寅午戌三辰合化火局。余:午戌寅三辰合化土局,巳酉丑三辰合化金局,申子辰三辰合化水局。这也是"三合局"的最早表述。申子辰三辰合化水局,是申金、子水、辰土三支以子水为中心的一种合化。故"三合局",分别以子、午、卯、酉为中心。

天干记日,地支记月。天干、地支与五行的如此匹配,《淮南子》就用以表达"岁运"。《淮南子》说一年的岁运按五行用事,周而复始,与《管子》的"五行以正天时"说颇为相同。天干、地支与五行的匹配出《淮南子·天文训》,而并非京房的《京氏易传》。可以说,汉初易学的术数化,始之《淮南子》。

京房的《京氏易传》

京房,字君明,东郡顿丘(今属河南省清丰县)人。《汉书·京房传》载:"房本姓李,推律自定为京氏。"元帝数次召见,京房所言屡中。京房曰:"古帝王以功举贤,则万化成、瑞应著;末世以毁誉取人,故功业废而致灾异。宜令百官各试其功,灾异可息。"[1]京房为息灾而提出了"考功课吏法",的确得罪了当时的一大批官吏,最后"竟征下狱",死时年仅四十一岁。京房本姓李,"推律自定为京氏",并没有给他带来好运。

四库馆臣考京房著作十四种,仅《京氏易传》存世。今据《京氏易传》作"八卦分八宫"图(见下图 2-2-2):

---

[1]　班固撰:《汉书》卷七十五,中华书局点校本,1962 年版,第 10 册,第 3160 页。

八宫	一世	二世	三世	四世	五世	游魂	归魂
乾(䷀)	姤(䷫)	遯(䷠)	否(䷋)	观(䷓)	剥(䷖)	晋(䷢)	大有(䷍)
震(䷲)	豫(䷏)	解(䷧)	恒(䷟)	升(䷭)	井(䷯)	大过(䷛)	随(䷐)
坎(䷜)	节(䷻)	屯(䷂)	既济(䷾)	革(䷰)	丰(䷶)	明夷(䷣)	师(䷆)
艮(䷳)	贲(䷩)	大畜(䷙)	损(䷨)	睽(䷥)	履(䷉)	中孚(䷼)	渐(䷴)
坤(䷁)	复(䷗)	临(䷒)	泰(䷊)	大壮(䷡)	夬(䷪)	需(䷄)	比(䷇)
巽(䷸)	小畜(䷈)	家人(䷤)	益(䷩)	无妄(䷘)	噬嗑(䷔)	颐(䷚)	蛊(䷑)
离(䷝)	旅(䷷)	鼎(䷱)	未济(䷿)	蒙(䷃)	涣(䷺)	讼(䷅)	同人(䷌)
兑(䷹)	困(䷮)	萃(䷬)	咸(䷞)	蹇(䷦)	谦(䷎)	小过(䷽)	归妹(䷵)

图 2-2-2

从上图可见,京房仍取《易经》中的八卦,为八宫的纯卦,各统领七变卦。《京氏易传》的"八卦分八宫",系根据卦象的变化而排列的,如乾宫所统七变卦,京房取名为一世、二世、三世、四世、五世、游魂、归魂。从卦象上来看,前六卦的排列很有规律,依次从下往上变化而成。即以所谓纯卦为宫卦,变初爻为一世卦,变至二爻为二世卦,变至三爻为三世卦,变至四爻为四世卦,变至五爻为五世卦。只是晋和大有两卦,即第六变卦、第七变卦,这两卦的取舍有点难处,京房处理的方法是,第六变卦取晋(䷢)(下坤上离),第七变卦取大有(䷍)(下乾上离)。京房给第六变卦、第七变卦取了二个新名称,为游魂、归魂。京房曰:"至游魂,复归本位为大有。"即变至五爻然后返回再变四爻,为游魂卦;再变四爻以下全部三爻,复归本宫为归魂卦。比较游魂,归魂两卦,两卦的下体是做阴阳互变。游魂有变化之意,取名游魂,特指此卦有了变化。而归魂"乃生后卦之初",其下体全同本宫卦。

《周易》六十四卦,《易传》讲卦的"象"、"位",京房讲"八卦分八宫"。京房认为六十四卦之间存在一定关系,他总结为世、应、飞、伏。晁公武曰:

"一卦之主者,谓之世。"如乾卦(䷀)变初爻为姤(䷫),由于卦变受爻变支配,故以此变爻为一卦之主,称为"居世"、"临世"、"治世"。

"主之相者,谓之应。"卦有主必有从,主者为世,从者为应。如一卦六爻,初、三、五为奇,二、四、上为偶。若初为世则四为应,二为世则五为应,三为世则上为应;反之亦然。

"世之所位而阴阳之肆者,谓之飞。"世之所位,即一卦之主所位,亦称世爻。肆,尽、极之意。即云阴阳是相互转变的,故飞为变之意。

"以隐显佐神明者,谓之伏。"即云每一飞爻(即世爻)下面都藏有伏爻,飞、伏亦是互根互变的。

以上引文为晁公武对世、应、飞、伏之解。《周易》六十四卦,古人只是从象、位说占卜的结果。京房的《京氏易传》,以八卦分八宫,讲卦的世、应、飞、伏。《京氏易传》曰:"定气候二十四,考五行于运命,人事、天道、日月、星辰,局于指掌,吉凶见乎其位。"[1]京房又说,八卦之要,"通乎万物","考天时察人事在乎卦"。这就将《周易》六十四卦,演变成一种术数之学,所以说汉易之变占法,就是以《京氏易传》为标志。

用八卦"考天时察人事",《京氏易传》首先构筑了八卦与阴阳、五行的匹配,以占吉凶。《京氏易传》曰:"八卦分阴阳,六位(配)五行。"这句话,可谓京房纳甲法、纳支法的基础,即决定八宫卦和卦中各爻的阴阳、五行属性。

八卦分阴阳:乾震坎艮,为四阳卦;坤巽离兑,为四阴卦。《京氏易传》曰:乾,纯阳,象配天,属金。震,属木;坎,为中男;艮,为少男,属阳;坤,属土;坎巽离兑的五行属性不清(后人有补:坎土、巽木、离火、兑金)。京房的八宫卦,匹配了阴阳、五行属性。虽说还未匹配完整,京房还是给八宫卦配上了阴阳、五行。

六位配五行:其法是对卦之六爻分配地支、再配五行。《京氏易传》曰:"寅中有生火,亥中有生木,巳中有生金,申中有生水,丑中有死金,戌中有死火,未中有死木,辰中有死水。"[2]京房的地支匹配五行:寅火、亥木、巳金、申水、丑金、戌火、未木、辰水(缺子、卯、午、酉,后人有补:子水、卯木、午火、酉金)。京房通过爻位的阴阳属性,决定了地支的五行属性。《京氏易传》曰:阴阳配象、五行配位,故"吉凶见乎动爻"。

---

① 京房著:《京氏易传》卷下,《四库术数类丛书》本,上海古籍出版社,1991年版,第6册,第467页(以下凡引该丛书本,只注《四库术数类丛书》本、册数、页码)。

② 京房著:《京氏易传》卷下,《四库术数类丛书》本,第6册,第467页。

京房的八宫卦有了阴阳、五行的属性，京房就将八宫卦与天干、地支匹配，使天干、地支也有了阴阳、五行的属性。因八卦含有阴阳，京房实际要做的，是将八卦分配五行。

京房将八宫卦配以天干。《京氏易传》曰：乾坤之象，配以甲乙壬癸；震巽之象，配以庚辛（庚阳入震，辛阴入巽）；坎离之象，配以戊己（戊阳入坎，己阴入离）；艮兑之象，配以丙丁（丙阳入艮，丁阴入兑）。京房将天干纳入八宫卦中，此即所谓纳甲法。因甲乙属木，丙丁火，戊己土，庚辛金，壬癸水，京房就将天干配上五行。

京房又将八宫卦配以地支。将十二支纳入八宫卦中，此即所谓纳支法。纳支同纳甲一样，阳卦纳阳支，阴卦纳阴支，依乾坤两卦纳支而定。乾从初九到上九分别纳子寅辰午申戌六支；而坤卦是阴卦，据"天道左旋，地道右旋"之则，应右旋与六阳律相反方向逆行，故坤卦从初爻至上爻分别纳未巳卯丑亥酉六支。八宫卦中乾坤纳支定下之后，其他六子卦的纳支也就确定了。京房通过纳支法，就将地支转为八卦并匹配五行。

京房《京氏易传》，是既讲阴阳又讲五行的。京房讲阴阳五行，"非取一也"，"不可执一以为规"。《京氏易传》曰："卜筮非袭于吉，唯变所适，穷理尽性于兹矣。"[①]京房说出了卜筮的全部秘密，即通过"唯变所适、穷理尽性"，使卜筮"袭于吉"。故京房《京氏易传》数次说，"唯变所适"，"要唯变所适"。

扬雄的《太玄经》

扬雄，字子云，蜀郡成都人。经现代学者考定，扬雄生于西汉宣帝甘露元年（公元前53年），卒于新莽天凤五年（公元18年），时年七十二。扬雄的著作，除赋之外，《汉书·扬雄传》记其四部，为《太玄》、《法言》、《训纂》、《州箴》。后汉应劭《风俗通义序》称，扬雄还著有《方言》一书。扬雄的这些著作大都传于世。

---

① 京房著：《京氏易传》卷下，《四库术数类丛书》本，第6册，第467页。

扬雄仿《周易》作《太玄经》，而与《周易》又极不相同。司马光说：《易》与《太玄》道同而法异。《易》画有二，曰阴曰阳；《玄》画有三，曰一曰二曰三。《易》有六位，《玄》有四重。《易》以八卦相重为六十四卦，《玄》以一二三错于方州部家为八十一首。《易》每卦六爻，合为三百八十四爻；《玄》每首九赞，合为七百二十九赞。司马光的比较，还是非常简明扼要的。

《周易》用"—"、"--"两种符号，由下往上画，每卦六爻，六十四卦共三百八十四爻。《太玄经》则用"—"、"--"、"---"三个符号，每次取四个，共八十一首七百二十九赞；自上往下谓方、州、部、家。如：

—	—	—	—	--	---	---
—	—	—	--	--	---	---
—	—	--	--	--	--	---
—	--	—	—	—	—	---

中	周	羡	从	更	减	养
一方一州	一方一州	一方二州	一方三州	二方一州	三方一州	三方三州
一部一家	一部二家	一部一家	一部一家	一部一家	一部一家	三部三家

《太玄经》最上面第一画为天玄一方（—），地玄二方（--），人玄三方（---），画至八十一首；接着第二画分别为天玄一州（—），天玄二州（--），天玄三州（---），画至八十一首；再接着画第三画，即天玄一部（—），天玄二部（--），天玄三部（---），画至八十一首；最下面一画则为天玄一家（—），地玄二家（--），人玄三家（---），亦重复画至八十一首。《太玄经》每首四画九赞，八十一首分而为三，有二百四十三表，再分而为三，故有七百二十九赞（见图2-2-3）。

扬雄的《太玄经》，是仿《周易》而作的占候之书。《太玄经》曰："占有四：或星，或时，或数，或辞。"[1]作为一本占候之书，《太玄经》讲了星、时、数、辞四个字。

星占。《太玄经》曰："天圆地方，极值中央，动以历静，时乘十二，以建七政，玄术莹之。"[2]《太玄经》取法天象，故扬雄的星占，是"时乘十二，以建七政"。七

---

[1] 扬雄著：《太玄经》卷八，《四库术数类丛书》本，第1册，第83页。
[2] 扬雄著：《太玄经》卷七，《四库术数类丛书》本，第1册，第78页。

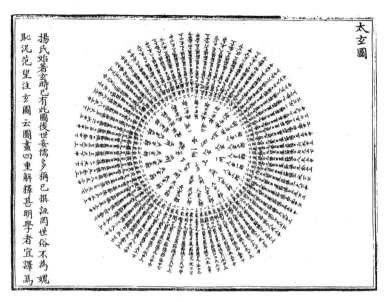

图 2-2-3

政:日月五星,亦称七曜。《太玄经》曰:"求星:从牵牛始,除算尽,则是其日也。"①《太初历》的冬至日,就定在牵牛初度。"除算尽",即"除之尽",云数起牵牛,算尽之外为所入星度,即"则是其日也"。《太玄经》的星占,也直接模仿了历术的计算方法。

时占。《太玄经》曰:"子则阳生于十一月,阴终于十月可见也。""午则阴生于五月,阳终于四月可见也。"②《太玄经》虽然没有明确标明二十四节气,却暗含着一年二十四节气的日躔度次。《太玄经》又曰:"一昼一夜,阴阳分索;夜道极阴,昼道极阳。"③在扬雄看来,一年十二个月的终始,一昼一夜的变化,最终是阳始阴生的消长变化。《太玄经》的时占,也表达了"与四时合其序"、"当时则贵"这类思想。

数占。《太玄经·玄图》曰:"一与六共宗,二与七共朋,三与八成友,四与九同道,五与五相守。"④这是一幅数图,到宋时有人说叫《河图》,也有人说叫《洛

① 扬雄著:《太玄经》卷八,《四库术数类丛书》本,第1册,第88页。
② 扬雄著:《太玄经》卷十,《四库术数类丛书》本,第1册,第95页。
③ 扬雄著:《太玄经》卷七,《四库术数类丛书》本,第1册,第74页。
④ 扬雄著:《太玄经》卷十,《四库术数类丛书》本,第1册,第97页。

书》。扬雄是借这幅数图而说数占。《太玄经·玄数》曰："三八为木"，"四九为金"，"二七为火"，"一六为水"，"五五为土"。如五行说的木为东方、为春、日甲乙、辰寅卯、声角、色青、味酸、臭膻、脏脾等等，均以数三、八为占。其余：金为西方，四、九为占。火为南方，二、七为占。水为北方，一、六为占。土在中央，数五为占。

辞占。《太玄经》曰："玄之赞，辞也。"①辞占，即《太玄经》八十一首的"赞"。《太玄经》八十一首，扬雄分为"九营"，曰：中、羡、从、更、睟、廓、减、沈、成，为《太玄经》第一、九、十八……七十二首之名。如"中"之"赞"，曰："阳气潜萌于黄宫，信无不在乎中"。再如"羡"之"赞"，曰："阳气赞幽，推包羡爽，未得正行"。从"九营"的辞占看，"九营"的首名，大多已包含在辞占中。

《太玄经》有三个特色：

第一，扬雄说《太玄经》的"方州部家"，可"极为九营"。扬雄又以"九营"的首名表示"九天"。《太玄经·玄数》曰："九天：一为中天，二为羡天，三为从天，四为更天，五为睟天，六为廓天，七为减天，八为沈天，九为成天。"扬雄多用"九"，如《太玄经·玄数》论述了"九天"、"九地"、"九人"、"九体"、"九属"、"九窍"、"九序"、"九事"、"九年"等，凡天地万物都用"九"去硬套，故《太玄经·玄图》说"极为九营"。

第二，"九营"的排列，依照一年十二月的时间顺序。《太玄经·玄图》曰："九营周流，终始贞也，始于十一月，终于十月，罗重九行，行四十日。"②扬雄说"九营"，始于冬至十一月，终于次年十月。"九营"，每营主四十日。扬雄欲以"九营"，反映一年十二月终始变化，比十二月卦气说来得复杂。

第三，从"九营"看八十一首，《太玄经》欲揭示阴阳消长变化。《太玄经》曰："阳不极则阴不萌，阴不极则阳不牙（芽）。"③扬雄说阴阳变化，是阳极阴生、阴极阳生的消长变化。扬雄又说阴阳变化，揭示了万物的内外变化。《太玄经》离不

---

① 扬雄著：《太玄经》卷十，《四库术数类丛书》本，第1册，第92页。
② 扬雄著：《太玄经》卷十，《四库术数类丛书》本，第1册，第95页。
③ 扬雄著：《太玄经》卷七，《四库术数类丛书》本，第1册，第76页。

开阴阳,扬雄还是用这类阴阳的语言,描述了他的"方州部家"。

扬雄在论太玄数时,构造了一个全新的匹配。《太玄经》曰:"子午之数九,丑未八,寅申七,卯酉六,辰戌五,巳亥四……甲己之数九(范望注:子之数九;甲为子干,己为甲妃,故俱称九也。余类同),乙庚八,丙辛七,丁壬六,戊癸五。"①甲子至壬申,其数九,故云"甲己之数九"。乙丑至壬申,其数八,故云"乙庚八"。丙寅至壬申,其数七,故云"丙辛七"。丁卯至壬申,其数六,故云"丁壬六"。戊辰至壬申,其数五,故云"戊癸五"。己巳至壬申,其数四,故云"巳亥单四数"。天干取数,扬雄构造了天干合化五行,如甲己合化土,乙庚合化金,丙辛合化水,丁壬合化木,戊癸合化火。天干的这一全新的匹配,与《淮南子》说的"甲乙木也,丙丁火也",二者极不相同。

《易纬》的"八卦用事"

谶纬,古人统称秘经,其实谶自谶、纬自纬。

何谓谶?《说文》曰:"谶,验也。"说谶是有征验的。《史记·秦始皇本纪》载:"亡秦者胡也。"②便是一条谶语。这句谶语,其实是后人记载的。由此可知,谶乃是后人所记天帝鬼神之预言,且有征验之语。

何谓纬?《说文》曰:"纬,织横丝也。"织布的直线称经,围绕经而相交的横线称作纬。后汉儒家以《诗》、《书》、《礼》、《乐》、《易》、《春秋》、《论语》(或改《孝》代《乐》)为"七经",围绕着"七经"而作的这类书籍,称之为纬书,故曰"七纬"。当时就有"七经"为外学、谶纬为内学之说。

《后汉书·张衡列传》载:张衡说谶书篇录成于哀、平之际。王莽好符命,世上一时出现了大量的匦图策书,或言王莽为皇帝,或言王莽为真天子,为王莽当真皇帝制造舆论,故谶纬之类图书盛行于王莽之时。《汉书·王莽传》载:卜者王

---

① 扬雄著:《太玄经》卷八,《四库术数类丛书》本,第1册,第87页。
② 司马迁撰:《史记》卷六,中华书局点校本,1959年版,第1册,第252页。

况,"又言莽大臣吉凶,各有日期"。由此可见,谶纬之类图书,是由王况之类卜者编造的。宋章如愚曰:"王莽好符命,光武以图谶兴,遂盛行于世。"①从这些史料看,东汉刘秀以后,谶纬始为当时流行的方术之学。

《易纬》的"八卦用事",顾名思义,是用"八卦"这一工具说事。《易纬》首先构筑了八卦与八方、十二月的匹配。《易乾凿度》里八卦与八方的配对,以坎离震兑主四正之位,为四正卦。《易乾凿度》载:"坎,藏之于北方,位在十一月";"离,长之于南方,位在五月";"震,生物于东方,位在二月";"兑,收之于西方,位在八月"。又以乾艮巽坤主四维之位,为四维卦。《易乾凿度》载:"乾,剥之于西北方,位在十月";"艮,终始之于东北方,位在十二月";"巽,散之于东南,位在四月";"坤,养之于西南方,位在六月。"②八卦与八方的配对,暗含着八卦与十二月的配对。以《周易》卦象配属四时、八方、十二月、二十四节气、七十二候、三百六十五日,此为卦气说。

《易纬》记六十四卦爻辰说。《易乾凿度》说:卦爻与十二辰的匹配,如第一年用乾、坤二卦,则以乾卦初爻配十一月,为子,左行。地支分配十二月,其子为十一月,丑为十二月,寅为正月,亥为十月,则是固定的。顺着子丑寅卯的次序,叫左行。六爻间隔一月匹配六月,即乾卦九二当正月,九三当三月,九四当五月,九五当七月,上九当九月;这叫"以间时而治六辰"。以坤卦初六配六月,为未,右行,也"以间时而治六辰",故坤卦六二当四月,六三当二月,六四当十二月,六五当十月,上六当八月。岁终则依次卦配之。因此乾、坤二卦之后,次于屯、蒙二卦。屯卦配于十二月丑,左行间隔一时而治六辰,故屯卦初九当十二月,六二当二月,六三当四月,六四当六月,九五当八月,上六当十月;蒙卦配于正月寅,右行亦间隔一时而治六辰,故蒙卦初六当正月,九二当十一月,六三当九月,六四当七月,六五当五月,上九当三月。屯、蒙二卦之后,次以需、讼,次以师、比,次以小畜、履,次以泰、否,次以中孚、小过,次以既济、未济。如此,六十四卦分三十二

---

① 章如愚著:《群书考索》卷八,上海古籍出版社,1992年版,第1册,第123页。
② 黄奭辑:《易乾凿度》,上海古籍出版社,1993年版,第7页。

对，用三十二岁。是以六十四卦的卦爻直月，谓之爻辰。故《易乾凿度》曰："卦当岁，爻当月，坼当日……二卦十二爻而朞一岁。"①坼：即坼开、分析之意。朞，"期"的异体字，或解"匝"。

"八卦"与二十四节气的匹配，此有两说。一说二十四卦中各有一爻与二十四节气匹配。《易稽览图》曰：中孚，初六，冬至十一月中；解，初九，春分二月中；屯，九二，小寒十二月节；豫，六二，清明三月节；革，六三，谷雨三月中；震，九四，立夏四月节；大有，上六，芒种五月节；巽，上九，白露八月节；等等，二十四卦中各取一爻。一说坎震离兑四正卦的六爻与二十四节气的匹配。冬至日在坎，春分日在震，夏至日在离，秋分日在兑，为四正卦。《易通卦验》曰："凡此阴阳之云、天之云，天之便气也。坎震离兑为之，每卦六爻，既通于四时二十四气。"②此说四正卦的二十四爻直二十四气。

《易纬》的"八卦用事"，是为了占验灾祸疾病。一卦直一月，一卦不至则必有灾祸疾病发生。《易通卦验》说，卦气的"当至不至"，人多病极寒，万物大旱；卦气的"未当至而至"，人多病暴逆，夏至大旱。而卦气的"当至不至"、"未当至而至"，《易纬》是以晷长而确定的。《易通卦验》曰："冬至，晷长一丈三尺；当至不至，则旱，多温病；未当至而至，则多病暴逆心痛，应在夏至。"③《易通卦验》说，通过测定晷影的长短，可以看到二十四节气"当至不至"，从而预见与灾荒、收成、疾病、战争有关的结果。

《易通卦验》说：八卦之气的验应，气至如其法度，则致太平；若气不至，即八卦之气不效，则为灾异。《易通卦验》曰："夫卦之效也，皆指时。卦当应他卦气，及至其灾，各以其冲应之，此天所以示告于人者也。"④《易通卦验》说，八卦的"卦气"，当应二十四节气；若八卦之气的不效，则"各以其冲应之"。冲，指相对的地方，其实是看气出卦的左右。《易通卦验》说，气出"右，万物半死；气出左，万物

---

① 黄奭辑：《易乾凿度》，上海古籍出版社，1993年版，第22页。
② 黄奭辑：《易通卦验》，上海古籍出版社，1993年版，第88页。
③ 孙毂辑：《古微书》，《丛书集成初编》本，编号0691-第285页。
④ 黄奭辑：《易通卦验》，上海古籍出版社，1993年版，第80页。

伤"。卦气出右即先时而至，卦气出左即后时而至。看气出卦的左右，于是变成看气的先时而至、后时而至。

《易纬》的八卦用事，甚至扩展到儒家的五常。《易乾凿度》曰：震，东方之卦，为仁；离，南方之卦，为礼；兑，西方之卦，为义；坎，北方之卦，为信；乾坤艮巽，位在四维，中央所以绳四方行也，故中央为智。《易乾凿度》的这段构说，将八卦与儒家的五常仁义礼智信匹配，既摆脱了"世俗之辞"的嫌疑，又扩展了八卦用事的范围。

郑玄的《周易注》

郑玄，字康成，北海高密（今山东省高密市）人；生于东汉顺帝永建二年（公元127 年），卒于东汉献帝建安五年（公元 200 年）。献帝建安三年，征郑玄为大司农，"给安车一乘，所过长吏送迎"，故世人亦有称他为郑司农的（为别于"先郑"郑众，经学家又称郑玄为"后郑"）。

从郑玄受学的经历看：第五元先传授《京氏易》《公羊春秋》，属今文经学；又传授《三统历》《九章算术》，属术数之学。张恭祖传授《礼记》《左氏春秋》《古文尚书》等，属古文经学。马融博通今古文经籍，传授郑玄费氏易和图纬之学。经学的今古文之争，表达了两种不同的方法，今文经学讲义理，微言大义；古文经学讲象数，卦气互体。郑玄治学，就是以古文经学为主，兼采今文经学、谶纬方术之说。

郑玄易学多论互体。何谓互体？ 六十四卦，自下而上由六爻构成，其卦爻二至四、三至五，先儒谓之互体。先复习一下八卦：（☰）乾、（☷）坤、（☳）震、（☴）巽、（☵）坎、（☲）离、（☶）艮、（☱）兑。互体，又叫互卦。如坎（☵）卦，下坎（☵）上坎（☵），卦爻二至四为震（☳），三至五为艮（☶），震、艮是谓下坎、上坎的互体，故谓一卦含四卦，后人亦谓一卦含四体。

郑玄易学，多论互体之象。如大畜（䷙）卦，下乾（☰），上艮（☶），互体二至四为兑（☱），三至五为震（☳）。《周易·大畜》曰："六四，童牛之梏，元吉。"郑玄注：

"巽为木,互体震,震为牛之足。足在艮体之中,艮为手,持木以就足,是施梏。"①
郑玄用"互体震,震为牛之足"之象,"足在艮体之中,艮为手"之象,注解了《周易》
说的"童牛之梏"是施桎梏。桎梏:古代刑具,在足曰桎,在手曰梏,如今之手铐、
脚镣。

郑玄易学以象数为主。四库馆臣说,郑玄易学出入今古文两家之间,然以古
文易为主。古文易多主象数。如乾(☰)卦,《周易》曰:"九三,君子终日乾乾"。
郑玄注:"三于三才为人道。有乾德而在人道,君子之象。"又注乾卦九五:"飞之
象也"、"群龙之象也。"②郑玄就以乾卦之象,对卦辞作了注解。何谓象?郑玄
注:在天成象,"日月星辰也";在地成形,"谓草木鸟兽也"。郑玄如此以卦爻之
象,证说易道广大。

郑玄易学的爻辰说。郑玄易注多参天象,就是指郑玄采用了爻辰法注释《周
易》。所谓爻辰,如清张惠言所说:"爻辰者,乾坤六爻生十二律之位也"。即乾、
坤两卦十二爻与十二辰的匹配。乾卦六爻,自下而上,依次与子、寅、辰、午、申、
戌六阳辰匹配;坤卦六爻,自下而上,则依次与未、酉、亥、丑、卯、巳六阴辰匹配。
六十四卦诸爻与十二辰的匹配,除乾、坤两卦,其他六十二卦,"阳爻就乾位,阴爻
就坤位"。即与乾卦之爻同位的阳爻,与乾爻的匹配相同;与坤卦之爻同位的阴
爻,与坤爻的匹配相同。郑玄的爻辰说包括了二层涵义:一指爻辰与十二月的匹
配,法同乾坤十二爻所属;二指爻辰所值二十八宿,对应十二地支、二十四节
气。如:

比 《周易》曰:"初六,有孚盈缶。"郑玄注:"爻辰在未,上值东井。井之水,
人所汲,用缶。缶,汲器也。"③郑玄的爻辰说,以爻纳十二辰,即所谓纳支法。此
说比卦初六爻辰在未。当然,从爻辰在未,引出"上值东井"、"井之水"云云,这种
牵强比附的方法,并不值得推荐。

泰 《周易》曰:"六五,帝乙归妹,以祉元吉。"郑玄注:"五爻辰在卯,春为阳

---

① 王应麟集,惠栋补:《郑氏周易注》卷上,《丛书集成初编》本,编号 0383-第 20 页。
② 王应麟集,惠栋补:《郑氏周易注》卷上,《丛书集成初编》本,编号 0383-第 1 页。
③ 王应麟集,惠栋补:《郑氏周易注》卷上,《丛书集成初编》本,编号 0383-第 8 页。

中，万物以生。"①此说泰卦六五爻辰在卯。泰为阳卦，阳卦与阴卦同位者，亦依退一辰以为贞，即泰卦"左行相随"贞于六月未，所以说泰卦六五爻辰在卯。

习坎 《周易》曰："六四，尊酒簋贰用缶，内约自牖。"郑玄注："六四，上承九五，又互体在震上，爻辰在丑，丑上值斗，可以斟之象。"②此说坎卦六四爻辰在丑。古人月建，斗指丑，为十二月大寒。郑玄却将"丑上值斗"，说成"可以斟之象"。云"斗上有建星，建星之形似簋"。又云"建星上有弁星，弁星之形又如缶"。显然，这种取象说形的方法，是不可取的。

郑玄易学的阴阳说。郑玄求易，不从一家之说，惟择善而是。如采纳阴阳之说，也是郑玄易学的基本方法。笔者举其注如下：

泰 《周易》曰："泰，通也。后以财成天地之道，辅相天地之宜，以左右民。"郑玄注："财，节也；辅相，左右助也。以者，取其顺阴阳之节，为出内之政。"③郑玄说，天地之道，顺阴阳四时之节，为泰；泰，通阴阳之气也。

复 《周易》曰："复，亨。"郑玄注："复，反也，还也。阴气侵阳，阳失其位，至此始还，反起于初，故谓之复。"④郑玄说过"亨者，阳也"，这里又说"复，反也，还也"，是谓"阴气侵阳，阳失其位"，还是要反还于阳。郑玄是用阴阳二气的盛衰，解说事物的变化。

随 《周易》曰："出门交有功。"随卦，震下兑上。郑玄注："震为大涂，又为日门，当春分，阴阳之所交也。是臣出君门，与四方贤人交，有成功之象也。"⑤郑玄还是从随卦的下体震上入手，云"震为大涂"；大涂，大路也，为行、变之意。郑玄以"阴阳之所交也"，解说震当春分，故"有成功之象"，说得还是卦象。

郑玄易学兼采义理之说。义理，汉人指经义名理。郑玄治易，多论互体，好参天象，但他却是从互体之象中，从天地之象中，求得《周易》的经文义理。证之如下：

---

① ③ 王应麟集，惠栋补：《郑氏周易注》卷上，《丛书集成初编》本，编号0383-第9页。
② 王应麟集，惠栋补：《郑氏周易注》卷上，《丛书集成初编》本，编号0383-第21页。
④ 王应麟集，惠栋补：《郑氏周易注》卷上，《丛书集成初编》本，编号0383-第18页。
⑤ 王应麟集，惠栋补：《郑氏周易注》卷上，《丛书集成初编》本，编号0383-第14页。

大有　《周易》曰："大有,元亨。"郑玄注："六五,体离,处乾之上,犹大臣有圣明之德,代君为政,处其位有其事而理之也。"①郑玄以大有的互体离,"处乾之上",说了大臣代君为政之理。

震　《周易》曰："震,亨。"郑玄注："震为雷,雷动物之气也。雷之发声,犹人君出政教以动国中之人也,故谓之震。"②郑玄以"震为雷",说"震"为人君出政之理。郑玄据人事以求易,"由是章句、义理备焉",这一方法为后来王弼易学所传承。

临　《周易》曰："至于八月有凶。"郑玄注："临卦,斗建丑而用事,殷之正月也。当文王之时,纣为无道,故于是卦为殷家著兴衰之戒,以见周改殷正之数。"③此说临卦建丑用事。郑玄解临卦"为殷家著兴衰之戒"说,开"以史解象"之先。

郑玄,汉代经学的集大成者。郑玄易学以互体、象数为主,而兼采阴阳、义理之说,世称"郑学"。《后汉书·郑玄列传》"论赞"中说："郑玄囊括大典,网罗众家,删裁繁诬,刊改漏失,自是学者略知所归。"范晔对郑玄的这一评价,是非常中肯的。

虞翻的《易注》

虞翻,字仲翔,会稽余姚(今浙江省余姚市)人。《三国志·吴书·虞翻传》载:孙策征会稽,命虞翻为功曹,后出为富春长。孙权时,命为骑都尉;因数次犯颜谏诤,坐徙丹阳泾县。吕蒙图取关羽,以虞翻兼知医术,请自带身边,亦欲因此令他得释也。虞翻《易注》早已失佚,赖唐李鼎祚《周易集解》的辑录,得以部分存世。

虞翻的《易注》,发挥了六十四卦的"易位"说。六十四卦不反则对。两卦倒

---

① 王应麟集,惠栋补:《郑氏周易注》卷上,《丛书集成初编》本,编号 0383-第 11 页。
② 王应麟集,惠栋补:《郑氏周易注》卷中,《丛书集成初编》本,编号 0383-第 38 页。
③ 王应麟集,惠栋补:《郑氏周易注》卷上,《丛书集成初编》本,编号 0383-第 14 页。

过来为反,如泰(䷊)(乾下坤上)倒过来成否(䷋)(坤下乾上)。两卦阴阳互换为对,如随(䷐)(震下兑上)阴阳互换成蛊(䷑)(巽下艮上)。易象"对"的关系,虞翻《易注》的提法曰"旁通",如说同人(䷌),"旁通师(䷆)卦",谦(䷎)"与履(䷉)旁通"。在"旁通"之外,虞翻《易注》说的是"易位"。如大畜(䷙),虞翻《易注》曰:"二五易位,成家人(䷤)。""二五易位",指大畜六二爻和九五爻互换,得家人。可见,虞翻的"易位",是爻的阴阳互换。虞翻通过"易位",对六十四卦都可进行"变通"了。

　　虞翻《易注》曰:"变通趋时,谓十二月消息也。泰、壮、夬,配春;乾、姤、遁,配夏;否、观、剥,配秋;坤、复、临,配冬。"[1]虞翻《易注》的十二月消息卦,仍是将十二消息卦分为四时。十二月消息卦,见下表:

月份	十一	十二	一	二	三	四	五	六	七	八	九	十
卦名	复	临	泰	大壮	夬	乾	姤	遁	否	观	剥	坤
卦象	䷗	䷒	䷊	䷡	䷪	䷀	䷫	䷠	䷋	䷓	䷖	䷁

表中:复,一阳始生,十一月;乾,全阳,四月。从复至乾,阳爻从下往上逐渐增加,阴爻逐渐减少,表示阳气逐渐增强,阴气逐渐减弱,为"阳息",称"息卦","息"即为生长不息之意。姤,一阴始生,五月;坤,全阴,十月。从姤至坤,阴爻从下往上逐渐增加,阳爻逐渐减少以至全无,表示阴气逐渐增强,阳气逐渐减弱,为"阴消",称"消卦","消"即为消失不见之意。反过来说:凡阴爻增加而阳爻减少称"消",阳爻增加而阴爻减少称"息"。

　　十二消息卦的完整记载,目前所见史料,比三国虞翻《易注》更早的,就是东汉末年成书的《参同契》。《参同契》载:"朔旦为复","临炉施条","仰以成泰","渐历大壮","夬阴以退","乾健盛明","姤始经序","遁去世位","否塞不通","观其权量","剥烂肢体","归乎坤元"。复、临、泰、大壮、夬、乾、姤、遁、否、观、剥、坤为十二消息卦。《参同契》又曰:"复卦建始萌。"即云复卦从十一月开始,依次以十二消息卦轮值十二月。

---

① 李鼎祚辑:《周易集解》卷十三,《丛书集成初编》本,编号0389-第324页。

虞翻《易注》曰:"震,二月东方。姤,五月南方。巽,八月西方。复,十一月北方。皆总在初,故以诰四方也。孔子行夏之时,《经》用周家之月;夫子传《彖》、《象》以下,皆用夏家月,是故复为十一月,姤为五月矣。"①这里,震、巽并不属十二月消息卦,什么原因? 虞翻的解释是"用周家之月"。虞翻说过遯为"六月卦也,于周为八月",云于夏历,遯为六月;于周历,遯为八月。故虞翻"用周家之月",说震为二月、巽为八月。但这一解释是靠不住的,因为虞翻在说震为二月东方、巽为八月西方时,是和复为十一月北方、姤为五月南方一起说的,如何在一年四方中,十一月北方、五月南方用夏家月,到了二月东方、八月西方又用周家月了。一个合理的解释是,卦与十二月的配属不是单一的。如《易乾凿度》载:坎,位在十一月;《易稽览图》载:中孚,冬至十一月中。这些都是《易纬》卦气说中记载的不同配属。

十二消息卦,又称十二辟卦,指假借十二卦以配十二月,所谓假物取譬(音辟)而得名。看来,这一传统解释有误。《汉书·京房传》载:"房以建昭二年二月朔拜,上封事曰:'辛酉以来,蒙气衰去……然少阴倍力而乘消息。'"孟康注:"房以消息卦为辟。辟,君也。息卦曰太阴,消卦曰太阳,其余卦曰少阴、少阳,谓臣下也。并力杂卦气干(于)消息也。"②宋代宋祁据息卦阳、消卦阴,已指出"注文当作息卦曰太阳,消卦曰少阴"。孟康释辟卦为君卦,似乎不足为凭,但他说京房也有一套辟卦,"息卦曰太阴,消卦曰太阳,其余卦曰少阴、少阳",这倒是值得注意的。干宝说蒙卦"于消息为正月卦也"(详见下节),故京房云二月"蒙气衰去",而蒙卦不为十二消息卦。这或许表明十二消息卦与十二月的配属,当时应有二套配属(除卦气说中的不同配属),一套以京房的"太阴、太阳、少阴、少阳"为说(以消息卦为辟,称十二辟卦),另一套是以《参同契》、虞翻的"十二消息"为说。

虞翻又持四正卦说,其中也有两种说法。其一,四方正卦。虞翻《易注》曰:"乾主壬,坤主癸;日月会北,震为玄黄。天地之杂,震东兑西,离南坎北,六十四

_____

① 李鼎祚辑:《周易集解》卷九,《丛书集成初编》本,编号 0388 - 第 218 页。

② 班固撰:《汉书》卷七十五,中华书局点校本,1962 年版,第 10 册,第 3164 页。

卦,此象最备四时正卦,故天地之大义也。"①震东兑西,离南坎北,同《易纬》的四正卦,为四方正卦;虞翻认为四方正卦最备四时之正。其二,四时正卦。虞翻《易注》又曰:"乾天,坤地,震春,兑秋,坎冬;三动,离为夏。"②坎冬震春,离夏兑秋,可叫四时正卦。虞翻《易注》的四正卦和八卦一样,或作方向,或作时间(见图2-2-4)。

离 南 夏

震 东 春　　　　兑 西 秋

坎 北 冬

图 2-2-4

虞翻《易注》的纳甲法。虞翻《易注》曰:以乾纳甲、坤纳乙,甲乙相得合木,木在五行方位中列东,数三八;艮纳丙、兑纳丁,丙丁相得合火,火在五行方位中列南,数二七;坎纳戊、离纳己,戊己相得合土,土在五行方位中列中央,数五十;震纳庚、巽纳辛,庚辛相得合金,金在五行方位中列西,数四九;乾纳壬、坤纳癸,壬癸相得合水,水在五行方位中列北,数一六。虞翻的纳甲法,可简单地理解为,八卦之象纳入对应的天干,并与五行、方位、数目相匹配。

明杨慎已指出:虞翻《易注》的纳甲法,较《参同契》为备。《参同契》曰"月节有五六",即将一月三十日分为六节,每节五日,各以一卦主之。我们可以看到:虞翻《易注》的纳甲法,与《参同契》的纳甲法略有不同。《参同契》的纳甲法,只是纳入了十二月时节;而虞翻《易注》的纳甲法,则在四时之正上,纳入了五行之位。

第三节　易学的延续

两晋南北朝隋唐时期,存世的易学专著并不多。东晋干宝的《周易干氏注》、北魏关朗的《关氏易传》、唐孔颖达的《周易正义》等,都是这一时期易学的重要

---

① 李鼎祚辑:《周易集解》卷十一,《丛书集成初编》本,编号0388-第264页。
② 李鼎祚辑:《周易集解》卷十二,《丛书集成初编》本,编号0388-第291页。

著作。

干宝撰《周易干氏注》，"以史解经"，他说六十四卦"主于人事"。干宝又以乾坤十二爻值十二月，说乾坤十二爻分别来自十二消息卦，这种"见爻知卦"的方法，源于京房的纳甲法。干宝于易学还是提出了几个独特之说。

关朗作《关氏易传》，他从蓍数、卦象的动与静中，证明"易所以先知也"。对大衍之数的解释，古来层出不穷。关朗提出小衍之数立于五，"偶于十"，故大衍之数五十；又曰万事如盈虚，岁"减出六日为闰月"，故大衍之数减一而用四十九，"此用所以不穷也"。

南北朝时期，南朝崇尚王弼，北朝唯传郑玄，但都"辞尚虚玄，义多浮诞"。唐孔颖达合王弼、韩康伯易说，撰《周易正义》，为千年易学官方定本。孔颖达的《周易正义》，除了易学"八论"之外，还包括论说"八卦方位之所，六爻上下之次，七八九六之数，内外承乘之象"。

干宝的《周易干氏注》

干宝，字令升，祖籍河南新蔡，后随父南迁定居浙江海盐。《晋书·干宝列传》载：干宝"性好阴阳术数，留思京房、夏侯胜等传"。据许嵩《建康实录》卷七记载：干宝，咸康二年（公元 336 年）卒；朝廷特加尚书令，从祀学宫。

干宝撰《周易干氏注》，"以史解经"。作为一位著名的史学家，干宝注《周易》，就特别善于以三代史事注解《周易》。如坎六三《象》曰："来之坎坎，终无功也。"干宝注："坎，十一月卦也。又失其位，喻殷之执法者，失中之象也。"[1]卦、爻，象也。干宝认为坎卦有"失中之象"，卦喻史实，故以"殷之执法者"的史实，解坎六三《象》之辞。干宝的这种注解《周易》方法，清章学诚称为"以史解经"。显然，干宝为《周易》作注，以三代史事比附卦爻之象，本质上是一种"以史解经"的方法。

---

① 李鼎祚辑：《周易集解》卷六，《丛书集成初编》本，编号 0387 - 第 151 页。

"以史解经"，即说六十四卦"主于人事"。如《周易》曰："男女构精，万物化生。"干宝注："男女，犹阴阳也，故万物化生。不言阴阳，而言男女者，以指释损卦六三之辞，主于人事也。"[1]干宝说卦辞"主于人事"，强调了史实之义。干宝认为，既然《周易》卦辞"主于人事"，就须"必考其事"，这正如孔颖达所说的，"以物象而明人事"。

干宝"以史解经"，"必考其事"。如《周易》曰："文不当，故吉凶生焉。"《周易干氏注》曰："其辞为文也，动作云为，必考其事，令与爻义相称也。事不称义，虽有吉凶，则非今日之吉凶也。故元亨利贞，而穆姜以死；黄裳元吉，南蒯以败；是所谓文不当也。故于经，则有君子吉，小人否；于占，则王相之气，君子以迁官，小人以获罪也。"[2]穆姜以死。《左传》襄公九年载：穆姜欲废成公，阴谋败露而被打入冷宫。穆姜占筮，遇艮之随，曰"元亨利贞，无咎"。史官曰："随，其出也，君必速出"，力劝穆姜出逃。穆姜认为自己不配四德，自取其恶，怎会无灾，又怎么逃得出去，后果死于冷宫。南蒯以败。《左传》昭公十二年载：南蒯将欲叛鲁降齐，占筮之，遇坤之比，曰"黄裳元吉"。南蒯以为大吉，问子服惠伯曰："即欲有事，何如？"惠伯曰："吾尝学此矣。忠信之事则可，不然必败。"后南蒯果然失败。干宝说"必考其事"，强调了史实之事，他举穆姜以死、南蒯以败，谓"令与爻义相称也"。干宝说其辞"虽有吉凶，则非今日之吉凶"；其结论"君子吉、小人否"，是经不起推敲的。

干宝易注"见爻知卦"。干宝亦以乾坤二卦十二爻值十二月，且言此十二爻分别来自十二消息卦。干宝的"见爻知卦"方法，虽源于京房的纳甲法，但还是有些新义的。《周易干氏注》载：

乾：

初九："阳在初九，十一月之时，自复来也。"

九二："阳在九二，十二月之时，自临来也。"

---

[1]　李鼎祚辑：《周易集解》卷十六，《丛书集成初编》本，编号 0389 - 第 381 页。

[2]　李鼎祚辑：《周易集解》卷十六，《丛书集成初编》本，编号 0389 - 第 396 页。

九三："阳在九三,正月之时,自泰来也。"

九四："阳在九四,二月之时,自大壮来也。"

九五："阳在九五,三月之时,自夬来也。"

上九："阳在上九,四月之时也……乾体既备,上位既终。"①

坤：

初六："阴气在初,五月之时,自姤来也。"

六二："阴气在二,六月之时,自遯来也。"

六三："阴气在三,七月之时,自否来也。"

六四："阴气在四,八月之时,自观来也。"

六五："阴气在五,九月之时,自剥来也。"

上六："阴在上六,十月之时也。爻终于酉,而卦成于乾(坤)。"②

十二消息卦,复、临、泰、大壮、夬、乾为息卦六,姤、遯、否、观、剥、坤为消卦六。故干宝说"而卦成于乾",其"乾"字,疑"坤"字刻本之误。

干宝说乾坤十二爻,分别来自十二消息卦的渐变,这是干宝说的"见爻知卦"的方法。乾："阳在初九,十一月之时,自复来也。"复卦,初爻为阳爻,余全为阴爻,为一阳来复之像,表示冬至过后阳气初生,故云乾初九"自复来也"。坤："阴气在初,五月之时,自姤来也。"姤卦,初爻为阴爻,余全为阳爻,表示夏至过后,阳气盛极而转衰、阴气初生,故云坤上六"自姤来也"。干宝说,"爻者,言乎变者也",即见爻而知卦之变。

干宝的"见爻知卦"方法,来源于他的"一卦六爻,则皆杂有八卦之气"说。如《系辞下》曰："乾,阳物也;坤,阴物也。"干宝注："一卦六爻,则皆杂有八卦之气。若初九为震爻,九二为坎爻也;或若见戌言艮,巳亥言兑也;或若以甲壬名乾,以乙癸名坤也;或若以午位名离,以子位名坎。"③八卦之气,无非即阴阳二气。因震卦初九、坎卦九二均为阳爻,都可说成"自乾来也",如此,干宝作了"一卦六爻,

---

① 李鼎祚辑：《周易集解》卷一,《丛书集成初编》本,编号0386-第1—3页。

② 李鼎祚辑：《周易集解》卷二,《丛书集成初编》本,编号0386-第28—31页。

③ 李鼎祚辑：《周易集解》卷十六,《丛书集成初编》本,编号0389-第392页。

则皆杂有八卦之气"的解释。

干宝说："或若见戌言艮,巳亥言兑也。""或若以午位名离,以子位名坎。"表明干宝精通京房的纳支法。京房纳支法,就是将八宫卦纳入十二地支。干宝又说："或若以甲壬名乾,以乙癸名坤"。表明干宝精通京房的纳甲法。京房纳甲法云:乾坤之象配甲乙壬癸,震巽之象配庚辛,坎离之象配戊己,艮兑之象配丙丁。简单点说,乾纳甲壬,坤纳乙癸。《周易干氏注》曰："需,坤之游魂也。""讼,离之游魂也。""比者,坤之归魂也。"游魂、归魂,即为京房之说。将十二消息卦与京房的八宫卦作个比较,可以看到,十二消息卦也就是乾、坤二宫所统领的一世至五世的变卦。由此可见,干宝易注的方法,实际源于京房的纳甲法。

《周易干氏注》除说十二消息卦,还提到了其他几个卦。如干宝说蒙卦曰:"蒙者,离宫阴也,世在四。八月之时,降阳布德,荠麦并生,而息来在寅,故蒙于世为八月,于消息为正月卦也。"①干宝说蒙卦,"于世为八月,于消息为正月卦也"。干宝又说比卦曰:"比者,坤之归魂也。亦世于七月,而息来在巳,去阴居阳,承乾之命,义与师同也。"②干宝说比卦"亦世于七月","而息来在巳"。干宝又说:"坎,十一月卦也。"这里有个问题,干宝说的蒙卦、比卦、坎卦,皆非《参同契》、虞翻记载的十二消息卦的卦名。对这一问题所能解释的是,卦与十二月的配属,当时应有二套配属,一套以京房的"世应飞伏"为说(或曰"太阴、太阳、少阴、少阳",详见上节),称十二辟卦(或称十二世卦);另一套以《参同契》、虞翻记载的"十二消息"为说。如干宝说蒙卦,"于世为八月","于消息为正月卦也"。

关朗的《关氏易传》

关朗,字子明,河东(今属山西省永济市)人。关于他的生平史料,主要有王通《文中子中说》附录的王福畤《录关子明事》,另有唐赵蕤注《关氏易传》为关朗

---

① 李鼎祚辑:《周易集解》卷二,《丛书集成初编》本,编号0386-第42—43页。
② 李鼎祚辑:《周易集解》卷三,《丛书集成初编》本,编号0386-第61页。

作的小传。王福畤记关朗为北魏人。据王福畤所记，王通高祖，即王虬，族内称为穆公。穆公在太和八年，向魏孝文帝拓跋宏推荐过关朗，随着"俄帝崩，穆公归洛"，关朗也归去不仕。赵蕤作的小传，和王福畤《录关子明事》基本一样，只是改王通的高祖父穆公为王虬，改王通的曾祖父同州府君为王彦。

今本《关氏易传》一卷，旧题北魏关朗撰，唐赵蕤注。赵蕤谓："然恨此书亡篇过半，今所得者无能诠次，但随文义解注，庶学者触类而长，当自知之尔。"全书载十一篇，以下直出篇名。

《卜百年易第一》记王彦问关朗百年占法，关朗遂布卦占算。"既而揲蓍布卦，得夬之革（注：夬九二化革六二，是二六十二为纪也——赵蕤注，下同）。舍蓍而叹曰：'当今大运不过二再传尔（注：每一十二年为一运，二再传二十四年）。从今甲申（注：今为所卜之年，甲申，魏宣武正始元年也），二十四年戊申，天下当大乱，而祸始宫掖。'"①宫掖，意指皇宫。从甲申（公元 504 年）至戊申（公元 528年）为二十四年。魏宣武帝在位十二年，明帝也在位十二年，关朗便以为"十二"，是一个"大运再转"的数字。

《卜百年易第一》载："彦曰：'请推其数。'子曰：'乾坤之策，阴阳之数，推而行之，不过三百六十六（注：成岁之数，三百六旬又六日也），引而伸之不过三百八十四（注：演卦数也，三百八十四爻），终则有始，天之道也。噫，朗闻之先圣与卦象相契，自魏以降天下无真主，故黄初元年庚子至今八十四载。更八十二年，丙午，三百六十六矣，当有达者生焉。更十八年，甲子，当有王者合焉。'"②关朗推数，只是凑出了从公元 220 年至 586 年的三百六十六这个整数，说为合成岁之数；又凑出了从公元 220 年至 604 年的三百八十四这个整数，说为合卦之爻数。又从公元 504 年至 604 年，恰好百年，关朗如此"以百年为断"。关朗说他的这种占法，符合"乾坤之策，阴阳之数"。

---

① 关朗撰：《关氏易传》，载陶宗仪辑：《说郛》卷二，见《说郛三种》，上海古籍出版社，1988 年版，上海古籍出版社，1988 年版，第 3 册，第 101 页（以下凡引《说郛三种》本，仅注见《说郛三种》，册数，页码）。
② 关朗撰：《关氏易传》，载《说郛》卷二，陶宗仪辑，见《说郛三种》，第 3 册，第 102 页。

《统言易义第二》为关朗解易,言易变动乎乾坤之中,始于动静,终于吉凶。关朗说:蓍数于圆,卦象于方;"数主乎动,象主乎静",可以知来藏往;故变吉变凶,易所以先知也。关朗说易,一说蓍数,二说卦象。关朗对易之义,归纳为二个字:一谓"变",二谓"占"。他说:极数穷神乃为易。他欲从蓍数、卦象的动与静中,证明"易所以先知也"。

《大衍义第三》为关朗解大衍之数。关朗说:"天数以三兼二,地数以二兼三,奇偶虽分,错综各等,五位皆十衍之极也,故曰大衍。"①关朗从"五位皆十衍之极",证明大衍之数五十,法天地之数五十五。关朗提出小衍之数立于五,"偶于十",故大衍之数五十;关朗又曰万事如盈虚,岁"减出六日为闰月",故大衍之数减一而用四十九。对大衍之数为何减一的问题,关朗作出了新的解说。关朗对大衍之数的解释,在南北朝易学中,颇具特色。

对大衍之数的解释,古来层出不穷,却都有巧合之嫌。这里有两个问题:第一,何谓大衍之数? 第二,大衍之数为何减一而用四十九?

第一,何谓大衍之数?《易乾凿度》说十干、十二辰、二十八宿之数,合之得大衍之数五十。西汉京房也持此说。刘歆谓:五行生数,水一火二木三金四各乘土数五,合之得大衍之数五十。郑玄说了大衍之数是天地之数(五十五)减五行气数(五)而得。东汉马融以太极作数一,一生二,二生四,"四时生五行,五行生十二月",合之得五十。唐孔颖达总结道:"但五十之数,义有多家,各有其说,未知孰是。"

第二,大衍之数为何减一而用四十九? 荀爽云:"卦各有六爻,六八四十八,加乾、坤二用,凡有五十。《乾》初九潜龙勿用,故用四十九也。"东汉末年荀爽以"潜龙勿用",云大衍之数要减一而用四十九,而大衍之数与《乾》卦初九的关系,荀爽未予以解释。汉末三国时人姚信、董遇曰:"天地之数五十有五者,其六以象六爻之数,故减六而用四十有九。"②姚信、董遇武断地说,天地之数五十五减六

---

① 关朗撰:《关氏易传》,载《说郛》卷二,见《说郛三种》,第 3 册,第 103 页。
② 章如愚著:《群书考索》卷九,《四库类书丛刊》本,上海古籍出版社,1992 版,第 1 册,第 143 页。

爻之数,故大衍之数只用四十九。

《乾坤之策义第四》为关朗解易之爻、策。关朗说:阳爻九、阴爻六,以十二为率。乘三乘二;得三十六策为乾,得二十四策为坤。再分别乘二乘三,得七十二策。再分别乘三乘二,得"乾之策二百一十有六,坤之策百四十有四"也。关朗"以十二为率",以"三天两地"(乘三乘二)之法,求得乾坤之策。在南北朝易学中,关朗突出了"数"。

关朗说盈虚之义,强调了"当期之数"。《盈虚义第五》曰:"当期之数,过者谓之气盈,不及者谓之朔虚(注:六个三十一日是过,六个二十九日是不及)。故七十二为经(注:此所以立历法也),五之为期(注:五个七十二成岁),五行六气推而运也(注:包虚盈义)。"关朗借历法上的气盈、朔虚,取整舍零,说的是"一岁凡三百有六十",他得出"七十二为经"的结论。历家所谓气盈、朔虚,盖以三十日为准;过之者(有余)谓之气盈,不及者谓之朔虚。又张尔岐《蒿庵闲话》记:"日与天会,多五日有余为气盈;月与日会,少五日有余为朔虚。"①关朗从气盈、朔虚之数上,说存在"五行六气推而运也"。

关朗说时变之义,讲了"六六而变"。《时变义第八》曰:"卦以存时,爻以示变,时系乎天,变由乎人。昼动六时也,夜静六时也。动则变,静则息;息极则变,变极则息。故动静交养,昼夜之道也。乾坤分昼夜时也。"关朗从"昼动六时"、"夜静六时"的区别上指出:卦以存时,六六之分;爻以示变,六六之用。关朗说"数",以"十二为率","以七十二为经",这里再说"六六而变"。

关朗解说了六十四卦的"六六而变"。《杂义第十一》曰:"屯六变而比,比六变而同人,同人六变而蛊,蛊六变而剥,剥六变而大过,大过六变而遯,遯六变而睽,睽六变而夬,夬六变而井,井六变而渐,渐六变而兑,兑六变而既济终焉。"②"六六而变",即六卦一组,十组六十卦。关朗从第三卦屯说起,终必不为既济、未济。赵蕤指出:"关氏此则以既济为终者","盖后人传写之误也"。关朗对《易经》

①　张尔岐撰:《蒿庵闲话》卷一,《丛书集成初编》本,编号 0347 -第 8 页。
②　关朗撰:《关氏易传》,载陶宗仪辑:《说郛》卷二,见《说郛三种》,第 3 册,第 107 页。

六十四卦,指出了"六六而变",如他对大衍之数的解释,确有独到之处。

王弼作《周易注》,确立了以义解经的基本方法,关朗继承了这一方法,也是以义理解易。如《阖辟义第六》为关朗说阖辟之义,《理性义第七》为关朗说性命之义,《动静义第九》为关朗说动静之义,《神义第十》为关朗说神灵之义。但关朗解易更加突出了"数",这种以"数"解易的方法,对宋以后易学的发展,影响是巨大的。

孔颖达的《周易正义》

孔颖达,字冲远(一作仲达、冲澹),冀州衡水(今河北省衡水市)人。隋大业初,孔颖达"举明经高第",授河内郡博士,补太学助教。入唐,"与诸儒议历及明堂,皆从颖达之说"。孔颖达与颜师古等人,奉诏为《周易》、《尚书》、《诗经》、《礼记》和《左传》作疏,名《五经正义》;书成,拜国子监祭酒。

易学,经汉魏南北朝发展,京房流于谶纬灾祥,郑玄好讲爻辰象数,王弼详解玄学义理。孔颖达著《周易正义》,"始专崇王注,而众说皆废"。孔颖达遂取王弼(字辅嗣)注本,《系辞》以下取晋韩康伯(名伯,字康伯)之注,加案,成《周易正义》一书。

孔颖达在《周易正义》之首,先作易学"八论"。第一论易之三名,云"易一名而含三义:易简,一也;变易,二也;不易,三也"。第二论重卦之人,曰"明伏羲已重卦矣"。第三论三代易名,云"一曰《连山》,二曰《归藏》,三曰《周易》"。第四论卦辞爻辞谁作,孔颖达说文王作卦辞、周公作爻辞。第五论《易》分上下二篇。第六论孔子作《十翼》。第七论传《易》之人。孔颖达曰:《易》为卜筮之书,独得不禁,故传授之人不绝。第八论谁加"经"字。孔颖达考曰:西汉孟喜云"分上下二经",是孟喜之前,已题"经"字。孔颖达的《周易正义》,除了易学"八论"外,还包括论说"八卦方位之所,六爻上下之次,七八九六之数,内外承乘之象"。

孔颖达论"八卦方位之所"。《周易》曰:"天地设位,而易行乎其中矣。"便是言八卦各成方位。孔颖达所说的"八卦方位",重复了八卦既指东南西北,又指春夏秋冬。所谓以坤是象地之卦,不言方位之所;当以震是东方之卦,以巽是东南之卦,以离位在南方,以兑位在西方,以乾位在西北方,以坎位在正北方,以艮位在东北方,坤也只能是西南之卦了。

孔颖达论"六爻上下之次"。孔颖达说:"易者,分布六位而成爻卦之文章也。"六位,六爻所处之位;初、三、五为阳,二、四、上为阴。孔颖达取王弼说,以"初"、"上"为始末之位,"二"、"四"为阴位,"三"、"五"为阳位;阳爻居阳位,阴爻居阴位,为得位;阳爻居阴位,阴爻居阳位,即为失位。孔颖达如此解说"其六爻之大略"。孔颖达的得位、失位说,还是比较新颖的。

孔颖达论"七八九六之数"。《周易》曰:"大衍之数五十,其用四十有九。""是故四营而成易。"《周易正义》疏曰:"《正义》曰:谓经营,谓四度经营蓍策,乃成易之一变也。"①四营:一营、二营至四营,意第一步、第二步至第四步。第一步"分而为二",将四十九根蓍草任意分成二组,其中一组蓍草至少有二根。第二步"挂一,以象三",在所分二组的任意一组中取出一根,挂在小手指上,共为三。第三步"揲之以四",将另二组蓍草数除以四,得余数分别夹在两手食指、中指之间。第四步"归奇于扐",数两手所得余数,无余数则以四代之,必得余数七、八、九、六;如此"四度经营"而成一变,三变成一爻。

《周易》曰:"十有八变而成卦,八卦而小成。"孔颖达说:揲之余数,九和八为多数,五和四为少数。如果三变中是两多一少,即是阳爻,叫少阳。三变中两少一多为阴爻,叫少阴。三变中都是少数为阳爻,因可以变阴爻,所以是一个变爻,叫老阳。三变中都是多数为阴爻,因可以变阳爻,所以也是一个变爻,叫老阴。孔颖达谓:用蓍三扐而布一爻,则十有八变而得六爻一卦也;从而"以为六十四卦,而生三百八十四爻"。

孔颖达论"内外承乘之象",分六十四卦之"象"。《周易正义》疏曰:"凡六十四卦,说象不同:或总举象之所由,不论象之实体,又总包六爻,不显上体下体,则乾、坤二卦是也。""或直举上下二体者",凡一十四卦;"或有直举两体上下相对

---

① 韩康伯注,孔颖达疏:《周易正义》卷七,《十三经注疏》本,上册,第80页。

者"，凡四卦；"或直指上体而为文者"，凡十五卦；"先举下象以出上象，亦意取上象，共下象而成卦"，凡十二卦；"或先举上象而出下象，义取下象以成卦义者"，凡十三卦；"或有虽先举下象，称在上象之下者"，凡四卦。孔颖达说六十四卦总上体、下体二象。孔颖达除了说"上象"、"下象"，还说了"大象"、"小象"及"自然之象"。

孔颖达说易象之法：或"以物象而明人事"，"或取天地阴阳之象以明义者"，"或取万物杂象以明义者"，皆为"假外物之象以喻人事"。孔颖达又说，"或直以人事，不取物象以明义者"，这叫"可以取象者则取象也，可以取人事者则取人事也"。

孔颖达说"同类相感"，论说了"物象"与"人事"的"相感应"。《周易正义》疏曰："'飞龙在天，利见大人'，何谓也？子曰：同声相应，同气相求。水流湿，火就燥，云从龙，风从虎，圣人作而万物睹，本乎天者亲上，本乎地者亲下，则各从其类也。"孔颖达说"天能广感众物，众物应之"，故天地万物，各从其类；有"同声相应"者，有"同气相求"者，总谓之"同类相感"。

孔颖达又说"异类相感"。孔颖达在论述"异类相感"时，举了几个例子。如："若磁石引针，琥珀拾芥"。出裴松之注引三国吴韦昭《吴书》："虎魄不取腐芥，磁石不受曲针"。因以"针芥相投"谓相投契。如："蚕吐丝而商弦绝"。《淮南子·天文训》曰："蚕珥丝而商弦绝，贲星坠而渤海决"。贲，通"奔"。如："铜山崩而洛钟应"。宋魏了翁《周易要义》曰："铜山西崩，洛钟东响"。这类事应，并不易理解；孔颖达对这些"异类相感"的论述，也说"不知其所以然也"。

孔颖达最后说："感者动也，应者报也。皆先者为感，后者为应，非唯近事则相感。"[①]以上，为孔颖达对"同类相感"、"异类相感"的全面论述。孔颖达说了：人与物相感，声气相感，形象相感，同类相感，天地之间共相感应，亦有异类相感者，亦有远事遥相感者，我们不再一一枚举了。其结论倒是简明："感者动也，应者报也"；"先者为感，后者为应"。同类相感、异类相感，孔颖达总结为"感应"。

---

① 　王弼注，孔颖达疏：《周易正义》卷一，《十三经注疏》本，上册，第16—17页。

第四节 北宋"图"、"数"说

汉人说易多主义理、象数。到了宋朝,学者秉承这一传统,或发表于"图"、或致力于"数",儒者作图用数,蔚然成风。

被尊为宋代理学(或曰道学)开山之祖的周敦颐,作《太极图》,表达了从无极到万物的无穷变化,开一代太极图说。

邵雍撰写了千古名著《皇极经世书》,以元经会、以会经运、以运经世,建立了一套"元会运世"的数理模式,并将"元会运世"应用到天地万物的"四府"之中。

司马光《潜虚》一书,作"气图"、"体图"、"性图"、"名图"、"行图"、"命图",其"行图"又包含了"变图"、"解图";司马光以图说数,以数说"吉凶臧否平",必有其所源。

周敦颐的《太极图》

周敦颐,原名惇实,后避英宗旧讳,改名敦颐,字茂叔。道州营道(今湖南省道县)之濂溪人。家居庐山莲花峰下有溪,取故乡濂溪以命名,世人尊称濂溪先生。周敦颐病卒于熙宁六年(1073年),年仅五十有七,死后与孔子并祀。

明吕柟收《周子抄释》三卷,载周敦颐《太极图》、《通书》等四十篇。吕柟的搜罗,已属完备。《宋史·周敦颐列传》载:"著《太极图》,明天理之根源,究万物之终始。"《周子抄释》载《太极图》,见下图 2-4-1:

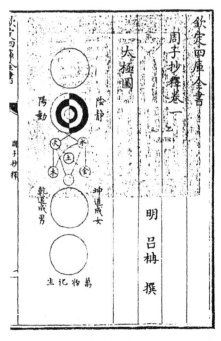

图 2-4-1

《太极图》画出了什么？周敦颐《太极图说》讲了几句话。曰："无极而太极。"曰："太极动而生阳，动极而静，静而生阴，静极复动。"曰："五行一阴阳也，阴阳一太极也，太极本无极也。"曰："无极之真……乾道成男，坤道成女。"曰："二气交感，化生万物。万物生生而变化无穷焉。"这是周敦颐就《太极图》而说的五句话，他说《太极图》画出了"无极"、"阴静阳动"、"五行之精"、"无极之真"、"化生万物"；五个圆圈，代表了从无极到万物生生的无穷变化。周敦颐的贡献，在于他用一太极，统合了阴阳、五行。

周敦颐的结论："万物生生而变化无穷焉。惟人也，得其秀而最灵。"人为万物生生变化中之最秀最灵者。周敦颐说人"得其秀而最灵"，这并非他的首创。荀子最早提出了人"最为天下贵"的观点，《素问》说天地万物"莫贵于人"。南朝陆修静也说过："万物以人为贵，人以生为宝。"[1]人"最为天下贵"，万物"莫贵于人"，万物"以人为贵"，万物惟人"最灵"，虽说有个别文字上的差异，但"以人为贵"的主旨是一脉相承的。

周敦颐著书最少，由《太极图》、《太极图说》引出的争辩却最多。黄宗羲《宋元学案·濂溪学案》，记载了陆象山与朱熹二人围绕《太极图》的往来说辩。陆象山曰："此理乃宇宙之所固有，岂可言无？"朱熹曰："太极，乃天地万物本然之理。"陆象山曰："以极为中，则为不明理；以极为形，乃为明理乎？"朱熹曰："老兄自以中训极，熹未尝以形训极也。"[2]围绕着《太极图》、《太极图说》，"朱、陆两家，断断相轧"，四库馆臣甚至用了"诟争"这一贬词。黄宗羲加案语曰："朱、陆往复几近万言，亦可谓无余蕴矣。然所争只在字义先后之间，究竟无以大相异也。"[3]

《太极图》的授受由来，黄宗羲著《宋元学案》，百家（黄宗羲第三子）谨案：陈图南（名抟）得《无极图》于吕洞宾，又得《先天图》于麻衣道者，皆以授种放，种放分别传授穆修与寿涯，最后辗转都授予了周敦颐。黄百家的考辨如同神话。对这段神话，宋王湜《易学》早已怀疑，他说：陈抟得《无极图》于吕洞宾、得《先天图》

---

[1]　陆修静撰：《洞玄灵宝斋说光烛戒罚灯祝愿仪》，《道藏要籍选刊》本，第 8 册，第 504 页。
[2]　黄宗羲编：《宋元学案·濂溪学案》，商务印书馆，1933 年版，第 1 册，第 116 页。
[3]　黄宗羲编：《宋元学案·濂溪学案》，商务印书馆，1933 年版，第 1 册，第 119 页。

于麻衣道者,全为道教中的传说,谁也不知其真正来源。

惠栋《辨太极图》曰:"陈抟居华山,曾以《无极图》刊诸石,为圆者四,位五行其中,自下而上,初一曰元牝之门;次二曰炼精化气,炼气化神;次三五行定位,曰五气朝元;次四阴阳配合,曰取坎填离;最上曰炼神还虚,复归无极。故谓之'无极图',乃方士修炼之术尔。相传受之吕岩,岩受之钟离权,权得其说于魏伯阳,伯阳闻其旨于河上公,在道家未尝诩为千圣不传之密也。"①惠栋辨解的这段话,引之朱彝尊的《曝书亭集》。朱彝尊谓周敦颐的《太极图》,取之陈抟的《无极图》,而陈抟的《无极图》,源于道家《上方太洞真元妙经》的太极三五之说,和东蜀卫琪注《玉清无极洞仙经》所衍的无极、太极诸图。

朱彝尊说周敦颐的《太极图》源于道家,这还是有史料可佐证的。《钟吕传道集·论日月》曰:"天地之机,在于阴阳之升降,一升一降,太极相生,相生相成,周而复始。"②《太极图说》曰:"太极动而生阳,动极而静;静而生阴,静极复动。一动一静,互为其根。"《钟吕传道集·论五行》曰:"五行本于阴阳一气。"③《太极图说》曰:"五行一阴阳也。"《钟吕传道集·论天地》曰:"天道以乾为体,阳为用,积气在上;地道以坤为体,阴为用,积气在下。"④《太极图说》曰:"无极之真……乾道成男,坤道成女。"《钟吕传道集·论大道》曰:"万物之中,最灵最贵者人也。"⑤《太极图说》曰:"万物生生而变化无穷焉,惟人也得其秀而最灵。"我们看到,周敦颐的《太极图说》,不仅内容与《钟吕传道集》十分相似,连语言几乎也是相同的。周敦颐正是在传统的儒学中,加入了道家之说,才形成了他的《太极图说》。宋以后"图数"一派发展的轨迹,也都沿用着周敦颐的方法。

邵雍的"元会运世"

邵雍,字尧夫,号康节。生于宋大中祥符四年(1011 年),卒于熙宁十年(1077

① 惠栋著:《易汉学》卷八,《丛书集成初编》本,编号 0457-第 115 页。

② 施肩吾传:《钟吕传道集》,《中国气功大成》本,方春阳主编,吉林科学技术出版社,1989 年版,第521 页(以下只注《中国气功大成》本、页码)。

③ 施肩吾传:《钟吕传道集》,《中国气功大成》本,第 524 页。

④⑤ 施肩吾传:《钟吕传道集》,《中国气功大成》本,第 519 页。

年），年六十七。邵雍死后，理学大家程颢为其作了一篇墓志，欲扬邵雍的"内圣外王"之道。

邵雍之学，言出陈抟再传。朱震《汉上易解》曰："陈抟以《先天图》传种放，放传穆修，穆修传李之才，之才传邵雍。"邵雍的著作有《皇极经世书》、《渔樵对问》、《无名公传》和《击壤集》。《皇极经世书》是一部术数大著，《渔樵对问》是一部易学讨论集，《无名公传》更像一部自传，而《击壤集》则是一部诗集。

《皇极经世书》十二卷，包括《观物篇》和《观物外篇》。这是一本什么样的书？其子邵伯温谓：卷一、卷二，"总元会运世之数"；卷三、卷四，"以天时而验人事"；卷五、卷六，"以人事而验天时"；卷七至卷十，"易所谓万物之数也"；卷十一、卷十二，"穷日月星辰、飞走动植之数"，以数尽理、述事、明道。

邵雍撰写了千古名著《皇极经世书》，以元经会、以会经运、以运经世，建立了一套"元会运世"的数理模式，并将"元会运世"应用到天地万物的"四府"之中。我们先看《皇极经世书》的结构。

《观物篇一》至《观物篇十二》为"以元经会"。"以元经会"告诉我们的等量关系是：一"日甲"等于十二"月"，一"月"等于三十"星"，一"星"等于十二"辰"。或曰：一"日"等于十二"时辰"，一"月"等于三十"日"，一"年"等于十二"月"。

《观物篇十三》至《观物篇二十四》为"以会经运"。"以会经运"告诉我们的等量关系是：一"经月"等于三十"经星"，一"经星"等于十二"经辰"，一"经辰"等于三十甲子。或曰：一"月"等于三十"日"，一"年"等于十二"月"，一"世"等于三十"年"。

《观物篇二十五》至《观物篇三十四》为"以运经世"。邵雍表达了"以运经世"的等量关系：一经元等于十二经会，一经会等于三十经运，一经运等于十二经世。或曰：一"元"等于十二"会"，一"会"等于三十"运"，一"运"等于十二"世"。

《皇极经世书》的"元会运世"的数理模式，"以元经会"、"以会经运"、"以运经世"，表达了四个等量关系，即：一元为十二会，一会为三十运，一运为十二世，一世为三十年。这一原本很简单的等量关系，却被邵雍讲的无比繁琐。

"元会运世"规定了四个基本等量关系。邵雍又认为："天有四变，地有四变",故"十有六变而天地之数穷矣"。因此,从"元会运世"的四个等量关系,《皇极经世书》又规定了"元会运世"之"元会运世"的数量值。邵雍说:"元之元,一;元之会,十二;元之运,三百六十;元之世,四千三百二十。会之元,十二;会之会,一百四十四;会之运,四千三百二十;会之世,五万一千八百四十……"①这些数字是枯燥乏味的,但邵雍从"四变"之中,得出"元会运世"之"元会运世"的十六个数量关系。

邵雍认为天地万物之间"皆有四府焉",四府者:春夏秋冬、日月星辰、皇帝王伯、《易》《书》《诗》《春秋》之谓也。邵雍认为,他的"元会运世"的等量关系,反映了"四府"的数理模式。

邵雍的"元会运世",应用在"春夏秋冬"上。邵雍说:"元之元,以春行春之时也;元之会,以春行夏之时也;元之运,以春行秋之时也,元之世,以春行冬之时也。"②这便是元之"元会运世"对"春夏秋冬"的应用。邵雍又说会之"元会运世"、运之"元会运世"、世之"元会运世"对"春夏秋冬"应用。这一"春夏秋冬"之"春夏秋冬"的模式,如同"元会运世"之"元会运世"的模式,也为十六个数量关系。

邵雍又讲"飞走木草"之数。邵雍曰:"飞飞之物,一之一;飞走之物,一之十;飞木之物,一之百;飞草之物,一之千。"③邵雍规定了"飞走木草"的数值,他的结论是:"一一之飞,当兆物;一十之飞,当亿物;一百之飞,当万物;一千之飞,当千物。"故邵雍得出数中有天地万物之理的结论。值得注意的是,邵雍讲"飞走木草"之数,应用的是个、十、百、千进制。

《皇极经世书》既不是一部记"兴亡治乱之迹"的书,也不是一部"推步之书"。当然,更不像张行成所说的,只讲了"历数"、"律数"。邵雍的《皇极经世书》,讲了"以元经会"、"以会经运"、"以运经世"三个运式,讲了"元会运世"四个等量关系,并将"元会运世"应用到天地万物的"四府"中,勾勒了"四府"之间的十六个数量关系。

---

① ② 邵雍著:《皇极经世书》卷十二,《四库术数类丛书》本,第 1 册,第 1046 页。
③ 邵雍著:《皇极经世书》卷十二,《四库术数类丛书》本,第 1 册,第 1049 页。

司马光的《潜虚》"八图"

司马光,字君实,号迂叟,陕州夏县涑水乡(今属山西省)人。司马光生于宋天禧三年(1019年),卒于元祐元年(1086年),时年六十八岁。传世著作有《易说》、《潜虚》、《太玄注》、《法言集注》、《资治通鉴》、《稽古录》等,尤以《资治通鉴》著名。

《潜虚》一卷,司马光效仿《太玄经》而作。晁公武《郡斋读书志》曰:此书首有气、体、性、名、行、度(变)、解七图,然其辞有阙者,盖未成也。熊朋来则言:《潜虚》有气图,其次体图、性图、名图、行图、命图,其目凡六。而张敦实则言八图者,行图后有变图、解图。

《潜虚》一书,是司马光的一部未定稿。司马光曰:"盖物皆祖于虚、生于气,气以成体,体以受性,性以辨名,名以立行,行以俟命。"[1]从司马光自己说的这句话看,《潜虚》一书,在"气图"前,还应该有个"虚图"。

一、气图

司马光假设:1为原,2为荧,3为本,4为壮,5为基,6为委,7为焱,8为末,9为叉,10为冢,造如下"气图":

图 2-4-2

<hr />

① 司马光著:《潜虚》,《四库术数类丛书》本,第1册,第265页。

　　张敦实说，"气图"如此排列，是因"五位相得而各有合者"。据张敦实解释，"气图"是指"五行之在天地间，具自然之气，故有自然之象与自然之数"。

　　苏天木《潜虚述义》曰："气图"，"与《河图》同一道也"。苏天木则肯定地说："气图"如同《河图》，言"气图"由《河图》变化而来。

　　孔颖达已考《河图》、《洛书》。孔颖达说：《春秋纬》以为《河图》有九篇，《洛书》有六篇；是《河图》有九、《洛书》为十说。孔安国以为《河图》是八卦，《洛书》是九畴；是《河图》为十、《洛书》为九。王弼不言象数，故"未知何从"。司马光画的"气图"，实以《洪范》五行为《河图》，以太乙下行九宫式为《洛书》，持《河图》为十、《洛书》为九说。

二、体图

```
            1 1   王
        1 2   2 2   公
      1 3   2 3   3 3
    1 4   2 4   3 4   4 4
  1 5   2 5   3 5   4 5   5 5
            ……
    1 9   2 9   ……           9 9   士
  1 10   2 10   ……         10 10   庶人
```

图 2-4-3

　　《潜虚》曰："一等象王，二等象公，三等象岳，四等象牧，五等象率，六等象侯，七等象卿，八等象大夫，九等象士，十等象庶人。"[1]扬雄《太玄经》以数说人的贫富贵贱，司马光作"体图"，以图、数说社会等级。

　　张敦实说司马光的"体图"，有左右、上下之别，所以有辨宾主尊卑之用。张敦实解说"体图"的左右、上下，"所以辨宾主也"，"左为主，右为客"。"体有上下，所以辨尊卑也"，"上为尊，下为卑"。从"体图"看，左边数字变动，右边数字静止，但变动为客、静止为主，张敦实将"左为主，右为客"说反了。

───────────────

① 　司马光著：《潜虚》，《四库术数类丛书》本，第 1 册，第 266 页。

苏天木说司马光据天地之数五十五,创作了"体图"。苏天木《潜虚述义》解说"体图"左右,"皆始于左",以终于右。司马光的"性图"、"名图"、"行图",均排列了左右之数,故《潜虚》的左右之别,还是需要再作探索的。

三、性图

5 10	6 10	7 10	8 10	9 10	10 10	1 1
	7 1	8 1	9 1	10 1	1 2	2 2
	8 2	9 2	10 2	1 3	2 3	3 3
	9 3	10 3	1 4	2 4	3 4	4 4
	10 4	1 5	2 5	3 5	4 5	5 5
	1 6	2 6	3 6	4 6	5 6	6 6
	2 7	3 7	4 7	5 7	6 7	7 7
	3 8	4 8	5 8	6 8	7 8	8 8
	4 9	5 9	6 9	7 9	8 9	9 9

图 2-4-4

司马光将"五十五体"排成方图,称之为"性图"。

张敦实说:《潜虚》之虚始于十纯。"其次降一,故水与火配;其次降二,故水与木配;其次降三,故水与金配;其次降四,故水与土配";如此"五行生成,各自为配","乃五行之性"。

苏天木《潜虚述义》又曰:"性图以居右者,为五行本性……盖性属静,右,阴位;静,象也。故以居右者为主。"[1]苏天木言"性图"的左右之数,"以居右者为主",解之以动、静之象。此与张敦实说"体图""左为主,右为客"正好相反,足证张敦实将左右主客说反了。

四、名图

《潜虚》按元(1 1)、衰(1 2)、柔(1 3)、刚(1 4)、雍(1 5)、昧(1 6)起,至造(6 6)、隆(6 7)、散(6 8)、余(6 9)止,排列成圆图,中间为齐(10 10),共五十

---

① 苏天木著:《潜虚述义》卷一,《续修四库全书术数类丛书》本,第1册,第366页(以下凡引该丛书本,只注《续修四库全书术数类丛书》本、册数、页码)。

五字,是"性图"的圆形排列图。所谓"性以辨名,名以立行",是说"名图"上接"性图",下联"行图"。五十五字,按五行归于十一名。此为"名图"五十五字之"性"。

苏天木《潜虚述义》又曰:"名图则以五气之流行者言,行图又就人之所行者言,皆属动。左,阳位;动,象也。故以居左者为主。"①苏天木说"名图"、"行图",皆"以居左者为主",此与他说"性图""以居右者为主"不同,是从"阳"、"动"的角度说的。

五、行图

《潜虚》按元(1 1)衰(1 2)柔(1 3)刚(1 4)雍(1 5)、昧(1 6)起,至造(6 6)隆(6 7)散(6 8)余(6 9)齐(10 10)止,排列成横图,每字有解。如论"元"曰:"元,始也。"论"余"曰:"余,终也。"论"齐"曰:"齐,中也。""行图"对五十五字的解释,始于元,终于齐。从"行图"所论"元、余、齐"三者看,"行图"似乎在说天地万物之终始变化。

张敦实说:"终于五十五,名其修为之序,可以治性,可以修身,可以齐家,可以治国,可以平天下也。故虚曰行者,人之所务也。"②张敦实解说"行图","用之变以尚其占,皆所以前民用也"。

苏天木《潜虚述义》曰:"行图者,分别行事、得失、品行不同也。"③是说"行图"用于占"行事、得失、品行"。苏天木并没有对"行图"作更多的阐述。

六、变图

《潜虚》在行图下(除元、余、齐)列"初、二、三、四、五、六、上"七爻,下有爻辞,共五十二卦,三百六十四爻。其实在"元、余、齐"三卦下,也各列一条爻辞,故也可说五十五卦,三百六十七爻,为"变图"。

---

① 苏天木著:《潜虚述义》卷一,《续修四库全书术数类丛书》本,第1册,第366页。
② 司马光著:《潜虚》,《四库术数类丛书》本,第1册,第289页。
③ 苏天木著:《潜虚述义》卷二,《续修四库全书术数类丛书》本,第1册,第369页。

七、解图

《潜虚》"解图",是解释变图中的爻辞而成图。如"元"字下,"行图"曰:"元,始也……""变图"曰:"慎于举趾,差则千里,机正其矢。""解图"曰:"慎于举趾,差则远也。""行图"、"变图"、"解图",三图合在一起亦称"合图"。

八、命图

《潜虚》将"衰、柔、刚、雍、昧……"(除元、余、齐),共五十二字横排;竖列"吉、臧、平、否、凶";在"衰、柔、刚、雍、昧……"之下,注以六、五、四、三、二数字,但以不同的排列表示"吉、臧、平、否、凶",为"命图"。

朱子曰:"《潜虚》后截是张行成续,不押韵,见得。"[①]是"变图"、"解图"、"命图",或为张行成所续。

第五节　南宋后易学的变化

张行成著《易通变》等七书,他的《易通变》首载《先天图》,《先天图》以数演易,实际反映的是先天数。

朱熹著《周易本义》、《易学启蒙》、《蓍卦考误》等书,提出"《易》本卜筮之书",并对卜筮占法作了详尽的考证。

程大昌《易原》,他取刘牧《河图》、《洛书》,从五行生克之原说起,以《河图》自右旋左,《洛书》自左旋右,得出了"图也、书也,皆易原也"的结论。

焦循《易通释》、《易图略》、《易章句》三书,习称《雕菰楼易学三书》,其《易图略》,首列"旁通"、"当位失道"、"时行"、"八卦相错"、"比例"五图,阐述了六十四卦爻位变化和卦象互换的一般方法。

---

① 黎靖德编:《朱子语类》卷第六十七,中华书局,1986年版,第5册,第1675页。

张行成的《先天图》

张行成,字文饶,一作子饶,临邛(今四川省邛崃市)人。他的生卒不详,主要生活在南宋初时。宋李心传《建炎以来系年要录》绍兴九年五月记:"左迪功郎张行成献《刍荛书》二十篇。""又献《七引》一篇;其意谓今日之势,未可一战复中原也。"①李心传记录了《刍荛书》的梗概,知其主张建都南京。

王应麟说:乾道二年(1166 年),张行成已著成《易通变》等七书。这比朱熹在淳熙四年(1177 年)著《周易本义》,要早十一年。张行成的易著,在南宋一代,占有重要地位。

邵雍《皇极经世书》,有"先天图"一词而无图。但邵雍肯定了有一幅《先天图》的存在,他说"《先天图》者,环中也",他"终日言而未尝离乎是"。张行成说:邵雍之书,"实寓乎"十四图。邵雍的《皇极经世书》,并无张行成所说的十四图,而张行成的《易通变》却载有这十四图,为《有极图》、《分两图》、《交泰图》、《既济图》、《掛一图》、《四象运行图》和《八卦变化图》等。张行成在《有极图》下注:"本名《先天图》。"②在《分两图》下注:"图旧无名,圆者在右,方者在左,是为两仪;仪,匹也。"③在《交泰图》下注:"本图旧无名。"④张行成据一些旧图作十四图,可以说是无可争辩的事实。

张行成说的《有极图》,本名《先天图》,见图 2-5-1(下页)。从图可见,这无非只是一幅六十四卦方圆合图。

《易通变》所载《先天图》,是一个《先天方圆图》。《易通变》曰:"是图自坤一变一阳,六变至乾,得一百九十二阳。自乾一变一阴,六变至坤,得一百九十二阴。六十四卦合于一者,天之一而二,太极生两仪也。"又曰:"自复至乾为三十二

① 李心传撰:《建炎以来系年要录》卷一百二十八,《丛书集成初编》本,编号 3872 -第 2079 页。
② 张行成著:《易通变》卷一,《四库术数类丛书》本,第 2 册,第 205 页。
③ 张行成著:《易通变》卷一,《四库术数类丛书》本,第 2 册,第 208 页。
④ 张行成著:《易通变》卷十,《四库术数类丛书》本,第 2 册,第 309 页。

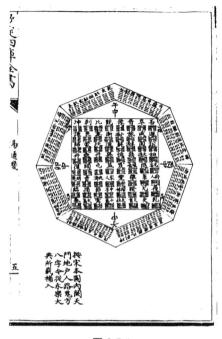

图 2-5-1

阳,自姤至坤为三十二阴。六十四卦分于二者,地之二而四,两仪生四象也。"又曰:"天门十六卦,为天之变。地户十六卦,为地之化。人路十六卦,为天唱地。鬼方十六卦,为地唱天。六十四卦析于四者,天地人物之四而八,四象生八卦也。"①张行成解释了《先天方圆图》的构造,即"一而二"、"二而四"、"四而八"变而成图。

《先天方圆图》分之《先天圆图》和《先天方图》。《易通变》曰:"《先天圆图》:乾、坤之行皆自右而左,姤、复之行皆自左而右,一而二也。《方图》:乾行自西北而向东,坤行自东南而向西,复行自东而向西北,姤行自西而向东南,二而四也。亦天一地二之理也。"②张行成又说:《圆图》左行、右行者六变;圆者,天之象也。《方图》纵数、横数者八卦;方者,地之象也。

由此可见,张行成在《易通变》一书中,论叙的《先天图》当有三幅:一个是《先天圆图》,一个是《先天方图》,一个是《先天方圆图》。《易通变》曰:"圆者,天之仪也。外圆中虚,有数而未有天,当为太极之性。方者,地之仪也。外方中密,有数而未有地,当为大物之质。"③张行成说,《先天圆图》为"天之仪也",《先天方图》为"地之仪也"。《易通变》又曰:"盖易者,天用地之数,方圆二图合于一者,以圆包方,地在天内,浑天象也。"张行成在《翼玄》中亦重复了这句话。张行成明确指出,他的这个《先天方圆图》为浑天象。所以,张行成的《先天圆图》表示地在天

①② 张行成著:《易通变》卷一,《四库术数类丛书》本,第2册,第204页。

③ 张行成著:《易通变》卷一,《四库术数类丛书》本,第2册,第206页。

内,《先天方图》表示以天包地,《先天方圆图》如浑天象表示天地合抱。张行成以圆图包含方图,方图包含圆图,而构造了《先天方圆图》。

张行成说:"《先天图》者,易之象也","象"为卦爻之象。张行成又说:"卦位图者,易之数也","数"为天奇地偶之数。张行成说:"象生于数,数生于理,故天地万物之生皆祖于数。"张行成认为天地万物之理皆祖于数。张行成的结论:"因理而有数,因数而有象,因象而有卦。"①

《先天图》实际上反映的是先天数。张行成《易通变》卷二十五载《先天图数》曰:"《先天图》,六十四卦,三百八十四爻,除乾坤坎离四正卦二十四爻不用,外用六十卦三百六十爻,每爻直三百六十,则十二万九千六百也。所以然者,天运行之数:一元分十二会,一会分三十运,则三百六十运;一运分十二世,则四千三百二十世;一世分三十年,则一十二万九千六百年。"②张行成认为:《先天图》中,偶合了"先天图数",为"天运行之数",即邵雍所说的"元会运世"之数。正是从这一思想出发,张行成在《翼玄》中提出了一个命题,曰"声音有数"。从张行成说出"声音有数",到今天用"数"实现声音,人们差不多用了一千年时间。

张行成以数演易的方法,在南宋有相当大的影响。宋程大昌著《易原》八卷,载《辨张氏述衍》曰:"三大数者,诸家率多分派立说,惟张行成氏,尝会三为一,而写其数以入蓍卦,此于训易固甚知本矣。"③三大数者:天地之数五十五、大衍之数五十、其用四十九。程大昌对张行成的评语,还是很高的,说惟张行成能将此三大数"会三为一"。

朱熹论卜筮占法

朱熹,字元晦,又字晦庵,徽州婺源(今属江西省上饶市)人。朱熹对于经学、术数、佛学、道教以及文学、兵法,都有所涉猎;他说自己于书"无所不学,禅、道、

---

① 张行成著:《易通变》卷三十四,《四库术数类丛书》本,第2册,第648页。
② 张行成著:《易通变》卷二十五,《四库术数类丛书》本,第2册,第524页。
③ 程大昌著:《易原》卷六,《丛书集成初编》本,编号0404-第86页。

文章、楚辞、诗、兵法,事事要学"。

易学的发展,自东汉以来,先后形成象数学派和义理学派,朱熹多次对这两个学派进行过严厉的批评。朱熹批评言象数者"例皆穿凿"、"泥于术数",言义理者"又太汗漫"、"沦于空寂",他认为"二者皆失之一偏"。

在朱熹看来,《周易》之书,"今人须以卜筮之书看之"。朱熹说:"据某看得来,圣人作《易》,专为卜筮。后来儒者讳道是卜筮之书,全不要惹他卜筮之意,所以费力。今若要说,且可须用添一重卜筮意,自然通透。"①朱熹说,后人都道《周易》难读,全因不以卜筮之书看之,所以读的颇为费力。朱熹主张将《周易》之书,"以卜筮之书看之",即是要在象数、义理之外,从卜筮的本意上解释《周易》。朱熹肯定地说:"今人只把做占去看,便活。若是的定把卦爻来作理看,恐死了。"在《周易》的研究上,程颐主张当明义理,朱熹就被后人指为"主于占"。

朱熹认为,如今儒者不接受《周易》是卜筮之书,全因卜筮占法已经失传。朱熹弟子鲁可幾问:古人的卜筮占法,是否所谓《火珠林》之类? 朱熹答:恐怕比较接近。他说:"《火珠林》犹是汉人遗法。"②他又说:"卜筮之书,如《火珠林》之类。许多道理,依旧在其间。"③朱熹试图用《火珠林》来理解古人的卜筮占法。

朱熹提出"《易》本卜筮之书",并对卜筮占法作了详尽的考证。朱熹说古人卜筮占法众多,"今皆无复存者",如《周易》、《左传》、《周礼》所载,大概还可见龟卜之法、揲蓍之法、卦爻占法。

朱熹论龟卜之法。《朱子语类》载:"叔器问:龟卜之法如何? 曰:今无所传,看来只似而今'五兆卦'。"④朱熹说:"五兆卦"将五根茅草,自竹筒中倒泻出来,直上者为木,向下者为水,斜向外者为火,斜向内者为金,横者为土。看来,"五兆卦"是以方向确定五行,再用五行之说进行占卜。朱熹说龟卜之法只似"五兆卦"是错误的,殷商时龟人在甲骨上进行钻、凿时,何来五行之说? 朱熹拘泥文献,可

①　黎靖德编:《朱子语类》卷第六十七,中华书局,1986 年版,第 5 册,第 1652 页。

②　黎靖德编:《朱子语类》卷第六十六,中华书局,1986 年版,第 4 册,第 1638 页。

③　黎靖德编:《朱子语类》卷第六十六,中华书局,1986 年版,第 4 册,第 1624 页。

④　黎靖德编:《朱子语类》卷第六十六,中华书局,1986 年版,第 4 册,第 1626 页。

能受到褚少孙的影响。褚少孙补《史记·龟策列传》，记录了西汉时期龟卜的各种命兆之辞，朱熹于是就用"五兆卦"来解释龟卜之法了。这和他试图用《火珠林》、灵棋课法来理解古人卜筮占法的思路是一致的。

朱熹说：龟卜之法："要得何兆，都有定例"；"或火或土，便以墨画之。"朱熹描述的龟卜之法，所求的龟卜纹兆，竟然是事先设计的。朱熹说："古者用龟为卜，龟背上纹，中间有五个，两边有八个，后有二十四个，亦是自然如此。"①朱熹说龟背壳上的条纹，"出去成八，外面又成二十四"，"这又未为巧"。巧的是"七八九六与一二三四"的关系，朱熹说"这皆是造化自然如此"。朱熹看龟纹像一二三四，便说太阳、少阴、少阳、太阴四象，后面便是九八七六，用他自己话说，也是胡乱说得去的。

朱熹论揲蓍之法。朱熹著《蓍卦考误》，对揲蓍之法作了考释。朱熹说："大衍之数五十，其用四十有九"，去其一者"是象太一"。朱熹说"分二"者，四十九策任意分两手握住。朱熹说"挂一"者，"于右手之中取其一策，悬于左手小指之间"。朱熹又说"揲四"、"归奇"、"四营"、"十八变"。朱熹的考释略显冗长，基本是依孔颖达《周易正义》的疏文，又作了进一步的阐述。

朱熹指出，揲蓍求卦之法本于大衍之数，"盖出于理势之自然，而非人之知力所能损益"；"其变化往来、进退离合之妙，皆出自然，非人之所能为"。朱熹常常慨叹，今人所以难理会《周易》，"盖缘亡了那卜筮之法"。而要弄清那个卜筮之法，首先要知道那个揲蓍之法。朱熹也很自信，他说他对揲蓍之法的解说，后人"不能出乎此矣"。

朱熹论卦爻占法，立足在卦象。朱熹曰："易毕竟是有象。"又曰："易只是说个卦象，以明吉凶而已，更无他说。"又曰："六十四卦之爻，一爻各是一象。"朱熹认为："卦虽出于自然"，"是人心渐可以测知"。

朱熹论卦爻占法，主要说爻变。朱熹弟子问：为何卜卦，二爻变，则以上爻为主；四爻变，仍以下爻为主。朱熹解释了其中的道理，他说："凡变，须就其变之极

---

① 　黎靖德编：《朱子语类》卷第六十五，中华书局，1986 年版，第 4 册，第 1608 页。

处看,所以以上爻为主。不变者是其常,只顺其先后,所以以下爻为主"。"变者,下至上而止;不变者,下便是不变之本。故以之为主。"①"下便是不变之本",指下体不变之爻。

朱熹"因言筮卦",除说初、上,又说内、外。朱熹弟子说卜卦,"初者多吉,上者多凶"。朱熹肯定回答"自是如此",并引"内卦为贞,外卦为悔"证之。他说"曰贞、曰悔,即是内、外卦也"。朱熹以"贞悔"论卦爻"内外"时,不分"主客"。他说"这贞悔亦似今占卜,分甚主客"。此言差矣,古之占卜,常常要分主客,如太乙术就特别强调主客。朱熹论卦爻占法倒也简明,他说:"占法,阳主贵,阴主富"。

朱熹易学"主于占",他并非排斥象数、义理,而是通过对卜筮占法的理解,要从象数中求得义理。朱熹论易之阴阳曰:"易只是个阴阳……如医技养生家之说,皆不离阴阳二者。"②朱熹又曰:"易只是说一个阴阳变化,阴阳变化,便自有吉凶。"③朱熹说:"此圣人作《易》教民占筮"之道理。

朱熹论卜筮之理,欲要人恐惧修省,所谓"吉便为之,凶便不为"。他说:"圣人作《易》,本为欲定天下之志,断天下之疑而已,不是要因此说道理也。如人占得这爻,便要人知得这爻之象是吉是凶,吉便为之,凶便不为。"④朱熹又说:"如坤之初六,须知'履霜坚冰'之渐,要人恐惧修省。不知恐惧修省便是过。《易》大概欲人恐惧修省。"⑤从说"《易》本卜筮之书"始,到说"《易》大概欲人恐惧修省"的道理,这便是朱熹研究《周易》与他人不同之处。

程大昌的"易之原"论

程大昌(1123—1195 年),字泰之,徽州休宁(今属安徽省)人。绍兴二十一年(1151 年)进士,历知泉州、建宁、明州,累迁吏部尚书,以龙图阁学士致仕,卒

---

① 黎靖德编:《朱子语类》卷第六十六,中华书局,1986 年版,第 4 册,第 1636 页。
② 黎靖德编:《朱子语类》卷第六十五,中华书局,1986 年版,第 4 册,第 1605 页。
③ 黎靖德编:《朱子语类》卷第七十四,中华书局,1986 年版,第 5 册,第 1877 页。
④⑤ 黎靖德编:《朱子语类》卷第六十六,中华书局,1986 年版,第 4 册,第 1631 页。

谥文简。

程大昌因感易学自汉以来，纷说不息，故参考《河图》、《洛书》及卦变、揲法，认为天地之数五十有五，为易之根本。他历四年而成《易原》一书，自认能溯其原委，通而贯之，多发前人不作之论。

《河图》与《洛书》的争议，纷纷云云。刘牧著《易数钩隐图》三卷，以四十九黑白子为《河图》，以五十五黑白子为《洛书》（简称九为《河图》、十为《洛书》）。后朱震《汉上易解》、王湜《易学》、张行成《易通变》、程大昌《易原》，都宗刘牧的"九图十书"说（见图 2-5-2，图取自程大昌《易原》）。

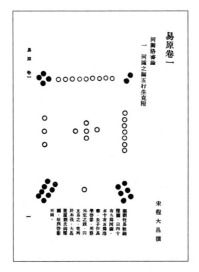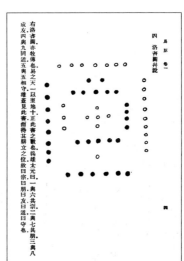

图 2-5-2

扬雄《太玄经·玄图》曰："一与六共宗，二与七共朋，三与八成友，四与九同道，五与五相守。"[1]邵雍说这是《河图》中"数图"的雏形，他以为圆者《河图》、方者《洛书》。朱熹弟子蔡元定（字季通）据邵雍说，画出与刘牧相反的《河图》、《洛书》，即以五十五数为《河图》，以四十九数为《洛书》（简称十为《河图》、九为《洛书》，见图 2-5-3，图取自朱熹《周易本义》）。

———————

[1]　扬雄著：《太玄经》卷十，《四库术数类丛书》本，第 1 册，第 97 页。

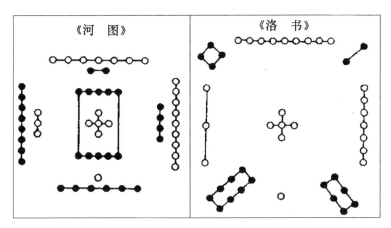

《河 图》　　　　《洛 书》

图 2-5-3

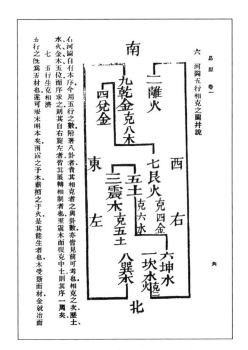

图 2-5-4

《易原》载《河图》、《洛书》之图。程大昌于《河图》后曰："刘牧《易数钩隐图》，所载《河图》九位"；于《洛书》后曰："右《洛书》，亦牧传也。"知程大昌所传《河图》、《洛书》，均取自刘牧《易数钩隐图》，即持"九图十书"说。

程大昌说：刘牧所载《河图》有九，他则发明了"《河图》五行相克之图"（见图 2-5-4）。程大昌曰："右《河图》自有本序，今用五行之数，贵其相克者之与卦数，也皆见前可考也。相克之次，历土、水、火、金、木五位，而序求之，则其自右旋左者，皆其展转相制者也；自震木而复克中土，则其序一周矣。"①程大昌欲用五行相克之数，比附《河图》之序位。同样，他用五行相

① 程大昌著：《易原》卷一，《丛书集成初编》本，编号 0404－第 6 页。

生之数,比附《洛书》之序位。

程大昌指出:五行有数,《河图》"以宗一五",《洛书》"叠八于四",故《图》、《书》"皆天地五行之数矣"。《河图》、《洛书》皆用五,程大昌作"五为变始,其数不定"论。程大昌说,一、二、三、四,加五,而得六、七、八、九,他视之为"五为变数"。程大昌实际论述了本数、用数、设数"三数"。程大昌说:"盖一三五二四,天地元有此数,是之谓本数也。知一三五之当用,而参之;知二四当用,而两之。则五初数者,皆入于用,是之谓用数也。一三五本不为九,二四本不为六,今其参之、两之,而合其数以为九六,而九六遂为一易卦祖,则是本无此数,而设为之也。"①本数:"自然而然,天地之十全数是也"。用数:"倚本数而致功用也",如"四象所象之四,参伍所倚之五"。设数:九六、七八,"天地元(原)无此数,而圣人设焉"。

程大昌论"五行生克之原","大抵遇三则变,周五则复也"。《易原》曰:"五之复也,循生数而造极,则遂反初也。三之变者,革其生序,而救其偏重也。是为同一机括也。"②程大昌说:五行相克,"至三而变";五行相生,"至五而复",此"五行生克之原"。

"五行生克之原",程大昌是说《河图》、《洛书》与五行"皆以序应也"。程大昌说,《河图》是从北开始,逆天从右向左旋转,依水北、火西、金南、木东、土中的次序,体现了五行相克之序。《洛书》是从东开始,顺天从左向右旋转,同木火土金水五行相生之序,体现了春夏秋冬迭进之序。程大昌就以五行(《洪范》五行)的排序,证之为《洛书》序位;以六府(《大传》五行,增"谷")的排序,证之为《河图》序位。程大昌认为:《洛书》同五行相生之序,《河图》同五行相克之序;而《周易》六十四卦,"率皆本五行而致衍"。因此,他得出"故图也、书也,皆易原也"的结论,说圣人是根据《河图》、《洛书》作《易》。

程大昌作"参伍"之论。《易原》曰:"其于开物成务,冒天下之道,则归诸十全数,而成变化,行鬼神;又归五十五数也。夫此十全数者,五十五数也,则皆《洛

---

① 程大昌著:《易原》卷三,《丛书集成初编》本,编号 0404 - 第 36 页。
② 程大昌著:《易原》卷一,《丛书集成初编》本,编号 0404 - 第 7 页。

书》也。又曰：参伍以变，错综其数……此之参伍即十五也。通参伍而三之，则四十有五也。四十有五者，《河图》也。"[1]程大昌欲从"参伍立数"，揭示易之"机要"。故程大昌说"易用《河图》，参伍立数"。"参伍之成为九六，九六之派为七八"，"则易成矣"。在程大昌看来，《河图》、《洛书》是"参伍立数"而"成文定象"的，"若其错综所及，功用不胜其广矣"。因此，他又得出"易者，皆图、数也"的结论。这也是"故图也、书也，皆易原也"的另一种表述。

宋代易学，不外义理、图数两派。朱熹实为南宋义理派的代表人物之一，他著《周易本义》，首列《河图》、《洛书》九图，亦借图数解说义理。程大昌为南宋图数派的代表人物之一，他以刘牧《河图》、《洛书》为据，提出"图也、书也，皆易原也"，实欲合义理、图数为一家。程大昌之后，图数中有义理，义理中有图数，已成学者的共识。

焦循《易图略》的"五图"

焦循，字理堂，晚号里堂老人，扬州甘泉（今江苏省扬州市邗江区甘泉街道）人。生于高宗乾隆二十八年（1763 年），卒于仁宗嘉庆二十五年（1820 年），年五十八岁。少年就读扬州安定书院，后跟随阮元游学多年；一切阴阳、天地、医卜、农桑无物不习，凡经史、历算、声音、训诂无所不治。

焦循精通数学，领悟出易之理类同"九数之要"，易之比例类同数之比例，于是撰拟《易通释》二十卷，自谓所得悟者，一曰旁通，二曰相错，三曰时行。《易通释》既成，复提其要为《易图略》八卷，共有"五图、八原、十论"等卷目之别。

焦循说他"十数年来，以测天之法测易"，若有所悟，可归纳为旁通、相错、时行三者。他又说："实测既久，益觉非相错、非旁通、非时行则不可以解经文、传文。"[2]他甚至将"旁通、相错、时行"，比之祖冲之立"岁差"、傅仁均立"定朔"。这

---

① 程大昌著：《易原》卷一，《丛书集成初编》本，编号 0404 -第 13 页。

② 焦循著：《易图略》，《皇清经解》本，光绪十四年石印，第 19 册，第 1 页。

里仅研究焦循在《易图略》中所创立的"五图"。

一、"旁通图"

"旁通",取之《文言》"六爻发挥,旁通情也"。焦循的"旁通图",我们取乾坤震巽四图为例,图见下(均改原图竖排为横排):

䷀ 乾	二之坤五	四之坤初	上之坤三
䷁ 坤	五之乾二	初之乾四	三之乾上
䷲ 震	五之巽二	四之巽初	上之巽三
䷸ 巽	二之震五	初之震四	三之震上

焦循说:"旁通以情,此格物之要也。"焦循的"格物",就是以"旁通"来揭示卦爻之间的相互关系。焦循的"旁通图",建立了"初与四易、二与五易、三与上易"的爻变法则。初与四易,初爻与第四爻的互易。二与五易,第二爻与第五爻的互易。三与上易,第三爻与上爻的互易。如"乾二之坤五",意乾卦的二爻,与坤卦的五爻互易,得同人卦,。若再易"四之坤初",得家人卦;若再易"上之坤三",得革卦。焦循说:或本卦易,或旁通他卦互易,经"一索、再索、三索"三次互易,此谓旁通。

焦循在《易图略》中列举了三十个例证,并在三十例证后说:"《易》之《系辞》全主旁通,略举此三十证以例其余"。除此三十例证,焦循接着以"当位失道、相错、时行、比例"发挥了他的旁通。

二、"当位失道图"

焦循的"当位、失道图",我们取乾坤二卦的"当位失道图"为例,图见下:

乾 ䷀	䷌ 同人	䷤ 家人	䷰ 革
	二之五	四之初	上之三
坤 ䷁	䷇ 比	䷂ 屯	䷦ 蹇

以上当位

䷈ 小畜	䷄ 需	䷪ 夬	䷄ 需
四之初	上之三	上之三	四之初
䷗ 复	䷣ 明夷	䷠ 谦	䷣ 明夷

以上失道

　　焦循的旁通,取决于当位和失道。焦循曰:"易之动也,非当位,即失道,两者而已。何为当位? 先二五,后初四、三上是也。何为失道? 不俟二五而初四、三上先行是也。"①焦循说:凡旁通卦"二五先行"即为当位;凡旁通卦"二五不先行",而"初四先行,再三上行"或"三上先行,再初四行",即为失道。在焦循看来,每一组旁通卦先由二爻与五爻的互易,然后再进行初爻与四爻、或三爻与上爻的互易,按照这样次序进行的爻位转换便是当位,反之则为失道。

　　三、"时行图"

　　"时行",取之《小过》"过以利贞,与时行也"。焦循的"时行图",我们取乾坤二图为例,图见下:

䷀ 乾	䷌ 同人	䷆ 同人
䷁ 坤	䷇ 比	䷆ 师

焦循说:"当位"者,"二五时行",为"大中",叫做"元";"失道"者,"初四时行"或"三上时行",为"上下应",叫做"亨"。"由元亨而利贞,由利贞而复为元亨,则时行矣。"②此即其所谓"变而通之"的"时行"之意。

　　焦循的爻变法则,"当位"、"失道"。焦循又说凡"二五时行,当位"者,则返归于"旁通";凡"初四时行"或"三上时行"而"不当位"者,则通过"变通而通之",亦

---

① 焦循著:《易图略》,《皇清经解》本,光绪十四年石印,第19册,第3页。
② 焦循著:《易图略》,《皇清经解》本,光绪十四年石印,第19册,第4页。

返归于"旁通"。焦循几乎用"时行"一词,概括了"当位失道"。不过,他在"时行"一词中,还是解说了"大中而上下应之"。

四、"相错图"

"相错",取之《说卦》"八卦相错"。焦循的"相错图"有四,我们取前二图为例,图见下:

乾　☰　　☶　否
坤　☷　　☳　泰　　　　　八卦相错图一

焦循的"相错图一",为两旁通卦之相错。如,乾卦的上卦与坤卦的下卦错为否卦,乾卦的下卦与坤卦的上卦错为泰卦,按焦循"相错"说,则否泰为乾坤之相错。八卦相错图一,六十四卦两两相错,共得三十二对别卦。

同人　☲　　☶　否
比　　☵　　☳　既济　　八卦相错图二

焦循的"相错图二",为"二五先行"之相错。如,乾卦二爻与坤卦五爻互易后,乾卦变成了同人卦,坤卦变成了比卦,同人卦的上卦乾与比卦的下卦坤错为否卦,同人卦的下卦离与比卦的上卦坎错为既济卦。八卦相错图二,"二五先行"有十六卦,共得八对别卦。

焦循的"相错图三",为"初四易"或"三上易"之相错。焦循的"相错图四",为"二五先行",再"初四易"和"三上易"之相错,或以"三上易"和"初四易",再"三上易"和"初四易"之相错。焦循认为,六十四卦,皆可进行卦与卦之间、爻与爻之间的相错。焦循又利用"相错",证明了他的"旁通"。

五、"比例图"

焦循的"比例图",我们取乾坤二图为例,图见下:

乾 ䷀ 否泰错

坤 ䷁ 泰否错

从焦循的"比例图"看,他的"比例图"有三:其一,有两卦相错之比例。其二,有"临二之五"(二五先行)、"萃四之初"(初四易)、"中孚上之三"(三上易)相错之比例。其三,有"乾二之坤五、四之坤初"(二五先行,再初四易)相错之比例;有"坤初之乾四、三之乾上"(初四易,再三上易)相错之比例;或"复三之姤上、姤四之初"(三上易,再初四易)相错之比例。焦循曰:"比例之用,随在而神,姑条其大略。"焦循共列出了十二种比例。

焦循的"比例",即"相错"。焦循说:八卦相错,为比例;"二之五",为比例;"四之初"、"上之三",为比例;"上之三"、"四之初",为比例;"四之初"与"四之初"、"上之三"与"上之三",为比例;等等。简而言之,"二之五、四之初、上之三",即为比例。焦循的"比例",讲的是爻位的变化导致卦象的互换,并非数之比例。焦循利用"比例",证明了他的"旁通"。

焦循《易图略》不失为一部易学要著。他以"旁通"之义建立六十四卦之图,又从中推衍出"当位失道"、"时行"、"相错"、"比例"诸图,这种特殊的解易方法,突破传统的易学传注之模式,为易学的研究注入了新的方法。焦循易学,虽然别具一格,但本质上仍是用图、数解易。

第三章　天文、律历、五行

第一节　天文、律历、四时说

秦始皇焚书坑"方技",汉武帝独尊儒术,先秦的天文律历史料最后只能存在儒家的经典中。儒与术数人物本是同源,我们就以《尚书》和《周礼》的史料,研究先秦天文律历说。

戴德《大戴礼记》有篇《夏小正》,按十二月的顺序,分别记述了每月的星象、物候,以及当月所要从事的农业、祭祀活动。《夏小正》是现存有关《夏历》的重要文献。

古代天文律历学说,儒家讲的多是敬授人时。何谓敬授人时? 即确立岁、月、日、时。如何确立岁、月、日、时?《尔雅》用天干地支作了一些解释。

而四时的测定,术数者则讲"以土圭之法以致四时"。《考工记》说,土圭之法的作用有二,一是可以测定"二至二分"的时刻,二是可以测定两地的距离方位。

四时月令说则见《吕氏春秋》,《吕氏春秋》中的《十二纪》,讲的是四帝、四神、四音、四数、四祀、四祭、四色、四德等。

天文、律历的假说

儒家经典中关于天文的假说最早见《尚书》。《尚书·周书》曰:"乃命重、黎,绝地天通。"①《国语·楚语下》曰:"颛顼受之,乃命南正重司天以属神,命火正黎司地以属民。"传说南正重、火正(一说北正)黎,为黄帝之孙、少昊氏之子。《史记·天官书》曰:"昔之传天数者:高辛之前,重、黎;于唐虞,羲、和。"②司马迁记,颛顼命重、黎,尧命羲、和,世掌天地四时之官,数法日月星辰。传说中,有说羲是重之子孙、和是黎之子孙的,也有说重即羲、黎即和的,这里不去管它。

颛顼死后,黄帝曾孙帝喾继位,号高辛氏。《大戴礼·五帝德》说他,"夜观北斗,昼观日,作历、弦望晦朔,迎日推策"。弦、望、晦、朔:每月的第一天叫朔,月与日合,也叫合朔。大月十六、小月十五叫望;朔后月与日渐行渐远,至望而极。初七初八,月缺上半,叫上弦;初二十二、二十三,月缺下半,叫下弦。最后一天叫晦,指望后月与日渐行渐近,至次月之朔再度复合。迎日,随日、向日;指古代帝王在正月朔日或春分日,出东郊迎祭太阳。推策,指用蓍草或竹筹推算历数,以便占卜吉凶。

《周礼》又有保章氏掌天星的造说。《周礼·保章氏》曰:保章氏掌天星,以志日月星辰之变动,以观天下吉凶,以星土辨九州之地妖祥,以十有二岁观天下之妖祥,以五云之色辨吉凶迹象,以十有二风察天地水旱丰荒。从《周礼》所说看,古代天文星占的目的,都是为了"辨九州之地妖祥"、"以观天下吉凶"。

十有二风,郑玄说十有二风与十二辰、十二律有关,其说已亡。郑玄对"十有二风"的说法有些勉强,战国时只有四风、八风说。《尔雅》记南、东、北、西四风,《吕氏春秋·有始览》记八风,《关尹子》说八风可以占卜吉凶。《灵枢》说八风从八方来,各有所主,各致人某种疾病,故可以八风占吉凶。早期的史料均未见"十有二风"之说。王应麟说十二风是从"八风变而言之"的,即八卦八风加四维之风(立春、立夏、立秋、立冬)而来。

儒家经典中关于律历的假说也最早见《尚书》。《尚书·虞书·尧典》说:"乃命羲和,钦若昊天,历象日月星辰,敬授人时。"③传说帝尧曾经任命了一批

---

①　孔颖达疏:《尚书正义》卷十九,《十三经注疏》本,上册,第248页。
②　司马迁撰:《史记》卷二十七,中华书局点校本,1959年版,第4册,第1343页。
③　孔颖达疏:《尚书正义》卷二,《十三经注疏》本,上册,第119页。

知晓天文者，到东南西北四方去观测星象，用来编制历法，敬授人时。《尚书·洪范》曰："五纪：一曰岁，二曰月，三曰日，四曰星辰，五曰历数。"①孔颖达疏："历数：节气之度以为历，敬授人时。"是说"节气之度"即为历。节气如何度之？《尚书》曰："期三百有六旬有六日，以闰月定四时成岁。"是说一年三百六十六日，置闰月以定四时，即为最简单的历法。一年三百六十六日，推步家所谓岁周，又曰岁实；岁周者，一岁实行之数也。故《尧典》的这段记载，被称之为历法之祖。

《周礼》于律历亦有一个假说。《周礼·冯相氏》曰："冯相氏掌十有二岁，十有二月，十有二辰，十日，二十有八星之位。辨其叙事，以会天位。冬夏致日，春秋致月，以辨四时之叙。"②《周礼·冯相氏》说：冯相氏负责观测岁星；岁星绕行一周十二年，一岁有十二月，据斗柄所指定十二辰，一旬十日，二十八宿在天之位；冬至、夏至测日，春分、秋分测月，据以辨别四时。历，就是对"岁月日时"的设立，这也叫"岁时"。

《夏小正》记载的《夏历》

《夏小正》为我国现存最早的一部历书，原文收入《大戴礼记》第四十七篇。《夏小正》撰者无考，大多数学者认为书成于战国时期或两汉之间。因《大戴礼记》在唐宋时已散佚，宋傅嵩卿著《夏小正传》，加入了他自己的传注，故今之《夏小正》由《经》和《传》两部分组成，这在书中很容易识别出来。由《夏小正》中的记载可知：

其一，夏代历法的基本建构是，以朔望月为基础，一年分为十二个月，并将正月定为岁首；每月均以北斗旋转斗柄所指的方位来确定。《夏小正》载：正月"初昏参中。斗柄县（悬）在下"。六月"初昏斗柄正在上"。七月"斗柄县（悬）在下则

---

① 孔颖达疏：《尚书正义》卷十二，《十三经注疏》本，第189页。
② 郑玄注，贾公彦疏：《周礼注疏》卷二十六，《十三经注疏》本，上册，第818页。

旦。"斗柄：北斗七星，第一至第四星象斗，第五至第七星象柄。这就叫"观斗所见，命其四时"。

其二，每月又以一些较亮的星象来规定初昏（日指黄昏，月指末）、旦（日指初一，月指始）。《夏小正》载：鞠、南门、织女，皆星名也。如正月："鞠则见。鞠者何？星名也。鞠则见者，岁再见尔。"指出鞠星一年一见。书中又指出南门一年二见：四月"初昏南门正，岁再见"；十月"初昏南门见"，"及此再见矣"。

其三，夏代历法已有节气的记载。《夏小正》载："正月启蛰"。启蛰，节气名，今称惊蛰。"十一月：日冬至，阳气至，始动。"夏历，以十一月为冬至。

其四，一月三十日，书中已见六十甲子的记载。《夏小正》载：二月"丁亥，万用入学。丁亥者，吉日也"。另外，书中也见望日的记载。如五月"望乃伏"。"望也者，月之望也。"

其五，书中还记载了银河。《夏小正》载：七月"汉，案户。汉也者，河也。案户也者，直户也，言正南北也"。是说以银河"正南北也"。其实，银河的走向是一直在变化的。

其六，书中已见二十八宿中几座星宿的记载。《夏小正》载：四月"昴则见"。五月"参则见"。八月"辰也者，谓星也"；九月"辰系于日"。王聘珍解："辰谓大辰，房、心、尾也。"昴、参、房、心、尾，二十八宿名。又如：十月"初昏南门见。织女正北乡（向）则旦"。织女，即婺女、女宿，二十八宿之一。

其七，书中亦见十二次中"大火"的记载。如五月"初昏大火中。大火者，心也"。大火，十二次之一。是以二十八宿"心"解十二次"大火"（有关十二次、二十八宿的解释，见下一章第二节）。"五月大火中，六月斗柄正在上。用（同）此，见斗柄之不正当心也，盖当依。依，尾也。"《夏小正传》指出，六月的记载有误，斗柄不当指心宿，而当指尾宿。

其八，书中记载了星宿的"中、内、伏"的运行状态。如"中"：正月"言斗柄者，所以著参之中也"。五月"初昏大火中"。八月"参中则旦"。如"内"：九月"内火。内火也者，大火"。内，入也。如"伏"："三月：参则伏。"《夏小正传》对"伏"的解释很清晰："伏也者，入而不见也。""伏者，非亡之辞也。星无时而不见，我有不见之时,故曰伏云。"①

《夏小正》一书,史学界争议极大。或以为孔子及门生所记的农事历书,或以为汉人托古之作;甚至以为《夏小正》记载的一年应该只有十个月。保存在《大戴礼记》中的《夏小正》,尽管存在着这样那样的一些争议,但仍然是现存有关《夏历》的重要文献。司马迁在《史记·夏本纪》中说:"孔子正夏时,学者多传《夏小正》"。

何谓"敬授人时"

《尚书》说的敬授人时,即确立岁、月、日、时。

岁的异名有四。《尔雅》曰:"载,岁也。夏曰岁,商曰祀,周曰年,唐虞曰载。岁名。"《尔雅》记录了两套岁名,都是依据岁星所在而言的,中有"岁阳"两字间隔。相对"岁阳",当有"岁阴"的存在。《尔雅》说:岁星的运行,按天干"甲乙丙丁戊己庚辛壬癸"而记,曰阏逢、旃蒙等名,为"岁阳";按地支"寅卯辰巳午未申酉戌亥子丑"而记,曰摄提格、单阏等名,为"岁阴"。

《淮南子》、司马迁重新定义了"岁阳"、"岁阴"。《淮南子》说:"太阴"与"岁星"为对。"其雄为岁星",指"岁星"的运行为"岁阳";则"太阴"的运行为"岁阴"。太阴,即《尔雅》说的太岁,《史记》称岁阴。《史记·天官书》又曰:"以摄提格岁,岁阴左行在寅,岁星右转居丑。"②故郑玄说:岁星"右行于天",太岁"左行于地";十二岁而一周。司马迁说的"岁阴",郑玄从《尔雅》说"太岁"。

所谓岁星"右行于天",太岁"左行于地",实际表达了两种纪年法。岁星为阳,人之所见。岁星十二年一周天,每年相对于地上自西向东依次右行在:星纪(丑)、玄枵(子)、娵訾(亥)、降娄(戌)、大梁(酉)、实沈(申)、鹑首(未)、鹑火(午)、鹑尾(巳)、寿星(辰)、大火(卯)、析木(寅)。古人以岁星运行的位次纪岁,这就叫

---

① 王聘珍撰:《大戴礼记解诂》,中华书局,1983 年版,第 33 页。
② 司马迁撰:《史记》卷二十七,中华书局点校本,1959 年版,第 4 册,第 1313 页。

"岁星纪年法",是假以"岁在星纪"为始。太岁为阴,人所不睹。古人就虚拟了一个太岁(又称"太阴"、"岁阴"),让太岁自东向西"左行在寅",即沿着十二辰(寅、卯、辰、巳、午、未、申、酉、戌、亥、子、丑)依次左行,并起了摄提格、单阏、执徐、大荒落等十二个名称来纪年,这种纪年方法被称为"太岁纪年法"(见图3-1-1)。

图 3-1-1

　　一岁十二个月。《尔雅》关于月的记名也有二套:一套按天干而记,另一套按地支而记。《尔雅》定义了:月的运行按天干而记名毕、橘等,按地支而记名陬、如等。同样,这两套月名之间也有"月阳"两字隔开,亦可理解为:按天干所记月名为"月阳";按地支所记月名为"月阴"。

　　《尔雅》关于日的记载也是用天干地支法。天干,从甲至癸正好十日,谓一旬。地支,从子至亥为十二辰。天干地支相配为六十甲子。清陈鳣著《对策·岁时》曰:"甲至癸为十日,日为阳,寅至丑为十二辰,辰为阴。此二十二名者,古人用以记日,不以记岁。"①陈鳣采纳郑玄的说法,谓先秦专以天干记日,地支专以记辰,而以天干地支记岁,则自王莽始也。陈鳣之说,有其史料的支持。但要注

① 陈鳣著:《对策》卷一,《丛书集成初编》本,编号0224-第1页。

意,建除家也用十二地支记日,见云梦秦简《日书》中的《秦除》篇。《秦除》记正月:"建寅、除卯、盈辰、平巳、定午、挈未、柀申、危酉、成戌、收亥、开子、闭丑。"①《秦除》以正月建日为寅、除日为卯,推至开日为子、闭日为丑。二月则建日为卯、除日为辰,推至开日为丑、闭日为寅。以下依此类推。《秦除》又记:"建日,良日也,可以为啬夫,可以祠。""除日,臣妾亡不得,有瘅病,不死。"建除家用十二地支记日,如同日者用十天干记日,占说吉凶宜忌。

《周礼》于"时",又造了一个"挈壶氏"的假说。《周礼》曰:"挈壶氏掌挈壶以令军井……分以日夜。"②"分以日夜"是对"时"的规定。其实先秦对"时"的记载,还没有统一的标准。有用天干表示时间的,如《左传》昭公五年记卜楚丘说:"日之数十,故有十时"。也有用地支表示时间,"十有二辰",即一昼夜分为十二时辰。出土的云梦秦简《日书》,分一昼夜为十六时。《淮南子·天文训》将白昼分为十五时,则一昼夜又为三十时。汉以后也有用刻漏表示时间,有谓一昼夜为百刻,马融谓一百二十刻,郑玄说一百一十刻,直到汉哀帝建平二年(公元前 5 年)才作了规定,"以百二十为度",规定了一昼夜为一百二十刻,可与古制十二时相合。至和帝永元十四年(公元 102 年),"乃诏用夏历漏刻",即一昼夜还是总以百刻。

四时的测定

四时,《尔雅》的解释更为简明。《尔雅》载:"四时:春为青阳,夏为朱明,秋为白藏,冬为玄英。四气和,谓之玉烛。春为发生,夏为长嬴,秋为收成,冬为安宁。"③四时和:春生、夏长、秋收、冬藏;四时失政:春肃,夏寒,秋荣,冬泄。这已是古代四时理论的固定说辞。

《鹖冠子·环流》曰:"斗柄东指,天下皆春;斗柄南指,天下皆夏;斗柄西指,天下皆秋;斗柄北指,天下皆冬。"若把观测的时间固定在子时,借助斗柄的指向,

---

① 饶宗颐、曾宪通著:《楚地出土文献三种研究》,中华书局,1993 年版,第 407 页。
② 郑玄注,贾公彦疏:《周礼注疏》卷三十,《十三经注疏》本,上册,第 844 页。
③ 邢昺等撰:《尔雅注疏》卷六,《十三经注疏》本,下册,第 2607 页。

可大致确定四时的节气。如斗柄指东，为二月春分；斗柄指南，为五月夏至；斗柄指西，为八月秋分；斗柄指北，为十一月冬至。

二分二的确定，古人谓"以土圭之法以致四时"。《周礼·夏官》曰："土方氏掌土圭之法，以致日景。"景，通"影"。《周礼·地官》记："以土圭之法测土深，正日景以求地中。日南则景短，多暑；日北则景长，多寒；日东则景夕，多风；日西则景朝，多阴。日至之景，尺有五寸，谓之地中。"①夏至日中暑影最短，冬至日中暑影最长，可知北极高下、寒暑进退、昼夜长短。此谓古人土圭之法。

如何"以土圭之法以致四时"？《淮南子·天文训》曰："正朝夕，先树一表东方，操一表却去前表十步，以参望，日始出北廉，日直入。又树一表于东方，因西方一表以参望，日方入北廉，则定东方。两表之中与西方之表，则东西之正也。"②引文大意说：当日升起在东北角时，先树一表（第一表），然后手持另一表（第二表）在前表后十步处（东面）以参望，使两表和太阳处一条直线。到日落于西北角时，又手持一表（第三表）在东面，以西面第一表以参望，使太阳和两表（第一、第三表）处一条直线。连接第二、第三表垂直线的中点与西面第一表，就可以求得东西之正（见图 3-1-2）。只有求得"东西之正"，则可从"东西之正"中，求得"四时之所交也"。

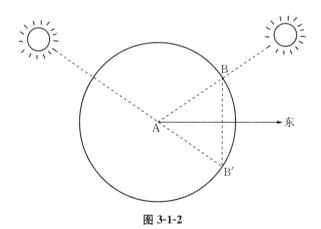

图 3-1-2

① 郑玄注，贾公彦疏：《周礼注疏》卷十，《十三经注疏》本，上册，第 704 页。
② 刘安撰：《淮南鸿烈解》卷六，《道藏要籍选刊》本，上海古籍出版社，1989 年版，第 5 册，第 28 页。

　　《淮南子》树两表以求东西之正，后《周髀算经》又提一法。《周髀算经》曰：
"冬至日加酉之时，立八尺表，以绳系表颠，希望北极中大星，引绳致地而识之。
又到旦明日加卯之时，复引绳希望之……其两端相去，正东西；中折之，以指表，
正南北。"①（见图3-1-3）"北极中大星"，当是北斗七星。因北斗七星的斗柄，指
东为春天，指南为夏天，指西为秋天，指北为冬天。《周髀算经》也说：冬至日立八
尺之表，以"正东西"、"正南北"。东西南北"正"，也即"二至二分"定；"二至二分"
定，则春夏秋冬四时"正"。

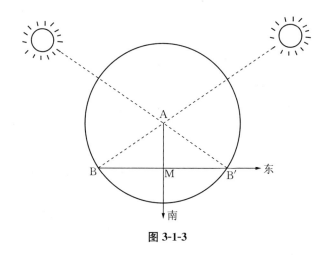

图 3-1-3

　　所谓土圭之法，如《汉书·律历志》所云：乃立晷仪，定东西，追四方，最终以定
时间距离。《考工记·玉人》曰："土圭尺有五寸，以致日，以上地。""以致日"，即据
晷影以测夏至、冬至。"以上地"，即据晷影以测地距方位。《考工记》说，土圭之法
的作用有二，一是可以测定"二至二分"的时刻，二是可以测定两地的距离方位。

《吕氏春秋》的四时说

　　"四时"，《礼记》称之为"月令"，《管子》中有"四时"篇，《淮南子》作"时则训"，

---

① 赵君卿注，甄鸾重述，李淳风释：《周髀算经》，《丛书集成初编》本，编号1262－第56页。

而《吕氏春秋》则作《十二纪》。清汪中序说:"《十二纪》,发明明堂礼,则明堂阴阳之学也。"明堂:或曰"告朔行政,谓之明堂";或曰"所以通神灵、感天地、正四时"之地;即古代统治者举行告朔、祭祀、会盟、施政的地方。汪中说《吕氏春秋·十二纪》,讲的是"明堂阴阳之学",核心便是"阴阳家"的四时理论。

《十二纪》对十二月的划分,完全根据太阳所在的位置。《十二纪》说:孟春正月,太阳的位置在营室之宿;初昏时,参宿见于南方中天;黎明时,尾宿见于南方中天。仲春二月,太阳的位置在奎宿;初昏时,弧星(弧氏星官,属井宿。)见于南方中天;黎明时,建星见于南方中天。季春三月,太阳的位置在胃宿;初昏时,星宿见于南方中天;黎明时,牛宿见于南方中天。余记夏季三月、秋季三月、冬季三月的"日在"。《十二纪》记载太阳的位置,基本是以二十八宿为标记。

《十二纪》在记载了太阳的位次及物候的变化时,还主张了它的四时理论。《十二纪》分春夏秋冬四季,依次排列了四帝、四神、四虫、四音、四数、四味、四臭、四祀、四祭、四色、四德等,我们将《十二纪》中这部分内容整理如下:

	四帝	四神	四虫	四音	十二律	四数	四味	四臭	四祀	四祭	四色	四德
孟春	太暤	句芒	鳞	角	太蔟	八	酸	羶	户	脾	青	木
仲春					夹钟							/
季春					姑洗							/
孟夏	炎帝	祝融	羽	徵	仲吕	七	苦	焦	灶	肺	赤	火
仲夏					蕤宾							/
季夏					林钟							/
孟秋	少暤	蓐收	毛	商	夷则	九	辛	腥	门	肝	白	金
仲秋					南吕							/
季秋					无射							/
孟冬	颛顼	玄冥	介	羽	应钟	六	咸	朽	行	肾	黑	水
仲冬					黄钟							/
季冬					大吕							/

表中,空格系重复上格的内容,"/"表示没有此项记载,书中的原意也是重复上格的内容。

《十二纪》为和"四时"匹配,说的是"四术",所谓四帝、四神、四虫、四音、四数、四味、四臭、四祠、四祭、四色、四德等。"四德",五行中的木火金水,"四术"之一。秦制,祭祠四帝。《史记·封禅书》载:"唯雍四畤。"唐司马贞《索隐》曰:"四畤,据秦旧而言也。"秦朝原有祭祠"白、青、赤、黄"四帝之祠,故曰"四畤";汉兴,增"黑帝"而成"五畤"。《十二纪》只说"四帝"、"四神"、"四数"、"四德"等,完全符合秦朝旧制。对这套旧制的理解,我们可参考贾谊《新书·六术》篇。贾谊以为汉得"六"数,故曰"德有六理"。又曰:"是故内本六法,外体六行。"①又曰:"事之以六为法者,不可胜数也。此所以言六,以效事之尽以六为度者谓六理,可谓阴阳之六节,可谓天地之六法,可谓人之六行。"②贾谊去吕不韦不久,他所说的六理、六法、六行等,正是《十二纪》唯说"四术"的具体方法。可以肯定,在阴阳、五行说之外,还存在一个"四时"学派。

先秦著作,对"四时"理论有诸多的论述。《管子·四时》曰:"唯圣人知四时。不知四时,乃失国之基。不知五谷之故,国家乃露。故天曰信明,地曰信圣,四时曰信正。"③《管子》将四时与天、地并立,并说四时是万物之母。《管子》又将四时与天地、阴阳、刑德并立。《管子·四时》曰:"是故阴阳者,天地之大理也;四时者,阴阳之大经也;刑德者,四时之合也。"《管子》认为刑德合于四时则生福,违背四时则生祸。《尔雅》曰:"四时和为通正,谓之景风。甘雨时降,万物以嘉,谓之醴泉。"④《尔雅》说"四时和",谓"政不失四时"。《文子》曰:"政失于春,岁星盈缩,不居其常;政失于夏,荧惑逆行;政失于秋,太白不当,出入无常;政失于冬,辰星不效其乡;四时失政,镇星摇荡,日月见谪,五星悖乱彗星出。春政不失,禾黍滋;夏政不失,雨降时;秋政不失,民殷昌;冬政不失,国家宁康。"⑤《文子》谓政失四时必带来灾变,又谓政不失四时则国家安宁。这些都是先秦四时理论的一般论述。

---

① 贾谊著:《新书》卷八,《丛书集成初编》本,编号0519-第83页。
② 贾谊著:《新书》卷八,《丛书集成初编》本,编号0519-第84页。
③ 石一参著:《管子今诠》,中编,中国书店影印本,1988年版,第286页。
④ 邢昺等撰:《尔雅注疏》卷六,《十三经注疏》本,第2607页。
⑤ 徐慧君、李定生校注:《文子要诠》,复旦大学出版社,1988年版,第66页。

《吕氏春秋·序意》曰："凡《十二纪》者,所以记治乱存亡也,所以知寿夭吉凶也;上揆之天,下验之地,中审之人。"①《十二纪》规定了这样的"月令":孟春之月:是月也,"禁止伐木";"是月也,不可以称兵,称兵必有天殃。兵戎不起,不可以从我始";这叫行春令。反之则谓:"孟春行夏令,则风雨不时,草木早槁,国乃有恐。行秋令,则民大疫,疾风暴雨数至,藜莠蓬蒿并兴。行冬令,则水潦为败,霜雪大挚,首种不入。"②其余各月的"月令",原书具在,我们不再一一摘录。

《十二纪》规定的"月令",是吕不韦为秦始皇建立的一套"典礼"。元陈澔曰:"名曰《春秋》,将欲为一代兴王之典礼也。"③陈澔说,《吕氏春秋》是依先王之制而立的一代之典礼,在李斯尽废先王之制后,《吕氏春秋》亦归于无用。其实,《吕氏春秋》说过这样几句话,事涉天子百官。《吕氏春秋·贵公》曰:"天下非一人之天下。"《吕氏春秋·贵生》曰:"譬之若官职,不得擅为,必有所制。"《十二纪》这部"典礼",就不仅是百官受制于君王之事了,而是君王、百官必须都要遵守的"制度"。

第二节　律历、天文、五行的著纪

正史中的《律历志》《天文志》《五行志》(笔者称之为"三志"),可以说保存了较完整的半部《术数略》。我们就以正史"三志"的史料,对这一时期律历、天文、五行学说,作进一步的研究。

《史记》载《律书》《历书》《天官书》三书。《律书》"以律起历",其法以"六律为万事根本焉";《历书》保存的《历术甲子篇》,是《汉历》而非《太初历》;《天官书》则集中记载了众多的占岁术。

---

① 吕不韦撰:《吕氏春秋》卷第十二,上海古籍出版社,1989年版,第91页。
② 吕不韦撰:《吕氏春秋》卷第一,上海古籍出版社,1989年版,第11页。
③ 转引自吕不韦撰:《吕氏春秋》,上海古籍出版社,1989年版,第232页。

《汉书》合《律书》、《历书》为《律历志》，改《天官书》为《天文志》，立《五行志》。班固的《汉书·五行志》，虽汇集了西汉经学的诸家之说，却是第一次对褛祥灾异的分类研究。

《后汉书·律历志》记诸家论历，涉及历法的诸多问题。《后汉书·天文志》记星辰之变，言天人之应。《后汉书·五行志》将五行、五事、庶征等合而论之。后世史家著录《五行志》，其结构或从《汉书》，或从《后汉书》。

《三国志》名"志"而无"志书"，笔者按《三国志》的结构，补上三国时期的律历、占候、浑天史料。

《史记》"三书"

《史记·律书》

司马迁著《历书》第四前，先作《律书》第三。为何如此，这要从何谓律说起。《史记·律书》曰："王者制事立法，物度轨则，壹禀于六律，六律为万事根本焉。"①司马迁说，律为"制事立法，物度轨则"的根本。《国语·周语》曰：律以"立均出度"，古人"度律均钟"，成于十二律，为"天之道也"。

《周礼》曰："凡为乐器，以十有二律为之数度，以十有二声为之齐量。"②古人认为，乐器是以十二"数度"制成的，亦称之为十二"律数"。于是就视这十二"律数"为律法、规则、标准，这便构成十二律。十二律又称六律六吕；阳六为律，名黄钟、太簇、姑洗、蕤宾、夷则、无射；阴六为吕，名大吕、夹钟、中吕、林钟、南吕、应钟。十二律这套术语，《国语·周语》、《吕氏春秋·十二纪》、《吕氏春秋·音律》、《淮南子·天文训》均有记载。

"律数"实际有二套，一套为五声的"律数"。司马迁写到："九九八十一以为宫。三分去一，五十四以为徵。三分益一，七十二以为商。三分去一，四十八以

---

① 司马迁撰：《史记》卷二十五，中华书局点校本，1959 年版，第 4 册，第 1239 页。
② 郑玄注、贾公彦疏：《周礼注疏》卷二十三，《十三经注疏》本，上册，第 798 页。

为羽。三分益一,六十四以为角。"即假设宫数八十一,通过"三分去一"、"三分益一",从而得出其余的律数。

另一套为十二律的"律数"。司马迁设"子一分,丑三分二,寅九分八,卯二十七分十六,辰八十一分六十四……",且"以下生者,倍其实,三其法。以上生者,四其实,三其法"。用今天的话说,"以下生者,倍其实,三其法";即分子为二倍,分母为三倍。"以上生者,四其实,三其法";即分子为四倍,分母为三倍。如此从"子一分",求得十二地支的数字,这一方法被称为"生钟分",求十二"律数"的方法。

司马迁说:"钟律调自上古,建律运历造日度,可据而度也。合符节,通道德,即从斯之谓也。"①这个调自上古的钟律,《吕氏春秋·古乐》云"其长三寸九分"为黄钟之宫,《律书》云"黄钟长八寸七分一",这说明律数本身并无太大的意义,只不过是一定时期乐器长度的比例数度。司马迁则赋予了这十二个数字太多的涵义,不仅"合符节,通道德",而且是"为万事根本焉"。

《史记·历书》

《历书》前半部讲的是"历"史和"历"法。司马迁说:黄帝考定星历,正闰余;颛顼乃命南正重司天,命火正黎司地;尧复立羲和之官;周室,畴人子弟分散;秦朝,历度闰余不详;汉初,袭用秦朝正朔;汉武帝即位,"招致方士唐都,分其天部;而巴落下闳运算转历,然后日辰之度与夏正同"。闰余,历法一年和一回归年相比所多余的时日。裴骃《集解》引《汉书音义》曰:"以岁之余为闰,故曰闰余。"此为先民星历之简史。

造历的方法,首先要"推本天元"。司马迁说:"王者易姓受命,必慎始初,改正朔,易服色,推本天元,顺承厥意。"②正朔,历法的同义词,即确定年月日时的初始。司马迁说造历首先要"推本天元","推本天元"即立元,立元也叫建立历

① 司马迁撰:《史记》卷二十五,中华书局点校本,1959年版,第4册,第1253页。
② 司马迁撰:《史记》卷二十六,中华书局点校本,1959年版,第4册,第1256页。

元。历元，即历家起算之开端。设立历元之后，还要确立岁首之月，谓建正之法。古有三历：夏历、殷历、周历，此三历的区别就在于建正不同。古人将月与十二地支相配，称之为月建。如夏历，按寅卯辰巳午未申酉戌亥子丑顺序，分别称为建寅之月，建卯之月……建子之月，建丑之月。夏历以建寅之月为正月，起春分。殷历以建丑之月为岁首，即以夏历的十二月为岁首，起大寒。周历以建子之月为岁首，即以夏历的十一月为岁首，起冬至。从汉武帝起，各家所造历，均用夏历建正之法。司马迁所谓"日辰之度与夏正同"。

《历书》的后半部记载的是《历术甲子篇》，这是一篇保存了《汉历》核心内容的历法文献。司马迁等人先议造《汉历》，结果"不能为算"。元封七年（公元前104 年），汉武帝下令改造新历。可能在《汉历》的基础上，方士唐都"分天部"，巴郡落下闳"运算转历"，由邓平等人编造了《太初历》。其法以夏历的正月为岁首，定一月为二十九日八十一分日之四十三，所以又称八十一分律历，亦称《邓平历》。《太初历》把二十四节气分配到十二个月中，并以没有中气的月份为闰月。二十四节气，分配到十二个月，每月二气，分别为节气和中气；在月初的叫节令，在月中以后的叫中气。如：立春为正月节令，雨水为正月中气。《太初历》使用了近一百八十余年，这是中国历法史上第一部大历。

古代历法，以太阳的"回归年"定"年"，被称为"阳历"，以月亮的"朔望月"定"月"，被称为"阴历"；为了兼顾太阳和月亮的运行规律，同时使用了这两种方法，亦被称为"阴阳历"。《汉书》仅定义了阳历、阴历。《汉书·律历志》曰："一月之日二十九日八十一分日之四十三。先藉半日，名曰阳历；不藉，名曰阴历。所谓阳历者，先朔月生；阴历者，朔而后月乃生。"藉，同"借"。先藉半日，意首月减去半日为二十九日，单数，谓之阳历。不藉，意首月不减半日而是加成三十日，双数，谓之阴历。即通过先藉、不藉之手段，形成小月、大月相间之实用历法。邓平说他造的《太初历》，"阳历朔皆先旦月生，以朝诸侯王群臣便"。云《太初历》为"阳历"。实际上，《太初历》在历法中加入了二十四节气以及置闰，满足这二个条件的都是"阴阳历"。

《史记·天官书》

《天官书》记周天分成五个天区，称"五宫"。中宫：天极星（紫宫）、北斗七星等。东宫苍龙：房、心、亢、氐、尾等。南宫朱鸟：权、衡、东井、柳、轸等。西宫白虎：咸池、天五潢、奎、昴、参等。北宫玄武：虚、危、室、南斗等。"五宫"是对二十八宿的一个重新分类，这一分类是将天上的星宿（包括二十八宿）分成"五宫"。《说苑·辨物》曰："所谓宿者，日月五星之所宿也。其在宿运外内者，以宫名别。""五宫"，指天上的"五方"。方士唐都分

图 3-2-1

其天部，应该就是将天上的"五方"，分成了五个天区（见图 3-2-1）。

司马迁在《天官书》中，还记载了众多的占岁术：

《天官书》记岁星占曰："以摄提格岁：岁阴左行在寅，岁星右转居丑。正月，与斗、牵牛晨出东方，名为监德。色苍苍有光。其失次，有应见柳。岁早，水；晚，旱。"[1]岁阴，《尔雅》叫太岁，《淮南子·天文训》叫太阴。岁阴与岁星相对而行。《淮南子·天文训》的岁星占，云岁星之所居吉、其对为凶、其失次所主国亡；《天官书》的岁星占，不仅讲了岁星失次之占，还记载了岁星失次所在二十八宿的位置。

《天官书》记载的五星占。《天官书》曰："察日、月之行以揆岁星顺逆。曰东方木，主春，日甲乙。义失者，罚出岁星。岁星赢缩，以其舍命国。"[2]揆：估量、揣测、掌握，意指测量方位。赢缩：《天官书》曰"察其趋舍而前曰赢，退舍曰缩"。《天官书》又曰："蚤（早）出者为赢，赢者为客。晚出者为缩，缩者为主人。"《天官

---

① 司马迁撰：《史记》卷二十七，中华书局点校本，1959 年版，第 4 册，第 1313 页。

② 司马迁撰：《史记》卷二十七，中华书局点校本，1959 年版，第 4 册，第 1312—1322 页。

书》又曰："察刚气以处荧惑。""历斗之会以定填星之位。""察日行以处位太白。"
"察日辰之会，以治辰星之位。"《天官书》的五星占，主要是观察日月之行和五星
的位置，五星进退、早晚、刚气，及历斗之会、日辰之会等，再据岁星出现方位占所
对应国的灾祸。《天官书》又曰："然必察太岁所在。在金，穰；水，毁；木，饥；火，
旱。此其大经也。"①这里，《天官书》又说五星占，是观察"太岁"（应指岁星，太岁
是虚拟的）所在五星的位置，占其分野处发生了什么灾异。这就叫候在五星，占
于二十八宿。然岁星本为五星之一，即木星，司马迁如何"必察太岁"在"木"，笔
者不得而知。《天官书》的五星占，是一种混合了二十八宿的五星分野说。

　　《天官书》记载的二十八宿占。《天官书》曰："东井为水事。""柳为鸟注，主木
草。""轸为车，主风。""奎曰封豕，为沟渎。""危为盖屋；虚为哭泣之事。"②井、柳、
轸、奎、危、虚，二十八宿名。先秦的九州分野是占其国政，《天官书》记载的二十
八宿占，为水事、木草、起风、沟渎、盖屋、哭泣等民间生活诸事。二十八宿占的方
法，是在每一宿名下，规定了吉凶宜忌。有了这套规定，便可据二十八宿而说事。

　　《天官书》记载的八风占。八风占是汉初魏鲜等人集"腊明日"和"正月旦"时
的占候。《史记·天官书》曰："腊明日，人众卒岁，一会饮食，发阳气，故曰初岁。
正月旦，王者岁首；立春日，四时之始也。"③古历以冬至后第三个戌日为腊日（后
逐渐固定在腊月初八）；腊日之次日为过腊，亦曰腊明日。正月旦：《正义》谓时之
始、日之始、月之始、岁之始。

　　《天官书》记载的五声占。《天官书》曰："是日光明，听都邑人民之声。声宫，
则岁善，吉；商，则有兵；徵，旱；羽，水；角，岁恶。"④五声占以听五声，早见《管子》
一书。《管子·地员》曰："凡听徵，如负猪豕觉而骇。凡听羽，如鸣马在野。凡听
宫，如牛鸣窌中。凡听商，如离群羊。凡听角，如雉登木以鸣，音疾以清。"⑤《管
子》以听五声"占"土地的性质。

①④　司马迁撰：《史记》卷二十七，中华书局点校本，1959 年版，第 4 册，第 1341 页。
②　司马迁撰：《史记》卷二十七，中华书局点校本，1959 年版，第 4 册，第 1302—1308 页。
③　司马迁撰：《史记》卷二十七，中华书局点校本，1959 年版，第 4 册，第 1340 页。
⑤　石一参著：《管子今诠》，中编，中国书店影印本，1988 年版，第 323 页。

《天官书》记载的数雨占。《天官书》曰："或从正月旦比数雨。率日食一升，至七升而极；过之，不占。数至十二日，日直其月，占水旱。"①《索引》曰："谓以次数日以候一岁之雨，以知丰穰也。""率日食一升"，以一日有雨，每人每日可得一升的口粮计算；二日有雨，收成是此数的二倍，余类推。至七升而占，"过之，不占"。或谓七日有雨，收成是"率日食一升"的七倍，如此可知年成收获好坏。数雨占虽说简单，但是一种新的占术。

《天官书》曰："日变修德，月变省刑，星变结和。凡天变，过度乃占。"②对《天官书》记载如此众多占岁术，司马迁说是"修德、省刑、结和"的需要。清王元启解释说："《天官书》前无所承，史公首创为之，不能如后代测验之详，故约举大纲以存占候之旧。"

清梅文鼎曰："言天道者，原有二家。其一为历家，主于测算推步，日月五星之行度，以授民时而成岁功，即《周礼》之冯相氏也。其一为天文家，主于占验吉凶福祸，观察祲祥灾异，以知趋避而修救备，即《周礼》之保章氏也。"③梅文鼎说，历家和天文家都是"言天道者"，历家造历以授民时，天文家观察祲祥灾异以知趋避。

《汉书》"三志"

《史记》著"三书"，《汉书》改立《律历志》、《天文志》、《五行志》。志，记也。《汉书·律历志》记载了刘歆所造的《三统历》；《汉书·天文志》增补了一些杂星的记载；《汉书·五行志》则是班固的首创，书中汇集了西汉经学诸家之说。

《汉书·律历志》

《汉书·律历志》，东汉蔡邕、刘洪补续而作。

---

① 司马迁撰：《史记》卷二十七，中华书局点校本，1959年版，第4册，第1341页。
② 司马迁撰：《史记》卷二十七，中华书局点校本，1959年版，第4册，第1351页。
③ 梅文鼎著：《历学答问》，《丛书集成初编》本，编号1325-第15页。

　　《史记·律书》"以律起历"，视六律为万事根本也；《汉书·律历志》却是将"数"置于"声"之前。《汉书·律历志》曰："一曰备数，二曰和声，三曰审度，四曰嘉量，五曰权衡。"①《汉书·律历志》首先要确立"数、声、度、量、衡"。《汉书·律历志》认为声度量衡"由数起"，数才是"顺性命之理也"。

　　《汉书·律历志》曰："数者，一、十、百、千、万也。"有了这个十进制的"数"，《汉书·律历志》用以记度、量、衡、权。又曰："度者，分、寸、尺、丈、引也，所以度长短也。本起黄钟之长。"②长度的进制系十进制，"十分为寸，十寸为尺，十尺为丈，十丈为引"。又曰："量者，仑、合、升、斗、斛也，所以量多少也。"量的进制也为十进制，"合仑为合，十合为升，十升为斗，十斗为斛"。又曰："衡权者：衡，平也；权，重也；衡所以任权而均物平轻重也。""权者，铢、两、斤、钧、石也，所以称物平施，知轻重也。"《汉书·律历志》规定："二十四铢而成两者，二十四气之象也。""十六两成斤者，四时乘四方之象也。""三十斤成钧者，一月之象也。""四钧为石者，四时之象也。"③为了应象，《汉书·律历志》所载"权"的进制关系，规定得有点复杂。

　　邓平等人造《太初历》之后，《汉书·律历志》曰："至孝成世，刘向总六历，列是非，作《五纪论》。向子歆究其微渺，作《三统历》及《谱》以说《春秋》，推法密要，故述焉"。《晋书·天文志》载："案刘向《五纪论》曰：太白少阴，弱，不得专行，故以己未为界，不得经天而行。经天则昼见，其占为兵丧，为不臣，为更王；强国弱，小国强。"刘向虽然是"总六历"而作《五纪论》，但《五纪论》却是一部天文占书。

　　传说古之六历，有《黄帝历》、《颛顼历》、《夏历》、《殷历》、《周历》及《鲁历》。《后汉书·律历志》载："故黄帝造历，元起辛卯，而颛顼用乙卯，虞用戊午，夏用丙寅，殷用甲寅，周用丁巳，鲁用庚子。"④《后汉书》以东汉《四分历》揣测古之六历，说古之六历同为《四分历》系统，不同的是历元取之不同。明邢云路《古今律历

①　班固撰：《汉书》卷二十一上，中华书局点校本，1962 年版，第 4 册，第 956 页。
②　班固撰：《汉书》卷二十一上，中华书局点校本，1962 年版，第 4 册，第 966 页。
③　班固撰：《汉书》卷二十一上，中华书局点校本，1962 年版，第 4 册，第 969 页。
④　司马彪等撰：《后汉书·志第一》，中华书局点校本，1965 年版，第 11 册，第 3082 页。

考》曰："大都六家之历,率皆六国及秦时汉初人所造……上不可检于《春秋》,下不验于汉魏,其非三代以前之历明甚。"①邢云路已言古之六历不可确信。

刘歆造《三统历》。《汉书·律历志》曰："三统者,天施,地化,人事之纪也。"刘歆将这个"三统",比象日、月、北斗,对应于天、地、人。《汉书·律历志》记载了这个《三统历》。《三统历》曰:日法八十一,十九年为一章,八十一章为一统,三统为一元,四千六百一十七年,为元法。日法八十一,一日分八十一,如今之规定一日二十四小时。这套规定,便将岁、月、日、时四者整合了起来。《三统历》的历元,设在汉武帝元封七年仲冬甲子,于西汉绥和二年(公元前 7 年)开始实施,至东汉章帝元和二年(公元 85 年)为《四分历》取代。

古代历法一般都设有历元,作为推算的起点。从历元更往上推,求得一个出现了"日月如合璧,五星如连珠"的天象时刻,司马迁说的十一月甲子朔旦冬至,即称为上元。从上元到编历年份的年数叫作积年,通称上元积年。元立而后定日法,故孟康曰:"分一日为八十一分,为三统之本母也"。其实,日法八十一分,刘歆取之《太初历》。又《三统历》的"十九年为一章,八十一章为一统",也本古《四分历》所使用的计算单位。刘歆的《三统历》,在历法上建树不大,但他始立积年日法。这样,刘歆就将《周易》大衍数、十二律数、积年日法,统统糅合在他的《三统历》中了。

《汉书·天文志》

《汉书·天文志》,马续述。《汉书·天文志》的大部分内容,与《史记·天官书》相同,《汉书·天文志》的增补有四处:

其一,日有黄道的记载。

《汉书·天文志》曰:"日有中道。""中道者,黄道,一曰光道。光道北至东井,去北极近;南至牵牛,去北极远;东至角,西至娄,去极中。"②中道、光道,即黄道。

---

① 邢云路著:《古今律历考》,《丛书集成初编》本,编号 1312 - 第 141 页。
② 班固撰:《汉书》卷二十六,中华书局点校本,1962 年版,第 5 册,第 1294 页。

黄道,观天者所见太阳在二十八宿之间的运行轨道。

其二,月行九道的记载。

《史记·天官书》仅见"月行中道,安宁和平"的记载。《汉书·天文志》曰:"月有九行者:黑道二,出黄道北;赤道二,出黄道南;白道二,出黄道西;青道二,出黄道东。立春、春分,月东从青道;立秋、秋分,西从白道;立冬、冬至,北从黑道;立夏、夏至,南从赤道。然用之,一决房中道。"①房中道:房宿之中间的行道。对月行九道,还是看月在房宿之间的中道。

其三,西汉时期天象、政事的记载。

司马迁说:"夫天运,三十岁一小变,百年中变,五百载大变;三大变一纪,三纪而大备。此其大数也。"《史记》天运之说,只说了所谓"大数",无具体内容。《汉书·天文志》在此文之下,作了一些补充。《汉书·天文志》载:"春秋二百四十二年间,日食三十六,彗星三见。""汉元年十月,五星聚于东井,以历推之,从岁星也。此高皇帝受命之符也。"②《汉书·天文志》的这部分内容,多言天象为政事的符应,与《汉书·五行志》极为相仿。

其四,彗星占的记载。

《汉书·天文志》载:"孝文后二年正月壬寅,天欃夕出西南。占曰:'为兵丧乱。'其六年十一月,匈奴入上郡、中,汉起三军以卫京师。"③天欃,彗星别名。《汉书·天文志》记载的彗星占,也为《史记·天官书》所无。

《汉书·天文志》又载:"元光元年六月,客星见于房。占曰:'为兵起。'其二年十一月,单于将十万骑入武州,汉遣兵三十余万以待之。"④客星,指并不常见的新星;古人有时也将彗星称为客星。

《汉书·五行志》

《汉书·五行志》是班固创立的。《汉书·五行志》载:

①　班固撰:《汉书》卷二十六,中华书局点校本,1962 年版,第 5 册,第 1295 页。
②　班固撰:《汉书》卷二十六,中华书局点校本,1962 年版,第 5 册,第 1302 页。
③　班固撰:《汉书》卷二十六,中华书局点校本,1962 年版,第 5 册,第 1303 页。
④　班固撰:《汉书》卷二十六,中华书局点校本,1962 年版,第 5 册,第 1306 页。

　　《经》曰："初一曰五行。五行：一曰水,二曰火,三曰木,四曰金,
五曰土。水曰润下,火曰炎上,木曰曲直,金曰从革,土爰稼穑。"

　　《传》曰："田猎不宿,饮食不享,出入不节,夺民农时,及有奸谋,
则木不曲直。"

　　《说》曰："木,东方也。于《易》,地上之木为《观》。其于王事,威
仪容貌亦可《观》者也……使民以时,务在劝农桑,谋在安百姓：如
此,则木得其性矣。若……及木为变怪,是为木不曲直。"①

　　《汉书·五行志》的结构,可以说是《经》、《传》、《说》三段。《经》是《尚书·洪范》
原文(个别文字有异)。汉初,秦博士伏生口授《尚书》；《传》是伏生传授的《洪范
五行传》,《汉书·艺文志》著录《传》四十一篇,旧题西汉伏生撰,可能系其弟子张
生、欧阳生所记。清皮锡瑞辑本作《尚书大传》四卷、《补遗》一卷。一说：《传》是
刘向的《洪范五行传论》；《洪范五行传论》已轶,《汉书·五行志》保存了约一百五
十二条。《说》是夏侯胜、夏侯建等人的论说；夏侯胜之先夏侯都尉从张生受《尚
书》,以传族子夏侯始昌,夏侯始昌传夏侯胜,夏侯胜传长子夏侯建,夏侯建开创
了《尚书》小夏侯学一派。

　　班固引《经》文,论说五行的性质。水曰润下,水向下渗。火曰炎上,火光上
升。木曰曲直,木可曲、可直。金曰从革,金可熔铸更改。土爰稼穑,土可在其上
耕种收获。班固引《传》文,假说了五行失其性的原因,"……夺民农时,及有奸
谋,则木不曲直"。班固引《说》文,先解说了五行得其性的原因,"如此,则木得其
性矣"；又解说了五行失其性的原因,"若乃田猎驰骋,不反宫室；饮食沈湎,不顾
法度；妄兴徭役,以夺农时；作为奸诈,以伤人财,则木失其性矣……及木为变怪,
是为木不曲直"。

　　《洪范》的五行排列是：水火木金土。《汉书·五行志》引《传》、《说》的五行排
列是：木火土金水。《汉书·五行志》的五行排列顺次虽不同于《洪范》,但没将五

----

① 　班固撰：《汉书》卷二十七上,中华书局点校本,1962年版,第5册,第1318—1319页。

行与五事、庶征合并论述，还是照《洪范》原文，按五行、五事、庶征分门别类，记录各种灾祸，《汉书》说这叫"各有条目"。

《汉书·五行志》列举了从春秋以来至王莽而止的天灾祸福，以天象的每次变化记有事应，《汉书》说这叫"推迹行事，连传祸福；著其占验，比类相从"。"推迹行事，连传祸福"，即类应；"著其占验，比类相从"，即相合。《汉书·五行志》的方法，还是类应、相合这两条。

《汉书·五行志》记天灾祸福，说天示其灾以戒人君，目的也是劝天子能修政除灾。《汉书·五行志》曰："贤君见变，能修道以除凶。"班固说《汉书·五行志》，是书其灾而记其故。他提出的主张是：人君若能修政，"则灾消而福至"；若不能修政，"则灾息而祸生"。班固的修政灾消而福至说，仍是《天官书》"日变修德，月变省刑，星变结和"的主张。

《汉书·五行志》虽为史志，却汇集了西汉经学的诸家之说。《汉书·五行志》云："是以揽（董）仲舒，别（刘）向、（刘）歆，传载眭孟、夏侯胜、京房、谷永、李寻之徒所陈行事。讫于王莽，举十二世，以传《春秋》，著于篇。"言书中记载了西汉诸子"所陈行事"。《汉书·五行志》载："京房《易传》曰：'专征劫杀，厥妖乌鹊斗。'""京房《易传》曰：'君暴虐，鸟焚其舍。'""京房《易传》曰：'君不思道，厥妖火烧宫。'"这三条引文，记京房说人君的征伐、暴虐、无道造成了灾异。这些记载可作今本京房《京氏易传》的补充。《汉书·五行志》又载：竟宁元年（公元前33年），成帝即位（次年建始），石显伏辜，京房的冤案得以昭雪。《汉书·五行志》的史料价值，是极其珍贵的。

梅文鼎说过，言天道者原有两家，历家即《周礼》之冯相氏也，天文家即《周礼》之保章氏也。《周礼》大司徒为地官之长，以土宜之法，辨天下名物；以十二荒政，防治灾异。从班固的《五行志》所记天象灾异看，言天道者也可以再增加一家，为五行家，即《周礼》之大司徒也。这也是笔者将《术数略》的"天文、律历、五行"，合立为一个"天文"专题的理由。

班固新立的《五行志》，第一次将灾异作为一个独立的研究对象，从"天文"中分离出来，并利用"五行"作了一个分类，这必将促进后人对异常灾祸的观察研究。班固的《五行志》，尽管有说天示之灾以戒人君的荒谬，也有将灾异与人类活动联系起来的一面，这在今天看来也有禁戒之意。无论班固如何"书其灾而记其故"，无论刘知幾如何批评"释灾多滥"，后世史家均著立了《五行志》。《五行志》作为术数的重要内容，存在于各朝正史中。

《后汉书》的"三志"

《后汉书》虽是南朝范晔所撰，但《后汉书志》却是汉末魏晋时人所作。《后汉书》"三志"的成书较为复杂，分别见下。

《后汉书·律历志》

《后汉书·律历志》，系晋司马彪集录蔡邕、刘洪的补续而作，原为上下二篇，最后由刘昭续补完成，分上、中、下三卷。《后汉书·律历中》载"贾逵论历"、"永元论历"、"延光论历"、"汉安论历"、"熹平论历"等，各家所论，涉及古代历法的诸多问题。

蔡邕论说：古人治历，必先立元；凡六家历，各自有元。"故有古今之术"，"皆当有效于当时"。蔡邕说，汉初还在使用《颛顼历》。秦用《颛顼历》，以建亥之月为岁首，即以夏历的十月为岁首。蔡邕从历元不同，得出古人造历"术无常是"的结论。但术家造历，的确也需要立元。历元、日法、度周天，为造历的三大基本假定；"三者有程，则历可成也"。

贾逵论说：永平十二年（公元 69 年），"《四分》之术，始颇施行"。先秦，早已开始使用古《四分历》。古《四分历》定冬至点在牵牛初度，顺二十八宿序次，斗宿距度为二十六度又四分之一，由于正好把一日四分，所以称《四分历》。永平、元和年间，编䜣、李梵等更造《四分历》，恢复古法，采用十九岁置七闰，又被称为"后汉《四分历》"。编䜣、李梵等所编订的《四分历》，沿用了《太初历》中一些有关岁月、时日的数值，但所用数值要比《太初历》更加系统。《四分历》渊远流长，为中国历法史上第二部大历。

《四分历》所使用的推步计算单位是章、蔀、纪、元。《后汉书·律历下》曰："岁首至也，月首朔也。至朔同日谓之章，同在日首谓之蔀，蔀终六旬谓之纪，岁朔又复谓之元。"①冬至为岁首，朔日为月首。冬至与月朔同日为章首，冬至在年初为蔀首。《四分历》记：一岁为三百六十五日四分之一日，十九岁曰章，置七闰；四章曰蔀，为七十六岁；二十蔀曰纪；三纪为元，为纪法一千五百二十。这些都是《四分历》的核心数值。

"熹平论历"载："常山长史刘洪上作《七曜术》。"②梁刘昭注引何承天曰："元和中，谷城门候刘洪始悟《四分》于天疏阔，更以五百八十九为纪法，百四十五为斗分，而造《乾象法》，又制迟疾历以步月行，方于《太初》、《四分》，转精密矣。"③刘洪考验天官，始觉冬至后天，乃减岁余，修正了回归年长度数值，重新假设"五百八十九为纪法，百四十五为斗分"。纪法：《乾象历》取回归年长度为三百六十五日又五百八十九分之一百四十五；凡不满一甲（即六十）余下的日数称大余，不满一日余下的分数称小余，纪法为小余的分母。斗分：宋沈括《梦溪笔谈·象数一》曰："历法步岁之法，以冬至斗建所抵，至明年冬至，所得辰刻表秒，谓之斗分。"《乾象历》度周天所得余数（小余），正好落在斗宿度数之内，故叫做斗分。刘洪精七曜术，又首创月行迟疾法，谓月行之道有远近出入之异，并将月行的快、慢变化引入了他的历法，使《乾象历》成为第一部载有定朔算法的历法。比较《四分历》，刘洪《乾象历》在方法上的创新更大，是我国历法史上又一部著名大历。

汉历大者凡五变。汉兴承秦，初用《颛顼历》，元用乙卯。汉武帝元封七年诏用《太初历》，元用丁丑。王莽之际，刘歆推《三统历》，追《太初历》前三十日，得五星会庚戌之岁，以为上元。永平、元和年间，编欣、李梵等更造《四分历》，"追汉四十五年庚辰之岁，追朔一日，以为《四分》历元"。灵帝时刘洪上《乾象历》，首次考虑月行迟疾求朔望时刻，较《太初历》、《四分历》转而精密。

---

① 司马彪等撰：《后汉书·志第三》，中华书局点校本，1965 年版，第 11 册，第 3056 页。
② 司马彪等撰：《后汉书·志第二》，中华书局点校本，1965 年版，第 11 册，第 3040 页。
③ 司马彪等撰：《后汉书·志第三》，中华书局点校本，1965 年版，第 11 册，第 3082 页。

《后汉书·天文志》

《后汉书·天文志》，由蔡邕、谯周撰著，刘昭补注。其结构是以时间为顺序，记星辰之变，造天体假说。

刘昭注《后汉书·天文志》，"以张衡天文之妙，冠绝一代"，全文收录了张衡的《灵宪》一文。张衡，字平子，南阳西鄂（今河南省南阳市卧龙区石桥镇）人。永和初，出为河间相。永和四年（公元139年）卒，年六十二。张衡利用落下闳、耿寿昌的方法，造浑天仪、地动仪。

《灵宪》转载蔡邕《表志》曰："言天体者有三家：一曰周髀，二曰宣夜，三曰浑天。"①蔡邕说：宣夜之学绝无师法，周髀数术多所违失，故史官不用。浑天说仅存其器而无原书，蔡邕也求索多年不得。

周髀说，即盖天说。《晋书·天文志》曰："又《周髀》家云：天员如张盖，地方如棋局。天旁转如推磨而左行，日月右行，随天左转，故日月实东行，而天之以西没。"②这就是天圆地方说的完整表述。《周髀》以磨石之蚁，得出"日月右行，随天左转"的结论。《周髀》说认为天如同一个盖笠，中央高四周低；地如同一个扣着的盘子，也是中央高四周低。

宣夜说，即自然浮生虚空说。《晋书·天文志》曰："日月众星，自然浮生虚空之中，其行其止皆须气焉。"③宣夜之书早已缺失，宣夜说的唯一史料就是这段。其说七曜"伏见无常，进退不同"，得出七曜"无所根系"。宣夜说"若缀附天体，不得尔也"，这一推断是正确的；但又说"其行其止皆须气焉"，这个"气"是什么，又如何产生的，古人没有任何解释。

张衡持浑天说。张衡《浑仪注》曰："浑天如鸡子，天体圆如弹丸，地如鸡中黄，孤居于内。天大而地小，天表里有水。天之包地，犹壳之裹黄。天地各乘气而立，载水而浮。"④"天地各乘气而立"，古人对无法解释的事情，好说这个"气"

---

① 司马彪等撰：《后汉书·志第十》，中华书局点校本，1965年版，第11册，第3217页。

②③ 房玄龄等撰：《晋书》卷十一，中华书局点校本，1974年版，第2册，第279页。

④ 瞿昙悉达撰：《唐开元占经》卷一，《四库术数类丛书》，第5册，第171页。

字。张衡又说:"日月运行,历示吉凶;五纬躔次,用告祸福。"①张衡对日月运行,还是作了"历示吉凶"、"用告祸福"的概述。

《淮南子》的"天墬未形,冯冯翼翼,洞洞灟灟,故曰太昭"之说,《易乾凿度》的太易、太初、太始、太素之说,都可谓是天体形成的假说,而周髀、宣夜、浑天三家之说,却都是有关天体结构和运动的假说。

《后汉书·五行志》

《后汉书·五行志》六卷,系泰山太守应劭、给事中董巴、散骑常侍谯周"并撰建武以来灾异"。范晔序曰:"今合而论之,以续《前志》云。"

《后汉书·五行一》将"木不曲直"、"貌之不恭"、"厥罚恒雨"合而论之,"谓木失其性而为灾也",下列"貌不恭、淫雨、服妖、鸡祸、青眚、屋自坏、讹言、旱、谣、狼食人"十种灾异。眚:灾难。《后汉书·五行一》又将"金不从革"、"言之不从"、"厥罚恒阳"合而论之,"谓金失其性而为灾也",下列旱、童谣等灾异。

《后汉书·五行二》将"火不炎上"、"视之不明"、"厥罚常燠"合而论之,"谓火失其性而为灾也",下列"灾火、草妖、羽虫孽、羊祸"四种灾异。

《后汉书·五行三》将"水不润下"、"听之不聪"、"厥罚恒寒"合而论之,"谓水失其性而为灾也",下列"大水、水变色、大寒、雹、冬雷、山鸣、鱼孽、蝗"八种灾异。

《后汉书·五行四》将"稼穑不成"、"思心不容"、"厥罚恒风"合而论之,"谓土失其性而为灾也",下列"地震、山崩、地陷、大风拔树、螟、牛疫"六种灾异。"思心不容"条,未出《汉书》。

《后汉书·五行五》将"皇之不极"和"厥罚恒阴"合而论之,下列"射妖、龙蛇孽、马祸、人痾、人化、死复生、疫、投蜺"八种灾异。

《后汉书·五行六》列"日蚀、日抱、日赤无光、日黄珥、日中黑、虹贯日、月蚀非其月"七种天象,总算没再将这七种天象和五行合而论之。自古天有阴阳、地用五行,故《后汉书·五行六》记天象不再和五行合而论之。

---

① 房玄龄等撰:《晋书》卷十一,中华书局点校本,1974 年版,第 2 册,第 288 页。

《汉书·五行志》的结构依《洪范》，分别列五行、五事、庶征的各种灾异。《后汉书·五行志》却是"合而论之"，构造了不同于《汉书·五行志》的另一种结构。《后汉书·五行志》这个"合"，可能是晋司马彪或梁刘昭完成的。后世史家著录《五行志》，其结构或从《汉书》，或从《后汉书》，但多从《后汉书》，因简单明了之故。

《后汉书·五行六》记载了"日有蚀之"。日蚀，今作日食。刘昭引杜预注："日月同会，月奄日，故日蚀。"日月每月都会发生交会，当"月奄日"，即月球挡住太阳射向地球的光，即发生日蚀。此日蚀之定义。刘昭又引《春秋纬》注："日之将蚀，则斗第二星变色，微赤不明，七日而蚀。"此日蚀之预测。《后汉书·五行六》主要记载了东汉以来日蚀发生的日期及日蚀发生时所在的位置。

《后汉书·五行六》对日蚀发生所在位置的记载，主要持两种说法。其一，二十八宿分野说。《后汉书·五行六》曰：在柳十四度，柳，河南也。在柳五度，京都宿也。在角五度，角，郑宿也。此为二十八宿分野说。其二，二十八宿日蚀占。《后汉书·五行六》曰："《日蚀说》曰：日者，太阳之精，人君之象。君道有亏，有阴所乘，故蚀。蚀者，阳不克也。"又记日蚀：在毕五度，毕为边兵；在昴七度，昴为狱事；在胃九度，胃为廪仓；在柳七度，柳为上仓；等等。此为据日蚀发生所在二十八宿的位置，作二十八宿日蚀占。

三国时期的律历、占候、浑天

《三国志》名志实无"志"。笔者按《三国志》的结构，将魏之律历、蜀之占候、吴之浑天的史料，摘录如下：

魏之律历

《宋书·律历志》载：魏文帝黄初中，太史丞韩翊造《黄初历》，始课日蚀。《晋书·律历志》载徐岳说，韩翊造《黄初历》，皆用刘洪造《乾象历》之法。徐岳说"效历之要，要在日蚀"，是说历法之精密，其验在于日月交食。天体运动形成的日月交食现象，成了古代历法的重要课题。徐岳以"凡课日月蚀五事，《乾象》四远，《黄初》一近"，肯定了韩翊历术有超出刘洪《乾象历》之处。

乐详，字文载，并州河东（今山西省永济市）人。《三国志》注引《魏略》曰："至黄初中，征拜博士……（乐）详学既精悉，又善推步三五，别受诏与太史典定律历。"[①]乐详精悉《五经》，被"征拜博士"；但他又善推算三辰五星，精通天文律历。

魏明帝太和元年（公元 227 年），高堂隆推校《太和历》。《三国志·高堂隆传》裴松之注引《魏略》载：魏明帝诏使高堂隆与尚书郎杨伟、太史待诏骆禄共同推校。杨伟得出日食而"月晦不尽"时，高堂隆没有得出日蚀的时刻，但推算出每月的最后一日，故"诏从太史"。《太和历》"纷纭数岁"，终未及施用，亦不见史载其历。

魏明帝景初元年，尚书郎杨伟改《太和历》为《景初历》。青龙五年（公元 237 年）三月，魏明帝据《景初历》改元，以建丑之月为正月，改青龙五年三月为景初元年四月，"而郊祀、迎气、二分二至，仍以建寅为正"。殷人同时使用祭祀年和农历年，正如我们今日同时使用阴历、阳历，但《景初历》将三月改为四月的变动，必然造成诸多的混乱。清钱仪吉《三国会要》载："三年，帝崩，复用夏正。以建寅月为正始元年正月，以建丑月为后十二月。"《景初历》行三年后，重新调回一月，复以建寅之月为建正，即正始元年四月还为季春三月。

蜀之占候、律历

周群，字仲直，巴西阆中（今四川省阆中市）人。《三国志·蜀书》曰：周群从父学，专心占验天算之术。"于庭中作小楼，家富多奴，常令奴更直于楼上视天灾，才见一气，即白（周）群，群自上楼观之，不避晨夜。故凡有气候，无不见之者，是以所言多中。"周群通晓天文的精微奥妙，蜀人称为"后圣"。"群卒，子巨颇传其术。"

张裕，字南和，益州蜀郡（今四川省成都市）人。《三国志·蜀书·邓芝传》

---

① 陈寿撰：《三国志》卷十六，中华书局点校本，1959 年版，第 2 册，第 507 页。

载:时益州从事张裕善相,邓芝前往看相。张裕曰:"君年过七十,位至大将军,封侯。"张裕"亦晓占候,而才过(周)群"。张裕曾私语人曰:"岁在庚子,天下当易代,刘氏祚尽矣。主公得益州,九年之后,寅卯之间当失之。"①刘备见张裕出言不逊,借口张裕占说出兵汉中不验,下狱诛之。

谯周,字允南,巴西郡西充国县(今四川省阆中县)人。《三国志·蜀书》曰:"研精六经,尤善书札。颇晓天文,而不以留意。"谯周受过杜琼的影响。杜琼,字伯瑜,成都人。杜琼言占候之术,"欲明此术甚难,须当身视,识其形色,不可信人也。晨夜苦剧,然后知之,复忧漏泄,不如不知,是以不复视也"。杜琼言占候之术"不可信人",对谯周颇有影响。

《宋书》曰:"刘氏在蜀,不见改历,当是仍用汉《四分法》。"②

吴之律历、浑天、星图

《三国志·吴书》载:吴范,字文则,会稽上虞(今浙江省绍兴市上虞区)人;以治历数,知风气,闻于郡中。刘惇,字子仁,平原人;以明天官,知晓太乙占,显于南土。赵达,河南人,避乱世来吴;治九宫一算之术,能应机立成。陈寿在《吴书·吴范刘惇赵达传》后评曰:"三子各于其术精矣,其用思妙矣,然君子等役心神,宜于大者远者,是以有识之士,舍彼而取此也。"③故《吴范刘惇赵达传》,当是《吴书》"方技传"。

孙权黄武二年(公元223年)正月,改《四分历》,用《乾象历》。

《三国志》注引《晋阳秋》曰:"吴有葛衡,字思真,明达天官,能为机巧,作浑天,使地居于中,以机动之,天转而地止,以上应晷度。"④葛衡造的浑天仪,是一个比人体大的空心球,球面上布列星宿,每个星宿被穿成孔窍。人居其中,"以机动之",看到透过孔窍的光,宛如看到星宿运行变化一般。

---

① 陈寿撰:《三国志》卷四十二,中华书局点校本,1959年版,第4册,第1020页。
② 沈约撰:《宋书》卷十二,中华书局点校本,1974年版,第1册,第259页。
③ 陈寿撰:《三国志》卷六十三,中华书局点校本,1959年版,第5册,第1426页。
④ 陈寿撰:《三国志·吴书·赵达传》注引《晋阳秋》。中华书局点校本,1959年版,第5册,第1426页。

陆绩,字公纪,吴郡吴县(今江苏省苏州市)人。《唐开元占经》载陆绩曰:"先王之道,存乎治历明时,本之验著,在于天仪。夫法象莫如浑天,浑天之设久矣。"①陆绩说的"天仪"、"浑天之设",均指浑天仪。浑天仪,《尚书》美之曰"璇玑玉衡"。孔安国说:璇玑玉衡为"正天之器,可运转"。璇,通"旋";玑,通"机"。马融云:"璇,美玉也。机,浑天仪,可转旋,故曰机。衡,其中横筒。以璇为机,以玉为衡,盖贵天象也。"《唐开元占经》记陆绩新作的浑天仪,较"古浑象"为小,较张衡制造的又大点。

《隋书·天文志》作浑天仪与浑天象的区别。《隋书·天文志·浑天仪》曰:浑天仪,"张衡所造,盖亦止在浑象七曜";"其制有机有衡","以漏水转之";用来测量天体,如陆绩云"法象莫如浑天"。《隋书·天文志·浑天象》曰:浑象仪,"其制有机而无衡","遍体布二十八宿、三家星、黄赤二道及天汉等";用于演示天象,如王蕃云"以著天体"。

王蕃,字永元,庐江郡(今安徽省庐江县)人。《隋书·天文志·浑天仪》载:"故王蕃云:浑天仪者,羲、和之旧器,积代相传,谓之玑衡。其为用也,以察三光,以分宿度者也。又有浑天象者,以著天体,以布星辰。而浑象之法,地当在天中,其势不便,故反观其形,地为外匡。"《隋书·天文志》反复指出了浑天仪与浑天象二者之不同。

《隋书·天文志》说:何承天撰《宋书·天文志》时,"莫辨仪、象之异"。指何承天将陆绩所造浑天仪,又说成"陆绩造浑象,其形如鸟卵"。其实,何止何承天莫辨浑仪和浑象之异。史载张衡"妙尽璇玑之正,作浑天仪",李淳风在他所撰的《晋书·天文志》中,一说张衡作铜浑天仪,一说张衡制浑象,也混淆了"仪、象之异"。时至今日,这种混淆依然存在。

陈卓,原吴太史令;西晋灭吴后,自吴都建邺(今江苏省南京市)入洛阳,任晋太史令。在这期间,他绘成了总括甘氏、石氏、巫咸氏三家所著星图。《晋书》记载的陈卓星图,分"中宫、二十八舍、二十八宿外星",画"紫宫垣十五星","太微,

---

① 瞿昙悉达撰:《唐开元占经》卷二,《四库术数类丛书》,第5册,第192页。

天子庭也"，"天市垣二十二星，在房心东北"。从《晋书》的记载看，陈卓所著星图，差不多已构筑了紫微垣、太微垣、天市垣、二十八宿这一星图结构。

第三节　"三志"的变化

《晋书》"三志"，李淳风撰，列《天文志》第一、《律历志》第三、《五行志》第九。李淳风将《天文志》排在《律历志》前，这一排序的变化，恢复了《汉志·术数略》的排序。

《宋书》"三志"的排序，为《律历志》《天文志》《五行志》，沈约遵循了《汉书》"三志"的排序，其成书要早于李淳风撰著的《晋书》"三志"。

《南齐书》作《天文志》《五行志》，无《律历志》，其《五行志》提纲撰写得颇有特色。

《魏书》"三志"，名《天象志》《律历志》《灵征志》。魏收将《天象志》置《律历志》《灵征志》前，一改前史"三志"排序的旧习，对李淳风在《晋书》中列《天文志》第一也有启示的作用。

《五代史志》的"三志"，也是李淳风撰著的，但《五代史志》"三志"的排序，仍为《律历志》《天文志》《五行志》，这一排序的变化是细微的。

《旧唐书》"三志"，改《律历志》为《历志》，余《天文志》《五行志》。《新唐书》"三志"沿用了《旧唐书》"三志"名。本书略作新旧《唐书》"三志"的比较研究。

《晋书》"三志"天文新说

《晋书·天文志》

李淳风在《晋书·天文志》三卷中，对天体的结构、天文仪器的叙述、陈卓所著甘、石、巫三家星图等，都写得极为精彩。这里仅看《天体》一节。《天体》首先记载了天体的假说。盖天、宣夜、浑天三家天体旧说已见前篇。《天体》又载三家新说:虞耸穹天论、姚信昕天论、虞喜安天论。

虞耸《穹天论》云:"天形穹隆如鸡子,幕其际,周接四海之表,浮于元气之上。譬如覆奁以抑水,而不没者,气充其中故也。日绕辰极,没西而还东,不出入地中。"①虞耸的天形如鸡子说,实际上也是浑天说,只不过用了"穹天"这一名词。虞耸认为大地是平的,四周是海,天像半个鸡蛋壳倒扣在水上;天地之间充满着元气,托举天穹,使之不会沉没下去。虞耸,字世龙,会稽余姚人,三国虞翻第六子,除河间相。

吴太常姚信造《昕天论》云:"人为灵虫,形最似天。今人颐前侈临胸,而项不能覆背。近取诸身,故知天之体南低入地,北则偏高。又冬至极低,而天运近南,故日去人远,而斗去人近,北天气至,故冰寒也。"②姚信以天体南低北高,解释了冬至冰寒、夏至蒸热;实际是说"日去人远"冰寒,"日去人近"蒸热。姚信亦以"日行地中"的浅深,解释了夏至夜短昼长、冬至夜长昼短。姚信:阮孝绪《七录》云:字元直;吴兴人,官太常卿。唐陆德明《经典释文》则云:字德佑。

晋成帝咸康中,会稽虞喜因宣夜说作《安天论》。虞喜曰:"天高穷于无穷,地深测于不测。天确乎在上,有常安之形;地魄焉在下,有居静之体。"③虞喜认为,天地"当相覆冒,方则俱方,员则俱员,无方员不同之义也"。对"天圆地方"这种不合理观念提出了质疑。虞喜又说,"其光曜布列,各自运行,犹江海之有潮汐,万品之有行藏也。"行藏:原指出处、行止,这里显然是指规律。虞喜说天地各按自己的规律运行,从而提出了"天为天,岁为岁"的说法。虞喜,字仲宁,虞耸族孙。

《晋书·天文志》后评曰:"自虞喜、虞耸、姚信皆好奇徇之说,非极数谈天者也。"《晋书》对虞喜、虞耸、姚信天体新三说的评介并不高。

《晋书·律历志》

《晋书·律历志》上、中、下三卷。

---

① ② 　房玄龄等撰:《晋书》卷十一,中华书局点校本,1974 年版,第 2 册,第 280 页。
③ 　房玄龄等撰:《晋书》卷十一,中华书局点校本,1974 年版,第 2 册,第 279 页。

《晋书·律历中》载:"武帝践阼,泰始元年(公元 265 年),因魏之《景初历》,改名《泰始历》。杨伟推五星尤疏阔,故元帝渡江左以后,更以《乾象》五星法代(杨)伟历。自黄初已后,改作历术,皆斟酌《乾象》所减斗分、朔余、月行阴阳迟疾,以求折衷。"①朔余:朔望月长度中不满一日余下的零数部分,类似纪法中的小余,小余是回归年中不满一日余下的零数部分。月行阴阳迟疾:月之行道有远近出入之异,称月行迟疾。

西晋历法变动较少,初用魏明帝时杨伟的《景初历》,改名《泰始历》,《晋书·律历下》记载了杨伟的《景初历》。东晋复用刘洪的《乾象历》,但作了一些折衷更改。《晋书》称"洪术为后代推步之师表",并在《晋书·律历中》记载了刘洪的《乾象历》。

《晋书·律历下》记:"武帝侍中平原刘智,以斗历改宪,推《四分法》,三百年而减一日,以百五十为度法,三十七为斗分。推甲子为上元,至泰始十年,岁在甲午,九万七千四百一十一岁,上元天正甲子朔夜半冬至,日月五星始于星纪,得元首之端。饰以浮说,名为《正历》。"②斗历:古代以北斗的斗杓所指以定四时而成岁,亦称斗建。反之,则"以斗历改宪",云取斗杓所指为验。度法:度周天之法,类似纪法。《元嘉历》"以六百八为一纪,半之为度法"。晋武帝时刘智,仿《四分历》法,更造《正历》,经岁三百六十五日,百五十之三十七为小余。

《晋书·律历下》又记:当阳侯杜预为《左传》作注,他通过验之《春秋》,写成《春秋长历》一书。杜预曰:"余感《春秋》之事,尝著《历论》,极言历之通理。"他说的"历之通理",即所谓"当顺天以求合,非为合以验天"。《晋书·杜预列传》载:"预以时历差舛,不应晷度,奏上《二元乾度历》,行于世。"杜预说,善算者李修、卜显,依照他的"论体为术",更名《乾度历》,上奏朝廷。此历经过验证,胜官方历法四十五条。

《晋书·律历下》又记:穆帝永和八年(公元 352 年),著作郎琅邪王朔之造

①　房玄龄等撰:《晋书》卷十七,中华书局点校本,1974 年版,第 2 册,第 503 页。
②　房玄龄等撰:《晋书》卷十八,中华书局点校本,1974 年版,第 2 册,第 562 页。

《通历》。该历也称《永和历》，未见使用。王朔之的《通历》，假设上元积年为九万七千年，纪法为四千八百八十三，《通历》的上元积年与纪法的数值，都是非常大的数值。

《晋书·律历下》又记：姜岌参所传七历造《三纪甲子元历》，始以月蚀冲检日度。《新唐书·历三上》曰："姜岌更造三纪术……为后代治历者宗。"[①]姜岌的《三纪甲子元历》，自后秦姚苌白雀元年（公元384年）起颁行，使用至姚泓永和二年（公元417年）后秦灭亡；后又在北魏使用了近百年。《晋书·律历下》记载了姜岌的《三纪甲子元历》。

刘智的《正历》，杜预的《二元乾度历》（李修、卜显更名《乾度历》），王朔之的《通历》，姜岌的《三纪甲子元历》，《晋书·律历下》所记的四部历法。

《晋书·五行志》

《晋书·五行志》也分上、中、下三卷。《晋书·五行志》序言肯定地说：君治以道，则和气应，休征效、国以安；君违其道，则乖气应，咎征效、国以亡；人君大臣见灾异而责躬修德，则消祸而福至。这三句话，也是秦汉以来的一贯提法。

《晋书·五行上》列《经》、《传》、《说》文，全录《汉书·五行志》；又列"羞（敬）用五事"，后列"服妖"、"鸡祸"、"青祥"、"金沴木"等灾异。沴，灾害。《晋书·五行中》又列"言之不从"，后列"庶征恒阳"、"诗妖"、"毛虫之孽"、"犬祸"、"白眚白祥"、"木沴金"等灾异；又列"视之不明"，后列"羽虫之孽"、"羊祸"、"赤眚赤祥"等灾异。《晋书·五行下》又列"听之不聪"，后列"雷震"、"鼓妖"、"鱼孽"、"蝗虫"、"豕祸"、"火沴水"等灾异；又列"庶征恒风"，后列"夜妖"、"黄眚黄祥"、"地震"等灾异。《晋书·五行志》的结构，以五行分类灾异，又列"敬用五事"、"言之不从"、"视之不明"、"听之不聪"、"庶征恒风"等，后再列各种灾异，这就综合了《汉书·五行志》和《后汉书·五行志》的结构。即：法《汉书·五行志》条目，同《后汉书·五行志》分类。

---

① 欧阳修、宋祁等撰：《新唐书》卷二十上，中华书局点校本，1975年版，第2册，第616页。

《晋书·五行志》列魏文帝黄初以来祯祥灾异；因陈寿《三国志》无志，唐人修《晋书》十志时，加入了许多三国时期的史实，这是需要注意的。《晋书·五行志》所记灾异，也有数条没有事应的记录。如："成帝咸和二年五月，京师火。""成帝咸和五年，无麦禾，天下大饥。"①这类只记灾异、不记事应的例子，在《晋书·五行志》中，只有少数几条，因唐史臣修撰《晋书·五行志》时，开宗明义，还在讲"和气应"、"乖气应"，冀望"消祸而福至"。

《宋书》"三志"以续《汉志》

《宋书》，梁沈约撰。沈约，字修文，吴兴武康（今属浙江省德清县武康街道）人。《宋书·志序》曰："元嘉中，东海何承天受诏纂《宋书》，其志十五篇，以续马彪《汉志》，其证引该博者，即而因之，亦由班固、（司）马迁共为一家者也。"②何承天，东海郯县（今山东省郯城县）人，撰修《宋书》未成而卒，最后由沈约增补而成。

《宋书·律历志》

刘宋初，相当一段时间仍用刘洪的《乾象历》，直到何承天撰成新历。元嘉二十年（公元443年），何承天上表陈述他所造的《元嘉历》。何承天曰："臣更建《元嘉历》，以六百八为一纪，半之为度法，七十五为室分；以建寅之月为岁首，雨水为气初；以诸法闰余一之岁为章首。"③何承天提及了室分。室分，类似斗分。古岁从冬至始，而冬至日在斗宿，故云斗分。《元嘉历》却从雨水开始，由于雨水日斗指室宿，故云室分。何承天认为，古代历法既然以寅月为岁首，那就应该以寅月的中气—雨水为气首。《元嘉历》的历元就定在正月朔旦夜半雨水的时刻。《宋书·律历下》记载了这部《元嘉历法》全文。

何承天作《元嘉历》，始以日行盈缩推定小余。何承天说："故《元嘉》皆以盈

---

①　房玄龄等撰：《晋书》卷二十七，中华书局点校本，1974年版，第3册，第806页。

②　沈约撰：《宋书》卷十一，中华书局点校本，1974年版，第1册，第205页。

③　沈约撰：《宋书》卷十二，中华书局点校本，1974年版，第1册，第261—262页。

缩定其小余，以正朔望之日。"所谓"以正朔望之日"，即确定每月的朔日。历法设元，轻易地解决了上元之岁，而每月朔日的确定，就复杂多了。宋周密《齐东野语·历差失闰》曰："盖历法有平朔，有经朔，有定朔也。朔一大一小，此平朔也；两大两小，此经朔也；三大三小，此定朔也。此古人常行之法。"[①]平朔，又称恒朔，历家取月行的平均日数（一大月一小月）来推定朔日。经朔，历家取日月运行的常数来推定朔日，有时亦称平朔。定朔，也就是以日月合朔的时刻推定朔日。

刘洪《乾象历》以前的历法，都用平朔计算方法。何承天提出以太阳和月亮的实际位置推定朔日，他主张采用定朔的计算方法。由于定朔算法，会产生接连三个大月或接连两个小月的现象，故《元嘉历》仍然采用了平朔算法。直到唐傅仁均造《戊寅历》，才采用了定朔的算法，结果出现四个连续大月或三个连续小月的反常现象。唐李淳风造《麟德历》又作了进朔迁就的改革，即根据朔日小余数值，将朔日上进一日或下退一日，使相应大月变成小月或小月变成大月，避免了连续几个大月或连续几个小月的出现。定朔作为古代历法的基本算法，得以沿用下来。

《宋书·律历下》又记载了祖冲之的《大明历》。《南齐书·文学传》："宋元嘉中，用何承天所制历，比古十一家为密，（祖）冲之以为尚疏，乃更造新法《大明历》。"《宋书·律历下》载：大明六年（公元462年），祖冲之上表曰："谨立改易之意有二，设法之情有三"。祖冲之改易之意有二：其一，祖冲之将旧法十九岁有七闰，改为三百九十一年有一百四十四闰。其二，祖冲之据实测，得出"冬至所在，岁岁微差"的结论，指出每四十五年十一个月岁差一度。虞喜说过"天为天，岁为岁"，指的便是这个岁差。岁差，天每年运行一周之差，简单地说，即每年的朔余。祖冲之又设法者三：其一，以子为辰首，位在正北，爻应初九，斗气之端，虚为北方，列宿之中，元气肇初，宜在此次。其二，以日辰之号，甲子为先，历法设元，应在此岁，今历上元，岁在甲子。其三，日月五纬，交会迟疾，悉以上元岁首为始。祖冲之历法设元，"岁在甲子"，故《大明历》也称《甲子元历》。

---

① 周密撰：《齐东野语》卷十二，《丛书集成初编》本，编号2781-第155页。

　　祖冲之造的《大明历》，会孝武帝崩，未得施行。后文惠太子也欲启用，寻文惠毙，事又搁置了下来。直到梁朝天监九年（公元510年），经其子祖暅更修，《大明历》始得施用，达八十年之久。在历法史上，祖冲之首次引入了岁差的概念，又再次提出改闰，从而使得《大明历》更加精确，也使得《大明历》成为中国历法史上又一部大历。

　　刘宋时期不长，然何承天的《元嘉历》，祖冲之的《大明历》，对后世产生了很大的影响。

《宋书·天文志》

　　《宋书·天文志》四卷。《宋书·天文志》曰："古旧浑象以二分为一度，凡周七尺三寸半分。张衡更制，以四分为一度，凡周一丈四尺六寸。（王）蕃以古制局小，星辰稠概；（张）衡器伤大，难可转移。更制浑象，以三分为一度，凡周天一丈九寸五分四分分之三也。"张衡、王蕃更制的浑象，后皆丧乱亡失。"晋安帝义熙十四年，高祖平长安，得（张）衡旧器，仪状虽举，不缀经星七曜。"①《宋书·天文志》所记这部"浑象"，《隋书·天文志》改作"浑仪"，考为南阳孔挺所造。

　　《宋书·天文志》载：文帝元嘉十三年，诏太史令钱乐之更铸浑仪。钱乐之先后造了两部天文仪器。元嘉中奉诏更铸张衡旧仪："径六尺八分少"，"置日月五星于黄道之上，置立漏刻，以水转仪"；其后又创制了小浑天仪："径二尺二寸"，"以白黑珠及黄三色为三家星，日月五星，悉居黄道"。钱乐之所铸小浑天仪，既不为"浑仪"，亦不为"浑象"。《隋书·天文志》云：钱乐之所铸浑仪，"是参两法"；然就使用而言，犹是"浑象"。

　　《宋书·天文志》前三卷记魏晋"星变"，后一卷记刘宋"星变"。如《宋书·天文四》记："孝建元年九月壬寅，荧惑犯左执法，尚书左仆射建平王宏表解职，不许。""孝建三年八月甲午，太白入心。占曰：'后九年，大饥至。'大明八年，东土大

<hr>

① 　沈约撰：《宋书》卷二十三，中华书局点校本，1974年版，第3册，第678页。

饥,民死十二三。"①此数条史料说明二事:一、星占不敢废,但对星占的结果,又可以"不许";二、星占对民生问题更加关切,如曰"京邑疫疾"、"大饥至"。

《宋书·五行志》

范晔《后汉书·五行志》之后,因《三国志》无志,《晋书·五行志》还是唐人所撰,沈约的《宋书·五行志》就成了南北朝时一部重要的史籍。《宋书·五行志》较《后汉书·五行志》有如下一些变动:

其一,《宋书·五行志》五卷,全按"五行"分卷。《五行一》记"木不曲直"、"貌不恭"、"恒雨"等灾异;《五行二》记:"金不从革"、"言之不从"、"恒旸"等灾异;《五行三》记:"火不炎上"、"草妖"等灾异;《五行四》记:"水不润下"、"恒寒"等灾异;《五行五》记:"稼穑不成"、"恒风"等灾异。《宋书·五行志》也是将五行、五事、庶征合并在一起,其体裁同《后汉书·五行志》,但对灾异的分类要比《后汉书·五行志》更加简明。

其二,《宋书·五行志》记载了魏晋二百年以来的灾异。如《五行一》记"恒雨",其中记魏晋时水灾八条,记刘宋时水灾六条。《五行二》记"恒旸",魏晋时发生的旱灾记载了许多,而记刘宋时旱灾仅七条。其他各节,若不计魏晋部分,刘宋时期的内容也着实不多。

其三,《宋书·五行志》借记灾异批评时政。如《五行二》记:"孝武帝大明七年、八年,东诸郡大旱,民饥死者十六七。先是江左以来,制度多阙,孝武帝立明堂,造五辂。是时大发徒众,南巡校猎,盛自矜大,故致旱灾。"②这类批评孝武帝的话,若放在《孝武帝纪》里并不恰当,沈约将它们放在了《五行志》中。

其四,《宋书·五行志》记灾异,已极少记录"事应占语"。如《五行一》记"恒雨"十四条,所记"事应占语",仅见魏晋时的二条。《五行二》记"恒旸"七条,仅见批评孝武帝"立明堂……故致旱灾"那一条。又《五行三》记刘宋五次火灾,未见

---

① 沈约撰:《宋书》卷二十六,中华书局点校本,1974 年版,第 3 册,第 749 页。
② 沈约撰:《宋书》卷三十一,中华书局点校本,1974 年版,第 3 册,第 912 页。

"事应占语";《五行四》记刘宋十三次洪涝,仅见三条"事应占语";《五行五》记刘宋十二次地震,仅见二条"事应占语"。这类只记灾异,不书或少书"事应占语"的方法,为后世《五行志》(如李淳风著《隋书·五行志》、欧阳修著《新唐书·五行志》)所沿袭。

《南齐书》作天文、五行"二志"

《南齐书·天文志》序曰:"今所记三辰七曜之变,起建元讫于隆昌,以续宋史。建武世太史奏事,明帝不欲使天变外传,并秘而不出,自此阙焉。"①南齐立国仅二十五年,"起建元讫于隆昌",又只有十五年,《南齐书·天文志》只能算萧齐朝的半部天文史志。

《南齐书·天文上》分:日蚀、月蚀、日光色、月晕犯等专题,《南齐书·天文下》分:五星相犯列宿杂灾、流星灾、老人星、白虹云气等专题。《南齐书·天文志》序引太史令陈文建曰:"自孝建元年至升明三年,日蚀有十,亏上有七,占曰:'有亡国失君之象。'"②陈文建对萧齐朝的天象占验作了罗列。他说三辰七曜之变:太白经天五,占曰"天下革,民更王,异姓兴"。月犯房心四,太白犯房心五,占曰"其国有丧,宋当之"。辰星孟效西方,占曰"天下更王"。岁星在虚危,徘徊玄枵之野,则齐国有福厚,为受庆之符。陈文建借天象,对南齐的政治说了太多的话;在深信这类天象占验鬼话的时代,极易造成社会的混乱。难怪唐以后历代王朝,都要严禁私学天文星占。

《南齐书·天文志》的变化,是萧子显插入"史臣曰"的文字,讨论了这些专题的天象占验。如《日蚀 月蚀》史臣曰:"案旧说曰'日有五蚀',谓起上下左右中央是也。"③萧子显对日蚀是有研究的,他说交会之术:"交从外入内者,先会后交,亏西南角;先交后会,亏西北角;交从内出者,先会后交,亏西北角;先交后会,

---

①② 萧子显撰:《南齐书》卷十二,中华书局点校本,1972年版,第1册,第204页。
③ 萧子显撰:《南齐书》卷十二,中华书局点校本,1972年版,第1册,第206页。

亏西南角。日正在交中者,则亏于西,故不尝蚀东也。若日中有亏,名为黑子,不名为蚀也。"萧子显可能是在日蚀时,观察到太阳黑子的活动现象。《南齐书·天文志》是将天象与占验分开来说的,这至少给后人只记天象、不录占验,有了一个启迪。

《南齐书·五行志》

《南齐书·五行志》的提纲,写得颇有特色。

《南齐书·五行志》引《汉书·木传》曰:"东方,《易经》地上之木为《观》,故木于人,威仪容貌也。"①《汉书·木传·说》曰:"木,东方也,于《易》,地上之木为《观》。其于王事,威仪容貌亦可观者也……"②比较两文,大意相同,《南齐书·五行志》的引文,较为简单明了。

《南齐书·五行志》曰:"火,南方,扬光辉,出炎爚为明者也。"③《汉书·火传·说》文第一句话:"火,南方,扬光辉为明者也。"这段文字,《南齐书·五行志》较《汉书·五行志》略有增减。

《南齐书·五行志》又引刘歆《思心传》曰:"心者,土之象也。思心不睿,其过在督乱失纪。风于阳则为君,于阴则为大臣之象,专恣而气盛,故罚常风。心为五事主,犹土为五行主也。"④《思心传》的这段文字,在《汉书·五行志》中并未见到。《汉书·五行志》仅有的记载为:"《传》曰:思心之不睿,是谓不圣,厥咎霿,厥罚恒风,厥极凶短折"。霿,晦也,有天色昏暗的意思。

《南齐书·五行志》曰:"金者,西方,万物既成,杀气之始也。其于王事,兵戎战伐之道也。王者兴师动众,建立旗鼓,仗旄把钺,以诛残贼,止暴乱,杀伐应义,则金气从。"⑤《汉书·金传·说》文:"不重民命,则金失其性。"萧子显却说:"杀伐应义,则金气从。"对五行之性的解释,萧子显几乎是倒过来说了。

---

① 萧子显撰:《南齐书》卷十九,中华书局点校本,1972年版,第2册,第369页。
② 班固撰:《汉书》卷二十七上,中华书局点校本,1962年版,第5册,第1318页。
③ 萧子显撰:《南齐书》卷十九,中华书局点校本,1972年版,第2册,第374页。
④ 萧子显撰:《南齐书》卷十九,中华书局点校本,1972年版,第2册,第376页。
⑤ 萧子显撰:《南齐书》卷十九,中华书局点校本,1972年版,第2册,第380页。

《南齐书·五行志》曰："水,北方,冬藏万物,气至阴也,宗庙祭祀之象……敬之至,则神歆之,此则至阴之气从,则水气从沟渎随而流去,不为民害矣。"①萧子显说,宗庙祭祀,"则水气从沟渎随而流去",可谓千古奇语。

从《南齐书·五行志》提纲的撰写上看,萧子显对五行大义的研究,还是有独到之处的。

《魏书》"三志"的变化

《魏书》"三志",名《天象志》、《律历志》、《灵征志》。

《魏书·天象志》

《魏书·天象志》四卷。其序曰:"班史以日晕五星之属列《天文志》,薄蚀彗孛之比入《五行说》。七曜一也,而分为二《志》。"②魏收否定班固将《五行志》和《天文志》分为二《志》的做法,他遂将前史《天文志》和《五行志》的"薄蚀彗孛"部分,合并入《天象志》中;平心而论,《魏书》的这一变化,还是正确的。薄蚀:日月交食。彗孛:彗星、孛星。

综观《魏书·天象志》四卷,《天象志一》为日占,记天鸣、日晕、日蚀、日珥、云气等。其间对太阳黑子的记录,用了"黑气"一词表达。《天象志二》为月占,记月晕、月蚀、月犯五星、月掩五星、月犯二十八宿等。《天象志三》、《天象志四》为杂占,主要包括:彗星占、五星占、流星占、星孛占等。书中记载既无分类,时间排列也不严密,如其所说"随而条载,无所显验则阙之"。

北魏,也造过一部浑天仪。《隋书·天文志·浑天仪》载:北魏道武帝天兴初年,命太史令晁崇修浑仪;十有余年后,至明元帝永兴四年(公元 412 年),诏鲜卑人斛兰与晁崇共造"铁仪"。《魏书》本传记"诏崇造浑仪,历象日月星辰",即指晁

---

① 萧子显撰:《南齐书》卷十九,中华书局点校本,1972 年版,第 2 册,第 383 页。
② 魏收撰:《魏书》卷一百五之一,中华书局点校本,1974 年版,第 7 册,第 2333 页。

崇与鲜卑人斛兰共同制造的这部"铁仪",实是"并以铜铁"。

《魏书·律历志》

《魏书·律历志》上下二卷。《魏书·律历志上》曰:"太祖天兴初,命太史令晁崇修浑仪以观星象,仍用《景初历》。岁年积久,颇以为疏。世祖平凉土,得赵所修《玄始历》,后谓最密,以代《景初》。"[①]赵𣲏所修的《玄始历》,又称《甲寅元历》,系"以甲寅为元"名之,《唐开元占经》称《凉赵历》。《玄始历》是一部重要的历法,它一改古代历法中十九年七个闰月的惯例,而在六百年中插入二百二十二个闰月(见《唐开元占经》卷一〇五"古今历积年及章率"所记),由此提高了历法中朔望月和回归年的精密性。《玄始历》弃用十九年七闰法,要比祖冲之《大明历》改闰,还要早五十年。

《魏书·律历志上》曰:"真君中,司徒崔浩为《五寅元历》,未及施行,浩诛,遂寝。"崔浩,字伯渊,清河(今属河北省清河县)人。《魏书·崔浩列传》载:"浩明识天文,好观星变",历三十五年作成《五寅元历》。崔浩自比于京房,穷究天文、星历、易式、九宫等,博涉渊通。易式:术数占式;唐人一般说雷公、太乙、六壬为"三式",宋以后称太乙、六壬、遁甲术为"三式"。

北魏修历,颇为费事。世宗景明中,诏太乐令公孙崇、领太史令赵樊生、著作佐郎张洪等造历;以甲寅为元,考其盈缩。起自景明,因名《景明历》。北魏公孙崇领"四门博士"更修《景明历》,仍"以甲寅为元",法取敦煌赵𣲏《甲寅元历》之术。

延昌四年(公元515年)冬,太傅王怿、尚书令王澄、尚书仆射元晖等人奏曰:北魏永平中已对晷影作过考察,惜不能"累岁穷究",遂至差失。王怿等人奏议,用三年时间重新测定晷影长度,以便修历。他们的这一建议,是值得肯定的。北魏天文学取得一定的成就,是与国家多次组织实地测影分不开的。

北魏肃宗孝明帝神龟初,国子祭酒领著作郎崔光上疏:张洪、张龙祥、李业兴

---

① 魏收撰:《魏书》卷一百七上,中华书局点校本,1974年版,第7册,第2659页。

等三人前上之历,并卢道虔、卫洪显、胡荣、道融、樊仲遵、张僧豫所上,"总合九家,共成一历,元起壬子……请定名为《神龟历》"。"肃宗以历就,大赦改元,因名《正光历》,班于天下。"①《神龟历》被肃宗改名《正光历》。《魏书·律历志上》记载了《正光历》;《正光历》以壬子为历元,又名《壬子历》。

《魏书·律历志下》载:"孝静世,《壬子历》气朔稍违……兴和元年(公元539年)十月,齐献武王入邺,复命李业兴,令其改正,立《甲子元历》。"②李业兴造的《甲子元历》,经过信都芳审订,较《壬子历》为密,于是颁布实施,一直使用到东魏亡。信都芳描绘了李业兴的"晨夕之法",言星行周天,有一迟、一疾、一留、一逆、一顺、一伏、一见,谓"七头一终"。《魏书·律历志下》记载了《甲子元历》。

北魏初用魏《景初历》,后用赵𪻐所修的《玄始历》。世宗景明中,诏修《景明历》。肃宗神龟初,修《正光历》。东魏孝静世,李业兴造《甲子元历》,亦名《兴和历》。

《魏书·灵征志》

《魏书·灵征志》也是上下二卷。其序曰:"今录皇始之后灾祥小大,总为《灵征志》。"《灵征志上》记地震、山崩、大风、大水等自然灾异,尽管还在引述《汉书》的五行大论,但《灵征志上》的分类,是以自然灾异为据,而不再以五行分类为是。

《灵征志上·地震》记载了地震前的征兆:"高祖延兴四年五月,雁门崎城有声如雷,自上西引十余声,声止地震。"地震前"有声如雷"十余声。"(太和)三年三月戊辰,平州地震,有声如雷,野雉皆雊。"地震前不仅地发雷声,而且"野雉皆雊",指野鸡弯曲脖子异常鸣叫。《灵征志上·地震》又载:"延昌元年四月庚辰,京师及并、朔、相、冀、定、瀛六州地震……地震陷裂,山崩泉涌,杀五千三百一十人,伤者二千七百二十二人,牛马杂畜死伤者三千余。后尒朱荣强擅之征也。"此次地震造成的灾难极其巨大,魏收却将此说成是后来北魏权臣尒朱荣专擅独行

---

① 魏收撰:《魏书》卷一百七上,中华书局点校本,1974年版,第7册,第2663页。
② 魏收撰:《魏书》卷一百七下,中华书局点校本,1974年版,第7册,第2695页。

的征兆。魏收仍在循用旧史事应笔法，认为地震是政治变异的前兆。《灵征志上·地震》还记载了地震后的社会动荡："（太和元年）闰月，秦州地震，殷殷有声。四年正月，雍州氐民齐男王反。""（太和）二年二月丙子，兖州地震。四年十月，兰陵民桓富反，杀其县令。"这两条是并列记载的。

《灵征志下》记祥瑞神兽等吉利之事，内容有点类似《汉书·郊祀志》，已失去以五行分类作灾荒记录的意义。

《五代史志》中的"三志"

唐修史馆臣先后撰成《梁书》、《陈书》、《北齐书》、《周书》、《隋书》五部史籍，统称《五代史》，《五代史》没有志表。贞观十五年（公元 641 年），太仆射于志宁、太史令李淳风、著者郎韦安仁等奉诏修撰志书，于高宗显庆元年（公元 656 年）成书，历经十六年，共三十卷，由监修人长孙无忌领衔奏上，俗称"五代史志"，亦称"隋书十志"，附于《隋书》后。李淳风独撰了其中《律历》、《天文》、《五行》"三志"。作为一部官方史志，《隋书》仍将《律历志》置于《天文志》、《五行志》之前。

《隋书·律历志》

《隋书·律历志》上、中、下三卷。《隋书·律历上》记律，下分备数、和声、律管围容黍、候气、律值日、审度、嘉量、权衡八个专题。

《隋书·律历上》记载的《律管围容黍》、《候气》、《律值日》三篇，有些新的内容。《律管围容黍》记载了五代度量衡的演变。《候气》记信都芳发明了二十四"轮扇"，以测二十四节气。《律值日》记：刘宋钱乐之、萧梁沈重，乃依《淮南子》十二律本数，用京房六十律相生之法，求得三百六十律数；其术以十二律依十二月，三百六十律数值三百六十日。

《隋书·律历中》记五代历曰：

"梁初因齐，用宋《元嘉历》。天监三年下诏定历……九年正月，用祖冲之所造《甲子元历》颁朔。"梁初用《元嘉历》；天监九年（公元 510 年），祖冲之所造《甲子元历》得以颁行。

"陈氏因梁,亦用祖冲之历,更无所创改。"

"后齐文宣受禅,命散骑侍郎宋景业协图谶,造《天保历》。"北齐宋景业,广宗(今属河北省威县)人,生卒未详;天保元年(公元550年),造《天保历》。

"及(周)武帝时,甄鸾造《天和历》。"《隋书·律历中》序云:"逮于周武帝,乃有甄鸾造《甲寅元历》,遂参用推步焉。"[1]《隋书》序言这里有误,甄鸾所造为《天和历》,《甲寅元历》,系董峻、郑元伟所上。甄鸾,北周人,整编《周髀算经》,注《数术记遗》《五曹算经》《张丘建算经》,撰《五经算术》,以精通数学名世。

《隋书·律历中》载:北齐武平七年(公元576年),董峻、郑元伟立议非难《天保历》。董峻、郑元伟曰:"今上《甲寅元历》,并以六百五十七为章,二万二千三百三十八为蔀,五千四百六十一为斗分,甲寅岁甲子日为元纪。"[2]不知怎么了,斗分数值被假设的越来越大;古人以为,斗分数值越大,历法的精确度也随之越高。

"大象元年(公元579年),太史上士马显等,又上《丙寅元历》。"《丙寅元历》也被称为《大象历》。邢云路考曰:"北周时,马显作《丙寅元历》,始推定交蚀之小余。"交蚀,日月亏蚀。《宋书·律历志中》曰:"月在外道,先交后会者,亏蚀西南角起;先会后交者,亏蚀东南角起。"萧子显说"日有五蚀,谓起上下左右中央是也"。

隋开皇年间,道士张宾和刘晖、董琳、刘佑、马显、郑元伟一起修订新历,称《开皇历》,"依何承天法,微加增损,(开皇)四年二月撰成奏上"。"张宾所创既行,刘孝孙与冀州秀才刘焯,并称其失。言学无师法,刻食不中,所驳凡有六条。"[3]刘孝孙、刘焯指责《开皇历》,没有考虑岁差,不用定朔算法,不用上元积年算法,是其重大的缺失。

《隋书·律历下》记:隋开皇十七年(公元597年),颁用张胄玄新历。开皇二十年,太子征天下历算之士。"刘焯以太子新立,复增修其书,名曰《皇极历》,驳

① 魏徵等撰:《隋书》卷十七,中华书局点校本,1973年版,第2册,第416页。
② 魏徵等撰:《隋书》卷十七,中华书局点校本,1973年版,第2册,第418页。
③ 魏徵等撰:《隋书》卷十七,中华书局点校本,1973年版,第2册,第423页。

正(张)胄玄之短。"①刘焯,字士元,信都昌亭人。刘焯所造《皇极历》,始推黄道月道术,立躔度(日用星辰运行的度数),准四序(四季)升降,"术士咸称其妙"。刘焯又增损刘孝孙历法,更名《七曜新术》;又比较历家同异,著书名曰《稽极》。

大业六年(公元 610 年),张胄玄对自己的历法数据,加以修改后颁行于世,名《大业历》。《隋书·律历中》载:"胄玄学祖冲之,兼传其师法……其开皇十七年所行历术,命冬至起虚五度。后稍觉其疏,至大业四年刘焯卒后,乃敢改法,命起虚七度,诸法率更有增损。"《大业历》的诸多数值与古历不同。明邢云路考曰:"隋张胄玄作《大业历》,始立五星入气加减法。"②《隋书·律历中》记载了张胄玄所定的《大业历》。

《旧五代史·历志》曰:"隋用《甲子历》、《开皇历》、《皇极历》、《大业历》,凡四本。"

《隋书·天文志》

《隋书·天文志》上、中、下三卷。《隋书·天文上》记天体、浑天仪、浑天象、盖图、地中、晷影、漏刻、经星中宫等。《天文中》记二十八舍、星宿在二十八舍之外者、天占、七曜、瑞星、星杂变、妖星、杂妖、流星、云气、瑞气、妖气等。《天文下》记载了十辉、杂气、五代灾变应三个主题。其中《十辉》记日晕占,《杂气》记候气法;《五代灾变应》所记,与南齐陈文建所说的三辰七曜之变类同,记录了南北朝五个朝代的灾异变化。

《隋书·天文上·漏刻》,是一篇记载时间刻度变化的简明文献。《漏刻》曰:"昔黄帝创观漏水,制器取则,以分昼夜。其后因以命官,《周礼》挈壶氏则其职也。其法,总以百刻,分于昼夜。冬至昼漏四十刻,夜漏六十刻。夏至昼漏六十刻,夜漏四十刻。春秋二分,昼夜各五十刻……至哀帝时,又改用昼夜一百二十刻,寻亦寝废。"至和帝永元十四年,"乃诏用夏历漏刻。依日行黄道去极,每差二

---

① 魏徵等撰:《隋书》卷十八,中华书局点校本,1973 年版,第 2 册,第 459 页。
② 邢云路辑:《古今律历考》卷一,《丛书集成初编》本,编号 1311-第 1 页。

度四分,为增减一刻。凡用四十八箭。终于魏、晋,相传不改"。又曰:"宋何承天……遂议造漏法。春秋二分,昏旦昼夜漏各五十五刻。齐及梁初,因循不改。至天监六年,武帝以昼夜百刻,分配十二辰,辰得八刻,仍有余分。乃以昼夜为九十六刻,一辰有全刻八焉。至大同十年,又改用一百八刻。"又曰陈文帝天嘉中:"依古百刻为法。周、齐因循魏漏。晋、宋、梁大同,并以百刻分于昼夜。"[①]这是一段对古代时间刻度最完整的考察。

《隋书·天文中·七曜》,是一篇记载了北齐张子信天文发现的文献。《七曜》载:"言日行在春分后则迟,秋分后则速。"刘宋时的何承天已以日行盈缩去推定小余,张子信也发现了太阳运动的不均匀现象,并指出"日行在春分后则迟,秋分后则速"。又载:"合朔月在日道里则日食,若在日道外,虽交不亏。月望值交则亏,不问表里。又月行遇木、火、土、金四星,向之则速,背之则迟。"张子信发现了月亮视差对日食的影响现象,和月亮遇木、火、土、金四星运动的不均匀性。又载:"五星行四方列宿,各有所好恶。所居遇其好者,则留多行迟,见早。遇其恶者,则留少行速,见迟。"张子信发现了五星运动不均匀性。张子信的这三大发现,以及同时提出的计算方法,对以后张胄玄、刘孝孙、刘焯等人的历法,起了重要的影响。正如唐一行所指出,"旧历考日食深浅,皆自张子信所传"。

《隋书·天文下》,再未见上述重要文献。但其中《杂气》篇,对军气、兵气、战气作了较多的记载,亦比较有趣。如曰:"凡军上气,高胜下,厚胜薄,实胜虚,长胜短,泽胜枯。我军在西,贼军在东,气西厚东薄,西长东短,西高东下,西泽东枯,则知我军必胜。"南北朝时期,战事连绵不绝,故《隋书·天文下》多载军气、兵气、战气;如《越绝书》载"伍子胥相气大法",专说"军气"。

《隋书·五行志》

《隋书·五行志》上、下二卷。序曰:"《易》以八卦定吉凶,则庖羲所以称圣也。《书》以九畴论休咎,则大禹所以为明也。《春秋》以灾祥验行事,则仲尼所以

---

① 　魏徵等撰:《隋书》卷十九,中华书局点校本,1973年版,第2册,第526—527页。

垂法也。天道以星象示废兴，则甘、石所以先知也。是以祥符之兆可得而言，妖讹之占所以征验。"①

《隋书·五行志》曰："木者东方，威仪容貌也……无事不出境。此容貌动作之得节，所以顺木气也……多徭役以夺人时，增赋税以夺人财，则木不曲直。"②这段引文，实《汉书·五行志》中的《说》文，只不过略作了一些变化。对《汉书·五行志》的《经》、《传》、《说》三段，同《南齐书·五行志》一样，《隋书·五行志》也引《说》文。

《隋书·五行志》按五行、五事分门别类，其体裁同《汉书·五行志》；但其分类方法，又取之于《后汉书·五行志》。这一结构与《晋书·五行志》完全相同。如《隋书·五行上》的"五事"，又细分：貌不恭、常雨水、大雨雪、木冰、大雨雹、服妖、鸡祸、龟孽、青眚青祥、金沴木、旱、诗妖、毛虫之孽、犬祸、白眚白祥。这些分类看似详尽，结构上却存在混乱和重复的现象。《隋书·五行志》的分类，也增加了不少新的科目，如木冰、木金水火沴土、云阴等，为《汉书》、《后汉书》和《宋书》所不具备。木冰，树木遇寒而凝结的冰。木金水火沴土，泛指灾害不祥之气。云阴，云色浓黑的阴云。

新旧《唐书》"三志"的比较

五代刘昫等人监修《旧唐书》，改《律历志》为《历志》，始将"律"从《律历志》中分离出去。《新唐书》"三志"名同《旧唐书》，并出宋朝刘羲叟。刘羲叟是一位精通星历、术数的人物。李淳风以后，能专修《律历》、《天文》、《五行》"三志"的，也惟刘羲叟一人。我们略作新、旧《唐书》"三志"的比较研究。

新旧《唐书》的《历志》，两书所记历改不同。

---

① 魏徵等撰：《隋书》卷二十二，中华书局点校本，1973 年版，第 3 册，第 617 页。
② 魏徵等撰：《隋书》卷二十二，中华书局点校本，1973 年版，第 3 册，第 618 页。

《旧唐书·历志》三卷,记唐代历法凡九改。《旧唐书·历志》序曰:高祖时,傅仁均造《戊寅历》。高宗时,李淳风造《麟德历》。天后时,瞿昙罗造《光宅历》。中宗时,南宫说造《景龙历》。开元中,僧一行"准《周易》大衍之数",成《大衍历》。肃宗时,韩颖造《至德历》。代宗时,郭献之造《五纪历》。德宗时,徐承嗣造《正元历》。宪宗时,徐昂造《观象历》。《旧唐书·历志》序说,《大衍历》之后,他家诸《历》,"要立异耳,无踰其精密也。""世以为非,今略而不载。""但取《戊寅》、《麟德》、《大衍》三历法,以备此志,示于畴官尔。"①

《戊寅历》,东都(洛阳)道士傅仁均所造,《旧唐书·历一》称《戊寅历经》,但有阙文。傅仁均上表陈修历七事,事见本传。傅仁均新历完成,祖孝孙、李淳风据理驳之,太史丞王孝通也执《甲辰历法》以驳之,经过数月辩驳,于唐武德元年(公元618年)颁行,号《戊寅元历》。《戊寅元历》废除平朔,改为定朔,又废除闰周(古历多采用十九年七闰的闰周),又欲废除上元积年,傅仁均当时的这些改革均因受到阻挠而失败。

《麟德历》,全名《麟德甲子元历》,唐太史李淳风造。李淳风《乙巳占》云:余近造乙巳元历术,实为绝妙之极;日夜法度诸法,皆同一母,以通众术。李淳风借乙巳元历术,造《麟德历》。刘歆《三统历》元法四千六百一十七年,李淳风仍用上元积年算法,但他的岁积也实在太大,云二十六万九千八百八十算。《麟德历》的最大创举,是废除沿袭已久的章蔀纪元之法,不用闰周而直接以无中气之月置闰。不过,《旧唐书·历志》所载的《麟德历》,还只是一个节本,《唐开元占经》则记载了《麟德历》的更多内容,增补了《旧唐书·历志》未载的"推入食限术"、"月食所在辰术"、"日月食分术"等内容,可视为一个全本。

《大衍历》,僧一行造。一行,俗名张遂,唐朝魏州昌乐(今属河北省魏县)人。《旧唐书·历三》载《开元大衍历经》,共分七章:"步中朔第一",名"推天正中气",推算二十四节气和每月的朔望弦晦时刻。"步发敛术第二",推七十二侯、六十卦以及步发敛加时(置闰法)等。"步日躔术第三",推算太阳位置和运动,肯定了岁

---

① 刘昫等撰:《旧唐书》卷三十二,中华书局点校本,1975年版,第4册,第1153页。

差的存在。"步月离术第四",推算月亮位置和运动,以"朓朒定数"计算月食食分。"步轨漏第五",计算晷影和昼夜漏刻的长度。"步交会术第六",求日月交食时刻。"步五星术第七",有关五大行星位置和运动的计算。《大衍历》的这一历法结构,以其条理清楚而成为后世历法编造的经典模式。《大衍历》被称为唐历之冠,可以说是中国历法史上无可争议的一部大历。

《新唐书·历志》六卷,其中《历四》、《历六》又分上下二部,实际记载了八部历法。《历一》曰:"唐终始二百九十余年,而历八改。初曰《戊寅元历》,曰《麟德甲子元历》,曰《开元大衍历》,曰《宝应五纪历》,曰《建中正元历》,曰《元和观象历》,曰《长庆宣明历》,曰《景福崇玄历》而止矣。"①比较《旧唐书·历志》,《新唐书·历志》未记瞿昙罗造《光宅历》、南宫说造《景龙历》、韩颖造《至德历》,增补了《长庆宣明历》、《景福崇玄历》。

《新唐书·历六上》曰:"宪宗即位,司天徐昂上新历,名曰《观象》。起元和二年用之,然无蔀章之数。至于察敛启闭之候,循用旧法,测验不合。"②察敛启闭,宋司马光《资治通鉴》改作"发敛启闭"。因春夏为发、秋冬为敛,古又称立春、立夏为启,立秋、立冬为闭,故泛指时节。司天徐昂先造《观象历》,元和二年(公元807年)即被颁行,用到长庆元年(公元821年)《宣明历》施行止。

穆宗新立,因《观象历》测验不合,乃诏日官徐昂重新改定历法,次年历成,名《宣明历》。《宣明历》"上元七曜,起赤道虚九度"。在"气朔、发敛、日躔、月离"上,皆袭用了《大衍历》旧术;只是在"暑漏、交会"上,作了稍许增损。《宣明历》的创新是,"更立新数,以步五星"。《新唐书》对《宣明历》的评价颇高,它尤以提出日食三差(即时差、气差、刻差)而著称,这就提高了推算日食的准确度。

《新唐书·历六下》载:昭宗时,诏太子少詹事边冈、司天少监胡秀林制定新历《崇玄历》。"冈用算巧,能驰骋反复于乘除间。由是简捷、超径、等接之术兴,而经制、远大、衰序之法废矣。"③经制,度量衡制度。远大,大数记法。衰序,按

① 欧阳修、宋祁等撰:《新唐书》卷二十五,中华书局点校本,1975年版,第2册,第534页。
② 欧阳修、宋祁等撰:《新唐书》卷三十上,中华书局点校本,1975年版,第3册,第739页。
③ 欧阳修、宋祁等撰:《新唐书》卷三十下,中华书局点校本,1975年版,第3册,第771页。

一定比数递减的次序。边冈的《崇玄历》，虽在气朔、发敛、盈缩、朓朒、定朔弦望、九道月度、交会等，皆袭《大衍》之旧术，但也有趋于简约的"简捷、超径、等接之术"的应用。造历方法上的更大变革，需要延续到元郭守敬的出现。

新旧《唐书》的《天文志》，两书所记课目的异同。

《旧唐书·天文志》上下二卷。《旧唐书·天文上》曰："武德年中，薛颐、庾俭等相次为太史令，虽各善于占候，而无所发明。"①古代天文学，在无新工具发明之前，确实难有新的发现。《旧唐书·天文上》曰："今录游仪制度及所测星度异同，开元十二年分遣使诸州所测日晷长短，李淳风、僧一行所定十二次分野，武德已来交蚀及五星祥变，著于篇。"

《旧唐书·天文上》记载了李淳风、僧一行所造的黄道游仪规，包括：璇玑双环、玉衡望筒、阳经双环、阴纬单环、天顶单环、赤道单环、黄道单环、白道月环、游仪四柱。李淳风、僧一行利用黄道游仪规，对二十八宿的宿度及其他星的位置，重新作了测定，指出往旧书籍所记多有差错。

《旧唐书·天文上》载：贞观七年，李淳风造铜浑仪。"淳风因撰《法象志》七卷，以论前代浑仪得失之差……其所造浑仪，太宗令置于凝晖阁以用测候，既在宫中，寻而失其所在。"李淳风所造的一座浑仪，"既在宫中"，竟然遗失，真令人不可思议。

《旧唐书·天文上》载：玄宗开元九年，诏沙门一行改造新历。"一行与梁令瓒及诸术士更造浑天仪，铸铜为圆天之象，上具列宿赤道及周天度数。注水激轮，令其自转。"②一行与梁令瓒所造铜浑仪，"无几而铜铁渐涩，不能自转，遂收置集贤院，不复行用"。

《旧唐书·天文下》曰："贞观中，李淳风撰《法象志》，始以唐之州县配焉。至开元初，沙门一行又增损其书，更为详密。既事包今古，与旧有异同，颇裨后学。"③李淳风、僧一行分别"遣使诸州所测日晷长短"，"始以唐之州县配焉"，重

① 刘昫等撰：《旧唐书》卷三十五，中华书局点校本，1975 年版，第 4 册，第 1293 页。
② 刘昫等撰：《旧唐书》卷三十五，中华书局点校本，1975 年版，第 4 册，第 1295 页。
③ 刘昫等撰：《旧唐书》卷三十六，中华书局点校本，1975 年版，第 4 册，第 1311 页。

新界定了十二次分野。自古以来，州县有变，山河不移；李淳风、僧一行的九州分野说，不再据"州县隶管"分属，而是"但据山河以分耳"。

《旧唐书·天文下》后半部录《灾异》、《灾异编年》，实朔望、彗孛、五星犯、大流星的记录。

《新唐书·天文志》三卷。《新唐书·天文一》曰："唐兴，太史李淳风、浮图一行，尤称精博，后世未能过也。故采其要说，以著于篇。至于天象变见所以谴告人君者，皆有司所宜谨记也。"①欧阳修说：天象变见，"所宜谨记"；而著其灾异，也要"削其事应"。

《新唐书·天文一》记李淳风造浑天仪："一曰六合仪，有天经双规、金浑纬规、金常规，相结于四极之内。列二十八宿、十日、十二辰、经纬三百六十五度。二曰三辰仪，圆径八尺，有璿玑规、月游规，列宿距度，七曜所行，转于六合之内。三曰四游仪，玄枢为轴，以连结玉衡游筒而贯约矩规。"李淳风所造六合仪、三辰仪、四游仪，被后人称之为"三仪"。这部分内容，与《旧唐书·天文一》所记大致相同。

《新唐书·天文一》增补了李淳风的《法象志》。李淳风的《法象志》，"但据山河以分耳"，依据的却是"云汉"说。云汉，古云天河。李淳风说："夫云汉自坤抵艮为地纪，北斗自乾携巽为天纲；其分野与帝车相直，皆五帝墟也。"帝车，即北斗星。《史记·天官书》曰："斗为帝车，运于中央，临制四乡。"

《新唐书·天文二》载：日食、日变、月变、孛彗、星变五类史实；《新唐书·天文三》载：月五星凌犯及星变、五星聚合二类史实。凌犯：触犯、相会、交食。《唐开元占经》载石氏曰："五星入度，经过宿星，光耀犯之，为犯。"月五星凌犯，指月亮五星和斗宿相会。《新唐书·天文二》、《新唐书·天文三》与《旧唐书·天文下》的后半部比较，两书所记课目也是不同的。

新旧《唐书》的《五行志》，两书所记方法的不同。

《旧唐书·五行志》一卷，分类并未全照前史，而是依五行顺序分类，并新撰

---

① 欧阳修、宋祁等撰：《新唐书》卷三十一，中华书局点校本，1975年版，第3册，第805页。

了一小段五行论文字作总论。《旧唐书·五行志》曰："先书地震、日蚀、恶阴盈也。"①恶阴盈包括：水灾、虫灾、风灾、火灾等。《旧唐书·五行志》记地震："开元二十二年二月十八日，秦州地震。先是，秦州百姓闻州西北地下殷殷有声，俄而地震。"地声为地震前兆。"贞元三年十一月己卯夜，京师地震，是夕者三；巢鸟皆惊，人多去室。"震前"巢鸟皆惊"为其先兆。

《旧唐书·五行志》所载史事，颇为有趣。如记："(武)则天时，新丰县东南露台乡，因大风雨雹震，有山踊出，高二百尺，有池周三顷，池中有龙凤之形、禾麦之异。则天以为休征，名为庆山。"②荆州人俞文俊却上书曰："恐灾祸至。"结果"则天怒，流于岭南"。俞文俊不识时务，别人说"池中有龙凤之形"，他却说"恐灾祸至"，被武则天流放到岭南。

《新唐书·五行志》三卷。曰：孔子于《春秋》，记灾异而不著其事应。"盖圣人慎而不言如此，而后世犹为曲说以妄意天，此其不可以传也。故考次武德以来，略依《洪范五行传》，著其灾异，而削其事应云。"③《新唐书》言"著其灾异，而削其事应"，后人遂有正史不载"事应"始《新唐书》之说。其实，南北朝正史，《宋书·五行志》、《魏书·灵征志》记灾异，已极少记录"事应占语"，《南齐书·天文志》是将天象与占验分开说的，《晋书·五行志》记灾异，也有数条无事应语；《新唐书》顺应了这一趋势，明确说出了"削其事应"语，但其书仍然记载了多条占语。如《新唐书》记："武德四年，亳州老子祠枯树复生枝叶。老子，唐祖也。占曰：枯木复生，权臣执政。"《新唐书·五行志》的分类，仍依五行顺序编撰。

第四节　"三志"的终结

《梁唐晋汉周书》，俗称《五代史》。正史中有关五代史有两部史籍，一部《旧

---

① 刘昫等撰：《旧唐书》卷三十七，中华书局点校本，1975 年版，第 4 册，第 1347 页。
② 刘昫等撰：《旧唐书》卷三十八，中华书局点校本，1975 年版，第 4 册，第 1350 页。
③ 欧阳修、宋祁等撰：《新唐书》卷三十四，中华书局点校本，1975 年版，第 3 册，第 873 页。

五代史》，一部《新五代史》。清人所辑《旧五代史》，延续了前史的修法，载《天文志》、《历志》、《五行志》各一卷。欧阳修的《新五代史》，撰《司天考》。《司天考》的两篇序文，写得异常简短而精彩，比《司天考》本文更有价值，故我们用《新五代史·司天考》两篇序文的史料。

宋元明清正史，其"三志"动辄数十卷，可谓之"大三志"。《宋史》"三志"，凡三十七卷，于正史中篇幅最大。《元史》"三志"十卷，其《天文志》始载西域天文仪器的传入。《明史》"三志"十五卷，其《天文志》始载西方天文学说。《清史稿》载《天文志》十四卷，改《五行志》为《灾异志》五卷，改《历志》为《时宪志》九卷，凡二十八卷；其篇幅为仅次于《宋史》的"大三志"。

《新五代史》的《司天考》

《新五代史·司天考第一》

《新五代史》，宋欧阳修撰。欧阳修，字永叔，吉州永丰（今属江西省）人。欧阳修主编过《新唐书》，私撰《新五代史》。欧阳修曰："呜呼，五代礼乐文章，吾无取焉。其后世有欲知之者，不可以遗也。作《司天》、《职方》考。"①

清人所辑的《旧五代史》，仍记载了《天文志》、《历志》、《五行志》；欧阳修著《新五代史》，只作《司天考》两卷。《司天考第一》类《旧五代史·历志》。欧阳修为《司天考第一》作短序一篇，这是一篇非常精彩的历法文献，其中对古代历法的诸多问题作了考论。欧阳修谓历为历、占为占，历有常之数，占以验吉凶。欧阳修又谓历求上元，"必得甲子朔旦夜半冬至，而日、月、五星皆会于子"，其说始详见于汉代，后世历家无不本于此。这便是欧阳修所谓的"其事则重，其学则末"。

欧阳修考五代历法曰："五代之初，因唐之故，用《崇玄历》。至晋高祖时，司天监马重绩始更造新历，不复推古上元甲子冬至七曜之会，而起唐天宝十四载乙未为上元，用正月雨水为气首。初唐建中时，术者曹士苪始变古法，以显庆五年

---

① 欧阳修撰：《新五代史》卷五十八，中华书局点校本，1974年版，第3册，第669页。

为上元,雨水为岁首,号《符天历》。然世谓之小历,只行于民间。而(马)重绩乃用以为法,遂施于朝廷,赐号《调元历》。然行之五年,辄差不可用,而复用《崇玄历》。周广顺中,国子博士王处讷,私撰《明玄历》于家。民间又有《万分历》,而蜀有《永昌历》、《正象历》,南唐有《齐政历》。五代之际,历家可考见者,止于此。"①何承天的《元嘉历》,已用正月雨水为气首。隋张宾《开皇历》,依何承天法,被刘孝孙、刘焯指责不用上元积年。初唐建中时,曹士蒍的《符天历》,也用正月雨水为气首,不用上元积年,以显庆五年(公元660年)为上元。

五代后晋天福四年(公元939年),司天监马重绩更造《调元历》。《调元历》也不复推古上元甲子冬至七曜之会,而起唐天宝十四载(公元755年)乙未为上元,用正月朔雨水为岁首,这显然受到曹士蒍《符天历》的影响。《调元历》是马重绩进献所撰的新历法,得到司天少监赵仁锜等人的帮助。欧阳修又谓:《明玄历》、《万分历》、《永昌历》、《正象历》、《齐政历》诸历,或"止行于民间,其法皆不足记",或"止用于其国,今亦亡,不复见"。

《司天考第一》序曰:后周世宗即位,端明殿学士王朴造《钦天历》。欧阳修十分推崇《钦天历》,托著作佐郎刘羲叟为他求得是书。刘羲叟精于星历,尝谓欧阳修曰:"前世造历者,其法不同而多差。至唐一行始以天地之中数作《大衍历》,最为精密。后世善治历者,皆用其法,惟写分拟数而已。至(王)朴亦能自为一家。朴之历法,总日躔差为盈缩二历,分月离为迟疾二百四十八限,以考衰杀之渐,以审朓朒,而朔望正矣。"②躔差:日行曰躔,其差曰盈缩,李淳风更名曰躔差。盈缩:指进退、变化。衰杀:指衰落、减缩。王朴的《钦天历》,始变日躔、月离法,刘羲叟已就其长短作了评述。

刘羲叟首先指出《钦天历》,"以审朓朒,而朔望正矣"。朓朒之法,即据日之所盈缩、月之所迟疾,用平朔、定朔之术求得朔望定日。王朴说,审朓朒以定朔,"月离朓朒,随历校定;日躔朓朒,临用加减"。王朴的校定、加减,因日盈月缩而

---

① 欧阳修撰:《新五代史》卷五十八,中华书局点校本,1974年版,第3册,第670页。
② 欧阳修撰:《新五代史》卷五十八,中华书局点校本,1974年版,第3册,第703页。

先减后加,因月盈日缩则先加后减,实李淳风《麟德历》进朔迁就的方法,即所谓定朔之法。后刘羲叟评说,"然不能宏深简易,而径急是取"。

五代初用《崇玄历》;天福四年(公元 939 年),马重绩造《调元历》;天福九年,复用《崇玄历》;显德二年(公元 955 年),王朴造《钦天历》,故《辽史·历象志》云:"五代历三变"。

《新五代史·司天考第二》

《司天考第二》类旧史《天文志》。欧阳修序曰:"昔孔子作《春秋》而天人备。予述本纪,书人而不书天。"欧阳修又曰:"自秦、汉以来,学者惑于灾异矣,天文五行之说,不胜其繁也。予之所述,不得不异乎《春秋》也,考者可以知焉。"①欧阳修对灾异五行之说,已"不胜其繁",但还是用了异乎《春秋》之笔,记了"三辰五星逆顺变见",而不再书人君行事、兴亡治乱等事应占语。

欧阳修最后说:"五代乱世,文字不完,而史官所记亦有详略,其日、月、五星之变,大者如此。至于气祲之象,出没销散不常,尤难占据。而五代之际,日有冠、珥、环、晕、缨、纽、负、抱、戴、履、背气,十日之中常七八,其繁不可以胜书,而背气尤多。"②欧阳修说气祲之象,"其繁不可以胜书",故《司天考第二》只记"黄雾四塞"、"二白虹相偶"、"白虹竟天"等,并未按旧说作"冠、珥、环、晕"之类的分类。

《宋史》的"大三志"

《宋史·天文志》十三卷,《宋史·五行志》七卷,《宋史·律历志》十七卷,《宋史》"三志"凡三十七卷,于正史中篇幅最大,笔者称之为"大三志"。《宋史》"大三志"较之以往的变化是排序,《天文志》排在"三志"最前,《律历志》排在"三志"最

---

①　欧阳修撰:《新五代史》卷五十九,中华书局点校本,1974 年版,第 3 册,第 705—706 页。

②　欧阳修撰:《新五代史》卷五十九,中华书局点校本,1974 年版,第 3 册,第 711 页。

后；表明这是一个重天文、轻律历的排序。

《宋史·天文志》

《宋史·天文志》序曰："太宗之世，召天下伎术有能明天文者，试隶司天台；匿不以闻者，罪论死。既而张思训、韩显符辈以推步进。其后学士大夫如沈括之议、苏颂之作，亦皆底于幼眇。靖康之变，测验之器尽归金人。高宗南渡，至绍兴十三年，始因秘书丞严抑之请，命太史局重创浑仪。自是厥后，窥测占候盖不废焉尔。"[1]序言较长，但对宋朝天文仪象的简史、《宋史·天文志》的修法，均一一作了交待。今选读《宋史·天文志·仪象》一节。

《仪象》说：古之玑衡，即今之浑仪；如李淳风作六合仪、三辰仪、四游仪的三重组合体。一行所增为黄道仪。而张衡祖洛下闳、耿寿昌之法，则为浑象（沿《宋书》旧说），"真诸密室，以漏水转之"；李淳风、梁令瓒"始与浑仪并用"，故称之为"仪象"。

《仪象》载：太平兴国四年（公元 979 年）正月，巴中人张思训创作了一部浑仪。"其制：起楼高丈余，机隐于内，规天矩地。下设地轮、地足；又为横轮、侧轮、斜轮、定身关、中关、小关、天柱；七直神，左摇铃，右扣钟，中击鼓，以定刻数，每一昼夜，周而复始。"[2]前朝浑仪，运转以水，张思训改用水银代之。浑仪的差失，是不会以水银代水所能解决的。张思训所造的浑仪，诏置文明殿（后改名文德殿），《玉海》记作"太平兴国文明殿浑仪"。张思训所造浑仪，《宋史》称仪象，《金史》称浑象，《玉海》称浑仪。

《仪象》又载：北宋景德中历官韩显符造铜候仪，"其要本淳风及僧一行之遗法"，含双规、游规、直规、窥管、平准轮、黄道、赤道、龙柱、水臬，于至道元年（公元995 年）十一月造成浑仪，置司天监。《玉海》记作"至道司天台铜浑仪"。《玉海》又记，韩显符于大中祥符三年（1010 年）又造了一部铜浑仪。"其制为：天轮二，

---

[1]　脱脱等撰：《宋史》卷四十八，中华书局点校本，1985 年版，第 4 册，第 950 页。
[2]　脱脱等撰：《宋史》卷四十八，中华书局点校本，1985 年版，第 4 册，第 952 页。

一平一侧,各分三百六十二度;又为黄赤道;立管于侧轮中,以测日月星辰行度,皆无差。"①诏置龙图阁,《玉海》记作"祥符龙图阁铜浑天仪"。

沈括《梦溪笔谈》记,皇祐中,司天冬官正舒易简,受命用唐梁令瓒、僧一行之法(据《宋会要辑稿》记,用李淳风、梁令瓒之法)改铸黄铜浑仪,于皇祐三年(1051年),造成浑仪,含三仪:六合仪、三辰仪、四游仪,置天文院。《玉海》记作"皇祐新浑仪"。

沈括说舒易简所造的浑仪,"颇为详备,而失于难用"。沈括《梦溪笔谈》记:"熙宁中,予更造浑仪,并创为玉壶浮漏、铜表,皆置天文院,别设官领之。"熙宁七年(1074年)七月,沈括上浑仪、浮漏、景表"三议",详细阐述了他制造浑仪、浮漏、景表的原理和方法。《玉海》记作"熙宁浑仪、浮漏、表影",置太史局。

《仪象》又载:元祐七年(1092年),苏颂更作仪象,"上置浑仪,中设浑象",旁设浮漏,"三器一机",并为一体。苏颂造的这部仪象,实韩公廉所制,详见《金史·历志·浑象》记载。《玉海》记作"元祐浑天仪象",竖置于国之西南。

以上为北宋五人所造六部浑仪、浑象。一代北宋,接连造了六部浑仪、浑象,这在中国历史上是绝无仅有的事,正说明国家的综合国力,在北宋达到了鼎盛时期。

《仪象》又载:南宋绍兴三年(1133年)正月,工部员外郎袁正功,献浑仪木样,太史局(旧名司天监)试造,不成。至十四年,内侍邵谔专领其事,久而仪成,于绍兴三十二年,以授太史局。南宋浑仪的建造,见于史籍者,仅这一部。

《宋史·五行志》

《宋史·五行志》序曰:"自宋儒周敦颐《太极图说》行世,儒者之言五行,原于理而究于诚;其于《洪范》五行、五事之学,虽非所取,然班固、范晔志五行已推本之,及欧阳修《唐志》亦采其说,且于庶征惟述灾眚,而休祥阙焉。"②《宋史·五行

① 王应麟辑:《玉海》卷四,江苏古籍出版社、上海书店,1988年版,第1册,第83页。
② 脱脱等撰:《宋史》卷六十一,中华书局点校本,1985年版,第5册,第1317—1318页。

志》认为，欧阳修于庶征"惟述灾眚"，而休祥之事阙焉，故仍载"史氏所记休咎之征"，因其"苟非其时，未必不为异，故杂附于编"。

《宋史·五行志》七卷。《五行一》记水，分上下两卷。曰："润下，水之性也。水失其性，则为灾沴。旧说以恒寒、鼓妖、鱼孽、豕祸、雷电、霜雪、雨雹、黑眚、黑祥皆属之水，今从之。"《五行二》记火，也分上下两卷。曰："炎上，火之性也。火失其性，则为灾眚。旧说以恒燠、草妖、羽虫之孽、羊祸、赤眚、赤祥之类，皆属之火，今从之。"余记木、金、土各一卷。观其分类，如《后汉书》，以类相并。按惯例《宋史·五行志》只记灾异，而无救灾之法。

《宋史·律历志》

《宋史·律历志》记北宋八次改历（一说历凡九改），南渡之后又十次改历。

北宋八历：

《宋史·律历志》曰："宋历在东都凡八改，曰《应天》、《乾元》、《仪天》、《崇天》、《明天》、《奉元》、《观天》、《纪元》。"

《宋会要辑稿·运历》载："（建隆）四年四月，司天少监王处讷上《新宋建隆应天历》凡六卷，太祖御制序颁行。"建隆二年（公元961年），因王朴《钦天历》推验稍疏，故诏王处讷等人别造《应天历》，三年而成。六年，王处讷又上新历二十卷。

《宋史·律历志》载："太平兴国四年（公元979年），行《乾元历》。"《宋会要辑稿·运历》载："太平兴国七年十一月，司天冬官正吴昭素新造历成，凡九卷以献……赐号《乾元历》，太宗御制序。"二书所言，未知孰是，似乎《宋会要辑稿》的记载更加详细。

《宋会要辑稿·运历》载："真宗咸平四年（1001年）三月，司天监上新历，赐名《仪天》。命翰林学士朱昂作序，以修历官翰林天文院太子洗马史序、王熙元并为殿中丞。"是司天监史序编为《仪天历》，秋官正王熙元等人精加详定。

《宋会要辑稿·运历》载："初，仁宗朝用《崇天历》。"天圣初年（1023年），楚衍进司天监丞，制《崇天历》。楚衍，开封人，精研推步算术，又造《司辰星漏历》十二卷。

《宋会要辑稿·运历》载:"至治平初,司天监周琮,改撰《明天历》。"治平二年(1065年),周琮撰《义略》冠《明天历》之首,介绍了历法的诸多概念及计算方法;终因测算不精,仅行三年即罢。

《宋会要辑稿·运历》载:熙宁时,"会沈括提举司天监,言淮南人卫朴通历法",被推荐进入司天监主持修订《奉元历》。又载:"诏司天监生石道,为宪台郎……乃选道保章正,仍为监生。至是兴修《奉元》成。"①宋熙宁七年(1074年),沈括率卫朴、石道等人造《奉元历》。宋南渡后,其法已散失,故《宋史·律历志》未见记载。

《宋史·律历志》载:"元祐《观天历》:演纪上元甲子,距元祐七年壬申,岁积五百九十四万四千八百八算。上考往古,每年减一;下验将来,每年加二。"元祐五年(1090年),皇居卿(一作黄居卿,曾任保章正职)奉诏主修《观天历》,七年完成。绍圣元年(1094年)颁行,到崇宁二年(1103年)止,实际施用了近十年。

《宋史·律历志》载:"崇宁间姚舜辅造《纪元历》。"姚舜辅精通历法,曾于徽宗崇宁三年(1104年)造了一部《占天历》,历官认为未经考验不可施行。姚舜辅便重新编造新历,于崇宁五年五月编造完成。诏所定新历名曰《纪元》,颁之天下。

南宋十历:

南宋历凡十改:《统元》、《乾道》、《淳熙》、《会元》、《统天》、《开禧》、《淳祐》、《会天》、《成天》、《本天》。

《宋史·律历志》载:"星翁离散,《纪元历》亡,绍兴二年,高宗重购得之。六月甲午,语辅臣曰:'历官推步不精,今历差一日,近得《纪元历》,自明年当改正,协时月正日,盖非细事。'"②南渡之后,初用《纪元历》。

《宋会要辑稿·运历》载:绍兴五年(1135年),"常州布衣陈得一独建言定食八分半,亏在巳初,是日果如得一所定……命陈得一造历,秘书少监朱震监视。是时得一专职演撰,臣(侍御史张致远)亦与布算,历成,赐名《统元》。自绍兴六

---

① 徐松辑:《宋会要辑稿》,中华书局,1957年版,第3册,第2130—2132页。
② 脱脱等撰:《宋史》卷八十二,中华书局点校本,1985年版,第6册,第1920页。

年颁用,凡十五年"。

《宋史·律历志》载:后《乾道》、《淳熙》、《会元》三历,"皆出刘孝荣一人之手"。刘孝荣,光州士人,绍兴年间,"乃采《万分历》,作三万分以为日法,号《七曜细行历》,上之"。《万分历》,五代后晋民间精算者所造;刘孝荣据以造《乾道》、《淳熙》、《会元》三历。

《宋会要辑稿·运历》又载:"庆元四年造《统天历》,差提领官、参定官各一员。"监官杨忠辅于庆元五年(1199年)制成《统天历》,废上元积年旧法。杨忠辅还指出,回归年的长度在逐渐变化,其数值是古大今小。

《宋史·律历志》载:嘉定三年(1210年),"诏(戴)溪充提领官,(鲍)澣之充参定官,邹淮演撰,王孝礼、刘孝荣提督推算官生十有四人,日法用三万五千四百",造《开禧》新历。四年历成,未及颁行。后在庆元年间,"《开禧》新历附《统天历》行于世四十五年"。

《宋史·律历志》载:淳祐十一年(1251年),殿中侍御史陈垓言:"今淳祐十年冬所颁十一年历,称成永祥等依《开禧》新历推算。""今所颁历乃相师尧(历算官盖尧臣等)依《淳祐》新历推算。"宋理宗淳祐十年,成永祥、盖尧臣等修成《淳祐》新历。淳祐十一年,颁布施行。次年,被《会天历》取代。

《宋史·律历志》载:淳祐十二年(1252年),"太府寺丞张湜同李德卿算造历书,与谭玉续进历书颇有抵牾。省官参订两历得失疏密以闻。"李德卿与谭玉两人所造的二历,"斗分仅差一秒",不得不"合众长而为一"。"历成,赐名《会天》,宝祐元年行之,史阙其法"。谭玉任职太史局,造《会天历》,其中可能掺入了李德卿的历书。

《宋史·律历志》又载:咸淳六年(1270年),臧元震因更造历。"历成,诏试礼部尚书冯梦得序之;七年,颁行,即《成天历》也。"[1]又宋周密《齐东野语》记:"因更《会天历》为《承天历》",则《成天历》亦名《承天历》。

《宋史·律历志》又载:"德祐之后,陆秀夫等拥立益王,走海上,命礼部侍郎

----

① 脱脱等撰:《宋史》卷七十一,中华书局点校本,1985年版,第6册,第1952页。

邓光荐与蜀人杨某等作历,赐名《本天历》,今亡。"

宋三百一十年,而历十八改,每部历法的平均寿命不到二十年。宋人为其不断改历辩护说:"历者岁之积,岁者月之积,月者日之积,日者分之积,又推余分置闰,以定四时,非博学妙思弗能考也。"①造历的复杂性全在于兼顾岁、月、日、时四者,故有岁差的存在。结果"岁岁微差",施行一段时间后必"积胖而差"。宋人说改历是为了校正,此说当可接受。

宋朝官方修历,还是多诏民间天文学者。如宋真宗下诏:"星算伎术人并送阙下。"《宋史·律历十五》记:嘉泰二年(1202 年),日食,"诏太史与草泽聚验于朝。太阳午初一刻起亏,未初刻复满。《统天历》先天一辰有半,乃罢杨忠辅,诏草泽通晓历者应聘修治。"②"淳祐四年(1244 年),兼崇政殿说书韩祥请召山林布衣造新历。从之。"③民间天文学者参与修历,也颇有成就。对诏用民间天文学者,官方有时还是严加选择的。

辽、金、元史的"三志"

《辽史·历象志》

《辽史》载《历象志》三卷。《历象志·官星》说:历代天文志"近于衍矣",《辽史》不宜书;天象五行灾异之类已"具载帝纪",《辽史》不复书,故仅作《历象志》。《辽史·历象志》卷上为《历》,卷中为《闰考》,卷下载《朔考》、《象》、《刻漏》、《官星》四篇。

《辽史·历象志》卷上曰:"大同元年(公元 947 年),太宗皇帝自晋汴京收百司僚属伎术历象,迁于中京,辽始有历……穆宗应历十一年(公元 961 年),司天王白、李正等进历,盖《乙未元历》也。圣宗统和十二年(公元 994 年),可汗州刺史贾俊进新历,则《大明历》是也。"④贾俊所进新历,号《大明历》,与刘宋祖冲之

---

① 脱脱等撰:《宋史》卷七十一,中华书局点校本,1985 年版,第 5 册,第 1618 页。
② 脱脱等撰:《宋史》卷八十二,中华书局点校本,1985 年版,第 6 册,第 1944 页。
③ 脱脱等撰:《宋史》卷八十二,中华书局点校本,1985 年版,第 6 册,第 1948 页。
④ 脱脱等撰:《辽史》卷四十一,中华书局点校本,1974 年版,第 2 册,第 517 页。

《大明历》并不相同,但《辽史·历象志》仍备载祖冲之的《大明历》,全因贾俊新历,"书在太史院,禁莫得闻"。

《辽史·历象志》卷中曰:"五代历三变,宋凡八变,辽终始再变。历法不齐,故定朔置闰,时有不同,览者惑焉。作《闰考》。"①"宋凡八变",指北宋八次改历。《辽史·历象志》认为,岁月"积胖而差",故历有多变;而"历法不齐",故须重新定朔置闰。

《辽史·历象志》卷下曰:"辽初用《乙未元历》,本何承天《元嘉历》法;后用《大明历》,本祖冲之《甲子元历》法。承天日食晦朒,一章必七闰;冲之日食必朔,或四年一闰。用《乙未历》,汉、周多同;用《大明历》,则间与宋异。"②晦朒:历法每月的末一天叫做晦,每月的初三叫做朒。辽初用王白、李正等进的《乙未元历》,后用贾俊进的《大明历》。

《辽史·历象志》卷下说,浑象是"陶唐之象",浑仪是"有虞之玑"。说法虽然有点想象,但引文对浑象、浑仪,还是作了简明的描述。浑象:"像天圜以显运行,置地柜以验出入";浑仪:"设三仪以明度分,管一衡以正辰极"。

《金史·天文志》

《金史·天文志》一卷,仅载《日薄食煇珥云气》、《月五星凌犯及星变》两篇。

《日薄食煇珥云气》载:"世宗大定二年正月戊辰朔,日食……为制:凡遇日月亏食,禁酒、乐、屠宰一日。三年六月庚申朔,日食,上不视朝,命官代拜。有司不治务,过时乃罢。后为常。"《金史·天文志》记载了世宗对日食礼制的改革。

《月五星凌犯及星变》载:"先是,海陵问司马贵中曰:'近日天道何如?'贵中曰:'前年八月二十九日太白入太微右掖门,九月二日至端门,九日至左掖门出,并历左右执法。太微为天子南宫,太白兵将之象,其占:兵入天子之庭。'海陵曰:'今将征伐,而兵将出入太微,正其事也。'……是岁,海陵南伐,遇弑。"海陵王完颜

①　脱脱等撰:《辽史》卷四十三,中华书局点校本,1974年版,第2册,第539页。
②　脱脱等撰:《辽史》卷四十四,中华书局点校本,1974年版,第2册,第567页。

亮,字元功,女真名迪古乃,金太祖完颜阿骨打的庶长孙,金朝第四位皇帝。《金史·天文志》巧妙地记载了"海陵智足以拒谏",却因好战而"身由恶终"的结果。

《金史·历志》

元脱脱等人同时修撰了宋、辽、金三史,作《宋史·律历志》、《辽史·历象志》,至《金史》再改《律历志》、《历象志》为《历志》,恢复了五代刘昫《旧唐书》中采用的名辞。《金史·历志》卷上载:步气朔、步卦候、步日躔、步晷漏四篇。卷下载:步月离、步交会、步五星、浑象四篇。

《金史·历志》序曰:"金有天下百余年,历惟一易。天会五年(1127年),司天杨级始造《大明历》,十五年春正月朔,始颁行之。"①不久,"由是占候渐差,乃命司天监赵知微重修《大明历》,(大定)十一年历成"。杨级始造的《大明历》,虽取祖冲之历名,其法也是"不能详究"。然金一世,惟用这部《大明历》,后始改用《授时历》。

《金史·历志》记载了韩公廉制造浑天仪一事。元祐年间,苏颂和沈括详定《浑仪法要》,遂奏举吏部勾当官韩公廉。韩公廉通《九章勾股法》,监造了一部"浑天仪"。《金史·历志·浑象》又载:韩公廉所制浑仪、浑象,上安"时初十二司辰、时正十二司辰",下设天池、平水壶、受水壶、退水壶,以水力推动浑仪、浑象和时刻钟鼓的运转,"此公廉制浑仪、浑象二器而通三用,总而名之曰浑天仪"。今称为水运仪象台。《金史·历志》叙述了北宋仪器悉归于金,对天文仪器的沧桑变迁提供了有价值的史料。

《金史·五行志》

《金史·五行志》一卷。序曰:"两汉以来,儒者若夏侯胜之徒,专以《洪范》五行为学,作史者多采其说,凡言某征之休咎,则以某事之得失系之,而配之以五行……金世未能一天下,天文灾祥犹有星野之说,五行休咎见于国内者不得他

---

① 脱脱等撰:《金史》卷二十一,中华书局点校本,1975年版,第2册,第441页。

诿,乃汇其史氏所书,仍前史法,作《五行志》,至于五常、五事之感应,则不必泥汉儒为例云。"①序言前史《五行志》,其弊在于感应附会,《金史》仍作《五行志》,但不再拘泥于五常、五事之感应。话虽如此,《金史·五行志》载:"哀宗正大元年正月戊午,上初视朝,尊太后为仁圣宫皇太后,太元妃为慈圣宫皇太后。是日,大风飘端门瓦,昏霾不见日,黄气塞天。"②欧阳修之后,类似五行感应附会之说,在《金史·五行志》中并不少见。

《元史·天文志》

《元史》载《天文志》二卷。《元史·天文志》序曰:"而近代史官志宋《天文》者,则首载《仪象》诸篇,志金《天文》者,则唯录日月五星之变。诚以玑衡之制载于《书》,日星、风雨、霜雹、雷霆之灾异载于《春秋》,慎而书之,非史氏之法当然,固所以求合于圣人之经者也。今故据其事例,作元《天文志》。"③《元史》的作者,非常欣赏《宋史·天文志》首载的《仪象》诸篇,虽云书载星变灾异"非史氏之法",仍想补上玑衡之制,录日星、风雨、霜雹、雷霆之灾异。

《元史·天文一》载:简仪、仰仪、大明殿灯漏、正方案、圭表、景符、窥几、西域仪象、四海测验、日薄食晕珥及日变、月五星凌犯及星变上。《元史·天文二》仅载:月五星凌犯及星变下。

简仪。《元史·天文一》载:"简仪之制:四方为趺,纵一丈八尺,三分去一以为广。趺面上广六寸,下广八寸,厚如上广。"④《元史·天文一》又详记简仪上的四游变环、百刻环、定极环。

仰仪。《元史·天文一》载:"仰仪之制,以铜为之,形若釜,置于砖台。内画周天度,唇列十二辰位,盖俯视验天者也。"

圭表。《元史·天文一》载:"圭表以石为之,长一百二十八尺,广四尺五寸,

①　脱脱等撰:《金史》卷二十三,中华书局点校本,1975年版,第2册,第533页。
②　脱脱等撰:《金史》卷二十三,中华书局点校本,1975年版,第2册,第544页。
③　宋濂等撰:《元史》卷四十八,中华书局点校本,1976年版,第4册,第990页。
④　宋濂等撰:《元史》卷四十八,中华书局点校本,1976年版,第4册,第993页。

厚一尺四寸,座高二尺六寸。"①圭表:即高表;包括"圭"和"表"两部分。"圭"平
置于南北方向,"表"垂直立于"圭"的南端。可据测定正午的日影长度以定节令。

《元史·天文一》所载简仪、仰仪及诸仪表,皆太史郭守敬出,但未记郭守敬
所立的"四丈之表"。《明史·天文一·极度暑影》载宣城梅文鼎说,郭守敬所立
"四丈之表",立竖表,上架横梁;又"更易圆孔以直缝",使用方便。郭守敬所立的
"四丈之表",其作用如同圭表,利用暑影的长短来确定节令。

西域天文仪器,元时已逐渐传入。《元史》记载了扎马鲁丁造"西域仪象",实
是从阿拉伯引进的天文仪器。《元史·天文一·西域仪象》载:"咱秃哈剌吉,汉
言混天仪也。""咱秃朔八台,汉言测验周天星曜之器也。""鲁哈麻亦渺凹只,汉言
春秋分暑影堂。""鲁哈麻亦木思塔余,汉言冬夏至暑影堂也。""苦来亦撒麻,汉言
浑天图也。""苦莱亦阿儿子,汉言地理志也。""兀速都儿剌不定,汉言昼夜时刻之
器。"②除浑天图、地理志,《元史》所记这五种西域仪象,虽用"汉言"名之,实际还
是有些新的天文仪器传了进来。

《元史·五行志》

《元史》载《五行志》两卷。《元史·五行志》序曰:"天人感应之机,岂易言哉?
故无变而无不修省者,上也;因变而克自修省者,次之;灾变既形,修之而莫知所
以修,省之而莫知所以省,又次之;其下者,灾变并至,败亡随之,讫莫修省者,刑
戮之民是已。历考往古存亡之故,不越是数者。"③《元史·五行志》要考"往古存
亡之故",结果将天人感应之机,分为四种情况。

《元史·五行一》载五行论曰:

> "五行,一曰水。润下,水之性也。失其性为沴,时则雾水暴出,
> 百川逆溢,坏乡邑,溺人民,及凡霜雹之变,是为水不润下。其征恒

---

① 宋濂等撰:《元史》卷四十八,中华书局点校本,1976年版,第4册,第996页。
② 宋濂等撰:《元史》卷四十八,中华书局点校本,1976年版,第4册,第998—999页。
③ 宋濂等撰:《元史》卷五十,中华书局点校本,1976年版,第4册,第1050页。

寒,其色黑,是为黑眚黑祥。"

"五行,二曰火。炎上,火之性也,失其性为沴。董仲舒云:'阳失节,则火灾出。'于是而滥炎妄起,灾宗庙,烧宫馆,虽兴师众弗能救也。是为火不炎上。其征恒燠,其色赤,是为赤眚赤祥。"

"五行,三曰木。曲直,木之性也,失其性为沴,故生不畅茂,为变异者有之,是为木不曲直。其征恒雨,其色青,是为青眚青祥。"

"五行,四曰金。从革,金之性也,失其性为沴,时则冶铸不成,变异者有之,是为金不从革。金石同类,故古者以类附见。其征恒旸,其色白,是为白眚白祥。"

"五行,五曰土。土,中央生万物者也,而莫重于稼穑。土气不养,则稼穑不成,金木水火沴之,冲气为异,为地震,为天雨土。其征恒风,其色黄,是为黄眚黄祥。"①

这已是正史中有关五行大论的最后之声,五行仍作为灾异分类的标志被使用。

《元史·五行二》又作"水不润下、火不炎上、木不曲直、金不从革、稼穑不成"五段,再次记载了各类灾异。《元史·五行志》体例,同《汉书·五行志》,但五行次序却是照《洪范》作水火木金土。

《元史·历志》

《元史》载《历志》六卷。《元史·历一》载《授时历议上》,《历二》载《授时历议下》,《历三》、《历四》载《授时历经》,《历五》、《历六》载《庚午元历》。

《元史·历志》序曰:"元初承用金《大明历》。"元太祖十五年,耶律楚材在西域寻斯干城造《庚午元历》,他发现因西域距中原地里殊远,导致了当地月食时刻的推算与用《大明历》的推算不同,他认为这是因两地距离差异而造成的,故编著《庚午元历》时创立了"里差"的概念。里差的计算方法是,"其在寻斯干之东西

---

① 宋濂等撰:《元史》卷五十,中华书局点校本,1976年版,第4册,第1050—1075页。

者,先以里差加减通积分"。即以寻斯干城作起始点,向东加、向西减,这实际上是"地理经度"在中国的首次提出。

《元史·历志》序又曰:"至元四年(1267年),西域札马鲁丁撰进《万年历》,世祖稍颁行之。十三年,平宋,遂诏前中书左丞许衡、太子赞善王恂、都水少监郭守敬改治新历……十七年冬至,历成,诏赐名曰《授时历》。"《元朝名臣事略》、《元文类》等史料,均记载许衡为《授时历》的主要编创者。元朝历法,史尚清楚。耶律楚材造《庚午元历》,未尝颁用;西域札马鲁丁撰进《万年历》,虽不复传,实即明人所用《回回历》。许衡、郭守敬等人于至元十七年编成《授时历》,并于次年正式颁行。《授时历》抛弃了以往历法推算中的"上元积年法",而截取近世任意一年为历元,以实测结果为依据进行推算。梅文鼎对《授时历》评介最高,曰"其法创立,古历所无也"。毫无疑问,这是中国历法史上的又一部著名大历。郭守敬总结了元以前的历法。郭守敬曰:

　　西汉造《三统历》,百三十年而后是非始定。东汉造《四分历》,七十余年而仪式方备。又百二十一年,刘洪造《乾象历》,始悟月行有迟速。又百八十年,姜岌造《三纪甲子历》,始悟以月食冲检日宿度所在。又五十七年,何承天造《元嘉历》,始悟以朔望及弦皆定大小余。又六十五年,祖冲之造《大明历》,始悟太阳有岁差之数,极星去不动处一度余。又五十二年,张子信始悟日月交道有表里,五星有迟疾留逆。又三十三年,刘焯造《皇极历》,始悟日行有盈缩。又三十五年,傅仁均造《戊寅元历》,颇采旧仪,始用定朔。又四十二年,李淳风造《麟德历》,以古历章蔀元首分度不齐,始为总法,用进朔以避晦晨月见。又六十三年,一行造《大衍历》,始以朔有四大三小,定九服交食之异。又九十四年,徐昂造《宣明历》,始悟日食有气、刻、时三差。又二百三十六年,姚舜辅造《纪元历》,始悟食甚泛余差数。以上计千一百八十二年,历经七十改,其创法者十有三家。[①]

---

① 宋濂等撰:《元史》卷一百六十四,中华书局点校本,1976年版,第13册,第3848页。

对元以前最重要的十三家历法，郭守敬一一作了点评。值得注意的是，张子信虽以"学艺博通，尤精历数"闻名于世，他本人并没有造历，郭守敬也肯定他为"创法者"之一。史载张子信的弟子张孟宾和同事刘孝孙"并弃旧事，更制新法"，而张孟宾造《孟宾历》、刘焯造《皇极历》，及张胄玄造《大业历》，都采用了张子信的"新法"。另外，宋代十八部历法，郭守敬只提了北宋末期造的一部《纪元历》。梅文鼎对《纪元历》的评价也较高，谓"宋历莫善于《纪元》"。

《明史·天文志》始载西学

《明史·天文志》

《明史·天文志》三卷。序言说：天文观测仪器，"往往后胜于前"，史记不可缺漏；西人利玛窦等入中国，带来西方天文、历算之学，"前此未尝有也，兹掇其要，论著于篇"。序言强调，《明史·天文志》不复再记日食、月食之类。

《明史·天文一·两仪》载西方天文学之说："其言九重天也，曰最上为宗动天，无星辰，每日带各重天，自东而西左旋一周。次曰列宿天，次曰填星天，次曰岁星天，次曰荧惑天，次曰太阳天，次曰金星天，次曰水星天，最下曰太阴天。自恒星天以下八重天，皆随宗动天左旋……至于分周天为三百六十度，命日为九十六刻，使每时得八刻无奇零，以之布算制器，其便也。"明朝始传西方天文学之说，以"宗动天（太阳）"为中心，分周天为三百六十度，时为九十六刻。《两仪》肯定地说："西洋之说既不背于古，而有验于天，故表出之。"西方天文学的传入，《明史》修撰者是持肯定态度的；《明史·天文志》数次赞道："多发古人所未发"，"前此未尚有也"。

《明史·天文一·仪象》区分了浑天仪、浑天象，曰："大抵以六合、三辰、四游、重环凑合者，谓之浑天仪；以实体圆球，绘黄赤经纬度，或缀以星宿者，谓之浑天象"。

《明史·天文一·仪象》载西方天文学仪器："万历中，西洋人利玛窦制浑仪、天球、地球等器……崇祯二年，礼部侍郎徐光启兼理历法，请造象限大仪六，纪限大仪三,平悬浑仪三,交食仪一,列宿经纬天球一,万国经纬地球一,平面日晷三,转盘星晷三,候时钟三,望远镜三。"①崇祯三年(1630年),光禄卿李天经又请仿造沙漏,当为仿造西洋时钟。徐光启、李天经请造西方天文仪器,他们深知有了新的天文仪器,方能变革天文之说。

《明史·五行志》

《明史·五行志》三卷。序曰:"史志五行,始自《汉书》,详录五行《传》、《说》及其占应。后代作史者因之。粤稽《洪范》,首叙五行,以其为天地万物之所莫能外。而合诸人道,则有五事;稽诸天道,则有庶征。天人相感,以类而应者,固不得谓理之所无。而《传》、《说》则条分缕析,以某异为某事之应,更旁引曲证,以伸其说……故考次洪武以来,略依旧史五行之例,著其祥异,而事应暨旧说之前见者,并削而不载云。"②《明史·五行志》仍按水、火、木、金、土目分类,但对五行事应附会旧说,"并削而不载"。

《明史·五行志》首次将"年饥"作为一个专题记入《五行志》中。如曰:"洪武二年,湖广、陕西饥。""天顺元年,北畿、山东并饥,发茔墓,斫道树殆尽,父子或相食。"如何面对灾荒? 明刘健上《论火灾疏》曰:"议者或以为天道茫昧,变不足畏,此乃慢天之说,罪不容诛。或以为天下太平,患不足虑,此乃误国之言,死有余责。或以为斋醮祈祷为弭灾,此乃邪妄之术,适足以亵天。或以为纵囚释罪为修德,此乃姑息之弊,适足以长恶。"③刘健对灾荒还能持一个重视态度。但如何防治灾荒,历代《五行志》是没有记载方法的。

《明史·历志》

《明史·历志》九卷,《明史·历一》载《历法沿革》,曰:"吴元年十一月乙未冬至,太史院使刘基(刘伯温)率其属高翼上《戊申大统历》"。吴元年(1367年):朱

① 张廷玉等撰:《明史》卷二十五,中华书局点校本,1974年版,第2册,第359页。
② 张廷玉等撰:《明史》卷二十八,中华书局点校本,1974年版,第2册,第425页。
③ 刘健著:《论火灾疏》,载《明经世文编》卷五十二,中华书局,1962年版,第1册,第406页。

元璋称帝前一年建立的一个年号。《戊申大统历》依循于《授时历》，惟求合天。洪武十七年(1384年)，漏刻博士元统，"乃取《授时历》，去其岁实消长之说，析其条例，得四卷，以洪武十七年甲子为历元，命曰《大统历法通轨》"。漏刻博士元统，还是采用了郭守敬《授时历》的方法，对《戊申大统历》进行了修定。《明史·历二》至《明史·历六》，就记载了这部《大统历法》，分为三编：一曰《法原》，二曰《立成》，三曰《推步》。

《明史·历志》序曰：明朝一直沿用《大统历》，后因推算日食往往不验，改历者纷纷要求改制，并进新历。嘉靖二十三年(1544年)，朱载堉进《圣寿万年历》、《律历融通》二书，其法曰：步发敛、岁余、日躔、候极、晷景、漏刻、日食、月食、五纬等。天文台旧官，却"惮于改作"，而没有接受朱载堉的历法。对明末历法作出重大变革的，是徐光启和李天经。

崇祯二年(1629年)，徐光启上历法修正十事。其一，议岁差：因地球自转轴和黄道平面的长期变化而引起的春分点移动现象曰岁差。其二，议岁实、小余：以日为单位的回归年长度为岁实，回归年不足一天的零数部分叫小余。从徐光启所议历法修正十事看，徐光启所造的《崇祯历书》，不是简单地编算一部天文年历，也不是简单地求得日食、月食的时刻，而是包括了近代天文学的许多重要内容。如明确引入了"地球"的概念，在计算方法上，采用了第谷的宇宙体系和几何学的计算体系，又采用了近代西方通用的度量单位等。徐光启的编历，为中国天文学由古代向现代发展，奠定了一定的理论基础。

徐光启造《崇祯历书》，得到了李天经的帮助。《明史·历志》载李天经五纬之议："盖五星皆以太阳为主，与太阳合则疾行，冲则退行。且太阳之行有迟疾，则五星合伏日数，时寡时多，自不可以段目定其度分。"李天经接受了西学"以太阳为主"说，他解释了太阳迟疾的原因："与太阳合则疾行，冲则退行"。《明史·历志》又载：李天经先后造过两部《历书》共六十一卷。崇祯时，"辅光启督率西人所造"，终成《崇祯历书》一百三十七卷。《崇祯历书》虽未及时颁行，但与《太初历》、《四分历》、《大明历》、《大衍历》、《授时历》齐名，同为中国历法史上的六部大历。

《历法沿革》又载：征诏元太史院使张佑、回回司天台官郑阿里等十一人至京，议历法。"改院为司天监，又置回回司天监。"洪武三年（1370年），改司天监为钦天监，"设四科：曰天文，曰漏刻，曰《大统历》，曰《回回历》"。

《明史·历志》序曰："《回回历》始终于钦天监，与《大统》参用，亦附录焉。"《回回历》只在钦天监内部使用，《明史·历七》至《明史·历九》载《回回历》。明黄瑜《双槐岁钞》载："以今考之，其元实起于隋开皇十九年己未之岁。其法常以三百五十日为一岁，岁有十二宫，宫有闰日；凡百二十有八年，闰三十有一日。又以三百五十四日为一周，周有十二月，月有闰日；凡三十年，闰十有一日。历千九百四十一年，而宫月甲子再会。"①回回历，以日落为一天之始，到次日太阳落时构成一天，即黑夜在前，白昼在后。单数月份为"大建"，即大月，三十天；双数月份为"小建"，即小月，二十九天。不置闰月。这样，平年三百五十四日，闰年三百五十五日，三十年中有十一个闰年。

《清史稿》的新"三志"

《清史稿·天文志》

《清史稿》卷二十六至卷三十九为《天文志》，凡十四卷。序曰：《晋书》、《隋书》两部《天文志》，备述天体、仪象、星占三大课题；今《清史稿·天文志》，仍载乾隆六十年（1795年）前推验之法。

《清史稿·天文志·天象》记"十二重天"说："十二重天，最外者为至静不动；次为宗动，南北极赤道所由分也；次为南北岁差；次为东西岁差；此二重天，其动甚微，历家姑置之而不论焉。次为三垣二十八宿，经星行焉。"次为五纬星和太阳，"最内者太阴所行也，白道是也"。《清史稿》所记，将三垣二十八宿旧天文学说，融入"十二重天"说中，西方天文学已基本传入中国。

《清史稿》在以旧天文学名词解释西学时，也引进了诸多新天文学的概念。

---

① 黄瑜撰：《双槐岁钞》卷二，《丛书集成初编》本，编号2892-第20页。

《天象》引《考成后编日躔历理》云:"西法自多禄某以至第谷,立为本天高卑、本轮、均输诸说,近世刻白尔、噶西尼等,以本天为椭圆。"多禄某,今译托勒密,古希腊天文、地理、数学家。第谷,近代天文学的奠基人,他发现所有行星绕太阳运动,却以为太阳率所有行星绕地球运动。刻白尔,又译刻卜勒、开普勒,德国天文学家,他发明了开普勒太空望远镜,提出行星运动的三大定律。噶西尼,今译哥白尼,现代天文学创始人,著《天体运行论》,阐述了他的"日心说"。本天,天体,又称星体;本轮,天体运行轨道;均输,天体运行周期。《天象》又引《月离历理》云:"自西人创为椭圆之法,日距月天最高有远近,则太阴本天心有进退。地心与天心相距,两心差有大小。"①这些西方天文学中的新概念,多为传统天文学所未及。

《清史稿·天文志·仪象》曰:"康熙八年,圣祖用监臣南怀仁言,改造六仪,曰黄道经纬仪、赤道经纬仪、地平经仪、地平纬仪、纪限仪、天体仪。五十二年,复将地平经、纬合为一仪。"②徐光启、李天经所造天文仪器,大多毁于明清战火。康熙年间,西人南怀仁重新改造六仪。

黄道经纬仪,分四象限,限各九十度,用于测量某星的经度差和纬度。

赤道经纬仪,仪有三圈;外大圈为子午规,中为赤道圈,内为赤道经圈,用于测量天体的两经度之差和距赤道南北之纬度。

地平经仪,由地平圈、四龙立柱、立轴等组成,用于测量地平之经度,亦称地平方位和方向角。

地平纬仪,即象限仪,盖取全圆四分之一以测高度,即地平纬度、高度角。

纪限仪,又称距度仪,用于测量六十度以内两曜相距度分,即天体之间的角距离。

天体仪,仪为圆球,径六尺,即古之浑象,用于观察天体位置及出没时刻。"复将地平经、纬合为一仪",即在经仪中心立柱安纬仪,称地平经纬合仪。

① 赵尔巽等撰:《清史稿》卷二十六,中华书局点校本,1977年版,第5册,第1009页。
② 赵尔巽等撰:《清史稿》卷二十七,中华书局点校本,1977年版,第5册,第1035页。

乾隆九年，高宗御制玑衡抚辰仪，为仿古之浑仪而造，用于测量赤道经纬度；仪制三重：最外者即古六合仪，次其内即古三辰仪，次最内即古四游仪。

《清史稿·天文志·仪象》最后还记载了时度表、纬度表等仪表。时度表：形如方筒，入于四游双环中空之间，以指时刻。纬度表：其形两曲，安于窥衡之右面，以指纬度。窥衡，郭守敬所造四游变环上的窥天器。

《清史稿·灾异志》

《清史稿》改《五行志》为《灾异志》，从卷四十至卷四十四凡五卷。《灾异志》序曰："五行之性本乎地，人附于地，人之五事，又应于地之五行，其《洪范》最初之义乎？《明史·五行志》著其祥异，而削事应之附会，其言诚韪矣。今准《明史》之例，并折衷古义，以补前史之阙焉。"①序言对前代《五行志》的"五行大论"，是否符合《洪范》初义，提出了怀疑，故将《五行志》改为《灾异志》，"准《明史》之例"，而削其事应附会之说。

《清史稿·灾异志》曰："水不润下，则为咎征。"将恒寒、恒阴、雪霜、冰雹、鱼孽、蝗蝻、豕祸、龙蛇之孽、马异、人痾、疾疫、鼓妖、陨石、水潦、水变、黑眚、黑祥之属，列为水失其性之类的咎征。又曰："火不炎上，则为咎征。"将恒燠、草异、羽虫之孽、羊祸、赤眚、赤祥之属，列为火失其性之类的咎征。又曰："木不曲直，则为咎征。"将恒雨、狂人、服妖、鸡祸、鼠妖、木冰、木怪、青眚、青祥之属，列为木失其性之类的咎征。又曰："金不从革，则为咎征。"将恒旸、诗妖、毛虫之孽、犬祸、金石之妖、白眚、白祥之属，列为金失其性之类的咎征。又曰："土爰稼穑，不成则为咎征。"将恒风霾、晦暝、花妖、虫孽、牛祸、地震、山颓、雨毛、地生毛、年饥、黄眚、黄祥之属，列为土失其性之类的咎征。《清史稿》虽将旧史《五行志》改名为《灾异志》，但对"灾异"的分类，仍旧依据"五行"。

《清史稿·时宪志》

《清史稿》改《历志》为《时宪志》，从卷四十五至卷五十三凡九卷。清世祖以

---

① 赵尔巽等撰：《清史稿》卷四十，中华书局点校本，1977 年版，第 6 册，第 1487 页。

来，即"依新法推算"，改历书名《时宪历》。时宪：《书》曰"惟天聪明，惟圣时宪"。孔颖达疏："宪，法也。言圣王法天以立教。"清人取"以天为法"意，称当时的历书为"时宪书"。

康熙皇帝起用西人汤若望、南怀仁造历。蔡郎《清代史论》曰："明万历时，意大利人利玛窦来华，精推步术，明廷优礼之。厥后汤若望亦自西来，供事历局，此为中国行西法之始……自是《时宪书》用西历新法，遂为定制。"①明末，汤若望已参与《崇祯历书》的编纂，但颁行《崇祯历书》的诏令还没有实施，明朝就已灭亡。清初，汤若望删改《崇祯历书》，更名为《西洋新法历书》，连同他编撰的新历一起上呈清政府，得到颁发实行。

《时宪一》载汤若望论新法大要凡四十二事。首曰天地经纬："天有经纬，地亦有之，以二百五十里当天之一度，经纬皆然。"②次曰求真节气，次曰改定时刻；次曰三视差等；最后曰测器。汤若望新法，用天地经纬、测星要器等四十二事，取代了天文旧说。

《时宪一》又载："时冬官正司廷栋撰《凌犯视差新法》，用弧三角布算，以限距地高及星距黄极以求黄经高弧三角，较旧法为简捷。"③司廷栋《凌犯视差新法》曰："求用时：推诸曜之行度，皆以太阳为本。而太阳之实行，又以平行为根。其推步之法：总以每日子正为始。此言子正者，乃为平子正，即太阳平行之点临于子正初刻之位也。"天体行度"皆以太阳为本"，被明确了下来。《时宪八》、《时宪九》全文记载了这部《凌犯视差新法》。

《时宪二》为《推步算术》，曰："推步新法所用者，曰平三角形，曰弧三角形，曰椭圆形。今撮其大旨，证立法之原，验用数之实，都为一十六术，著于篇"。《推步算术》将天文历法背后的数学，最终推至前台。

《时宪三》至《时宪五》，载《康熙甲子元法》，曰："上卷述立法之原，中卷志七政恒星之顺轨，下卷志诸曜相距之数"。上卷载：日躔立法之原，月离立法之原，

①　蔡郎著：《清代史论》，《二十五史三编》本，岳麓书社，1994 年版，第 9 册，第 661 页。
②　赵尔巽等撰：《清史稿》卷四十五，中华书局点校本，1977 年版，第 7 册，第 1661 页。
③　赵尔巽等撰：《清史稿》卷四十五，中华书局点校本，1977 年版，第 7 册，第 1673 页。

交食立法之原，五星行立法之原，恒星立法之原。中卷载：日躔用数，推日躔法；月离用数，推月离法；五星用数，推五星法；恒星用数，推恒星法。下卷载：月食用数，推月食法；日食用数，推日食法；七政恒星行及交食。

《时宪六》、《时宪七》为《雍正癸卯元法》。《雍正癸卯元法上》载：日躔改法之原，月离改法之原，交食改法之原，恒星改法，五星改法；余下基本同《康熙甲子元法》中卷。《雍正癸卯元法下》，基本同《康熙甲子元法》下卷。

从《律志》、《历志》到《律历志》，再到《历志》，又再到《时宪志》，已不是一个名词的改变问题，而是新的天文学最终取代了旧天文学的标志。

第四章　古代术数

第一节　祭祀与卜筮

《史记·五帝本纪》记帝颛顼高阳者,"载时以象天,依鬼神以制义,治气以教化,絜诚以祭祀"。司马贞《索隐》注:"鬼神谓山川之神也。"言颛顼虔诚祭祀鬼神。《史记》又记帝喾高辛者,"历日月而迎送之,明鬼神而敬事之"。言帝喾依时祭祀鬼神。古代将专事祭祀鬼神通神灵人物称之巫祝。

《史记·五帝本纪》记黄帝:"获宝鼎,迎日推筴。举风后、力牧、常先、大鸿以治民。顺天地之纪,幽明之占,死生之说,存亡之难。"[①]筴:策的异体字,原指用于记算的小筹,这里指卜筮的工具。《史记》言黄帝获宝鼎之后,迎日卜筮;他也任用风后、力牧、常先、大鸿这些精通八卦占卜的人物。古代将专事卜筮占候的人物,称之为巫卜。

巫祝的祭祀

巫,《说文》释曰:"祝也;女能事无形以舞降神也"。许慎将口中念念有辞、弄舞降神的人称为巫。《周礼》设"司巫"一职。《周礼·春官》曰:"司巫掌群巫之政

---

① 司马迁撰:《史记》卷一,中华书局点校本,1959年版,第1册,第6页。

令。若国大旱,则帅巫而舞雩;国有大裁,则帅巫而造巫恒。"①"巫恒",郑玄注"恒,久也"。《周礼·春官》言,司巫帅巫官之属,常聚会在一处以待命;在国家遇有大旱时,司巫帅群巫而舞雩;国家遇有大灾时,司巫帅群巫而长久地祭祀。祝为巫在祭祀时不断地祝祷,后也立为职官。从《周礼》的记载看,祝也有了分工,有的祭祀鬼神,有的祈福禳灾,也有的为人除疾。

据《周礼》记载,作为国家的典祀,在祀五帝、享先王、大宾客、大丧荒、大军旅、国有大故时,都要举行祭祀典礼。祭祀有禘、郊、祖、宗、报,所谓"五祀"之分。《国语·鲁语》曰:"凡禘、郊、祖、宗、报,此五者国之典祀也。"②三国韦昭注:"祭昊天于圆丘曰禘,祭五帝于明堂曰祖、宗,祭上帝于南郊曰郊。"报,报祖宗之德也。对祭祀也有不同的解释。《国语·楚语》曰:"是以古者先王日祭、月享、时类、岁祀。"③祭祀又有"日祭、月享、时类、岁祀"之分。此外还有释天神曰祭、地祇曰祀、宗庙曰享。这里不涉及这些祭祀典礼的争论,但从这些争论中,可以看到祭祀的对象是一致的,即天帝、鬼神、先祖。

根据祭祀的对象,《周礼》将祭祀分为大祀、次祀、小祀三个等级。《周礼·春官》曰:"立大祀,用玉帛牲牷;立次祀,用牲币;立小祀,用牲。"④牲牷:祭祀用的纯色全牲。郑玄注:"大祀天地,次祀日月星辰,小祀司命已下。"《周礼》载大祀、次祀、小祀,并无天地、日月星辰、司命(星名,文昌宫星)之说,郑玄的注还是有点勉强。我们只需知道,祭祀的等级,是由祭祀的对象决定的;不同等级的祭祀,有不同的祭祀方法。

祭祀的目的之一,是为了禳灾。《左传》昭公十七年载:郑国的禆竈,预测宋卫陈郑将同日火,欲用"瓘斝玉瓒"祭天禳火,"子产弗与"。子产是不相信祭祀能够除去灾害的,"遂不与,亦不复火"。郑国也未发生火灾。

祭祀的目的之二,是为了除疾。《左传》哀公六年载:昭王有疾,卜人说祟在

---

① 郑玄注,贾公彦疏:《周礼注疏》卷二十六,《十三经注疏》本,上册,第816页。
② 《国语》卷四,上海古籍出版社,1988年版,第166页。
③ 《国语》卷十八,上海古籍出版社,1988年版,第567页。
④ 郑玄注,贾公彦疏:《周礼注疏》卷十九,《十三经注疏》本,第768页。

河。大夫请求祭祀河神,但昭王根本不相信祭祀的作用,"遂弗祭"。

祭祀的目的之三,是为了求福。《墨子·鲁问》载:鲁人祭祀用一小猪,却求百福于鬼神。墨子说:用小猪祭祀,向鬼神求百福,鬼神都怕你再用牛羊祭祀了;因为这一目的是不可能达到的。古时圣王事鬼神,唯祭祀而已。

祭祀另有长寿的目的,此说比较少见,却早已有之。《史记·封禅书》记越人勇之言:"越人俗鬼,而其祠皆见鬼,数有效。昔东瓯王敬鬼,寿百六十岁。后世怠慢,故衰耗。"①越人勇之说,越人祭祀时"皆见鬼";东瓯王驺摇(越王无疆次子蹄的六世孙,姓欧阳氏)敬鬼,寿百六十岁;后世对鬼怠慢,"故衰耗",就没有那样长寿了。

祭祀,作为一种巫术,是早期的术数之一。它的主体是巫祝,它的对象是天地、鬼神、先祖,它的目的是祈福除灾,它的内容如《墨子·迎敌祠》记载的立坛、主祭、置旗,再加穿上祭服、配以乐舞等。对这种早期术数,儒家曾在礼的范畴上作过探讨,而术数者则更多地注入了阴阳、五行、四时等内容。

巫卜的卜筮

卜筮,原指占卜的两种方法,所谓"卜是卜、筮是筮"。二者的区别,在于使用工具的不同。用龟甲占卜的称卜,或曰龟卜;用蓍草占卜的称筮,或曰蓍筮。龟卜和蓍筮代表着古代两种不同的占卜方法。

卜,《说文》曰:灼龟也,象兆之纵横也。用龟甲占卜,是根据灼烧龟甲所得的兆象来预测吉凶,即"以象而示人"。古人认为龟具有着某种灵性,于是赋予了龟的一些神灵的名称,期望有了神灵名称的龟,能有神灵的作用。龟的这种超凡能力,被认为是"先知"、"有知"。《礼记·礼器》曰:"龟为前列,先知也。"《礼记·檀弓下》曰:"卫人以龟为有知也。"古人认为龟有"先知"、"有知",在遇有疑虑时,就企盼神龟能够告知。

---

① 司马迁撰:《史记》卷二十八,中华书局点校本,1959年版,第4册,第1399—1400页。

　　筮,《说文》曰:算,易卦,用蓍也。用蓍草占卜,是根据蓍草数目的变化来预测吉凶,即"以数而告人"。蓍筮,即以蓍草作占卜工具。《说文》曰:"蓍,蒿属,生千岁三百茎,易以为数。"古人以为蓍筮用的蓍草,千年仅生三百茎,足承天地之数,故被易筮者用作运算的工具。蓍筮,它的目的和龟卜一样,都是为了决其疑、审吉凶。所以这种占卜方法一经出现,就和龟卜合称为卜筮。

　　龟卜的历史较早,殷商时代就已使用甲骨占卜。蓍筮的出现要待"三易之法"产生之时,故有"筮短龟长"之说。古人为什么选择这些龟甲蓍草作为占卜的工具,《白虎通》曾经给出过一个解释。《白虎通》曰:"此天地之间,寿考之物,故问之也。龟之为言久也,蓍之为言耆也,久长言也。"①龟,久也;耆,老也。《白虎通》说选择这些龟甲蓍草作占卜工具,是希望这些寿考之物的久长特性,能够体现在占卜上,使占卜的结果也能够长久。

　　古人对卜筮也有不相信的。《韩非子·饰邪》曰:"凿龟数筴,兆曰大吉,而以攻燕者赵也。凿龟数筴,兆曰大吉,而以攻赵者燕也……然而恃之,愚莫大焉。"②韩非子说燕赵相争,都说"兆曰大吉",而用龟甲蓍草作为选择的工具,则"愚莫大焉"。荀子更是不客气地说卜筮是为了修饰。《荀子·天论》曰:"日月食而救之,天旱而雩,卜筮然后决大事,非以为得求也,以文之也。"③文,文饰。荀子说:天旱后而利用卜筮再决定如何做事,只不过是统治者在修饰自己,做给别人看的。《管子》曰:"上恃龟筮,好用巫觋,而鬼神骤祟。"④龟,龟卜;筮,蓍筮。《管子》言"上"(君王)依赖龟卜、蓍筮之术,好用男巫女巫,而鬼神带来的灾祸越来越多。《管子》还说过"然则神筮不灵,神龟不卜",也是怀疑卜筮的作用的。

　　《周易·系辞上》曰:"探赜索隐,钩深致远,以定天下之吉凶,成天下之亹亹者,莫大乎蓍龟。"⑤亹亹:信然,诚然;作诚信解。人们认为能"定天下之吉凶"的可信度,"莫大乎蓍龟",没有超过龟甲蓍草的。《慎子·内篇》曰:"故蓍龟,所以

---

①　班固撰:《白虎通》卷三上,《丛书集成初编》本,编号 0238 -第 172 页。

②　陈奇猷注:《韩非子集释》卷第五,上海人民出版社,1974 年版,第 307 页。

③　章诗同注:《荀子简注》,上海人民出版社,1974 年版,第 183 页。

④　石一参著:《管子今诠》,上编,中国书店影印本,1988 年版,第 52 页。

⑤　韩康伯注,孔颖达疏:《周易正义》卷七,《十三经注疏》本,上册,第 82 页。

立公识也；权衡，所以立公正也；书契，所以立公信也；法制礼籍，所以立公义也。"①《慎子》说卜筮，如权衡标准、法制书契，成为社会所立的一般"公识"。

卜筮的理论和方法

卜筮，它是早期术数的主要理论和方法，和祭祀一度都是术数的代名词，巫卜掌握着卜筮的理论和方法。

卜筮的作用，《尚书》记了七件事。《尚书·洪范》曰："七，稽疑。择建立卜筮人，乃命卜筮。"《洪范》所记"稽疑"七事为：求雨、止雨、天象、交通、战争、吉凶、悔咎。《周礼》记了八件事。《周礼·春官》曰："以邦事作龟之八命。"《周礼》所记"龟之八命"为：战争、天象、授予、谋和、结果、归至、降雨、疾病。无论《洪范》所记的七事，还是《周礼》所记的八事，这些并不是卜筮的全部范围，其他诸如婚嫁、生子、命名、买卖、收成，都可以见到卜筮的使用。

卜筮的目的，是为了解除疑难问题。《左传》曰："卜以决疑，不疑何卜？"②《礼记·曲礼》曰："卜筮者，先圣王之所以使民信时日，敬鬼神，畏法令也。所以使民决嫌疑，定犹与也。故曰疑而筮之。"③与，通豫。《左传》、《礼记》都说，卜筮的目的是解除疑难问题。故《史记》曰："王者决定诸疑，参以卜筮，断以蓍龟，不易之道也。"

古人为何说"卜以决疑"？庄子说卜筮能"知吉凶"；关尹子说卜筮能"告吉凶"。关尹子说得很清楚，所谓卜筮能告知吉凶，靠的是善卜筮者的"能"，而不是"兆龟数蓍，破瓦文石"的"能"。人们为什么会相信卜筮者的"能"？《淮南子》说："卜者操龟，筮者端策，以问于数，安所问之哉……急所用也。"④《淮南子》的"应急"解释，也是可以理解的。

---

①　慎到撰：《慎子》，上海古籍出版社，1990 年版，第 1 页。

②　杜预注，孔颖达疏：《春秋左传正义》卷七，《十三经注疏》本，下册，第 1755 页。

③　郑玄注，孔颖达疏：《礼记正义》卷三，《十三经注疏》本，上册，第 1252 页。

④　刘安撰：《淮南鸿烈解》卷二十四，《道藏要籍选刊》本，第 5 册，第 135 页。

龟卜和蓍筮,作为占卜的两种不同方法,古人的选择还是有些原则的。

原则一,《礼记·曲礼》曰:"卜筮不过三,卜筮不相袭。"①卜筮有先后,或先筮而后卜。《周礼》曰:"凡国之大事,先筮而后卜。"也有先卜后筮的。《左传》僖公二年载:"成季之将生也,桓公使卜楚丘之父卜之,曰:男也,其名曰友……又筮之,遇《大有》之《乾》。"②古人占卜,龟卜蓍筮两种方法都会采用,但次数有了限制,"卜筮不过三",讲卜筮的次数不得超过三次。郑玄注《礼记·曲礼》曰:"卜不吉则又筮,筮不吉则又卜,是渎龟筴也。"郑玄说,反复卜筮是亵渎神灵的。

原则二,《尚书·大禹谟》曰:"龟筮协从,卜不习吉。"③卜筮时,不能顺从人意尽说好话。《尚书·大禹谟》虽是一篇古文《尚书》,但所说的这条原则,还是得到了其他史料佐证的。《左传》载晋献公卜娶骊姬,卜之不吉,筮之吉。公曰:从筮。卜人曰:"筮短龟长,不如从卜。"卜人没有顺从晋献公之意说话,而是以"筮短龟长"的理由,婉转地表达了反对晋献公"从筮"的意见。

原则三,《尚书·洪范》曰:"立时人作卜筮,三人占,则从二人之言。"④时人:专事时日之人,或曰"日者"。三人占,则取相同的二人之言,这又是选择多数之意。据《洪范》记载,君主、龟、筮、卿士、庶民五者,五从谓之大同;三从二逆,吉;二从三逆,内吉外凶;五逆,静吉动凶。从,同意;逆,否决。

卜筮的时日。《礼记·表记》曰:"大事有时日,小事无时日。有筮,外事用刚日,内事用柔日,不违龟筮。"⑤《礼记》说了两条:其一、"大事有时日,小事无时日"。其二、"外事用刚日,内事用柔日"。古以"十干"记日,甲、丙、戊、庚、壬五日居奇位,属阳刚,故曰刚日,犹单日。乙、丁、己、辛、癸五日居偶位,偶为柔也,故曰柔日,犹双日。

利用龟卜和蓍筮占卜,还是要以阴阳五行理论作基础。《左传》哀公九年载:晋赵鞅为救郑而龟卜,得兆纹"遇水适火",史赵、史墨、史龟对兆的解释各不相

---

① 郑玄注,孔颖达疏:《礼记正义》卷三,《十三经注疏》本,上册,第1251页。
② 杜预注,孔颖达疏:《春秋左传正义》卷十一,《十三经注疏》本,下册,第1787页。
③ 孔颖达疏:《尚书正义》卷四,《十三经注疏》本,上册,第136页。
④ 孔颖达疏:《尚书正义》卷十二,《十三经注疏》本,上册,第191页。
⑤ 郑玄注,孔颖达疏:《礼记正义》卷五十四,《十三经注疏》本,下册,第1644页。

同。史龟曰"沈阳"，沈，通沉；史龟用阴阳释兆，说可以兴兵。史墨曰"水胜火"，用五行相胜说释兆，说伐姜则可。史赵也说五行之水，他说"是谓如川之满，不可游也"；史赵的结论是不可以兴兵。最后，阳虎以《周易》筮之，言不可与之战争；他支持了史赵的意见。这里，尽管阴阳五行理论还不完备，但已是各家释兆的基本理论。

第二节　天文星占

先秦的掌著天文者，都是以九州分野说进行各种星占。我们以《左传》、《周礼》、《国语》的史料，研究先秦的九州分野说。

《灵枢》包含了术数的内容，这是一个不争的事实。我们初步探讨了《灵枢》保存的太一九宫法和太一八风占等内容。

1975 年底，在长沙马王堆三号汉墓出土了一批帛书，经帛书整理小组整理成《五星占》、《天文气象杂占》、《刑德》、《阴阳五行》等术数类著作。其中《五星占》、《天文气象杂占》，更是提供了先秦有关五星、天文、气象杂占的经典史料。

九州分野说

《易传》曰：天垂象，地必有类应相见。这句话，可谓九州分野说的立论基础。何谓九州分野？《周礼·保章氏》曰："以星土辨九州之地，所封封域皆有分星，以观妖祥。"观天上星宿以辨分星所主之地，这便是九州分野说。九州分野说也见《左传》记载。梓慎说：宋国与大辰星宿对应；陈国与大皞星宿对应；郑国与祝融星宿对应；卫国与颛顼星宿对应。分野说认为天上的星宿和地上的诸侯分封的境域，存在着一一对应的关系，当天上的星宿发生一些变化时，就预兆着各对应地域的吉凶变化。九州分野说，将天上和地上，建立起一一对应的关系。

九州分野说除见《周礼》、《左传》记载外，还见于《国语》。《国语·周语》曰：

"昔武王伐殷，岁在鹑火，月在天驷，日在析木之津，辰在斗柄，星在天鼋……岁之所在，则我有周之分野也。"①鹑火，十二次名。天驷，即房宿，二十八宿之一名。析木，十二次名。斗，二十八宿之一名。天鼋，一曰玄枵，十二次名。辰在斗柄，韦昭注："辰，日月之会"。《国语》交叉使用了十二次名与二十八宿名。《国语》是主张十二次分野还是主张二十八宿分野呢？"岁之所在"，岁指岁星；看岁星所在十二次的位次，再根据十二次与二十八宿的关系，讲"我有周之分野"。可以说，《国语》同时记载了十二次分野和二十八宿分野。

十二次是日月交会之"位"。古人观察星空，发现天上星宿可分作两类：一类是不动的各个星宿，即观天者目视所见的背景天空；另一类是所谓的日月五星七政，有着固定的运行轨道。这样看起来，日月五星是在各个星宿之间移动。古人就将太阳在天空中的视路径称之黄道。太阳在黄道上一年运行一圈，月亮一年运行十二圈。这样，日月在黄道上一年就有了十二次交会，故日月交会就称为十二次。十二次有固定的时间和位置，亦称十二辰之位。古人根据日月交会的位次，就将星空分为十二个区域。

古人再将天上的十二次的星宿与地上九州一一对应，于是产生了十二次分野说。其主要内容是："星纪，吴越也；玄枵，齐也；娵訾，卫也；降娄，鲁也；大梁，赵也；实沈，晋也；鹑首，秦也；鹑火，周也；鹑尾，楚也；寿星，郑也；大火，宋也；析木，燕也。"②因"十二次"与"十二辰"是一一对应的，如曰"仲冬之月，日月会于星纪，斗指建子之位"。故十二次分野，亦即十二月分野。《唐开元占经》引《荆州占》曰："正月，周；二月，徐；三月，荆；四月，郑；五月，晋；六月，卫；七月，秦；八月，宋；九月，齐；十月，鲁；十一月，吴越；十二月，燕赵。"③这些对应关系，古书的记载是不尽相同的。

二十八宿是目视所见周天之"象"。古人将目视所见的天上星宿分为二十八个区域，或者说二十八星之位、二十八舍；位、舍，都是止宿之意。二十八宿的每

① 《国语》卷三，上海古籍出版社，1988 年版，第 138 页。
② 郑玄注，贾公彦疏：《周礼注疏》卷二十六，《十三经注疏》本，上册，第 819 页。
③ 瞿昙悉达撰：《唐开元占经》卷六十四，《四库术数类丛书》，第 5 册，第 628 页。

宿(舍)都有数颗星,可视为一组星宿。每一宿选定一颗星作标星,叫距星。两宿之间的赤经差叫距度,《淮南子》叫"星分度"。由于二十八宿组星和距星的选择不同,各书所记距度的数目是不同的。《史记》载:汉武帝时,招方士唐都分其天部。唐都分天部为"五宫",统一了二十八宿组星和距星的选取,并沿用至近代。

二十八宿分野说似乎定型在战国末期。《吕氏春秋·有始览》曰:"何谓九野?中央曰钧天……"[1]这段文字,《淮南子·天文训》也有记载(见本书第二章第二节)。《吕氏春秋》说的九野,是八方加上中央;每野有三宿,其中北方一野有四宿。《吕氏春秋》说"天有九野,地有九州",是指天上的九野与地上的九州一一对应。《吕氏春秋》已经建立了二十八宿与九州的分野关系,二十八宿分野说逐渐地定型下来。

十二次分野说与二十八宿分野说有着对应的关系,为简明起见,我们列下表:

十二次	玄枵	星纪	析木	大火	寿星	鹑尾	鹑火	鹑首	实沈	大梁	降娄	娵訾
二十八宿	虚危	斗牛女	箕尾	房心	角亢氏	翼轸	柳星张	井鬼	觜参	昴毕	奎娄胃	室壁
九州	齐	吴越	燕	宋	韩郑	楚	周	秦	晋	赵	鲁	卫

上表据班固《汉书·地理志》而作,后人也有一些不同的组合。二十八宿的数组星宿与十二次的某次对应,有些星宿就跨属在两个相邻的宿度中。如《汉书·地理志》载:"自井十度至柳三度,谓之鹑首之次,秦之分也。""自柳三度至张十二度,谓之鹑火之次,周之分也。"柳宿以"三度"为分。《汉书·地理志》记载了二十八宿的度数,并以此度数规定了十二次分野。《汉书·律历志》则记有十二次的度数,和二十四节气相对应。

分野说是如何产生的,宋王应麟作过长考。王应麟据《左传》、《国语》等史料,指出分野说是由历史的传说和事件,经"释者"辗转造说出来的。王应麟已指出分野说存在的两大问题:第一,以国为断,无法解释疆土变易。第二,天上和地

---

[1]　吕不韦撰:《吕氏春秋》卷第十三,上海古籍出版社,1989年版,第92页。

上的对应关系,完全不顾东南西北而是错乱的。故王应麟之后,九州分野说便不再为人乐道。不过,九州分野说尽管存在着与客观事实不相符的地方,尽管看上去是那么的幼稚,但它以天上定位观察地上的方法,它的天地一体的奇妙构思,直到如今仍然影响着我们。

《周易》曰:"仰以观天文,俯以察地理。"这句话似乎构造了天上和地上的关系。九州分野说不仅构造了天上和地上的对应关系,而是借助十二次或二十八宿分其天部,探索了日月十二次交会及二十八宿的组星、距星和距度,完成了从鸟兽占验到天文星占的转化,这便是九州分野说的历史价值。

《灵枢》的"九宫八风"占

《灵枢》是一部传统医学的重要著作,但书中还是保存了太一九宫法和太一八风占。太一,或作太乙,原意为气,后转变为天帝之神,居中宫天极星。唐王希明《太乙金镜式经》曰:"太乙者,天帝之神也,主使十六神,知风雨、水旱、兵革、饥馑、疾疫、灾害之国也。"①研究太乙术的被称为太乙家。《史记·日者列传》记术数七家,太乙家居其一。

《灵枢·九宫八风》曰:"太一常以冬至之日,居叶蛰之宫,四十六日;明日居天留四十六日,明日居仓门四十六日,明日居阴洛四十五日,明日居天宫四十六日,明日居玄委四十六日,明日居仓果四十六日,明日居新洛四十五日,明日复居叶蛰之宫,日冬至矣。"②是说太一在九宫所居日数,合之为一年。《灵枢·九宫八风》附载下图(图4-2-1):

阴洛	巽	立夏	上天	离	夏至	玄委	坤	立秋
仓门	震	春分	摇	中央	招	仓果	兑	秋分
天留	艮	立春	叶蛰	坎	冬至	新洛	乾	立冬

图 4-2-1

---

① 王希明撰:《太乙金镜式经》卷二,《四库术数类丛书》本,第 8 册,第 871 页。
② 张志聪注:《灵枢集注》卷九,《中国医学大成》本,第 1 册,第 459 页(以下凡引该丛书本,只注《中国医学大成》本、页码)。

《灵枢·九宫八风》附载的这幅"九宫图",也是八卦宫加中央之宫,不过各取了叶蛰、天留、仓门、阴洛、天宫("九宫图"作上天)、玄委、仓果、新洛八个名称,分别代表二至二分、春夏秋冬八时。《灵枢》的"九宫图"并非是八卦与八方的匹配,而是八卦与八时的匹配。从时间看,是按顺时针运行的。

对"九宫图"的理解,一般还是用《大戴礼记》所记载的"明堂"说。《大戴礼记·明堂》曰:"明堂月令······二九四、七五三、六一八。"①这九个数,又见汉徐岳所著的《数术记遗》,《数术记遗》提及了"九宫算"。北周甄鸾注:"九宫者,即二四为肩,六八为足,左三右七,戴九履一,五居中央。"②将这九个数字装入"九宫图",则为"九宫图"的数图(下图4-2-2):

巽	离	坤		4	9	2
震	中央	兑		3	5	7
艮	坎	乾		8	1	6

图 4-2-2

"九宫图"的结构(除中央)与"后天八卦方位图"完全相同。这幅数图很有趣,横排竖列斜行的数字之和都等于十五。

九宫,《后汉书·张衡列传》曰:"重之以卜筮,杂之以九宫"。这段话后有两个注。其一,注引《易乾凿度》曰:"太一取其数以行九宫。"是说按"九宫图"的数目,从一至九,顺序而行。其二,注引郑玄曰:"太一者,北辰神名也。下行八卦之宫,每四乃还于中央······是以太一下九宫,从坎宫始,自此而从于坤宫,又自此而从于震宫,又自此而从于巽宫,所以行半矣,还息于中央之宫。既又自此而从于乾宫,又自此而从于兑宫,又自此而从于艮宫,又自此而从于离宫,行则周矣。"③据郑玄注,太一行九宫法,始坎坤震巽,经行"每四"宫,还于中央之宫;又从乾兑艮离开始,周而复始。若不考虑每行四宫还于中央之宫,郑玄说的太一行九宫

① 王聘珍著:《大戴礼记解诂》卷八,中华书局,1983年版,第150页。
② 徐岳著:《数术记遗》,《丛书集成初编》本,编号1266-第22页。
③ 范晔撰:《后汉书》卷五十九,中华书局点校本,1965年版,第7册,第1912页。

法,同《易乾凿度》说的"太一取其数以行九宫"。

《灵枢·九宫八风》曰:"太一日游,以冬至之日,居叶蛰之宫,数所在,日从一处,至九日,复反于一,常如是无已,终而复止。"①这里是说太一在九宫日游一处,按坎艮震巽离坤兑乾的顺序循环而行。《灵枢·九宫八风》的"太一日游"之说,与《易乾凿度》、郑玄之说是不相同的。其不同之处有二:其一,行九宫路径不同。《灵枢·九宫八风》是照"九宫图"按"时"而行,《易乾凿度》与郑玄是照"九宫图"按"数"而行。其二,行九宫方法不同。《灵枢·九宫八风》太一日游一处,"至九日,复反于一";《易乾凿度》与郑玄的太一行九宫法,谓每行四宫,还于中央之宫。

《灵枢·九宫八风》载太一九宫占,曰:"太一移日,天必应之以风雨。以其日风雨则吉,岁美、民安、少病矣。先之则多雨,后之则多汗。太一在冬至之日有变,占在君。太一在春分之日有变,占在相。太一在中宫之日有变,占在吏。太一在秋分之日有变,占在将。太一在夏至之日有变,占在百姓。所谓有变者,太一居五宫之日,病风折树木,扬沙石,各以其所主占贵贱,因视风所从来而占之。"②太一九宫占,讲了太一移日要应时,"岁美、民安、少病矣";又讲了太一居二分二至及中宫之日有变者,"因视风所从来而占之"。太一九宫占,变成"太一居五宫之日"占。

《五星占》

《五星占》书名是帛书整理小组根据书中内容命名的,全书分九章。五星,原指岁星、太白、荧惑、填星、辰星,《五星占》用了木、金、火、土、水重新命名。《五星占》为木星、金星、火星、土星、水星,分别配上了五帝、五丞、五神。

《五星占》记录了岁星在十二岁的位置和名称。《五星占》曰:

---

① ② 张志聪注:《灵枢集注》卷九,《中国医学大成》本,第 1 册,第 459 页。

岁星以正月与营室,晨[出东方,其名为摄提格。其明岁以二月与东壁,晨出东方,其名]为单阏。其明岁以三月与胃,晨出东方,其名为执除。其明岁以四月与毕,晨[出]东方,其名为大荒[落。其明岁以五月与东井,晨出东方,其名为敦牂。其明岁以六月与柳],晨出东方,其名为汁给(协洽)。其明岁以七月与张,晨出东方,其名为芮莫(涒滩)。其明岁[以]八月与轸,晨出东方,其[名为作噩](作鄂)。[其明岁以九月与亢,晨出东方,其名为阉茂]。其明岁以十月与心,晨出[东方],其名为大渊献。其明岁以十一月与斗,晨出东方,其名为困敦。其明岁以十二月与虚,[晨出东方,其名为赤奋若。其明岁以正月与营室,晨出东方],复为摄提[格,十二岁]而周。①

《五星占》肯定地说:摄提格岁,岁星正月与营室晨出东方;单阏岁,岁星二月与东壁晨出东方。《五星占》说的摄提格岁,虽未作"岁阴左行在寅,岁星右转居丑"之分,但在《五星占》中是可以看到"大阴左徙"的记载的。从引文可以看出,《五星占》是以二十八宿为标记,记载的是岁星在十二次的位置。比较而言,《吕氏春秋·十二纪》记录了十二月里"日"在昏、旦时的位置,《五星占》则记录了岁星十二岁在十二月里"晨出东方"的位置。古代对天文的研究有二套标志,一套以太阳为标志,一套以岁星为标志。《十二纪》是以太阳在二十八宿的位置确定一年十二月的,《五星占》是以岁星在二十八宿的位置确定十二年一周期的。

《五星占》记载的五星占法:

木星:古名岁、岁星。岁星主"天下大水"。《五星占》曰:"岁星所久处者有卿(庆)。"其下之国,"于是岁天下大水"。"不乃天列(裂),不乃地动……视其左右以占其夭寿。"②"视其左右",即观其出入方向。《五星占》曰:"岁星出[入不当其次,必有天祅见其所当之野,进而东北乃生彗星,进而]东南乃生天部(棓),退而西北乃生天鉴(枪),退而西南乃生天(欃)。"③天棓、天枪、天欃,星名。

---

① ② ③　《五星占》,《续修四库全书术数类丛书》本,上海古籍出版社,2006年版,第2册,第3页。

金星：古名太白。晨出东方叫启明，黄昏见于西方叫长庚。《五星占》曰："太白先其时出为月食，后其时出为天夭及彗星。未［当出而出，当入而不入，是谓失舍，天］下兴兵，所当之国亡。"①太白主彗星、天夭、水旱、死丧。其占法，是观其出入的先后时间，另也观其出入方向。

火星：古名荧惑，又名罚星、执法，以其红光荧荧似火而得名。其亮度常有变化；运动轨迹时而由西往东，时而由东往西，很是迷惑，故名荧惑。荧惑主天下兵革。其占法，一看出入方向，二看火星颜色。《五星占》曰："其出西方，是畏（谓）反明，天下革王。其出东方，反行一舍，所去者吉，所居之国受兵。"又曰："赤芒，南方之国利之；白芒，西方之国利之；黑芒，北方之国利之；青芒，东方之国利之；黄芒，中国利之。"②《五星占》这里应用了五色与五方匹配的五行套数。火星占法，是通过观察火星的出入方向和颜色，占其相应之国或吉或利。

土星：古名填星。填星约二十八年绕天一周，正好每年进入二十八宿中的一宿，叫岁镇一宿（镇为填的通假字），故名填星。填星主土地。填星的占法，看其运行方向及停留时间。《五星占》曰："既已处之，又有［西］、东去之，其国凶……填之所久处，其国有德，土地吉。"③即通过土星的运行方向及停留时间占其吉凶。

水星：古名辰星。因离太阳最近，《五星占》中又名"小白"。辰星主正四时。辰星占法看其出与不出，及所处位置。《五星占》曰："春分效［娄］，夏至［效井，秋分］效亢，冬至效牵牛。一时不出，其时不利；四时不出，天下大饥。其出早于时为月食，其出晚于时为天矢［及彗］星。其出不当其效，其时当旱反雨，当雨反旱；［当温反寒，当］寒反温。其出房、心之间，地盼动。"④效，见也。辰星"主正四时"，指通过观察辰星在娄、井、亢、牵牛的位置，确定"春分"、"夏至"、"秋分"、"冬至"；又通过观察辰星"其出早于时"、"其出晚于时"，来判断月食、彗星见、旱雨、寒温、及地震，亦是占其吉凶灾异。

---

① 《五星占》，《续修四库全书术数类丛书》本，第 2 册，第 4 页。
② 《五星占》，《续修四库全书术数类丛书》本，第 2 册，第 5 页。
③④ 《五星占》，《续修四库全书术数类丛书》本，第 2 册，第 6 页。

《天文气象杂占》

《天文气象杂占》书名,也是帛书整理小组根据书中内容命名的,原件朱墨双色彩绘,还配了二百五十幅插图,以下简称《杂占》。这是一部记录云、晕和彗星为主的天文气象杂占书籍。

《吕氏春秋·明理》曰:"其云状,有若犬、若马、若白鹄、若众车。有其状若人,苍衣赤首,不动,其名曰天衡。有其状若悬旌而赤,其名曰云旌;有其状若众马以斗,其名曰滑马;有其状若众植华以长,黄上白下,其名蚩尤之旗。"①《吕氏春秋》的记载表明:云占在春秋战国时已逐渐形成,主要看云的形状,也兼及云的颜色。

云占描述了云的形状。《杂占》曰:"云如牛";"云如弓";"如杼";"有云如车笠";"云如鱼,入军中,客胜。"云占也看云的颜色,《杂占》提到:"青云";"赤云如此";"黄云在月下";"黑云"、"白云"等。云占有时既看云的颜色也同时看云的形状。《杂占》曰:"有云青若赤如龙,黄云如鸟,黑云如鸟,赤云及白云如鸿鹄。"②又曰:"有赤云如雉,属日,不出三月,邦有兵。"云占还要看云与日、云与月的关系。《杂占》曰:"日及云裹日";"有赤云黑云交临月";"有白云黑云三周月。"讲的都是云与日、云与月的关系。

《杂占》还记录了虹与灌。《杂占》曰:"赤虹冬出,主□□,不利人主。""赤灌,兵兴,将军死。""是胃(谓)白灌,见五日而去,邦有亡者。"③虹,雨后云彩;灌,雨前云层。

《杂占》关于晕占的记录,要比《周礼》"十辉之法"更加具体。晕,指日月周围形成的气云。《杂占》曰:"气云所出作,必有大乱,兵也。"④"日军(晕),有云如车

---

① 吕不韦撰:《吕氏春秋》卷第六,上海古籍出版社,1989 年版,第 51 页。
② 《天文气象杂占》,末段,中列。《续修四库全书术数类丛书》本,第 2 册,第 18 页。
③ 《天文气象杂占》,第二页,第六列。《续修四库全书术数类丛书》本,第 2 册,第 16 页。
④ 《天文气象杂占》,第三页,第一列。《续修四库全书术数类丛书》本,第 2 册,第 17 页。

苙（笠），出日军（晕）中，围降。"①晕分月晕和日晕。《杂占》曰："有云赤，入日月军（晕）中。"又曰："月军（晕）包大战。""月军（晕）建大，民移千里。""日军（晕）珥，人主有谋，军在外有悔。围邦见日月军（晕），中有白云出，城降，兵不用。"晕占和云占，还是有些区别的。

《杂占》关于月占曰："月军（晕）不成，利以攻城。""月六军（晕）到九月军（晕），天下有亡邦。""目星入月，月光有□□□□凶贡。"②"月衔两星，军疲。"《杂占》还提到两月占。曰："两月并出，有邦亡。""小月丞（承）大月，有兵，后昌。"《杂占》只提到"两月并出"，《吕氏春秋·明理》甚至提到"有四月并出"，均为倒影产生的月象。《杂占》曰："日月食，不为央（殃）。"③《杂占》的这一见解是正确的。

《杂占》关于彗星的记录也是相当丰富的。《杂占》曰："彗星，有兵，得方者胜。"④"得方者"，这是从外形描绘了彗星。其他如言"彗星出，短几（饥），长为兵"，讲的也是外形。《杂占》还用象形描绘了彗星。《杂占》曰："蒲彗，天下疾。"讲彗星像"蒲"。其他还提到"竹彗"、"蒿彗"、"秤彗"、"埽彗"等。《杂占》曰："苦彗，天下兵起，军在外罢。"⑤苦彗，还不清楚其涵义，《杂占》又有"是苦菱彗"的记载，或指"是若菱彗"。

《杂占》另一珍贵之处，是关于小星的记录。在《周礼》、《吕氏春秋》、《五星占》多讲日月五星、二十八宿时，而《杂占》记录了众多的小星。《杂占》曰："小星入朔中。"⑥《杂占》有关小星的记录有："甚星，至兵疢多，恐败。"⑦甚星，将导致士兵疾病增多，恐怕由此而失败。"痛星，小战三，大战七。""抐星，兵□也，大战。""翟星，出日（春）见岁孰（熟），夏见旱，秋见水，冬见□。"⑧"濆星，天下兴兵。"⑨《杂占》关于甚星、痛星、抐星、翟星、濆星这些小星的记载，其史料价值是十分珍贵的。

---

①③⑥　《天文气象杂占》，末段，中列。《续修四库全书术数类丛书》本，第2册，第18页。
②　《天文气象杂占》，第二页，第二列。《续修四库全书术数类丛书》本，第2册，第16页。
④　《天文气象杂占》，第二页，第六列。《续修四库全书术数类丛书》本，第2册，第16页。
⑤⑦⑧　《天文气象杂占》，第三页，第六列。《续修四库全书术数类丛书》本，第2册，第17页。
⑨　《天文气象杂占》，末段，下列。《续修四库全书术数类丛书》本，第2册，第18页。

《杂占》还提到"妖星"占。曰:"夭(妖)星出,赤傅月为大兵,黄为大兼(穰),白为大丧,青有年,黑大水。"①《杂占》的"妖星傅月",分赤、黄、白、青、黑五色;郑玄注五云,分青、白、赤、黑、黄五色。郑玄所注五云色的秩序与《杂占》不同,而五云色的内容大致相同。只是《杂占》中的"青有年",据郑玄注可能系"青有虫"之误。"有年"在甲骨文中作丰收解,但既然说"夭(妖)星出",再说"青有年"似乎不妥,而大兵、大穰(水泱)、大丧、大水,是均作灾害解的。

第三节　两汉方术之学

《术数略》另半部为"蓍龟、杂占、形法",这部分才是"术数"的核心内容。两汉时期,是一个"方术之学"盛行的时代;方术即方技之术。本节以刘向《说苑》、袁康《越绝书》、王充《论衡》、王符《潜夫论》为基本史料。

《说苑》记载了龟占、二十八宿占、五星占、五音占等占法。对占卜之类术数,刘向有一个总结:"终不能除悖逆之祸"。

《越绝书》十五卷,不著撰人。据四库馆臣所考,书成于东汉初,会稽袁康著。是书"多杂术数家言",诸如旧闻轶事、阴阳五行、占梦之事、相气大法、九州分野,书中多有所载,不失一部吴越术家史著。本节看其记载的占梦术。

王充看到世传"工伎之书"、"时日之书"充斥着许多虚妄之言,于是著《论衡》一书,对诸如"命禄"、"图宅术"等荒谬之言,一一进行了批判。研读《论衡》对这些"时俗"之说的针砭,其一可知王充对方术的批判,其二可知一些方术的具体内容。

王符著《潜夫论》三十六篇,其中论述了梦、卜、巫、相。《潜夫论·梦列》,将梦分为十类,对占梦术作了初步的分析。《潜夫论·卜列》,论说了卜筮的起源和作用。《潜夫论·正列》,是说"巫觋祝请"的"正道",王符主张敬而远之。《潜夫

---

① 《天文气象杂占》,末段,下列。《续修四库全书术数类丛书》本,第 2 册,第 18 页。

论·相列》，专论人之相法，王符持"骨法为主，气色为候"说。

《说苑》记载的占卜方法

《说苑》，又名《新苑》，旧题刘向撰。是书凡二十篇，按"君道"、"臣术"等分篇。书中记载了卜筮、时日、祷祠之类术数，亦简略地记载了龟占、二十八宿占、五星占、五音占等占法。

龟占。《说苑·辨物》载："灵龟文五色，似玉似金，背阴向阳，上隆象天，下平法地，繁衍象山，四趾转运应四时，文著象二十八宿。蚘头龙翅，左精象日，右精象月，千岁之化，下气上通，能知吉凶存亡之变。"①刘向对灵龟作了神似般的描绘，并肯定地说龟占，"能知吉凶存亡之变"。灵龟，褚少孙补《龟策列传》曰："假之灵龟，五巫五灵，不如神龟之灵，知人死，知人生"。龟占，褚少孙则肯定地说，"知人死，知人生"，"可得占"。刘向接着说，"宁则信，信如也"。

二十八宿占。《说苑·辨物》曰："所谓二十八星者：东方曰角亢氐房心尾箕，北方曰斗牛须女虚危营室东壁，西方曰奎娄胃昂毕觜参，南方曰东井舆鬼柳七星张翼轸。"《说苑·辨物》所记二十八宿的排序，与《淮南子·天文训》的记载相同，清楚地勾勒了四方七宿说。"四方"，张衡在《灵宪》里比拟"四象"，他对"四象"进行了富于诗意的描述："苍龙连蜷于左，白虎猛据于右，朱雀奋翼于前，灵兽圈首于后"。灵兽：玄武。《说苑·辨物》载："《书》曰：'在璇玑玉衡，以齐七政。'璇玑，谓此辰勾陈枢星也。以其魁杓之所指二十八宿为吉凶祸福；天文列舍盈缩之占，各以类为验。夫占变之道，二而已矣；二者阴阳之数也。"②《说苑》据司马迁说，将"璇玑玉衡"解为北斗七星，并说基于"魁杓之所指"的二十八宿占：其一，"各以类为验"；其二，仍是依据"阴阳之数"，即天地之数。

五星占。《说苑·辨物》载："五星之所犯，各以金木水火土为占。春秋冬夏

---

① 刘向撰：《说苑》卷十八，上海古籍出版社，1990 年版，第 155 页。

② 刘向撰：《说苑》卷十八，上海古籍出版社，1990 年版，第 150 页。

伏见有时。失其常,离其时,则为变异;得其时,居其常,是谓吉祥。"①五星占,《说苑》并没有详记如何"各以金木水火土为占",仍旧维持在"伏见有时",看其是否"失其常"、"得其时"上。

五音占。《说苑·修文》载:"凡音,生人心者也,情动于中而形于声,声成文谓之音。是故治世之音安以乐,其政和;乱世之音怨以怒,其政乖;亡国之音哀以思,其民困。声音之道,与政通矣。宫为君,商为臣,角为民,徵为事,羽为物。"②"声成文谓之音",则五音占即五声占。《天官书》记载的五声占,"宫,则岁善,吉;商,则有兵;徵,旱;羽,水;角,岁恶"。《礼纬》记载的五声占,"宫主君,商主臣,角主父,徵主子,羽主夫"。《说苑》记载的五音占,"宫为君,商为臣,角为民,徵为事,羽为物"。《说苑》又增五音"皆乱"之说,《说苑·修文》载:"五音乱则无法,无法之音:宫乱则荒,其君骄;商乱则陂,其官坏;角乱则忧,其民怨;徵乱则哀,其事勤;羽乱则危,其财匮;五者皆乱,代相凌,谓之慢,如此则国之灭亡无日矣。"

《说苑·反质》载:"信鬼神者失谋,信日者失时,何以知其然?夫贤圣周知,能不时日而事利;敬法令,贵功劳,不卜筮而身吉;谨仁义,顺道理,不祷祠而福。故卜数择日,洁斋戒,肥牺牲,饰圭璧,精祠祀,而终不能除悖逆之祸。"③《说苑·反质》这段短文,几乎全为刘向的议论。刘向说"信鬼神者失谋,信日者失时"。为什么这样说呢?刘向解释说:古人占候卜筮,是为了辅正道而决疑难,显示天意在先,不敢独断专行,并非要颠倒是非而寻找一种侥幸的安全。故圣贤"能不时日而事利","不卜筮而身吉","不祷祠而福"。对卜筮、时日、祷祠之类术数,刘向作了一个总结:"故卜数择日","而终不能除悖逆之祸"。

《越绝书》记载的占梦

《越绝书》十五卷,不著撰人。四库馆臣考曰:"然则此书为会稽袁康所作,同

---

① 刘向撰:《说苑》卷十八,上海古籍出版社,1990年版,第151页。
② 刘向撰:《说苑》卷十九,上海古籍出版社,1990年版,第171页。
③ 刘向撰:《说苑》卷二十,上海古籍出版社,1990年版,第173—174页。

郡吴平所定也。"四库馆臣指出："其文纵横曼衍,与《吴越春秋》相类,而博丽奥衍则过之。中如《计倪内经》军气之类,多杂术数家言。皆汉人专门之学,非后来所能依托也。"①我们看《越绝书》所记吴王占梦之事。

《越绝外传纪策考第七》载:昔者,吴王夫差兴师伐越,大败。吴王曰:"寡人昼卧,梦见井嬴溢大,与越争彗,越将扫我,军其凶乎? 孰与师还?"伍子胥曰:"臣闻井者,人所饮;溢者,食有余。越在南,火;吴在北,水。水制火,王何疑乎? 风北来,助吴也。昔者(周)武王伐纣时,彗星出而兴周。"②有一次,吴王夫差伐越,遭遇"车败马失,骑士堕死;大船陵居,小船没水"的败绩,欲借梦退兵。伍子胥不愿临阵怯战,解梦催促吴王继续进军,云"王其勉之哉,越师败矣";"愿大王急行,是越将凶,吴将昌也"。

《越绝外传记吴王占梦第十二》载:吴王夫差昼卧姑胥之台,"觉寤而起,其心惆怅,如有所悔。即召太宰而占之"。吴王曰:"向者昼卧,梦入章明之宫。入门,见两鬶炊而不蒸;见两黑犬嗥以北,嗥以南;见两铧倚吾宫堂;见流水汤汤,越吾宫墙;见前园横索生树桐;见后房锻者扶挟鼓小震。子为寡人精占之,吉则言吉,凶则言凶,无谀寡人之心所从。"③吴王夫差梦入章明宫,凡"六见"。夫差能记住这么复杂的一个梦,是令人生疑的,或是《越绝书》作者替吴王描写的一段梦。既然做了梦,吴王便召太宰嚭而占之。

太宰嚭对曰:"善哉! 大王兴师伐齐。夫章明者,伐齐克,天下显明也。见两鬶炊而不蒸者,大王圣气有余也。见两黑犬嗥以北,嗥以南,四夷已服,朝诸侯也。(见)两铧倚吾宫堂,夹田夫也。见流水汤汤,越吾宫墙,献物已至,财有余也。见前园横索生树桐,乐府吹巧也。见后房锻者扶挟鼓小震者,宫女鼓乐也。"太宰嚭如此释梦,"吴王大悦,而赐太宰嚭杂缯四十疋"。杂缯,白黑掺杂丝织品。疋,同"匹"。《越绝书》载:"太宰者,官号;嚭者,名也,伯州之孙。伯州为楚臣,以过诛;嚭以困奔于吴。是时吴王阖庐伐楚,悉召楚仇而近之。嚭为人览闻辩见,

①　永瑢等撰:《四库全书总目》卷六六,中华书局,1965 年版,第 583 页。
②　袁康、吴平辑录:《越绝书》卷第六,上海古籍出版社,1985 年版,第 44 页。
③　袁康、吴平辑录:《越绝书》卷第十,上海古籍出版社,1985 年版,第 73 页。

目达耳通,诸事无所不知。"

同一个梦,吴王又召王孙骆而占之。王孙骆对曰:"臣智浅能薄,无方术之事,不能占大王梦。臣知有东掖门亭长越公弟子公孙圣,为人幼而好学,长而憙游,博闻疆识,通于方来之事,可占大王所梦。臣请召之。"吴王曰:"诺。"公孙圣得召,"伏地而泣,有顷不起"。其妻大君从旁扶起曰:"何若子性之大也! 希见人主,卒得急记,流涕不止。"公孙圣仰天叹曰:"呜呼,悲哉! 此固非子之所能知也。今日壬午,时加南方,命属苍天,不可逃亡。"公孙圣自知此行难免丧命,留下遗书,与妻诀别。

公孙圣谒见吴王,伏地而泣,为吴王释梦。公孙圣曰:"夫章者,战不胜,走偟偟;明者,去昭昭,就冥冥。见两鬵炊而不蒸者,王且不得火食。见两黑犬嗥以北,嗥以南者,大王身死,魂魄惑也。见两铧倚吾宫堂者,越人入吴邦,伐宗庙,掘社稷也。见流水汤汤,越吾宫墙者,大王宫堂虚也。前园横索生树桐者,桐不为器用,但为甬,当与人俱葬。后房锻者鼓小震者,大息也。王毋自行,使臣下可矣。"①梦入章明之宫,公孙圣解"章":"战不胜,走偟偟"。解"明":"去昭昭,就冥冥"。其他"六见"梦象的解释也全是反解。听公孙圣如此释梦,太宰嚭、王孙骆惶惶不安,"解冠帻,肉袒而谢",自己解冠脱衣谢罪。

吴王表面说,"子为寡人精占之,吉则言吉,凶则言凶";其实不然。《越绝外传记吴王占梦第十二》载:"吴王忿(公孙)圣言不祥,乃使其身自受其殃。王乃使力士石番,以铁杖击圣,中断之为两头。"公孙圣仰天叹曰:"苍天知冤乎! 直言正谏,身死无功。令吾家无葬我,提我山中,后世为声响。"

公孙圣直言正谏,反遭夫差抛尸山中。吴王使人杀公孙圣于秦余杭之山,留下狠话:"虎狼食其肉,野火烧其骨,东风至,飞扬汝灰,汝更能为声哉。"②《越绝外传记吴地传第三》载:"秦余杭山者,越王栖吴夫差山也,去县五十里。山有湖水,近太湖。"越王勾践卧薪尝胆,最终战胜了吴国,把吴王夫差流放到他抛尸公

---

① 袁康、吴平辑录:《越绝书》卷第十,上海古籍出版社,1985年版,第74页。
② 袁康、吴平辑录:《越绝书》卷第十,上海古籍出版社,1985年版,第75页。

孙圣处。

王充对"时俗"之说的批判

王充，字仲任，会稽上虞人。东汉光武帝建武三年(公元 27 年)生，病卒于汉和帝永元八年(公元 96 年)后，年约七十多岁。《后汉书·王充列传》载：王充年少时有孝名，"后到京师，受业太学，师事扶风班彪。好博览而不守章句"。学成后回到家乡，以教书为业；会稽郡曾聘他为功曹，后入州为从事，终因不善官场周旋而"罢州家居"。

王充看到世传"工伎之书"、"时日之书"充斥着许多虚妄之言，于是著《论衡》一书，对诸如"命禄"、"祭祀"、"卜筮"、"忌讳"、"图宅术"、"时日"等荒谬之言，一一进行了批判。这类命题，正所谓东汉的方术之学，下文仅看王充对"命禄"、"图宅术"的论说。

王充论"命禄"

《论衡·气寿篇》曰："凡人禀命有二品，一曰所当触值之命，二曰强弱寿夭之命。"①《论衡·命禄篇》曰："有死生寿夭之命，亦有贵贱贫富之命。"②"死生寿夭之命"，或曰"强弱寿夭之命"，指"寿命"。"贵贱贫富之命"，或曰"所当触值之命"，指"福禄"。寿命、福禄，这二者便是王充所说的人之"命禄"。

王充认为，人的贵贱贫富，是由"天所施气"决定的。王充说，"天所施气"，或"得富贵象"，或"得贫贱象"，都是一个"偶会"。《论衡·偶会篇》曰："偶适然自相遭遇，时也。""偶会"，指偶然的"自相遭遇"，故叫"所当触值之命"。《论衡·命禄篇》曰："命则不可勉，时则不可力，知者归之于天。"王充认为人的贵贱贫富，不可能通过外力改变。故《论衡·偶会篇》曰："命，吉凶之主也。自然之道，适偶之

---

① 北大历史系编：《论衡注释》，中华书局，1979 年版，第 1 册，第 53 页。
② 北大历史系编：《论衡注释》，中华书局，1979 年版，第 4 册，第 38 页。

数,非有他气旁物厌胜感动使之然也。"王充就将人的"贵贱贫富之命",说成不能改变的"自然之道"。

王充认为,人的寿命,也是由人所禀之气决定的。《论衡·气寿篇》曰:"人之禀气,或充实而坚强,或虚劣而软弱。充实坚强,其年寿;虚劣软弱,失弃其身。"又曰:"夫禀气渥则其体强,体强则其命长;气薄则其体弱,体弱则命短。命短则多病寿短。"①王充说,人所禀之气,充实则体强,体强则寿长;虚劣则体弱,体弱则命短。

如果王充所说的人所禀之"气",是指"元气"、"自然之气",那么,这一论述还是正确的。但王充所说的人所禀之气,却是指"天所施气"、"父母施气"。王充说:"寿命修短皆禀于天。"又说:"凡人受命,在父母施气之时,已得吉凶矣。"②王充将"父母施气"而带来的寿命,说成"皆禀于天"。应该说,这种解释是错误的。

关于"命",王充讲了两句话。一曰"性成命定"。《论衡·无形篇》曰:"人禀元气于天,各受寿夭之命,以立长短之形……人体已定,不可减增。用气为性,性成命定。体气与形骸相抱,生死与期节相须。形不可变化,命不可减加。"③王充认为:"人禀元气于天",这叫"用气为性,性成命定"。二曰"命甚易知"。《论衡·骨相篇》曰:"人曰命难知。命甚易知。知之何用?用之骨体。人命禀于天,则有表候于体。察表候以知命,犹察斗斛以知容矣。表候者,骨法之谓也。"王充说:观察人的长相外貌就能知道他的命运,这就像看见斗斛就知道它的容量大小,故云"命甚易知",这叫"命在于身形,定矣"。

王充论"图宅术"

《论衡·诘术篇》曰:"图宅术曰:宅有八术,以六甲之名,数而第之,第定名立,宫商殊别。宅有五音,姓有五声。"④图宅有八术,以六甲名第为一说,宅有五

① 北大历史系编:《论衡注释》,中华书局,1979年版,第1册,第54页。
② 北大历史系编:《论衡注释》,中华书局,1979年版,第1册,第81页。
③ 北大历史系编:《论衡注释》,中华书局,1979年版,第2册,第91页。
④ 北大历史系编:《论衡注释》,中华书局,1979年版,第4册,第1417—1418页。

音又为一说。

"图宅术"的六甲名第之说。"六甲",原指天干地支中的甲子、甲寅、甲辰、甲午、甲申、甲戌。《论衡·诘术篇》曰:"数宅既以甲乙,五行之家数日亦当以甲乙。甲乙有支干,支干有加时。支干加时,专比者吉,相贼者凶。"专比,原书注释曰:"指天干和地支上下相生。例如:甲午,甲属木,午属火,木生火,是上生下之日。壬申,壬属水,申属金,金生水,是下生上之日。专比之日被认为是吉日。"①相贼,指干支的相克。王充说:今"术家更说日甲乙者",则甲乙不过是"将一有十名也",故"用甲乙决吉凶",只能是徒劳无益。

"图宅术"的宅有五音之说。《论衡·诘术篇》曰:"图宅术曰:商家门不宜南向,徵家门不宜北向。则商金,南方火也;徵火,北方水也……故五姓之宅,门有宜向。向得其宜,富贵吉昌;向失其宜,贫贱衰耗。"②姓有五音,故宅亦分五音;五音与五行相配,得五姓之宅的宜忌,为宅有五音说。五姓宅说,商姓属金,南方属火,因五行相胜火胜金,故云"商家门不宜南向"。王充批判说:"姓有五音,人之性质亦有五行。五音之家,商家不宜南向门,则人禀金之性者,可复不宜南向坐、南行步乎?"图宅术说"商家门不宜南向,徵家门不宜北向",那么"禀金之性者",都不得"南向坐、南行步乎"? 王充问得好。

王符记载了另一种宅有五音说。王符《潜夫论·卜列》曰:"俗工又曰:商家之宅,宜西出门;此复虚矣。五行当出乘其胜,入居其隩乃安吉。商家向东入,东入反以为金伐木,则家中精神日战斗也。五行皆然。"③隩,意为河畔。《论衡·四讳篇》说,"西益宅谓之不祥";王符引"俗工"说,"商家之宅,宜西出门"。可见,宅有五音之说,也是混乱不堪的。

王符说道:"今一宅也,同姓相伐,或吉或凶;一宫也,同姓相伐,或迁或免。一宫也,成、康居之日以兴,幽、厉居之日以衰。由此观之,吉凶兴衰不在宅明矣。""成、康居之日以兴":成,周成王,周武王之子,西周王朝第二位君主。康,周

①　北大历史系编:《论衡注释》,中华书局,1979 年版,第 4 册,第 1420 页。
②　北大历史系编:《论衡注释》,中华书局,1979 年版,第 4 册,第 1428 页。
③　王符撰:《潜夫论》第六卷,上海古籍出版社,1990 年版,第 42 页。

康王，周成王之子，西周王朝第三位君主。"幽、厉居之日以衰"：幽，周幽王，西周王朝最后一位君主。厉，周厉王，西周王朝第十位君主。王符说，同样一间屋子，居之有兴有衰，故"吉凶兴衰不在宅明矣"。

针对东汉盛行的五姓宅说，唐吕才《叙宅经》考曰："言五姓者，谓宫商角徵羽等，天下万物，悉配属之，行事吉凶，依此为法。至如张、王等为商，武、庾等为羽，欲似同韵相求；及其以柳姓为宫，以赵姓为角，又非四声相管。其间亦有同是一姓，分属宫商，后有复姓数字，徵羽不别。验于经典，本无斯说。诸阴阳书，亦无此语，直是野俗口传，竟无所出之处。"①吕才考证了五姓宅说，五姓与五音配属不合"四声"，且分属不明，"徵羽不别"。吕才又谓"诸阴阳书，亦无此语"。

宋高承《事物纪原》考曰："《苏氏演义》曰：'五音之配五姓，郭璞以收舌之音为宫姓，以至腭上之音为徵姓，以唇音为羽姓，以舌著齿外之音为商姓，以胸中之音为角姓。'又《青囊经》云：'城寨屋宅之地，也以五姓配五行。'然则五姓之起，自郭璞始也。前汉《王莽传》，卜者王况谓李焉曰：'汉当复兴，君姓李，李者，徵；徵，火也，当为汉辅。'按此五姓之说，自汉已有之。"②高承《事物记原》考得五姓配五行之说，自王莽时已有之；并指出五音之配五姓，源于发音的规定。

王符论梦、卜、巫、相

王符，字节信，东汉安定临泾（今甘肃省镇原县）人。《后汉书》记王符，"志意蕴愤，乃隐居著书三十余篇，以讥当时失得，不欲章显其名，故号曰《潜夫论》"。四库馆臣评是书："洞悉政体似《昌言》，而明切过之；辨别是非似《论衡》，而醇正过之。"四库馆臣说王符的《潜夫论》，在某些方面有超仲长统《昌言》、王充《论衡》之处。

---

① 刘昫等撰：《旧唐书》卷七十九，中华书局点校本，第8册，第2720页。
② 高承著：《事物纪原》卷九，《丛书集成初编》本，编号1212-第336页。

王符论梦

《潜夫论·梦列》曰："凡梦：有直，有象，有精，有想，有人，有感，有时，有反，有病，有性。"①此王符所说"十梦"。直谓直应之梦，如梦君，明日则见君之类；象谓物象之梦，如梦熊、蛇、旟、旐之类；日思夜梦，谓意精之梦；人有忧思而梦，谓记想之梦；人有贵贱贤愚、男女长少，此谓人位之梦；阴极即吉，阳极即凶，谓极反之梦；风雨寒暑谓之感，谓感气之梦；五行王相谓之时，谓应时之梦；人患百病而梦，此谓病之梦；人之情心、好恶不同，此谓性情之梦。王符所说的"十梦"，对诸如什么是梦？人为何做梦？梦为何不同？多少作了一些解释。王符总结道：占梦，大体上说，"温和升上、向兴之象，皆为吉喜"；"解落坠下、向衰之象"，皆为凶忧。

《潜夫论·梦列》曰："借如使梦吉事，而己意大喜乐，发于心精，则真吉矣。梦凶事而己意大恐惧，忧悲发于心精，即真恶矣；所谓秋冬梦死伤也。吉者，顺时也。"②王符认为：梦是"己意"的产物，"发于心精"。"己意大喜乐"，易做吉梦；"己意大恐惧"，则易做恶梦。他说"顺时"，则肯定做吉梦。

王符说：梦"多有故"，而占梦者"不能究道之"，"不能连类传观"，故占梦者有不中也。王符认为，占梦者虽有不准确的地方，但梦还是可以占的。《潜夫论·梦列》曰："夫占梦，必谨其变故，审其征候，内考情意，外考王相，即吉凶之符，善恶之效，庶可见也。"③王符说梦有"征候"，占梦者要从"内考情意，外考王（旺）相"中，占梦的"善恶之效"。

王符说占梦，凡"见瑞而修德"，凡"见妖而戒惧"，目的也是在于"祸转为福"。《潜夫论·梦列》曰："凡有异梦感心，以及人之吉凶，相之气色，无问善恶，常恐惧修省，以德迎之，乃其逢吉，天禄永终。"④王符说：占梦的结果无论吉凶，都还是要"常恐惧修省"。这同刘向所说的话，"见祥而能为善，则祸不至"，目的完全一样。

---

① 王符撰：《潜夫论》第七卷，上海古籍出版社，1990年版，第45页。
②③ 王符撰：《潜夫论》第七卷，上海古籍出版社，1990年版，第46页。
④ 王符撰：《潜夫论》第七卷，上海古籍出版社，1990年版，第47页。

王符论卜

《潜夫论·卜列》曰："天地开辟有神民,民神异业精气通。行有招召,命有遭随,吉凶之期,天难谌斯。圣贤虽察不自专,故立卜筮以质神灵。"①行有招召,《荀子·劝学》曰:言有召祸,行有招辱。命有遭随,《庄子·列御寇》曰:达大命者随,达小命者遭。王符说:命有吉凶,天亦难断,"故立卜筮以质神灵"。

《潜夫论·卜列》曰："夫君子闻善则劝乐而进,闻恶则循省而改尤,故安静而多福;小人闻善,即慑惧而妄为,故狂躁而多祸。是故凡卜筮者,盖所问吉凶之情,言兴衰之期,令人修身慎行以迎福也。"②王符说卜筮的目的,也是"令人修身慎行以迎福也"。

《潜夫论·卜列》曰："且圣王之立卜筮也,不违民以为吉,不专任以断事。故《洪范》之占,大同是尚。"王符欣赏《洪范》的占法,提倡"不违民"、"不专任",而以"大同"为是。《尚书·洪范》曰:"汝(君)则从,龟从,筮从,卿士从,庶民从,是之谓大同。"

《潜夫论·卜列》又曰："圣人甚重卜筮,然不疑之事,亦不问也。甚敬祭祀,非礼之祈,亦不为也。故曰:圣人不烦卜筮,敬鬼神而远之。"③王符也指出:不要经常占卜,要敬而远之。为什么呢? 桓谭作过回答,曰:"其事虽有时合,譬犹卜数只(本意一枚,引申为单)偶之类"。桓谭说卜筮就像猜单双,靠不住的。

王符论巫

《潜夫论·正列》的"正列",或"巫列"之误。

《潜夫论·正列》曰："凡人吉凶,以行为主,以命为决。行者,己之质也;命者,天之制也。在于己者,固可为也;在于天者,不可知也。"④王符认为:凡人吉凶,有"己可为"者,有"天之制"者;"己可为",在于修德;"天之制"者,不可为也。

故曰：却灾致福，在己修德，不在祷祀。祷祀，有事则祭祀以祝祷于鬼神。

《潜夫论·正列》曰："且人有爵位，鬼神有尊卑。天地山川、社稷五祀、百辟卿士有功于民者，天子诸侯所命祀也。若乃巫觋之谓独语，小人之所望畏，土公、飞尸、咎魅、北君、衔聚、当路、直符七神，及民间缮治、微蔑小禁，本非天王所当惮也。"①土公：土公之神，即民间所谓"土煞"。飞尸：《论衡》曰"飞尸流凶，不敢安集"。咎魅：作祟致祸的鬼怪，或谓精魅。王符说：鬼神也有尊卑，有"天子诸侯所命祀"之主神，有巫觋之谓"客鬼"。土公、飞尸、咎魅、北君、衔聚、当路、直符，皆民间望而生畏的七种恶神。

王符论相

《潜夫论·相列》曰："是故人身体形貌皆有象类，骨法角肉各有分部，以著性命之期，显贵贱之表；一人之身，而五行八卦之气具焉。故师旷曰：赤色不寿；火家性易灭也。《易》之《说卦》：巽，为人多白眼。相：扬四白者，兵死；此犹金伐木也。"②四白，谓睛之上下左右皆露白。引文"巽，为人多白眼"句，根本不是《说卦》中说辞。"此犹金伐木也"，王符欲以五行相克之理，解说他的相术。

《潜夫论·相列》曰："夫骨法为禄相表，气色为吉凶候，部位为年时（下脱一字，疑"符"字），德行为三者招。"③王符这里说了骨法、气色、部位三者，但以德行为准的。《潜夫论·相列》又曰："然其大要，骨法为主，气色为候。"王符说，相术之要，是以骨法为主、气色为候。

相术的"骨法为主"。《潜夫论·相列》曰："虽然，人之有骨法也，犹万物之有种类，材木之有常宜。"《论衡·骨相篇》："贵贱贫富，命也。操行清浊，性也。非徒命有骨法，性亦有骨法。"④又曰："案骨节之法，察皮肤之理，以审人之性命，无不应者。"⑤王充、王符都持"贵贱在于骨法"说。

---

① 王符撰：《潜夫论》第六卷，上海古籍出版社，1990年版，第43页。
②③ 王符撰：《潜夫论》第六卷，上海古籍出版社，1990年版，第44页。
④ 北大历史系编：《论衡注释》，中华书局，1979年版，第1册，第171页。
⑤ 北大历史系编：《论衡注释》，中华书局，1979年版，第1册，第164页。

相术的"气色为候"。《潜夫论·相列》曰："五色之见,王废有(时)。智者见祥,修善迎之,其有忧色,循行改尤。愚者反戾,不自省思,虽休征见相,福转为灾。"①"五色之见",则青赤白黄黑。"王废有时":"时"字,据《潜夫论·梦列》"五行王相谓之时"句增。"五行王相",即金木水火土、王相死囚休。"循行改尤",循当作修,尤通忧;意智者"修行改忧",祸转为福。相术的"气色为候",谓"五色之见,王废有时"。这与《说苑》所说的五星之犯,"伏见有时",失其常则为变异,得其时是谓吉祥,其方法也是一致的。

相术的影响是十分深远的。不仅东汉术家纷纷造说相术,包括荀悦、王符这些明智者,也都纷纷肯定相术存在的。对于相术,王符《潜夫论·相列》说,"能期其所极,不能使之必至"。这句话的意思是说,可以期待得到某些迹象,但决不能使之必定达到。

第四节　阴阳术数

南北朝时期,存世的术数杂占类著作也多了起来。杂占,包括相宅、相墓等,这类术数起源早、影响久,笔者取《宅经》、《葬书》作为对相宅、相墓类术数的研究史料。

相人,笔者取唐赵蕤《长短经·察相》,作为相术研究的一篇资料。赵蕤并不是一位方技人物,《长短经》甚至还不能归入术数类书中,但《长短经·察相》篇,记录了一套完整的相术名词和各种相术,它的成书也是比较早的。

王希明的《太乙金镜式经》,是以"岁月日时"为纲,而以太乙八将为纬,讲的是太乙九宫占。"岁月日时"的提法,早见先秦古籍,但多说"岁月日"。王希明"更以日度加时",在太乙九宫占中,加入了"时"的推法。太乙八将:太乙五将加文昌、始击和计神。

---

① 王符撰:《潜夫论》第六卷,上海古籍出版社,1990年版,第45页。

李虚中《命书》，按六十甲子立六十"格局"，讲人的贵贱寿夭。他又以人之"岁月日时"的干支为"四柱"，独以干支定人祸福。李虚中的"三元"说，以"干禄、支命、纳音"言五行生克制化。故世传星命之学，还是应以李虚中为祖。

《宅经》的阴阳义理

《宅经》二卷，旧题黄帝撰。汉时已见相宅类著作，《汉志》载《宫宅地形》二十卷，王充《论衡·难岁篇》记有《周公卜宅经》一部。《宅经》则记载了二十九部相宅类书名，其中大多为后人伪题。在这些相宅著作皆已佚失时，《宅经》一书保存了其中的主要内容。

四库馆臣称《宅经》"颇有义理"。《宅经》的义理，讲的是阴阳之理，它讲了四句话。《宅经》曰："夫宅者乃是阴阳之枢纽，人伦之轨模……凡人所居，无不在宅。虽只大小不等，阴阳有殊，纵然客居一室之中，亦有善恶。"①《宅经》说宅虽"大小不等，阴阳有殊"，亦有"善恶"。《宅经》曰："是以阳不独王，以阴为得；阴不独王，以阳为得。"②《宅经》说阳不独阳，阴不独阴，所谓重阴重阳，则凶。《宅经》曰："凡之阳宅即有阳气抱阴，阴宅即有阴气抱阳。"③《宅经》再说阳中含阴、阴中含阳。《宅经》曰："若一阴阳往来，即合天道，自然吉昌之象也。"④《宅经》说阴阳往来运变，自然吉昌。《宅经》说的这四句话，一个中心，宅是阴阳之枢纽。

《宅经》从阴阳之理出发，而谈相宅方位。《宅经》卷下有一个二十四路方位图（见图 4-4-1），所谓"十干十二支乾艮坤巽共为二十四路也"。其乾艮巽坤，代表西北、东北、东南、西南四角（乾艮巽坤四角，类《淮南子》中的丑寅、辰巳、未申、戌亥四维）；亥壬子癸丑，代表北面五位；寅甲卯乙辰，代表东面五位；巳丙午丁未，代表南面五位；申庚酉辛戌，代表西面五位。十干，实际取了八个，无戊己。

---

① （旧题）黄帝撰：《宅经》卷上，《四库术数类丛书》本，第 6 册，第 2 页。
②③④ （旧题）黄帝撰：《宅经》卷上，《四库术数类丛书》本，第 6 册，第 3 页。

《宅经》二十四路的取法,显然与《淮南子·天文训》中对天的二十四部划分相同。《淮南子·天文训》的二十四部划分,天干取了八个(无戊己),地支十二,乾艮巽坤作四维,又为二十四节气的划分。《宅经》借此二十四部划分,作宅的二十四路方位,将对天和节气的二十四部划分,用在对宅的一种布局上。

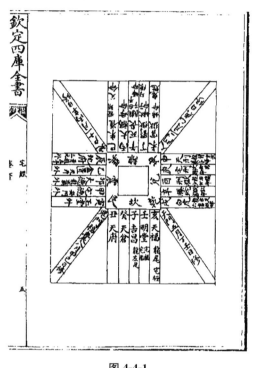

图 4-4-1

　　《宅经》就根据二十四路方位,讲宅的布局。《宅经》曰:"乾,天门,阴极阳首,亦名背枯向荣,其位舍屋连接,长远、高壮、阔实,吉(五月丁壬日修,吉;北方不用壬子、丁巳日—原书小字注,下同)。"《宅经》又曰:"亥,为天福,龙尾,宜置猪栏,亦名宅极。经云:欲得职,治宅极。宜开拓极(亥、东,三月丁壬日修,吉;宫羽姓,即七月,吉)。"从乾至戌,《宅经》基本列出了二十四路的宅名及修宅宜忌。修宅宜忌的三个考量:时间、方位、五姓宅说。

　　《宅经》记载了《修宅次第法》。《宅经》云:"凡从巽向乾,从午向子,从坤向艮,从酉向卯,从戌向辰移(已上移转及上官所住,不计远近,悉入阳也——原书小字注,下同);从乾向巽,从子向午,从艮向坤,从卯向酉,从辰向戌移(已上移转及上官,悉名入阴)。"①上官所住,宅主原址。《宅经》对阴宅、阳宅作的定义,顺十二支入阴,逆十二支入阳。《宅经》曰:"夫辨宅者皆取移来方位,不以街北街东为阳、街南街西为阴。"②《宅经》好说阴阳,但辨宅阴阳"皆取移来方位"。

《宅经》曰:"阴宅从巳起功,顺转;阳宅从亥起功,顺(逆)转……阳宅多修于外,阴宅多修于内。或者取子午分阴阳之界,误将甚也。"③阳宅从亥起功,"顺"转,当作"逆"转,因上文说,"从午向子、从戌向辰",是为"逆"转。值得注意的是,《宅经》讲的"阴宅",是"取移来方位"之宅,而南北朝时的"阴宅",一般指墓穴。这或是《宅经》成书于东晋之时的又一证据。《宅经》又引《三元经》曰:"修来路即无不吉,犯抵路未尝安。假如近从东来入此宅,住后更修拓西方,名抵路;却修拓东方,名来路。余方移转及上官往来,不计远近,准此为例。"④从东来西,名抵路;从东往东,名来路。《宅经》说的这些话,对我们辨析"西益宅"、"东益宅",还是有帮助的。西益宅,即向西扩建旧居,古人以为不祥之事。东益宅,即向东扩建旧居,古人亦以为不祥。

《宅经》讲宅的布局,提出"五虚"、"五实"的概念。《宅经》曰:"宅有五虚,令人贫耗;五实,令人富贵。宅大人少,一虚;宅门大内小,二虚;墙院不完,三虚;井灶不处,四虚;宅地多屋少、庭院广,五虚。"⑤"五实"是"五虚"的相反说法。《宅经》不强调"宅大",而强调宅的墙院完全、井灶相处等布局。"五虚"、"五实",讲了人、宅、环境的关系。《宅经》曰:"宅以形势为身体,以泉水为血脉,以土地为皮肉,以草木为毛发,以舍屋为衣服,以门户为冠带,若得如斯,是事俨雅,乃为上吉。"⑥又曰:"人因宅而立,宅因人得存;人宅相符,感通天地,故不可

————————

①　(旧题)黄帝撰:《宅经》卷上,《四库术数类丛书》本,第 6 册,第 3 页。
②⑤　(旧题)黄帝撰:《宅经》卷上,《四库术数类丛书》本,第 6 册,第 4 页。
③⑥　(旧题)黄帝撰:《宅经》卷上,《四库术数类丛书》本,第 6 册,第 5 页。
④　(旧题)黄帝撰:《宅经》卷上,《四库术数类丛书》本,第 6 册,第 5—6 页。

独信命也。"①《宅经》说的这些道理,应该说还是令人可以勉强接受的。不过,《宅经》"不可独信命"说,是立足"人宅相符"上,这又不可信。

《葬书》的风水说

《葬书》一卷,旧题晋郭璞撰。郭璞,字景纯,河东闻喜(今属山西省)人,以善于卜筮而闻名。

葬地之说盛传于后汉。到南北朝时,相墓类书籍已大量出现。在《隋志》所载相墓专著已全部佚失时,旧题晋郭璞撰的这本《葬书》,可作为南北朝时的一部相墓类专著来研读。是书原有二十篇之多,经元吴澄删其浮辞、除去重复,尚存《内篇》、《外篇》、《杂篇》三篇。

《葬书》所论的是风水,而风水首论的是气。《葬书》曰:"盖生者气之聚,凝结者成骨,死而独留。"人生为气之聚,人死为气之散,这个道理就被《葬书》换成"葬者反气入骨"。《葬书》认为:既然尸骨也是气,则"气感而应鬼福及人"。《葬书》便借这个气的感应,论述了它的风水论。《葬书》曰:"气乘风则散,界水则止。古人聚之使不散,行之使有止,故谓之风水。"②《葬书》得出风水结论:"得水为上,藏风次之。"

《葬书》风水论中的葬法,讲的是"山水"。山讲支垅。《葬书》言支垅之辨曰:"夫支欲伏于地中,垅欲峙于地上。"《葬书》言支垅之葬曰:"支葬其巅,垅葬其麓。"《葬书》曰:"地贵平夷,土贵有支。支之所起,气随而始;支之所终,气随以钟(终)。"③水讲分合。《葬书》曰:"派于未盛,朝于大旺。"注:"派者,水之分也;朝者,水之合也。夫之水行,初分悬溜,始于一线之微,此水之未盛好。小流合大流,乃渐远而渐多,而至于会流总潴者,此水之大旺也。"潴,水积聚的地方。水之葬法,《葬书》曰:"洋洋悠悠,顾我欲留;其来无源,其去无流"。

---

① (旧题)黄帝撰:《宅经》卷上,《四库术数类丛书》本,第6册,第5页。
② (旧题)郭璞撰:《葬书》,《四库术数类丛书》本,第6册,第14页。
③ (旧题)郭璞撰:《葬书》,《四库术数类丛书》本,第6册,第18页。

　　《葬书》风水论中的相法，讲的是"形势"。《葬书》曰："千尺为势，百尺为形。"对"形势"，《葬书》有两个说法。其一，《葬书》曰："势凶形吉，祸不旋日。"旋日，一日之间。其二，《葬书》曰："以势为难，而形次之，方又次之。"势为来势，形为形状，方为方位。《葬书》实际列举了十八种山脉形势，基本的观点是主张"势凶形吉"。但《葬书》又曰：势如万马、势如巨浪、势如降龙、势如流水等，形如燕窠、形如覆釜、形如覆舟、形如卧剑、形如仰刀等。从《葬书》对"形势"的这些比喻，知《葬书》又是主张"势吉形凶"的。《葬书》讲"形势"的吉凶是有点矛盾的。这一矛盾表明，不是《葬书》的基本断语"势凶形吉"说错了，就是"势如万马"、"形如仰刀"之类全不可信。

　　在术数类书中，《葬书》还有一个明显的特点，就是阴阳、五行、八卦讲得少。《葬书》曰："夫阴阳之气，噫而为风，升而为云，降而为雨。"还可理解为天地之气。《葬书》曰："外藏八风，内秘五行。"算讲过五行气。《葬书》曰："地有四势，气从八方。寅申巳亥，四势也；震离坎兑乾坤艮巽，八方也。"①《葬书》言八卦也只这么一句。

　　《葬书》在讲"山水"、"形势"之外，更多地是说"葬法四势"、"葬法八方"。葬法四势，《葬书》曰："夫葬以左为青龙，右为白虎，前为朱雀，后为玄武"。《葬书》曰："玄武垂头，朱雀翔舞，青龙蜿蜒，白虎驯頫（俯）。"这里借四象讲了葬法的前、后、左、右。葬法八方，《葬书》曰："夫葬乾者，势欲起伏而长，形欲阔厚而方；葬坤者，势欲连辰而不倾，形欲广厚而长平；葬艮者，势欲委蛇而顺，形欲高峙而峻；葬巽者，势欲峻而秀，形欲锐而雄；葬震者，势欲缓而起，形欲耸而峨；葬离者，势欲驰而穷，形欲起而崇；葬兑者，势欲天来而坡垂，形欲方广而平夷；葬坎者，势欲曲折而长，形欲秀直而昂。"②这里是借八卦讲了葬法的八方形势。

　　葬地的吉凶之说，竟造成梁武帝废除太子。此事发生在普通七年（公元526年），《南史·昭明太子列传》载：太子萧统，其母贵嫔丁令光。"初，丁贵嫔薨，太

---

① （旧题）郭璞撰：《葬书》，《四库术数类丛书》本，第6册，第34页。
② （旧题）郭璞撰：《葬书》，《四库术数类丛书》本，第6册，第35页。

子遣人求得善墓地,将斩草,有卖地者因阉人俞三副求市,若得三百万,许以百万与之。三副密启武帝,言太子所得地不如今所得地于帝吉,帝末年多忌,便命市之。"梁武帝买了块"于帝吉"的墓地,其实是因卖地者与阉人俞三副为得数百万利金而故出此说。"葬毕,有道士善图墓,云:'地不利长子,若厌伏或可申延。'乃为蜡鹅及诸物埋墓侧长子位。"太子因道士说梁武帝所选墓地"不利长子",而命人埋蜡鹅等物施行厌祷。其实这也是道士为图利而说,若知结果"唯诛道士",道士将另有他说。时有太监鲍邈之、魏雅二人,初并为太子信任所爱,后鲍邈之不如魏雅亲近了,就密启武帝云:"(魏)雅为太子厌祷"。"帝密遣检掘,果得鹅等物。大惊,将穷其事。徐勉固谏得止,于是唯诛道士。由是太子迄终以此惭慨,故其嗣不立。"①太子萧统,编选《昭明文选》存世,因墓地蜡鹅厌祷一事不立;后不幸遇难,世称昭明太子。

对南北朝以来盛行的风水说,唐吕才在《叙录命》中,怒斥"葬书败俗"。吕才曰:"野俗无识,皆信葬书,巫者诈其吉凶,愚人因而徼幸。遂使擗踊之际,择葬地而希官品;荼毒之秋,选葬时以规财禄。或云辰日不宜哭泣,遂莞尔而对宾客受弔;或云同属忌于临圹,乃吉服不送其亲。圣人设教,岂其然也? 葬书败俗,一至于斯,其义七也。"②擗踊:形容捶拍胸部、用脚顿地。吕才列举了葬书败俗的七宗罪,他反复强调,"安葬吉凶,不可信用"。

赵蕤《长短经》的相术

《长短经》九卷,唐赵蕤撰。赵蕤夫妇俱为隐士,好老、庄之学,《长短经》书名就取之《老子·第二章》"长短相形"语,有是非、得失、长短、优劣的意思。书成于开元四年(公元 716 年),原书十卷,末卷《阴谋》已散佚。

赵蕤的《长短经》,记载了一套相术的特有名词。《长短经·察相》曰:"夫相

---

① 李延寿撰:《南史》卷五十三,中华书局点校本,1975 年版,第 5 册,第 1312—1313 页。
② 刘昫等撰:《旧唐书》卷七十九,中华书局点校本,1975 年版,第 8 册,第 2726 页。

人先视其面。面有五岳四渎、五官六府、九州八极、七门二仪。"赵蕤注："五岳者：额为衡山，颏为恒山，鼻为嵩山，左颧为泰山，右颧为华山。四渎者：鼻孔为济，口为河，目为淮，耳为江。五岳欲耸峻圆满；四渎欲深大，崖岸成就。五岳成者，富人也；不丰则贫。四渎成者，贵人也；不成则贱也。""五官者：口一，鼻二，耳三，目四，人中五。六府者：两行上为二府，两辅角为四府，两颧衡上为六府。一官好，贵十年；五官六府皆好，富贵无已。""九州者：额从左达右，无纵理，不败绝，状如覆肝者为善。八极者：登鼻而望，八方

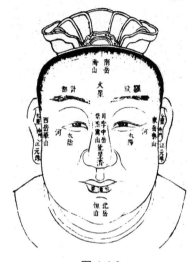

图 4-4-2

成形，不相倾者为良也。""七门者：两奸门，两阙门，两命门，一庭中。二仪者：头圆法天，足方象地。天欲得高，地欲得厚。若头小足薄，贫贱人也。七门皆好，富贵人也。"①五岳四渎、五官六府、九州八极、七门二仪（见图4-4-2），相术的这些特有名词，一直被后世相书沿用着。

《长短经·察相》的相术，除说"富贵在于骨法，忧喜在于容色"外，主要论相面。《察相》曰："总而言之：额为天，颐为地，鼻为人，左目为日，右目为月。天欲张，地欲方，人欲深广，日月欲光。天好者，贵；地好者，富；人好者，寿；日月好者，茂。上亭为天，主父母贵贱；中亭为人，主昆弟妻子仁义年寿；下亭为地，主田宅奴婢、畜牧饮食也。"上亭：从额头发际到眉毛。中亭：从眉毛到鼻尖下亭。下亭：从鼻尖到下巴。

《长短经·察相》又论述了人体其他部位的相术。赵蕤注："腰腹相称，臀髀才厚，及高视广走，此皆九品之侯也。""胸背微丰，手足悦泽，及身端步平者，此皆八品之侯也。""胸厚颈粗，臂胫佣均，及语调顾定者，此皆七品之侯也。""脑起身

① 赵蕤撰：《长短经》卷一，《丛书集成初编》本，编号0596－第19页。

方,手厚腰圆,及声清音朗者,此皆六品之候也""颈短背隆,乳阔腹垂,及鹅行虎步者,皆五品之候也。""头高面丰,长上短下,及半顾龙行者,此皆四品之候也。""胸背极厚,头深且尖,及志雄体柔者,此皆三品之候也。""头角奇起,支节合度,及貌桀性安者,此皆二品之候也。""头颈皆好,支节俱成,及容质姿美,顾视澄澈者,此皆一品之候也。"据赵蕤的注说,知《察相》的相术,还要看腰腹、胸背、语调、手臂、行步、容貌、头颈等。

《察相》于人体均有所论。《察相》相手曰:"夫手纤长者,好施舍;短厚者,好取。舍则庶几,取则贪惜。故曰:手如鸡足,急智祸促。手如猪蹄,志意昏迷。手如猴掌,勤劬伎俩。"《察相》相足曰:"足者,上载一身,下运百体。"《察相》相骨曰:"似龙者,为文吏;似虎者,为将军;似牛者,为宰辅;似马者为武吏,似狗者有清官、为方伯。"①《察相》又相体曰:"夫人喘息者,命之所存也。喘息条条、状长而缓者,长命人也;喘息急促、出入不等者,短命人也。又曰:骨肉坚硬,寿而不乐;体肉奭者,乐而不寿。"②奭,体肉多肥而软。相体主要看喘息和体形,这也是些经验之说。

《察相》的相术,还欲通过看人的目、舌、鼻、耳、唇,而说人的"性灵"。赵蕤注说:木主春,春主肝,肝主目,目主仁;"施恕惠与之意也"。火主夏,夏主心,心主舌,舌主礼;"富博宏通之义也"。金主秋,秋主肺,肺主鼻,鼻主义;"吝啬悭鄙之情也"。水主冬,冬主肾,肾主耳,耳主智;"邪谄奸佞之怀也"。土主季夏,季夏主脾,脾主唇,唇主信;"贞信谨厚之礼也"。赵蕤就借这一五行、五官、五常的匹配,将人的目、舌、鼻、耳、唇,和人的"性灵"联系起来。

嵇康著《声无哀乐论》,说声音无关于哀乐、哀乐亦无系于声音。赵蕤的相术亦说五声,他说声者深实,为善者也。赵蕤言命与相,用了一个声与响作比喻。《长短经·察相》曰:"夫命之与相,犹声之与响也;声动乎几响穷乎应。"③声与响存在"应"的关系,却被用来比喻命与相,但命与相为何可用声与响来作比喻,赵蕤也是不作回答的。

---

① 赵蕤撰:《长短经》卷一,《丛书集成初编》本,编号 0596 -第 21 页。
② 赵蕤撰:《长短经》卷一,《丛书集成初编》本,编号 0596 -第 18 页。
③ 赵蕤撰:《长短经》卷一,《丛书集成初编》本,编号 0596 -第 25 页。

《太乙金镜式经》的太乙术

王希明，号丹元子，不详其籍里。《全唐文》载王希明小传云："希明开元时人，自号青罗山布衣。"①青罗山位于河南省偃师市缑氏镇。《四库全书提要》云：王希明"开元时以方技为内供奉，待诏翰林"，撰《太乙金镜式经》。

四库馆臣言《太乙金镜式经》是一部"以岁月日时为纲"的书。《太乙金镜式经》曰："古者诸贤所论太乙，岁月日时各有篇目，推而求之，臣等今削去繁芜，撮其精要，演纪寻元，步历考数，并起上元甲子，求岁月日时之积。"②"岁月日时"，前人已有所应用，如京房《京氏易传》提到"积年起月，积日起时，积时起卦"；隋萧吉《五行大义》说支干配合"以定岁月日时而用"。王希明说他只是做了"削去繁芜，撮其精要"的工作。王希明说："岁月日时无易，各顺其常。故王者用岁计，卿士惟月计，师尹惟日计。故时通上下，则上至天子，下及庶士，时通用也。"③王希明重"时"，谓"时通用也"。为此，他还构造了一个"岁计"，曰："岁计者，岁星之使也，谓计岁月日时之事也"。术数中的岁月日时法，看来是王希明引入的。

《太乙金镜式经》记"推太乙式仪法"："制太乙式，体有三重，上青法天，下黄法地，中体象人，即天、地、人三才悉备。天有十二辰，地有十二次，四维、八门、九宫、十二神，咸有象焉。"④太乙式仪有三层，上层刻十二辰，下层布十二次，中层可能是"四维、八门、九宫、十二神"之类。王希明又撰《丹元子步天歌》一卷，应是一位深知天文者，却将"天有十二辰，地有十二次"说反了，自古"天有十二次，地有十二辰"。

《太乙金镜式经》记"推太乙运式法"："运式之仪有八。一详太岁所在，欲求计神，故先详之。第二详太乙所在宫，以立监将。第三详何神为天目，以置文昌、

①　董诰编：《全唐文》卷三百九十八，中华书局，1990年版，第2册，第1799页。
②　王希明撰：《太乙金镜式经》卷七，《四库术数类丛书》本，第8册，第905页。
③　王希明撰：《太乙金镜式经》卷二，《四库术数类丛书》本，第8册，第875页。
④　王希明撰：《太乙金镜式经》卷二，《四库术数类丛书》本，第8册，第874页。

始击诸神也。第四详何神为计神，以知主客计。第五详何神为始击……第六视天地二目各在何所，求主客之算。第七详置算之数，以定主客大将之宫。第八论主客置算。"①王希明说太乙术就这太乙运式八法。话虽如此，太乙术在运用时，还是要加上太乙十六神、太乙八门等，无比繁琐。

第一"推太岁所在"，欲求计神。元晓山老人《太乙统宗宝鉴》曰："计神者，太岁在子，命起寅，逆行十二辰，知所在。"《太乙金镜式经》曰："置上元甲子积年，以三百六十（周天：三百六十）去之；不尽，以六十去之；又不尽，命甲子算外，即太岁所在辰也。"②太乙术置上元甲子积年，累积至开元十二年，设为一百九十三万七千二百八十一，因"与太乙同元"，故称太乙积年，或曰上元甲子积年。以上元甲子积年数，除以三百六十，所得余数为入纪元数。以入纪元数，再除以六十，所得余数即太岁所在辰，如"太岁在子"。太乙术置上元甲子积年，的确模仿了历法的计算方法。不过，历家的上元是不确定的，王希明却说他的上元甲子积年，"与太乙同元"，真是异想天开。

第二求"太乙所在及太乙入宫以来年数"，以立监将。监将，太乙五将之一。《太乙金镜式经》曰："推上元积年，以周纪法三百六十去之；不尽，以元法七十二去之；又不尽，以太乙小周法二十四除之；又不尽，以三约之为宫数，不满为入宫以来年数。其宫数，命起一宫，顺行八宫，不游中五，算外即得太乙所在及入宫以来年数也。"③上元积年，即太乙积年数。以上元甲子积年数，除以三百六十，所得余数为入纪元数。以入纪元数，除以七十二，又得余数为入元局数。以入元局数除以二十四，所得余数再除以三，又得余数即太乙所在及太乙入宫以来年数。

第三求天目所在，以置文昌、始击诸神。天目亦称文昌。《太乙金镜式经》曰："置上元积年，以周纪法去之；不尽，以元法七十二去之；不尽，以天目周法十八去之。不满者，命起武德，顺行十六神；遇阴德、大武，重留一算外，即天目所在。"④"以周纪法去之"，即以上元甲子积年数除以三百六十。所得余数再除以

① 王希明撰：《太乙金镜式经》卷二，《四库术数类丛书》本，第8册，第874页。
②③④ 王希明撰：《太乙金镜式经》卷一，《四库术数类丛书》本，第8册，第860页。

七十二,所得余数再除以十八,所得余数即天目所在。

武德、阴德、大武,太乙十六神名。太乙术将十二月配十二支(十二神),又在冬春之交配艮神,春夏之交配巽神,夏秋之交配坤神,秋冬之交配乾神,则构成太乙十六神,亦称十六宫间神。十六神名:地主、阳德、和德、吕申、高丛、太阳、大炅、大神、大威、天道、大武、武德、太簇、阴主、阴德、大义。所谓"命起武德",即立阴阳二局。阴遁自武德起(夏至后,阴遁起申宫),阳遁自吕申起(冬至后,阳遁起寅宫);阳遁数至乾、坤重留一次;阴遁数至艮、巽重留一次,数到尽处即为天目所在。天目文昌,顺行十六神。

第四求计神所在,以知主客计。《太乙金镜式经》曰:"置积年,以纪法六十去之;不尽,命起寅宫,逆行十二辰,算外,即计神所在也。"①计神乃计度之神也。"以纪法六十去之",即以入纪元数,除以六十,所得余数为入纪年数。此岁计求法。又:"置积月,以纪法去之;不满者,以周法十二去之;不尽,命起寅,逆行十二辰,算外,即计神所在也。"②此月计求法。《太乙金镜式经》还记载了日计、时计的求法。

第五详何神为始击。王希明说:"以计神加和德宫,求文昌所临宫,以艮为鬼门,方求幽冥吉凶,故加和德而计之。"计神为岁星之使,始击为填星之精。以计神加于和德(艮宫)上,顺行十六神,即视天上文昌所临之下,而为始击之神。《太乙金镜式经》曰:"文昌为主目,始击为客目;因主而生客之义也。"晓山老人《太乙统宗宝鉴》曰:"文昌名地目,亦名下目,属主人之计;始击名天目,亦名上目,属客人之计。"③太乙生二目:主目、客目;文昌为主目,始击为客目。

第六求天地二目主客之算。《太乙金镜式经》曰:"若得十置一,若得二十四,弃二十置四,余皆以例而推之。各视天目所在宫而行算。若天目在正宫,则按本数;若天目间神,则加一数而行算,至太乙宫止矣。"④文昌、始击所临在正宫,就

---

①　王希明撰:《太乙金镜式经》卷一,《四库术数类丛书》本,第8册,第860页。

②　王希明撰:《太乙金镜式经》卷一,《四库术数类丛书》本,第8册,第862页。

③　晓山老人撰:《太乙统宗宝鉴》卷二,《续修四库全书术数类丛书》本,第14册,第390页。

④　王希明撰:《太乙金镜式经》卷二,《四库术数类丛书》本,第8册,第874页。

用此正宫数起算,数至太乙后一宫而止;文昌、始击在间辰,则间辰数加一起算,顺时针将所经过的宫数相加,也数至太乙后一宫而止。以文昌起主算,所得数为主算。以始击起客算,所得数为客算。

第七定主客大将之宫。二目生主客大小将与计神,即太乙术设立的太乙五将,即监将、上目、下目、客大将、主大将(客大将、主大将,或合称主客大小将)。《太乙金镜式经》说:监将,东方、岁星之精、木德,旺在春三月。上目,南方、荧惑之精、火德,旺在夏三月。下目,中宫、镇星之精、土德,旺在四季。客大将,北方、辰星之精、水德,旺在冬三月。主大将,西方、太白、金德,旺在秋三月。太乙五将,各应五方、五星、五德、五时,如此仿古之五星占说,并无新意。定主客大小将之宫,系定太乙五将在太乙九宫的位置。

第八详太乙五将的主客置算。《太乙统宗宝鉴》曰:"迁大将军、参将之宫,视主客二目。所得之算,或单一至九,或十一至十九,或二十一至二十九,或三十一至三十九,去十用零,随所得之余,即命为主客大将所迁宫。次如得十一,或二十,或三十,或四十,以九去之,余零者,命为大将之宫。"皆去其整以取其零数者为大将之宫。"以大将所得宫数三,因仍去十用零,即得参(三)将所在之宫。"[1]主客置算,即"即命为主客大将所迁宫",而"得参(三)将所在之宫";若在一、八、三、七宫,主胜客败;若在四、九、二、六宫,主败客胜。晓山老人的《太乙统宗宝鉴》,对太乙诸术作了较为详实的解释。他将《太乙金镜式经》的"第六视天地二目各在何所,求主客之算",析分为"第六详文昌、始击配天地二目","第七详文昌、始击所临以求主客算"。故云"运式之法,其义有九"。

《太乙金镜式经》"推八卦八门占岁计法",构筑了一个太乙八门说。太乙八门:开门、生门、惊门、休门、杜门、死门、伤门、景门。《太乙金镜式经》曰:开门直乾,位在西北,主开向通达;休门直坎,位正北,主休息安居;生门直艮,位东北,主生育万物;伤门直震,位正东,主疾病灾殃;杜门直巽,位东南,主闭塞不通;景门直离,正位南,主鬼怪亡遗;死门直坤,位在西南,主死丧埋葬;惊门直兑,位正西,

---

[1] 晓山老人撰:《太乙统宗宝鉴》卷二,《续修四库全书术数类丛书》本,第14册,第391页。

主惊恐奔走。这表明太乙八门占,和八卦、九宫占相通。王希明说太乙八门,"随数起,时尽则移"。太乙八门说"开、休、生三门大吉,景门小吉,惊门小凶,死、伤、杜(三门)大凶"。有了八门的吉凶定性,再借八卦、八位而说八门所主,为太乙八门占。

汉人作天文、律历志书以来,天文占验,律历无占,这是正史律历志书的一个传统。《太乙金镜式经》首"推上元积年",其他诸如"推二十四节气黄道日数"、"推帝王年纪法",使其书看上去像是一部律历书,但《太乙金镜式经》"推九宫分野"、"推岁中灾发",其书仍是一部占书,而非历书。这反而可看到《太乙金镜式经》的一个特征,即利用历术而"推"吉凶占验。王希明是唐开元时人,唐建中时术者曹士蒍造《符天历》,已废上元积年法。流传下来的太乙术,还在置上元甲子积年,表面看"太岁所在"等都是推算出来的,可以用今日之语问,有意思吗? 至少太乙术的计算方法,没有古代历法精确。

李虚中《命书》的推命术

李虚中,字常容。韩愈说李虚中,以"人之始生年月日所直日辰支干","辄先处其年时","推人寿贵贱",而"百不失一二"。故后世所传推命之术,以李虚中为祖。世传《李虚中命书》(以下简称《命书》)三卷,四库馆臣考曰:《宋史·艺文志》始名《命书格局》,"唐代本有此书","多得星命正旨"。

人的命运由天所赋。天如何决定人的命运? 此有两说:一以星位说人的禄命(如生肖属相),一以人出生年月的干支说人的禄命(如生辰八字),这两种说法都属推命之说。李虚中的《命书》,建立了六十格局、四柱、三元等一整套的方法。

李虚中《命书》,先按六十甲子建立了六十"格局"。《命书》曰:"甲子:天官藏;是子旺母衰之,金溺于水下而韬光,须假火革,有旺盛之气,方可以扬名显用(命入贵格,明暗取官——原书小字注,下同)。乙丑:禄官承;乃库墓守财之金,不嫌鬼旺之方,喜见禄财之地,水土砥砺,忽然有气,亦可以为器成材(平和贵格,不须禄到）。"①库墓即墓库，指"辰、戌、丑、未"四库，库墓格局则吉。以下顺序为：丙寅：禄地元；丁卯：贵禄奇；戊辰：神头禄等。《命书》以为："甲子进神贵神"，"乙丑文星贵神。"李虚中就将六十"格局"说成六十"贵神"，并进一步推说，人的禄命是由这六十"贵神"所主。

葛洪《抱朴子内篇·辨问》载："《玉钤经·主命原》曰：人之吉凶，制在结胎受气之日，皆上得列宿之精。其值圣宿则圣，值贤宿则贤，值文宿则文，值武宿则武，值贵宿则贵，值富宿则富，值贱宿则贱，值贫宿则贫，值寿宿则寿，值仙宿则仙。"②葛洪记《玉钤经》说："为人生本有定命"，即定在"结胎受气之日"。李虚中的推命术，却是"以人之始生年月日所直日辰支干"，说人的祸福贵贱。

"以人之始生年月日所直日辰支干"，即以人所生之年月日时的"干支"（又称八字），说人的祸福贵贱，《命书》称为"四柱法"。《命书》曰："四柱者，胎月日时。胎主父母祖宗者十分，主事者二分；月主时气者十分，主事者六分；日主未得气者十分，主事者八分；时主用度、进退、向背、力气胜负皆十分，吉与凶同。"③"胎月日时"，即"年月日时"。《命书》说，年主父母遗传，月主所得运气，日主未得运气，时主个人特质。

以"四柱"干支定人祸福，李虚中讲了"三元"。《命书》曰："三元者，干禄、支命、纳音。"干为天元，支为地元，支中所藏纳音为人元。三元之说，是借助天、地、人三才说而构建的星命理论之一。《命书》曰："干主名禄、贵权，为衣食受用之基；支主金珠、积富，为得失荣枯之本；纳音主才能、器识，为人伦亲属之宗。"④"三元"为什么能有所"主"？《命书》曰："三元者，大小气运也。"⑤李虚中还解释了"三元"与"四柱"的关系。《命书》又曰："支干纳音之气，顺四柱以定休因禄马。"⑥李虚中说，支干纳音（三元）为五行之气，故"顺四柱"以定人的禄命。

---

① 李虚中注：《李虚中命书》卷上，《四库术数类丛书》本，第7册，第3页。
② 王明著：《抱朴子内篇校释》，中华书局1986年版，第226页。
③⑥ 李虚中注：《李虚中命书》卷中，《四库术数类丛书》本，第7册，第14页。
④ 李虚中注：《李虚中命书》卷中，《四库术数类丛书》本，第7册，第13页。
⑤ 李虚中注：《李虚中命书》卷下，《四库术数类丛书》本，第7册，第24页。

纳音如何将四柱干支相配成五行？《命书》曰："六十纳音者,配由十干十二支,周而终之数也。干支相乘,归天地始终之数,为六十也。自生成而言之,则水得一,火得二,木得三,金得四,土得五。感物化而言之,则火得一,土得二,木得三,金得四,水得五。法乎天地,支干数乘。"原书小字注："生成者天地生成之数,物化则五行支干相成纳音之数也。"李虚中说纳音数,或"自生成而言之",或"感物化而言之"。《命书》曰："支干配则甲己子午九,乙庚丑未八,丙辛寅申七,丁壬卯酉六,戊癸辰戌五,巳亥支数四。"①所谓纳音者,支干相配成九八七六五四之数也;再通过这个纳音之数所属五行,术家便将四柱干支相配成五行之性了。

李虚中的纳音说,一方面强调了"支干化纳音之数也",另一方面强调了支干的"相合"。李虚中说,"月日时支干相合,则为吉"。支干相合,即看人之出生年月日时中支干的五行休旺。我们在考察古代历法时,已见古人历法是经过不断调整的。故人出生年月日时中的"支干",当是人为调整后的"支干",早已不是原来出生年月日时的"支干",如此再说"支干相合",何来"吉"？

五行相配,《命书》又说五行相乘,则又是五行与五行的相配。《命书》曰："水得水,多则沉潜";"水得火,多则崇礼";"水得木,多则流而不止";"水得金,多则本末常安";"水得土,多则沉静。"②如此则有二十五"得"。除"五行相得",《命书》又提"五行相无"、"五行相有"。《命书》中的这些五行相得、相无、相有关系,有的地方还没有匹配完整。《命书》的五行相乘,与《灵枢》的二十五形人说,在匹配方法上是基本一致的。

推命术,《命书》中总结了几条,如曰"贵合贵食"、"通理物化"、"真假邪正"、"升降清浊"、"衰旺取时"、"三元九限"、"天承地禄"、"水土各用"。除"贵合贵食",这些都是《命书》卷中、卷下的篇目,四库馆臣谓"宋时谈星学者以说阑入其间",似乎是指这几篇。

---

① 李虚中注:《李虚中命书》卷中,《四库术数类丛书》本,第 7 册,第 12 页。
② 李虚中注:《李虚中命书》卷中,《四库术数类丛书》本,第 7 册,第 15 页。

第五节　术数之流

宋元明清时期,术数类著作浩如烟海,本节选读了这样几部:

徐子平的《珞琭子三命消息赋注》。徐子平的看命术被称为"四柱法",他讲了三元一气、四柱内外、五行交差、格局致合等。

杨维德的《遁甲符应经》,是一部保存较好的遁甲类书籍。

无名氏的《六壬大全》,采撮唐宋以来六壬诸论,于六壬术的介绍也颇具特色。

李学诗的《河洛真数》,论述了天地二数、元气化工。

以上所选的这几部术数类著作,是那一时期术数著作中的沧海一粟,也是那一时期术数类著作中的代表作。

徐子平的四柱法

徐子平,名居易,生卒不详,仅知其为五代时人,后世术家传云与麻衣道者、陈抟、吕洞宾俱隐华山。世传徐子平著《珞琭子三命消息赋注》、《渊海子平》、《明通赋》等书,因《珞琭子三命消息赋注》(以下简称《三命消息赋注》)一书,系四库馆臣从《永乐大典》中辑出,故较为可靠。

珞琭子,王廷光说珞琭子系晋以后人,宋时已不可考。昙莹曰:"珞琭子者,不知何许人也,古之隐士也,自谓珞琭子。一为布德立仪,二乃指归成败……洞鉴人伦,为世所宝,故以珞琭子称之。"①昙莹说珞琭子不过是一位看命术者。徐子平本人也是一位看命术者。《三命消息赋注》曰:"凡看命,见贵贱,未可便言,且精四柱、内外天元,并三合有无克夺,所有之贵。"又曰:"其言不可大疾,疾则不

---

① 昙莹撰:《珞琭子赋注》,《丛书集成初编》本,编号 0716 - 第 14 页。

尽善矣。"①看命术者一般都要说些好话，徐子平说"未可便言"、"不可大疾"，这是他作为一位看命术者的经验总结。看命时的注意事项，他在书中已多次提到。

《三命消息赋注》曰："今术者将人生年月日时中支，匹配吉凶作为也。"②以人出生时的"年月日时中支，匹配吉凶"的看命术，被称为"四柱法"。《三命消息赋注》曰："以四柱论之，本命、生月、生日、生时，四柱也。"③四柱为本命、生月、生日、生时之干支。

本命即生年，使用历法上的干支作年柱，见以下六十甲子表。

甲子	乙丑	丙寅	丁卯	戊辰	己巳	庚午	辛未	壬申	癸酉
甲戌	乙亥	丙子	丁丑	戊寅	己卯	庚辰	辛巳	壬午	癸未
甲申	乙酉	丙戌	丁亥	戊子	己丑	庚寅	辛卯	壬辰	癸巳
甲午	乙未	丙申	丁酉	戊戌	己亥	庚子	辛丑	壬寅	癸卯
甲辰	乙巳	丙午	丁未	戊申	己酉	庚戌	辛亥	壬子	癸丑
甲寅	乙卯	丙辰	丁巳	戊午	己未	庚申	辛酉	壬戌	癸亥

月柱需要推定，即以正月寅月、二月卯月顺序排列，地支固定，但天干不固定。有歌曰："甲己之年丙作首，乙庚之岁戊为头；丙辛之位从庚上，丁壬壬位顺行流；戊癸之年何处起，甲寅之上好推求。"以此口诀推得月柱天干，这叫"年上起月"。如甲或己年正月出生的月柱干支为丙寅。

日柱的推定如年柱，也是据历法干支(六十甲子表)取得。

时柱的取法也如月柱的取法，即地支固定，天干不固定。有歌曰："甲己还生甲，乙庚丙作初。丙辛从戊起，丁壬庚子居。戊癸何方求，壬子是源头。"以此口诀推得时柱天干，这叫"日上起时"，如甲或己日子时出生的时柱干支为甲子。

"四柱法"月柱、时柱的取法相当有趣，他不是取之"出生月"、"出生时"的干支，而取之其他月、其他时的干支。一个人的"出生时"是极不好记的，即使"出生

① 徐子平撰：《珞琭子三命消息赋注》，《丛书集成初编》本，编号0715-第2页。
② 徐子平撰：《珞琭子三命消息赋注》，《丛书集成初编》本，编号0715-第4页。
③ 徐子平撰：《珞琭子三命消息赋注》，《丛书集成初编》本，编号0715-第1页。

时"已记不清,"四柱法"取之日的干支,按"日"而定"时",亦可取得"时柱"。徐子平的"月",据"年上起月";徐子平的"时",可据"日"而定。如此说来,"四柱"是看命术士所取的"四柱",而不是人生之时而原有的"四柱"。

对徐子平的推命法,王廷光有个概括。他说:"推命之说,先以三元四柱、五行生死格局致合,以定根基。然后考核运气,协而从之,以定平生之吉凶也。"三元,徐子平有两个说法。一曰:"每一宫有三元,有天元、人元、支元。"一曰:"三元者,日干为天元,支为地元,纳音为人元,即三元九宫也。"三元九宫,亦作三元九运。徐子平将天干说成天元,将地支说成地元,将干支五行的匹配说成纳音为人元。

三元为何能定人生之命运?徐子平推说是由三元中的"气"而致。《三命消息赋注》曰:"元者始也。一者道生一,冲气也。有物混成,先天地生。以看命法论之,如人初受胎月,在母腹中,男女未分。以四柱言之,则知人本命也。尚未有生月日时,即贵贱寿夭未分,故云一气。"[1]徐子平言:元为"先天地生"的一气,四柱含有三元"一气","则知人本命也"。就是在这个"一气"字下,徐子平言:年柱"主祖宗之宫也",月柱"主父母宫",日柱"乃人生自得之宫",时柱"生时主子孙也"。

四柱法的核心是五行。《三命消息赋注》曰:"五行相济而成庆。"相济,即相合,谓五行与阴阳相合。《三命消息赋注》曰:"分别阴阳,即分命运。"云五行阴阳相合,"成庆而贵也"。反之,则曰五行交差。五行交差,指"五行阴阳不合而交差也",徐子平说了两种,一为十干交差,二为十二支交差。十干交差,徐子平说,"若甲见庚、乙见辛之类,皆是五行阴阳不合而交差也"。十二支交差,子午卯酉为四正,寅申巳亥为四生,辰戌丑未为四墓库。《三命消息赋注》曰:如元命犯辰戌丑未在四柱中,谓之四煞。如大运干为鬼制,财克官印,此五行之鬼也。如丑未生人,更大运在辰戌丑未之上,却遇太岁在子午卯酉者,谓之六害。七伤者,运中逢七煞是也。徐子平主要说了"四煞轻,五鬼重,六害轻,七伤重"。徐子平说

① 徐子平撰:《珞琭子三命消息赋注》,《丛书集成初编》本,编号 0715-第 1 页。

的五行相合、五行交差,即以干支五行定局。徐子平说:"大率人命须要五行制克,阴阳两停,才为应格之命。"应格之命,云以干支五行应格局之命,所谓"格局致合"是也。

徐子平对四柱法有个总结:"凡取用法,则比蚕妇抽丝之妙。善取者,能寻其头绪,自然解之得丝也。"徐子平将他的看命法自"比妇抽丝"、"能寻其头绪",而徐子平的"头绪"则为"生日"。徐子平又曰:"受气推寻胎月须深,亦当论生日。"又曰:"亦用生日支干为主。"又曰:"凡人命中,贵贱得失,妙处于四柱日时之中。"①王希明重"时",而徐子平重"日"。故有学者指出:徐子平是以日柱论命。

宋庄季裕则记说四柱法"不足深泥"。庄季裕曰:"世之以五行星历论命者多矣。今录贵而凶终者数人,方其甚时,未有能言其末之灾也。以此知阴阳家不足深泥,唯正己守道为可恃耳。张邦昌,元丰四年辛酉七月十六日亥时……童贯,皇祐六年三月初五日卯时。"②张邦昌、童贯,二人均一时权倾朝廷,后都是落罪被杀。庄季裕给出了张邦昌、童贯的八字,指出二人得意之时,未有术家能言其以凶终者,以此证明八字之说于事无益。

《遁甲符应经》的遁甲术

《遁甲符应经》三卷,题宋杨维德等撰。杨维德,字里未详。杨维德除主编了《遁甲符应经》外,还主编有《景祐乾象新书》、《景祐太乙福应经》等书。

《遁甲符应经·遁甲总序》曰:"古法遁者,隐也,幽隐之道;甲者,仪也,谓六甲六仪在有直符,天之贵神也,常隐于六戊之下。盖取用兵机,通神明之德,故以遁甲为名。"③直符,又叫天乙贵人,是天之贵神。是谓六甲六仪,隐遁于贵神之下而名"遁甲"。宋赵彦卫《云麓漫钞》解曰:"遁,即循字";"遁甲,当云循甲,言以六甲循环推数故也。"

---

① 徐子平撰:《珞琭子三命消息赋注》,《丛书集成初编》本,编号 0715 -第 27 页。
② 庄季裕撰:《鸡肋篇》卷上,《丛书集成初编》本,编号 2867 -第 12 页。
③ 杨维德等撰:《遁甲符应经》卷上,《续修四库全书术数类丛书》本,第 13 册,第 285 页。

遁甲术之式。《遁甲符应经·造式法》曰："上层象天布九星,中层象人开八门,下层象地布八卦,以镇八方。"上层、中层、下层,即遁甲术的天盘、中盘、地盘。

"上层象天布九星",言天盘布置九星。《遁甲符应经·九星所值宫》曰："其式托以灵龟洛图:戴九履一,左三右七,二四为肩,六八为足;凡五在中宫,中宫者土,火之子,金之母,所寄理于西南坤之位也。"①九星:天蓬、天芮、天冲、天辅、天禽、天心、天柱、天任、天英。九星当值,各有所主。遁甲术的"九星所主",类太乙九宫占。太乙九宫占,托以"灵龟洛图"的数,言太乙神日行九宫。遁甲术的"九星所主",据九宫布置九星,言九星各主一宫。

"中层象人开八门",言中盘布置八门。中层象人,故中盘亦称人盘。《遁甲符应经·八门法》曰："天有八风,以直八卦;地有八方,以应八节。节有三气,气有三候。如是八节,以三因之,成二十四气;更三乘之,七十二候备焉。"②为应八风、八卦、八方、八节,遁甲术辅以开、休、生、伤、杜、景、死、惊八门。遁甲术的"八门",开、休、生三门为吉门,伤、杜、景、死、惊五门为凶门,和太乙八门说基本相同,但也有些差异。王希明《太乙金镜式经》说："开、休、生三门大吉,景门小吉,惊门小凶,死、伤、杜大凶。"

"下层象地布八卦",言地盘布置八卦。《遁甲符应经·推八节以主卦为初直》曰："冬至一宫坎(北,属水——笔者所加,下同),立春八宫艮(东北,属土),春分三宫震(东,属木),立夏四宫巽(东南,属木),夏至九宫离(南,属火),立秋二宫坤(西南,属土),秋分七宫兑(西,属金),立冬六宫乾(西北,属金)。"③地盘八卦,以像八节、八方。

天盘九星,中盘八门,地盘八卦,此谓"造式"。

"造式"之后,便是"定时"。"定时",往往和"布局"连在一起。《遁甲符应经·造式法》曰："随冬夏二至,立阴阳二遁,一顺一逆以布三奇、六仪也。"此谓遁甲术随冬夏二至定时布局;大致从冬至开始到芒种结束为阳遁,从夏至开始到大

---

①② 杨维德等撰:《遁甲符应经》卷上,《续修四库全书术数类丛书》本,第13册,第285页。

③ 杨维德等撰:《遁甲符应经》卷上,《续修四库全书术数类丛书》本,第13册,第286页。

雪结束为阴遁。《遁甲符应经·阳遁上中下局》曰：

　　冬至、惊蛰一七四，小寒二八五同推，

　　大寒、春分三九六，芒种六三九是宜，

　　谷雨、小满五二八，立春八五二相随，

　　清明、立夏四一七，雨水（原书误刻小满）九六三为期。

《遁甲符应经·阴遁上中下局》曰：

　　夏至、白露九三六，小暑八二五之间，

　　大暑、秋分七一四，立秋二五八循环，

　　霜降、小雪五八二，大雪四七一相关。

　　处暑排来一四七，立冬、寒露六九三。①

遁甲术每个节气中的上中下三元，分别用九宫数来确定它的局数。即冬至到惊蛰的上元为阳遁一局，中元为阳遁七局，下元为阳遁四局；夏至到白露上元为阴遁九局，中元为阴遁三局，下元为阴遁六局；其他以此类推。

　　定时布局之后，便是"演局"。"演局"就是将天盘、中盘、地盘合在一起使用，即所谓"加时"。其法："直符常以加时干，直使顺逆随宫去。"即天盘直符加临地盘时干，如"六甲加六丙，名青龙回首"、"六丙加六甲，名为青龙跌穴"之类；中盘直使加临地盘时支，如"子来加子为伏吟"、"子来加午为反吟"之类。演局的结果为格局，青龙回首、青龙跌穴、伏吟、反吟，均为术家已命名的格局。

　　"演局"，遁甲术讲"三奇得使"。"三奇"，谓乙、丙、丁。遁甲术有"六乙为日奇，六丙为月奇，六丁为星奇"之说，故称乙、丙、丁为"三奇"。如"乙庚之日丁亥时"，"丙辛之日壬辰时"，指某日加上某时，即遁甲术的"加时"，亦即天盘加临地

---

① 　杨维德等撰：《遁甲符应经》卷中，《续修四库全书术数类丛书》本，第 13 册，第 286 页。

盘。《遁甲符应经·三奇得使》曰:"在六甲之上自得所使之奇。甲戌甲午乙为使,甲子甲申丙为使,甲辰甲寅丁为使。"[1]三奇得使:天盘乙奇加临地盘甲戌或甲午,乙为使;天盘丙奇加临地盘甲子或甲申,丙为使;天盘丁奇加临地盘甲辰或甲寅,丁为使。

"演局",遁甲术又讲"三遁",谓天遁、地遁、人遁。《遁甲符应经》卷中曰:中盘生门、上盘六丙合下盘六丁,此为天遁。中盘开门、上盘六乙合下盘六己,此为地遁。中盘休门、上盘六丁共下盘六丙,此为人遁。"三遁"与"三奇"一样,原意是讲"加时"。加时,"以直符加时干",即以直符之神加占卜之时。"三遁"与"三奇"、"八门"的关系,我们已知:乙、丙、丁谓"三奇",生、开、休三门大吉。

所谓遁甲之秘术,如何去占验吉凶宜忌,这不是我们要考察的。

《六壬大全》的六壬术

《四库全书提要》曰:"《六壬大全》十二卷,不著撰人名氏,卷首题怀庆府推官郭载騋校,盖明代所刊也。"古代行政建制,元路明府,故四库馆臣断定此书为明代所刊。郭载騋,不详籍里。

六壬术,以天盘地盘与神将加临,与奇门遁甲、太乙九宫术颇为接近。奇门,三奇八门。这里先从地盘式、天盘式(与遁甲术天盘、地盘不同)讲起。《六壬大全》未载地盘式、天盘式,今据《大六壬类集》补如下:

巳	午	未	申	午	巳	辰	卯
辰			酉	未			寅
卯			戌	申			丑
寅	丑	子	亥	酉	戌	亥	子

地盘式　　　　　　　　　　　天盘式

图 4-5-1　　　　　　　　　**图 4-5-2**

---

① 杨维德等撰:《遁甲符应经》卷上,《续修四库全书术数类丛书》本,第13册,第289页。

　　地盘十二地支位置是固定的,实际是将十二辰化为方位,如:亥子丑应于北方,寅卯辰应于东方,巳午未应于南方,申酉戌应于西方。方位定则可用于占时,以子丑寅卯辰巳午未申酉戌亥十二辰记取。六壬术的占时之确定,《大六壬类集》曰"占时系日未出之时";传统上也有以实际占课时间确定的,即以来人求占之时作为起算点,称为"正时"。如子时占,则以地盘子位作起算点;寅时占,则以地盘寅位作起算点;其余仿比。

　　天盘用于将天干遁化为地支。天干化为地支叫"寄宫"。《六壬大全》卷一《入手法》,首载《十干寄宫》曰:"甲课寅兮乙课辰,丙戊课巳不须论,丁己课未庚申土,辛戌壬亥是其真,癸课原来丑宫坐,分明不用四正神。"①四正神,即四正辰。天干寄宫,是将占时天干化为地支,使月将加临地盘地支之上,顺时针转出十二地支的活动盘面,即是天盘。月将,指十二月将。

　　六壬术,主要是据求占之时的干支,通过地盘、天盘排出"四课"。其法:"先以占日干支横排间书于上,次查占日,甲课在寅,故以地盘上阴神、子,书于甲上,为第一课,即顺填子于横排空内;又查子上阴神、戌,书于子上,为第二课;又查占干支午上阴神、辰,书于午上,为第三课,即顺排辰于末位;又查辰上阴神、寅,书于辰上,为第四课。"成下图 4-5-3:

寅	辰	戌	子
辰	午	子	甲

卯	辰	巳	午		卯	辰	巳	午
寅			未		寅			未(空亡)
丑			申		丑(贵神)			申
子	亥	戌	酉		子	亥	戌	酉

图 4-5-3　　　　　　　　　　图 4-5-4

　　"甲、子、午、辰"为求占之时,"子、戌、辰、寅"为四课。四课成则加贵神,如上图 4-5-4:

---

① 不著撰人:《六壬大全》卷一,《四库术数类丛书》本,第 6 册,第 473 页。

"空亡"一词系术家专用术语之一,指十天干与十二个地支匹配;每一轮天干配完,最后必有两个地支没有天干来配了,这两个剩下的地支就叫"空亡"。如:甲乙丙丁戊己庚辛壬癸,配子丑寅卯辰巳午未申酉戌亥。以甲子旬,天干"甲"起配地支"子",配完十个天干后,还剩下"戌、亥"两个地支没有天干来匹配了,这就是"空亡",故叫"甲子旬中戌亥空"。

四课一旦排出,写在上面的那一排简称"上",写在下面的那一排简称"下"。研究四课中"上"和"下"四组的相克关系,或一下克上,或一上克下;或有二至四多个相克,或上下俱无相克,或既无上下相克、又无遥克等,这就是排三传,所谓传四课之变也。三传:指初传(干传支,又称发端、发用或用神)、中传(干支互传,又称移易)、末传(支传干,又称归计)。排三传共有贼克、比用、涉害、遥克、昴星、别责、八专、伏吟、返吟九种方法。这九种"入手法",又称"九宗门",都是从四课排定三传。

排三传的方法比较复杂。如贼克法,三传取法:凡一下克上,则取上克下的那个"上"的"支"字(术家称"神")为初传,再由初传本位加临求取中传,最后由中传本位加临求取末传。又如返吟法,三传取法:四课之中,上下多有贼克之神,以贼克、比用、涉害诸法取用;其中只有辛未、丁未、己未、丁丑、己丑、辛丑六日返吟无克贼之处,末日以亥上神巳作初传,丑日以巳上神亥作初传。此六日以支上神为中传,以干上神为末传。据前人统计,六壬占课可排六十四种课体(对应六十四卦)、七百二十种课式、四百一十五类三传,都是用这九种方法推演而出的。排定三传后,六壬术就佐以天将、月将、六亲和神煞用以占测。

《六壬大全》卷五至卷八为《课经》,"六十四课"为其核心内容。《课经》首载《元首课》,云:"凡一上克下,余课无克,为元首课。""如甲子日,卯时子,将占寅命,行年在未,四课得一上克下,午加酉为用,曰元首课。"[1]午加酉,谓天盘"午"加地盘"酉",下同。《课经》接着又记载了知一(比用)课、涉害课、遥克(蒿矢、弹射)课、昴星课、别责课、八专课、伏吟课、返吟课等。但按三传排法,六壬总计可

---

① 　不著撰人:《六壬大全》卷五,《四库术数类丛书》本,第 6 册,第 575—576 页。

分七百二十课。六壬术,简言之,则为天盘地盘加六十四课;而六十四课,如同遁甲术被命名的格局。

颜之推《颜氏家训》曰:"吾尝学六壬式,亦值世间好匠,聚得《龙首》、《金匮》、《玉軨变》、《玉历》十许种书,讨求无验,寻亦悔罢。"南北朝的颜之推,早已后悔"学六壬式"。从太乙术、六壬术,到遁甲术、四柱法,术家使用上有一个分类,大体为:以太乙术而推天运吉凶,以六壬术而推人事吉凶,以遁甲术而推地方吉凶,以年月日时而推人一生之吉凶。

《河洛真数》的"真数"论

《续修四库全书术数类丛书》收《河洛真数》十卷,书面题:宋陈抟、邵雍撰;卷目下题:颍川后学默庵李学诗校正。李学诗,字默庵,明末人,因其妻入《清史稿》而见其踪迹,知李学诗或为滦州(今河北省滦州市)人。

《河洛真数》的"真数"也称"河洛数",是以天干配八卦按《河图》、地支配五行按《洛书》取的"数"。李学诗把"四柱八字"与《河图》、《洛书》的"数"合二为一,欲将人之命运化入这个天地"真数"之中。

《河洛真数·起例》载《河图论》曰:"以年月日时天干同《河图》取数。"《河洛真数·起例》载《洛书篇》曰:"以人生年月日时干(地)支皆同《洛书》取数。"《河图》、《洛书》本有九、十之辨,李学诗也是宗刘牧的九为《河图》、十为《洛书》说。

《河洛真数·起例》又曰:"年月日时,以天干下《河图》之数,以地支下《洛书》之数。单数为奇,属阳,为清、为贵、为主,皆就左边下。双数为偶,为阴、为浊、为贱,皆就右边下。"①我们看到《河洛真数》是将人生年月日时的干支,照《河图》、《洛书》取数,称之"真数",亦称之"天地二数"。李学诗通过"天地二数"的相加,而得出天数、地数的至弱、不足、得中、太过,欲以此"真数"论说人的吉凶休咎。

---

① 李学诗编撰:《河洛真数·起例》卷上,《续修四库全书术数类丛书》本,第14册,第69页。

天数至弱、不足、得中、太过。《河洛真数·起例》曰："天数一十有五,如只得四、五、六、七、八数,此不满一策,是谓至弱。""天数二十五为正,只如得九、十、十一、十二、十三、十四、十五、十六至二十四数,皆谓之不足。""二十五之外,更至二策。二十以下者,非过非不及。过数不满二策,不谓之过,亦曰得中。""天数合少而多,谓之太过;合多而少,谓之不及。四十以上者,至五十、六十者,是谓之亢。"①李学诗说,天数一十五,"过九为一策";不满一策,谓天数至弱。天数以二十五、四十为指标。二十五之内,谓之不足;二十五之外,四十之内,谓之得中;四十以上者,谓之太过。

地数至弱、不足、得中、太过。《河洛真数·起例》曰："地数三十,只得八、九、十、十一、十二数者,是谓至弱。""只得十八者,是谓之不足。""得三十二至四十五以下者,皆谓得中。""如得五(十)、六十以上者,皆谓之太过。"②李学诗说,地数以三十、四十五为指标。三十之内,谓之不足;三十之外,四十五之内,谓之得中;四十五以上者,谓之太过。

《河洛真数·起例》曰："凡人所得阴阳之数,当随月令盛衰,方为合时。"③阴阳二数,亦指天地二数。又曰："大都天地二数,与时损益……而天数不及,地数太过,生阴微阳盛之令;而地数不及,天数太过,为阴阳平等之令;而二数得中,是谓合节。"④合节,意即合时。李学诗说得合时,值阳月令,阳数合多;值阴月令,阳数合少;得中为妙。李学诗曰："凡人生时,所得阴阳之数,当合时。"李学诗又比较"天地二数"的大小说:天数大于地数,为"以强伏弱";天数小于地数,为"以弱敌强"。

李学诗又"以余数取卦"。《河洛真数·起例》说了三个"数"。一曰天数:一、三、五、七、九,和为二十五。二曰地数:二、四、六、八、十,和为三十。三曰八卦定数:一坎,二坤,三震,四巽,中五,六乾,七兑,八艮,九离。《河洛真数》

① 李学诗编撰:《河洛真数·起例》卷中,《续修四库全书术数类丛书》本,第14册,第103页。
② 李学诗编撰:《河洛真数·起例》卷中,《续修四库全书术数类丛书》本,第14册,第106页。
③ 李学诗编撰:《河洛真数·起例》卷中,《续修四库全书术数类丛书》本,第14册,第102页。
④ 李学诗编撰:《河洛真数·起例》卷上,《续修四库全书术数类丛书》本,第14册,第90页。

就将人生年月日时干支数之和，分别减去天数之和二十五、地数之和三十，所得余数，遇五寄宫，见十不用，只取所余个数，再按这一余数，照八卦定数取卦，这就叫"以余数取卦"。徐子平年柱、日柱的推定还要据历法干支取得，李学诗以"余数取卦"的方法，连六十甲子表都不用，与其说他有违传统，倒不如说是极其荒唐。

《河洛真数·起例》曰："以余数取卦，合成某卦，以大《易传》断之，则人生之贵贱贫富寿夭，举可知也。"《河洛真数》的"以余数取卦"，即为变卦。《河洛真数》的变卦之法，有八卦游年之变。如：变上为生，变下为五，变中为命，变上下为游，皆变为体，变上二为天，变下二为福，不变为归。又有先天、后天之变。如曰："前命得渐卦，上巽下艮，元堂在四爻……以上卦巽初爻变为乾，移入内为下卦；升下卦艮，移出外为上卦。"①是先天卦渐，变为后天卦大畜。又有"自内出外"和"自内出外"之变。如曰：乾为天，"自内出外"，变初九为巽，变九二为离，变九三为兑；"自外入内"，变九四为巽，变九五为离，变上九为兑。又有或曰"自下而上挨次变去"，或曰"取变卦应爻变之"等法。变卦之说，说白了，因术士说卦有吉凶，故擅自换卦。《河洛真数》如此变卦，实出于"辞佳理吉"的需要。

《河洛真数·起例》曰："大凡看命，先推二数合节不合节，次看卦中吉凶，次看爻位当不当，次看爻辞吉凶，次看有无元气、化工，可立断矣。"②这只不过李学诗看命法的次序。依如此次序，我们还是看不出任何"可立断矣"的可能。元气：《河洛真数·起例》曰："如甲人，命得乾卦，是元气；冬至生人，得坎卦，是化工。"指壬甲戌亥生人，得乾卦；乙癸未申生人，得坤卦；是元气。李学诗"专在生年支干上论"，即取所生年的天干地支，说天元气主贵，地元气主富，人元气主寿。化工：《河洛真数·起例》曰："生时值节卦者，谓之化工；生月值卦者，谓之得令。"③李学诗又说：坎是冬之化工，震是春之化工，离是夏之化工，兑是秋之化工。即说在人生时的干支中，正值坎震离兑四卦，生生化化，"谓之化工"。

---

① 李学诗编撰：《河洛真数·起例》卷上，《续修四库全书术数类丛书》本，第 14 册，第 80 页。
② 李学诗编撰：《河洛真数·起例》卷上，《续修四库全书术数类丛书》本，第 14 册，第 90 页。
③ 李学诗编撰：《河洛真数·起例》卷下，《续修四库全书术数类丛书》本，第 14 册，第 122 页。

  《河洛真数·起例》曰:"人生化工、元气两全于卦中者,必富贵寿兼全。《经》曰:人生得元气,富贵,居高位;人生得化工,荣显,作公卿,但要入域。如甲人,命得乾卦,是元气;冬至生人,得坎卦,是化工;皆谓入域。"①《河洛真数》在"元气"之外,提到"化工"一词,于术数中颇有新意。李学诗的看命法,较李虚中、徐子平的看命法,有着明显的变化。李虚中、徐子平专讲三元四柱五行,而李学诗专讲天地二数、元气化工。

----

① 李学诗编撰:《河洛真数·起例》卷上,《续修四库全书术数类丛书》本,第14册,第82页。

第五章　神圣工巧

第一节　医经之首

《素问》和《灵枢》，能否作为方技史的两部最早医经？这个问题早已不再是一个问题，因为自晋皇甫谧以来，大多数学者都已认可《素问》和《灵枢》，即《黄帝内经》。但从《素问》和《灵枢》的差异上，笔者宁可说《素问》为《素问》，《灵枢》为《灵枢》。

《素问》认为人是天地万物中最可贵者，因此全书的始点是养生长寿。对这部方技之书，笔者初步探讨了它的"法于阴阳，和于术数"的养生理论及四时养生大论；又从藏象论出发，研究了《素问》的五脏病传变说和"三阴三阳"论。

《灵枢》的始点是九针、十二原，本节从十二经脉、十五络脉说起，研究了《灵枢》的营卫气论和用针之道。

《素问》养生论

《素问》的"法于阴阳，和于术数"

作为医经之首，《素问》的出发点是什么？可以说《素问》一书，始于养生长寿这一主题。《素问·上古天真论》曰："上古之人，其知道者，法于阴阳，和于术数；

食饮有节,起居有常,不妄作劳;故能形与神俱,而尽终其天年,度百岁乃去。"①
《素问》有个基本思想,就是认为人是天地万物中最可贵者。《素问·宝命全形
论》说过,"天覆地载,万物悉备,莫贵于人"。正是从这一思想出发,《素问》开篇
讨论的便是人的寿命问题,并提出了"法于阴阳,和于术数"的养生长寿之道。

《素问》以天之阴阳,构建了人之阴阳。《素问·阴阳应象大论》曰:"阴阳者,
天地之道也,万物之纲纪也。"《素问》认为,天地有阴阳,人与天地相参,故人也有
阴阳。《素问·生气通天论》曰:"生之本,本于阴阳。"②《素问》说人生命的本质
是阴阳。《素问·宝命全形论》曰:"人身有形,不离阴阳。"③《素问》说人的身体
也离不开阴阳。《素问·金匮真言论》曰:"夫言人之阴阳,则外为阳,内为阴。言
人身之阴阳,则背为阳,腹为阴。言人身之藏府中阴阳,则藏者为阴,府者为
阳。"④《素问》说人之五脏六腑,也分阴阳。如此,《素问》以天之阴阳、人之阴阳,
建立了人身五脏六腑的阴阳属性。古代的阴阳理论,在《素问》一书中,得到淋漓
尽致的展开。

所谓"法于阴阳",即"必法天地也"。"必法天地",即"应天之阴阳也"。人应
天之阴阳,《素问》有多种表述。一说天有十二月,人有十二经脉应之。一说岁有
三百六十五天,人应之三百六十五节。《素问·金匮真言论》得出结论曰:"此皆
阴阳、表里、内外、雌雄相输应也,故以应天之阴阳也。"⑤所以,法即应,"应"即阴
阳、表里、内外"相输应也"。

"和于术数"的具体内容是什么呢? 我们分别看看《素问》对和于天数、和于
气数、和于五行四时数的论述。

"和于术数",亦即和于天数。所谓天数,即"天之度、气之数"。天度,用于计
算日月之行;气数,标志万物化生之用。"天以六六为节,地以九九制会",此天地
之常数也,亦"气之数也"。那么,人如何和于天数? 在《素问》看来,男女的"天

---

① 张志聪注:《素问集注》卷一,《中国医学大成》本,岳麓书社,1990年版,第1册,第141页。
② 张志聪注:《素问集注》卷一,《中国医学大成》本,第1册,第144页。
③ 张志聪注:《素问集注》卷四,《中国医学大成》本,第1册,第178页。
④⑤ 张志聪注:《素问集注》卷一,《中国医学大成》本,第1册,第146页。

数"是不同的,和于天数,即符合男女不同的"天数"。有意思的是,《素问》讲女子"天数"时,用了"七"这一阳数,讲男子"天数"时,用了"八"这一阴数,这里是否还有什么特别的含义,我们就不得而知了。

《素问》论和于气数。何谓气?"三候谓之气,六气谓之时",所谓"时立气佈,如环无端"。《素问·六节藏象论》曰:"阳中之太阳,通于夏气。""阳(疑'阴'字)中之太阴,通于秋气。""阴中之少阴,通于冬气。""阳中之少阳,通于春气。"此说一年"四气"。《素问》说得和于气数,即通于"四气"。《素问》说天、地、人在"气数"上是相通的,故"和"亦为"应"。

"和于术数",亦即和于五行四时数。《素问·金匮真言论》曰:东方青色,入通于肝,其类木,上为岁星,其音角,其数八。南方赤色,入通于心,其类火,上为荧惑星,其音徵,其数七。中央黄色,入通于脾,其类土,上为镇星,其音宫,其数五。西方白色,入通于肺,其类金,上为太白星,其音商,其数九。北方黑色,入通于肾,其类水,上为辰星,其音羽,其数六。《吕氏春秋》记四数"八七九六",为四时。《淮南子》补"中央土,其数五",匹配五行,数为"八七五九六",可称为五行四时数。《素问》沿用《淮南子》的方法,讲五藏应五行四时(外加中央土)。《素问》不仅建立了人身五藏的阴阳属性,也按五藏、五色、五味、五行、五谷、五星、五音、五数的匹配,建立了人身五藏的五行属性。

《素问》讲天有十二律,人有十二节;又讲天分九野,人为九藏;又讲天有五星地有五行,人有五藏以应五行四时数。这种匹配类推之说,在《素问》中就叫"和于术数"。《关尹子·六匕篇》曰:"养五藏以五行,则无伤也,孰能病之?归五藏于五行,则无知也,孰能痛之?"①《关尹子》嘲笑"归五藏于五行",但还是肯定了"养五藏以五行"。

《素问》博大精深,建立了一套包括阴阳五行、藏象经络、气血津液、四诊八纲等独特的理论体系,提出了包括病因病机、望闻问切、四气五味、君臣佐使等内容的中医学说。需要指出的是,《素问》的"法与阴阳,和于术数"之说,是中国传统

---

① 尹喜撰:《关尹子》,《丛书集成初编》本,编号0556-第48页。

医学的立论之本。

《素问》的四时养生大论

《素问》将"和于术数"的养生之道，总结为：春气之应养生之道，夏气之应养长之道，秋气之应养收之道，冬气之应养藏之道。"四气"，即《素问》的"四时"说。春生、夏长、秋收、冬藏之道，四时理论的固定说辞。正是在"顺四时"的养生长寿之道上，《素问》第二篇就作《四气调神大论》。

《四气调神大论》曰："春三月，此谓发陈。天地俱生，万物以荣；夜卧早起，广步于庭；被发缓形，以使志生……此春气之应，养生之道也。逆之则伤肝。夏为寒变，奉长者少。"此《素问》"春三月"养生之道。因《素问》说"逆春气，则少阳不生，肝气内变"，故云"逆之则伤肝"。"夏为寒变，奉长者少"，疑"夏三月"句。

《四气调神大论》曰："夏三月，此谓蕃秀。天地气交，万物华实；夜卧早起，无厌于日，使志无怒……此夏气之应，养长之道也。逆之则伤心。秋为痎疟，奉收者少，冬至重病。"此《素问》"夏三月"养生之道。因《素问》说"逆夏气，则太阳不长，心气内洞"，故云"逆之则伤心"。"秋为痎疟，奉收者少"，疑"秋三月"句。

《四气调神大论》曰："秋三月，此谓容平。天气以急，地气以明；早卧早起，与鸡俱兴，使志安宁……此秋气之应，养收之道也。逆之则伤肺。冬为飧泄，奉藏者少。"此《素问》"秋三月"养生之道。因《素问》说"逆秋气，则太阴不收，肺气焦满"，故云"逆之则伤肺"。"冬为飧泄，奉藏者少"，疑"冬三月"句。

《四气调神大论》曰："冬三月，此谓闭藏。水冰地坼，无扰乎阳；早卧晚起，必待日光，使志若伏若匿……此冬气之应，养藏之道也。逆之则伤肾。春为痿厥，奉生者少。"此《素问》"冬三月"养生之道。因《素问》说"逆冬气，则少阴不藏，肾气独沉"，故云"逆之则伤肾"。"春为痿厥，奉生者少"，疑"春三月"句。

《素问》讲："春三月"养生，"以使志生"；"夏三月"养生，"使志无怒"；"秋三月"养生，"使志安宁"；"冬三月"养生，"使志若伏若匿"。这亦符合"春生、夏长、秋收、冬藏"的一贯思维。

《四气调神大论》，是一篇四时养生的专论。《四气调神大论》曰："夫四时阴阳者,万物之根本也。所以圣人春夏养阳,秋冬养阴,以从其根,故与万物沉浮于生长之门。逆其根,则伐其本,坏其真矣。故阴阳四时者,万物之终始也,死生之本也。逆之则灾害生,从之则苛疾不起,是谓得道。"①"春夏养阳,秋冬养阴",以十二消息卦看,这也是说得过去的。顺从四时养生,"则苛疾不起",真的么?

《素问》讲四时养生,提出了著名的"治未病"学说。《四气调神大论》曰:"是故圣人不治已病治未病,不治已乱治未乱,此之谓也。夫病已成而后药之,乱已成而后治之,譬犹渴而穿井,斗而铸锥,不亦晚乎!"②"不治已病治未病",指的是"治未生之病",后《难经》作"治未传之病"解,当然,两种解释都可以成立。《素问》"治未病"学说的意义在于:医学不仅仅是毒药治病,养生学也是医学的重要命题之一。

《素问》医论

《素问》藏象论

"藏象"一词,出《素问》。《素问·六节藏象论》载:"帝曰:藏象何如?"岐伯说:心、肺、肾、肝、脾、胃、大肠、小肠、三焦、膀胱、胆,"凡十一藏"。《素问》所说的"凡十一藏",乃指五脏六腑。《素问·金匮真言论》曰:"肝、心、脾、肺、肾,五藏皆为阴;胆、胃、大肠、小肠、膀胱、三焦,六府皆为阳。"③五脏六腑分别阴阳,是《素问》的理论基础。

《素问》还是指出了五脏六腑的特点。《素问·五藏别论》曰:五脏"藏精气而不泻","满而不能实";六腑"传化物而不藏","实而不能满";故六腑又名"传化之府"。五脏六腑之外,则有"奇恒之府"。《素问·五藏别论》曰:"脑、髓、骨、脉、胆、女子胞(子宫),此六者,地气之所生也,皆藏于阴而象于地,故藏而不泻,名曰奇恒之腑。"胆即为六腑之一,也为奇恒之府之一。

---

① 张志聪注:《素问集注》卷一,《中国医学大成》本,第1册,第143页。
② 张志聪注:《素问集注》卷一,《中国医学大成》本,第1册,第144页。
③ 张志聪注:《素问集注》卷一,《中国医学大成》本,第1册,第146页。

五脏各有所主。《素问·调经论》曰:"五藏之道,皆出于经隧,以行血气,血气不和,百病乃变化而生,是故守经隧焉。"①经隧:行血气之道。《素问》就以"行血气"、"守经隧",说五脏各有所主。《素问·宣明五气论》说:"五藏所主:心主脉,肺主皮,肝主筋,脾主肉,肾主骨;是谓五主。"《素问·痿论》说:"肺主身之皮毛,心主身之血脉,肝主身之筋膜,脾主身之肌肉,肾主身之骨髓。"这两段话,除说五脏的次序不同外,说五脏的作用基本是相同的。《素问》说"皮毛者,肺之合也",故曰"肺主身之皮毛"。又说"诸血者,皆属于心",故曰"心主身之血脉"。又说"肝者……其充在筋",故曰"肝主身之筋膜"。又说"脾之合肉也",故曰"脾主身之肌肉"。又说"藏真下于肾,肾藏骨髓之气也",故曰"肾主身之骨髓"。

五脏六腑的作用。《素问·灵兰秘典论》载:"黄帝问曰:愿闻十二藏之相使,贵贱何如?"岐伯对曰:"心者,君主之官也,神明出焉;肺者,相傅之官,治节出焉;肝者,将军之官,谋虑出焉;胆者,中正之官,决断出焉;膻中者,臣使之官,喜乐出焉;脾胃者,仓廪之官,五味出焉;大肠者,传道之官,变化出焉;小肠者,受盛之官,化物出焉;肾者,作强之官,伎巧出焉;三焦者,决渎之官,水道出焉;膀胱者,州都之官,津液藏焉,气化则能出矣。凡此十二官者,不得相失也。"②膻中,指心包,又云心包络,即包络心脏。"十一藏"增"膻中",则为"十二藏"。"十二藏"各有不同的功能,《素问》所谓"十二官"也。

《素问》传变论

《素问·玉机真藏论》曰:"五藏相通,移皆有次。五藏有病,则各传其所胜。"《素问》说五脏病的传变,"各传其所胜"。这里,首先就有一个五脏与五行的配属问题。《素问·阴阳应象大论》曰:"东方生风,风生木,木生酸,酸生肝。""南方生热,热生火,火生苦,苦生心。""中央生湿,湿生土,土生甘,甘生脾。""西方生燥,燥生金,金生辛,辛生肺。""北方生寒,寒生水,水生咸,咸生肾。"③《素问》作五脏

---

① 张志聪注:《素问集注》卷七,《中国医学大成》本,第1册,第221页。
② 张志聪注:《素问集注》卷一,《中国医学大成》本,第1册,第153—154页。
③ 张志聪注:《素问集注》卷二,《中国医学大成》本,第1册,第149页。

(肝、心、脾、肺、肾)与五行(木、火、土、金、水)的配属,即:肝属木、心属火、脾属土、肺属金、肾属水。五脏与五行的配属,是《素问》的又一个理论基础。

《素问》借助了五行的相生相胜理论,说五脏病的传变。五行相生说,谓木生火、火生土、土生金、金生水、水生木。五行相胜说,谓水胜火、火胜金、金胜木、木胜土、土胜水。《素问·玉机真藏论》曰:"五藏受气于其所生,传之于其所胜,气舍于其所生,死于其所不胜。病之且死,必先传行至其所不胜,病乃死。此言气之逆行也,故死。肝受气于心,传之于脾,气舍于肾,至肺而死。心受气于脾,传之于肺,气舍于肝,至肾而死。脾受气于肺,传之于肾,气舍于心,至肝而死。肺受气于肾,传之于肝,气舍于脾,至心而死。肾受气于肝,传之于心,气舍于肺,至脾而死。"①

《素问》说五脏病的传变,是受病气于其所生之脏,传于其所胜之脏,病气留舍于生我之脏,死于我所不胜之脏。所谓"肝受气于心,传之于脾,气舍于肾,至肺而死",即肝木生心火(五脏受气于其所生),心火生脾土;故肝木传脾土,脾土传肾水(传之于其所胜);又肺金生肾水(气舍于其所生),故"至肺而死"(死于其所不胜)。《素问》又曰:"故病有五,五五二十五变,及其传化。传,乘之名也。"言五脏病的相传,完全比照五行相生相胜关系。此为《素问》五脏病传变理论。

《素问·玉机真藏论》曰:"病入舍于肺,名曰肺痹,发咳上气。弗治,肺即传而行之肝,病名曰肝痹,一名曰厥。""肝传之脾,病名曰脾风。""脾传之肾,病名曰疝瘕。""肾传之心,病筋脉相引而急,病名曰瘛。""肾因传之心,心即复反传而行之肺。"《素问》说:病入舍于肺,即传之肝,肝传之脾,脾传之肾,肾传之心,"心即复反传而行之肺"。《素问》这里也是比照五行相生相胜,说五脏病的相传。其说"肾传之心","心即复反传而行之肺",解释了上文"肺受气于肾"的说法。

《素问·气厥论》载:"黄帝问曰:五藏六府,寒热相移者何?"②《素问》说寒病传变:肾移寒于脾(土胜水),脾移寒于肝(木胜土),肝移寒于心(火胜金、金胜

---

① 张志聪注:《素问集注》卷三,《中国医学大成》本,第1册,第169页。

② 张志聪注:《素问集注》卷五,《中国医学大成》本,第1册,第194页。

木),心移寒于肺(火胜金),肺移寒于肾(金生水)。此与《素问·玉机真藏论》说的"肾受气于肝(受气于其所生),传之于心(传之于其所胜),气舍于肺(传之于其所胜),至脾而死(死于其所不胜)"不同。原因在于,《素问·玉机真藏论》说五脏病的传变,是照五行相生相胜关系说的,而《素问·气厥论》说寒病的传变,是照五行相胜相生的关系而说的。

《素问》从五脏六腑分属阴阳出发,借助五行的相生相胜理论,解说了五脏病的传变。《素问》又借助"春生、夏长、秋收、冬藏"四时理论,讲"顺四时,和喜怒,节阴阳"。如此,中国古代医学的三大基础理论——阴阳、五行、四时,《素问》已构建完成。

《素问》"三阴三阳"论

《素问·血气形志论》曰:"夫人之常数,太阳常多血少气,少阳常少血多气,阳明常多气多血,少阴常少血多气,厥阴常多血少气,太阴常多气少血。此天之常数。"此即所谓"三阳"、"三阴"经脉。《素问》说得很明确,太阳、少阳、阳明"三阳",太阴、少阴、厥阴"三阴";或多血少气,或多气少血,为人之经脉,合"天之常数"。《素问》说人之经脉,"会通六合,各从其经",即各从"三阴"、"三阳"。

何谓脉?《素问·离合真邪论》曰:"天有宿度,地有经水,人有经脉。"《素问·脉要精微论》曰:"夫脉者,血之府也。"《素问》将脉说成是布满人身的血管。《灵枢》也说脉是人身的血管,并记载了人身经脉的长度。《灵枢·脉度》曰:"一十六丈二尺,此气之大经隧也。"《灵枢》又将脉说成是气的"经隧",脉有通行气血的作用。故《灵枢·经水》曰:"脉之长短,血之清浊,气之多少","可度量切,循而得之"。

《素问》"经"、"脉"不分。有时称经。如《素问·通评虚实论》说:"络满经虚,灸阴刺阳;经满络虚,刺阴灸阳。"有时称脉。如《素问·痹论》说:"荣者,水谷之精气也,和调于五藏,洒陈于六府,乃能入于脉也,故循脉上下,贯五藏,络六府也。"有时合称经脉。如《素问·诊要经终论》说:"愿闻十二经脉之终奈何。""三阴"、"三阳"为"经脉",合之手、足则为"十二经脉"。正因为"经"、"脉"这一概念的模糊,使"三阴三阳"在《素问》中,就有着多种的应用。

《素问》以"三阴三阳"说皮部之络脉。《素问·皮部论》曰:"欲知皮部以经脉为纪者,诸经皆然。阳明之阳,名曰害蜚,上下同法。视其部中有浮络者,皆阳明之络也。""少阳之阳,名曰枢持,上下同法,视其部中有浮络者,皆少阳之络也。""太阳之阳,名曰关枢,上下同法,视其部中有浮络者,皆太阳之络也。"①余:"少阴之阴,名曰枢儒";厥阴之阴,名曰害肩;"太阴之阴,名曰关蛰。"十二经脉,皆有络脉,《素问》仍以"三阴三阳"论说。

《素问》以"三阴三阳"说三百六十五穴。《素问·气府论》曰:"足太阳脉气所发者,七十八穴。""足少阳脉气所发者,六十二穴。""足阳明脉气所发者,六十八穴。""手太阳脉气所发者,三十六穴。""手阳明脉气所发者,二十二穴。""手少阳脉气所发者,三十二穴。""督脉气所发者,二十八穴。""任脉之气所发者,二十八穴。""冲脉气所发者,二十二穴。""足少阴舌下,厥阴毛中急脉各一;手少阴各一;阴阳跷各一。手足诸鱼际脉气所发者,凡三百六十五穴也。"这里,督脉、任脉、冲脉、阴跷脉、阳跷脉,即所谓奇经八脉(余:带脉、阴维脉、阳维脉)。其中,任、督二脉,《灵枢·本输》曰:"缺盆之中,任脉也,名曰天突";"颈中央之脉,督脉也,名曰风府"。《素问·气府论》意:十二经脉和奇经八脉,统领三百六十五穴(只是约数)。

《素问》以"三阴三阳"阐述病之发生、发展、治疗、预后。《素问·热论》曰:"伤寒一日,巨阳受之,故头项痛,腰脊强"。"二日阳明受之";"三日少阳受之";"四日太阴受之";"五日少阴受之";"六日厥阴受之。"此以"三阴三阳"受病,论病之发生与发展。《素问·热论》曰:"三阳经络皆受其病,而未入于藏者,故可汗而已。"此以"三阴三阳"论病之治疗。《素问·热论》曰:"三阴三阳,五藏六府皆受病,荣卫不行,五藏不通,则死矣。"此以"三阴三阳"论病由及预后。《素问·藏气法时论》说:"必先定五藏之脉,乃可言间甚之时,死生之期也。"间甚:间,病轻易;甚,病重难。所谓"先定五脏之脉",即以"三阴三阳"定"五脏之脉",然后对轻重、

① 张志聪注:《素问集注》卷七,《中国医学大成》本,第1册,第214页。

死生做出判断。《素问》的"三阴三阳"论，为张仲景《伤寒论》以"六经"辨证，建立了基础。

《灵枢》医论

《灵枢》与《素问》不同

唐王冰注《素问》曰："《黄帝内经》十八卷，《素问》即其《经》之九卷也，兼《灵枢》九卷，乃其数焉。"①《灵枢》之书名始出。王冰重复了皇甫谧之说，说《素问》、《灵枢》即《黄帝内经》，此说不妥。笔者认为沿用《素问》、《灵枢》的书名，较为稳妥。

从对梦的论述上看，《灵枢》与《素问》是完全不同的两本书。《素问》按"五藏气虚"作梦的分类。《素问》说因"五藏气虚"则各有所梦，"得其时则梦"见相应事物。《素问》指出梦的产生原因，为"阳气有余，阴气不足"。《灵枢》却是以"五藏气盛"释梦。《灵枢》指出梦的种类：十二盛者、十五不足者。《灵枢》指出对梦的治疗：十二盛者，"至而泻之立已"；十五不足者，"至而补之立已也"。

从对五行的应用上看，《灵枢》与《素问》也是完全不同的两本书。《素问》建立了人身五脏的五行属性，作五脏与五行的固定配属，又借助五行的相生相胜理论，说五脏病的传变。《灵枢·阴阳二十五人》记载了五形之人，五形之人即五行之人，形、行二字是相通的。《灵枢》说："五形之人"，细分为"二十五人"，这叫"二十五人之政"。《灵枢》的"五形之人"，是将五行作为五种符号来使用的；这与《五星占》将五行作为五星的符号，班固将五行作为灾异分类的符号，其使用的方法是完全一致的。

从对脉诊的不同主张看，《素问》与《灵枢》确为两部不同的著作。《素问》曰："善诊者，察色按脉，先别阴阳。"如何诊脉？《素问·阴阳应象大论》曰："按尺寸，

---

① 转引自严世芸主编：《中国医籍通考》，上海中医学院出版社，1990 年版，第 1 卷，第 3 页（以下凡引该书，只注《中国医籍通考》、卷数、页码）。

观浮沉滑涩而知病所生。"《素问》脉诊,按尺就寸。《灵枢·邪气藏府病形》载:"善调尺者,不待于寸;善调脉者,不待于色。"①《灵枢》重脉诊,而轻色诊;其脉诊,更是仅靠"尺之皮肤","不待于寸"。故《灵枢》提出了"独调其尺"的主张。《灵枢·论疾诊尺》曰:"余欲无视色持脉,独调其尺,以言其病,从外知内,为之奈何?"《灵枢》脉诊,"独调其尺"。这一"独调其尺"的主张,为后世脉诊"独取寸口"埋下伏笔。

从针刺的理论看,《素问》与《灵枢》也是不同的著作。《素问》创造性地说了针刺的徐疾补泻法,《灵枢》则发挥为针刺的虚实补泻法(详见下文)。

《灵枢》论十二经脉起止

《灵枢》曰:"夫十二经脉者,内属于府藏,外络于肢节。"三阴三阳分别手、足,为十二经脉:手太阴、手少阴、手厥阴,是谓手三阴;手太阳、手少阳、手阳明,是谓手三阳;足太阴、足少阴、足厥阴,是谓足三阴;足太阳、足少阳、足阳明,是谓足三阳。手三阴三阳、足三阴三阳,即十二经脉。我们先看《灵枢》记十二经脉的五种方法:

其一,以出入记十二经脉。《灵枢·本输》曰:"肺出于少商。少商者,手大指端内侧也,为井水。溜于鱼际;鱼际者,手鱼也,为荥。注于太渊;太渊,鱼后一寸,陷者中也,为俞。行于经渠;经渠,寸口中也,动而不居为经。入于尺泽;尺泽,肘中之动脉也,为合。手太阴经也。"②俞,通腧,同穴。此即手太阴肺经出止。《灵枢·九针十二原》曰:"所出为井,所溜为荥,所注为俞,所行为经,所入为合;二十七气所行,皆在五俞也。"故《灵枢·本输》所记手太阴肺经的出入,是易于理解的;其"为井水"的"水"字,疑衍。

其二,以根结记三阴、三阳经脉。《灵枢·根结》曰:"太阳根于至阴,结于命门。命门者,目也。阳明根于厉兑,结于颡大。颡大者,钳耳也。少阳根于窍阴,

---

① 张志聪注:《灵枢集注》卷一,《中国医学大成》本,第1册,第302页。
② 张志聪注:《灵枢集注》卷一,《中国医学大成》本,第1册,第296页。

结于葱笼。葱笼者,耳中也。"至阴,穴名,在足小指末节外侧,近指甲角。厉兑,穴名,在第二指外侧指甲角旁。颡大,额之大角,入发际五分为头维穴。窍阴,穴名。在头部者,称头窍阴;在足部者,称足窍阴;因"结于葱笼,葱笼者,耳中也",故"根于窍阴"应指足部窍阴。葱笼,同窗笼。《灵枢》记载的根结,"根"指根本、开始,即四肢末端的穴位;"结"指结聚、归结,即头、胸、腹部的穴位。故有"四根三结"之说,意三阴、三阳经脉,以人体四肢为"根",以头、胸、腹三部为"结"。

其三,以起止记十二经脉。《灵枢·经脉》曰:"肺手太阴之脉,起于中焦,下络大肠,还循胃口;上膈属肺,从肺系横出腋下;下循臑内,行少阴心主之前;下肘中,循臂内上骨下廉;入寸口上鱼,循鱼际,出大指之端。"[1]"肺手太阴之脉",即手太阴肺经。

其四,以外合、内属记十二经脉。《灵枢·经水》曰:"经脉十二者,外合于十二经水,内属于五藏六府。"[2]"手太阳外合于淮水,内属于小肠,而水道出焉。""足太阳外合于清水,内属于膀胱,而通水道焉。"《灵枢·经水》记载的十二经脉,与其他方法所记十二经脉,只是次序上的不同。

其五,以本标记十二经脉。《灵枢·卫气》曰:"手太阳之本,在外踝之后,标在命门之上一寸也。"[3]外踝,足部侧圆形的骨突起处。或称踝关节。命门,目也。《灵枢·卫气》所记十二经脉,均有"本"有"标"。"本"原意树根,意为下部,与人体四肢下端相应;"标"原意是树梢,意为上部,与人体头面胸背的位置相应。"本"、"标"即指经脉腧穴部位下与上的对应关系。简单地说:十二条经脉,每条经脉上都有两个特殊的诊脉部位,其位于四肢则为"本脉",而位于头面胸背则为"标脉"。故《灵枢·卫气》说得"本"、"标",有点类似《灵枢·根结》所说的"根"、"结"。

十二经脉分属五脏六腑、人体内外,有特定的起止和循行部位。《灵枢·逆顺肥瘦》总结说:"手之三阴从藏走手,手之三阳从手走头,足之三阳从头走足,足

---

① 张志聪注:《灵枢集注》卷二,《中国医学大成》本,第1册,第319页。
② 张志聪注:《灵枢集注》卷二,《中国医学大成》本,第1册,第337页。
③ 张志聪注:《灵枢集注》卷六,《中国医学大成》本,第1册,第409页。

之三阴从足走腹。"①手三阴三阳、足三阳三阴，即十二经脉，其源各从脏腑而发，皆直行上下，由头走足，由足走腹，由腹走胸，由胸走手，由手走头，再由头走足。如圆环般循环往复，周而复始，曾无间断。

《灵枢》论十五络脉

十二经脉，又称十二正经。十二正经之别，则谓络脉。《灵枢·经脉》载："手太阴之别，名曰列缺。""手少阴之别，名曰通里。""手心主之别，名曰内关。""手太阳之别，名曰支正。""手阳明之别，名曰偏历。""手少阳之别，名曰外关。""足太阳之别，名曰飞扬。""足少阳之别，名曰光明。""足阳明之别，名曰丰隆。""足太阴之别，名曰公孙。""足少阴之别，名曰大钟。""足厥阴之别，名曰蠡沟。"②此十二络脉名。十二络脉之外，又有任脉之别、督脉之别、脾之大络，合之即《灵枢》所说的"凡此十五络者"。

十五络脉之外，则有孙络之脉。《灵枢·脉度》曰："经脉为里，支而横者为络，络之别者为孙。"孙络为络脉之别。《素问·气穴论》曰"孙络三百六十五穴会，亦以应一岁。"孙络的数目，是据一岁之日数而定的。

人体经络，包括经脉和络脉两部分，其中纵行的主脉称为经脉，分布全身各个部位的分脉称为络脉。络脉是经脉的支脉，其端各从经脉而发，以其斜行左右，遂名曰络。络脉，有别络、浮络和孙络之分。别络，属络脉之较大者，即全身最大的络脉，一称"大络"，又称"经隧"；浮络是循行于人体浅表部位而常浮现的络脉；从别络分出最细小的支脉称为孙络。经脉和络脉合称"经络"，两者纵横交错，遍布全身，是气血运行的通道。简而言之：人的五脏六腑，由经络相互联络；经络内联脏腑，外络肢节；在内温煦脏腑，在外滋润腠理（泛指皮肤、肌肉、脏腑的纹理）。

经脉与络脉的差异，《灵枢》说了两句话。

① 张志聪注：《灵枢集注》卷五，《中国医学大成》本，第1册，第386页。
② 张志聪注：《灵枢集注》卷二，《中国医学大成》本，第1册，第333—334页。

其一,经脉不可见,络脉常可见。《灵枢·经脉》曰:"经脉者,常不可见也,其虚实也,以气口知之。脉之见者,皆络脉也。"气口,即寸口。《灵枢·经脉》又曰:"经脉十二者,伏行分肉之间,深而不见;其常见者,足太阴过于外踝之上,无所隐故也。诸脉之浮而常见者,皆络脉也。"①十二经脉,惟足太阴脉因露在外踝之上而常见。

其二,经络相贯,上下如环。《灵枢·邪气藏府病形》曰:"阴之与阳也,异名同类,上下相会;经络之相贯,如环无端。"②《灵枢·九针十二原》曰:"经脉十二,络脉十五,凡二十七气,以上下。"如饮酒者,"卫气先行皮肤,先充络脉,络脉先盛。故卫气已平,营气乃满,而经脉大盛"。故经络相贯,即卫气、营气的周而复始,流行不穷。

《灵枢》论营卫

营气出于中焦。《灵枢·营卫生会》载:营气"上注于肺脉,乃化而为血","独得行于经隧"。《灵枢·营气》曰:营气由谷气产生,"精专者行于经隧,常营无已,终而复始,是谓天地之纪。"③从"精专者行于经隧"句看,营气即精气。

卫气出于上焦。《灵枢·营卫生会》曰:卫气常与营气"俱行","复大会于手太阴矣"。《灵枢·营卫生会》曰:卫气与营气同样"受气于谷,以传与肺",但"清者为营,浊者为卫。营在脉中,卫在脉外"。

营卫的区别。《灵枢·卫气》曰:"其气内(纳)于五藏,而外络支(肢)节。其浮气之不循经者,为卫气;其精气之行于经者,为营气。"④《灵枢·卫气》说卫气为浮气,营气为精气。营卫的区别,关键是看气的运行:营气"行于经者",卫气"不循经者"。《灵枢·寿夭刚柔》曰:"营之生病也,寒热少气,血上下行。卫之生病也,气痛时来时去,怫忾贲响,风寒客于肠胃之中。"故"刺营者出血,刺卫者出

---

① 张志聪注:《灵枢集注》卷二,《中国医学大成》本,第1册,第331页。
② 张志聪注:《灵枢集注》卷一,《中国医学大成》本,第1册,第300页。
③ 张志聪注:《灵枢集注》卷二,《中国医学大成》本,第1册,第344页。
④ 张志聪注:《灵枢集注》卷六,《中国医学大成》本,第1册,第409页。

气"。《灵枢·寿夭刚柔》从刺法上解说了营卫的区别。

营卫的作用。《灵枢·邪客》曰:"营气者,泌其津液,注之于脉,化以为血,以荣四末,内注五藏六府,以应刻数焉。卫气者,出其悍气之剽疾,而先行于四末,分肉皮肤之间,而不休者也。"①《灵枢·邪客》说,营气"以应刻数焉",卫气"而不休者也"。《灵枢·邪客》此说不妥。《灵枢·营卫生会》说,卫气"常与营(气)俱行于阳二十五度,行于阴亦二十五度";是说营气卫气俱"以应刻数焉"。又《灵枢·动输》说:"营卫之行也,上下相贯,如环之无端。"是说营气卫气俱"而不休者也"。《灵枢·邪客》说,营气有调血"以荣四肢"之用,卫气有充身"腠理致密"之用。

《灵枢》论用针之道

《素问·离合真邪论》曰:"候吸引针,气不得出,各在其处,推阖其门,令神气存,大气留止,故命曰补。""候呼引针,呼尽乃去,大气皆出,故命曰泻。"②候吸引针,待吸气时拔针,曰针刺补法;候呼引针,待呼气时出针,曰针刺泻法。《素问·针解》说:"徐而疾则实者,徐出针而疾按之;疾而徐则虚者,疾出针而徐按之"。均指用针进出的快慢。《素问》对针刺的徐疾补泻法作出了定义。《灵枢》论用针之道,较多地说了针刺的虚实补泻法。

《灵枢·九针十二原》曰:"凡用针者,虚则实之,满则泄之;宛陈则除之,邪胜则虚之。《大要》曰:徐而疾则实,疾而徐则虚。言实与虚,若有若无;察后与先,若存若亡。为虚与实,若得若失。"③何谓"虚则实之,满则泄之"?《灵枢·小针解》曰:"所谓虚则实之者,气口虚而当补之也。满则泄之者,气口盛而当泻之也。宛陈则除之者,去血脉也。邪胜则虚之者,言诸经有盛者,皆泻其邪也。徐而疾则实者,言徐内而疾出也。疾而徐则虚者,言疾内而徐出也。"④《灵枢》利用《素

① 张志聪注:《灵枢集注》卷八,《中国医学大成》本,第1册,第441页。
② 张志聪注:《素问集注》卷四,《中国医学大成》本,第1册,第180页。
③ 张志聪注:《灵枢集注》卷一,《中国医学大成》本,第1册,第293页。
④ 张志聪注:《灵枢集注》卷一,《中国医学大成》本,第1册,第300页。

问》说的徐、疾，解说了虚、满（实）。《灵枢》解说：虚则实之者，当补之也；满则泄之者，当泻之也。此《灵枢》所说虚实补泻法。

针刺的原则。《灵枢·根结》曰："形气不足，病气有余，是邪胜也，急泻之；形气有余，病气不足，急补之。"①《灵枢·根结》曰：人有形气、有病气。就病气而言，"有余者泻之，不足者补之"；就形气而言，"形气不足"，"不可刺之"；待"形气有余"，方可"急泻其邪，调其虚实"。

针刺的方法，《灵枢》有不同的分类。《灵枢·官针》曰："凡刺有九，以应九变。"②《灵枢·官针》"以应九变"分刺法为九种，又"以应五藏"分刺法为五种，又"以应十二经"分刺法为十二种。《灵枢·邪气藏府病形》又以"病之六变者"，将刺法分为六种。"病之六变者"，急、缓、大、小、滑、涩，故有刺之六法。

针刺的作用，《灵枢》亦说了两句话。

其一，针刺以通营卫。《灵枢·刺节真邪》曰："用针之类，在于调气，气积于胃，以通营卫，各行其道。"《灵枢·天年》曰："血气已和，营卫已通，五藏已成，神气舍心，魂魄毕具，乃成为人。"针刺以通营卫，营卫已通，乃成为平人。

其二，针刺以调阴阳。《灵枢·刺节真邪》曰："用针之要，在于知调阴与阳。调阴与阳，精气乃光，合形与气，使神内藏。"《灵枢·终始》曰："阳受气于四末，阴受气于五藏。故泻者迎之，补者随之；知迎知随，气可令和；和气之方，必通阴阳。"针刺以调阴阳，阴阳已通，五脏调和。

第二节　医经、本草、经方

《难经》是一部"依经作论"的著作，它的特点是"经解"，但《难经》还是被后人尊为"医经"之一，这是因为《难经》有自己独创的医学理论，"独取寸口"、"右肾即

命门"等,都是《难经》特有的学说。本节研究《难经》的"五行更相平"说。

先秦的本草内容,已见《素问》、《五十二病方》等医书,也见《山海经》、《诗经》、《楚辞》等古籍的记载,但《神农本草经》仍是本草学之经。

张仲景有医圣之誉,他的两部著作,《伤寒论》载三百九十七法,一百一十二方,理、法、药、方具备,被尊为医经之法;《金匮要略论》全书载二百六十二方,被尊为方书之祖。

王叔和的《脉经》是中医诊断学的第一部专著,《脉经》总结了《素问》以来的脉学理论,书中也保存了《四时经》的一些史料。

《难经》论"五行更相平"

《难经》全名为《黄帝八十一难》,又称《黄帝众难经》,张仲景简称《八十一难》,因该书用问难的形式讨论了传统医学上的八十一个问题而得名。书名中的"难"字,一般有两种解释:一是唐杨玄操所说的,"名为《八十一难》,以其理趣深远,非卒易了故也"。杨玄操作难易之"难"解。一是清徐大椿所说的,"《难经》非经也。以《灵》、《素》之微言奥旨,引端未发者,设为问答之语,俾畅厥义也"。徐大椿作问难之"难"解。就全书的体裁和内容看,当以徐大椿的解释为是。

医之本源,阴阳、五行、四时也。历代医家,正是根据阴阳、五行、四时学说的理论,来建构发展医学医说的。《素问》五脏、五行、五方的匹配为:肝属木,东方;心属火,南方;脾属土,中;肺属金,西方;肾属水,北方。《素问》罗列了五方(东、南、中、西、北)、五脏(肝、心、脾、肺、肾)、五行(木、火、土、金、水)的比类,来推衍五脏类似五行相生相胜的关系。

五脏和五行、五方的匹配,《难经》全同《素问》(见图5-2-1)。在《难经》一书中,对时尚的五行理论,作了神一般的发挥。

《难经·七十五难》(以下只引《难经》篇名)

图 5-2-1

曰:"经言:东方实,西方虚,泻南方,补北方,何谓也？然。金木水火土当更相平。"①《难经》提出了"五行更相平"说。《七十五难》曰:东方,木也,肝也;东方实,则知肝实。西方,金也,肺也;西方虚,则知肺虚。"木欲实,金当平之;火欲实,水当平之;土欲实,木当平之;金欲实,火当平之;水欲实,土当平之。"平,原有平衡、平息之义。

《七十五难》曰:"泻南方火,补北方水。南方,火;火者,木之子也。北方,水;水者,木之母也。水胜火,子能令母实,母能令子虚,故泻火补水,欲令金不得平木也。"元滑寿《难经本义》注:"金不得平木,不字疑衍。"滑寿的注是正确的。《七十五难》已说"木欲实,金当平之",意木(肝)实而金(肺)虚,通过"泻火补水",故金当平木;结论若为"欲令金不得平木",自不合理。《八十一难》曰:"假令肝实而肺虚;肝者,木也;肺者,金也。金木当更相平,当知金平木。"②滑寿据《八十一难》"金木当更相平,当知金平木"语,指出了《七十五难》中的"不字疑衍"。

《七十五难》的"火者,木之子也","水者,木之母也",这本来是五行相生关系,生己者为母,己生者为子。五行相生说"水生木"、"木生火",水与木、木与火,是五行相生关系的两方。两两相看,水为木之母,木为水之子;木为火之母,火为木之子。从水、木、火三者相看,木为水之子时,又同时为火之母。又如:金生水、水生木;水者,木之母也,又同时为金之子。《七十五难》的"木欲实,金当平之;火欲实,水当平之",这本是五行相胜说,谓金胜木、水胜火。五行相生说谓"金生水、水生木",五行相胜说谓"金胜木",故曰:"木欲实,金当平之"。《难经》就将"五行相胜说"和"五行相生说"统一在"五行更相平"中。

《难经》讲"五行更相平",主要有"补母泻子法"和"泻南补北法"。《六十九难》提出的"虚者补其母,实者泻其子",为"补母泻子法"。如肺属金,肺虚可补其母,肺实可泻其子;即肺虚补脾,肺实泻肾。《七十五难》提出的"东方实,西方虚,泻南方,补北方",为"泻南补北法"。根据"东方属木配肝,西方属金配肺,南方属

① 滑寿撰:《难经本义》,《中国医学大成续编》本,第1册,第995页(以下凡引该丛书本,只注《中国医学大成续编》本、册数、页码)。
② 滑寿撰:《难经本义》,《中国医学大成续编》本,第1册,第998页。

火配心，北方属水配肾"之说，泻南补北，即泻心火补肾水。东方实，西方虚，即肝木实、肺金虚；补北泻南，即补肾水泻心火。如果按照"补母泻子法"，对肝实肺虚之证，法当泻心火补脾土。而根据五行生克之理，（心）火为（肝）木之子，泻火能抑木；（肾）水为（肺）金之子，补水可以制火。这就叫泻火补水，使金得以平木也。故"泻南补北法"指出，肝实肺虚，要用泻心火、补肾水的方法治疗。所以，"泻南补北法"，可以说是对"补母泻子法"的补充。

五行的相生相胜，董仲舒总结说"比相生而间相胜"。"比相生"：木生火，火生土，土生金，金生水，水生木。"间相胜"：金胜木（间隔水），水胜火（间隔木），木胜土（间隔火），火胜金（间隔土），土胜水（间隔金）（见图5-2-2）。

图 5-2-2

《难经》的"五行更相平"说，发展了《素问》的五脏病传变理论。《五十三难》曰："《经》言：七传者死，间藏者生，何谓也？然七传者，传其所胜也。间藏者，传其子也。"[1]七传，即"隔七相传"，传其所胜。如：心火传肺金，肺金传肝木，肝木传脾土，脾土传肾水，肾水传心火；因肺金生肾水，根据"一藏不再伤"说，故心火再传肺金。自心火而始，以相生相胜转传至肺金，为相胜七传。间脏，间其所胜之脏而相传也。如心火胜肺金，脾土间之，心病传脾；脾土胜肾水，肺金间之，脾病传肺；肺金胜肝木，肾水间之，肺病传肾；肾水胜心火，肝木间之，肾病传肝；肝木胜脾土，心火间之，肝病传心；此谓传其所生之脏，为母子相传也。母子相传，亦如五行相生相胜转相生。《难经》说：脏病传其所胜，系子病犯母，即子母相胜而传，为脏病七传；腑病传其所生，系母病及子，即母子相生而传，为腑病间脏。脏病子母相胜而传，腑病母子相生而传，《难经》发展了《素问》的五脏病传变理论。

明清医家，更是对医家五行之说提出了质疑。清尤怡《医学读书记》曰："客曰：五行生克之说，非圣人之言也，秦汉术士之所伪撰也。余曰：于何据也？曰：

---

[1] 滑寿撰：《难经本义》，《中国医学大成续编》本，第1册，第984页。

《易》言八卦而未及五行,《洪范》言五行而未及生克,是以知其为无据之言也……是以穷五行之变则可,以为是即五行之事则不可也。"①尤怡说的很清楚,医家说说五行之变是可以的,若以为医学即是五行之事,则是不可以的。

《神农本草经》分药"三品"

《神农本草经》三卷,始见梁阮孝绪《七录》。晋皇甫谧《帝王世纪》云:"炎帝神农氏,长于姜水,始教天下耕种五谷而食之,以省杀生;尝味本草,宜药疗疾,救夭伤之命,五姓日用而不知。著《本草》四卷。"②葛洪、陶弘景也都肯定《本草》是神农氏所著。其实,汉人著书,多尊古贱今,《汉志》载《神农黄帝食禁》七卷,即托之神农、黄帝。皇甫谧、葛洪、陶弘景言《本草》为神农所著,也是托名而已。

《神农本草经》载药三百六十五种,以应天三百六十五之数,这其实是一个约数。《神农本草经》卷一载"赤黑青白黄紫芝",卷三载戎盐、大盐、卤盐,都是作单味药统计的,若分别计之,则载药肯定不止三百六十五种。《神农本草经》的三百六十五药,分上药、中药、下药三品,有上药延命、中药养性、下药除病之说。

《神农本草经》卷一为《上经》,载"上药"。《上经》曰:"上药一百二十种,为君。主养命以应天。无毒,多服久服不伤人,欲轻身益气不老延年者。"③《神农本草经》一书的起点,仍是长生不老。《上经》多载服食之药,如丹砂、云母。《神农本草经》记录了多家学说,各家本草有各家的名称,故《神农本草经》记有多种名称,如云母:"一名云珠,一名云华,一名云英,一名云液,一名云沙,一名灵石"。本草原本非一家之学,《神农本草经》对各家药名的一一俱录,可以将本草名称逐渐地统一下来,这是有利于本草学的进一步发展的。

《神农本草经》卷二为《中经》,载"中药"。《中经》曰:"中药一百二十种,为臣。主养性以应人。无毒有毒,斟酌其宜。欲遏痛补羸者。"《中经》多载炼丹之

---

① 尤怡著:《医学读书记》卷下,《中国医学大成》本,第6册,第571页。
② 转引自严世芸主编:《中国医籍通考》,第1卷,第1003页。
③ 《神农本草经》卷一,《中国医学大成》本,第2册,第4页。

药。如卷二记:"水银:味辛寒。主疥瘘痂疡白秃;杀皮肤中虱,堕胎除热,杀金银铜锡毒;溶化还复为丹,久服神仙不死。生平土。"①这些可以炼丹之药,《神农本草经》特别指出:"无毒有毒,斟酌其宜"。当《神农本草经》提醒"斟酌其宜"时,一般是指有毒的;水银就是有毒之物。

《神农本草经》卷三为《下经》,载"下药"。《下经》曰:"下药一百二十五种,为左(佐)使,主治病以应地。多毒不可久服,欲除寒热邪气、破积聚愈疾者。"用药须合君臣佐使,《神农本草经》将下药归入"佐使"。如卷三载:"礜石:味辛,大热,主寒热鼠瘘蚀创,死肌风痹,腹中坚。"②礜石的毒性早见于《山海经》的记载。《山海经》曰:皋涂山上,"有白石焉,其名曰礜,可以毒鼠。"③《神农本草经》记载了服用礜石的后果,腹中坚硬,毒性所致。

中药、下药是有毒的。如何解毒?晋张华《博物志·药论》载:"《神农经》曰:药种有五毒:一曰狼毒,占斯解之;二曰巴豆,藿汁解之;三曰黎卢,汤解之;四曰天雄,乌头、大豆解之;五曰班猫,戎盐解之。毒菜害,小儿乳汁解,多食饮二升。"④占斯,《神农本草经》似乎遗漏,陶弘景《名医别录》云:一名炭皮,生泰山谷。

《神农本草经》说:上药为君,主养命;中药为臣,主养性;下药为佐使,主治病。"君臣佐使",原指君主、臣僚、僚佐、使者四种人,这里指中药组方中各味药的不同作用。药物中起主治作用的为君,起辅助作用的为臣,协助主药治疗并抑制主药不良效果的为佐,引药直达病所的为使。中医的目的既然是养命、养性、治病,他的组方就不会是单一的,而是一个"团队","君臣佐使"便是中药配伍的一个基本原则。

《神农本草经》只记药物的药名、药味、药性、主治、功能,产于山上或产于川泽等,全书不见阴阳五行的说教,这一特色在汉代古籍中是罕见的。如记药味,

① 《神农本草经》卷二,《中国医学大成》本,第 2 册,第 23 页。
② 《神农本草经》卷三,《中国医学大成》本,第 2 册,第 35 页。
③ 郭璞传:《山海经》卷二,《道藏要集选刊》本,第 7 册,第 208 页。
④ 张华撰:《博物志》卷四,上海古籍出版社,1990 年版,第 17 页。

《神农本草经》的记载有(按五味酸苦甘辛咸排列):味酸温、酸寒、酸小寒、酸平,味苦寒、苦温、苦平、苦酸,味甘平、甘温、甘微寒,味辛温、辛大热、辛微寒、辛微、辛平,味咸微温、咸温、咸平、咸寒,等等。这些记载表明,《神农本草经》对药味的记载已不局限五味,而是五味与五味的复合,五味与药性"寒热温平"的结合。其中小寒、大热等记载,表明《神农本草经》已注意到"寒热温平"的不足。

南北朝时,陶弘景合《神农本草经》和《名医别录》,增药三百六十五种,为《本草经集注》。唐显庆时,诏修《新修本草》,考证《本草经集注》四百余物,又增后世所用百余物。五代后蜀之主孟昶,命韩保升等人,增补注释唐《新修本草》,成《蜀本草》二十卷;是书原本亦已散佚,其内容还可从《证类本草》、《本草纲目》中见到。宋开宝中,诏医工刘翰、道士马志等撰《开宝重定本草》,又增一百三十二种,合药九百八十三种。嘉祐中,掌禹锡、林亿、苏颂等奉命重加校定,共载新旧药一千八十二种,比《开宝重定本草》增药九十九种。宋大观年间,唐慎微著《经史证类备急本草》,经官方重修后,更名为《经史证类大观本草》;《大观本草》是一部承前启后的重要著作,载药一千五百五十八种,后陆续增至一千七百四十余种。至明李时珍《本草纲目》,载药一千八百九十二种,为本草学之大成。从《神农本草经》到《本草纲目》,本草学一直在数量、名称、产地、采摘、分类这些问题上徘徊,而对本草药理的研究,仅仅停留在药性(寒热温平)、药味(五苦六辛)上。

张仲景"为百病立法"

张仲景,名机,南阳涅阳(今河南省邓州市穰东镇,或河南省南阳市镇平县侯集镇)人。生于东汉永熹元年(公元 145 年),一说生于汉桓帝和平元年(公元 150 年),卒于建安二十四年(公元 219 年)。

目前广为流传的张仲景的著作,主要有《伤寒论》、《金匮要略论》二书。而《伤寒论》各篇名都冠以"辨……病脉证并治",似乎《伤寒论》主张辨脉诊病,这可能是王叔和的编撰,因为张仲景是反对"独取寸口"的诊脉方法的,他说"独取寸口"是"窥管而已",断定此法诊病,"实为难矣"! 而王叔和的《脉经》,构建了独取寸关尺的脉证理论。宋医官再次编撰《伤寒论》时,已判定《伤寒论》的前三篇,即《辨脉法》、《平脉法》、《伤寒例》三篇,为王叔和编次。《伤寒论》一书,经过了王叔和与宋医官的二次编撰。据前人统计,是书载三百九十七法,一百一十二方。

王叔和编次《伤寒论》,乃以"三阳三阴"立篇。王肯堂《伤寒准绳·凡例》曰:"王叔和编次张仲景《伤寒论》,立三阳三阴篇。其立三阳篇之例,凡仲景曰太阳病者入太阳篇,曰阳明病者入阳明篇,曰少阳病者入少阳篇。其立三阴篇,亦依三阳之例,各如太阴、少阴、厥阴之名入其篇也。"①王肯堂指责王叔和这样的编次,"大失仲景之法也"。汪琥曰:"然仲景书当三国时兵火之后,残缺失次,若非叔和撰集,不能延至于后,复有成无己为之注解也。今医勿但责叔和之过,而忘叔和之功。"汪琥排解了后人对王叔和编次仲景书的非议。

《伤寒例》以"三阳三阴"立篇,构建了《伤寒论》的重要理论,"六经"病的辨证。所谓"六经",即"三阳三阴",《素问》指太阳、阳明、少阳、太阴、少阴、厥阴。《伤寒例》曰:"尺寸俱浮者,太阳受病也";"尺寸俱长者,阳明受病也";"尺寸俱弦者,少阳受病也";"尺寸俱沉细者,太阴受病也";"尺寸俱沉者,少阴受病也";"尺寸俱微缓者,厥阴受病也。"②沉,古书作沈,我们按被引书原字书写。《伤寒例》以浮、长、弦、细、沉、缓"六脉"的辨证,定义了太阳、阳明、少阳、太阴、少阴、厥阴"六经"受病。应该说,《伤寒例》之"六经"受病的确立,使传统医学构筑了系统的学说。无论王叔和的总结功过如何,《伤寒例》的"六经"分类,为后世医家所接受。

《伤寒例》论"六经"病之传变。《伤寒例》说:若两感于寒者,一日太阳与少阴俱病,二日阳明与太阴俱病,三日少阳与厥阴俱病。又说:其不两感于寒,至七日太阳病衰,八日阳明病衰,九日少阳病衰,十日太阴病衰,十一日少阴病衰,十二日厥阴病衰。《伤寒例》建立的"六经"传变顺序为:太阳、阳明、少阳、太阴、少阴、厥阴,如此一定之传变,方法上如同《素问》所说得五脏病相传,但是以"六经"替

---

① 转引自严世芸主编:《中国医籍通考》,第1卷,第218—219页。

② 南京中医学院编:《伤寒论译释》卷第二,上海科学技术出版社,1992年版,第252页。

代了"五脏"。

伤寒,即中寒;有狭义、广义之分。《伤寒论》辨太阳病,分中风、伤寒、温病三种;太阳病中的"伤寒",为狭义之伤寒。《素问·热论》曰:"今夫热病者,皆伤寒之类也。"热病皆属伤寒之类,此为广义之伤寒。《伤寒论》篇目载:辨太阳病,辨阳明病,辨少阳病,辨太阴病,辨少阴病,辨厥阴病等,所以《伤寒论》的"伤寒",又是广义的伤寒。

《伤寒论》的"六经"辨证。"太阳病",凡头痛、项强、发热、恶寒,都归入太阳病,包括与伤寒相似的痉湿暍证。"阳明病",凡出现身热,汗自出,不恶寒反恶热,脉大等证,都归入阳明病,包括阳气亢盛、邪从热化等各种病证。"少阳病",凡出现口苦、咽干、目眩、心烦,脉弦细,都归入少阳病,包括外感病邪在半表半里所致的等各种病证。"太阴病",凡腹满,吐食,自利,不渴,手足自温,时腹自痛,都归入太阴病,包括脾胃虚寒等各种病证。"少阴病",凡心烦不寐,口燥咽干,小便短赤、舌红,脉细数,都归入少阴病,包括寒热亢盛等各种病证。"厥阴病",凡心中疼热,饥而不欲食,食则吐蛔,下之利不止,四肢厥逆,都归入厥阴病,包括阴阳胜复、寒热错杂等各种病证。《伤寒论》的"六经"辨证,就将外感疾病的各种证候,全部归纳成"六经"受病。

《伤寒论》三百九十七法,依"六经"而立。故"六经"辨证,有"为百病立法"之说。《伤寒论》构造了一个"以六经衿百病"的辨证体系,这一"六经"辨证体系的出现,使传统医学在阴阳五行、藏象经络的基础上,走向精究"伤寒"之路。

高保衡、孙奇、林亿等人编定《伤寒论》、《金匮玉函经》后,又开始编定《金匮要略方论》。清徐大椿作《医学源流论》曰:"《金匮要略》,乃仲景治杂病之书也。其中缺略处颇多,而上古圣人以汤液治病之法,惟赖此书之存,乃方书之祖也。"①徐大椿从论病、用药、载方、脉法、治病五个方面,评是书"乃方书之祖也"。

相对于《伤寒论》"六经"病的分类,《金匮要略论》于百病也有个分类,为阳病十八,阴病十八;五脏合为九十病,六腑合为一百八病,五劳七伤六极十八病,妇

---

① 转引自严世芸主编:《中国医籍通考》,第 1 卷,第 660 页。

人三十六病。《金匮要略论》独特的病因论，更符合东汉那个时代的特征。《金匮要略论》曰："千般疢难，不越三条。一者经络受邪，入脏腑，为内所因也。二者四肢九窍，血脉相传，壅塞不通，为外皮肤所中也。三者房室、金刃、虫兽所伤。以此详之，病由多尽。"①《金匮要略论》依据这三种病因论，提出医治、导引吐纳、节食三种医治方法。

《金匮要略论》曰："若人能养慎，不令邪风干忤经络，适中经络，未流传脏腑，即医治之。四肢才觉重滞，即导引、吐纳、针灸、膏摩，勿令九窍闭塞，更能无犯王法。禽兽、灾伤、房室，勿令竭乏，服食节其冷热苦酸辛甘，不遗形体有衰，病则无由入其腠理。腠者，是三焦通会元真之处，为血气所注；理者，是皮肤脏腑之文理也。"②张仲景对何时医治，何时导引吐纳、针灸膏摩，以及日常要注意房室、节食，都作了明确的论述。

《伤寒论》以"六经"辨证，《金匮要略论》则以百病立方。如《金匮要略论·痉湿暍病脉证第二》曰："太阳中暍，发热恶寒，身重而疼痛，其脉弦细芤迟……白虎加人参汤主之。太阳中暍，身热痛重，而脉微弱，此以夏月伤冷水，水行皮中所致也，一物瓜蒂汤主之。"③据徐忠可统计，《痉湿暍病脉证第二》载论一首，脉证十二条，方十一首。《金匮要略论》举这些常见病立方，其方以汤液为主，偶尔可见外洗方和烟熏方。《金匮要略论》全书载二百六十二方，已分不清哪些是张仲景原有，哪些是宋人"采散在诸家之方"，今且不论。

皇甫谧《释劝》云："（张）仲景垂妙于定方。"陶弘景《本草经集注》序曰："张仲景一部，最为众方之祖宗，又悉依本草。"比较《伤寒论》经过王叔和的改编，《金匮要略论》是更完整地保存了张仲景原书原貌。

王叔和的《脉经》

王叔和，名熙，山阳高平人。今山西、山东两省的地方志均称高平在自己的

---

① ②　徐忠可著：《金匮要略论注》卷一，人民卫生出版社，1993 年版，第 4 页。
③　徐忠可著：《金匮要略论注》卷二，人民卫生出版社，1993 年版，第 45 页。

境内。考魏晋之世，山西无高平建置，今山西高平，魏晋时称"泫氏"；而今山东省巨野县昌邑镇，即古兖州之高平，为山阳郡。故王叔和的籍贯，可肯定在山东省巨野县。王叔和大致生活在公元180年至265年之间。他撰著的《脉经》，是中医脉诊学的第一部专著。

《素问》诊病"察色按脉"，《灵枢》脉诊"独调其尺"。尺：两手肘关节（尺泽穴）下至寸口处的部位。《难经》首先确立了"独取寸口"的诊脉方法。寸口，两手桡骨头内侧桡动脉的部位，又称"气口"或"脉口"。王叔和在《灵枢》、《难经》的基础上，将寸尺二部脉法发展为寸、关、尺三部脉法。《脉经》曰："从鱼际至高骨，却行一寸，其中名曰寸口，从寸至尺，名曰尺泽，故曰尺寸；寸后尺前名曰关。阳出阴入，以关为界。"两手桡骨茎突处为关，关之前（腕端）为寸，关之后（肘端）为尺。

脉诊能够诊断疾病，这里需要几个基本理论：

其一，"十二原"论。《灵枢·九针十二原》曰：五脏各有原穴左右各一，加之膏、肓原穴各一，合为十二原。肺原太渊，心原大陵，肝原太冲，脾原太白，肾原太溪，膏原鸠尾，肓原脖胦。《难经·六十六难》曰："五脏六腑之有病者，取其原也。"反过来说，通过十二原，可以诊断五脏六腑之病。

其二，"三部九候"论。《素问·三部九候论》曰：十二经皆有动脉，上部之动脉在头，中部之动脉在手，下部之动脉在足，是为三部。一部三候，是为九候。徐大椿曰："脉有三部：曰寸、曰关、曰尺。寸部法天，关部法人，尺部法地。"①徐大椿从三部九候与寸关尺的关系上，所谓"脉取三寸，三部各为一寸"，说了脉诊之法是可以诊断的。

其三，气口、寸口与五脏的关系。《素问·五藏别论》说五脏六腑之气，"变见于气口"。《难经》开篇提出："十二经皆有动脉，独取寸口"；"寸口者，脉之大会手太阴之脉"，"五藏六腑之所终始。"《难经》认为，寸口脉象可以反映五脏六腑的病变，所以"法取于寸口"，"以决五藏六腑死生吉凶之法"。《难经》从"脉行五十度"、"复会于手太阴寸口"上，证明"独取寸口"可以诊断。

---

① 转引自廖平撰：《脉学辑要评》，《中国医学大成》本，第1册，第858页。

五脏有十二原穴,三部九候分候五脏六腑,脏腑的病变见于气口。如此,《脉经》就说两手六脉(寸、关、尺)主五脏六腑(见图 5-2-3)。

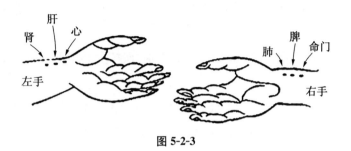

图 5-2-3

《脉经》确定了二十四脉,但二十四脉的脉形又是如何确定的呢? 王叔和说,脉之"迟速、大小、长短"可以指别。脉形是由指别确定的。

《脉经》的辨脉方法:

一为辨脉轻重法。《脉经》曰:"然初持脉如三菽之重,与皮毛相得者,肺部也(小字注:菽者,小豆。言脉轻如三小豆之重。吕氏作大豆。浮之在皮毛之间者,肺气所行,故言肺部也)。"又曰"如六菽之重,与血脉相得者,心部也(小字注:心主血脉,次于肺,如六豆之重)。"①《脉经》这段文字(除小字注),与《难经·五难》完全相同。其辨脉方法,"如三菽之重"、"如六菽之重"等,全凭切脉者的感觉。

二为辨脉长短法。王叔和说,善脉者,先别阴阳。《脉经》曰:"所以言一阴一阳者,谓脉来沉而滑也。一阴二阳者,谓脉来沉滑而长也。一阴三阳者,谓脉来浮滑而长时,一沉也。所以言一阳一阴者,谓脉来浮而涩也。一阳二阴者,谓脉来长而沉涩也。一阳三阴者,谓脉来沉涩而短时,一浮也。"②王叔和说:"脉来浮滑而长时,一沉也";"脉来沉涩而短时,一浮也"。王叔和以脉来的"长时"、"短时",辨脉的浮、沉、长、短、滑、涩。

三为辨脉损至法。《脉经》又曰:"脉有损至,何谓也? 然至之脉,一呼再至曰平,三至曰离经,四至曰夺精,五至曰死,六至曰命绝,此至之脉也。何谓损?

————————

①② 王叔和撰:《脉经》卷一,《中国医学大成》本,第 1 册,第 596 页。

一呼一至曰离经,二呼一至曰夺精,三呼一至曰死,四呼一至曰命绝,此损之脉也。至脉从下上,损脉从上下也。"①王叔和说"至脉从下上,损脉从上下"的含义并不十分明确,但"至"之脉、"损"之脉的辨别,仍是由一呼一至、一呼再至等"数量"来确定的。

《脉经》的诊脉方法,看来是由手下指别,而结合脉的轻重、时长、数量辨别的。

"脉何以知藏府之病"?《脉经》说"数者府也,迟者藏也",以此"别知藏府之病也"。《脉经》又说由脉的"数即有热"、"迟即生寒",因"诸阳为热,诸阴为寒",故"藏府之病"是由阴阳来决定的。《脉经》根据"脉来当见而不见为病",来断定"但当知如何受邪"。而脉的当见而不见,又是指别确定的。

《脉经》的脉诊原理:

其一,脉的阴阳虚实。《脉经》曰:"然有脉之虚实,有病之虚实,有诊之虚实。"②何谓虚实?曰"邪气盛则实,精气夺则虚。"③脉的阴阳虚实,是阴阳寒热虚实表里的代称,又称作"八纲"。王叔和以脉的阴阳虚实来定诊之虚实,以邪气盛、精气夺来定病之虚实。

其二,脉的五行相乘。《脉经》曰:"脉有相乘,有纵有横,有逆有顺,何谓也?师曰:水行乘火,金行乘木,名曰从;火行乘水,木行乘金,名曰横;水行乘金,火行乘木,名曰逆;金行乘水,木行乘火,名曰顺。"④王叔和欲借五行相乘,确定脉的纵横、逆顺;又借阴阳相乘,确定脉的阳中伏阴、阴中伏阳。

其三,脉象四时。《脉经》卷三《肝胆部》曰:"肝象木,与胆合为府。其经足厥阴,与足少阳为表里。其脉弦。其相,冬三月;王,春三月;废,夏三月;四季,夏六月;死,秋三月。其王日,甲乙;王时,平旦、日出。其困日,戊己;困时,食时、日昳。其死日,庚辛;死时,晡时、日入。"⑤王叔和注明:"右新撰"。王叔和讲了脉象四时、十二经互为表里,这还属脉诊之法。但王叔和又讲了脉的"相、王、废、

---

①　王叔和撰:《脉经》卷四,《中国医学大成》本,第1册,第611页。
②③④　王叔和撰:《脉经》卷一,《中国医学大成》本,第1册,第597页。
⑤　王叔和撰:《脉经》卷三,《中国医学大成》本,第1册,第603页。

死",欲以脉象四时,决定"其困日、困时"、"其死日、死时",虽有预后的意思,但以脉说"其王日、王时",还是引出后世"太素脉"之说。

《脉经》的基本理论仍是阴阳、五行、四时。望闻问切,是我国传统医学的诊断方法,脉诊则是最重要的诊断术,甚至可以说是中医的代名词。王叔和的脉诊,确定了二十四脉,构造了辨脉阴阳虚实大法,具有一种早熟的完美性。但这种早熟的完美性,也使脉诊这种诊断方法,缺乏了一种循序渐进的发展余地。唐孙思邈著《千金翼方》,只改正了革、牢二脉,并重立革脉;明李时珍著《濒湖脉学》,也只是据《难经》、《中藏经》等古籍,辑出长、短、濡三脉。王叔和后,脉学的发展几近于停滞。直到元杜清碧的《敖氏伤寒金镜录》出现,相传敖氏十二验舌法,中医诊断学才有了些新的内容。

第三节　医家和医著

皇甫谧的《甲乙经》,取《素问》、《灵枢》、《明堂孔穴针灸治要》三书精要而著,仍是古医书"六经"之一。该书章节条理,简明扼要,保存了西晋以前医著的精华。

陈延之的《小品方》,虽说是便方集,也提出了一些新的医学理论。如首创"中风"病说,首次论述了"天行温疫"等。故自问世以来,即为唐宋医家所重,是一本学医者必读书籍。

巢元方的《诸病源候论》,分病六十七门、论一千七百三十九候,是隋朝官方编著的第一部国家医典。我们研究它的"风病"论。

《素问》中的"运气七篇",一般认为系唐时王冰所补。《素问》的"运气七篇",合十干为五运,对十二支为六气;有六气司天、在泉之说,亦有主气、客气之说。王冰构造了一套五运六气的医学体系。

本节通过对以上这几部医著的研读,作为对两晋南北朝隋唐时期医学专题的研究。

皇甫谧的《甲乙经》

皇甫谧,字士安,号玄晏先生。安定朝那(今宁夏固原县)人。生于东汉建安二十年(公元 215 年),晋太康三年(公元 282 年)卒,时年六十八岁。

宋高保衡说:皇甫谧,博综典籍百家之言,习览经方,"取《黄帝素问》、《针经》、《明堂》三部之书,撰为《黄帝三部针灸甲乙经》(或称《针灸甲乙经》、《甲乙经》)十二卷,历古儒者之不能及也"。[①]高保衡一句"历古儒者之不能及也",是扬雄说"通天地人曰儒,通天地而不通人曰伎"以来,对方技人物的一句最中肯的评介。

《甲乙经》记载了五脏六腑的两两相合。《甲乙经·五藏六府阴阳表里》曰:"肺合大肠,大肠者传道之府。心合小肠,小肠者受盛之府。肝合胆,胆者清净之府。脾合胃,胃者五谷之府。肾合膀胱,膀胱者津液之府。少阴属肾上连肺,故将两藏。三焦者中渎之府,水道出焉,属膀胱,是孤之府。此六府之所合者也。"[②]《甲乙经》说人的五脏六腑,其中肺合大肠,心合小肠,肝合胆,脾合胃,肾合膀胱;因三焦者"是孤之府",故心包和三焦无"为合"之说。"少阴属肾上连肺,故将两藏"句,《灵枢·本输》作"少阳属肾,肾上连肺,故将两藏"。从"肾膀胱为合,故足少阳与太阳为表里"看,当以《灵枢·本输》的记载为是。

五脏六腑的两两相合,又引出十二经脉互为表里说。《甲乙经·五藏六府阴阳表里》又曰:"肝胆为合,故足厥阴与少阳为表里;脾胃为合,故足太阴与阳明为表里;肾膀胱为合,故足少阳与太阳为表里;心与小肠为合,故手少阴与太阳为表里。肺大肠为合,故手太阴与阳明为表里。"[③]五脏六腑由十二经脉相络,亦因三焦"是孤之府",故《甲乙经》记十二经脉只有五对经脉互为表里。

---

① 转引自皇甫谧撰:《甲乙经》,《中国医学大成》本,第 1 册,第 508 页。
②③ 皇甫谧撰:《甲乙经》卷一,《中国医学大成》本,第 1 册,第 511 页。

五脏六腑的疾病出于十二原。《甲乙经·十二原》曰："十二原者,五藏之所以禀三百六十五骨之气味者也。五藏有疾,出于十二原,而原各有所出。"十二经皆有原穴,故称十二原。肺其原出于太渊,心其原出于大陵,肝其原出于太冲,肾其原出于太谿,脾其原出于太白,大肠其原出于合谷,胃其原出于冲阳,小肠其原出于腕骨,膀胱其原出于京骨,三焦其原出于阳池,胆其原出于丘墟。"凡一十二原,主治五藏六府之有病者也。"①《甲乙经》曰:"明知其原,睹其应,知五藏之害矣。"《甲乙经》总结中医诊断学的根据,就是这一句话。

十二原,指脏腑经气行进和留止的穴位。那么,穴位是什么?《甲乙经》说穴位是经脉、络脉和奇经八脉的交会之处。穴位是如何确定的?《甲乙经》记载了以下几种说法。《甲乙经》曰:"头直鼻中发际旁行至头维凡七穴。"②说穴位是以人体外形确定的。《甲乙经》曰:"凡五藏之腧出于背者,按其处应在中而痛解,乃其腧也。"③说穴位是以能解除疼痛之处而确定的。《甲乙经》曰:"大椎在第一椎陷者中,三阳督脉之会。"④说穴位是以人体骨节交合处,或曰经脉与络脉的交会处确定的。《甲乙经》曰:"黄帝问曰:愿闻五藏六府所出之处。"⑤更是说穴位是以经气的所出之处确定的。

穴位又称腧穴、气穴、气府、节、会、孔穴等。有经气行于经络之中,各有所属穴位之说。人体有多少穴位?《甲乙经》载:"黄帝问曰:气穴三百六十五,以应一岁。"⑥《甲乙经》以天有三百六十五日,说人有三百六十五个穴位。其实,这只是"必法天地"之说,《甲乙经》最后确定了总计六百五十四个穴位(见图5-3-1)。

《甲乙经·针道》记载了针刺的迎随补泻理论。《甲乙经·针道》曰:"凡用针者,虚则实之,满则泄之。菀陈则除之,邪胜则虚之……写(泻)曰迎之。迎之意,必持而内之,放而出之,排扬出针,疾气得泄。按而引针,是谓内温;血不得散,气

① 皇甫谧撰:《甲乙经》卷一,《中国医学大成》本,第1册,第512页。
② 皇甫谧撰:《甲乙经》卷三,《中国医学大成》本,第1册,第527页。
③④ 皇甫谧撰:《甲乙经》卷三,《中国医学大成》本,第1册,第530页。
⑤ 皇甫谧撰:《甲乙经》卷三,《中国医学大成》本,第1册,第535页。
⑥ 皇甫谧撰:《甲乙经》卷三,《中国医学大成》本,第1册,第529页。

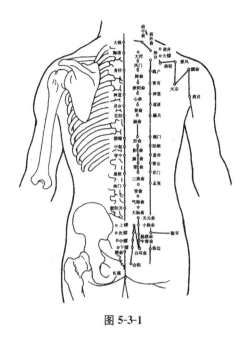

图 5-3-1

不得出。补曰随之,随之意,若忘之;若行若按,如蚊虫止。"①《甲乙经·针道》说:"往者为逆,来者为顺。"顺着经气以益其不足为补,所以称为补者随之;逆着经气以损夺其有余为泻,所以称为泻者迎之。《甲乙经》说:脉的实与虚,"若有若无"、"若存若亡",治之以迎随补泻。

《素问》的针刺补泻定义是:吸气时拔针,曰补法;呼气时出针,曰泻法。《灵枢》较多地说了虚实补泻法,所谓虚则实之,谓补;满则泄之,谓泻。《难经·七十八难》则说:"推而内(纳)之,是谓补;动而伸之,是谓泻。"《难经·七十二难》说:"所谓迎随者,知荣卫之流行,经脉之往来也。随其逆顺而取之,故曰迎随。"《难经》说针刺的迎随补泻法:迎,逆而取之,称为泻法;随,顺而取之,称为补法。《难经》针刺的方法是"泻者迎之,补者随之"。《甲乙经》对针刺之道,也作了"迎随补泻"的解释。故《甲乙经》说:"迎而夺之"则虚,"追而济之"则实。《甲乙经》又说:"徐而疾则实,疾而徐则虚。"这与《脉经》言"邪气盛则实,精气夺则虚"的表述不同,当以《甲乙经》记载为据。

《甲乙经·针道终始》曰:"凡刺之道,毕于终始。明知终始,五藏为纪,阴阳定矣。阴者主藏,阳者主府……谨奉天道,请言终始。终始者,经脉为纪,持其脉口人迎,以知阴阳有余不足,平与不平,天道毕也。"②《甲乙经》说,针刺须"以知阴阳有余不足,平与不平";针刺的迎随补泻,"气可令和","必通阴阳","中气乃

①　皇甫谧撰:《甲乙经》卷五,《中国医学大成》本,第 1 册,第 550 页。
②　皇甫谧撰:《甲乙经》卷五,《中国医学大成》本,第 1 册,第 551 页。

实"。《甲乙经》仍以阴阳为立论之基础。

陈延之的《小品方》

《隋志》载《小品方》十二卷,陈延之撰。《小品方》自问世以来,为唐宋医家所重。如唐人苏敬云:"近来诸医多宗《小品》所说。"①宋高保衡说,唐律令规定了《伤寒论》、《小品方》为学医者必读书之一。高保衡比较《小品方》、《伤寒论》二书,发现《小品方》比《伤寒论》,对孙思邈《备急千金要方》的影响更大。

《小品方》至宋时已经亡佚。然陶弘景增补的《肘后备急方》,刘涓之的《鬼遗方》,王焘的《外台秘要》,孙思邈的《备急千金要方》,刘禹锡的《传信方》,朝鲜的《医方类聚》等,均有引录《小品方》的内容。故《小品方》一书如同《神农本草经》一样,书亡而"方"不亡。近人祝新年辑的《小品方新辑》一书,在诸部《小品方》的辑本中,是较新的一种。

祝新年《小品方叙录》曰:"《小品方》一书,凡十二卷,编次井然,一至六卷计内科诸证方四十门,七卷计妇人诸证方五门,八卷计小儿诸证方三门,九卷计服石解散三门,十卷计外伤、自缢、溺水等病方三十四门,十一、十二两卷分述本草药性与灸法要穴。"②《小品方》第一至第六卷载内科诸证,主要有七气病、十水病、中风病、时行之气病等。

《小品方》按病分类,主载药方。其体例为:先列方名,次列方所主治,次列病因,次列病证,次列药方,次列制法,再次列服法及注意事项,其间抑或有不列者。如记"治凡所食不消方",方名:七气丸。主治:七气丸治七气,亦治产生早起中风余疾。七气为病,有寒气、怒气、喜气、忧气、恚气、愁气、热气。与传统论述的"六气"(阴、阳、风、雨、晦、明)不同,《小品方》说的"七气"(寒、怒、喜、忧、恚、愁、热),除寒气,余六气全为人体内气。《小品方》指出:"七气为病,皆生积聚",各有病

---

① 王焘著:《外台秘要方》卷十八,华夏出版社,1993 年版,第 336 页。

② 祝新年辑:《小品方新辑》,上海中医学院出版社,1993 年版,第 5 页。

症。《小品方》的七气病因说，也为后世医家所发挥。

《小品方》第二卷论诸风。《小品方》曰：风者，四时五行之气也。"各以时从其乡来为正风"，人"不胜其气乃病之耳，虽病然有自差者也，加治则易愈"。"其风非时至者，则为毒风也，不治则不能自差焉。"①《小品方》将风分为"正风"和"毒风"，说"正风"致病有自愈者，"毒风"致病则必须治疗。《小品方》实际指出了"中风"与"温病"的区别。

《小品方》的"风"有二说。一为四时风。《小品方》曰："春，甲乙木，东方清风，伤之者为肝风。"余为：夏，丙丁火，南方汤风，伤之者为心风；秋，庚辛金，西方凉风，伤之者为肺风；冬，壬癸水，北方寒风，伤之者为肾风。二为八方风。《小品方》曰："八方之风，各从其乡来，主长养万物，人民少死病也。八方之风，不从其乡来，而从冲后来者，为虚邪，贼害万物，则人民多死病也。"②《小品方》记八方虚风所致为病证候，基本重复了《灵枢·九宫八风》所说，均为旧时风病说，不俱录。

《小品方》第二卷首创了"中风"病说。《小品方》曰：

　　新食竟取风为胃风，其状恶风，颈多汗，鬲下塞不通，食饮不下，胀满，形瘦腹大，失衣则填满，食寒则洞泄。

　　因醉取风为漏风，其状恶风，多汗少气，口干渴，近衣则身热如火烧，临食则汗流如雨，骨节解惰，不欲自营。

　　新沐浴竟取风为首风，其状恶风，面多汗，头痛。

　　新房室竟取风为泄风，其状恶风，汗流沾衣。

　　劳风之为病，喜在肺，使人强上，恶风寒战，目脱，涕唾出，候之三日中及五日中，不精明者是也。七八日则微有清黄脓涕如弹丸大，从口鼻中出为善也，若不出则伤肺。③

①　祝新年辑：《小品方新辑》第二卷，上海中医学院出版社，1993 年版，第 21 页。
②　祝新年辑：《小品方新辑》第二卷，上海中医学院出版社，1993 年版，第 22 页。
③　祝新年辑：《小品方新辑》第二卷，上海中医学院出版社，1993 年版，第 23 页。

取风：即中风。《小品方》新创胃风、漏风、首风、泄风、劳风说，终结了"四时风"、"八方风"、"八病风"等旧说。陈延之对诸风的论述，第一，研究了诸风致病的原因。第二，研究了诸风致病的分类。第三，研究了诸风致病的病症。隋唐医书，如《诸病源候论》，首论风病而非伤寒，与《小品方》首创"中风"病说，是分不开的。

《小品方》说伤寒有二种：一种"中而即病者，名曰伤寒"；一种"不即病者"，"寒毒藏于肌肤中，至春变为温病，至夏变为暑病"。《小品方》区别了伤寒与温病、暑病的差异，说伤寒"中而即病者"，温病、暑病"皆由冬时触冒寒冷之所至"。《小品方》说"寒毒"藏于肌肤中，导致温病、暑病，因此载"阳毒汤"、"阴毒汤"治之。但"阳毒"、"阴毒"的确切概念，《小品方》并未作出解释。

《小品方》又区别了伤寒与"天行温疫"的差异。《小品方》第六卷首次论述了"天行温疫"。《小品方》曰："古今相传，称伤寒为难治之病。天行温疫，是毒病之气。而论治者，不别伤寒与天行温疫为异气耳。云伤寒是雅士之辞，云天行温疫是田间号耳，不说病之异同也。"[1]《小品方》说"天行温疫，是毒病之气"，虽然也是"时行之气"，但"此非其时而有其气，是以一岁之中长幼之病多相似者"。《小品方》实际区别了伤寒与"天行温疫"的差异。"温疫"，今作"瘟疫"。

《小品方》第七卷为妇人方，较早地提出晚婚晚育的思想，认为早婚早育将导致肾根未立而伤肾。此外，《小品方》还提出妇人产后要注意禁行房事。《小品方》说妇人产后禁行房事，至今仍然具有现实的意义。

《小品方》第八卷为小儿方。张仲景《金匮要略论》载小儿方附于妇人脉证后，《小品方》则将小儿方独立为一卷。据明人笔记小说记载，一说张仲景的弟子卫汛，著有《小儿颅囟方》等，均佚。一说周穆王时师巫所传，名《师巫颅囟经》。《小品方》记中古有巫妨者，立《小儿颅囟经》，"始有小儿方焉"，则小儿方由来久矣。

《小品方》第九卷，首次将服石作为一个独立专题研究。《小品方》总结了服石的诸多病症，指出服石者多致其害。《小品方》指出了服石诸症的复发及治疗

---

[1]　祝新年辑：《小品方新辑》第六卷，上海中医学院出版社，1993年版，第60页。

中存在的问题。《小品方》指出病者反复误服、杂服众石导致病症非一,更指出了病者"续后更服"、"不自疑是石,不肯作石消息"的悲哀。

《小品方》第十卷记外伤方,第十一、十二卷分述本草药性与灸法要穴,略。

《诸病源候论》的"风病"论

《诸病源候论》,亦名《巢氏诸病源候总论》;书成于隋大业六年(公元610年),隋太医博士巢元方等撰。这是我国第一部国家组织编写的病因、病机、病候学专著,全书五十卷,分六十七门(病),一千七百三十九候(论)。《诸病源候论》卷之一、卷之二为《风病诸候》篇,本节探讨《风病诸候》篇中的"风病"论(以下直出"诸候"篇名)。

风病即"中风"

在说什么是风病之前,要先提一下《诸病源候论》所说的"风"。《中风候》曰:"风是四时之气,分布八方,主长养万物。从其乡来者,人中少死病;不从其乡来者,人中多死病。"《诸病源候论》说的很清楚,风是四时八方之"气"。

八方之风"不从其乡来者",亦称"八方之虚风"。《风湿候》曰:"风者,八方之虚风。"校注者曰:"八方之虚风,泛指八方能伤人之贼风。"《贼风候》曰:"贼风者,谓冬至之日,有疾风从南方来,名曰虚风。此风至能伤害于人,故言贼风也。"《贼风候》说"贼风",是冬至之日南方来的"疾风"。"虚风"、"贼风"、"恶风"、"疾风",都叫"风邪"。《诸病源候论》说,只要"伤于人"、"坏人身",均为"风邪"。

那么什么是风病呢? 曰:中风。《中风候》曰:"中风者,风气中于人也。"《诸癫候》说"夫病之生,多从风起",风病即"谓风气伤于人也"。《风邪候》曰:"故病有五邪:一曰中风,二曰伤暑,三曰饮食劳倦,四曰中寒,五曰中湿。其为病不同。"《诸病源候论》说"病有五邪",风病只是"五邪"之一。

风病的病因论

《诸病源候论》说：人体气实者，风邪不能伤；虚者，"则外气不足，风邪乘之"。《诸病源候论》认为风病的病因，即是"气虚受风故也"。"气虚"，《诸病源候论》又细分如下：

阳气虚。《风身体疼痛候》曰："风身体疼痛者，风湿搏于阳气故也。"阳气虚，腠理易开，致身体疼痛。

血气虚。《风偏枯候》曰："风偏枯者，由血气偏虚，则腠理开，受于风湿。"血气虚，致偏枯、半身不遂、历节病。

荣气虚。《风不仁候》曰："风不仁者，由荣气虚，卫气实，风寒入于肌肉，使血气行不宣流。"荣气虚，卫气实，"使血气行不宣流"，故人虚。

经络虚。《风四肢拘挛不得屈伸候》曰："其经络虚，遇风邪则伤于筋，使四肢拘挛，不得屈伸。"经络虚，致四肢拘挛不得屈伸。

脏腑虚。《风冷候》曰："风冷者，由脏腑虚，血气不足，受风冷之气。"脏腑虚，故"受风冷之气"。

体虚。《风惊邪候》曰："风惊邪者，由体虚，风邪伤于心之经也。"《风惊悸候》曰："风惊者，由体虚，心气不足，为风邪所乘也。"体虚，致风惊、血痹、腹痛。

皮肤虚。《风瘙隐轸生疮候》曰："人皮肤虚，为风邪所折，则起隐轸。"隐轸，通隐疹。皮肤虚，则起隐疹，"风热之气先伤皮毛，乃入肺也"。

风病的诊断和预后

《风痹候》曰："病在阳曰风，在阴曰痹；阴阳俱病，曰风痹。其以春遇痹为筋痹，则筋屈。筋痹不已，又遇邪者，则移入肝。"①《诸病源候论》这里是以阴阳理论为基础，区别了风病与痹病的不同，但对风病的诊断，主要还是由脉诊完成的。

由脉诊定病。《风偏枯候》曰："诊其胃脉沉大，心脉小牢急，皆为偏枯。男子

---

① 丁光迪主编：《诸病源候论校注》卷之一，人民卫生出版社，1992 年版，第 30 页。

则发左，女子则发右。"《血痹候》曰："诊其脉自微涩，在寸口、关上小紧，血痹也。"《风惊悸候》曰："诊其脉，动而弱者，惊悸也。动则为惊，弱则为悸。"

由脉诊分析病症。《风半身不随候》曰："诊其寸口沉细，名曰阳内之阴。病苦悲伤不乐，恶闻人声，少气，时汗出，臂偏不举。"《风身体疼痛候》曰："诊其脉，浮而紧者，则身体疼痛。"《风头眩候》曰："诊其脉，洪大而长者，风眩。又得阳维浮者，暂起目眩也。风眩久不瘥，则变为癫疾。"

由脉诊分析病机。《风四肢拘挛不得屈伸候》曰："诊其脉，急细如弦者，筋急足挛也。若筋屈不已，又遇于邪，则移变入肝。"《诸病源候论》说四肢拘挛，若体虚筋屈，不得屈伸，又遇风邪，"则移变入肝"。病机论，即论说疾病如何产生、如何发展、及如何变化的机理。显然，《诸病源候论》对病因的论述，包含一些对病机的论述。而《诸病源候论》对病机的论述，也包含了一些对病因的论述。

脉诊的混乱之处。《五癫病候》曰："诊其脉，心脉微涩，并脾脉紧而疾者，为癫脉也。肾脉急甚，为骨癫疾。脉洪大而长者，癫疾；脉浮大附阴者，癫疾；脉来牢者，癫疾。"究竟哪一种脉诊能诊断为癫疾呢？《风痹候》曰："诊其脉大而涩者，为痹；脉来急者，为痹。"脉的"大而涩者"与"脉来急者"，又区别在哪里呢？《风不仁候》曰："诊其寸口脉缓，则皮肤不仁。诊其脉，虚弱者，亦风也；缓大者，亦风也；浮虚者，亦风也；滑散者，亦风也。"《诸病源候论》如此诊断，我们不便再说什么。

预后也是以"诊其脉"作出的。《风口噤候》曰："诊其脉迟者生。"《风口候》曰："诊其脉，浮而迟者可治。"《风惊候》曰："诊其脉至如数，使人暴惊，三四日自已。"《五癫病候》曰："脉虚则可治，实则死。脉紧弦实牢者生，脉沉细小者死。脉搏大滑，久久自已。其脉沉小急疾，不治；小牢急，亦不可治。"

预后也有以其他方法作出的。《风癔候》曰："发汗身软者，可治；眼下及鼻人中左右上白者，可治；一黑一赤，吐沫者，不可治；汗不出，体直者，七日死。"《风痱候》曰："时能言者可治，不能言者不可治。"《风偏枯候》曰："若不喑，舌转者可治，三十日起。其年未满二十者，三岁死。"预后是为了诊治，《诸病源候论》主张，病宜早治。

王冰所补的"运气七篇"

　　《素问》中的"运气七篇"指:《天元纪大论》、《五运行大论》、《六微旨大论》、《气交变大论》、《五常政大论》、《六元正纪大论》、《至真要大论》。这七篇大论,南朝全元起所注《素问》未载,隋杨上善《黄帝内经太素》亦无其节录,直到唐王冰注《素问》始见著录。林亿等人曰:《素问》王冰注本,所增《天元纪大论》等七篇,系取之《阴阳大论》之文。林亿等人已将《素问》的这七篇大论,视作王冰所补。

　　《素问》的"运气七篇",说的是五运六气。《天元纪大论》曰:"寒暑燥湿风火,天之阴阳也,三阴三阳,上奉之;木火土金水,地之阴阳也,生长化收藏,下应之。"[1]五运:木火土金水,地之五行之气;六气:寒暑燥湿风火,天之阴阳之气。五运六气,说的便是在天之下、在地之上的"转轮回复之气"。

　　《素问》"运气七篇"合十天干为五运。《五运行大论》曰:"土主甲己,金主乙庚,水主丙辛,木主丁壬,火主戊癸。"王冰说天干合化五气。如:甲己之岁,黅天之气起于角轸,角属辰,轸属巳,其岁得戊辰、己巳,干皆土,故甲己二年合为土运。乙庚之岁,素天之气经于角轸,其岁得庚辰、辛巳,干皆金,故乙庚二年合为金运。丙辛之岁,玄天之气起于角轸,其岁得壬辰、癸巳,干皆水,故丙辛二年合为水运。丁壬之岁,苍天之气经于角轸,其岁得甲辰、乙巳,干皆木,故丁壬二年合为木运。戊癸之岁,丹天之气经于角轸,其岁得丙辰、丁巳,干皆火,故戊癸二年合为火运。角轸二宿当东南方的己位。《素问》"运气七篇"的"五运",即合甲己、乙庚、丙辛、丁壬、戊癸为"土金水木火",指的是黅天之气、素天之气、玄天之气、苍天之气、丹天之气。《五运行大论》曰:"先立其年,以知其气,左右应见,然后乃可以言死生之逆顺也。"

　　《素问》"运气七篇"对十二地支为六气。《天元纪大论》曰:"子午之岁,上见少阴;丑未之岁,上见太阴;寅申之岁,上见少阳;卯酉之岁,上见阳明;辰戌之岁,

---

① 　王冰注:《黄帝内经素问》卷八,《中国医学大成续编》本,第1册,第406页。

上见太阳;巳亥之岁,上见厥阴。少阴,所谓标也;厥阴,所谓终也。"标,始也。十二地支对者化为六气,始于子午之岁,终于巳亥之岁。如:子午之岁,子与午对,二年俱为君火之气,少阴为纪。丑未之岁,丑与未对,二年俱为湿土之气,太阴为纪。寅申之岁,寅与申对,二年俱为相火之气,少阳为纪。卯酉之岁,卯与酉对,二年俱为燥金之气,阳明为纪。辰戌之岁,辰与戌对,二年俱为寒水之气,太阳为纪。巳亥之岁,巳与亥对,二年俱为风木之气,厥阴为纪。

《素问》"运气七篇",提了一个"六气司天"说。《至真要大论》曰:"厥阴司天,其化以风;少阴司天,其化以热;太阴司天,其化以湿;少阳司天,其化以火;阳明司天,其化以燥;太阳司天,其化以寒。""六气司天",指的是"三阴三阳"司天,化为"六气"。"三阴三阳"之上,六气主之。明徐春甫《古今医统大全》曰:夫司天者,司之言直也;直者,会也。即"三阴三阳"与"六气"(风、热、湿、火、燥、寒)的交会。

《素问》"运气七篇",又提了一个"六气在泉"说。"六气在泉",即六气"不同其化也"。六气同化为司天,相对司天为在泉。徐春甫《古今医统大全》曰:如以子午卯酉为一律,子午二岁君火司天,则必卯酉燥金在泉;若卯酉二岁燥金司天,则必子午君火在泉。

六气有司天、有在泉,亦有司气、有间气。《至真要大论》曰:"厥阴司天为风化,在泉为酸化;司气为苍化,间气为动化……太阳司天为寒化,在泉为咸化;司气为玄化,间气为藏化。"[①]《素问》"运气七篇"的专用名词太多。司气为分治司天地者,间气谓司左右者。

五运六气又有主气、客气说。《六微旨大论》曰:"愿闻地理之应六节气位何如?"所谓"六节气位",即将一年二十四节气分成六步,每步有一气所主,各主六十日有奇,每年不变,就叫主气。主气以六步为序:初之气为厥阴风木,主大寒至春分;二之气为少阴君火,主春分至小满;三之气为少阳相火,主小满至大暑;四之气为太阴湿土,主大暑至秋分;五之气为阳明燥金,主秋分至小雪;终之气为太阳寒水,主小雪至大寒。

---

① 王冰注:《黄帝内经素问》卷八,《中国医学大成续编》本,第1册,第467页。

客气,徐春甫《古今医统大全》说:客气者,以当年年支第三支起运。假如子年,子后第三支是戌,戌属水,就以水气从大寒日始,类初之气,即在泉左间也;木类二之气,即司天右间也;火类三之气,即司天火气也;土类四之气,即司天左间也;金类五之气,即在泉燥金也;水类终之气,即在泉右间也。每气亦各主六十日有奇,一年一易,故曰客气。客气不以主气六步为序,而以年支不同每年变易。六气循环不已,上谓司天,下谓在泉;在上左右者,为司天左右间气;在下左右者,为在泉左右间气。《素问》"运气七篇",以主气、客气构筑了一年的气运。如此,就将五运六气与六十甲子联系了起来。反之,以六十甲子说一年的气运,或六十年的年运,此荒诞之说不言自明。

清何柏斋曰:"盖金、木、水、火、土之气,各主一时,当时则为主气,为司天;非其时而有其气,则为客气。与时正相反者,则为在泉;为其气伏于黄泉之下,而不见也……春时木气司天,则四方皆温;夏时火气司天,则四方皆热;夏秋之交,土气司天,则四方皆湿;秋则皆凉,冬则皆寒。民病往往因之。此则理之易见者也。其有气与时相反者,则所谓客气者也。故治疗之法,亦有假者反之之说。观此则运气之说,思过半矣。"①何柏斋对主气、客气,给出了一个较为简明的解说。

明清代医家,对五运六气之说,大多持批判的态度。徐大椿著《司天运气论》曰:"彼所谓司天运气者,以为何气司天,则是年民当何病。假如厥阴司天,风气主之,则是年之病,皆当作风病治。此等议论,所谓耳食也。"②徐大椿将由五运六气而来的"司天运气"说,讥讽为"耳食之学",如同用耳食饭,无稽之谈。

何柏斋曰:"《天元纪大论》等篇,以年岁之支干分管六气,盖已失先圣之旨矣。年岁之支干,天下皆同,且通四时不变也。天气之温、暑、寒、凉,民之虚、实、衰、旺,东西南北之殊方,春夏秋冬之异候,岂有皆同之理! 此其妄诞,盖不待深论而可知也。近世伤寒钤法,则以得病日之干支为主,其源亦出于此,决不可用。"③何柏斋认为五运六气说,"决不可用"。

---

① ③ 程杏轩著:《医述》卷一,安徽科学技术出版社,1983 年版,第 39 页。
②　徐大椿著:《医学源流论》卷下,《中国医学大成》本,第 6 册,第 449 页。

缪仲淳曰:"五运六气者……故仲景、元化、越人、叔和并未尝载有是说,信其为天运气数之法,而非医家治疗之书也。况传流既久,天地人物气化转薄,亦难同年而语矣。故宜知之者,以明天气岁气立法之常也。不可执之者,以处天气岁气法外之变也。天有寒暄、早晚不同,人有盛衰、时刻迥别。岂可以干支司岁一定之数,以定无穷之变哉!"[1]缪仲淳指出:五运六气说,"信其为天运气数之法,而非医家治疗之书也"。

第四节　方家之论

宋元明清的医著,本节选读四部:

庞安时的《伤寒总病论》。庞安时名为伤寒说话,实提出了他的寒毒论。《小品方》已指出"寒毒"导致伤寒(包括温热病),而庞安时的寒毒论,则指出了寒毒有阴毒、阳毒之分。

刘完素的《素问玄机原病式》。刘完素为金元四大家之首,他创立了以五运、六气为"病之标本"说。他所作的"火热论",直到现在还影响着我们的生活。

杜清碧的《敖氏伤寒金镜录》。敖氏前有十二验舌法,杜清碧复作二十四验舌法,这是第一部将舌诊作为一个独立专题来研究的著作。

张三锡著《四诊法》,为中医诊断学的专著。"望、闻、问、切",本是我国传统医学诊断学的独特内容。张三锡主张四诊合参,他先论切脉,次论望色,次论闻声,次论问诊,对传统诊断学的发展,还是起了推动的作用。

庞安时的《伤寒总病论》

庞安时,字安常,蕲州蕲水(今湖北省浠水县)人。生于北宋庆历二年(1042

---

[1]　程杏轩著:《医述》卷一,安徽科学技术出版社,1983年版,第39页。

年)，卒于元符二年(1099 年)。

庞安时所著《伤寒总病论》一书，原名《伤寒解》。庞安时《上苏子瞻端明伤寒论书》曰："安时所撰《伤寒解》，实用心三十余年，广寻诸家，反复参合，决其可行者，始敢编次。"①北宋张耒作跋曰："淮南(人)谓安常能为伤寒说话，岂不信哉！"②

庞安时名为"伤寒说话"，实则提出了他的"伤寒总病论"。庞安时说伤寒总病，包括"即时成病者"和"不即时成病"者。即时成病者，"头痛身疼肌肤热而恶寒，名曰伤寒"。不即时成病者，得于"冬时中寒"，"则寒毒藏于肌肤之间，至春夏阳气发生"，"其患与冬时即病候无异"。庞安时指出："即时成病"和"不即时成病"，二者"病候无异"。此基本取之陈延之《小品方》所说。

《小品方》说"不即病者"，"由冬时触冒寒冷"，"至春变为温病，至夏变为暑病"。庞安时说"不即时成病"者，因冬时中寒毒而病变，名曰"温病"、"热病"、"中风"、"湿病"、"风温"。庞安时的不即时成病"喜变诸病"说，将《小品方》说的温病、暑病，展开为《难经》说的"伤寒有五"(中风、伤寒、湿温、热病、温病)。庞安时改《难经》"湿温"为"湿病"和"风温"，去即时成病者"伤寒"。庞安时《上苏子瞻端明伤寒论书》说，有"四种温病"，说伤寒"感异气复变四种温病"，但他在《伤寒总病论》中，还是遵循了《难经》的"伤寒有五"说。

庞安时论温病的病因曰："寒毒与荣卫相浑，当是之时，勇者气行则已，怯者则著而成病矣。"③庞安时说人得温病者，完全因人而异。庞安时又论温病的病症曰："阴阳虚盛者，非谓分尺寸也。荣卫者，表，阳也；肠胃者，里，阴也。寒毒争于荣卫之中，必发热恶寒，尺寸俱浮大，内必不甚躁。"④庞安时又论温病的病机曰："若寒毒相薄于荣卫之内，而阳盛阴衰，极阴变阳。寒盛生热，热气盛而入里，热毒居肠胃之中，水液为之干涸，燥粪结聚，其人外不恶寒，必蒸蒸发热而躁。"庞

①　庞安时撰：《伤寒总病论》，《中国医学大成三编》本，岳麓书社，1994 年版，第 7 册，第 547 页(以下凡引该丛书本，只注《中国医学大成三编》本，册数、页码)。
②　转引自严世芸主编：《中国医籍通考》，第 1 卷，第 255 页。
③　庞安时撰：《伤寒总病论》卷第一，《中国医学大成三编》本，第 7 册，第 469 页。
④　庞安时撰：《伤寒总病论》卷第一，《中国医学大成三编》本，第 7 册，第 471 页。

安时又论伤寒与温病的区别曰："凡人禀气,各有盛衰;宿病,各有寒热。因伤寒蒸起宿疾,更不在感异气而变者。"①庞安时阐述了伤寒、温病的病因,伤寒"蒸起宿疾",温病"感异气而变"。

庞安时说温病有"冬时中寒"的特征。中寒,即中寒毒。庞安时说:"寒毒争于荣卫之中,必发热恶寒,尺寸俱浮大,内必不甚躁。"②庞安时指出寒毒为一种异气,这种"相薄于荣卫之内"的异气,也是一种"杀厉之气"。庞安时说:"脏腑之痾,随时而受疗,阳气外泄,阴气内伏。"③这一种"杀厉之气",也被庞安时称为"阴阳毒气","阴阳毒气"导致了"外邪所中"病,人惟"周密居室而不犯寒毒"。

庞安时又区别了温病与暑病的差异。庞安时《伤寒总病论》卷第四《暑病论》曰:"冬伤于寒,夏至后至三伏中,变为暑病,其热重于温也。有如伤寒而三阴三阳传者,有不根据次第传,如见五脏热证者,各随证治之。"庞安时说,自"夏至"至"三伏"这段时间内发病者,皆称为"暑病","其热重于温也"。庞安时又指出温病的发病机制、病程转变,有同于伤寒传者,也有不同于伤寒传者。庞安时的这些论说,对《素问》"冬伤于寒,春必病温"说,作了进一步的发挥。

庞安时还区别了温病与"天行温病"。庞安时《伤寒总病论》卷第五《天行温病论》曰:"有冬时伤非节之暖,名曰冬温之毒,与伤寒大异,即时发病温者,乃天行之病耳。其冬月温暖之时,人感乖候之气,未即发病,至春或被积寒所折,毒气不得泄,至天气暄热,温毒乃发,则肌肉斑烂也……天行之病,大则流毒天下,次则一方,次则一乡,次则偏着一家。"④庞安时说"即时发病温者,乃天行之病耳"。庞安时认为:天行温病"与伤寒大异",是"温毒乃发"所致。"温毒"是一种"毒气",或叫"疫气"。庞安时说:"四种温病"乃四时自感之温病;天行温病"乃天行之病","大则流毒天下",具有很强的传染性。所以,庞安时说"疗疫气令人不相染"。在医治"天行温病"时,庞安时已知隔离的重要性。今天我们已知,也唯有此一法。

---

① ②　庞安时撰:《伤寒总病论》卷第一,《中国医学大成三编》本,第 7 册,第 471 页。
③　庞安时撰:《伤寒总病论》卷第五,《中国医学大成三编》本,第 7 册,第 532 页。
④　庞安时撰:《伤寒总病论》卷第五,《中国医学大成三编》本,第 7 册,第 528 页。

庞安时认为伤寒感异气"复变四种温病",意区分伤寒、温病之别,而所作《时行寒疫论》、《天行温病论》,则又区别了温病与天行温病的差异。伤寒随时而作,温病不即时而病变,天行温病随四时而发病温者。庞安时为"伤寒说话",实是在为他的四时寒毒病变、天行温病说话,我们不必拘泥他的"伤寒有金木水火四种"之说。

刘完素的《素问玄机原病式》

刘完素,字守真,金代河间(今河北省河间市)人。自号通玄处士,又号宗真子。金元四大医家之首,后人称之刘河间。

《金史·刘完素列传》载:刘完素著《素问玄机原病式》(以下简称《原病式》),特举二百八十八字,注二万余言。刘完素说他的《原病式》一书,并未备论各种疾病,但以五运六气,比物立象,"以其病气归于五运六气之化"。如此说来,刘完素是将各种疾病归于五运、六气之类,全书也是分《五运主病》和《六气为病》两篇。

《五运主病》篇

肝木

《素问·至真要大论》曰:"诸风掉眩,皆属于肝。"《原病式》引曰:"诸风掉眩,皆属肝木。"刘完素增一"木"字。刘完素就将《素问》诸风病皆属肝,改为诸风病皆属肝木。刘完素的增改,应该说是符合《素问》原意的。刘完素说,各种头目眩运者,皆属"风气甚","由风木旺",故属木运。是说木运主"诸风"之类病。

心火

《素问·至真要大论》曰:"诸痛痒疮,皆属于心。"《原病式》引曰:"诸痛痒疮疡,皆属心火。"刘完素增"疡"、"火"二字,改"皆属于心"为"皆属心火"。刘完素说,各种痛痒疮疡病,"微热之所使也","皆火之用也",故属火运。是说火运主"诸热"之类病。

脾土

《素问·至真要大论》曰:"诸湿肿满,皆属于脾。"《原病式》引曰:"诸湿肿满,皆属脾土。"刘完素增一"土"字,改"皆属于脾"为"皆属脾土"。刘完素说,各种湿肿胀者,皆属脾土,脾热极盛如长夏,故属土运。是说土运主"诸湿"之类病。

肺金

《素问·至真要大论》曰:"诸气膹郁,皆属于肺。"《原病式》引曰:"诸气膹郁病痿,皆属肺金。"刘完素增"病痿"、"金"字,改"皆属于肺"为"皆属肺金"。刘完素说,各种气病,皆属肺金,"肺金本燥",故属金运。是说金运主"诸燥"之类病。

肾水

《素问·至真要大论》曰:"诸寒收引,皆属于肾。"《原病式》引曰:"诸寒收引,皆属肾水。"刘完素增一"水"字,改"皆属于肾"为"皆属肾水"。刘完素说,各种寒冷收缩之病,皆属肾水,"寒之用也",故属水运。是说水运主"诸寒"之类病。

如此,刘完素就将诸风、热、湿、燥、寒之类病,定为肝木、心火、脾土、肺金、肾水。刘完素一方面论述了五运主病,另一方面也论述了六气为病。

《六气为病》篇

风木

《原病式》引曰:"诸暴强直,支(肢)痛缏戾、里急筋缩,皆属于风。"缏戾,指筋肉拘急、短缩。刘完素合《素问·至真要大论》二条病机为风类。刘完素说的是,风者,厥阴木气之所化也;在天为风,在地为木,在人为肝,故云"乃肝胆之气也"。

君火

《原病式》引曰:"诸病喘呕,吐酸、暴注、下迫……皆属于热。"刘完素合《素问·至真要大论》四条病机为热类。刘完素说的是,热者,少阴君火之所化也;在天为热,在地为火,在人为心。故云"乃真心小肠之气也"。

湿土

《原病式》引曰:"诸痉强直,积饮,痞隔中满,霍乱吐下,体重,胕肿肉如泥,按之不起,皆属于湿。"刘完素合"诸痉强直,积饮,痞隔中满,霍乱吐下,体重,胕肿肉如泥"为湿类。刘完素说的是，湿者，太阴土气之所化也；在天为湿，在地为土，在人为脾。故云"乃脾胃之气也"。

相火

《原病式》引曰："诸热瞀瘛，暴瘖冒昧，躁扰狂越，骂詈惊骇，胕肿疼酸，痰气逆冲上……皆属于火。"刘完素合《素问·至真要大论》六条病机为火类。少阳相火，实指暑。刘完素说的是，暑者，少阳相火之所化也，在天为暑，在地为火，在人为三焦。故云"乃心包络、三焦之气也"。

燥金

《原病式》曰："诸涩枯涸，干劲皴揭，皆属于燥。"《素问·至真要大论》十九条病机，无"皆属于燥"说，这一条，是刘完素的发明。刘完素说的是，燥者，阳明金气之所化也，在天为燥，在地为金，在人为大肠。故云"乃肺与大肠之气"。

寒水

《原病式》引曰："诸病上下，所出水液澄彻清冷，癥瘕癫疝、坚痞腹满急通（痛）、下利清白、食已不饥、吐腥秽、屈伸不便、厥逆禁固，皆属于寒。"刘完素合《素问·至真要大论》二条病机为寒类。刘完素说的是，寒者，太阳水气之所化也，在天为寒，在地为水，在人为膀胱。故云"乃肾与膀胱之气也"。

肝木、心火、脾土、肺金、肾水，刘完素的"五运主病"说。风木、君火（热）、湿土、相火、燥金、寒水，刘完素的"六气为病"说。刘完素又说：足厥阴风木、手少阴君火、足太阴湿土、手少阳相火、手阳明燥金、足太阳寒水，这就将"六经"分类与"六气为病"结合在一起。刘完素的"五运主病"包含了"六气为病"说，"六气为病"亦包含了"五运主病"说。

刘完素在《素问病机气宜保命集》一书中说："经所谓金木水火土运行之数，寒暑燥湿火风临御之化，不失其道，则民病可调。凡受诸病者，皆归于五行六气胜复盛衰之道矣。"刘完素说大凡诸病，"皆归于五行六气"。刘完素《原病式》又曰："凡不明病之标本者，由未知此变化之道也。"[①]刘完素的"五运主病"、"六气

---

① 刘完素著：《素问集注玄机原病式》，《中国医学大成三编》本，第6册，第173页。

为病"，实将《至真要大论》篇的十九条病机说，创造性地确立了"病之标本者"。刘完素又说"识病之法，以其病气归于五运六气之化，明可见矣"。因此，刘完素就将五运、六气立为"病之标本"。书名"原病式"，式，由也，"病之标本者"也。

刘完素"以其病气归于五运六气之化"。但对"化"的分析，刘完素则有"本化"、"兼化"和"反兼化"等多种论说。刘完素曰："五行之理，微则当其本化，甚则兼有鬼贼，故《经》曰亢则害、承乃制。"刘完素说，"微则当其本化"，如病心则气热，这叫"本化"，"本化"谓病气相同。刘完素曰："湿过极则……反兼风化"，"风木旺……是反兼金化制其木"，这就叫"反兼胜己之化"。所谓"反兼化"，即指五运六气之中，一运过极，就会向胜己的方向转化。刘完素的"反兼化"论，仍是"亢则害、承乃制"的方法论。《素问》"亢则害、承乃制"句，元末王履注：亢，过极也；害，害物也；承，犹随也；制，克胜之也。

刘完素说"原病式"，他的结论是："五志所伤皆热也"，"六气皆从火化"，"六经传受皆为热证"。刘完素的五运六气成了一个"火"气。"五志所伤皆热也"，谓"五志过极皆为热甚"，指"五志"内动而为火热。"六气皆从火化"，谓"六气"外侵转化为火。"六经传受皆为热证"，即谓伤寒六经传受、病变，皆为热证。

杜清碧的《敖氏伤寒金镜录》

杜清碧，名本，字原父，号清碧先生。生年不详，卒于元朝至正十年（1350年）。杜清碧著《敖氏伤寒金镜录》一书。敖氏，即敖继翁，字君寿，宋元间福建福州人，晚年寓居湖州。敖氏传十二验舌法，杜清碧又增定二十四法。汪琥云：《敖氏伤寒金镜录》于张仲景验舌法，亦有所发明。

敖氏前十二验舌法

《敖氏伤寒金镜录》先录"敖氏前十二验舌法"，分别为：白胎舌、将瘟舌、中焙舌、生癍舌、红星舌、黑尖舌、里圈舌、人裂舌、虫碎舌、里黑舌、厥阴舌、死现舌。

敖氏前十二验舌法，"舌见红色"是常态。书中除区别了纯红、淡红、将瘟、黑色、青黑、纯黑之外，又以白胎、裂纹、红点等三种舌形的分辨。敖氏前十二验舌法，提到舌的形质，如：白胎舌，"舌见白胎滑者，邪初入里也"；里黑舌，"舌见红色，内有干硬"。

敖氏前十二验舌法，主要观察舌色变化部位的形状。如：中焙舌，"内有黑形如小舌者"；红星舌，"中有大红星者"；黑尖舌，"尖见青黑者"。敖氏还注意到了舌的裂纹，如：人裂舌"更有裂纹如人字形者"，厥阴舌"内有黑纹丝"。除此以外，敖氏还提到舌的"更有红点如虫蚀之状者"等。

敖氏前十二验舌法，欲以舌色、舌苔、舌纹、舌形，辨证阴阳表里、寒热虚实。书中记载了舌象所主证候，如："火热之盛"，"水虚火实"，"邪火郁结"，"热毒炎上"等，欲通过望舌来测知脏腑病变。对舌象反映出来的致病因素，敖氏简单地提到邪热、君火、热毒、余毒、阴毒等，而无更进一步的解释。

敖氏前十二验舌法，还是以藏象理论为基础。如白胎舌，"丹田有热，胸中有寒，乃少阳半表半里之证也"；生癍舌，"热毒乘虚入胃，蓄热则发癍矣"；红星舌，"乃少阴君火热之盛也；所不胜者，假火势以侮脾土，将欲发黄之候也"。里圈舌，"舌见淡红色，而中有一红晕，沿皆纯黑，乃余毒遗于心胞络之间"。值得注意的是，敖氏前十二验舌法无脉象之记录。

杜清碧复作二十四验舌法

杜清碧二十四验舌法，除前二例命名黄胎舌、黑心舌外，还未对其他二十二例验舌法给出命名，只是简单地用数字来表示，如曰十五舌、三十六舌等。杜清碧二十四验舌法，较敖氏前十二验舌法，还是有了较大的发展，主要表现在：其一，增加了黄色、微黄色、灰色、灰黑色、微黑等舌色；对舌色的表述更加细腻，如曰："舌见四围白，而中黄者"。其二，能以舌的整体辨证，如云"舌见尖白、根黄"，故有前后左右之辨。其三，注重舌苔的变化，如云"舌见黄色者，必初白胎而变黄色也"；亦注明了舌苔的大小，如云"舌尖白胎二分、根黑一分"。其四，结合脉诊，增加了脉象的记载，而多说脉的沉浮滑涩。

综观《敖氏伤寒金镜录》三十六验舌法，全书重视舌色、舌苔、舌质的变化，对

主要病理舌象,基本概述全面。作为第一部将舌诊作为一个独立专题来研究的著作,有如下几个特点:

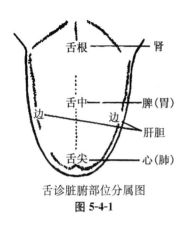

舌诊脏腑部位分属图

图 5-4-1

《敖氏伤寒金镜录》简单地记载了舌与脏腑的关系。如曰:"舌见红色……肾热所致。""舌见如灰色……此热乘肾与命门也。"《敖氏伤寒金镜录》记载了舌的颜色与脏腑的关系,其说本于舌的部位与脏腑的关系。《素问·热论》曰:"肺,系舌本。"明王肯堂《证治准绳》"察舌"曰:"舌乃心之窍。"①舌与五脏六腑部位的关系,说法也不统一。舌的部位分属脏腑的关系,其法如同寸关尺分属五脏六腑(见图 5-4-1)。

《敖氏伤寒金镜录》的舌诊,欲从舌的颜色、部位诊断脏腑之病,其方法并没有超越脉诊的理论。

《敖氏伤寒金镜录》作《伤寒用药说》,曰:"大抵病之轻浅者,即为和解;深重者,即便攻击"。全书所录药方,均取自张仲景的《伤寒论》。《敖氏伤寒金镜录》又作《论证舌法》曰:"夫人之受病,伤寒为甚,伤寒之治,仲景为详。"②《敖氏伤寒金镜录》的舌诊,还是要附属在《伤寒论》之下。

《敖氏伤寒金镜录》的舌诊过于简单,只有舌象的记录。在舌诊还没有形成一套完整的理论时,舌诊还无法取代脉诊的地位。杜清碧的验舌法,也还是要靠脉诊法来解释。舌诊和脉诊一样,都还是经验诊断法。但舌诊可以观察到,而脉诊则只有凭感觉了。

清末刘恒瑞著《察舌辨症新法》,总结了"看舌八法":"一、看苔色,二、看舌质,三、看舌尖,四、看舌心,五、看燥润,六、看舌边,七、看舌根,八、看变换。"③刘恒瑞于舌诊略出新说。明薛己著《薛氏医案》,全文收录了杜清碧增补的《敖氏伤

---

① 《古今图书集成·医部全录》,人民卫生出版社,1988 年版,第 3 册,第 549 页。

② 杜清碧撰:《敖氏伤寒金镜录》,《中国医学大成续编》本,第 3 册,第 322 页。

③ 刘恒瑞撰:《察舌辨症新法》,《中国医学大成》本,第 1 册,第 985 页。

寒金镜录》，可见《敖氏伤寒金镜录》对医家的深刻影响。故曹炳章评是书，"可法可传，有功医术"；特辑入《中国医学大成》选本，"以冀永远流传"。

张三锡的《四诊法》

张三锡，明代医学家。字叔承（《江宁府志》作叔永），号嗣泉，江西盱江人。家世医，行医垂三十年，晚年定居南京。张三锡博采群书，著《医学六要》，即《四诊法》、《经络考》、《病机部》、《治法汇》、《本草选》、《运气略》六部，影响甚大。

张三锡作《四诊法》序曰："望、闻、问、切为四诊法，以决阴阳表里、寒热虚实、死生吉凶。今人止（只）据脉供药，欲无不谬得乎？"①张三锡批评了今人仅"据脉供药"的片面做法，强调望色之神、听声之圣、切脉之巧、工于问诊之技，主张"四诊合参"。于是上本《素问》、《灵枢》、《难经》，旁采历代明哲诸书，参以己见编成此书。望、闻、问、切四诊，脉诊问题最多，故是书先论脉诊，次论望、闻、问三诊。张三锡欲以望、闻、问三诊，补脉诊中出现的一些问题。

脉诊

《四诊法》曰："脉法之难言也尚矣。"脉法难言，已是很久的问题，大致存在如下一些问题：

第一，脉的概念问题。《四诊法》曰："古今论脉者，原无一定。《难经》言荣行脉中、卫行脉外，是不离乎血气，亦不独指血气也。"②张三锡指出：脉"动随气血，变见气口"，"包罗一身，灌溉脏腑"，"即一元之大气也"。张三锡对"脉"所作的定义，还是有他独到之处。

第二，"脏腑部位"问题。《四诊法》曰："自秦越人以来，纷纷议论，强分部位。起于晋之王叔和，复为高阳生之《脉诀》所溷，立论背经，遗害后世。"③"王叔和守

---

① ② ③　张三锡纂：《四诊法》，《中国医学大成三编》本，第5册，第684页。

寸关尺、分部位,以测五脏六腑者,非也。"①张三锡认为以寸关尺强分五脏六腑,
不对。

第三,"十二经脉起止"问题。《四诊法》曰:"《灵枢》、《素》、《难》诸经,载十二
经脉,间有走于手,而皆不从三部过。"②张三锡重新列出十二经脉起止,注明十
二经脉,或与寸关尺无关,或不行于手。脉诊是否还能诊断其病? 已非"重订"十
二经脉起止就能解决问题的。

第四,"独取寸口"问题。《难经》主张"独取寸口",认为五脏六腑始终"寸
口"。张三锡认为十二经脉中,只有肺脉"属寸口",名之曰"气口"。

第五,"三部九候"问题。张三锡引《难经》说,寸关尺分属三部,每部诊脉时
又可分为浮中沉,故曰九候。张三锡认为:既然三部九候分候脏腑,故脉诊"可三
候而知","岂必九候"?

第六,脉的种类问题。王叔和辑二十四脉。孙思邈订正了王叔和《脉经》的
革、牢二脉,并重立革脉,为二十五脉。李时珍增长、短、濡三脉,有二十八脉。张
三锡,辑出三十种脉形,张三锡所辑,无软脉,增小、大、疾三脉。

第七,脉象相兼问题。《四诊法》曰:"取脉之道,理各不同;脉之形状,又各非
一。凡脉之来,必不单至,必曰浮而弦、浮而数、沉而紧、沉而细之类。"③两种或
两种以上同时出现为相兼脉,如"浮而弦、浮而数、沉而紧、沉而细之类"。张三锡
提出浮弦、浮数、沉紧、沉细之类相兼而来,其中浮弦、沉紧相兼并不常见。

第八,诊脉之法问题。《四诊法》曰:"凡诊脉之道,先须调自己气息,男左女
右。先以中指定得关,却齐下前后二指。"④张三锡论及诊脉的方法及注意事项:
平息、男左女右;中指定关,三指平齐;初轻按,次中按,次重按,再上寻、下寻,再
推外、推内;"然后自关至尺,逐部寻究"。张三锡说:诊脉之法有三要,曰举、曰
按、曰寻;轻指循之曰举,重手取之曰按,不轻不重求之曰寻。

---

① 张三锡纂:《四诊法》,《中国医学大成三编》本,第5册,第685页。
② 张三锡纂:《四诊法》,《中国医学大成三编》本,第5册,第686页。
③ 张三锡纂:《四诊法》,《中国医学大成三编》本,第5册,第698页。
④ 张三锡纂:《四诊法》,《中国医学大成三编》本,第5册,第697页。

第九，持脉诊病问题。《四诊法》曰："脉五至为平脉也；其有太过、不及，则为病脉。"张三锡论切脉，主张通过平常的脉象，发现太过、不及的异常变化，表达了知常达变的脉理。张三锡还推荐了一种简单的诊病法，他说"凡候脏腑脉，轻手浮取为腑，以腑属阳；重指沉取为脏，以脏属阴也"。表面看，以腑属阳、以脏属阴，不出阴阳两字，但轻手浮取、重指沉取，能取得来这个阴阳么？

《四诊法》还对五脏平脉、四时平脉、脉象相类、妇人脉、危脉、反关脉（脉象出现于寸口的背侧）、太素脉伪等问题，一一作了辨析。《四诊法》的内容虽然偏重切脉，但也记述了望诊、闻诊、问诊等诊断方法。

望诊

望诊即望色，又称色诊。张三锡论望诊，主张通过观察人的五官、形体的颜色光泽变化，来测知脏腑的内在病情。主要包括望五官之色、望形体之气、辨舌三大部分。

望五官之色。张三锡对传统的五色主病的论述没有新意，但他借"色、脉"（望色与切脉）一词，论述了望诊之理。张三锡说：能合望诊与脉诊，诊断方能万全。切脉之理，在于"脉有胃气"；望诊之理，在于"若色若脉，亦必随而应之"；两者"同一理也"。

望形体之气。《四诊法》曰："人之大体为形，形之所充者气。形胜气者夭，气胜形者寿。"[1]张三锡是通过望形体气质，来判断"形胜气"或"气胜形"的。他说：形体肥胖色白，多非长寿体质；形体虽瘦，但精力充沛，亦属长寿体质。

《四诊法》载"辨舌"一节，也属望诊之例。《四诊法》载："陶节菴曰：伤寒邪在表，则舌无胎；热邪传里则胎渐生。自白而黄，黄而黑，甚则黑裂矣。黑胎多凶。若根黑，或中黑，或尖黑，皆属里热。全黑则热极而难治。"张三锡借陶节菴语说：舌苔有"自白而黄，黄而黑"的变化，表示病情由浅入深的发展。辨舌要看舌根、舌中、舌尖。除看舌苔，还须细看舌体。舌体湿润，属"里热尚浅"；舌体全干，则

<hr />

① 张三锡纂：《四诊法》，《中国医学大成三编》本，第5册，第711页。

"无论黄黑，皆属里症"。

闻诊

闻诊即闻声。张三锡的《四诊法》，并没有将"闻诊"列为一个独立的专篇，但《四诊法》仍旧记载了闻声法。如《四诊法》曰："出言懒怯，先轻后重，内伤，元气不足。出言壮厉，先重后轻，是外感邪盛。"出言懒怯，语声低弱模糊，属心气大伤。出言壮厉，声高有力，属热扰心神之实证。二者均为病变声音。张三锡的闻声法，不再拘泥五脏应五声之说，而能客观描述声音本身，从声气的微小变化上，判断疾病的轻重。

问诊

张三锡已将问诊列为专题论述。他说：问诊的方法，先问何人，知男女老幼。次问得病之日，知发病时间的新久。次问受病之原，知发病原因或诱因。次问饮食胃气，张三锡诊病重视"胃气"。次问便利如何，主"不通则痛"之张。次问曾服何药，问此前的诊断和治疗，推测最初的病症及疗效。次问日间何如、夜寐何如，知病变过程。次问膈间有无胀闷痛处，询问疼痛的具体部位，以诊察疾病。

《四诊法》又曰："诊病必问所欲何味，所嗜何物。或纵酒，或斋素。喜酸则知肝虚，喜甘则知脾弱……再问饮食居处，暴乐暴苦。"①张三锡再问患者个人的饮食起居、精神情志，通过了解患者的饮食嗜好、生活起居等情况，以便对患者的病情作出整体的诊断。张三锡说：如此，必知病情。张三锡通过问诊，避免了管中窥豹、以偏概全。

---

① 张三锡纂：《四诊法》，《中国医学大成三编》本，第 5 册，第 713 页。

第六章　颐养生命

第一节　先秦诸子养生说

早在春秋战国之时，中华民族便对养生之道展开探讨。在先秦诸子书中，均可见到各家的养生理论和方法。严格地说，先秦诸子并非方技人物，这里只是借先秦诸子之书，探索古人早期的养生理论和方法。

孔子《论语》一书，似乎没有直接说"修身"，但他说了"修己"二字。孔子说的"修己"，即"检束其身，修治其行"，亦即修身也。"志于道，据于德，依于仁，游于艺"，正是孔子说的修身之道。

孟子好说"王政"，主张"仰足以事父母，俯足以畜妻子"。因此，孟子说养老是一件孝事，又说养老是一件乐事。孟子亦主张"养心"、"养性"，他说"养心莫善于寡欲"，又说养性"所以立命也"；他大声疾呼，"我善养吾浩然之气"。

老子道"可道"，他说"道法自然"；老子提出了"致虚极，守静笃"、"见素抱朴"、"少私寡欲"等修身理论。老子道"非常道"，但他还是说了"长生久视之道"。老子提倡"贵身"、"爱身"、"修身"，他的目的却是"为天下"。

庄子主张"静以养生"，顺其自然。庄子认定养生"不足以存生"，他说养生"常因自然而不益生"，故提出了养生"若牧羊"，然"鞭其后者也"。庄子的养生之道，可归纳为他所说的"虚静、恬淡、寂漠、无为"。

荀子说"凡人有所一同"，即人有相同之欲，主张要"以公义胜私欲"，要以"法胜私"。他提出修德、修正、修礼、修养、修志,提倡养目、养耳、养口、养体、养形。荀子的修身理论,至今都起着禁示后人的作用。

孔子的修身养生说

孔子,名丘,字仲尼。鲁国陬邑(今山东省曲阜市)人。他生活在公元前 6 世纪,是中国儒学的创立者,被司马迁尊为"至圣"。

孔子的言论,被他的弟子及再传弟子编成《论语》一书。在《论语》书中,孔子似乎没有直接说"修身",但他说了"修己"二字。《论语·宪问》载:"子路问君子。子曰:修己以敬。曰:如斯而已乎?曰:修己以安人。曰:如斯而已乎?曰:修己以安百姓。"①"修己"即"修身"之意,孔子名言"吾日三省吾身",修身而已。

孔子说"修己以敬"、"修己以安人"、"修己以安百姓",孔子修身的目的十分明确。孔子曰:"志于道,据于德,依于仁,游于艺。"②《论语》的这句话,完全可以看作孔子对修身之道的概括。

"志于道"。《论语·里仁》曰:"士志于道,而耻恶衣恶食者,未足与议也。"③孔子强调"士志于道",他说如果一个人总是嫌弃自己的衣服、饮食,就不值得再与这个人说什么了。虽然,孔子说的"道"与老子说的"道"不同,但孔子亦说过"不义而富且贵,于我如浮云",这可以说是"士志于道"的最高境界。所以,孔子说的"志于道",是说修身要以"道"为己任。

"据于德"。《论语·述而》曰:"德之不修,学之不讲,闻义不能徙,不善不能改,是吾忧也。"④孔子十分担忧"德之不修",他说过"吾未见好德如好色者也",所以十分注重"修德"。孔子说"君子坦荡荡,小人常戚戚"。说君子注重德性的修养,养德立德,所以坦坦荡荡;小人则相反。所以,孔子说修身要"据于德"。

"依于仁"。《论语·雍也》曰:"智者乐水,仁者乐山;智者动,仁者静;智者

---

① 何晏集解,邢昺疏:《论语注疏》卷十四,《十三经注疏》本,下册,第 2513—2514 页。
②④ 何晏集解,邢昺疏:《论语注疏》卷七,《十三经注疏》本,下册,第 2481 页。
③ 何晏集解,邢昺疏:《论语注疏》卷四,《十三经注疏》本,下册,第 2471 页。

乐,仁者寿。"①孔子说"仁者静"、"仁者寿"。关于仁,孔子说过很多话。颜渊问仁,子曰"克己复礼为仁。一日克己复礼,天下归仁焉"。仲弓问仁,子曰"己所不欲,勿施于人"。在孔子看来,修身要做到"恭、宽、信、敏、惠"。所以,孔子说修身要"依于仁",这就叫"克己复礼"。

"游于艺"。司马迁说过"自天子王侯,中国言六艺者",正是孔子。孔子修身的目的就是要治国平天下,所以他强调一个人要多才多艺。《论语·雍也》载:"求也艺,于从政乎何有?"②孔子说冉求"通习六艺",从政是没什么不可以的。《论语·子罕》载:"子云:吾不试,故艺。"③孔子说自己未见试用,故也精通许多技艺。所以,孔子说修身者也要"游于艺"。

"志于道,据于德,依于仁,游于艺",是孔子说得修身之道。孔子说过"君子谋道不谋食",那么,孔子说得"谋道"和"谋食"是否对立?其实,孔子说"谋道",讲了修身之道;孔子说"谋食",也讲了养生之道。《论语·学而》曰:"君子食无求饱,居无求安,敏于事而慎于言,就有道而正焉,可谓好学也已。"④孔子说:君子饮食不求饱餐,居处不求安适,敏捷做事而谨慎说话,这就叫"就有道而正焉"。

"食无求饱",是孔子养生之道的第一个主张。孔子在养生方面没有专门的论著,《论语·乡党》说"食不厌精,脍不厌细",则集中记载了他有关饮食方面的一些主张和做法。

"居无求安",是孔子养生之道的第二个主张。孔子关于居住说得不多,在《论语·乡党》篇中,除了说"居必迁坐"之外,还说了句"寝不尸,居不容"。"寝不尸",指睡眠时不要仰卧如尸;"居不容",居家时不必再保持在外面那样的仪容。

"敏于事而慎于言",孔子养生之道的第三个主张。《论语·里仁》载:"君子欲讷于言而敏于行。"两句话的意思大致是相同的。《论语·乡党》曰:"孔子于乡党,恂恂如也,似不能言者。"孔子似乎有很多说不出的话,但还是对人的言行举

---

① 何晏集解,邢昺疏:《论语注疏》卷六,《十三经注疏》本,下册,第 2479 页。
② 何晏集解,邢昺疏:《论语注疏》卷六,《十三经注疏》本,下册,第 2478 页。
③ 何晏集解,邢昺疏:《论语注疏》卷九,《十三经注疏》本,下册,第 2490 页。
④ 何晏集解,邢昺疏:《论语注疏》卷一,《十三经注疏》本,下册,第 2458 页。

止作了详尽的解释。

以上这些,孔子都在讲如何遵从周礼行事,有些内容或已超出了养生的主题,但还是突出表现了孔子有关修身养生的一些主张。孔子的这些主张,直至今日,或多或少地还在指导着我们的日常生活。

最后,笔者以孔子论修身养生三戒,结束本节。《论语·季氏》曰:"君子有三戒:少之时,血气未定,戒之在色;及其壮也,血气方刚,戒之在斗;及其老也,血气既衰,戒之在得。"[①]孔子说:君子有三件事要警戒:年轻时,血气尚未稳定,戒之迷恋女色;壮年时,血气方刚,戒之争强好斗;老年时,血气渐衰,戒之贪得无厌。孔子说的修身养生"三戒",既是对人的修身修养而言的,又是对人的养生保健而言的。

孟子的修身养性说

孟子,名轲,邹(今山东省邹城市)人。司马迁记孟子"受业孔汲之门人",说他曾受教于孔汲(孔子的孙子)的门人。孟子生活在诸侯争霸之时,他言必称尧舜、道性善,终不见用,于是退而作《孟子》七篇。

《孟子·尽心》曰:"古之人,得志,泽加于民;不得志,修身见于世。穷则独善其身,达则兼善天下。"[②]孟子说,不得志时修身自好独善其身,得志就要使天下之民都能做到修身养老。

孟子主张"制民之产",使民得养。孟子说道:"五亩之宅,树之以桑";"百亩之田,勿夺其时";使"仰足以事父母,俯足以畜妻子"。孟子强调:"五亩之宅",使"老者足以衣帛矣";"百亩之田",使"老者足以无失肉矣"。孟子描述了行王政的措施和结果。

孟子认为养老是一件孝事。《孟子·万章》曰:"孝子之至,莫大乎尊亲;尊亲

---

① 何晏集解,邢昺疏:《论语注疏》卷十六,《十三经注疏》本,下册,第 2522 页。
② 赵岐注,孙奭疏:《孟子注疏》卷十三上,《十三经注疏》本,下册,第 2765 页。

之至,莫大乎以天下养。为天子父,尊之至也;以天下养,养之至也。"孟子说孝子之至,尊奉双亲;尊亲之至,以天下奉养父母;"以天下养",才是"养之至也"。所以,孟子说"人人亲其亲,长其长,而天下平"。他将尊亲养老,看成"平天下"的大事。

孟子从养老事亲说到守身。《孟子·离娄》曰:"事,孰为大? 事亲为大。守,孰为大? 守身为大⋯⋯事亲,事之本也。孰不为守? 守身,守之本也。"[①]在孟子看来,守身是与养老事亲并列的大事。《孟子·离娄》曰:"人有恒言,皆曰天下国家。天下之本在国,国之本在家,家之本在身。"[②]故孟子说:"守身,守之本也。"

孟子说的守身,即修身;孟子说"君子之守,修其身而天下平"。孟子说的修身,亦即养身。孟子拿种树比喻养身,他说:人皆知养护桐梓树,而不知养护自己的身体,岂能爱身不如养护一棵桐梓树呢? 孟子主张,养身如养护大树,要持之以恒爱护自己的身体。

养身,或曰养生之术,孟子提出了养心寡欲说。《孟子·尽心》曰:"养心莫善于寡欲。"[③]孟子说,养心最好的办法,是减少物质欲望。孟子说过,"求若所欲,尽心力而为之,后必有灾"。孟子又说"无为其所不为,无欲其所不欲,如此而已矣"。孟子的养心寡欲说、无为无欲说,与老子说的"少私寡欲"、"无为而无不为",并无根本的区别。

孟子又从养心说到养性。"性"是什么? 孟子说的最经典的一句话,"食、色,性也"。孟子是将人生命中的"食、色"称之为"性",故孟子说"生之谓性"。如何养性? 孟子说:"知其性,则知天矣";"养其性,所以事天也"。孟子说修身养性,"所以立命也"。

孟子又从养性说到养气。"我善养吾浩然之气",这句话流传甚广。孟子说的"浩然之气","其为气也,至大至刚","则塞于天地之间";"其为气也,配义与道"。孟子承认气是人之生命的根本,同时他又认为这个充体之气是要受"义与

---

① 赵岐注,孙奭疏:《孟子注疏》卷七下,《十三经注疏》本,下册,第 2722 页。
② 赵岐注,孙奭疏:《孟子注疏》卷七上,《十三经注疏》本,下册,第 2718 页。
③ 赵岐注,孙奭疏:《孟子注疏》卷十四下,《十三经注疏》本,下册,第 2779 页。

道"的支配。所以他说:"夫志,气之帅也"。有了这个"志",贫贱不能移,富贵不能淫,威武不能屈,这就是孟子所说的"我善养吾浩然之气"。

《孟子·告子》曰:"鱼,我所欲也,熊掌亦我所欲也;二者不可得兼,舍鱼而取熊掌者也。生亦我所欲也,义亦我所欲也;二者不可得兼,舍生而取义者也。"①话虽如此,鱼和熊掌、生与义,孟子也欲得而兼之。故孟子说养老,说养身,说养心,说养性,说养浩然之气,他的目的不离"修身齐家治国平天下"。也只有如此,孟子才能大声地喊出:"如欲平治天下,当今之世,舍我其谁也!"

老子"道法自然"

老子,名耳,字聃。《史记》载:"盖老子百有六十余岁,或言二百余岁,以其修道而养寿也。"司马迁言老子"修道而养寿",可信;言老子"百有六十余岁,或言二百余岁",不可信。司马迁又记老子"居周久之",见周王室衰败,遂辞官西出函谷关入秦,为关令尹喜所留,"著书上下篇,言道德之意五千余言而去",后便"莫知其所终"。

《老子》一书,亦名《道德经》,因开篇言"道"。《老子·一章》曰:"道,可道;非常道。名,可名;非常名。无名,天地之始;有名,万物之母。"②老子说"道":"无名,天地之始",无名之前为天地万物的本原;"有名,万物之母",有名之后为天地万物的母体。老子说,有一个混然之物,它先天地而生,无声无形,独立而不会改变,周而复始地循环运行,可以称之为天地万物的母体,我把它称之为"道"。

老子道"可道",他说"道法自然"。《老子·二十五章》曰:"人法地,地法天,天法道,道法自然。"③自然是什么? 显然,老子这里说的自然,是指天地万物之自然。道为什么要"法"自然? 这是因为,天地万物自身存在着最完满的和谐关系,因此人们应该效法自然,如《庄子·天运》所说"顺之以天理","应之以自然"。

---

① 赵岐注,孙奭疏:《孟子注疏》卷十一下,《十三经注疏》本,下册,第 2752 页。
② 王弼注:《老子道德经》,上篇,《丛书集成初编》本,编号 0536-第 1 页。
③ 王弼注:《老子道德经》,上篇,《丛书集成初编》本,编号 0536-第 23—24 页。

　　"道法自然"，老子主张"无为而无不为"。《老子·四十八章》曰："无为而无不为，取天下常以无事。"①老子虽说"无为而无不为"，他还是强调了无为、无事、无欲。《老子·五十七章》曰："我无为而民自化，我好静而民自正，我无事而民自富，我无欲而民自朴。"②简而言之，老子所说的"无为而无不为"，正是"道法自然"的真正宗旨。

　　"道法自然"，老子主张"致虚极，守静笃"。《老子·十六章》曰："致虚极，守静笃。万物并作，吾以观复。夫物芸芸，各复归其根。归根曰静。"③"致虚极"，"虚"就是天地之间的"空"，达到其极曰"致"；"致虚极"就是要达到"虚空"的极点。"守静笃"，寂然不动曰"静"，静而至静曰"笃"；"守静笃"也是"虚静"到极点的意思。"归根曰静"，"静"是天地"万物之自然"的根本。老子说的"致虚极，守静笃"，就是复归"清静"。故老子曰："我好静。"

　　"道法自然"，老子主张"见素抱朴"。素：原指没有染色的生丝，引申为质朴、不加修饰之义，这里比喻人的自然本性。朴：原指没有加工的原木，这里也是比喻人的朴实本性。"朴"是老子的一个重要概念，就是"敦厚"的意思，老子说"敦兮其若朴"。抱朴，就是怀抱纯朴，保守本真。人只有保持纯真质朴，舍弃贪求的欲望，追求"无欲"，才能重新找回真朴的自然本性。老子也将"抱朴"说成"归朴"，如《老子·二十八章》说的"常德乃足，复归于朴"。

　　"道法自然"，老子主张"少私寡欲"。老子说"不欲"，又说"无欲"，"不欲"、"无欲"和"寡欲"都是相关联的概念。老子说的"少私寡欲"，不是"无欲"，也不是"有欲"，而是"寡欲"。如何做到"寡欲"？ 很简单，老子说"是以圣人去甚、去奢、去泰"。去甚：除去极端而要折中。去奢：除去奢侈而要俭朴。去泰：除去过度而要节制。

　　老子道"非常道"，但他说了"长生久视之道"。《老子·五十九章》曰："莫知

──────────

① 王弼注：《老子道德经》，下篇，《丛书集成初编》本，编号 0536 - 第 45 页。
② 王弼注：《老子道德经》，下篇，《丛书集成初编》本，编号 0536 - 第 55 页。
③ 王弼注：《老子道德经》，上篇，《丛书集成初编》本，编号 0536 - 第 13 页。

其极,可以有国。有国之母,可以长久。是谓深根固柢,长生久视之道。"①"莫知其极",莫知祸福之极。"可以有国",可以治国。"有国之母",即国家的根本。"可以长久",老子说"天地所以能长且久者,以其不自生,故能长生"。老子说天地不为自己而生,所以能长生。"长生久视",指"长生、长寿"。老子说过"死而不亡者,寿"。所以,老子说的"长生久视之道",特指人的长生、长寿之"常道"。

《老子·八十章》曰:"小邦寡民……使民复结绳而用之。甘其食,美其服,安其居,乐其俗。邻邦相望,鸡犬之声相闻,民至老死,不相往来。"②老子"道法自然",老子修"长生久视之道",其结果如此,笔者一句话也说不出了。

庄子论养生"若牧羊"

庄子,名周,宋国蒙(今河南省商丘市)人。他曾经担任过蒙城漆园的小吏,和梁惠王、齐宣王是同一时代的人。司马迁说庄子善于行文措辞,攻击驳斥儒家和墨家,即使是当世宿学也难以免除。他的语言汪洋浩漫,纵横恣肆以适合自己的性情,所以王公大人都无法器用他。司马迁又记庄子,"其学无所不窥,然其要本归于老子之言"。

《庄子·杂篇·庚桑楚》曰:"卫生之经,能抱一乎?"③卫生:养生。经:常法。庄子说养生常法,"行不知所之,居不知所为"。庄子还是具体说道:"甘其食,美其服,乐其俗,安其居";又说"衽席之上,饮食之间,而不知为之戒者,过也"。庄子说的养生常法,安居处,戒(节)饮食。

养生,庄子或说保身、全生、养亲、尽年。《庄子·内篇·养生主》曰:"缘督以为经,可以保身,可以全生,可以养亲,可以尽年。"④缘:顺着,遵循。督:督脉居人身之中,这里指"中道"。庄子说,养生必须顺应自然的"中道",把它作为常法,

---

① 王弼注:《老子道德经》,下篇,《丛书集成初编》本,编号0536-第57—58页。
② 王弼注:《老子道德经》,下篇,《丛书集成初编》本,编号0536-第73页。
③ 郭庆藩辑:《庄子集释》卷八上,中华书局,1961年版,第4册,第785页。
④ 郭庆藩辑:《庄子集释》卷二上,中华书局,1961年版,第1册,第115页。

就可以终享天年。

《庄子·外篇·达生》载：田开之见周威公："闻之夫子曰：善养生者，若牧羊，然视其后者而鞭之。"威公问："何谓也？"田开之曰："鲁有单豹者，岩居而水饮，不与民共利，行年七十而犹有婴儿之色；不幸遇饿虎，饿虎杀而食之。有张毅者，高门县薄，无不走也，行年四十而有内热之病以死。豹养其内而虎食其外，毅养其外而病攻其内，此二子者，皆不鞭其后者也。"①庄子记单豹、张毅好养生，单豹"养其内而虎食其外"，张毅"养其外而病攻其内"；此二子都没能终享天年，原因是单豹、张毅"皆不鞭其后者也"。单豹、张毅都只知道取其长、却不懂得补其短，都因偏向一面而导致恶果。庄子为什么记说"善养生者，若牧羊"，要"鞭其后者"呢？这要从庄子的基本论断说起。

庄子认定，养生"不足以存生"。庄子说，通晓生命之情者，不追求对于生命没有用处的东西；通达命运实情的人，不追求命运无可奈何的事情。世俗之人认为养形足以存生；然而养形却不足以存生。养形，即养生。这是庄子对养生之人的基本论断。养生"不足以存生"，也"常因自然而不益生"，故庄子记说养生"若牧羊，然视其后者而鞭之"。庄子说善养生者，要如同牧羊人，常用鞭子抽打落在后者，在天地一体中任其游走觅食。

《庄子·外篇·刻意》曰："夫恬惔、寂漠、虚无、无为，此天地之平而道德之质也。"②"惔"，他处作"淡"。庄子论养生之道，"虚静、恬淡、寂漠、无为"四者而已。

养生唯虚静。庄子说"唯道集虚"，"虚者，心斋也"，"心斋"体现了心的虚静纯素。虚静，又谓之清静。就是将心中之杂念除去，复归于淳朴，这就叫"唯道集虚"。庄子又说"抱神以静"、"心静必清"，"乃可以长生"。

养生唯恬淡。恬惔：即是宁静淡泊，少私寡欲，清静无为，不为物欲所弊也。用今天的话说，就是低调。庄子说，恬惔无为，行动循乎自然，这才是"养神之道也"。

---

① 郭庆藩辑：《庄子集释》卷七上，中华书局，1961年版，第3册，第645—646页。
② 郭庆藩辑：《庄子集释》卷六上，中华书局，1961年版，第3册，第538页。

养生唯寂漠。寂漠，指寂静、清静。寂漠，庄子亦作"淡漠"、"澹漠"。庄子说淡漠，"顺物自然而无容私焉"。庄子说澹漠，"莫之为而常自然"。顺物自然、常自然，也就是庄子所说的寂漠。

养生唯无为。庄子说闲暇者养生，"无为而已矣"。庄子说的无为，即无欲。所以他说无为，"同乎无欲，是谓素朴；素朴而民性得矣"。无为，亦即素朴，复归自然。故庄子又说自然无为，他说"无为而才自然矣"。

庄子说的"虚静、恬淡、寂漠、无为"，一言以蔽之，"坐忘"而已。《庄子·内篇·大宗师》载：仲尼问"何谓坐忘"？颜回曰："堕肢体，黜聪明，离形去智，同于大通，此谓坐忘。"①坐忘，庄子说了很多，曰："忘其言也"，"相忘于江湖"，"忘汝神气"，"鱼相忘乎江湖，人相忘乎道术"。对庄子而言，大凡"人间世"，"无不忘也"。《庄子·杂篇·让王》曰："故养志者忘形，养形者忘利，致道者忘心矣。"坐忘：忘形，忘利，忘心。

坐忘的最高境界，就是忘生死。庄子假托子桑户、孟子反、子琴张三人，相忘以生，相忘以死，"遂相与为友"。庄子认为"死生存亡"为"一体者"，故"不知说生，不知恶死"。庄子认为生与死都是很自然的事，生者应时，死者偶然，故说"行事之情而忘其身，何暇至于悦生而恶死"。《庄子·内篇·大宗师》曰："人不忘其所忘而忘其所不忘，此谓诚忘。""坐忘，"诚忘"而已。

荀子论修身养心

荀子，名卿，赵国人。年五十始游学于齐，至齐襄王时"三为祭酒"。祭酒：祭典活动中的主事、主持。《史记·荀卿列传》载："齐人或谗荀卿，荀卿乃适楚，而春申君以为兰陵令。"②荀卿遭到齐人的谗害乃去楚，遇春申君以为兰陵令，遂定居兰陵。荀子卒后就葬在兰陵，今属山东省兰陵县。

---

① 郭庆藩辑：《庄子集释》卷三上，中华书局，1961年版，第1册，第284页。
② 司马迁撰：《史记》卷七十四，中华书局点校本，1959年版，第7册，第2348页。

荀子说古之处士，为"德盛者也，能静者也，修正者也，知命者也，箸是者也"；今之处士，无能、无知、利心无足、行伪险秽。因此，荀子盛赞"古之所谓处士者"。

修身之"德盛者"，荀子说修"德"。《荀子·非十二子》曰："高上尊贵，不以骄人；聪明圣知，不以穷人；齐给速通，不争先人；刚毅勇敢，不以伤人；不知则问，不能则学；虽能必让，然后为德。""齐给速通，不争先人"；意整饬完备、敏捷，不与人争。荀子接连说了六个"不"字，强调"虽能必让"，这就是修德。

修身之"能静者"，荀子说"虚壹而静"。《荀子·解蔽》曰："心生而有知，知而有异，异也者，同时兼知之。同时兼知之，两也，然而有所谓一，不以夫一害此一谓之壹。"简而言之，"未得道而求道者，谓之虚壹而静"。故荀子说："虚壹而静，谓之大清明。"虚心、专一、安静，"谓之大清明"。

修身之"修正者"，荀子说修"礼"。《荀子·修身》曰："礼者，所以正身也。"关于修"礼"，荀子说过很多话。《荀子·致士》曰："礼者，节之准也。"《荀子·劝学》曰："礼者，法之大分，类之纲记也。"《荀子·礼论》曰："故礼者，养也。"荀子说得修"礼"，修养也。

修身之"知命者"，荀子说修"志"。关于修"志"，荀子也说了很多话。《荀子·富国》曰："仁人之用国，将修志意。"《荀子·荣辱》曰："志意致修，德行致厚，智虑致明，是天子之所以取天下也。"①荀子还说过："笃志而体，君子也。"《荀子》一书，荀子说得最后一句话："志修德厚，孰谓不贤乎"？

修身之"箸是者"，荀子说君子修身自省。箸，通著；能著书立说以彰明正道者，荀子泛指"君子"。《荀子·修身》曰："见善，修然必以自存也；见不善，愀然必以自省也。"②荀子说君子见善修身，见不善自省。荀子总结修身："以公义胜私欲"，"是法胜私也"。二千多年前的古人，能有这样的认识，伟哉！

人为什么会产生"私欲"？荀子说"凡人有所一同"，"饥而欲食，寒而欲暖"，是"人之所生而有也"；"目辨白黑美恶，耳辨音声清浊"，"是又人之所常生而有

---

① 章诗同注：《荀子简注》，上海人民出版社，1974年版，第28页。
② 章诗同注：《荀子简注》，上海人民出版社，1974年版，第9页。

也"。荀子说"人之所以为人者","以其有辨也";这就是荀子说得"凡人有所一同"。类似的话,荀子反复作了重申。

人之有欲,荀子认为是"人之情"。荀子说这个人之"所必不免"的"情",就是人之"性"。荀子说人生自然谓之"性",性之好恶谓之"情",情之应也谓之"欲"。《荀子·正名》曰:"故欲养其欲而纵其情,欲养其性而危其形,欲养其乐而攻其心,欲养其名而乱其行。如此者,虽封侯称君,其与夫盗无以异……夫是之谓以己为物役矣。"①荀子说一个人,若为外界事物所役使,和那些盗贼没有什么两样。荀子反对纵欲,他说纵欲如同鬻寿也。

欲是什么?《荀子·正名》曰:"欲不及而动过之,心使之也。"②荀子说人之有欲,"心使之也"。荀子说:"欲不待可得,所受乎天也";但"求者从所可,受乎心也"。荀子实际区别了两种欲,一种"受乎天之一欲",一种"受乎心之多"欲。荀子的意思:"凡人有所一同"的"一欲","所受乎天也";因"人之情"而求之"多欲","受乎心也"。

心是什么?《荀子·解蔽》曰:"心者,形之君也,而神明之主也,出令而无所受令。自禁也,自使也,自夺也,自取也,自行也,自止也。"③心是"神明之主也"。心能"自禁"、"自行"、"自止"。荀子说"人之所欲",靠的是"心止之也"。荀子说心中之欲,"进则近尽,退则节求",这就叫"心止之也"。

养心之道,荀子提倡"平愉"。《荀子·正名》曰:心平愉,即使容貌平凡可以养目,声音不比其他人动听可以养耳,蔬食菜羹可以养口,粗布之衣、麻编草粗鞋可以养体,屋室、芦帘而可以养形。荀子说,只要"心平愉",即使平常之物,也可以养口、养体、养形。

养心之道,荀子提倡"诚"。荀子说"君子养心莫善于诚"。诚,即"惟仁之为守,惟义之为行";"诚心守仁则形,形则神,神则能化矣;诚心行义则理,理则明,明则能变矣。"君子"以至其诚者","则无它事矣"。

---

① 章诗同注:《荀子简注》,上海人民出版社,1974年版,第256页。
② 章诗同注:《荀子简注》,上海人民出版社,1974年版,第253页。
③ 章诗同注:《荀子简注》,上海人民出版社,1974年版,第235页。

对养心之道,荀子提出了一个"治气养心之术"。《荀子·修身》曰:对血气刚强之人,则调之平和之气;对知虑渐深之人,则导以平易善良;对勇猛暴戾之人,则辅之诱导不越正轨;对急躁草率之人,则节之动止;对心胸狭隘之人,则廓之心胸宽阔、气量宏大;对意志卑下、迟钝、贪利之人,则对之高尚志向;对庸俗散漫之人,则约束之良师益友;对急慢轻浮、自暴自弃之人,则昭告灾祸;对愚钝朴实、端庄拘谨之人,则"合之以礼乐,通之以思索"。荀子说:"夫是之谓治气养心之术也。"荀子又说"莫径由礼,莫要得师,莫神一好"。此"治气养心之术也"。荀子说:捷径莫过于"由礼",重要莫过于"得师",神妙莫过于"一好"。荀子认为,人"血气筋力则有衰,若夫智虑取舍则无衰",故主张通过"由礼、得师、一好",以达到"治气养心"的目的。

《荀子·王制》曰:"水火有气而无生,草木有生而无知,禽兽有知而无义,人有气、有生、有知亦且有义,故最为天下贵。"①荀子最早提出:人"最为天下贵也"。他的这一结论,同他说的"水则载舟,水则覆舟"一样,影响都是非常深远的。

第二节　两汉诸子论养生

《淮南子·精神训》作养生"本与末"说。它认为"求之于外"者,是养生之"末","守之于内"者,是养生之"本"。《淮南子》主张"使人爱养其精神",结果却是同庄子一样,达到视死与生"与天地一体也"。

《文子·道原》论"虚无、平易、清静、柔弱、纯粹素朴"为"道之形象",而《文子·九守》载:"守虚"、"守无"、"守平"、"守易"、"守清"、"守真"、"守静"、"守法"、"守弱"、"守朴"。其中"守法"或为一段衍文。

荀悦批判了神仙之术的荒诞,主张"养性秉中和"。他认为传统的养生之道,

---

① 章诗同注:《荀子简注》,上海人民出版社,1974 年版,第 85 页。

"必有失和者矣";故强调"养性者无常术,得其和而已矣"。

　　嵇康是"竹林七贤"的领袖人物,也是魏晋玄学的代表人物。嵇康崇尚老、庄,主张"越名教而任自然"。他写了《养生论》一文,阐述了"形神相亲,表里俱济"等养生理论。

《淮南子》养生"本与末"说

　　《淮南子·精神训》从"人之所由生"讲起,主张"使人爱养其精神"。《淮南子·精神训》说:人的形体一旦形成,内在五脏也随之形成。"外为表而内为里",人的外表五官和内在五脏相互联系着。《淮南子》要说的是:人的形体与天地相参,而"心为之主"。"五藏能属于心",这也就是《淮南子》说"心为之主"的理由。

　　《淮南子》分析了精神与形体的关系。《淮南子·精神训》曰:"是故精神,天之有也;而骨骸者,地之有也。"①骨骸:指形体。《淮南子》肯定了人除了形体之外,还有精神;形体属于人之外形,而精神属于人之内心。《淮南子·精神训》又曰:"夫精神者,所受于天也;而形体者,所禀于地也。"②《淮南子》强调的是,"所受于天"的精神,要重于"所禀于地"的形体。《淮南子》曰:"故心者形之主也,而神者心之宝也。"《淮南子》说,心是形体的主宰,而精神又是心的最宝贵的。故曰"心为之主"。

　　《淮南子·精神训》曰:"夫静漠者,神明之宅也;虚无者,道之所居也。是故或求之于外者,失之于内;有守之于内者,失之于外。譬犹本与末也。从本引之,千枝万叶,莫不随也。"③静漠,是神明的住宅;虚无,是道的居所。这两句话,是道家的常用语。《淮南子》比较新颖的说法是:"求之于外者,失之于内";"守之于内者,失之于外。"《淮南子》说:求之于人之外形的保养,则失去对人之内心的持守;求之于人之内心的持守,则失去对人之外形的保养。这里,《淮南子》将"守之于内"与"求之于外"者,譬犹"本与末"也。

────────────

①②③　刘安撰:《淮南鸿烈解》卷十二,《道藏要籍选刊》本,第 5 册,第 50 页。

《吕氏春秋·尽数》曰："故凡养生,莫若知本,知本则疾无由至矣。"又曰:"流水不腐,户枢不蝼,动也",为其本也;"巫医毒药逐除治之","为其末也"。《吕氏春秋》认为:养生为本,除疾为末。应该说,《吕氏春秋》还未清晰提出养生的"本末"论。而《淮南子》则提出了:"守之于内"者,是养生之"本";"求之于外"者,是养生之"末"。

《淮南子》为什么认为"守之于内"是养生之"本"?《淮南子》解说了精神、血气与五脏的关系。《淮南子》问道:人的精神又怎能长久驰骋而不耗尽呢? 答曰:人的血气能专于五脏而不外溢,则胸内充实而嗜欲也随之减少。这样,"则耳目清、听视达矣"。因此,《淮南子》认为"守之于内",则"血气能专于五藏"。"血气能专于五藏",则"精神之不可使外淫也"。如此"守之于内","五藏定宁充盈而不泄","则精神盛而气不散矣"。

《淮南子》试图找出人嗜欲的原因,它说是由于血气不能专于五脏而外溢。血气为何不能专于五脏而外溢,《淮南子》使用了"气志"的概念。"气志",指精神或意志。《淮南子》说:人的五官七窍是精神的门窗,而"气志"则是五脏的使者。如果耳目沉溺在声色当中,则五脏就会动荡不安。五脏动荡不安,则血气就会激荡不休。血气激荡不休,则精神就会驰骋在外而不能内守。

《淮南子》批评了儒家"禁其所欲"、"闭其所乐"的主张,对儒家"禁之以度"、"节之以礼"的养生说,《淮南子》直斥为"衰世凑学"。《淮南子》总结的养生方法:"理情性,治心术"。理顺自己的性情,修治自己的心性。"养以和,持以适"。用平和之气来保养外形,以闲适安宁来持守内心。《淮南子》说:这种"守之于内"养生方法,可以成为天下的仪范。

《淮南子·精神训》曰:"若吹呴呼吸,吐故内新,熊经鸟伸,凫浴蝯躩,鸱视虎顾,是养形之人也。"[1]在《淮南子》看来,"吹呴呼吸"、"熊经鸟伸",只是"养形"。《淮南子》认为"养形之人"是"求之于外"者,只能算养生之"末"。《淮南子》主张:"形劳而不休则蹶,精用而不已则竭。是故圣人贵而尊之,不敢越也。"在《淮南

---

[1]　刘安撰:《淮南鸿烈解》卷十二,《道藏要籍选刊》本,第5册,第53页。

子》看来,圣人是很看重并遵循这一养生方法的。

《淮南子》说:目而不视,耳而不听;口而不言,心而不虑;抛弃聪明智巧而回到最极致的朴素之中,使精神休止无妄念而摒弃智巧故闻的影响;觉醒如同梦中,生着就像死去。到生命尽头时如返回到未出生时一样,和天地万物合而为一。《淮南子》同庄子一样,视死与生为"与天地一体也"。

《淮南子·原道训》曰:"是故圣人内修其本,而不外饰其末;保其精神,偃其智故,漠然无为而无不为也,淡然无治也而无不治也。所谓无为者,不先物为也;所谓无不为者,因物之所为。所谓无治者,不易自然也。所谓无不治者,因物之相然也。"《老子》提"无为而无不为",主张"道法自然"。《庄子》说"无为而才自然矣"。《淮南子》提"无治而无不治",解曰"不易自然也"、"因物之相然也"。总之,《淮南子》的养生说,归根结底是老庄养生说的延续。

《文子》养生"九守"论

班固已指出《文子》一书,非《汉志》著录的《文子》九篇。《文子》一书(道教尊称《通玄真经》),成于《淮南子》之后,是基本可以判断的。如《文子·九守》,就多为《淮南子·精神训》的节录。

自《淮南子》将"守之于内"者譬为养生之本,将"求之于外"者譬为养生之末,则汉初始见养生说中的"本末"论。《文子》却是将养生说的"本末"论发挥到极致。《文子·道原》曰:"是以圣人内修其本,而不外饰其末。"[1]《文子·下德》曰:"治身,太上养神,其次养形。神清意平,百节皆宁,养生之本也;肥肌肤,充腹肠,供嗜欲,养生之末也。"[2]太上养神,其次养形;本末一体,不可或缺。

《文子·道原》又曰:"真人体之以虚无、平易、清静、柔弱、纯粹素朴,不与物杂,至德天地之道,故谓之真人。"[3]"虚无、平易、清静、柔弱、纯粹素朴",为《文

---

[1]　默希子注:《通玄真经注》卷一,《道藏要籍选刊》本,第5册,第442页。
[2]　默希子注:《通玄真经注》卷九,《道藏要籍选刊》本,第5册,第482页。
[3]　默希子注:《通玄真经注》卷一,《道藏要籍选刊》本,第5册,第443页。

子·道原》所说修道之"五者"；分而为十：虚、无、平、易、清、静、柔、弱、素、朴。《文子·九守》载：守虚、守无、守平、守易、守清、守真、守静、守法、守弱、守朴。篇名"九守"实载"十守"，"守法"一段或为衍文（理由见"守法"段）。

守虚：《文子·守虚》说以达"至神"。《文子》一书，对"虚"有不同的表述。《文子·道原》说得"虚"，言心中"无载"，"嗜欲不载"，即无欲。《文子·精诚》说得"虚"，为圣人"游心乎太无"。《文子·自然》说得"虚"，是"虚而无为，抱素见朴"。总的说来，《文子》所说的"虚"，大致为无欲、无为。

守无：《文子·守无》说："无为者即无累"。无累者，即无为。这句话，可理解为老子说得"无为而无不为"。《文子·精诚》解释无为，为无有、无形、无言、无声。《文子·道原》解释无为，为无思、无虑。《文子》更进一步说：大道无为，"是谓天地之根"。

守平：《文子·守平》说"适情辞余"。《文子·下德》说人心不平，则"嗜欲害之"。《文子·道原》说得"平"，是心中无累、"无所好憎"。《文子》说得守平，心中无累，即除去大怒、大喜、惊怖、忧悲、焦心。如何守平？《文子·道原》说"以中制外"。故守平，在《文子》书里也有"守中"之意。

守易：《文子·守易》说了句"理情性，治心术，养以和，持以适"。《文子·符言》说了句"原天命，治心术，理好憎，适情性"。《文子》说得守易，为"量腹而食，制形而衣，容身而居，适情而行"。《文子》又说守平，为"食足以充虚接气，衣足以盖形御寒；适情辞余，不贪得，不多积"。两句话，差不多一个意思，均是不易自然之义。故守平、守易，合之为"平易"。

守清：《文子·守清》说了"神清则智明"，智明"则心平"；说"神清意平乃能形物之情"。《文子·道德》曰："虚心清静，损气无盛，无思无虑，目无妄视，耳无苟听，尊精积稽，内意盈并；既以得之，必固守之，必长久之。"①《文子·道德》说达智者，才能"虚心清静"。如何守清，《文子·道德》说："无思无虑，目无妄视，耳无苟听"。

---

① 　默希子注：《通玄真经注》卷五，《道藏要籍选刊》本，第 5 册，第 462 页。

守真：《文子·守真》说"节乎己而贪污之心无由生也"。如何做到"节乎己"？《文子·符言》讲"节寝处，适饮食"。《文子·上仁》曰："能尊生，虽富贵不以养伤身，虽贫贱不以利累形。"《文子·精诚》说，"怀自然，保至真"，为养生之本。又曰："夫人道者，全性保真，不亏其身。"故《文子·精诚》说得养生之本，即为"保至真"、"全性保真"。

守静：《文子·守静》说"静漠恬惔"、"静不动和"。守静，同于清虚、无为。《文子·上仁》曰："君子之道，静以修身，俭以养生。"静，助之以"俭"。《文子·道原》曰："一而不变，静之至也。"故守静，又被说成守一。守一，语出《庄子》。《庄子·在宥》载："我守其一以处其和，故我修身千二百岁矣，吾形未常衰。"①

守法：《文子·守法》说法天、尚贤、任臣。又说"任臣者危亡之道也，尚贤者痴惑之原也，法天者治天地之道也"。这与《文子·九守》的养生说很难扯上关系。看来，《文子·守法》这段或为衍文。又："尚贤者痴惑之原也"句，"痴"，繁体作"癡"，意不慧，是一个佛教用语，先秦罕见此字。遍检《文子》一书，亦未见再次使用过"痴"字；此《文子·守法》或为衍文的又一证据。

守弱：《文子·守弱》说"是故圣人持养其神，和弱其气，平夷其形，而与道浮沉"。《文子·上仁》说天地之气，"莫大于和"；又说天地之气"乃能成和"。《文子·符言》说了心中"顺逆之气"，"气顺则自损以奉人，气逆则损人以自奉"，所谓"二气者可道已而制也"，便是守弱。

守朴：《文子·守朴》说"守大浑之朴，立至精之中"。《文子·道原》曰："遂事者，成器也；作始者，朴也。"《文子·自然》曰："朴，至大者无形状；道，至大者无度量；故天圆不中规，地方不中矩。"《文子·下德》说"质真而素朴"，"其事素而不饰"，为"朴"。

《文子》一书，看来不像一人所作，试举例说明之。《文子·精诚》说"圣人内修道术而不外饰仁义"。《文子·道德》主张修德、修仁、修义、修礼。《文子·精诚》主张养生"不外饰仁义"，《文子·道德》主张养生修仁、修义，这两篇文章的基

---

① 　郭庆藩辑：《庄子集释》卷四下，中华书局，1961年版，第2册，第381页。

本观点也是不相同的。又《文子·道原》所说修道之"五者",分而为十。《文子·九守》说道人养生修持,篇名为"九"。故《文子》非一人所作,可为证。

《文子》一书,也提出了一些养生的基本原则,如曰:"静以修身,俭以养生"。又如曰:"欲不过节,及(即)养生知足。"又如《文子·上仁》曰:"夫养生不强人所不能及,不绝人所不能已。"《文子》的这些论述,都是后世养生者值得重视的话题。

荀悦论"养性秉中和"

荀悦(公元 148—209 年),字仲豫,颍川颍阴(今河南省许昌市)人。建安初,在魏王曹操府中做事,累迁至黄门侍郎、给事中、秘书监、侍中。荀悦依《左传》体裁,著《汉纪》三十卷,时人称其"辞约事详,论辩多美"。荀悦又著《申鉴》五卷,评论时政得失,抨击谶纬符瑞,皆切中时弊。

《申鉴·俗嫌》曰:"或问神仙之术?曰:诞哉!末之也已矣。圣人弗学,非恶生也,终始运也,短长数也。运数非人力之为也。"[1]短长:夭寿。运数:自然之道。荀悦认为人的夭寿长短均据于自然之道。《申鉴·俗嫌》又曰:"或曰:人有变化而仙者,信乎?曰:未之前闻也,然则异也。异谓怪异,非仙也。男化为女者有矣,死人复生者有矣。夫岂人之性哉,气数不存焉。"荀悦批判了神仙之术的荒诞。他说神仙之术,如同"男化为女"、"死人复生"一样怪异,"未之前闻也"。

《申鉴·俗嫌》曰:"或问凡寿者必有道,非习之功。曰:夫惟寿,则惟能用道;惟能用道,则性寿矣。苟非其性也,修之不至也。学必至圣,可以尽性。寿必用道,所以尽命。"荀悦一方面认为"凡寿者必有道",另一方面又认为凡寿者"非习之功"。他说,如果不把握好"其性",则"修之不至也"。荀悦认为养生之道,只可以"尽命";惟养性之道,方可以"至圣"。

《申鉴·俗嫌》曰:"或问曰:有养性乎?曰:养性秉中和,守之以生而已。爱

---

[1]　荀悦撰:《申鉴》卷第三,上海古籍出版社,1990 年版,第 20 页。

亲爱德爱力爱神之谓啬。否则不宜,过则不澹。故君子节宜其气,勿使有所壅闭滞底。昏乱百度则生疾。故喜怒哀乐思虑,必得其中,所以养神也。寒暄盈虚消息,必得其中,所以养体也。善治气者,由禹之治水也。"①啬,吝啬。澹,恬静。壅闭滞底,堵塞、凝集。明黄省曾注:"底亦滞也,谓血气集滞也。"昏乱百度,指凡事昏庸无道、糊涂妄为。喜怒哀乐思虑,指人的情志变化或人的精神状态。寒暄盈虚消息,指天地万物的盛衰变化。荀悦名言"养性秉中和"。中和,如大禹治水,以疏为导,即顺自然之道也。荀悦说得养性之道,"所以养神也"、"所以养体也",与传统的"养生之道"并无根本区别。

《申鉴·俗嫌》曰:"若夫导引蓄气,历藏内视,过则失中。可以治疾,皆养性之非圣术也。夫屈者以乎申也,蓄者以乎虚也,内者以乎外也。气宜宣而遏之,体宜调而矫之,神宜平而抑之,必有失和者矣。夫善养性者无常术,得其和而已矣。"荀悦说,导引蓄气,可以治疾,皆非养性之圣术。他认为养生之道,"必有失和者矣"。故强调:"养性者无常术,得其和而已矣"。

世上有无养生之道?《申鉴·俗嫌》曰:"邻(临)脐二寸谓之关。关者,所以关藏呼吸之气,以禀授四体也。故气长者以关息。"②荀悦还是回到养生之道上。他说"常致气于关,是谓要术"。关,即三黄庭、三丹田。桓谭《仙赋》曰:"夫王乔、赤松,呼则出故,翕则纳新,夭矫经引,积气关元。"故荀悦说得修道者"以关息",即道家所谓"积气关元"。"关息",亦名"胎息",指积气(或曰闭气)在三黄庭、三丹田处。荀悦将"致气于关",说是养生之道中的"要术"。

《申鉴·俗嫌》曰:"凡阳气生养,阴气消杀。和喜之徒,其气阳也。故养性者,崇其阳而绌其阴。阳极则元,阴极则凝。元则有悔,凝则有凶。"③荀悦为什么说"崇其阳而绌其阴"?因为"阳气生养,阴气消杀"。这与《越绝书》说得"阳者主生"、"阴气主杀"完全相同。《中藏经》云:"顺阴者,多消灭;顺阳者,多长生"。东汉以来,流行"阳贵阴贱"说,故荀悦也说"崇其阳而绌其阴"。

---

① 荀悦撰:《申鉴》卷第三,上海古籍出版社,1990 年版,第 21 页。
② 荀悦撰:《申鉴》卷第三,上海古籍出版社,1990 年版,第 21—22 页。
③ 荀悦撰:《申鉴》卷第三,上海古籍出版社,1990 年版,第 22 页。

《申鉴·俗嫌》曰:"夫物不能为春,故候天春而生;人则不然,存吾春而已矣。药者,疗也,所以治疾也。无疾,则勿药可也。肉不胜食气,况于药乎? 寒斯热,热则致滞,阴药之用也。唯适其宜,则不为害。若已气平也,则必有伤;唯针火亦如之。故养性者,不多服也,唯在乎节之而已矣。"荀悦反对服药养生,他说"无疾,则勿药","药者,疗也","有伤;唯针火",强调了"唯适其宜"、"唯在乎节",维持了他的"养性秉中和"之说。

嵇康论养生

嵇康,字叔夜,其先姓奚,会稽上虞(今浙江省绍兴市)人;为避怨,徙至谯国铚县(今属安徽省濉溪县)。嵇康主要活动在三国时,官至曹魏中散大夫,后人又称"嵇中散"。《晋书·嵇康列传》说:"乃著《养生论》"。

嵇康是"竹林七贤"的领袖人物,后人将他的文章汇编成《嵇康集》一书。在《嵇康集》中,有三篇文章专论养生问题,这就是《养生论》、《黄门郎向子期难养生论》、《答难养生论》。向子期,即"竹林七贤"另一位领军人物向秀,官至黄门侍郎、散骑常侍。这三篇文章的关系,是嵇康先写了一篇《养生论》,向秀答以《难养生论》,嵇康再作《答难养生论》辩之。

嵇康认为:或说神仙可以学得,或说寿命可以超过百二十岁,此二说皆失其情理;只有导养得理,才可以尽性至命。故在《养生论》一文中,嵇康阐述了以下几个养生理论:

其一,"形神相亲,表里俱济"的养生思想。《养生论》曰:"精神之于形骸,犹国之有君也。神躁于中,而形丧于外,犹君昏于上,国乱于下也。"[1]嵇康将精神比喻为"犹国之有君也",他强调了精神在养生中的重要性。嵇康通过神、形关系的论述,指出"形恃神以立,神须形以存"。嵇康认为:养生必须同时养形保神兼备,故提出了"修性以保神,安心以全身"的养生说,这就叫"形神相亲,表里

---

[1]　戴明扬校注:《嵇康集校注》卷第三,人民文学出版社,1962年版,第145页。

俱济"。

其二，"节之以礼"的养生主张。《养生论》曰："饮食不节，以生百病；好色不倦，以致乏绝。风寒所灾，百毒所伤，中道夭于众难。世皆知笑悼，谓之不善持生也！"①嵇康主张，"驰骋常人之域，故有一切之寿"。嵇康说满足常人的生活需求，是一切长寿的基本条件，"但当节之以礼耳"。嵇康作《答难养生论》说："夫人含五行而生，口思五味，目思五色，感而思室，饥而求食，自然之理也。但当节之以礼耳。"②嵇康没说"绝五谷"、"寡情欲"之类，反而认为人的食、色需求为"自然之理"。嵇康说："故老子曰：乐莫大于无忧，富莫大于知足。此之谓也。"嵇康说得"节之以礼"，还是回归到老子的无忧、知足说。

其三，重视"一溉之功"的养生道理。《养生论》曰："夫为稼于汤之世，偏有一溉之功者，虽终归燋烂，必一溉者后枯，然则一溉之益，固不可诬也。"③嵇康借禾苗的生长为喻，强调了"一溉之功"的养生道理。他说若在旱世，禾苗得"一溉之功者"，必较未得者"后枯"。嵇康指出：常人认为"一怒不足以侵性，一哀不足以伤身"，便是"轻而肆之，不识一溉之益"。日常对一怒、一哀"轻而肆之"，则会"措身失理，亡之于微，积微成损，积损成衰"。因此，嵇康主张，养生要勿以"一溉之益"而不为，勿以一怒、一哀而"轻而肆之"；平时就要防微杜渐，才能争取长寿。

其四，"少私寡欲"的养生原则。《养生论》曰："善养生者则不然矣。清虚静泰，少私寡欲。"④嵇康认为：善养生者，"清虚静泰，少私寡欲"。具体地说，首先"知名位之伤德，故忽而不营"；接着要"识厚味之害性，故弃而弗顾"；还要"守之以一，养之以和"；然后"蒸以灵芝，润以醴泉"，"忘欢而后乐足，遗生而后身存"。这样就可以"与羡门比寿，与王乔争年"。羡门、王乔，古传说中的仙人。

对嵇康的养生论，向秀说："导养得理，以尽性命"，只可说说而已，谁见过"上获千余岁，下可数百年"之人？向秀又问："圣人穷理尽性，宜享遐期，而尧、孔上

---

① 戴明扬校注：《嵇康集校注》卷第三，人民文学出版社，1962 年版，第 152 页。
② 戴明扬校注：《嵇康集校注》卷第四，人民文学出版社，1962 年版，第 163—164 页。
③ 戴明扬校注：《嵇康集校注》卷第三，人民文学出版社，1962 年版，第 145—146 页。
④ 戴明扬校注：《嵇康集校注》卷第三，人民文学出版社，1962 年版，第 156—157 页。

获百年,下者七十,岂复疏于导养乎?"向秀问难的很奇妙,你敢说唐尧、孔子亦"疏于导养乎"? 向秀的问难,是说嵇康的养生论亦有偏颇之处。

对向秀的问难,嵇康再作《答难养生论》答之。嵇康说:人所以"贵知"与"欲动"者,"以其能益生而厚身也";贵知"则志开而物遂",欲动"则患积而身危";二者"只足以灾身,非所以厚生也"。嵇康又说"养生有五难":一曰"名利不灭",二曰"喜怒不除",三曰"声色不去",四曰"滋味不绝",五曰"神虑转发"。嵇康说:"五者无于胸中,则信顺日济,玄德日全;不祈喜而有福,不求寿而自延,此养生大理之所效也。"①嵇康认为,克服了养生"五难","不祈喜而有福,不求寿而自延",这就是他说得"养生大理"的效果。

嵇康与向秀关于养生的这场辩论,双方不仅争辩了养生的理论和方法,他们还在养生的题目下,讨论了贫与富、哀与乐、凶与吉等社会人生问题,这类论说多流于"清谈"。嵇康在《释私论》中说,"养生之道越名教而任自然",这或是嵇康对养生之道的总结吧。名教,一般指正名分、定尊卑的礼数,嵇康说得"越名教",似指超越一时流行的养生说教。

第三节　养生方、导引法

《素女经》说交接之道,要在"爱精",主张"御而不施"、"莫数泻精";又说交接之道,"以当导引";又说交接之道,可使"男以致气,女除百病"。《玄女经》则记载了交接之道的作用和方法。

《列子》说人自生至终,经历了婴孩、少壮、老耄、死亡四个阶段,故主张"不知乐生,不知恶死"。"不知乐生",《列子》提出了"肆之而已,勿壅勿阏"的养生之道;"不知恶死",《列子》提出了"唯所遇焉"的送死之说。

《太清道林摄生论》是一部唐以前的养生专著。我们以总论、饮食、饮酒、着

---

① 戴明扬著:《嵇康集校注》卷第四,人民文学出版社,1962年版,第192页。

衣、沐浴、房中、卧起、小劳、情志、居处十个方面，摘录了《太清道林摄生论》记载的日常生活养生说。

《诸病源候论》记载的《养生方导引法》，实为养生之类著作的统称，包括"行气法"、"闭气法"、"按摩法"、"握固法"、"叩齿法"、"导引法"等；《养生方导引法》说导引有却病和健身的两个作用。

《素女经》、《玄女经》的"交接之道"

《素女经》与《玄女经》，这两本书都是古代房中理论的经典著作，故房中之道也被称为"玄素之学"。可惜五代之后，这两本书都已失传了。近代学者叶德辉从《医心方》中析出，使我们得以部分地窥见这两本书的原貌。笔者据宋书功先生编著的《中国古代房室养生集要》本，研究这两本书所说的"交接之道"。

交接之道要在"爱精"

《素女经》说男女交接之道，能使人之五情快乐，也能使人之生命夭折。《素女经》载："凡人之所以衰微者，皆伤于阴阳交接之道尔。夫女之胜男，犹水之胜火。知行之，如斧鼎能和五味，以成羹臛；能知阴阳之道，悉成五乐。不知之者，身命将夭，何得欢乐？可不慎哉！"[1]《素女经》说的"阴阳交接之道"、"阴阳之道"，均指男女交接之道。

《素女经》借彭祖之口说："服食众药，可得长生"；如果不知交接之道，虽服食仙药也无益；"而得阴阳之术，则不死之道也"。《素女经》就将交接之道，说成了与服食仙药并列的"不死之道"；房中说变成了神仙术，这就更吸引人了。《素女经》又说："若能爱精，命亦不穷也。"《素女经》说这个"不死之道"，要在"爱精"。

---

[1] 《素女经》，见宋书功编著：《中国古代房室养生集要》本，中国医药科技出版社，1991年版，第152页。

《素女经》这里说得很圆滑,既要行男女交接之道,又要爱精。

《素女经》说交接之道最重要者,"在于多御少女而莫数泻精";这可以"使人身轻,百病消除也"。《素女经》说,男子"若其精动","当疾去其乡";指迅即离开女子体内,以防泻精。故《素女经》说的"爱精",就在于"莫数泻精"。《素女经》说男子"玉茎不起"的原因有五,皆由"卒暴施写之所致也"。写,通泻。《素女经》说治"玉茎不起"的方法:"但御而不施"。

《素女经》接着载:"黄帝曰:'愿闻动而不施,其效何如?'素女曰:'一动不写,则气力强;再动不写,耳目聪明;三动不写,众病消亡;四动不写,五神咸安;五动不写,血脉充长;六动不写,腰背坚强;七动不写,尻股益力;八动不写,身体生光;九动不写,寿命未央;十动不写,通于神明。'"①《素女经》从"一动不写"说到"十动不写",并说"动而不施"有"十效"。我们可以肯定地说,"十动不写,通于神明",是根本不存在的。

交接之道"以当导引"

黄帝问能否长时不行交接?素女曰:不可。《素女经》说:若不交接,"玉茎不动,则辟死其舍";"所以常行,以当导引也。"②《素女经》将交接之道"以当导引",这种说法是极其荒谬的。不过,接下来的一句话值得注意。《素女经》说:"能动而不施者,所谓还精。还精补益,生道乃着。"《素女经》说的"还精",为"能动而不施",并说"还精补益",乃长生之道。《素女经》又说:"精气还化,填满髓脑。"这是"还精补脑"说的明确提出。如果要问"还精"为什么能"补脑",古人会很容易地说个"气"字。

房中家谓闭而不泻能还精补脑。《医心方》卷二十八为《房内》篇,其《还精第十八》载:采女问:男女交接,男子以泻精为快,今闭而不泻,那何以为乐呢?彭祖答:倘若泻精,人就会感到身体疲倦,时常耳鸣目昏、咽干喉燥、身骨懈怠,

① 《素女经》,见宋书功编著:《中国古代房室养生集要》本,中国医药科技出版社,1991年版,第173页。
② 《素女经》,见宋书功编著:《中国古代房室养生集要》本,中国医药科技出版社,1991年版,第153页。

虽然很快就会恢复,但终归都不会快乐。若交接而不泻精,你就会感到"气力有余,身体能便,耳聪目明";虽然自己抑制不泻精,但对女子"爱意更重",这样怎能说不快乐呢。《还精第十八》主张"乃动不泻"。但相反的说法也见《房内》篇,其《养阴第三》主张"泻精",以便"转成津液,流入百脉"。从《房内》篇几乎矛盾的说法中可以看到,房中家的还精补脑说,房中家的采阴益阳说,大多是些无稽之谈。

《玄女经》的交接之术

《玄女经》说交接之道,"男候四至,乃可致女九气"。《玄女经》说:男子玉茎不能勃起,是由于"和气不至";虽能勃起但扩大不够,是由于"肌气不至";玉茎勃起不够坚挺,是由于"骨气不至";玉茎勃起但不温热,是由于"神气不至"。《玄女经》说和气、肌气、骨气、神气"四气",需要"四至"。《玄女经》主张:即使"四气至",而要"节之以道";"开机不妄,开精不泄。"不随意交接,也不滥行泻精。

所谓"九气",指女子在交接之道中的九种表现。《玄女经》记载了肺气、心气、脾气、肾气、骨气、筋气、血气、肉气,只有八气,尚缺一气,依其上下文,当有"肝气来至"一句。《素女经》说人之"气衰","皆伤于阴阳交接之道尔";《玄女经》说"女之九气",有一气不至者"则容伤","可行其数以治之"。当然,我们并不认同《玄女经》的这一说法。

《素女经》说交接之道"以当导引",除了笼统地说了"十动之效"、"行九九之道",并未记载"交接之术"。《玄女经》则记载了"九法":一曰龙翻,"令女正偃卧向上,男伏其上";二曰虎步,"令女俯俛","男跪其后";三曰猿搏,"令女偃卧,男担其股";四曰蝉附,"令女伏卧","男伏其后";五曰龟腾,"令女正卧,屈其两膝";六曰凤翔,"令女正卧,自举其脚";七曰兔吮,"男正反卧","女跨其上";八曰鱼接鳞,"男正偃卧,女跨其上";九曰鹤交颈,"男正箕坐,女跨其股"。房中之道虽被称为"玄素之学",而《玄女经》较《素女经》,更多地记载了房中术的方法。

《列子》的"养生"、"送死"说

《列子》一书,存有东晋时人张湛的序。经大多数专家考定,该书由张湛编撰,成书在南北朝。这里研究《列子》的"养生"、"送死"说。

《列子》论生与死的关系

《列子·天瑞篇》说:人从出生至死亡,经历有婴孩、少壮、老耄、死亡四个阶段。其在婴孩阶段,是非未生乎心,"气专志一",故云"德莫加焉"。少壮阶段,则"血气飘溢,欲虑充起",故云"德故衰焉"。老耄阶段,衰老气柔,倦而不作。死亡阶段,命之终极,乃休息焉。《列子》这段对人生经历四个阶段的论述,可以说是《列子》论生与死的基本出发点。

《列子·周穆王篇》对生与死,作了一个简明的定义:万物造化之所始,谓之生;阴阳之气所变者,谓之死。《列子·仲尼篇》说:"常生者,道也";"常死者,亦道也。"《列子》没有回避生与死的问题,且视生与死皆为自然之道,如《列子·天瑞篇》所说:"死之与生,一往一反"。

《列子·天瑞篇》说:"生者,理之必终者也";"终者不得不终,亦如生者之不得不生";而欲永远其生,制止其终,这就是"惑于数",不懂得自然之理了。生与死的关系,《列子》算是说透了。

《列子·力命篇》说:"可以生而生","可以死而死","天福"也;"可以生而不生","可以死而不死","天罚"也;这就是生与死的自然之道。对这个自然之道,"天地不能犯,圣智不能干,鬼魅不能欺",人只需"默之成之,平之宁之,将之迎之",这便为《列子》说"不知乐生,不知恶死"打下了埋伏。

《列子》的"不知乐生,不知恶死"说

《列子·黄帝篇》记载了一段黄帝的故事。黄帝因得到天下百姓的拥戴,于是"养正命,娱耳目,供鼻口",结果落得"焦然肤色皯黣,昏然五情爽惑"的状态。

一日，黄帝白天做了一个梦，梦到他游历到华胥氏之国。"其国无师长，自然而已。其民无嗜欲，自然而已。不知乐生，不知恶死，故无夭殇；不知亲己，不知疏物，故无爱憎；不知背逆，不知向顺，故无利害。"①黄帝醒来，觉得有所感悟，于是召来众臣，告诉他们说："朕闲居三月，斋心服形，思有以养身治物之道，弗获其术"。现在我明白了，我得到了，却无法用语言来告诉你们。黄帝明白了什么？黄帝得到了什么？很简单，"自然而已"。《列子》说得"自然而已"，就是故事中所说的："不知乐生，不知恶死"；"不知亲己，不知疏物"；"不知背逆，不知向顺"。这三句话，根本还是一句"不知乐生，不知恶死"。

《列子》为什么主张"不知乐生，不知恶死"？《列子·杨朱篇》认为：活一百年都嫌太多，何况还要忍受长久活着的苦恼。《列子·杨朱篇》的这个观点，是消极的。正因为"久生之苦"，所以《列子》主张"不知乐生"。《列子·杨朱篇》又说：人活一百岁，是寿命的极限。但能活到一百岁的，一千人中难有一人。正因为人总是要死的，所以《列子》主张"不知恶死"。《列子·杨朱篇》认为：既生，就应当"废而任之，究其所欲，以俟于死"；故要"不知乐生"。将死，亦"废而任之，究其所之，以放于尽"；故要"不知恶死"。

对"不知乐生，不知恶死"说，《列子·力命篇》的解释是："生亦非贱之所能夭，身亦非轻之所能薄"。《列子·力命篇》主张"自生自死，自厚自薄"。所谓"自生自死，自厚自薄"，亦即《列子·力命篇》所说的"自寿自夭，自穷自达，自贵自贱，自富自贫"。所以，对死生贫穷，《列子·力命篇》的解释是："当死不惧，在穷不戚，知命安时也"。

《列子》的"养生"、"送死"说

《列子·杨朱篇》，通过晏平仲（晏子）和管夷吾（管子）的对话，阐述了"养生"、"送死"说。《列子·杨朱篇》载：

晏平仲问养生之道，管夷吾说："肆之而已，勿壅勿阏"。这句话什么意思呢？

---

① 杨伯峻撰：《列子集释》卷第二，中华书局，1979 年版，第 41 页。

管夷吾解释说：耳朵想听什么就听什么，眼睛想看什么就看什么，鼻子想闻什么就闻什么，嘴巴想说什么就说什么，身体想怎么舒服就怎么舒服，意念想干什么就干什么。所谓"肆之而已，勿壅勿阏"，即放纵安逸，勿要阻塞。管夷吾说：这样的生活，即使只有一天、一月、一年、十年，就是我所说的养生。反之，"戚戚然以至久生，百年，千年，万年，非吾所谓养"。管夷吾又说：我已经告诉你怎样养生了，送死又该怎样呢？晏平仲说：送死就简略得多了。已经死了，烧成灰也行，沉入水中也行，埋入土中也行，露在外面也行，包上柴草扔到沟壑里也行，穿上礼服绣衣放入棺椁里也行，"唯所遇焉"。管夷吾回头对鲍叔、黄子说：养生与送死的方法，我们两人已经说尽了。

　　管夷吾和晏平仲说的"养生"与"送死"之论，归根结底还是那句话，"不知乐生"、"不知恶死"。因为《列子》主张"不知乐生"，所以提出了"肆之而已，勿壅勿阏"的养生之道；因为《列子》主张"不知恶死"，所以提出了"唯所遇焉"的送死之说。《列子·杨朱篇》的"养生"、"送死"观，看似清谈之说，却是那个时代的"安身立命"之论。

　　《列子·杨朱篇》说：太古之人"知生之暂来，知死之暂住"，因而"从心而动"、"从性而游"，"不违自然所好"；什么身前身后的名誉，寿命的长短，都不是他们所要考量的。《列子·杨朱篇》借"太古之人"的口，解说了自然养生。列子"贵虚"，但《列子》一书对人的论述还是很实在的。

《太清道林摄生论》的日常养生

　　《太清道林摄生论》一卷，不著撰人。方春阳先生主编的《中国养生大成》中，收录了《太清道林摄生论》一卷。方春阳先生考《太清道林摄生论》，"乃唐以前之一部重要养生著作"；孙思邈题"道林养性"，宋人加了"太清"二字。

　　《太清道林摄生论》，分《养性之道第一》、《销未起之患第二》、《黄帝杂忌法第三》、《按摩法第四》、《用气法第五》、《居处法第六》。原本缺第一、第二篇目，方春阳先生根据内容拟定。《太清道林摄生论》的前三篇和第六篇，重复收集了养生的只言片语,故"道林"或非人名,而是如"易林"一样有集之成林之意。

自孔子说过"食不厌精,脍不厌细"以后,古代的养生说,走了一条弯路。秦汉魏晋,或求仙药,或趋炼丹,而在日常饮食、居处着力甚少;故南北朝出现的《太清道林摄生论》,可谓一部标志性的著作。这里以总论、饮食、饮酒、着衣、沐浴、房中、卧起、小劳、情志、居处十个方面,摘录是书前三篇和第六篇所记载的日常生活养生说(均依据方春阳先生主编的《中国气功大成》本,以下直出篇名)。

总论养生

《太清道林摄生论》认为,"善摄生者"就这么几件事:饮食、睡眠、兴居、导引、服气、房中、小劳、备药,书中没有服食金丹的记载。"摄生",书中又作"养性",同陶弘景《养性延命录》的"养性"之意。养性,或曰养生,术无常法,只能一件一件地细说,避害趋利还是可以做到的。

饮食养生

饮食养生,《太清道林摄生论》认为,当"先饥而食,先渴而饮"。饮食多素少荤。食以清淡为佳。食品要注重质量。不生食,提倡熟食,细嚼慢咽。饮食"不欲顿多"、"不欲偏多"。偏多难消,过则伤人。《养性之道第一》记载:"苦多则伤肺"、"辛多则伤肝"。食之前要先行气送,食之后要漱口数过。要注意"勿以浆水漱口,令人口臭"。食毕当摩腹、行步。《销未起之患第二》载:"食讫以手摩面腹,令津液流通。"摩腹没有定数,以舒适为宜。

饮酒养生

饮酒养生,《太清道林摄生论》认为,"不欲使多"。《养性之道第一》载:"饮酒不欲使多,多则速吐之为佳。""耽酒呕吐,伤也。"饮酒箴言:莫大醉。《黄帝杂忌法第三》载:"勿饮酒令至醉,即终身百病不除。""久饮酒者,腐肠烂胃,渍髓蒸筋,伤神损寿。"渍髓蒸筋:沉淀在骨髓上,而使筋骨变热。

着衣养生

着衣养生，《太清道林摄生论》认为，不穿湿衣及汗衣。《养性之道第一》载："春天不薄衣，令人得伤寒、霍乱、不销食、头痛。"销，通消。《销未起之患第二》载："春冻未泮，衣欲下厚上薄。"《黄帝杂忌法第三》载："凡大汗勿即脱衣，多得偏风，半身不遂。"

沐浴养生

沐浴养生，《太清道林摄生论》认为，勿当风，勿令冷水洗浴。《养性之道第一》载："新沐发讫，勿与当风，勿湿结之。"《黄帝杂忌法第三》载："热泔洗头，冷水濯足，作头风。饮水沐发，亦作头风。"泔，淘米水。"新汗解勿令冷水洗浴，心胞不能复。"孙思邈《备急千金要方》作"损心胞，不能复"。《居处法第六》载："居家不欲数沐浴，浴必须密室之内，不得大热，亦不得大冷，大热大冷，皆生百病。""饥忌浴，饱忌沐。""浴讫须进少许食饮乃出。"

房中养生

《太清道林摄生论》虽提出了"阴阳不交，伤也"说，但对阴阳交接之道的论述，还是老生常谈。《养性之道第一》载："醉不可以接房。""醉饱交接，小者面皮干、咳嗽，大者伤绝藏脉，损命。""不可忍小便，因以交接，使人得淋，茎中痛，面失血色者也。""有人所怒，血气未定，因以交接，令人发痈疽。""妇人月候未绝而与交，令人成病。"

睡眠养生

睡眠（原书作卧眠）养生，《太清道林摄生论》认为，不失时。《养性之道第一》载："寝息失时，伤也。""春欲瞑卧早起，夏及秋欲侵夜乃卧早起，冬欲早卧，皆益人。虽云早起，宜在鸡鸣前；虽言晚起，莫在日出后。"睡眠不可露宿。睡眠要注意姿态。睡眠的方向。《黄帝杂忌法第三》载："凡墙北勿安床，勿面向北坐，久思不祥起。""人卧,春夏向束(东),秋冬向西,此为常法。"

小劳养生

小劳养生,《太清道林摄生论》认为,"莫大疲","莫举重"。《养性之道第一》载:"人欲小劳,但莫大疲,及强所不能堪耳。""养性之道,莫久行、久立、久坐、久卧、久听、久视。""挽弓引弩,伤也。""跳走喘乏,伤也。""是以养性之方,唾不涎远,行不疾步,耳不极听,目不久视,坐不至疲,立不至疲,卧不至懻。""不欲甚劳,不欲甚逸,不欲流汗,不欲多唾,不欲奔车走马,不欲极远望。"

情志养生

情志养生,《太清道林摄生论》认为,莫大怒大喜。《养性之道第一》载:"莫忧思,莫大怒悲愁,莫大欢喜,莫跳踉,莫多哭,莫汲汲于所欲,莫悄悄怀忿恨,皆损寿命。若能不犯,则长生也。""且又才所不逮而因思之者,伤也;力所不胜而强举之者,伤也;深忧恚怒,伤也;悲哀憔悴,伤也;喜乐过度,伤也;急急所欲,伤也;戚戚所患,伤也;久谈言笑,伤也……欢呼哭泣,伤也。"

《销未起之患第二》载:"人当食勿烦恼,如食五味,必不得暴瞋,则令人神惊,夜梦飞扬(累数为烦,偃触为恼)。"暴瞋:瞋恚,忿怒怨恨。"人年五十,至于百年,美药勿离手,善言勿离口,乱想勿经心。"勿自寻烦恼,是情志养生的重要方法。

居处养生

居处养生,《太清道林摄生论》认为,要避免一个"过"字。《销未起之患第二》载:"凡居处不欲得绮美华丽,令人贪婪无厌,祸患之原。但令雅素净洁,兔风雨暑湿为佳。""居处勿令心有不足,若有不足,则自抑之。勿令得起,所至之处,得多求则心自疲苦。"勿令得起,孙思邈《备急千金要方》说:"勿令得起,人知止足"。

《太清道林摄生论·居处法》曰:"凡人居止之室,必须固密,勿令有细隙,致有风气得入，久居不觉，使人中风。"①太清道林强调了居处"必须固密"。

《诸病源候论》的"养生方导引法"

《诸病源候论》一书并未记载方药。《诸病源候论》云："其汤熨针石，别有正方；补养宣导，今附于后。"②《诸病源候论》的作者认为：汤熨针石疗法，另有其他方书载有正方，故本书只需记载《养生方》、《养生方导引法》。《诸病源候论》附载了《养生方》一百一十九条，《养生方导引法》二百九十一条。

《诸病源候论》记载有《养生方》、《养生方导引法》，但《诸病源候论》所引的《养生方》不是一本单独的书，而是几部养生著作的泛称。因《养生方》多与《太清道林摄生论》相仿，我们略而不记。《养生方导引法》，也是涉及养生导引法著作的统称；书中所载养生方导引法，包括了"行气法"、"闭气法"、"按摩法"、"握固法"、"叩齿法"、"导引法"等，兹分录如下：

行气法

行气，古称"服气"、"食气"，后亦称"炼气"、"长息"、"引气"。陶弘景《养性延命录》说："凡行气以鼻纳气，以口吐气，微而引之，名曰长息。"唐《墨子闭气行气法》说："行气名炼气，一名长息。"凡人之一呼一吸，名曰长息。引气，谓以意领气。董仲舒《春秋繁露·循天之道》说："天气常下施于地，是故道者亦引气于足。"

行气的方法：

一、以口纳气，以鼻出气。《养生方导引法》云："偃卧，令两手布膝头，取踵置尻下，以口内气，腹胀自极，以鼻出气，七息。"（丁光迪主编：《诸病源候论校注》卷之四《虚劳阴下痒湿候》。以下只注卷数、候目。）《养生方导引法》云：引气"一

---

① 《太清道林摄生论》，见方春阳主编：《中国养生大成》本，吉林科学技术出版社，1992 年版，第 336 页（以下只注《中国养生大成》本、页码）。
② 丁光迪主编：《诸病源候论校注》卷之一，人民卫生出版社，1992 年版，第 21 页。

出之,为一息。"(卷之一:《风身体手足不随候》)

二、以鼻纳气,以口出气。《养生方导引法》云:"闭口微息,正坐向王气,张鼻取气,逼置脐下,小口微出气,十二通。"(卷之十九:《积聚候》)《养生方导引法》云:"行气者,鼻内息;五入方一吐,为一通。"(卷之三十二:《疝候》)

行气的方法不一,但原则相同,都是凝神净虑、呼吸吐纳。

气之行度,即指气在人体内的走向,有三:

其一,向下。《养生方导引法》云:"从头上引气,想以达足之十趾及足掌心……盖谓上引泥丸,下达涌泉是也。"(卷之一:《风偏枯候》)从头上引气,意想达足之十趾及足掌心。故云行气"从头至足止"。又云:"每引气,心心念送之,从脚趾头使气出。"(卷之一:《风身体手足不随候》)想象中使气从脚趾头出。

其二,向上。《养生方导引法》云:"正坐倚壁,不息行气,从口趣令气至头而止。"(卷之三十二:《疝候》)行气从口至头而止。不息,原意不用呼吸,实指"闭口微息",静止之意。

其三,上下四布。《养生方导引法》云:"思心气上下四布,正赤,通天地,自身大且长。"(卷之二十七:《白发候》)思念心气上下四布。

气之行度,如引文所说,是"心心念送之",即指以意念引气在体内运行。他如"意想气索索然","想以达足之十趾","思心气上下四布",都是意、想、思、念的结果。故引气、送气、导气、调气,即是指以意念引之、送之、导之、调之。其结果如何,读者自应知晓。

闭气法

闭气亦是行气;不作行气,何来闭气。《抱朴子内篇》记载的闭气法,引气入鼻中而闭之,阴以心数数,数至一百二十,方微微吐之。闭气即长息,是延长吐气的时间,欲使行气逐渐渗入肺腑百脉。

《养生方导引法》又云:"《无生经》曰:治百病、邪鬼、蛊毒,当正偃卧,闭目闭气,内视丹田,以鼻徐徐内气,令腹极满,徐徐以口吐之,勿令有声,令入多出少,以微为之。"(卷之二:《鬼邪候》)"内视丹田",即内观丹田,使意念作用在丹田处。

闭气也是"以鼻徐徐内气……徐徐以口吐之"。

按摩法

按摩,即以摩、捏、推、揉等手法作用于人体的穴位,以求畅通血脉经络。

《养生方导引法》云:"以手摩腹,从足至头。"(卷之一:《风湿痹候》)

又云:"两手相摩,令极热,以摩腹,令气下。"(卷之三:《虚劳里急候》)

又云:"摩手掌令热,以摩面从上下二七止。"(卷之九:《时气候》)

又云:"摩手令热,摩身体从上至下名曰干浴。"(卷之九:《时气候》)

《养生方导引法》记载的按摩法,有摩腹、两手相摩、摩面、摩身体、摩目、摩形、摩脐等。

握固法

《养生方导引法》云:"握固者,以两手各自以四指把手拇指,舒臂,令去身各五寸,两脚竖指,相去五寸,安心定意,调和气息,莫思余事,专意念气,徐徐漱醴泉。"(卷之一:《风身体手足不随候》)握固可以"安心定意,调和气息"。

又云:"拘魂门,制魄户,名曰握固法。屈大母(拇)指,着四小指内抱之,积习不止,眠时亦不复开,令人不魇魅。"(卷之二十三:《卒魇候》)魇魅,泛指令人遭殃的邪道。握固之法,就好像关上房门一样可以静心安魂;睡眠时亦行握固,令人辟邪。

叩齿法

所谓叩齿,就是上下牙齿做有节律的叩击。《养生方导引法》云:"仙经治百病之道,叩齿二七过。如此三百通乃止。为之二十日,邪气悉去;六十日,小病愈;百日,大病除;三蛊伏尸皆去,面体光泽。"(卷之二:《鬼邪候》)引文所说无一条可信,叩齿仅是古人的健齿之法。叩齿后,往往接着咽津,即用舌贴着牙床、牙面慢慢搅动,同时将口中产生的津液徐徐咽下。

导引法

导引，简单地说，就是使肢体作俯仰屈伸运动。导引，有时也借助外物，如今之健身器材。导引，往往辅以行气，亦往往辅以按摩。

导引法的功能。《养生方导引法》曰："去体内风"，"能愈万病"，"治上下偏风，阴气不和"，"去三虫"，"牢齿有颜色"。《养生方导引法》说导引有却病和健身二个作用，但更强调导引却病的功能。旧题葛洪传《玄鉴导引法》曰："一则以调营卫，二则以消谷水，三则排却风邪，四则以长进血气。"[1]《玄鉴导引法》则总结了导引法的四条功能。

第四节　养生的理论和方法

宋元明清时期，先后涌现出许多著名的养生专著，这是中国历史中一份珍贵的遗产。本节通过研读以下几部代表性的著作，揭示那一时期养生学的理论和方法。

宋蒲处贯的《保生要录》，认为养生不只是养神气，而是要通过调节肢体，注重衣服、饮食的保养，追求人与居处环境的和谐统一。蒲处贯主张顺应自然，以求颐养天年，这对宋以后养生理论的发展，有着一定的奠基意义。

宋刘词著《混俗颐生录》，注重俗世生活的养生问题，他根据二十年来切身体验，选录"历试有验"之言编撰成书。刘词的养生理论，强调四时之宜，落笔在饮食、嗜欲、行住、坐卧之间。

明高濂《遵生八笺》，从八个方面论述了养生的理论和方法，这是一部内容广博又切实用的养生专著，也是我国古代养生学的主要文献之一。明屠隆纬说此书与王充《论衡》一样，为"人外之奇书"。

---

[1]　葛洪传：《玄鉴导引法》，《中国气功大成》本，第221页。

　　清曹庭栋《老老恒言》,强调养生之道要寓于日常生活起居琐事之中,着重论述了老年养生的思想和方法。《老老恒言》所论浅近易行,而又多有独到之处,被后世奉为"健康之宝",为老年养生做出了很大贡献。

蒲处贯的《保生要录》

　　《保生要录》一卷,蒲处贯撰。蒲处贯,或名蒲虔贯,正史无传,宋代养生家,或云五代时人,官司议郎。

　　蒲处贯说保身益寿之道,"先欲固其神气,次欲调其肢体",乃至衣服、饮食、居处、药饵几个方面,养生就这么简单。

蒲处贯论养神气

　　《保生要录·养神气》曰:"嵇叔夜云:服药求汗,或有弗获。愧情一焦,涣然流离。情发于中而形于外,则知喜怒哀乐宁不伤人。故心不挠者神不疲,神不疲则气不乱,气不乱则身泰寿延矣。"[1]蒲处贯认为:养神气是养生的首要之事;而所谓养神气,只须做到心不挠、神不疲、气不乱。

蒲处贯论调肢体

　　《保生要录·调肢体》曰:"养生者,形要小劳,无至大疲。故水流则清,滞者浊。养生之人,欲血脉常行,如水之流。坐不欲至倦,频行不已,然亦稍缓,即是小劳术也。"蒲处贯根据"水流则清,人动则活"的道理,主张"坐不欲至倦,行不欲至劳",总结出一套调节肢体的"小劳之术"。

　　蒲处贯的"小劳之术",全套术式包括:手足时常屈伸;两臂左挽右挽,如挽弓法;两手上下升举,如拓石法;手臂前后左右轻摆;双拳空筑,屈伸五指;头项左右顾,转头向后;腰胯左右转,时俯时仰;两手相促细细揢,如洗手法;手掌相摩令热,

----

① 蒲处贯撰:《保生要录》,载陶宗仪辑:《说郛》卷七十五,见《说郛三种》,第 6 册,第 3490 页。

再掩目摩面,如干浴法。蒲处贯说他的"小劳之术",此术简单易行,随时可为,各十数遍。蒲处贯肯定地说,通过"小劳之术"来锻炼身体,有十分显著的保健功效。

蒲处贯论着衣

蒲处贯认为日常衣服穿着,要顺应四时阴阳变化,增减衣服必须不失四时之节。他说:衣服厚薄应该随季节更换,使其随时合度;因此,暑天不可全穿薄衣,寒天不可穿得极厚。天盛热亦必着单覆被,天寒时渐添衣服。天寒时感到热了就减衣服,就不会伤于温热;天热时感到冷了就加衣服,就不会伤于寒气;这就叫"寒欲渐着,热欲渐脱"。《保生要录》最后说,汗水湿过的衣服,要及时更换;刚被火气熏烤过的衣服,不可便着。

蒲处贯的《保生要录》,多取自《太清道林摄生论》;但蒲处贯的《保生要录》,更正了《太清道林摄生论》的一些错误观点。如《太清道林摄生论·养性之道》曰:"先寒而衣,先热而解。"蒲处贯更正以"寒欲渐着,热欲渐脱"。又如《太清道林摄生论·黄帝杂忌法》曰:"凡大汗勿即脱衣,多得偏风,半身不遂。"蒲处贯更正以"衣为汗湿,即时易之"。汗湿之衣勿得久穿,这是因为汗后腠理虚,汗湿之衣滞留肌肤,容易产生寒湿之类的病变。蒲处贯的及时更换说,更易为常人所接受。

蒲处贯论饮食

蒲处贯说饮食者,所以资养人之血气、荣卫、精髓、肌肉,故不可待极饥而方食。此亦为道林的"先饥而食、先渴而饮"之意。

蒲处贯说,饮食不可偏食、挑食,五味的偏嗜,会使某脏之气偏盛,而破坏人体的协调统一,导致疾病。《保生要录》曰:"全不食苦则心气虚,全不食咸则肾气弱。"而《太清道林摄生论》曰:"故酸多则伤脾,苦多则伤肺,辛多则伤肝,咸多则伤心,甘多则伤肾。"比较二家之说,是有些让人不知所措。看来,应该是蒲处贯说得更符合《素问》的标准答案。

蒲处贯根据五味入五脏,五脏法五行,以及五行相生相克说,提出了四时的饮食要求。蒲处贯说:"故四时无多食所制之味,皆能王之;宜食相生之味,助王气也。五脏不伤，王气增益，饮食合度，寒温得宜，则诸疾不生，遐龄自永矣。"①
蒲处贯论饮食，即提倡"合理配膳"、"营养平衡"。

蒲处贯论居处

《保生要录·论居处》曰："《传》曰：'土厚水深，居之不疾。'故人居处，随其方
所，皆欲土厚水深。土欲坚润而黄，水欲甘美而澄。常居之室，极令周密，勿有细
隙，致风气得入。风者，天地之气也，能生成万物，亦能损人。初入腠理之间，渐
至肌肤之内。内传经脉，达于脏腑。传变尤甚。盛暑不可露卧。"蒲处贯强调人
与自然环境的和谐统一，居处要土厚水深，居室令周密整齐。蒲处贯发挥了太清
道林的居处"必须固密"说。

蒲处贯论药石

《保生要录·论药石》全篇以问答形式书写，讨论了服石的几个问题。

药石有无固驻之功？蒲处贯指出：金石之药，其性凶恶，服之无益；人壮年时，
气盛滑利，尚能制石、行石；及其衰弱，毒则发焉，故为人之大患也。蒲处贯继续指
出：服石之人，恃石热而纵欲，以为奇效，乃不知精液焦枯，罕有不损坏身体的。

《保生要录》并不是一部长篇大著，而正是这部小书，多角度地论述了养神
气、调肢体、饮食、居处、药石等养生的诸多问题，这对宋以后养生理论的发展，具
有一定的奠基意义。

刘词的《混俗颐生录》

《混俗颐生录》两卷，刘词撰。刘词，宋代养生学家，自号茅山处士，生卒不
详。刘词认为，养生不必如"尘外之人"居深山之中食气餐霞，而是在饮食、嗜欲、
行住、坐卧之间，只要遵循"以自适之性，饥啄渴饮，嗜欲以时"，就可以达到"摄生

---

① 蒲处贯撰：《保生要录》，载陶宗仪辑：《说郛》卷七十五，见《说郛三种》，第6册，第3491—3492页。

养性延龄"的目的。刘词就根据二十年来切身体验,选录"历试有验"的养生理论与方法,编撰而成《混俗颐生录》,书分饮食、饮酒、春时、夏时、秋时、冬时、患劳、患风、户内、禁忌十个专题(以下直出篇名)。

《饮食消息第一》曰:

"夫人当以饮食先吃暖物,后吃冷物为妙。何者? 以肾脏属水,水性常冷,故以暖物先暖之。不问四时,常此消息弥佳。"①刘词说养生,能以养生之理证之。如说"饮食先吃暖物",则以"肾脏属水、水性常冷"证之;又如说食不过饱,则以"饱即伤心"证之。刘词又说饮食匆匆忙忙,非但不能助气,还将"损脾"。未经验证,当疑之。

"五味稍薄,令人神爽,唯肾气偏宜咸物,兼消宿食。诸并不宜食,若偏多则随其脏腑必有所损。是以咸多伤筋,固不可嗜;甘伤胃,辛伤目,苦伤心。"②刘词说食"若偏多则随其脏腑必有所损",有点意义。《素问·宣明五气篇》曰:"五味所入:酸入肝、辛入肺、苦入心、咸入肾、甘入脾,是为五入。"《混俗颐生录》为"历试有验"的经验之谈,刘词之说与《素问》所言,存在着一些差异。

《饮酒消息第二》曰:

"夫酒少吃即益,多吃即损。少即引气导药力,润肌肤,益颜色,通荣卫,理气御霜,辟温气。""但饮酒即辟邪毒。昔有三人,晨朝冒露而出,一人饱食,一人空心,一人饮酒。空心者卒,饱食者病,饮酒者健。酒至益人,过即损人。"③刘词主张"饮酒不欲过多兼频"。刘词说"常吃暖酒弥佳",又说饮酒"不要静(尽)热","热即伤心肺",令人有点不知所云。

"夏月炒黑豆,乘热投酒中浸,候其色紫,微暖饮之,理气无比。秋冬间即量其自性冷热所患,以药物浸酒饮之,甚佳。今人多以葡萄、面麦为之,是巧伪乱

---

① 刘词集:《混俗颐生录》卷上,《道藏要籍选刊》本,第 9 册,第 409 页。
② 刘词集:《混俗颐生录》卷上,《道藏要籍选刊》本,第 9 册,第 410 页。
③ 刘词集:《混俗颐生录》卷上,《道藏要籍选刊》本,第 9 册,第 411 页。

真,非其疗病,固不可以诸物杂之。"①刘词说"古人玄酒、大羹,尚其质朴",故推荐黑豆浸酒。在饮酒方面,古人是动了一些脑筋的。

《春时消息第三》曰:

"凡春中宜发汗、吐利、针灸,宜服续命汤、薯药丸甚妙……能四时依此吐,殊胜泻,泻即令人下焦虚冷,吐即去心腑客热,除百病。"②续命汤,医公名,出《外台秘要》卷十五引《深师公》;具有调和六腑、安五脏之功效。薯药丸,由红薯和山药蒸熟后碾成泥状制成,据说有改善便秘的功效。刘词说春时养生,宜发汗、吐利、针灸,并以为"依此吐,殊胜泻"。说说吐、泻亦罢了,还说春时针灸养生,刘词的"历试有验"之言,也是非常奇特的。

《夏时消息第四》曰:

"立夏三伏内,腹中常冷,特忌下利,泄阴气故也。夏中不宜针灸,唯宜发汗。夏至后夜半一阴生,唯宜服热物,兼吃补肾汤药等……夏月不问老小,常吃暖物,至秋必不患赤白痢、疟疾、霍乱。但腹中常暖,诸疾皆不能作,为阳气壮盛耳。"③刘词说夏时养生,特忌下利(利为泄泻),不宜针灸,唯宜发汗。夏时容易发生泄泻,再"唯宜发汗",显然与生活常识不符。刘词又说夏月常吃暖物,至秋必不患赤白痢、疟疾、霍乱诸疾,不必当真。

《秋时消息第五》曰:

"立秋后稍宜和平将摄。春秋之际,故疾发动之时,切须安养,量其自性将理。秋中不宜吐及发汗,令人消烁,脏腑不安,唯宜针灸、下利、进汤,散以助阳气。"④刘词说秋时养生,不宜吐及发汗,唯宜针灸、下利、进汤。秋时养生,笔者看不出有针灸的必要。下利,亦称下痢,指热邪传里、里虚协热的病症,何来"唯

---

① ②　刘词集:《混俗颐生录》卷上,《道藏要籍选刊》本,第9册,第411页。
③ ④　刘词集:《混俗颐生录》卷上,《道藏要籍选刊》本,第9册,第412页。

宜"之说。

《冬时消息第六》曰：

"冬则伏阳生，内有疾宜吐。心膈多热，特忌发汗，畏泄阳气故也。宜服浸酒补药，以迎阳气。寝卧之时消息，稍宜虚歇，大约如此。"①刘词说冬时养生，宜服一些浸酒补药。如今，冬时进补，俨然成为世人一种时髦的追求。

《患劳消息第七》曰：

"夫人初得劳气之时，其候甚多而日用不知，略而条之，细宜详审……若觉有此候，不宜吃陈臭难消粘滑之物，犬肉、鸡、猪、野狐、羊、驼、牛、马炙肉，生冷等物，兼节房中之事……觉有此状，宜吃煮饭、烧盐姜、豉汁为粥；枸杞、甘菊、牛蒡、韭薤、地黄、马齿、鲫鱼、白鱼、鹿肉干脯、白煮精羊肉，并宜食之，其余禁断，平愈后任餐。"②刘词说人患积劳、五痔、消渴等多种疾病，"良由饮食、嗜欲不节之故"。故细说患劳证候及食疗之法。

《患风消息第八》曰：

"人患久风，固难将息。凡风疾之人，髓竭肉疏，则风入骨间，故肢节不遂，骨虚血薄之故也。稽其由皆有所因，或是夏月当风乘凉便至睡，或酒后操扇取风，好吃毒鱼、猪肉之使也……已上并是中风之候，且宜服此小饮子，然后大汤药。却须缓治，不宜急速。缓则易差，急即难痊。"③刘词说人中风之候及治法，他提出了"却须缓治，不宜急速"的建议，对后人还是有启迪之义的。确实，有些疾病的治疗，急不得。

《户内消息第九》曰：

"天地氤氲，万物化淳。男女媾精，万物化生。此人生调息性命之根本，摄生

---

①　刘词集：《混俗颐生录》卷下，《道藏要籍选刊》本，第9册，第413页。
②③　刘词集：《混俗颐生录》卷下，《道藏要籍选刊》本，第9册，第414页。

之所由,凡人谓之不稽实,曰野哉。夫一戏,二十已前时复,三十已前日复,四十已后月复,五十已后三月复,六十已后七月复。"①"户内",实指"男女媾精"之类的房中术。刘词说房中术,此为"人生调息性命之根本";但"世人不能畜养元和之气","妄服丹砂资助情欲",以致"犹多病患";他主张"节房中之事"。刘词对房中术的论述,符合方家的主流趋势,大致上说是正确的。

《禁忌消息第十》曰:

"凡隐戏之时,忌天地晦暝。日月薄蚀,疾风甚雨,雷电震怒,四时八节,弦望晦朔,日月失度,祥云兴现,虹出星奔。"隐戏,原意以隐语猜谜为戏,这里指房中隐事。天地晦暝,指天地昏暗、风雨交加之时。

"又每年五月十六日,是天地交会之辰,特忌会合。"在汉族民俗中,农历五月俗称毒月,其中更说"九毒日"是伤身损气的日子,故云"特忌会合"。此取《素女经》旧说,也是无法验证的。

"又忌酒醉之后,饮罢未醒;饱食之后,乍饥正实;出入行来,筋力疲乏,喜怒未定;女人月潮,冲冒寒热……已上皆神气昏乱,心力不足。或四体虚羸,即肾脏怯弱,六情不均,万病从兹而作矣。已上特宜慎之。"②

《禁忌消息第十》,刘词主要说了房中禁忌,我们须知之慎之。

高濂的《遵生八笺》

《遵生八笺》十九卷,明高濂撰。高濂,字深甫,号瑞南道人,又号湖上桃花渔,钱塘(今浙江省杭州市)人。高濂是一位著名的养生家;他幼时曾患眼疾等病,因多方搜寻奇药秘方,终得以康复。遂博览群书,记录在案,汇成《遵生八笺》一书,从八个方面论述了养生延年之术。

---

① 刘词集:《混俗颐生录》卷下,《道藏要籍选刊》本,第9册,第415页。
② 刘词集:《混俗颐生录》卷下,《道藏要籍选刊》本,第9册,第415—416页。

《遵生八笺》之一,《清修妙论笺》。

高濂引《庄子》曰:"能遵生者,虽富贵不以养伤身,虽贫贱不以利累形。"他认为"今世之人,居高年尊爵者,皆重失之"。故博采儒释道三家及诸子百家养生语录三百五十八条,以论"养德养性之道"。

《清修妙论笺》载《禁忌篇》曰:"善摄生者,卧起有四时之早晚,兴居有至和之常制。筋骨有偃仰之力,闲邪有吞吐之术。流行营卫有补泻之法,节宣劳逸有与(予)夺之要。忍怒以养阴气,抑喜以养阳气,然后先将草木以救亏缺,服金丹以定不穷。养性之道,尽于此矣。"①此段言论,原见《太清道林摄生论》,历来为大多数养生家所推崇,也为高濂养生妙论之大纲。

《遵生八笺》之二,《四时调摄笺》。

高濂的《四时调摄笺》,"不务博"、"不尚简",而是依《月令》一书,分春夏秋冬四时采录而成。传统的四时理论,在高濂的《四时调摄笺》中,得到最充分的体现。

高濂编撰《四时调摄笺》,有一个简明的结构:即每季先录"总类","总类"后再分录每季三月的适宜合忌之事。如在"春三月调摄总类"目下,依次录:"脏腑配经络图"、"经络配四时图"、"肝脏春旺论"、"相肝脏病法"、"修养肝脏法"、"六气治肝法"、"黄帝制春季所服奇方"、"肝脏导引法"、"春季摄生消息论"、"三春合用药方",为"春三月调摄总类"。

次录:"正月事宜"、"正月事忌"、"正月修养法"、正月"《灵剑子》导引法"、正月"陈希夷孟春二气导引坐功图势";以下依次录二月、三月相应内容。最后录"高子春时幽赏"十二首,为高濂游杭州西湖十二景小记。

以下再录夏三月调摄、秋三月调摄、冬三月调摄,如此构成《四时调摄笺》。

《遵生八笺》之三,《起居安乐笺》。

《起居安乐笺》列:恬逸自足条、居室安处条、晨昏怡养条、溪山逸游条、三才

①　高濂撰:《遵生八笺》,《中国医学大成三编》本,第2册,第359—360页。

避忌条、宾朋交接条,共六条。各条首录先哲养生格言,高濂再作论、说、评于后。

如"宾朋交接条"。高濂《高子交友论》曰:"彼山人词客,迈德弘道,贲于丘园,抱河岳之灵,而飘然浪游,欲出与寰宇为友者,此正吾人所欲交与游,愿闻其艺而甘心焉者。"①

高濂的《起居安乐笺》,是他对自己日常生活中衣食住行的总结。

《遵生八笺》之四,《延年却病笺》。

《延年却病笺》上卷载:《太清中黄胎脏论略》、《幻真先生服内元气诀》、《幻真注解胎息经》、《胎息铭解》、《胎息秘要歌诀》、《洞真经按摩导引诀》、《太上混元按摩法》、《天竺按摩法》、《婆罗门导引十二法》等,附《针灸百病人神所忌考》。

《延年却病笺》下卷载:《高子三知延寿论》。其一,色欲当知所戒论。其二,身心当知所损论。其三,饮食当知所损论。又载《八段锦导引法》、《心书九章》、《至道至微七论要诀》、《内丹三要论》、《导引却病歌诀》等。

高濂曰:"人身流畅,皆一气之所周通。气流则形和,气塞则形病。"②高濂认为按摩导引,乃基于"户枢不蠹,流水不腐"的道理,可以达到人身"血脉疏利"、"延年却病"的效果。故他提出:"延年却病,以按摩导引为先。"

《遵生八笺》之五,《饮馔服食笺》。

高濂论饮食摄养,一般原则为量腹而食,食宜少些、缓些、暖些、软些,并应减少五味刺激脏腑,尤其更当应合四时食养的原则,以调养五脏之气。

《饮馔服食笺》载《高子论房中药物之害》。高濂将盛行的房中之术,比作方人术士投人所好的"泥水之说";认为其害可胜药石毒人之说。他主张减少嗜欲、惜气葆精,以为方可延年益寿。

---

① 高濂撰:《遵生八笺》,《中国医学大成三编》本,第2册,第533—534页。
② 高濂撰:《遵生八笺》,《中国医学大成三编》本,第2册,第562页。

《遵生八笺》之六,《燕闲清赏笺》。

高濂在《燕闲清赏笺》中,"遍考钟鼎卣彝,书画法帖,窑玉古玩,文房器具",可以说是明以前考古学的集大成者,至今仍是文物鉴定的重要文献。文物的收藏与鉴赏,与养生并无直接的关联,高濂却强调了"可以养性,可以悦心,可以怡生安寿"。高濂对古文物的记录和鉴赏,与其说强调了一种恬淡虚静的处世态度,不如说高濂表明了对人之生命的尊重,彰显出他对人生意义的追求。

《遵生八笺》之七,《灵秘丹药笺》。

《灵秘丹药笺》上卷载《丹药》。《丹药》载:秘传龙虎石炼小还丹、先天服食阴炼龙虎金丹、回阳无价至宝丹、龙虎小灵丹、小还丹等,记载了炼丹的组方和炼丹的方法。高濂认为,在传世的丹药中,还存在一些"不比他方金石草木之类",故收录了许多经验药方,用以服食保养。如《丹药》记载的"沉香内补丸",高濂曰:"能除百病,补诸虚,健脾胃,进饮食,添精补髓,延年益寿,服之年余,身轻体健,妇人服之尤炒。"

《灵秘丹药笺》下卷载:治痰症方、造百药煎法、眼目症方、秘传煎药加减妙方、神妙美髯方、神秘擦牙方、龙虎卫生膏、解中虫并中百物毒方、四方珍异药品名色。如高濂在"解中虫并中百物毒方"下曰:"医书中,惟此方最少,揭以备用。"故大量收录了各种解毒药方。高濂曰:"有闻随记,多寡不齐,不便类聚,用者择之。"

《遵生八笺》之八,《尘外遐举笺》。

《尘外遐举笺》录养生高士百余人。所选百人,始自披衣,终于徐则。披衣,唐尧时人,亦称作蒲衣、蒲伊。相传尧之师为许由,许由之师为啮缺,啮缺之师为王倪,王倪之师为披衣。徐则,"东海人,幼沈静,寡嗜欲。受业于周弘正,精于议论,声擅都邑,遂怀栖隐之操。杖策入缙云山,常服巾褐。又入天台山,因绝谷衣(依)性,所食惟松水而已"。

曹庭栋的《老老恒言》

《老老恒言》五卷,清曹庭栋所著。曹庭栋,字楷人,号六圃,又号慈山居士,浙江嘉善魏瑭镇人。工诗善画,著作颇丰,尤精养生之道,为清代著名养生家、文学家。周作人《知堂书话》考:曹庭栋七十四岁时,"薄病缠绵";七十五岁,编成《老老恒言》;寿至近九十岁。

《老老恒言》,又名《养生随笔》,为清代重要的老年养生专著,甚为后人称道。周作人说:"因为这是一部很好的老年的书……如有好事人雕版精印,当作六十寿礼,倒是极合适的。"周作人极力推荐了《老老恒言》一书。《老老恒言》从老年人心理和生理特点出发,总结了老年人日常起居的养生方法。书分五卷,这里研读《老老恒言》的卷一、卷二。

《老老恒言·安寝》曰:"少寐乃老年大患";"寝恒东首";"就寝即灭灯";"兜肚外再加肚束,腹不嫌过暖也";"解衣而寝,肩与颈被覆难密。制寝衣如半臂,薄装絮,上以护其肩。"[1]曹庭栋主张老年人要多睡眠;要注意饱食勿卧,卧勿发声,要注意卧以东为当,寝勿燃灯;并要注意加穿睡衣以保暖,很有见地。

《老老恒言·晨兴》曰:"晨起漱口,其常也";"漱用温水,但去齿垢";"冬月将起时,拥被披衣坐少顷。先进热饮,如乳酪、莲子、圆枣汤之属,以益脾;或饮醇酒,以鼓舞胃气。"[2]曹庭栋强调养生着眼点在于起居饮食。晨兴要注意徐徐而起,勿即出户外;要用温水漱口,要饮些热汤来调摄脾胃。

《老老恒言·饮食》曰:"凡食物不能废咸,但少加使淡;淡则物之真味真性俱得。"曹庭栋认为老年人的饮食宜淡不宜咸。原则如此,不能绝对;长期食淡,往往导致体内缺盐。曹庭栋认为老年人饮食,要煮烂、细嚼,以助消化吸收。

《老老恒言·食物》曰:"煮粥用新米,香甘快胃。"曹庭栋主张用新米煮粥,他

---

① 曹庭栋著:《老老恒言》,《中国养生大成》本,第296—297页。
② 曹庭栋著:《老老恒言》,《中国养生大成》本,第297页。

极推崇食粥,认为既可调养,又能疗疾,老人尤宜。《老老恒言》卷五,列粥谱百方,书中详述如何择米、择水、把握火候,及食粥宜忌。食疗,古人是格外注重的,但也有些过。

《老老恒言·散步》曰:"欲步先起立,振衣停息,以立功诸法,徐徐行一度。然后从容展步,则精神足力倍加爽健。"①曹庭栋指出饭后必散步,欲摇动其身以消化也。散步时应且行且立,且立且行,须得一种闲暇自如之态。散步之远近,须自揣足力,不宜勉强,随其意之所便。散步回家以后,即应休息片刻,并进汤饮以和其气。

《老老恒言·昼卧》曰:"坐而假寐,醒时弥觉神清气爽,较之就枕而卧,更为受益。"又曰:"当昼即寝,既寝而起,入夜复寝,一昼夜间,寝兴分而二之。"②曹庭栋主张午睡,认为坐而假寐比就枕而卧,更让人神清气爽。

《老老恒言·夜坐》曰:"日未出而即醒,夜方阑而不寐,老年恒有之……或行坐功运动一番。""坐久腹空,似可进食,亦勿辄食,以扰胃气。"③曹庭栋说,老年人夜不能寐,则可夜坐;坐久腹空,也可进食。

《老老恒言·省心》曰:"老年肝血渐衰,未免性生急躁,旁人不及应,每要急躁益甚,究无益于事也。当以一'耐'字处之。"④曹庭栋指出老年人肝血渐衰,养生应当戒躁,"耐"字就是不急躁、不厌烦,这样即可"血气既不妄动,神色亦觉和平"。

《老老恒言·见客》曰:"往赴筵宴,周旋揖让,无此精力,亦少此意兴;即家有客至,陪坐陪饮……随兴所之可也,毋太枯寂。"⑤曹庭栋指出老年人晚年生活,一方面要少外出交际,另一方面在家时也要"毋太枯寂"。

《老老恒言·出门》曰:"老年出不远方,无过往来乡里。"又曰:"偶然近地游览,茶具果饵,必周备以为不时之需。"⑥曹庭栋强调老年人不宜过劳,出门游览

① 曹庭栋著:《老老恒言》,《中国养生大成》本,第 301 页。
②③ 曹庭栋著:《老老恒言》,《中国养生大成》本,第 302 页。
④⑤ 曹庭栋著:《老老恒言》,《中国养生大成》本,第 304 页。
⑥ 曹庭栋著:《老老恒言》,《中国养生大成》本,第 305 页。

以不感觉疲劳为度。这也就是"不责人所不及，不强人所不能，不苦人所不好"的养生观。

《老老恒言·防疾》曰："汗衣勿日曝，恐身长汗斑。酒后忌饮茶，恐脾成酒积。耳冻勿火烘，烘即生疮。目昏毋洗浴，浴必添障。凡此日用小节，未易悉数，俱宜留意。"①曹庭栋强调老年人要留意"日用小节"以防疾，主张养生要适应日常生活习惯，不可有半点马虎。

《老老恒言·慎药》曰："老年偶患微疾，加意调停饮食，就食物中之当病者食之。食亦宜少，使腹常空虚，则络脉易于转运，元气渐复，微邪自退，乃第一要诀。"②曹庭栋说：调和脾胃，为医中之王道；节谨饮食，为却病之良方。曹庭栋说草药不可妄服，方药难于轻信，这一见解是正确的。他认为：养生千万不可轻信医药，老年人偶患微疾，当调理饮食，"以调脾胃为切要"。这种法重脾胃，强调食疗、起居的自然养生观，至今仍有指导作用。

《老老恒言·消遣》曰："笔墨挥洒，最是乐事。素善书画者，兴到时不妨偶一为之。书必草书，画必兰竹，乃能纵横任意，发抒性灵，而无拘束之嫌。"③曹庭栋非常重视老年人的怡情助兴活动，主张通过画兰竹、咏梅菊、观弈听琴、植花养鱼等方法而达到陶冶情操、修身养性的目的。

《老老恒言·导引》曰："导引之法甚多，如八段锦、华佗五禽戏、娑罗门十二法、天竺按摩诀之类，不过宜畅气血，展舒筋骸，有益无损，兹择老年易行者附于左，分卧功、坐功、立功三项。至于叩齿咽津，任意为之可也。修炼家有纳气通三关、结胎成丹之说，乃属左道，毋惑。"曹庭栋并不盲目相信导引之法，仅为老年人编设了一套易学易练的卧功五段、立功五段、坐功十段。

---

① 曹庭栋著：《老老恒言》，《中国养生大成》本，第306页。
②③ 曹庭栋著：《老老恒言》，《中国养生大成》本，第307页。

第七章　道教方技

第一节　早期道教与道教经典

方仙道，司马迁已定性为"燕齐海上之方士"；司马迁所说的方士，即方技之士。司马迁还说方仙道起于战国"齐威、宣之时"。

从先秦的方仙道，到汉末天师道、太平道的出现，中间肯定存在着其他的早期道教形态；汉武帝时的巫蛊道，便是早期道教的初步形态。

道教在王莽时期已经形成。王莽时期的道教，如巫蛊道一样，也是一个早期不完全的道教，赤眉军便是一个半道教半军队的组织形式。赤眉之后，道教兴起。东方有张角的太平道，奉《太平经》为主要经典；汉中有张陵、张衡、张鲁的天师道，也名五斗米道。

《太平经》主张"气"致病、"神去"致病说，提出草木方、生物方"能立治病"，又使用仙丹灵药、符水符咒、神祝厌固之类巫术治病，本节仅研究《太平经》的道教医学内容。

《周易参同契》，简称《参同契》，这是一部被唐人誉为"万古丹经王"之书，后世的卦气说、外丹说、内丹说，都尊此书为"方艺之祖"，本节仅研究《参同契》的外丹说。

秦汉时的方仙道

在研究方仙道之前,先看看道家。先秦道家,司马谈是用了一些笔墨的。司马谈《论六家要旨》曰:"道家使人精神专一,动合无形……夫神大用则竭,形大劳则敝。形神骚动,欲与天地长久,非所闻也。"司马谈描述的先秦道家,其旨是精神专一、动合无形;而"欲与天地长久"之说,他并没有听说过。司马谈又说道家无为而无不为,其术以虚无为本,其法因时为业。

方仙道,是司马迁为"燕齐海上之方士"所作的命名。《史记·封禅书》曰:"自齐威、宣之时,驺子之徒论著终始五德之运,及秦帝而齐人奏之,故始皇采用之。而宋毋忌、正伯侨、充尚、羡门高最后皆燕人,为方仙道。形解销化,依于鬼神之事。驺衍以阴阳主运显于诸侯,而燕齐海上之方士传其术不能通,然则怪迂阿谀苟合之徒自此兴,不可胜数也。"①司马迁说方仙道起于战国"齐威、宣之时",其人物分为两类:一类是齐国的邹衍及弟子,"论著终始五德之运";另一类皆燕人,传说中的宋毋忌、正伯侨、充尚、羡门高之后人。司马迁统称这二类人物是"燕齐海上之方士",为方仙道。司马迁说这个方仙道:"形解销化,依于鬼神之事。"形解销化,即道家所说的形神离而长生不死;依于鬼神之事,巫祝专以无形以事鬼神。显然,司马迁说的这个方仙道,与司马谈所论"以虚无为本"的先秦道家,有求长生不死相同的一面,也有主体、方法不同的一面,二者并不是同一类人物。

方仙道的主体是方士。司马迁说的方士,是转而成入海求仙药者。《史记》载:传说海中三神山有仙人及不死之药,至秦始皇统一六国时,言者不可胜数,于是方士们纷纷争着入海求神仙。这些入海求仙人及不死之药的方士,多为"燕齐海上之方士",可称为方仙道之方士。

对这些方仙道的方士,秦始皇起初是深信不疑。《史记·秦始皇本纪》载:

———————

① 司马迁撰:《史记》卷二十八,中华书局点校本,1959年版,第4册,第1368—1369页。

"齐人徐市等上书,言海中有三神山,名曰蓬莱、方丈、瀛洲,仙人居之。请得斋戒与童男女求之。于是遣徐市发童男女数千人,入海求仙人。"①"三十二年,始皇之碣石,使燕人卢生求羡门、高誓。"②"秦法:不得兼方,不验辄死。"方士侯生、卢生背后说秦始皇,"贪于权势至如此,未可为求仙药";于是俩人相继逃亡。秦始皇乃大怒曰:"吾前收天下书不中用者尽去之。悉召文学方术士甚众,欲以兴太平,方士欲炼以求奇药。今闻韩众去不报,徐市等费以巨万计,终不得药,徒奸利相告日闻。"结果,"犯禁者四百六十余人,皆阬之咸阳"。

方仙道的方士,即方技之士。咸阳被坑的四百六十余人,包括了两部分人,一部分是"欲以兴太平"的"文学方术士",一部分是"欲炼以求奇药"的"方士"。"文学方术士"包括博士、候星气者。按《史记》的记载,"博士"七十人,"候星气者"三百人,还有的就是入海求仙人、仙药的方士,这些都可称之为方技之士。所以,宋元时的萧参著《希通录》,作《始皇非坑儒》论,曰:"卢生等以方技祸秦","特方技之流耳"。又曰:"卢生四百六十余人,皆方技之士也。"③司马迁所说的"方术士",即方技之士。西晋道安著《二教论》曰:"书为方伎,不入坟流;人为方士,何关雅正?"④在道安眼里,方士也即方技之士。

方技之士的技,为方士的"禁方"。方士卢生对秦始皇说:"臣等求芝奇药仙者,常弗遇,类物有害之者。方中,人主时为微行以辟恶鬼,恶鬼辟,真人至。"⑤方士卢生提到的"方中",要求秦始皇"微行以辟恶鬼",云易服出行驱逐了恶鬼,神仙真人才会带来不死之药。我们还是通过对汉武帝时方士的考查,来了解方士的这些"禁方"。

汉武帝所宠方士,有李少君、谬忌、李少翁、栾大、公孙卿等人,这些方士都号称自己掌握了"禁方"。

《史记·封禅书》载:"是时李少君亦以祠灶、谷道、却老方见上,上尊之。少

① 司马迁撰:《史记》卷六,中华书局点校本,1959年版,第1册,第247页。
② 司马迁撰:《史记》卷六,中华书局点校本,1959年版,第1册,第251页。
③ 萧参著:《希通录》,载陶宗仪辑:《说郛》卷十七,见《说郛三种》,第1册,第306页。
④ 道安著:《二教论》,见道宣辑:《广弘明集》卷第八,上海古籍出版社,1991年版,第145页。
⑤ 司马迁撰:《史记》卷六,中华书局点校本,1959年版,第1册,第257页。

君者,故深泽侯舍人,主方。"李少君是一位"主方"者,他"以祠灶、谷道、却老方见上"。祠灶,祭祠炼黄金之"方";谷道,辟谷求仙人之"方";却老方,不老长生之"方"。李少君还是一位炼黄金者,他说"黄金成以为饮食器",人用之"则益寿",益寿乃可入海中求仙人。《史记·封禅书》载:李少君病死,武帝使黄锤、宽舒"受其方";黄锤、宽舒接受了李少君之"方"。

《史记·封禅书》载:"亳人谬忌奏祠太一方,曰:'天神贵者太一,太一佐曰五帝。古者天子以春秋祭太一东南郊,用太牢,七日,为坛开八通之鬼道。'于是天子令太祝立其祠长安东南郊,常奉祠如忌方。"①"忌方",即谬忌所奏的"祠太一方"。谬忌据"古者天子以春秋祭太一东南郊","为坛开八通之鬼道"。于是天子令太祝立太一祠,时常奉祠。

《史记·封禅书》载:"齐人(李)少翁以鬼神方见上。上有所幸王夫人,夫人卒,少翁以方盖夜致王夫人及灶鬼之貌云,天子自帷中望见焉。于是乃拜少翁为文成将军,赏赐甚多,以客礼礼之。"②李少翁献"鬼神方","欲与神通"。《史记·封禅书》记李少翁:"乃作画云气车,及各以胜日驾车辟恶鬼;又作甘泉宫,中为台室,画天、地、太一诸神,而置祭具以致天神。居岁余,其方益衰,神不至。"汉武帝"于是诛文成将军,隐之"。隐之,隐藏;不好意思再提李少翁的"鬼神方"了。

方士栾大,曾经和李少翁同师。《史记·封禅书》载:"天子既诛文成,后悔其蚤(早)死,惜其方不尽,及见栾大,大说。"元鼎四年,栾大由乐成侯丁义推荐得见汉武帝。栾大"言多方略",大言"黄金可成"、"不死之药可得"。武帝信以为真,封他为五利将军。"数月,佩六印,贵震天下。而海上燕齐之间,莫不搤捥而自言有禁方,能神仙矣。"③然司马迁补记道:栾大终因其"方"多不验,被汉武帝腰斩。

《史记·封禅书》载:"齐人公孙卿曰:今年得宝鼎,其冬辛巳朔旦冬至,与黄帝时等。"汉武帝乃拜公孙卿为郎。公孙卿说"仙人好楼居",汉武帝深信不疑。"于是上令长安则作蜚廉桂观,甘泉则作益延寿观,使(公孙)卿持节设具而候神

---

① 司马迁撰:《史记》卷二十八,中华书局点校本,1959年版,第4册,第1386页。
② 司马迁撰:《史记》卷二十八,中华书局点校本,1959年版,第4册,第1387页。
③ 司马迁撰:《史记》卷二十八,中华书局点校本,1959年版,第4册,第1389—1391页。

人。乃作通天茎台,置祠具其下,将招来仙神人之属。"①公孙卿的"禁方",更是造观设具。当然,是公孙卿先居之。

秦始皇使徐市率领童男童女数千人入海求神药,又使韩终、侯公、石生求仙人不死之药,甘心于神仙之道。汉武帝深宠方士李少君、谬忌、李少翁、栾大、公孙卿等人,皆以仙人、黄冶、祭祠、事鬼使物、入海求神药贵幸。东汉谷永早已指出这些方技之士不可称道。谷永曰:"元鼎、元封之际,燕齐之间方士瞋目扼腕,言有神仙祭祀致福之术者以万数。其后,(新垣)平等皆以术穷诈得,诛夷伏辜。"②谷永的话,是对东汉成帝说的,《汉书》只记了句"上善其言",根本没有听进去。

方仙道,有方士和禁方;方士即方技之士,禁方即求神仙、祭鬼神之方。对方士,司马迁直斥之为"怪迁阿谀苟合之徒";对禁方,司马迁也语之曰"神怪奇方"。无论司马迁的褒贬之义如何,在研究道教的起源上,一般都追溯到这个"方仙道"。

汉代的巫蛊道

"方仙道"之后,一度出现了一个"巫蛊道"。

"巫蛊",首见《史记》。司马迁曰:"太卜大集……至以卜筮射蛊道,巫蛊时或颇中。"③射蛊道,秦汉时流传的射覆术。"射"是猜度之意,"覆"是覆盖之意。覆者或用瓯盂、盒子等器覆盖某一物件,射者通过卜筮等途径,猜测里面是什么东西。司马迁说"巫蛊时或颇中",言巫师以卜筮术猜之亦时有所验。《六韬·文韬·上贤》曰:"伪方异伎,巫蛊左道,不详之言,幻惑良民,王者必止之。"④《六韬》将巫蛊和异伎、左道并立,即视巫蛊为左道、伪技。

---

① 司马迁撰:《史记》卷二十八,中华书局点校本,1959 年版,第 4 册,第 1400 页。
② 班固撰:《汉书》卷二十五下,中华书局点校本,1962 年版,第 4 册,第 1260 页。
③ 司马迁撰:《史记》卷一百二十八,中华书局点校本,1959 年版,第 10 册,第 3224 页。
④ 吕望撰:《六韬》卷第一,上海古籍出版社,1990 年版,第 5 页。

"巫蛊道",见《后汉书·皇后纪》,书载永元十四年(公元 102 年)夏,"有言后(和帝阴皇后)与(邓)朱共挟巫蛊道,事发觉,帝遂使中常侍张慎与尚书陈褒于掖庭狱杂考案之"。掖庭狱:汉代宫中的秘狱。东汉和帝阴皇后和邓朱(阴皇后的外祖母),她们二人"共挟巫蛊道"。共挟:心里共同怀着。《后汉书》注:"巫师为蛊,故曰巫蛊。《左传》注:蛊,惑也。""巫蛊道",即以"巫师"为主,且以巫术惑人的一个道,范晔《后汉书》已直称其为"巫蛊道"。

巫蛊道的主体是巫师。秦始皇一面遣方士入海求仙人不死之药,一面奉祀鬼神。《史记·封禅书》载:"于是始皇遂东游海上,行礼祠名山大川及八神,求仙人羡门之属。"①时仅雍州就有百多座庙,"各以岁时奉祠"。《史记·封禅书》曰:"及秦并天下,令祠官所常奉天地名山大川鬼神可得而序也。"②祠官,即祠祝官,掌管祭祀之官。《史记·封禅书》曰:"长安置祠祝官、女巫。""皆各用一牢具祠,而巫祝所损益,珪币杂异焉。"③祠祝官,岁时奉祀天地名山大川鬼神,犹庙祝。《史记·封禅书》曰:"诸此祠皆太祝常主,以岁时奉祠之。至如他名山川诸鬼及八神之属,上过则祠,去则已。郡县远方神祠者,民各自奉祠,不领于天子之祝官。祝官有秘祝,即有菑祥,辄祝祠移过于下。"④巫祝有"领于天子"的"祠官"、"祠祝官",也有远方郡县"不领于天子"的"神祠者"。

汉兴,高祖下诏曰:"吾甚重祠而敬祭。今上帝之祭及山川诸神当祠者,各以其时礼祠之如故。"⑤于是,长安置祠祝官。汉武帝"尤敬鬼神之祀","今天子所兴祠,太一、后土,三年亲郊祠,建汉家封禅,五年一修封……天子益怠厌方士之怪迂语矣,然羁縻不绝,冀遇其真。自此之后,方士言神祠者弥众,然其效可睹矣"。汉武帝宁可信其有、不愿信其无的做法,是"方士言神祠者弥众"的真正原因。在方士入海求蓬莱,终无有验时,"方士"转而成"神祠者",且数量"弥众"。这些"祠官"、"祠祝官"、"巫祝"、"巫卜"、"方士",共同组成了一个巫蛊道。

①　司马迁撰:《史记》卷二十八,中华书局点校本,1959 年版,第 4 册,第 1367 页。
②　司马迁撰:《史记》卷二十八,中华书局点校本,1959 年版,第 4 册,第 1371 页。
③　司马迁撰:《史记》卷二十八,中华书局点校本,1959 年版,第 4 册,第 1368 页。
④　司马迁撰:《史记》卷二十八,中华书局点校本,1959 年版,第 4 册,第 1377 页。
⑤　司马迁撰:《史记》卷二十八,中华书局点校本,1959 年版,第 4 册,第 1378 页。

巫蛊道,形成在汉武帝时。《汉书·外戚传》记孝武陈皇后曰:"后又挟妇人媚道,颇觉。元光五年,上遂穷治之,女子楚服等坐为皇后巫蛊祠祭祝诅,大逆无道,相连及诛者三百余人。楚服枭首于市。使有司赐皇后策曰:'皇后失序,惑于巫祝,不可以承天命。其上玺绶,罢退居长门宫。'"①元光五年(公元前130年),陈皇后"媚道",这个"道"是"巫蛊祠祭祝诅"之道,道中人物是女巫楚服。也是在这一年,汉武帝对巫蛊道"遂穷治之"。

《汉书·武帝纪》载:天汉二年(公元前99年),"秋,止禁巫祠道中者。大搜。"②文颖注"始汉家于道中祠",颜师古注"禁百姓巫觋于道中祠祭者"。两人都是将巫蛊道释为"于道中祠祭者"。道中祠祭类似今之路祭,即在道路中祠祭,故称为"道"。这个从道路中祠祭而形成的"道",不是方仙道,也不同后来的道教之"道",为"巫蛊道"。

"巫蛊"被称为"奸人",遭到了汉武帝的无情镇压。《汉书·武帝纪》载:征和元年(公元前92年),"冬十一月,发三辅骑士大搜上林,闭长安城门,索,十一日乃解。巫蛊起。"③《汉书》记载说,为了搜索"巫蛊",长安城门关闭了十一日。"巫蛊起",正说明"巫蛊道"形成在汉武帝大肆搜索"巫蛊"时。

巫蛊道事件连年不决,持续了相当长的一段时间。《汉书·武帝纪》曰:"巫蛊事连岁不决。至后元二年,武帝疾,往来长杨、五柞宫,望气者言长安狱中有天子气,上遣使者分条中都官狱系者,轻重皆杀之。"④中都官,西汉京师官府的统称。如果从汉武帝元光五年孝武陈皇后"媚道"算起,至后元二年(公元前87年),巫蛊道差不多持续了四十多年。

汉武帝时的巫蛊道事件,牵扯的面也是够广的。《汉书·武帝纪》曰:征和二年(公元前91年),"诸邑公主、阳石公主皆坐巫蛊死"。《汉书·宣帝纪》曰:孝宣皇帝,"号曰皇曾孙,生数月,遭巫蛊事,太子、良娣、皇孙、王夫人皆遇害……而邴

---

① 班固撰:《汉书》卷九十七,中华书局点校本,1962年版,第12册,第3948页。
② 班固撰:《汉书》卷六,中华书局点校本,1962年版,第1册,第203页。
③ 班固撰:《汉书》卷六,中华书局点校本,1962年版,第1册,第208页。
④ 班固撰:《汉书》卷八,中华书局点校本,1962年版,第1册,第236页。

吉为廷尉监,治巫蛊于郡邸"。巫蛊道事件牵涉到皇家后院,并已开始朝各地郡县蔓延。

巫蛊道的道术也不仅限于"道中祠祭",而是使用了一些巫术。《汉书·公孙贺传》曰:"(朱)安世者京师大侠也……安世遂从狱上书,告(公孙)敬声与阳石公主私通,及使人巫祭祠诅上,且上甘泉当驰道埋偶人,祝诅有恶言。下有司案验(公孙)贺,穷治所犯,遂父子死狱中,家族。"①征和二年,朱安世被捕入狱,告时丞相公孙贺之子公孙敬声,在汉武帝去甘泉宫的必经之地埋下偶人,使用巫术诅咒汉武帝。和巫蛊牵扯,公孙敬声就不是"擅用北军钱千九百万"的事,而是"祸及宗矣"的重罪,结果"父子死狱中",家族皆被诛之。

巫蛊道,终造成汉武帝晚年的"巫蛊之祸"。《汉书·公孙贺传》曰:"巫蛊之祸起自朱安世,成于江充,遂及公主、皇后、太子,皆败。"②巫蛊之祸早于朱安世,确成于江充。《汉书·江充传》曰:"后上幸甘泉,疾病,充见上年老,恐晏驾后为太子所诛,因是为奸,奏言上疾祟在巫蛊。于是上以充为使者治巫蛊。充将胡巫掘地求偶人,捕蛊及夜祠,视鬼,染污令有处,辄收捕验治,烧铁钳灼,强服之。"③师古注:"捕夜祠及视鬼之人,而充遣巫污染地上,为祠祭之处,以诬其人也。"江充借治巫蛊一事而害民众前后数万人。"后武帝知充有诈,夷充三族。"④江充被夷灭三族后,"久之巫蛊事多不信"。

从秦汉时的方仙道,到东汉时道教的形成,中间出现了一个巫蛊道。巫蛊道的规模和影响,都要比方仙道大得多。道教的"道",即是从巫蛊道的"道中"祠祭而来的。巫蛊道中的巫人蛊术,更是直接被早期道教所吸纳。巫蛊道形成于"道中"祠祭,注重的是祭祀,而东汉道教形成之初,是反对祭祀的。张陵《老子想尔注》曰:"道故禁祭餟祷祠,与之重罚。祭餟与邪同。"又曰:"有道者,不处祭餟祷祠之间也。"祭餟,祭祀之义。东汉道教初时对祭祀的恐惧,应是巫蛊道遭到镇压

---

① 班固撰:《汉书》卷六十六,中华书局点校本,1962年版,第9册,第2878页。
② 班固撰:《汉书》卷六十六,中华书局点校本,1962年版,第9册,第2879页。
③ 班固撰:《汉书》卷四十五,中华书局点校本,1962年版,第7册,第2178页。
④ 班固撰:《汉书》卷四十五,中华书局点校本,1962年版,第7册,第2179页。

之后的后遗症。

汉武帝镇压巫蛊道后,官方开始严禁淫祠。《汉书·郊祀志》载匡衡、张谭上书成帝,曰:"长安厨官县,官给祠郡国候神方士使者所祠,凡六百八十三所。其二百八所应礼,及疑无明文,可奉祠如故。其余四百七十五所不应礼,或复重,请皆罢"。奏可。长安一地,一下禁罢淫祠"四百七十五所"之多,约占当时总数的三分之二,对淫祠管控的措施是很严厉的。《后汉书·栾巴列传》载:顺帝末,栾巴自徐州迁任豫章太守,"郡土多山川鬼怪,小人常破赀产以祈祷";栾巴"乃悉毁坏房祀,剪理奸巫,于是妖异自消。百姓始颇为惧,终皆安之"。栾巴"毁坏房祀,剪理奸巫",即禁绝淫祀,禁断巫术。东汉始行的禁绝淫祀之策,对后世的影响是久远的;禁绝淫祀成了历代皇朝的基本国策。

道教兴起

方仙道的主体是方士,巫蛊道的主体是巫师,而道教的主体则是道士。道士的出现,可以追溯到王莽时期。《汉书·王莽传》曰:"卫将军王涉素养道士西门君惠。君惠好天文谶记,为涉言:'星孛扫宫室,刘氏当复兴。'"[1]又《太平御览》引桓谭《新论》曰:"曲阳侯王根迎方士西门君惠,从其学养生却老之术。"西门君惠即为方士,又为道士。这说明道士的前身多为方士,也说明道教在王莽时期已经形成;如果当时没有道教,何来道士?

王莽时期的道教,如巫蛊道一样,只能说是一个早期不完全的道教,赤眉军便是一个半道教半军队的组织形式。《后汉书·刘盆子列传》载:天凤元年(公元14年),"后数岁,琅邪人樊崇起兵于莒,众百余人,转入太(泰)山,自号三老";一岁间至万余人。"乃相与为约:杀人者死,伤人者偿创。以言辞为约束,无文书旌旗、部曲、号令。其中最尊者号三老,次从事,次卒史,泛相称曰巨人……崇等欲战,恐其众与莽兵乱,乃皆朱其眉以相识别,由是号曰赤眉。"[2]赤眉军由数

---

① 班固撰:《汉书》卷九十九,中华书局点校本,1962年版,第12册,第4184页。
② 范晔撰:《后汉书》卷十一,中华书局点校本,1965年版,第2册,第478页。

百人迅即发展到三十万人。"乃分万人一营,凡三十营,营置三老、从事各一人。"赤眉军中有"三老、从事、卒史"之类的"巨人",也配置了"齐巫"。《后汉书·刘盆子列传》载:"军中常有齐巫,鼓舞祠城阳景王,以求福助。""有笑巫者病,军中惊动。"①

赤眉之后,道教兴起。《后汉书·刘焉列传》注引《典略》载:"初,熹平中,妖贼大起,三辅有骆曜。光和中,东方有张角,汉中有张修。骆曜教民缅匿法。角为太平道,修为五斗米道。太平道师持九节杖,为符祝,教病人叩头思过,因以符水饮之。病或自愈者,则云此人信道,其或不愈,则云不信道。"②三辅骆曜所教道民"缅匿法",已不可解;清袁枚说"或是《抱朴子》介象蔽形之术",谓可能类似介象所传的一种隐身术。介象,字元则,三国时期吴国会稽人,善闭气术及隐身术,身怀多种杂技。笔者猜测"缅匿法",更像是一种隐身杂技,或类似"巫蛊道"中的某种巫术。

张修为五斗米道。裴松之注:"张修应是张衡,非《典略》之失,则传写之误。"汉中张衡,其父张陵,原沛国丰人,汉顺帝时在蜀地学道,自谓遇老子等五人,授以国师,遂奉《老子道德经》为经典,并加以注释,名《老子想尔注》。张陵自称"天师",以道佐人主为己任,遂称作"天师道",流传于巴蜀一带。从之受道者,依当地原有的形式,须出五斗米,故也名"五斗米道"。张陵死后,其子张衡继承继行其道;张衡死后又由其子张鲁继为首领。《三国志·张鲁传》载:张鲁"雄据巴汉垂三十年","不置长吏,皆以祭酒为治"。即建立了一个半道教半行政的政治组织。

张角为太平道。《典略》载:"太平道师持九节杖,为符祝,教病人叩头思过,因以符水饮之。病或自愈者,则云此人信道,其或不愈,则云不信道。"张角的太平道,也是一个半道教半军队的组织形式。你说他是道教,他"部帅有三十六方",自称"天公将军"、"地公将军"、"人公将军"。你说他是军队,他"奉事黄老

① 范晔撰:《后汉书》卷十一,中华书局点校本,1965年版,第2册,第479页。
② 范晔撰:《后汉书》卷七十五,中华书局点校本,1965年版,第9册,第2436页。

道,畜养弟子,跪拜首过,符水呪说以疗病……以善道教化天下"。张角假托道家黄老学,利用民间流传的各种方技、术数,徒众达数十万人。随着黄巾之乱被镇压,太平道从此销声匿迹。

东汉张角以符水、符呪为病人治病,奉《太平经》为主要经典,被称为"太平道"。《太平经》全名《太平清领书》。《后汉书·襄楷列传》载:"初,顺帝时,琅邪宫崇诣阙,上其师干吉于曲阳泉水上所得神书百七十卷,皆缥白素、朱介、青首、朱目,号《太平清领书》。"①干吉,一作于吉。《三国志·孙策传》注引《江表传》载:"时有道士琅邪于吉,先寓居东方,往来吴会,立精舍,烧香读道书,制作符水以治病,吴会人多事之。"孙策说"此子妖妄,能幻惑众心",因而杀之。吴会,东汉时吴郡与会稽的合称。

《后汉书》载襄楷上书曰:"前者宫崇所献神书,专以奉天地顺五行为本,亦有兴国广嗣之术,其文易晓,参同经典。而顺帝不行,故国胤不兴。"②襄楷言《太平经》"亦有兴国广嗣之术",而汉顺帝没有实行,故国家不得兴盛。《太平经》曰:"令天下俱得诵读正文,如此天气得矣,太平到矣,上平气来矣,颂声作矣,万物长安矣,百姓无言矣,邪文悉自去矣,天病除矣,地病亡矣,帝王游矣,阴阳悦矣,邪气藏矣,盗贼断绝矣,中国盛兴矣。"③《太平经》所说得"太平到矣"、"中国盛兴矣",较道家的"长生久视"说,较儒家的"修身齐家治国平天下"说,都是一个更加向上的口号。

《太平经》的道教医学

今据王明先生《太平经合校》本,探讨《太平经》的道教医学说。

据《太平经》记载,笔者认为,《太平经》可能是"天师"与"弟子"共同创作的。《太平经》记"天师"与"弟子"的对话:"子为天来学问疑,吾为天授子也。"又曰:

①　范晔撰:《后汉书》卷三十下,中华书局点校本,1965年版,第4册,第1084页。
②　范晔撰:《后汉书》卷三十下,中华书局点校本,1965年版,第4册,第1081页。
③　王明校:《太平经合校》卷五十一,中华书局,1960年版,第192页。

"故反使子与吾共传其要言也。"①"吾"为"天师","子"即"弟子"。《太平经》多次提到"弟子六人"、"子六人"、"六子"。如:"弟子六人悉愚暗";"为六子重明陈天之法";"六子详思吾书意。"②《太平经·戒六子诀》曰:"吾将去有期,戒六子一言……子六人连日问吾书,道虽分别异趣,当共一事。"③又曰:"此六人悉有万倍人之才能。"因此可以认为:《太平经》是在一段不长的时间内,由"天师"与"弟子六人"共同创作的。

《太平经》强调"天地之性人为贵"。那么,人是什么?《太平经》曰:"凡事人神者,皆受之于天气,天气者受之于元气。神者乘气而行,故人有气则有神,有神则有气;神去则气绝,气亡则神去。故无神亦死,无气亦死。"④《太平经》认为人皆受之于天气,"天气者受之于元气"。正是从"人有气则有神,有神则有气"这一观点出发,《太平经》记载了一些道教医学的理论和方法。

《太平经》提出"气"致病说。《太平经》曰:"多头疾者,天气不悦也。多足疾者,地气不悦也。多五内疾者,是五行气战也。多病四肢者,四时气不和也。多病聋盲者,三光失度也。多病寒热者,阴阳气忿争也……"⑤这里,《太平经》提到的疾病,有头疾、足疾、五内疾、病四肢、病聋盲、病寒热、病愦乱、病鬼物、病温、病寒、病猝死、病气胀,而对致病因素的论说,有天气、地气、五行气、四时气、阴阳气、太阳气、太阴气、刑气等。《太平经》的病因论,不再是简单的内因、外因论,而比较注重各种"气"致病的因素。

"气亡则神去",故《太平经》又提出"神去"致病说。《太平经》曰:"凡人何故数有病乎?神人答曰:故肝神去,出游不时还,目无明也;心神去不在,其唇青白也;肺神去不在,其鼻不通也;肾神去不在,其耳聋也;脾神去不在,令人口不知甘也。"⑥五脏"神去不在",指五脏神"皆上天共诉人也",人故得病。道教中三魂七

---

① 　王明校:《太平经合校》卷十二,中华书局,1960 年版,第 461 页。
② 　王明校:《太平经合校》卷六十五,中华书局,1960 年版,第 231 页。
③ 　王明校:《太平经合校》卷六十八,中华书局,1960 年版,第 258 页。
④ 　王明校:《太平经合校》卷四十二,中华书局,1960 年版,第 96 页。
⑤ 　王明校:《太平经合校》卷十八至三十四,中华书局,1960 年版,第 23 页。
⑥ 　王明校:《太平经合校》卷十八至三十四,中华书局,1960 年版,第 27 页。

魄出外而致病的说法,就是《太平经》"神去不在"说的翻版。

针对致病的多种原因,《太平经》所记的治疗方法也是多种多样的。《太平经》曰:"或一人有百病,或有数十病,假令人人各有可畏,或有可短,或各能去一病。如一卜卦工师中知之,除一祸祟之病;大医长于药方者,复除一病;刺工长刺经脉者,复除一病;或有复长于灸者,复除一病;或复有长于劾者,复除一病;或有长于祀者,复除一病;或有长于使神自导视鬼,复除一病。此有七人,各除一病。"①《太平经》称卜卦工师、大医、刺工、灸者、劾者、祀者、通神者为"七工师"。"七工师"是如何治病的?《太平经·灸刺诀》载:"直置一病人前……令众贤围而议其病,或有长于上,或有长于下,三百六十脉,各有可睹,取其行事。"②《太平经》说"令众贤围而议其病",即召集诸多医家巫者给病人治病,其中对治愈者的诊断和治疗方法,则记录以为"经书"。这实际是一种早期的会诊制。

《太平经》还记载了灸刺治病。《太平经·灸刺诀》曰:"灸刺者,所以调安三百六十脉,通阴阳之气而除害者也……灸者,太阳之精,公正之明也,所以察奸除恶害也;针者,少阴之精也,太白之光,所以用义斩伐也。"③灸刺,即针灸。所谓针法,是以针(或砭石)刺激人体穴位来治疗疾病;所谓灸法,指在人体表的特定部位放置药物,通过燃烧药物来达到治疗目的。《太平经》将针、灸说成"少阴之精"、"太阳之精"的相互驱使,对针灸也算是个独特的解释。

《太平经》记草木、生物。《太平经》载《草木方诀》一文,草木即本草。《太平经·草木方诀》曰:"草木有德有道而有官位者,乃能驱使也,名之为草木方,此谓神草木也……是乃救死生之术,不可不审详。"④《太平经》草木的分类,既按功能分为神草木、仙草木二类,又按疗效分为帝王草、大臣草、人民草三类。《太平经》又载《生物方诀》一文。《太平经·生物方诀》曰:"生物行精,谓飞步禽兽跂行之属,能立治病。禽者,天上神药在其身中,天使其圆方而行。"⑤在《太平经》中,草

①　王明校:《太平经合校》卷七十二,中华书局,1960年版,第293页。
②　王明校:《太平经合校》卷五十,中华书局,1960年版,第180页。
③　王明校:《太平经合校》卷五十,中华书局,1960年版,第179页。
④　王明校:《太平经合校》卷五十,中华书局,1960年版,第172页。
⑤　王明校:《太平经合校》卷五十,中华书局,1960年版,第173页。

木、生物还未合并为"本草"。

《太平经》载道教中的符。符被称为"丹明耀者,天刻之文字也",故也称为"天符"。符的分类按疗效分成天、地、人三类。符在疗疾时,不仅佩带,还要吞入腹中,《太平经》曰:"天符还精以丹书,书以入腹,当见腹中之文大吉,百邪去矣。"说吞符可以驱使鬼神、治病避邪。《太平经·要诀十九条》曰:"欲除疾病而大开道者,取诀于丹书吞字也。"吞字亦即吞符。吞符是有后遗症的。《世说新语·术解》记了这样一个案例:郗愔(东晋太尉郗鉴长子,王羲之的内弟)信道,常患腹内恶,诸医不可疗。闻道人于法开有名,往迎之。既来,合一剂汤与之。"一服即大下,去数段许纸,如拳大;剖看,乃先所服符也。"[1]

《太平经》载道教中的祝。《太平经》说:"天上有常神圣要语,时下授人以言,用使神吏应气而往来也。人民得之,谓为神祝也。"祝,《太平经》称为"神祝"。"神祝"为天神的要语,可使神吏"应气而往来"。祝为什么能除疾?《太平经·神祝文诀》的解释是:"此者,天上神语也,本以召呼神也,相名字时时下漏地,道人得知之,传以相语,故能以治病;如使行人之言,不能治愈病也。"[2]《太平经》说,祝是"天上神语",不是"行人之言",故"能以治病"。《太平经》不忘说,只有"道人"才能使用"神祝"治病。

《太平经》记载的厌固法。《太平经·方药厌固相治诀》曰:"今天师拘校诸方言:十十治愈者方,使天神治之也;十九治愈者方,使地神治之;十八治愈者方,使人精神治之。过此以下者,不可用也。愚生以为但得其厌固可畏者,能相治也;不得其厌固者,不能相治也。"[3]《太平经》似乎说,有些病方药能治,有些病厌固能治,这叫"方药、厌固"共治。厌固,抑制禁锢;似乎是用厌劾、厌胜之类法术消灾除病。

《太平经》于养生理论,提出了"守一"之法。《太平经·守一明法》曰:"夫一者,乃道之根也,气之始也,命之所系属,众心之主也。"联想到元气为万物之根,

---

① 刘义庆著:《世说新语》,岳麓书社,1989年版,第174页。
② 王明校:《太平经合校》卷五十,中华书局,1960年版,第181页。
③ 王明校:《太平经合校》卷九十三,王明编,中华书局,1960年版,第383页。

守一当为守元气。《太平经》又说:"人有一身,与精神常合并也……常合即为一,可以长存也。"①故《太平经》的"守一"之法,是"形神合一",即"守气而合神"。《太平经》曰:"守一之法,始思居闲处,宜重墙厚壁,不闻喧哗之音。""守一"的方法是:选择一清静之处,安坐或静卧,使心情安静,坚持数百日。

《太平经》又提出精、神、气三者"共一"说。《太平经·令人寿治平法》曰:"三气共一,为神根也。一为精,一为神,一为气,此三者,共一位也,本天地人之气,神者受之于天,精者受之于地,气者受之于中和,相与共为一道。故神者乘气而行,精者居其中也。三者相助为治,故人欲寿者,乃当爱气、尊神、重精也。"②精、气、神三者"共一",为"爱气、尊神、重精",乃《太平经》提倡的道教养生说。

《太平经》的道教医学,从人的形神相合出发,构筑了"气"致病、"神去"致病的病因说,提出草木方、生物方"能立治病",并在传统医药学基础上,增加了仙丹灵药、符水符咒、神祝厌胜之类巫医方法,它的核心内容还包括了服食、导引、外丹、内丹这些道家的养生学说。先秦以来医与巫的分离,在东汉的道教医学中,又重新合流在一起。

《周易参同契》的外丹说

《参同契》,旧题魏伯阳撰。《参同契》的传授有三说:按阴长生的序,徐从事传魏伯阳,魏伯阳再传淳于叔通。照《道藏》容字号无名氏的说法,凌阳子传徐从事,徐从事传淳于叔通,淳于叔通再传魏伯阳。按五代彭晓说,魏伯阳传徐从事,徐从事再传淳于叔通。三种传说可说明一个问题,《参同契》是经多人之手编撰而成的。淳于叔通、徐从事、魏伯阳都是东汉时人;因此,《参同契》成书于东汉,则是可以肯定的。

《参同契》的书名,以宋朱熹的解释最为通俗。朱熹《周易参同契考异》曰:

---

① 王明校:《太平经合校》卷一百三十七,中华书局,1960年版,第716页。
② 王明校:《太平经合校》卷一百五十四,中华书局,1960年版,第728页。

"参,杂也;同,通也;契,合也。谓与《周易》理通而义合也。"①"参同契"三字并不难理解,《韩非子·主道》曰:"形名参同","符契之所合"。云名副其实,若合符契。"参同契"三字或从《韩非子》这两句话而来。

《参同契》曰:"乾坤者,易之门户,众卦之父母。坎离匡郭,运毂正轴。"彭晓《周易参同契分章通真义》注:"以乾坤为鼎器,以坎离为匡郭,以水火为夫妻,以阴阳为龙虎。"匡郭,亦作匡廓,指轮廓、边廓。彭晓"以乾坤为鼎器","谓修金液还丹与造化同途"。宋王应麟《玉海》曰:"此书大要在坎离二字。"坎离,阴长生《周易参同契》注"坎为水,离为火"。阴长生以水火为坎离,符合外丹家炼丹之意。

葛洪说《参同契》,其实假借爻象(十二消息卦),以论作丹之意。这是指《参同契》的外丹说。道家以烹炼金石为外丹,说的是炼丹或炼金。秦汉方士海上求神仙的无效,方士转而自炼仙药,由此产生了炼丹术。炼丹术是从炼金术中转化而来的,故亦称作外丹术。外丹的含义较清晰,一般指用炉鼎烧炼矿石药物以成伪金,或作金丹。

《参同契》论炼丹目的。《参同契》曰:"巨胜尚延年,还丹可入口;金性不败朽,故为万物宝……金砂入五内,雾散若风雨。熏蒸达四肢,颜色悦泽好;发白皆变黑,齿落生旧所;老翁复丁壮,耆妪成姹女;改形免世厄,号之曰真人。"②(三十二——彭晓《周易参同契分章通真义》分章,下同。)巨胜,即胡麻,《神农本草经》说"久服轻身不老"。金砂,金指铅,砂指汞;铅汞合炼的金丹,"金性不败朽","还丹可入口"。故《参同契》曰:"金来归性初,乃得称还丹"。"金砂入五内",炼丹的目的就是服食,欲"寿命得长久"。能服食的"金丹"或"金液之药",都是有毒的,所以有"改形免世厄"之说。

《参同契》论服食。《参同契》曰:"欲知服食法,事约而不繁。"(六十七)《参同契》说服食法很简单。"术士服食之,寿命得长久。"(三十二)《参同契》说服食金

---

① 彭晓等撰:《周易参同契古注集成》,上海古籍出版社,1990年版,第51页。
② 彭晓注:《周易参同契分章通真义》卷上,《道藏要集选刊》本,第9册,第46页。

丹寿命长久。《参同契》曰："夙夜不休，服食三载。轻举远游，跨火不焦，入水不濡，能存能亡，长乐无忧。"(二十八)《参同契》说服食三载可变作服食仙。

《参同契》论炼丹药物。《参同契》曰："若药物非种，名类不同；分刻参差，失其纪纲。"《参同契》说炼丹药物名类不同。《参同契》曰："偃月法炉鼎，白虎为熬枢。汞日为流珠，青龙与之俱。"(二十九)据阴长生的注，白虎喻铅、青龙喻汞。偃月，初三月光；炉鼎，炼丹炉鼎；熬枢，加热熬炼；流珠，炼出丹丸如珠。《参同契》记载了铅、汞、金、八石、金砂、胡粉、羌石胆、云母、礜石、硫黄、五石铜、硫黄等炼丹药物。

《参同契》论炼丹的变化。《参同契》曰："丹砂木精，得金乃并；金水合处，木火为侣。四者混沌，列为龙虎。"(七十六)丹砂为朱砂，今化学名硫化汞，砂中含汞，曰木精。《参同契》讲了丹砂(汞)遇金(铅)的变化。金水、木火"四者"，变为"龙虎"二者。龙指汞，虎指铅；《参同契》所论，乃铅汞之变。

《参同契》曰："河上姹女，灵而最神，得火则飞，不见埃尘，鬼隐龙匿，莫知所存，将欲制之，黄芽为根。"(七十二)河上姹女，真汞；黄芽，真铅。《参同契》讲了汞"得火则飞"，可以使用黄芽(硫磺铅)来化合。

《参同契》曰："金计有十五，水数亦如之。临炉定铢两，五分水有余；二者以为真，金重如本初。其三遂不入，火二与之俱；三物相合受，变化状若神。下有太阳气，伏蒸须臾间；先液而后凝，号曰黄舆焉。"(三十七)"金计有十五，水数亦如之。"阴长生注："水成数六，金成数九，六九相计，共成十五。举其阴阳，非斤两之也。"《参同契》讲炼丹铢两，"五分水有余"。阴长生注："十分为一寸，一寸为一斤；即金有五分，余是水也。此为定数也。"知"五分"表示"金计有十五"的三分之一。"其三遂不入，火二与之俱"，金火木三物，被水火二者熬炼。铅入水遇火变汞，汞的变化"先液而后凝"，是名黄舆。黄舆，原指大地，这里指大地之精。名虽好听，却是毒物。故《参同契》接着说："岁月将欲讫，毁性伤寿年"。

《参同契》论炉。《参同契》曰："旁有垣阙，状似蓬壶，环匝关闭，四通踟蹰。守御密固，阏绝奸邪，曲阁相通，以戒不虞。"(二十六)《道藏》洞神部众术类载《庚道集》一书，记载了"造炉法"："砖先阁，起高一尺，便在上泥一级，高阔在人。第三级约高三尺。至底为风门，方圆一尺六寸。炉下一级安铁鼎。以上二级着火，下一尺空。脚左一门方，右一门圆，配之日月，所以门阔八寸。"①无论《参同契》如何说"状似蓬壶，环匝关闭"，看来还只是个砖砌的"土炉"，其作用还是"守御密固"。

《参同契》论鼎。《参同契》曰："圆三五，寸一分，口四八，两寸唇，长尺二，厚薄匀，腹齐三，坐垂温。"(《鼎器歌》)鼎有大小、外形之别。《道藏》洞神部众术类载《铅汞甲庚至宝集成》一书，记载了一个"上下鼎"，曰："下鼎身周十二寸，以应十二月；身长八寸，以应八节；上鼎身阔倍下鼎一倍，乃按二十四气"。古人总喜欢以类应、相合说事。

《参同契》是一部主要阐述外丹冶炼和内丹修炼的经典著作。书中虽然记载了外丹术的冶炼方法，但也存在着借内丹说以论养性延命的痕迹。《参同契》的内丹说，这里就不再赘述了。

最后，简单介绍一下《悬解集》一书，以见古人对丹毒的认识和处理方法。《悬解集》未著录作者，书成于唐大中九年乙亥岁(公元855年)。《悬解集》曰："汉安帝时有刘泓者，学至道弃官入山，后至延光元年十一月，九霄君来降，为悯道士不知烧丹正道，乃指陈至药之根源，分别杂丹之门户，并解金石毒守仙丸方，传付于泓。""延光元年十一月"，东汉安帝刘祜的第五个年号。"九霄君来降"，假托神人之说。九霄君提"烧丹正道"，从下文他对服饵金丹的认识上看，倒是值得肯定的。

《悬解集》载："九霄君谓刘泓曰：夫学炼金液还丹并服丹砂、硫黄兼诸乳石等药……并不悟金丹并诸石药各有本性，怀大毒在其中，道士服之，从羲、轩以来，万不存一，未有不死者。"②九霄君谓金丹并诸石药各有大毒性，道士服后未有不死之人。九霄君说金丹入人体内，可导致"干人血液"，令人"纯阳气不全"，故不可服用。

---

① 不著撰人：《庚道集》卷八，《道藏要集选刊》本，第9册，第118页。
② 不著撰人：《悬解集》，《道藏要籍选刊》本，第9册，第193页。

《悬解集》又载："假如先贤炼秋石，秋石以地霜结为石，能引生汞，亦能制金石毒，亦能壮金石毒，如有服者，中路毒发，不可禁止，必见死矣。纵不死者，亦卒患恶疮，此为先兆也。秋石云解毒，且见朱砂及粉霜并硫黄等被秋石制服，岂能解毒矣。"九霄君又谓秋石无法解毒，他推荐了一个含余甘子、覆盆子、菟丝子、五味子、车前子的"守仙五子丸方"，欲解曾服金丹及诸石的余毒。《悬解集》曰："但无修丹之法，今不书去繁也。"九霄君的"五子草药"方，《悬解集》的"无修丹之法"说，均被淹没在道士炉鼎的烟燎中。

第二节　道教方技

两晋南北朝隋唐时期的道教方技，是一个很大的课题。在这个课题下，道教中的神仙学说、养生学说，占据了较重的位置。本节选取了几位道教大家的著作，来研究这一时期的道教方技。

魏华存的《黄庭内景经》，是修炼内丹者必读的道教要籍，书中讲了"三黄庭"、"三丹田"、"二十四真气"，并在这些名词下，阐述了道教的服气术。

葛洪的《抱朴子内篇》，记载了神仙家的炼丹术。葛洪对炼丹的组方、炼丹的变化过程，均作了详尽的记录，但他对丹毒危害性的记载，更应引起后人的重视。

陶弘景的《养性延命录》，分"养性"为食诫、杂戒忌、服气、导引、御女等五个专题，辑录了道教众多的养生之术；其服气疗病说、房中说等内容，与葛洪所说又有所不同。

司马承祯的《修真精义杂论》，主张修真以疗疾；他提出了"以药代谷"的修真之道，建立了道教医学养生理论。

钟离权、吕岩，道教中传说的"八仙"人物，他们的《钟吕传道集》，系统论述了内丹术的十八个问题。

魏华存的"黄庭"之说

魏华存,字贤安,任城(今山东省济宁市)人。生于三国魏嘉平四年(公元 252 年),卒于晋成帝咸和九年(公元 334 年),时年八十三。其父魏舒,字阳元,官至太仆射,与山涛、张华齐名,入《晋书》列传。魏华存一生好道,被尊为魏夫人。

据《南岳魏夫人传》记载:魏华存"幼而好道,静默恭谨",喜读《庄子》、《老子》、《春秋三传》、《五经》及诸子百书,常服胡麻散及吐纳气液。年二十四,嫁给河南修武县令刘文,生二子,长曰璞,次曰瑕。婚后,魏华存加入了被称为"神真之道"的天师道,拜清虚真人王褒为师,曾做过"女官祭酒"。传说王褒授予魏华存相宅、相马、神仙等道经三十一卷,景林真人又授予魏华存《黄庭内景经》底本。

《云笈七签》卷十一、卷十二全文收录了《上清黄庭内景经》,题"扶桑大帝君命旸谷神仙王传魏夫人",唐务成子注叙。此书"上清"二字,或后人所加。据专家考证,《黄庭内景经》成书约在晋太康九年(公元 288 年),它的草本早于魏华存出世之前已经成型。王明先生说:"黄庭思想,魏晋之际,已渐流行,修道之士,或有秘藏之《黄庭》草篇,夫人得之,详加研审,撰为定本,并予注述;或有道士口授,夫人记录,详加诠次。"[①]《黄庭内景经》的作者众说纷纭,或谓魏华存作,或谓杨羲作,或谓许谧作。王明先生谓《黄庭内景经》的最后成书,是由魏华存完成的,自是《黄庭内景经》日渐流行。

《黄庭内景经》是修炼内丹者必读的道教要籍,全书以七言韵语写成,语言文字也特别地隐晦玄秘。《云笈七签》所载的《上清黄庭内景经》,全书已分三十六章,取前二字作章名。书名"黄庭内景",据务成子释义:黄者喻"中央";庭者喻"四方";内者,心也;景者,象也;外者喻日月星辰云霞之象;内者喻血肉筋骨脏腑之象。《淮南子·天文训》又解:"方者主幽,圆者主明。明者,吐气者也,是故火

---

① 　王明著:《道家和道教思想研究》,中国社会科学出版社,1984 年版,第 1 册,第 322 页。

曰外景；幽者，含气者也，是故水曰内景。"①据《淮南子》解释，内景指含气者，外景指吐气者。

一家学说自有一家专用名词。如医家专说"藏象"、"经络"、"气血"、"津液"，阴阳家专说"九野"、"八风"、"五星"、"二十八宿"，历家专说"上元积年"、"月行迟疾"、"日躔"、"月离"，术家专说"遁甲"、"六壬"、"太乙"、"四柱"，炼丹家专说"炉鼎"、"药物"、"火候"、"金丹"等。《黄庭内景经》书中的核心词汇是："三黄庭"、"三丹田"、"二十四真"。

"三黄庭"：《黄庭内景经·黄庭章第四》（以下只注篇目）曰："黄庭内人服锦衣。"务成子注："自脐后三寸皆号黄庭。"将黄庭定位"脐后三寸"。后人又有"脑为上黄庭，心为中黄庭，脐为下黄庭"之说。今人王明《黄庭经考·释题》说："按黄庭三宫，上宫脑中，中宫心中，下宫脾中。""三黄庭"的部位，并无统一说法，可肯定的是将人体分上、中、下三部。所谓黄庭内景，即"心居身内，存观一体之象色"。

与"黄庭"相关，《黄庭内景经》书中也提到"丹田"一词。《上有章第二》曰："回紫抱黄入丹田。"回紫抱黄，指气凝如紫，充盈丹田，黄铅生矣。务成子注："丹田：上丹田；在两眉间却入三寸之宫，即上元真一所居也。"②上丹田不在头顶，不在两眉间，而在两眉间入内三寸，即脑海内。中丹田在脐之上、心之下，又名黄庭宫也。下丹田在脐之下，又在脐、肾之间也。上丹田、中丹田、下丹田，合称三丹田。三丹田的部位，也无统一的说法。务成子指出了三黄庭、三丹田的区别：三黄庭，"人身备有之"；三丹田，"故以气言之"。

《黄庭内景经》将人体的五脏六腑完全拟神化。《至道章第七》曰："至道不烦决存真，泥丸百节皆有神：发神苍华字太元，脑神精根字泥丸，眼神明上字英玄，鼻神玉垄字灵坚，耳神空闲字幽田，舌神通命字正伦，齿神崿峰字罗千。一面之神宗泥丸，泥丸九真皆有房。"③面部列出了七神；"泥丸九真"又说脑部有九神。

① 刘安撰：《淮南鸿烈解》卷五，《道藏要籍选刊》本，第 5 册，第 20 页。
② 见张君房辑：《云笈七签》卷十一，《道藏要籍选刊》本，第 1 册，第 68 页。
③ 见张君房辑：《云笈七签》卷十一，《道藏要籍选刊》本，第 1 册，第 71 页。

《心神章第八》曰："心神丹元字守灵,肺神皓华字虚成,肝神龙烟字含明……肾神玄冥字育婴,脾神常在字魂停,胆神龙曜字威明。六腑五藏神体精,皆在心内运天经。"①身部列出了六神,合面部七神,共十三神。故务成子注:"其经有十三神,皆身中之内景名字"。

"二十四真":《治生章第二十三》曰:"兼行形中八景神,二十四真出自然。"《黄庭内景经》将人体分为上、中、下三部,每部各有八景,合为"二十四真"。"二十四真",即"二十四真气",亦被说成二十四神。《黄庭内景经》视人体内的"八景神"、"二十四真","皆自然之道气也"。《黄庭内景经》讲"天有二十四真气",人亦有二十四真气;人以黄庭为枢纽,存思黄庭,炼养丹田,将人身"自然之道气",炼成人体内的精、气、神。

《黄庭内景经》又视人体内外存在相应关系。《肺部章第九》曰:"肺部之宫似华盖……外应中岳鼻齐位。"《心部章第十》曰:"心部之宫莲含华……外应口舌吐五华。"《肝部章第十一》曰:"肝部之宫翠重里……外应眼目日月清。"《肾部章第十二》曰:"肾部之宫玄阙圆……外应两耳百液津。"《脾部章第十三》曰:"脾部之宫属戊己……外应尺宅气色芳。"《胆部章第十四》曰:"胆部之宫六府精……外应眼童鼻柱间。"务成子说《黄庭内景经》记载的六腑,"异于常六府也",即非大肠、小肠、胆、胃、膀胱、三焦之六腑,而是指肺、心、肝、肾、脾、胆。《黄庭内景经》说六腑各有外应,实际是说:肺部外应鼻,心部外应口舌,肝部外应眼目,肾部外应两耳,脾部外应尺宅(颜面),胆部外应眼童(眉目之间)。有了这个外应关系,《黄庭内景经》就说可炼外以应内。

五脏六腑,《黄庭内景经》主张"以脾为主"。《隐藏章第三十五》曰:"是谓脾建在中宫,五藏六府神明主。"务成子注:"脾主中宫土德,以脾为主。"《黄庭内景经》非常重视脾的功能,说脾起消谷散气、主调百谷、辟却虚赢的作用。《隐藏章第三十五》曰:"脾神还归是胃家,耽养灵根不复枯;闭塞命门保玉都,万神方祚寿

---

① 见张君房辑:《云笈七签》卷十一,《道藏要籍选刊》本,第1册,第71页。

有余……脾救七窍去不祥,通利血脉五藏丰。"①《黄庭内景经》说脾有"耽养灵根"、"闭塞命门"、"通利血脉"的功能。务成子看到《黄庭内景经》对脾的重视,故注:"脾为黄庭、命门、明堂。"②"脾神还归是胃家",《黄庭内景经》将脾和胃联系起来的提法,对医家也是一个启示。

《黄庭内景经》论服气术的目的:

其一,服气为却病延年。《上清章第一》曰:"咏之万过升三天,千灾以消百病痊,不惮虎狼之凶残,亦以却老年永延。"③《呼吸章第二十》曰:"呼吸元气以求仙。"④在消病、却老、延年等词汇之下,《黄庭内景经》说的还是求神仙。

其二,服气为守精长寿。《琼室章第二十一》曰:"专闭御景乃长宁。"务成子注:"专闭情欲。"⑤《常念章第二十二》曰:"急守精室勿妄泄,闭而宝之可长活。"务成子注:"精室谓三丹田。""积精之所致也。"⑥《黄庭内景经》说:积精闭欲,乃可长寿。

其三,服气为服丹之佐。《肝气章第三十三》曰:"百二十年犹可还,过此守道诚独难,唯待九转八琼丹,要复精思存七元。"务成子注:"七元者,谓七星及七窍之真神也。"《黄庭内景经》说:服气可得长寿百二十年,过此唯待服丹,服气为服丹之佐。这一说法前承《参同契》,后为葛洪传其说。

《黄庭内景经》强调了服气术对人体的作用。这种学说进一步的发展,导致了陶弘景提出服气疗病说,导致了《诸病源候论》提出服气导引却病。而正是由于《黄庭内景经》的这些学说夸大了服气术的作用,恰恰导致人们忽略了对这些学说本身的验证。

《黄庭内景经》在炼丹说之外,另行建立了一套服气养生理论。正是在"求仙"、"长寿"的目的下,《黄庭内景经》构筑了服气术的理论体系,肯定服气术可代

---

① 见张君房辑:《云笈七签》卷十二,《道藏要籍选刊》本,第1册,第89页。
② 见张君房辑:《云笈七签》卷十一,《道藏要籍选刊》本,第1册,第64页。
③ 见张君房辑:《云笈七签》卷十一,《道藏要籍选刊》本,第1册,第67页。
④ 见张君房辑:《云笈七签》卷十一,《道藏要籍选刊》本,第1册,第79页。
⑤⑥ 见张君房辑:《云笈七签》卷十一,《道藏要籍选刊》本,第1册,第81页。

替神仙术，为后世内丹派造说之先声。

葛洪的金丹之说

葛洪，字稚川，丹阳句容（今属江苏省）人。生于晋武帝太康四年（公元 283 年），卒于康帝建元元年（公元 343 年），时年六十一。

葛洪早年习儒不成，又不喜欢术数，后转而学神仙方技。葛洪说他的《抱朴子内篇》，"皆上圣之至言，方术之实录也"。葛洪数次提到的《抱朴子内篇》，这是一本记录早期金丹、仙药、黄白、房中、吐纳、导引、禁咒、符箓之书。我们这里主要根据《抱朴子内篇》中的《仙药》、《金丹》、《黄白》三篇，看一下葛洪对炼丹术的记载。

葛洪对仙药的分类与《神农本草经》有些区别。《神农本草经》将药分三品，列丹砂以下一百二十种为上药，雄黄以下一百二十种为中药，石灰石以下一百二十种为下药。《仙药》将雄黄、石硫黄、石脑等《神农本草经》的中药、下药，均列为"仙药"上品。葛洪对仙药有两个概念，一是可直接服食的，如"五芝"等；一是可"炼而服之"的药物，如丹砂、雄黄等。葛洪是将与服食、炼丹有关的药物，统统称为仙药。

《仙药》中的药物，因大多取之《神农本草经》，这些药名还是常见的。但《抱朴子内篇》中有些"仙药"的名字，却是非常隐晦玄秘。如《金丹》中，葛洪开了一个"太乙所服金液方"："合之用古秤黄金一斤，并用玄明龙膏、太乙旬首中石、冰石、紫游女、玄水液、金化石、丹砂，封之成水。"①八味药中，玄明龙膏、太乙旬首中石、紫游女、玄水液四味药名，最不好理解。唐梅彪《石药尔雅》载：水银，"一名玄水龙膏"。雄黄，"一名太旬首中石"。紫石英，"一名紫女"。磁石，"一名玄水石"。据此知葛洪记录的"太乙所服金液方"中八药为：黄金一斤，并用水银、雄黄、冰石、紫石英、磁石、金化石、丹砂。

---

① 王明著：《抱朴子内篇校释》卷之四，中华书局，1986 年版，第 82 页。

炼丹的主要工具是丹炉和丹鼎。《黄白》载："作铁筒长九寸,径五寸,捣雄黄三斤,蚓蝼壤等分,作合以为泥,涂裹使径三寸,匮口四寸,加丹砂水二合,覆马通火上,令极乾(干)。"①铁筒内套铜筒,虽名为炉,更像是鼎。《黄白》所记载的炼丹工具是非常简陋的,与彼时国家天文台使用的"璇玑玉衡"比较,炼丹士确实无法得到更精密的工具。这一点很清楚:天文学是官学,起源早,多可验,得到国家力量的扶持;炼丹术是私学,起源晚,多无验,只是散落在民间各地。

丹炉的制造需要耐火材料。《黄白》载："作大铁筒成,中一尺二寸,高一尺二寸。作小铁筒成,中六寸,莹磨之。赤石脂一斤,消石一斤,云母一斤,代赭一斤,流黄半斤,空青四两,凝水石一斤,皆合捣细筛,以醯和,涂之小筒中,厚二分。"②醯,本意指醋,这里或指酒。《黄白》记载的"涂之小筒中"的配方,是耐火材料"六一泥"的一个配方。宋吴悮《丹房须知·药泥》载："黄土、蚌粉、石灰、赤石脂、石盐,右六味各一两为末,水调用之,名六一泥。"③这是"六一泥"的又一配方。《丹房须知》"六一泥"的配方,少了一味,且"各一两为末"也不合常理,还是《黄白》记载的配方斤两准确些。

《金丹》曰："长生之道,不在祭祀事鬼神也,不在道(导)引与屈伸也,升仙之要,在神丹也。"④葛洪称"金丹"为"神丹"。葛洪引《黄帝九鼎神丹经》曰："虽呼吸道(导)引,及服草木之药,可得延年,不免于死也;服神丹令人寿无穷已,与天地相毕,乘云驾龙,上下太清。"⑤葛洪的见识还停留在秦汉方士入海求仙药之时,唯一的变化,在方士入海求仙药不得后,他要通过炼"神丹"求得仙药。葛洪反对偏修一术,他看重的只是"以药物养身,以术数延命"。但葛洪强调:"不得金丹,但服草木之药及修小术者,可以延年迟死耳,不得仙也。"

葛洪说:"余考览养性之书,鸠集久视之方……莫不皆以还丹、金液为大要者

①　王明著:《抱朴子内篇校释》卷之十六,中华书局,1986 年版,第 291 页。
②　王明著:《抱朴子内篇校释》卷之十六,中华书局,1986 年版,第 290 页。
③　吴悮:《丹房须知》,《道藏要籍选刊》本,第 9 册,第 207 页。
④　王明著:《抱朴子内篇校释》卷之四,中华书局,1986 年版,第 77 页。
⑤　王明著:《抱朴子内篇校释》卷之四,中华书局,1986 年版,第 74 页。

焉。然则此二事,盖仙道之极也,服此而不仙则古来无仙矣。"①葛洪说神仙家的炼丹术,一为"还丹",二为"金液",仅此二事。《金丹》曰:"夫金丹之为物,烧之愈久,变化愈妙。黄金入火,百炼不消,埋之毕天不朽。服此二物,炼人身体,故能令人不老不死。"葛洪说的"二物",金丹、黄金而已。金丹"烧之愈久,变化愈妙";黄金"百炼不消",千年不朽。所以,葛洪说服此二物,"故能令人不老不死"。

葛洪又曰:"为神丹既成,不但长生,又可以作黄金。"葛洪说过"合金液唯金为难得耳",故"作黄金"似乎是指炼"金液"。《金丹》记"金液为威喜巨胜之法":"取金液及水银一味合煮之,三十日出,以黄土瓯盛,以六一泥封,置猛火炊之,六十时,皆化为丹,服如小豆大,便仙,以此丹一刀圭粉,水银一斤,即成银。又取此丹一斤置火上扇之,化为赤金而流,名曰丹金。以涂刀剑,辟兵万里。以此丹金为盘椀,饮食其中,令人长生。"②"丹金","化为赤金而流",可能是一种金银合成液体。

金液或直接服饵。《金丹》记"小饵黄金法":"炼金内清酒中,约二百过,出入即沸矣,握之出指间令如泥,若不沸,及握之不出指间,即削之,内清酒中无数也。成,服之如弹丸一枚,亦可一丸,分为小丸,服之三十日,无寒温。"葛洪又曰:"金液太乙所服而仙者也,不减九丹矣。"③金液或间接服饵。《金丹》记"两仪子饵黄金法"曰:"猪负革脂三斤,淳苦酒一升,取黄金五两,置器中,煎之土炉,以金置脂中,百入百出,苦酒亦尔。"④猪脂、苦酒合黄金,煎而服食。炼丹可得神丹、可得金液,服食神丹金液令人长生,神丹金液还有除疾、避厄的作用,这些都是葛洪或说或记的。

葛洪引《仙经》曰:"服丹守一,与天相毕;还精胎息,延年无极。此皆至道要言也。"在葛洪看来,服食金丹可以与天地共存。服食神丹金液可得长生?旧题晋郑思远《真元妙道要略》记:"有用凡朱汞铅银,取抽台水银,号为天生牙,服而

①　王明著:《抱朴子内篇校释》卷之四,中华书局,1986年版,第70页。
②　王明著:《抱朴子内篇校释》卷之四,中华书局,1986年版,第83页。
③　王明著:《抱朴子内篇校释》卷之四,王明著,中华书局,1986年版,第86页。
④　王明著:《抱朴子内篇校释》卷之四,王明著,中华书局,1986年版,第87页。

死者。有用硫黄炒水银为灵砂,服而头破背裂者。""有炒黑铅为水铅……服而成劳疾者。"①郑思远已记服食这些神丹、大药,将导致"损身丧命"。炼丹者所炼的这些神丹、大药,郑思远早已指出皆是有毒的。葛洪对此也是十分清楚。《金丹》曰:"金液入口,则其身皆金色。"这是葛洪对人服食金丹中毒的记载。葛洪是知道"金丹"对人体的毒害性的,故《金丹》也提到一些特别的注意事项。如曰:"小儿不可服,不复长矣。"②《金丹》还提到了对丹毒的检验,是以动物为检验对象。《金丹》记"九丹者"曰:"第三之丹名曰神丹……以与六畜吞之,亦终不死。"③这是以六畜为检验对象。《金丹》记"石先生丹法"曰:"取鸟彀之未生毛羽者,以真丹和牛肉以吞之,至长,其毛羽皆赤。"④这是以雏鸟为检验对象。《金丹》记"王君丹法"曰:"巴沙及汞内鸡子中,漆合之……与新生鸡犬服之,皆不复大,鸟兽亦皆如此验。"⑤这是以鸡犬为检验对象。

《抱朴子内篇》对丹毒的处理方法,作了较多的记录。《抱朴子内篇》载:"先以三斤投水中";欲以水中浸泡解毒。又载:"曝之四十日";欲以曝晒数十日解毒。《抱朴子内篇》又载:"以兔血和丹与蜜蒸之,百日。服之如梧桐子者大一丸,日三,至百日。"⑥用兔血与蜜蒸煮,以解丹毒。其他诸如脂、漆、酒、果汁,也都是用以解丹毒之物。葛洪是一位积极炼丹者,对服药升仙深信不疑,当明知金丹有毒时,仍说"先服草本以救亏损",对如何解毒只提出这类不切实际的方法,直接导致后人对丹毒的危害性,更加掉以轻心。

陶弘景的"养性"术

陶弘景,字通明,自号华阳隐居,丹阳秣陵(今江苏省南京市)人。生于宋孝建三年(公元456年),卒于梁大同二年(公元536年)。陶弘景三十岁左右,拜东

---

① 郑思远著:《真元妙道要略》,《道藏要籍选刊》本,第9册,第173页。
②⑤ 王明著:《抱朴子内篇校释》卷之四,中华书局,1986年版,第82页。
③ 王明著:《抱朴子内篇校释》卷之四,中华书局,1986年版,第75页。
④ 王明著:《抱朴子内篇校释》卷之四,中华书局,1986年版,第80页。
⑥ 王明著:《抱朴子内篇校释》卷之四,中华书局,1986年版,第81页。

阳道士孙游岳为师,得受符图、经法、诰诀等。三十六岁时,脱去朝服挂在神武门上,上表辞职,南齐武帝诏许之。从此,陶弘景隐居在句容句曲山(今江苏省句容市茅山)上,后于天监四年(公元 505 年)移居积金东涧,修道不已,并首创了道教茅山派。

《养性延命录》上下二卷,陶弘景著,分教诫、食诫、杂戒忌、服气、导引、御女六篇。从《养性延命录》书名看,陶弘景对神仙之说是怀疑的,他宁可选择"养性延命"、"养性延年"这类词语。

《教诫篇》系总论,除引《神农经》、《庄子》、《列子》、《混元妙真经》等诸子百家论养生外,陶弘景引张湛《养生集叙》曰:"养生大要:一曰啬神,二曰爱气,三曰养形,四曰导引,五曰言语,六曰饮食,七曰房室,八曰反俗,九曰医药,十曰禁忌"。啬神:爱惜精神。

《食诫篇》是一篇讲食疗养生的专著。《食诫篇》载:"真人曰:虽常服药物而不知养性之术,亦难以长生也。养性之道,不欲饱食便卧及终日久坐,皆损寿也。"①陶弘景一反葛洪"长生之道"在于神丹说,而提"养性之道"在于食疗。《食诫篇》记食疗养生曰:"故人不要夜食,食毕但当行中庭,如数里可佳。饱食即卧生百病,不消成积聚也。"②《食诫篇》总结的食疗养生:"先饥乃食,先渴而饮。"除此之外,《食诫篇》还总结了数条,如曰:"食不欲过饱",不"冷食","食勿大语","勿食生鱼",不食内脏等。南北朝时期,佛教大兴,陶弘景本人也是一位佛、道双修者,《食诫篇》的内容,包含了佛教中的一些养生学说。

《杂诫忌禳害祈善篇》,杂记"养性延年"之忌宜。如载:"沐浴无常,不吉;夫妇同沐浴,不吉。"又载:"凡卧,春夏欲得头向东,秋冬欲得头向西,有所利益。屈膝侧卧,益人气力。头北卧,令人六神不安,多愁忘。"又载:"善梦可说,恶梦默之,则养性延年也。"③《杂诫忌禳害祈善篇》所记,有些养性延命之术还是值得推荐的。

---

① 　陶弘景集:《养性延命录》卷上,《道藏要籍选刊》本,第 9 册,第 400 页。
② 　陶弘景集:《养性延命录》卷上,《道藏要籍选刊》本,第 9 册,第 401 页。
③ 　陶弘景集:《养性延命录》卷上,《道藏要籍选刊》本,第 9 册,第 403 页。

《服气疗病篇》如篇目,说"服气疗病"。传统医学认为天有风寒暑湿燥火六气之淫,人有五脏六腑不足之气,故道教医学一直强调"服气疗病"。《服气疗病篇》载:"凡行气欲除百病,随所在作念之。头痛念头,足痛念足。"①陶弘景的"行气"除病法,是"头痛念头,足痛念足",这也是佛经所说的"系念法"。陶弘景总结了"六字吐气法"。《服气疗病篇》载:"纳气有一,吐气有六。纳气一者,谓吸也;吐气有六者,谓吹呼唏呵嘘呬,皆出气也。"②《服气疗病篇》认为,疗病"不须针药灸刺",只须"吹呼唏呵嘘呬",五脏病"无有不差"。陶弘景总结的"六字吐气法",就是指在吐气时,依照这六个不同的形声字,用最轻的声息,缓缓地把气从胸中吐出。其实,五脏病用"六字吐气法",是无法控制及治愈的。

《导引按摩篇》记载了华佗的"五禽戏"。《导引按摩篇》载:"一曰虎,二曰鹿,三曰熊,四曰猿,五曰鸟,亦以除疾,兼利手足。以常导引,体中不快,因起作一禽之戏……夫五禽戏法,任力为之,以汗出为度。"③"五禽戏",即如"熊经鸟伸"样模仿动物。其作用有二:"亦以除疾,兼利手足"。能否"除疾"不好说,"兼利手足"是有这个可能的。《庄子·刻意》曰:"吹呴呼吸,吐故纳新,熊经鸟伸,为寿而已矣。此道引之士、养形之人也。彭祖、寿考所好也。"④道引,即导引。庄子说:导引要结合"吹呴呼吸"。

《导引按摩篇》还记载了叩齿咽液法、握固法、按摩法等养生方法。《导引按摩篇》载叩齿咽液法:"叩齿三十六通,能至三百弥佳,令人齿坚不痛。次则以舌搅漱口中,津液满口咽之,三遍止。"⑤陶弘景认为叩齿咽液法,一为导引作准备,二可固齿,三可防治耳聋。《导引按摩篇》载握固法:"按经文:拘魂门,制魄户,名曰握固。"握固者,如婴儿之卷手。其法屈大拇指向手心,著四小指抱握在一起。《导引按摩篇》载按摩法,分局部和全身。局部按摩:"摩手令热,摩面从上至下,去邪气,令人面上有光彩。"全身按摩:"摩身体,从上至下,名曰干浴,令人胜风

① 陶弘景集:《养性延命录》卷下,《道藏要籍选刊》本,第9册,第403页。

② 陶弘景集:《养性延命录》卷下,《道藏要籍选刊》本,第9册,第404页。

③⑤ 陶弘景集:《养性延命录》卷下,《道藏要籍选刊》本,第9册,第405页。

④ 郭庆藩辑:《庄子集释》卷一上,中华书局,1961年版,第37页。

寒,时气热、头痛、百病皆除。"①《导引按摩篇》谓"导引诸脉,胜如汤药",也提出了导引能除病这个命题。

《御女损益篇》涉及了道教中的房中说。汉末魏晋南北朝,房中说盛行。葛洪《抱朴子内篇·释滞篇》曰:"房中之法十余家,或以补救伤损,或以攻治众病,或以采阴益阳,或以增年延寿,其大要在于还精补脑之一事耳。"②葛洪说房中之法十余家,房中之术百余事,其大要就在于还精补脑一说。对房中家的还精补脑说,葛洪还是深信不疑的。

《御女损益篇》载:"天老曰:人生俱含五常,形法复同,而有尊卑贵贱者,皆由父母合八星阴阳,阴阳不得其时中也。不合宿或得其时,人中上也。不合宿,不得其时,则为凡夫矣。"③原书注:"八星者,室参井鬼柳张心斗,月宿在此星,可以合阴阳求子。"天老,《博物志》所载是一位服气者。《汉志》载《天老杂子阴道》,是一部早已失传的房中著作。《御女损益篇》这段记载"天老"的话,是否《天老杂子阴道》的部分内容,自可怀疑。只是"天老"的话,讲了房中的禁忌,又讲"王相生气日",似《淮南子》之后语。

《御女损益篇》又记曰:"道人刘京云:春三日一施精,夏及秋一月再施精,冬常闭精勿施。"④陶弘景是在提醒"节欲"。《御女损益篇》又引道林曰:"命本者,房中之事也……房中之事,能生人,能煞人,譬如水火,知用之者,可以养生;不能用之者,立可死矣。"⑤陶弘景没有采编"还精补脑"、"以当导引"等房中说,而说"房中之事,能生人,能煞人"。对房中术,陶弘景是间接地作了批评。

司马承祯的"修真之道"

司马承祯,字紫微(后人多作"子微"),又字道隐,河内温县(今属河南省温县)人。托名天隐子,号白云子,谥真一先生。生于唐太宗贞观二十一年(公元

---

①⑤　陶弘景集:《养性延命录》卷下,《道藏要籍选刊》本,第9册,第405页。

②　王明著:《抱朴子内篇校释》卷之八,中华书局,1986年版,第150页。

③④　陶弘景集:《养性延命录》卷下,《道藏要籍选刊》本,第9册,第406页。

647年),卒于唐玄宗开元二十三年(公元735年)。

司马承祯号"著书八篇",主要著作有:《坐忘论》、《修真精义杂论》、《胎息精微论》、《服气精义论》等。《坐忘论》系司马承祯为阐述庄子的"坐忘"一词而作。司马承祯论述庄子的坐忘为不知不觉,万虑皆遗,一而言之,乃曰静。全书倡导的修道方法,仍是"断缘"、"收心"、"简事"、"真观"、"泰定"等。

《修真精义杂论》,分《导引论》、《符水论》、《服水绝谷法》、《服药论》、《慎忌论》、《五藏论》、《疗病论》、《病候论》等篇。司马承祯取"修真"作书名,即导引服气成仙之道。

司马承祯借助传统医学理论,解释了服气疗病的道理。司马承祯说五脏六腑之气,讲得较多的是荣卫之气。《导引论》曰:"脉经者,所以行血气也。故荣气者,所以通津血、益筋骨、利关隔也;卫气者,所以温肌肉、充皮肤、肥腠理、司关阖也。又浮气之修于经者,为卫气;其精气之行于经者,为荣气。阴阳相随,内外相贯,如环之无端也。"①荣气,《素问》、《灵枢》均作"营气"。《素问·痹论》曰:"营者,水谷之精气也。"又曰:"卫者,水谷之悍气也。"《灵枢·营卫生会》曰:"营卫者,精气也。"营气、卫气是什么?医家历来说法不一,《导引论》明确地说:外在的浮气,"修于经者为卫气";内在的精气,"行于经者为荣气"。司马承祯对卫气、荣气作了比一般医家更清楚的解释。

方技之书,除了阴阳五行四时,再就是气。司马承祯却重视水的作用。司马承祯说:"夫水者,元气之津,潜阳之润也,有形之类,莫不资焉。故水为气母,水洁则气清。气为形本,气和则形泰。虽身之荣卫,自有内液;而腹之脏腑,亦假外滋。"②《符水论》借"水",对"符"作了一个奇特的论述。司马承祯说:"符"是"神灵之书字","故神气存焉"。而水是"元气之津",水便起了一个"导符灵、助祝术"的作用。

"绝谷",或曰"辟谷",都是休粮断味的意思,道家以为养生延命之术。《服药

---

① 司马承祯述:《修真精义杂论》,《道藏要籍选刊》本,第9册,第285页。
② 司马承祯述:《修真精义杂论》,《道藏要籍选刊》本,第9册,第286页。

论》曰:"夫五藏通荣卫之气,六府资水谷之味,今既服气,则藏气之有余,又既绝谷,则府味之不足。《素问》曰:谷不入半日则气衰,一日则气少。故须诸药以代于谷,使气兼致藏府而全也。"①司马承祯深知"谷不入半日则气衰"。如何解决"绝谷"的这一难题?司马承祯提出了"以药代谷"。司马承祯的设想有二:一是用五脏荣卫之气代水谷之味,二是服水、兼服药物。司马承祯的"药",水与气也。

司马承祯提出修真以疗疾。《疗病论》曰:"凡欲疗疾,皆可以日出后,天气和静,面向日;在室中亦向日,存为之。平坐、临(瞑)目、握固,叩齿九通。存日赤晖紫芒,乃长引吸而咽之,存入所患之藏府。若非藏府之疾,是诸肢体筋骨者,亦宜先存入所主之藏也。"②与陶弘景总结的"吐气"不同,司马承祯所说的"乃长引吸而咽之","乃存其气","更吸而攻之",显然指的是"纳气"。

司马承祯将疾病分成脏腑之疾和诸肢体筋骨者。病脏腑之疾者,只需将气"存入所患之藏府"。病诸肢体筋骨之疾者,治法有二:一是"宜先存入所主之藏也";二是"应可导引者"。外病内治,本是传统医学的一个重要思想,但司马承祯提到人的肢体筋骨,存在着"所主之藏",通过治"所主之藏"而疗肢体筋骨之疾。这样的说法,我们还是不敢苟同。

《病候论》曰:"然且禀精结胎之初,各因四时之异,诞形立性之本,罕备五常之节。故躁扰多端,嗜欲增结;或积疴于受生之始,或致疾于役身之时。是故喜怒忧恐自内而成疾也,寒暑饮食自外而成病也。"③人为何得病?《病候论》讲了"受生之始"、"役身之时"、"喜怒忧恐自内"、"寒暑饮食自外"四个病因。对传统医学病因说,司马承祯也作了一些新的论说。

司马承祯晚年著《天隐子》一书曰:"易有渐卦,老氏有妙门,人之修真达性,不能顿悟,必须渐而进之,安而行之,故设渐门:一曰斋戒,二曰安处,三曰存想,四曰坐忘,五曰神解。何谓斋戒?曰澡身虚心。何谓安处?曰深居静室。何谓

---

① 司马承祯述:《修真精义杂论》,《道藏要籍选刊》本,第9册,第288页。
② 司马承祯述:《修真精义杂论》,《道藏要籍选刊》本,第9册,第290页。
③ 司马承祯述:《修真精义杂论》,《道藏要籍选刊》本,第9册,第291页。

存想？曰收心复性。何谓坐忘？曰遗形忘我。何谓神解？曰万法通神。"①司马
承祯主张一门一门渐次修炼，"至五，神仙成矣"。司马承祯曰："神仙亦人也，在
于修我虚气。""修我虚气"，《天隐子》序解曰："修炼形气，养和心虚"。司马承祯
的修真之道，就这八个字。

钟离权、吕岩的内丹学说

本节研究《钟吕传道集》，此书一般认为钟离权叙，吕岩集，施肩吾传。全书
采用"吕问钟答"这一问答形式，借用外丹术的术语，系统论述了内丹法的十八个
问题，这里抽几个问题看看。

《论天地第三》载：吕问：内丹炼法是如何运行大道、法效天机的？钟曰：元阳
在肾而生真气，真气朝心而生真水。真水，真阴也；真气，真阳也。真阴真阳，一
升一降。真阴（真水、肾气）"以中为度，自上而下"，随水下行；真阳（真气、心气）
"以中为度，自下而上"，随气上行。肾气、心气如此"上下往复"，谁能证之？施肩
吾《西山群仙会真记》曰："肾气交心气，以下而上，三阳气聚之时。""心气交肾气，
以上而下，三阴气聚之时。"②两书肾气、心气的"上下往复"，竟然是相反的。从
肾、心的位置而言，当以施肩吾《西山群仙会真记》所说为是。

《论五行第六》载吕曰：五行在人如何？钟曰：肾为水，心为火，肝为木，肺为
金，脾为土。以子母言之，五行相生；以夫妻言之，五行相克。《钟吕传道集》五脏
五行的配属，全同《素问》《难经》，无非是借医经以神其说而已。其曰"人之五
行"：五行相克，有"夫妇之理"；五行相生，有"子母之理"。《钟吕传道集》论"人之
五行"，实为解答心火如何下行，肾水如何上升。

《论五行第六》载："吕曰：心，火也；如何得火下行？肾，水也；如何得水上升？
脾，土也；土在中，而承火则盛，莫不下克于水乎？肺，金也；金在上，而下接火则

---

①　司马承祯述：《天隐子》，《道藏要籍选刊》本，第5册，第817页。
②　施肩吾著，《西山群仙会真记》，《中国养生大成》本，第32页。

损,安得有生于水乎？相生者递相间隔,相克者亲近难移,是此五行自相损克,为之奈何？"五脏五行,心火、肾水、脾土、肺金、肝木,吕岩漏说肝木。"钟曰:五行归原,一气接引。元阳升举而生真水,真水造化而生真气,真气造化而生阳神。始以五行定位,而有一夫一妇。肾水也,水中有金,金本生水,下手时要识水中金;水本嫌土,采药后须得土归水。"①《钟吕传道集》借"五行归原"、"五行定位",大谈真气、真水;其曰"五行自相损克",还是指五行的相生相克,但作了"相生者递相间隔,相克者亲近难移"的表述。

《论水火第七》载:"吕曰:肾水也,水中生气,名曰真火,火中何者为物？心火也。火中生液,名曰真水……二物交媾而变黄芽,数足胎完,以成大药,乃真龙、真虎者也。"②真水,即肾水,真龙;真火,即心火,真虎。《论水火第七》说完真水、真火还不够,还要说真龙、真虎。黄芽:原为外丹名词,云铅汞合炼而成铅华,名曰黄芽。内丹所谓"二物交媾而变黄芽",实指肾水上升心火下降而交合变成黄芽。黄芽亦成为内丹名词。

《论龙虎第八》载:"吕曰:肾水生气,气中有真一之水,名曰阴虎,虎见液相合也;心火生液,液中有正阳之气,名曰阳龙,龙见气相合也。"③《论龙虎第八》说:肾水生气,气中有真水,名曰阴虎。心火生液,液中有真气,名曰阳龙。阴虎、阳龙,即真虎、真龙,亦即真气、真水,这些是极易混淆的概念。吕岩此处说肾水阴虎、心火阳龙。吕岩对自己的解说是心存疑虑的,故追问:"龙虎者,何也？"钟离权答:"阳龙出在离宫真水之中","阴虎出在坎位真火之中"。钟离权说:阳龙真水、阴虎真火。由此可见,钟离权、吕岩两人对"龙虎"的论说是互相矛盾的,当以钟说为准。

《论丹药第九》载:"吕曰:敢告内药者可得闻乎？""钟曰:内丹之药材出于心肾,是人皆有也。内丹之药材本在天地,常日得见也。火候取日月往复之数,修

---

① 施肩吾传:《钟吕传道集》,《中国气功大成》本,第 523 页。
② 施肩吾传:《钟吕传道集》,《中国气功大成》本,第 525 页。
③ 施肩吾传:《钟吕传道集》,《中国气功大成》本,第 525—526 页。

合效夫妇交接之宜……是此内药,本于龙虎交而变黄芽,黄芽就而分铅汞。"①真气、真水,真虎、真龙,说到底是出于心肾,称内丹之药,名曰黄芽。"修合效夫妇交接之宜",与《论水火第七》说"二物交媾而变黄芽",一个意思。

《论铅汞第十》载:"吕曰:所谓内药之中,铅汞者何也?"外丹术的核心名词,铅汞二字。《论铅汞第十》再借外丹铅汞之名,作这样定义:"真气隐于人之内肾",谓铅;"心液之中正阳之气",谓汞。《论铅汞第十》又曰:"外药取砂中之汞,比于阳龙。用铅中之银,比于阴虎。"铅汞者名阴虎、阳龙,又名真铅、真汞,为内丹的"内药"。这里,吕岩将铅喻为阴虎,将汞喻为阳龙,按钟离权所说的标准,吕岩是说反了。正常的说法是:铅,隐于内肾,"气中之水是也",水中真龙;汞,心液之中,"水中之气是也",火中真虎。这里有个顺序问题,说"龙虎交",当指"肾水心火"交合,而说铅汞者,当指"心火肾水"交合。钟离权与施肩吾将肾气、心气的"上下往复",相反而说的原因,就在于此。

《论抽添第十一》载:吕问何谓抽添之理?"钟曰:既以采药为添汞,添汞须抽铅,所以抽添非在外也。自下田入上田,名曰肘后飞金晶,又曰起河车而走龙虎,又曰还精补脑而长生不死;铅既后抽,汞自中降。以中田还下田,始以龙虎交媾而变黄芽,是五行颠倒,此以抽铅添汞而养胎仙,是三田返复。"②抽添:自下田入上田,自上田降中田,以中田还下田,是谓"三田返复"。

《论还丹第十三》载:吕问何谓还丹?"钟曰:丹乃丹田也。丹田有三,上田神舍,中田气府,下田精区。精中生气,气在中丹;气中生神,神在上丹;真水真气,合而成精,精在下丹。"③《钟吕传道集》的精气神说,结合了三丹田说,精在中丹田生气,气在上丹田生神,神合真水真气还归下丹田成精。

《论朝元第十五》载:吕问何谓朝元?《钟吕传道集》说:炼功时,使五藏之气朝于中元,使五藏之液朝于下元,使"三阳"以朝上元,"是皆朝元者也"。此说五脏之气朝归三黄庭、三丹田(上元、中元、下元),谓之"朝元"。上元、中元、下元的

---

① 施肩吾传:《钟吕传道集》,《中国气功大成》本,第527页。
② 施肩吾传:《钟吕传道集》,《中国气功大成》本,第529页。
③ 施肩吾传:《钟吕传道集》,《中国气功大成》本,第531页。

选择，或以时间言之。《道枢·华阳篇》曰："于午之前静坐，鼻之中长引其气，自合于中元矣；于子之前静坐，敛身咽气，则自朝于下元矣；日出之前静坐，升身偃脊，则气自朝于上元矣。"①朝元的概念，《道枢·华阳篇》记载的更加清楚。

《论内观第十六》载："吕曰：所谓存想内观，大略如何？"②钟曰：如阳升也，多想为男，为龙等，以应阳升之象也；如阴降也，多想为女，为虎等，以应阴降之象也。"呼名此类，不可具述，皆以无中立象，以定神识。"存想内观，本是佛教中的禅观法，《钟吕传道集》插入了阳升阴降的概念，但作了"无中立象，以定神识"的总结。

《论证验第十八》载："吕曰：所谓法者有数乎？""钟曰：法有十二科：匹配阴阳第一，聚散水火第二，交媾龙虎第三，烧炼丹药第四，肘后飞金晶第五，玉液还丹第六，玉液炼形第七，金液还丹第八，金液炼形第九，朝元炼气第十，内观交换第十一，超脱分形第十二。"③是《钟吕传道集》内丹之道，分"十二法"。

第三节　道教外丹术

《铅汞甲庚至宝集成》一书，这是一本由多部道家炼丹典籍汇集而成的著作，非一人一时之作，其成书或许历经唐宋元明数代。铅汞、甲庚，外丹术中炼铅成汞、点汞成金之义。本节仅对《铅汞甲庚至宝集成》的部分内容，随文作些解读。

《云笈七签》是一部道教类书，日月星辰、洞天府地、外丹内丹、方药符图等，无所不包。我们知道，道教中的内丹派借用了外丹之辞，以人体为鼎炉，以真铅、真汞为药物；从《云笈七签》所载真铅、真汞看，道教中的外丹派也借用了内丹之喻。本节研究《云笈七签》外丹部分所说的真铅、真汞。

① 曾慥集：《道枢》卷十，《道藏要籍选刊》本，第10册，第420页。
② 施肩吾传：《钟吕传道集》，《中国气功大成》本，第536页。
③ 施肩吾传：《钟吕传道集》，《中国气功大成》本，第539页。

《铅汞甲庚至宝集成》记载的外丹术

《铅汞甲庚至宝集成》五卷，《正统道藏》收入洞神部众术类"馨"字号，未著编者。

书名《铅汞甲庚至宝集成》（以下简称《铅汞集成》）。"铅汞"二字，《抱朴子·黄白篇》曰："铅性白也，而赤之以为丹；丹性赤也，而白之而为铅。"这是说铅性白色，积久而变成赤色的铅丹，铅丹则可以变还为铅白。而赤色的铅丹，经加热烧炼，可炼出水银（汞）。铅者，"原于丹砂"，取而"煅（同锻）出精液"成汞。此即为外丹术中的铅汞之义。

甲庚：系"甲木庚金"之义。《云笈七签》载："经曰：甲者木，火之祖。其数三，成数九；正位生于东方，青；寄位丙丁，万物之师。"①《庚道集》卷八《铸鼎法》载："老君曰：其甲庚之元，号曰青金。"阴阳五行家有"甲一为木，庚七为金"之说，木为青，故曰青金。所以"铅汞甲庚"之"甲庚"二字，必为"甲木庚金"之义。

《铅汞集成》的作者。因《铅汞集成》卷一《涌泉匮法丹序》篇末题："是云岁次丙辰迎富日，知一子赵耐庵书"。《铅汞集成》卷二《太上圣祖金丹秘诀》篇末题："大唐元和三年戊申甲子月壬申日，金华洞清虚子撰"。故说者或以为赵耐庵撰，或以为清虚子撰。《铅汞集成》的成书，说者更是纷纭。从《铅汞集成》一书为道家编纂的多部丹经的汇编看，《铅汞集成》的作者，非赵耐庵或清虚子一人；《铅汞集成》的成书，也非仅在一时，或许历经唐宋元明数代。本节不涉及此类争议，仅对《铅汞集成》的部分内容，随文作些解读。

《铅汞集成》卷一载《涌泉匮法丹序》。

《涌泉匮法丹序》曰："物之有能制伏者。《本草·玉石部》中有硫黄乾汞，所以作灵砂者，以二八为阴，三九为阳。古之以水银八两，硫黄二两，为一鼎，水火

---

① 张君房辑：《云笈七签》卷六十三，《道藏要集选刊》本，第 1 册，第 447 页。

既济而抽之。其有以硫黄三两,水银九两,为阳而抽之,以治病也。"①

匮,同柜,指贮藏丹药的合子,也叫"养火合子"。"养火合子"内引出一导管,加热后有药液流出,不作高喷,故称涌泉匮。匮,因制作材料不同,有玉田匮、龙虎匮、丹阳匮、元阳匮、太阳匮、纯阳匮、灵圣匮、朱灵匮等各种名称。

乾汞:《铅汞集成》几处记载了"乾汞"一词。《铅汞集成》卷一《涌泉匮法丹序》曰:"世有术士,能乾汞母砂,而成真银。"《铅汞集成》卷三《日华子口诀》载:"伏火雄黄乾汞第十一","紫金还丹乾汞成金第十三。"乾汞,作为一个专用名词,主要出现在《铅汞集成》卷一和卷三中,均为铅汞之意。

灵砂:硫磺与汞生成硫化汞,又称灵砂、辰砂、丹砂、赤丹等。灵砂是有毒的。《真元妙道要略》曰:"有用硫黄炒水银为灵砂,服而头破背裂者。"②《真元妙道要略》托名晋郑思远著,约成书在中唐时,记灵砂名还无其方。《涌泉匮法丹序》记载了制作灵砂的两个古方,一曰"古之以水银八两,硫黄二两";一曰"其有以硫黄三两,水银九两"。并曰:"以二八为阴,三九为阳。"这种以配伍比例而分阴阳的说法,指出了两种配方的结果极不相同。《涌泉匮法丹序》说所以作灵砂者,"水火既济而抽之"。水火二者相互为用,故称"水火既济"。"抽",就是经蒸馏后提取成品的意思。《铅汞集成》是说灵砂为"抽之"的制成品。

《铅汞集成》卷一载《见宝灵砂浇淋长生涌泉匮》。

《见宝灵砂浇淋长生涌泉匮》曰:"以水火鼎一付,可容十五两者,各先用水于内,经一宿试之。试之无渗漏了,烘干,用生姜擂自然汁,涂焙数徧(遍)。火鼎外以铁线穿耳。"③

水火鼎:火法炼丹中的一种溶器,由火鼎、水鼎两部分组成。火鼎用于加热,水鼎用于冷却。若是上水鼎下火鼎悬挂,因与既济卦相对应,称作既济式,也叫阳鼎;若是上火鼎下水鼎悬挂,则是未济式,也叫阴鼎。《铅汞集成》卷三《子午灵

---

① 佚名撰:《铅汞甲庚至宝集成》卷一,《道藏要籍选刊》本,第 9 册,第 135 页。
② 题郑思远撰:《真元妙道要略》,《道藏要籍选刊》本,第 9 册,第 173 页。
③ 佚名撰:《铅汞甲庚至宝集成》卷一,《道藏要籍选刊》本,第 9 册,第 136 页。

砂法》也记载了一个上下鼎，与水火鼎极其相似。其曰："上鼎身阔，倍下鼎一倍，乃按二十四气……上鼎围阔二十四寸，下作三级，与鼎唇口三级相合。下鼎长八寸，身围十二寸，唇三级，与上鼎覆下三级相合，不得差殊。此鼎不用足，别打铁围令厚。以三钉钉作三足，钉可以大拇指厚，高二寸半。"①《子午灵砂法》记载的上下鼎，上鼎身长八寸，阔二十四寸；下鼎身长亦八寸，但身围仅十二寸。

《见宝灵砂浇淋长生涌泉匮》曰："五、砖砌四方炉一个，深六寸，内阔一尺，四面着底，留风门各一寸。按地风井卦。炉内钉三台丁，各长五寸，钉二寸入地，留三寸高，阁鼎子。先以水鼎量水七鼎，备坚炭十斤。先以火烧炉内，无湿气。鼎上挂救命钩索一条，挂鼎。"

既得鼎，需制炉。炉者，盛放燃料，提供火源，炼丹家名丹炉。丹炉升火，留钉三寸，火炉在下，水鼎在上。《铅汞集成》卷三载《子午灵砂法》，也记载了阴阳二炉。曰："次作阴阳二炉。阴炉凿地作坑，埋一瓶，瓶口如大鼎，复大埋在地，与瓶口平。次作余土筑四边，如无地相似。一阳炉，只平地垒成。及以六十两药，入在鼎内；用赤石脂调稀泥，涂上下鼎三级，方搽合；以铁线贯耳，固济。"②凿地作坑，阴炉；只平地垒成，阳炉。固济，谓黏合连结。

《铅汞集成》卷一载《圣鼎长生涌泉匮法》。

《圣鼎长生涌泉匮法》载"合下火法"："常以四两火，于合盖上铺之。又用热灰盖之，不令死灭。以草心试之，如火灭，再又添火。用卯酉二时加火，二日一次换之；如此养火七日。后加火半斤，养之二七日。后加火一斤，三七日。火满加火一斤，半日满。将灰净去，用炭一十斤，缎之顶火烧。候冷开合取之……直至伏火则止。"③

伏火法，以"热灰盖之，不令死灭"。如此数日，亦称"养火"。"用卯酉二时加火"，当一日二次添火；再"二日一次换之"。伏：火法炼丹一种方法。火法炼丹大

---

① 佚名撰：《铅汞甲庚至宝集成》卷三，《道藏要籍选刊》本，第 9 册，第 148—149 页。
② 佚名撰：《铅汞甲庚至宝集成》卷三，《道藏要籍选刊》本，第 9 册，第 149 页。
③ 佚名撰：《铅汞甲庚至宝集成》卷一，《道藏要籍选刊》本，第 9 册，第 139 页。

致包括煅（高温加热）、养（低温加热）、炼（烧制干燥）、炙（局部烘烤）、熔（熔化熔解）、抽（蒸馏提取）、飞（气体升华）、伏（加热使丹药变性）、淋（过滤）、浇（冷却）、蒸（蒸气加热）、煮（水煮加热）等方法。伏法，使丹药变性，主要是为了去毒，故曰制伏。

《铅汞集成》卷二载《太上圣祖金丹秘诀》。

《太上圣祖金丹秘诀》载"伏火矾法"：硫黄二两、硝石二两、炭（马兜铃三钱半燃烧而成），实即黑色火药之配方。唐孙思邈有"伏硫黄法"：硫黄、硝石各二两，研成粉末放石锅中，用皂角（含碳）三个引火，使硫和硝起火燃烧，火熄后再用生熟木炭三斤来拌炒，到炭消三分之一为止。《太上圣祖金丹秘诀》卷末题："大唐元和三年戊申甲子月壬申日，金华洞清虚子撰。"按今日所编的纪年表，元和三年（公元 808 年）为戊子年，此处"戊申"或为"戊子"。我国无一部历法沿用至今，且不说设元的不同，其间又经过无数次的改历，故我们不能用今日《万年历》，去查元和三年"甲子月"有无"壬申日"。可以肯定的是，炼丹师清虚子，于元和三年记载了中国已发明火药。

《铅汞集成》卷三载《子午灵砂法》。

《子午灵砂法》曰："第一煅：灵砂不以多少，研作小骰子块，以桑灰汁，煮二伏时，取出。""第六煅：用三黄灵砂，不用煮，只于第五煅灵砂匣内，养火七日……此煅方可入死龙蟠，亦曰白雪，又曰明窗尘也。第七煅：死龙蟠法。凡以第六转灵砂一两，对汞一两，细研，不见星为度，法正三十三两。三十两灵砂，同三十两汞，合研成六十两，入鼎，朝升暮降，打作白雪。"①

煅烧灵砂，六煅成白雪（又曰明窗尘），七煅成"死龙蟠"。"死龙蟠"记载了灵砂从固体转变为液体的形态。丹砂与水银合炼，死汞"为之成熟也"。死，即熟也，如生铁熟铁之义。以灵砂块，添入死硫，在匣中镕作汁，则为"真死"。"真死"

---

① 　佚名撰：《铅汞甲庚至宝集成》卷三，《道藏要籍选刊》本，第 9 册，第 147—148 页。

可解释为"不见其形，方为真死"。《铅汞集成》卷四载《赵仲明先生用验六法》，记载了死硝、死矾、死硫、死硼等制法。死硝，用硝同苍耳汁等植物煮三时辰，再用火养数时，硝原有的形质分解，变为新的"匮药"。

《铅汞集成》卷四载《白雪圣石经》。

《白雪圣石经》记烧炼白垩和土石二十一变。炼至一变已作一团白雪，名炼圣石。炼至二变其石转青色，名戎盐。炼至三变成琉璃，能伏汞。炼至五变如红琉璃色，其形或作龙形。炼至七变成玻璃。炼至十变青帝河车，又名黄石，能伏一切硬物，皆为玉，能点化铜铁铅锡汞为赤金，造化水晶亦然。炼至十一变宝光明砂耀石，又名烟石宝。炼至十四变日月光华，又名五色石。炼至二十一变为玄天紫河车，与大还丹同功，可点化升仙，大通神圣。古代炼丹术，一说丹砂抽汞，一说点石成金，而炼石的记载并不多见。

《铅汞集成》卷五载《黄芽大丹秘旨》。

《黄芽大丹秘旨》曰："第一转：块子砗砂五两，用米醋拌湿，于分胎煅出，辰砂末内滚过，放在真死砒匮中，封合，顶火三两，养七日，加火半斤，就灰煅尽。冷，取朱五两，汞不动，可为长生匮子。只取其中养出者，生砗粒粒铁色，已伏火真死，可烹炼成汁，入槽成锭，自然分胎点化。"[1]

分胎：生产、养出。加热使药物变性谓伏，有新的丹药产生谓分胎。《黄芽大丹秘旨》曰："精神不损，分两不耗，是为分胎。"分胎的特征为"分两不耗"。分胎与伏的区别在于：原来药物"已伏火真死"，用"伏火真死"的丹药，再去进行"点化"，自然有新的丹药产生，这叫"自然分胎点化"。

《黄芽大丹秘旨》曰："第十八转：糁点法。却将死汞四两，黄芽砒捺头，火丕成汁，去砒，以汞宝打成合子一斤，如混沌形，入辰砂一两在内，外用黄芽砒栽入混沌，铺盖，无令露体，厚二指，固令干。入灰池中，养火四十九日，出，真死。点

---

[1]　佚名撰：《铅汞甲庚至宝集成》卷五，《道藏要籍选刊》本，第 9 册，第 159 页。

化五金，糁制世汞，不可具述。"①

黄芽，指丹鼎内所生芽状物；色黄，故名。《参同契》云"得火则飞，不见埃尘"。砒，砒霜，今名砷，多呈黄色或红色，有剧毒。雄黄、辰砂所生即砒霜。《黄芽大丹秘旨》，将辰砂糁入死汞、砒霜，经一至十八转合炼，成"真死砒匮"，能制汞成宝，点化五金。

《云笈七签》的"真铅"、"真汞"论

《云笈七签》是一部道教类书，北宋真宗时进士张君房编撰。张君房在大中祥符五年（1012 年）任著作佐郎，他奉旨校正秘阁所藏道书，又续取苏州、浙江台州及福建诸州所献道书，于天禧三年（1019 年）编成《大宋天宫宝藏》。书成，张君房复撮其精要万余条，辑成《云笈七签》进献仁宗皇帝。道教分道书为"三洞四辅"七部宝藏，又称藏书之箱曰"云笈"，故名《云笈七签》。《大宋天宫宝藏》早已亡佚，《云笈七签》便有"小道藏"之称。《云笈七签》卷六十三—六十九、卷七十一，或题名《金丹诀》，或题名《金丹部》，或题名《金丹》，属外丹。本节研究《云笈七签》的"真铅"、"真汞"论。

《云笈七签》卷六十三题名《金丹诀》，载《旨教五行用诀》、《造金鼎铭》、《行符合天符法象》、《辨药龙虎肘后方》等篇。《造金鼎铭》说：金鼎"状如鸡子"，"厚薄均匀"，由"六一泥"密固。内丹无"六一泥"说。《行符合天符法象》说"丹自灵矣……外化五金"。内丹亦无"外化五金"说。由此可见，《云笈七签》卷六十三《金丹诀》属外丹。

《旨教五行用诀》曰："太丹有三品：上者汞，中者丹，下者砂。"《辨药龙虎肘后方》曰："夫金虎铅汞者，不出五行。万物生成，因阳而结，因阴而生……丹基在一，但辨得真铅真汞二物，真阴真阳，大道也。"②作为外丹之书，《辨药龙虎肘后

---

① 佚名撰：《铅汞甲庚至宝集成》卷五，《道藏要籍选刊》本，第 9 册，第 161 页。
② 张君房编：《云笈七签》卷六十三，《道藏要籍选刊》本，第 1 册，第 444 页。

方》讲"金虎铅汞",强调了"真铅真汞"、"真阴真阳"。

《云笈七签》卷六十六载《丹论诀旨心照五篇》曰:"用铅八两,为阳、为乾、为虎;又水银八两,为阴、为坤、为龙……《龙虎真文》云:虎者真铅也,龙者真汞也。"①《丹论诀旨心照五篇》直说:铅为阳、为乾、为虎,汞(水银)为阴、为坤、为龙。又引《龙虎真文》曰:"虎者真铅也,龙者真汞也。"

《造金鼎铭》曰:"药曰太玄阴符。道生阴阳,阴阳生五行,合为还丹,故名龙虎。龙者,阳气,木也;虎者,阴气,金也。"又曰:"龙,木德也;虎,金精也。"②《造金鼎铭》说龙者阳气,虎者阴气,"合为还丹"。《造金鼎铭》说:"虎者阴气","龙者阳气";《丹论诀旨心照五篇》说虎者"为阳",龙者"为阴"。这种阴阳相反的说法,在丹家(包括内丹、外丹)的造说中,是屡见不鲜的。

《丹论诀旨心照五篇》曰:"铅不是凡铅,真铅真丹砂,二物相匹敌,伏炼成一家。"③又曰:"大丹不用硫黄,用真铅也。"那么,"凡铅"与"真铅"有什么区别呢?《旨教五行内用诀》曰:"凡铅者,铜铁草并有铅及有矿铅,并凡铅也。真铅者,子母铅也。有银者,是铅为大丹神水,金之母也,子母相得其情也。"④铅者分"凡铅"及"真铅";"凡铅"为天地所生之铜铁草石,"真铅者,子母铅也"。什么叫"子母铅"?《旨教五行内用诀》曰:"朱砂是铅之祖,还丹之基,铅生于朱砂。故云:汞生于铅,砂产于金。悟者万无一焉。"⑤烧炼朱砂、丹砂成汞,故云"汞生于铅,砂产于金",这就叫"子母铅"。

《云笈七签》卷六十八载《九还金丹二章》。《九还金丹二章·第一章》曰:"《大洞镇真宝经》皆隐秘真铅真汞。真汞者,则上品光明砂抽出汞,转更合内水火之法,然名为真。而光明砂一斤,其中含汞十四两。"⑥《九还金丹二章·第二章》曰:"真铅者,含其元气,从铆石烧出;未经栖抽炼之者,为其真铅也。"⑦栖:古

---

① 张君房编:《云笈七签》卷六十六,《道藏要籍选刊》本,第1册,第463页。

② 张君房编:《云笈七签》卷六十三,《道藏要籍选刊》本,第1册,第446页。

③ 张君房编:《云笈七签》卷六十六,《道藏要籍选刊》本,第1册,第464页。

④⑤ 张君房编:《云笈七签》卷六十三,《道藏要籍选刊》本,第1册,第445页。

⑥ 张君房编:《云笈七签》卷六十八,《道藏要籍选刊》本,第1册,第474页。

⑦ 张君房编:《云笈七签》卷六十八,《道藏要籍选刊》本,第1册,第477页。

同"杯"。《九还金丹二章》说,外丹的真铅真汞,皆隐秘之言;直白地说,丹砂含汞,"未经栖抽炼之者,为其真铅也";经"转更合内水火之法"为真,即由丹砂中抽得汞,就名曰真汞。

那么,外丹为什么不直说铅汞,而要说真铅真汞? 笔者考虑有以下四个原因:

其一,外丹说真铅真汞为"至药",可炼为大丹。

《旨教五行内用诀》说:凡铅、金银、铜铁、五石等,"并非至药之源",即不能炼成大丹,且还俱有毒性,只可用于治疾,"并无延驻之功"。《九还金丹二章》也说"五石之金"(铁、铜、银、铅、金)俱有毒,服之伤害五脏,"非真圣之良药"。《云笈七签》卷六十四载《玄解录》说,"诸矾石消硇之类",亦俱有毒。用这类有毒之物为"变化铜铁之药",结果必然"共结成毒"。其烧炼时间方法,"亦与至药不同"。

什么是"至药"?《丹论诀旨心照五篇》曰:"夫论还丹皆至药而为之,即丹砂之玄珠,金汞之灵异。"还丹皆"至药"炼成的;"至药"即丹砂、金汞二物。《丹论诀旨心照五篇》说,"唯铅汞二物为至药也"。《行符合天符法象》说过:"夫修至药,须用真铅汞。"能炼"至药"的"铅汞二物",就变成了真铅真汞。外丹说真铅真汞,可炼为大丹,"服之即长生"。这是外丹要说真铅真汞的原因之一吧。

其二,外丹说真铅真汞,为借内丹之喻而说还丹之道。

外丹借内丹之喻,解说了还丹之道。《辨药龙虎肘后方》曰:"阴阳相夺,法象乃立。坎一离二,从阴归阳;火一水二,从阳归阴。水二火一,前者象,后者质,如身内修道之真源。重玄义幽,暗契真理,双喻铅汞二阴,水之二也。火性炎上,寄方自守,火之一也。在天地之间,配象五行。"①《辨药龙虎肘后方》说炼丹,"如身内修道之真源"。何谓"火一水二"?"在人身田中,心为火藏,在肺下,其数一;肾为水藏,双居命门,其数二。"如此,"火之一也","水之二也","双喻铅汞二阴","为道之祖"。

外丹借用内丹之喻,有时更是直接借用了内丹之说。《云笈七签》卷六十四

---

① 张君房编:《云笈七签》卷六十三,《道藏要籍选刊》本,第1册,第444页。

载《王屋真人口授阴丹秘诀灵篇》,借用了《黄庭经》之说;卷六十五载《太清金液神丹经》,借用了"三丹田"之说;卷六十八载《九还金丹二章》,借用了"攒簇五行"之说。外丹的这类方法,实际上都是沿用了《参同契》的方法,借内丹以说外丹。为了借用内丹之说,这是外丹要说真铅真汞的原因之二吧。

其三,外丹说真铅真汞者,也是为了借五行之理,解说还丹之道。

内丹说五行,外丹亦说五行。《辨药龙虎肘后方》说金虎铅汞为金丹者,"不出于水火金木土","不出五行"。外丹需要将真铅真汞解释成五行之物。《云笈七签》卷六十九载《七返灵砂论》说,丹"是金感于火",汞"是水去于金","丹砂是金火之精结成"。这里说的丹、汞、丹砂,全借五行说来。《七返灵砂论》就借五行"真气"之说,云"此是还丹之基本,大药之根源"。

真铅真汞既然是五行之物,就可以用五行相生之理,来说还丹之道了。《云笈七签》卷六十四载《金华玉女说丹经》云:太阳元精不是"水银之形",而是"托体水银之胎";因"五行相生","太阳元气遂伏为精";这一变化的核心如同"五行相生"。"金之精生灵液,灵液之精生水银,水银之精生丹砂,丹砂之精生阳光,阳光之精生元气"。《金华玉女说丹经》说太阳元精为"真灵"、"真道",实际上是借五行相生之理,说了真铅真汞的还丹之道。这是外丹要说真铅真汞的原因之三吧。

其四,外丹说真铅真汞者,也是为了借阴阳之理,解说还丹之道。

《旨教五行内用诀》曰:"且水银水类,而含阳性,外阳而内阴。阳象黄,阴象白,是知外赤里白,故水银生于朱砂中,是汞产于铅也。此明阳中有阴,不孤阴寡阳也。""故外白里黄,是以白金生于河车。河车者,火赤色之名,朱砂也,故云砂产于金。此明阴中有阳,不孤阳寡阴也。"[①]《旨教五行内用诀》以"阳中有阴,阴中有阳"之理,解释了汞产于铅、砂产于金的道理。

外丹就借"阳中有阴,阴中有阳"之理,说还丹之道。《丹论诀旨心照五篇》曰:"铅中金,真铅也。故曰阴阳相合。"[②]《丹论诀旨心照五篇》是以"阴阳相合"

① 张君房编:《云笈七签》卷六十三,《道藏要籍选刊》本,第 1 册,第 445 页。
② 张君房编:《云笈七签》卷六十六,《道藏要籍选刊》本,第 1 册,第 462 页。

说还丹之道。《七返灵砂论》曰："经言：阳精火也，阴精水也，阴阳伏制，水火相持，故知冰炭不同处，胜负终有归。"①《七返灵砂论》说"阳精火也"、"阴精水也"，是以"阴阳伏制"说还丹之道。《造金鼎铭》曰："诀曰：铅水者，砂中自生之液，主阳；汞水者，砂中抽出之液，主阴。是铅水制汞水。"②真铅主阳、真汞主阴，故有"铅水制汞水"，《造金鼎铭》说的也是"阴阳伏制"之道，即所谓"炼真铅伏制真汞"。这是外丹要说真铅真汞的原因之四吧。

第四节　道教内丹功法

道教中的外丹术、房中术，至唐末已"率皆灭裂"（张伯端语），道教亟须建立一套新的养生理论，以重建他们的神仙学说。唐末司马承祯、钟离权、吕岩、施肩吾等人，内借外丹术的所有名词，外借儒、佛之说，建立了内丹术的理论和方法。宋元明清的道教，沿此脉络，发展出一整套的道教功法。

宋以后道教内丹派的发展，有这样几位代表人物：

张伯端《悟真篇》的"下手工夫"，无非是宁心抑息、静心参悟。

丘处机的"卫生之道"，是以"清心寡欲"为要，以"三成"九种功法为说。

李道纯的《中和集》，发"养性之圣术"，倡一个"中"字。

张三丰的"浅近"功夫，只一个心平的"平"字。

陆西星的"阴阳双修"，对道教房中理论作了一种新的解析。

本节通过研究这五位道教大家的修炼理论和方法，作为道教方技的终结。

张伯端的"下手工夫"

张伯端，字平叔，后改名用成（诚），号紫阳，天台（今属浙江省）人。生于宋太

---

① 张君房编：《云笈七签》卷六十九，《道藏要籍选刊》本，第 1 册，第 482 页。
② 张君房编：《云笈七签》卷六十三，《道藏要籍选刊》本，第 1 册，第 446 页。

宗雍熙元年(公元 984 年),卒于宋神宗元丰五年(1082 年),时年九十九。

张伯端的主要著作有:《悟真篇》《金丹四百字》《玉清金笥青华秘文金宝内炼丹诀》等,均传于世,尤其《悟真篇》对后世影响很大,堪称与《参同契》并论。张伯端说,常见的道门修命之道,"易遇而难成";他的炼金液还丹者,"难遇而易成";于是他劝修道人,"都来片饷工夫"。

张伯端对旧的修身之道,有"率皆灭裂"之评。他对今人一些错误修法,亦提出了尖锐的批评。《悟真篇》序曰:"今之学者,有取铅汞为二气,指藏腑为五行,分心肾为坎离,以肝肺为龙虎,用神气为子母……是皆日月失道,铅汞异炉,欲结还丹,不亦难乎?"①所以,他作《金丹四百字》,解释了诸多内丹名词。如释"攒簇五行"曰:"以东魂之木、西魄之金、南神之火、北精之水、中意之土,是为攒簇五行。"又释"和合四象"曰:"以含眼光、凝耳韵、调鼻息、缄舌气,是为和合四象。"又释"五气朝元"曰:"以眼不视而魂在肝、耳不闻而精在肾、舌不声而神在心、鼻不香而魄在肺、四肢不动而意在脾,故名曰五气朝元。"②张伯端说:"今作此《金丹四百字》,包含造化之根基,贯穿阴阳之骨髓,使炼丹之士寻流而知源,舍妄以从真,不至乎忘本逐末也。"③

《玉清金笥青华秘文金宝内炼丹诀》,即《悟真外篇》,以下简称《青华秘文》。

张伯端首先提出了一个"心为君"命题。《青华秘文·心为君论》曰:"心者,神之舍也。心者,众妙之理,而宰万物也,性在乎是,命在乎是。若夫学道之士,先须了得这一个字,其余皆后段事矣,故为之传。"④张伯端说,修性修命,全在一个"心"字上。张伯端说"心唯静……精、气、神始得而用矣"。他用一个"静"字,概括了"心为君"。如何"觅静"?张伯端说:"目不乱视,神返于心。"心与神的关系,他算是讲透了。

张伯端以先天、后天,区别了元神、欲神。张伯端说:元神者,乃本元之性,先

---

① 张伯端著:《悟真篇》,《道教五派丹法精选》本,第 3 集,第 159 页。
② 张伯端著:《金丹四百字》,《中国气功大成》本,第 605 页。
③ 张伯端著:《金丹四百字》,《中国气功大成》本,第 606 页。
④ 张伯端著:《青华秘文》卷上,《道教五派丹法精选》本,中医古籍出版社,1989 年版,第 2 集,第 3 页(以下只注《道教五派丹法精选》本,集数,页码)。

天元气;欲神者,乃气质之性,后天质气。内炼元神,"此得先天制后天无为之用也"。张伯端说:元神"乃先天以来一点灵光也","这一点灵光,乃元性也";元性是"气凝"之物,故云"元性复而元气生,相感之理也"。张伯端构造了"内炼元神"之理。

张伯端的《青华秘文》,构造的仍是精、气、神三字。《青华秘文·精从气说》曰:"盖精依气生,精实肾宫而气融之,故随气而升阳为铅者,此也。"①张伯端说:精依气而生,实肾中之气,故曰"精从气"。张伯端论述了精、气、神三者关系。《青华秘文·总论金丹之要》曰:"精、气、神三者孰为重?曰:神为重。金丹之道,始然以神而用精、气也,故曰神为重。"②张伯端肯定地说"神为重",故次作"神为主"论。

张伯端说了"心为君",说了"神为主",又作"意为媒说"。《青华秘文·意为媒说》曰:"意者,岂特为媒而已。金丹之道,自始至终,作用不可离也。意生于心,然心勿驰于意,则可;心驰于意,未矣。"③张伯端在"心"、"神"之外,再强调一下"意"字。张伯端认为:内丹修炼要处理好心、精、气、神、意这五者的关系,即:心为君,神为主,气为用,精从气,意为媒。

张伯端将他的内丹功法,总结成"下手工夫"。《青华秘文·下手工夫》曰:"修丹之士,心即无事,则彼固无由而役之矣。其所以役神者,以外物诱之耳。静坐之际,先行闭(抑)息之道。闭(抑)息者(原书二处'闭'字,据下文,均当作'抑'字),夫人之一息,一息未际而一息续之。今则一息既生而抑后息,后息受抑,故续之缓缓焉,久而息定。"④张伯端的"下手工夫",即静坐,他说得"抑息之道",即"一息未除而一息续之"般呼吸。

张伯端说金丹之道,以人体为鼎炉,以坎离为药物,以屯蒙六十卦为火候,周而复始,一气流行。所谓"以人体为鼎炉",指修炼者自己的身体,也有说"以天地为鼎炉"。所谓"以坎离为药物",即分心肾为坎离,真铅真汞之异名;或曰心火、

---

① ③　张伯端著:《青华秘文》卷上,《道教五派丹法精选》本,第2集,第9页。
②　张伯端著:《青华秘文》卷下,《道教五派丹法精选》本,第2集,第42页。
④　张伯端著:《青华秘文》卷上,《道教五派丹法精选》本,第2集,第9—10页。

肾水结成大丹,此谓龙虎交媾,便是药物。所谓"以屯蒙六十卦为火候",张伯端在《金丹四百字》中说:"朝屯暮蒙,昼午夜子,故曰行周天之火候"。大周天"以一月言之",小周天"以一日言之"。陈冲素(字虚白)说:"夫所谓药物火候者,亦皆譬喻耳。"①

张伯端对丹家的房中术,亦给予了批判。《青华秘文·幻丹说》曰:"丹有幻丹者,盖学道之士,不知正理,而妄为采取交会,故成幻丹。幻丹者,未静心田,遽采一阳。故斯时也,一阳实非真阳也,乃呼吸之气也;精亦非元精,乃淫泆之精也;神亦非元神,乃情欲之念也。"②张伯端指责幻丹者,"妄为采取交会","精亦非元精","神亦非元神";他对房中术的批判,算是客气的。

张伯端的《青华秘文·火候秘诀》,最后介绍了"九转之功",曰"三月火候乃九转",实际说了每日不同时刻的十种功法。读张伯端"九转之功"后,强调一下"九转之功"是不能随意修炼的。因为张伯端说"正中凝住",还要"宜静不宜动",久之,"凝住"之处必"不通";不通则痛,医之常理。他如鸠摩罗什的"系念法",谛观身内五脏节骨,其法亦是"凝住"气,均有违人之常理。那么,循序渐进呢? 既然所说功法不切实际,所谓循序渐进,只能是渐趋其害了。那么,名师指导呢? 古来名师无过鸠摩罗什、张伯端等大师,大师所说况且如此,何来"名师"。那么,怎么办呢? 去看太清道林、蒲处贯等人说的"小劳之术"。

丘处机的"三成之法"

丘处机,字通密,号长春子,登州栖霞(今山东省栖霞市)人。生于南宋高宗绍兴十八年(1148年),卒于元太祖二十二年(1227年),值南宋理宗宝庆三年,时年八十。

《大丹直指》二卷,丘处机系统阐述了内丹的修炼理论和方法。《大丹直指》

---

① 陈冲素著:《陈虚白规中指南》卷下,《道教五派丹法精选》本,第2集,第85—86页。
② 张伯端著:《青华秘文》卷上,《道教五派丹法精选》本,第2集,第12页。

详叙了九种功法,分别为:龙虎交媾法、周天火候法、肘后飞金精法、金液还丹法、太阳炼形法、水火既济法、炼气成神法、内观起火法、炼形合道法。丘处机又将这九种功法分为"三成之法",前三种功法为小成之法,中三种功法为中成之法,后三种功法为大成之法。以下据《大丹直指》一书说之。

《五行颠倒龙虎交媾诀并图》介绍"龙虎交媾法"曰:"龙是心液上正阳之气,制之不上出,若见肾气,自然相合;虎是肾中真一之水,制之不下走,若见心液,自然相交。龙虎交媾,得一粒如黍米形。此一法号曰龙虎交媾。"①丘处机说:心中正阳之气本不上出,肾中真一之水本不下走,炼功即使其自然相交,号曰龙虎交媾。"但初行之法,闭目内视中宫,绝虑忘思冥心,满口含津,勿吐勿咽。"

《五行颠倒周天火候图》介绍"周天火候法"曰:"用时行之,微微敛身,轻轻胁腹凝息,数定铢两,默运心气,下至丹田,鼻息绵绵若存,用之不勤,但以意常在中宫。"②丘处机接着说:运气入上丹田,复下丹田,周流不息,此谓"周天火候法"。丘处机说得"周天火候法",与张伯端说得"行周天之火候",其意相同。张伯端说以屯蒙六十卦为作功时间,丘处机说"用时行之"而周流不息。

《三田返复肘后飞金精图》介绍"肘后飞金精法"曰:"本法用子时后、午时前,是气生时,披衣正坐,握固存神,先存后升,先升后偃,凸胸偃脊,是开中关;平坐昂头,是开上关;先升后存,下腰,自腹渐渐举腰,升身凸胸偃脊,是开下关。已后气热盛上关之下,方可举腰升身正坐,一撞三关都过。"③魏华存以口、足、手为三关,元阳子以明堂、洞房、丹田为三关,丘处机以胸脊、头、下腰为三关,三关各有功法。

"龙虎交媾"、"周天火候"、"肘后飞金精"三法,丘处机称为"小成之法"。《大丹直指》曰:"若人单行龙虎交媾,止是补虚益气,活血驻颜。若人单行火候,止可悦其肌肤,壮其筋骨。若行飞金精法,止可返老还童,健骨轻身。若能通行此三

---

① 丘处机著:《大丹直指》卷上,《道教五派丹法精选》本,第4集,第6页。
② 丘处机著:《大丹直指》卷上,《道教五派丹法精选》本,第4集,第9页。
③ 丘处机著:《大丹直指》卷上,《道教五派丹法精选》本,第4集,第12页。

诀,甚为有益。"①丘处机说"小成之法",可强身健体,"甚为有益"。话亦只可说到此,若云返老还童,何以见得?

《三田返复金液还丹诀图》介绍"金液还丹法"曰:"肾气传肝气,肝气传脾气,脾气传肺气,肺气传心气,心气传脾气,脾气传肾气,是为五行循环,而曰小还丹也。上田入中田,中田入下田,三田返复,而曰大还丹也。此法金液还丹,须要升腰举身,正坐双闭,两耳勿令透出,舌拄下腭,有清凉香美津液,不漱而咽矣。"②丘处机说:五脏气的循环叫"小还丹";三田返复,叫"大还丹"。二者本质上还是"升腰举身,正坐双闭",吞咽津液。

《五气朝元太阳炼形诀图》介绍"太阳炼形法"曰:"本法用冬至阳生,四时皆可行,升腰正坐不动,闭目忘思,默运心火,毋(五)气自然随气满四肢,不觉己身鼻息绵绵若存,用之不勤。"③丘处机说:只要"举肾气则是子,降心液则是午",炼功之法,"不以时刻皆可"。《大丹直指》所指子午卯酉时刻,都可用此解释。

《神气交合三田既济图》介绍"水火既济法"曰:"本法用阳时中刻,平坐伸腰,一撞三关,闭耳,神水下降,伸腰举腹,鼻引长息,默运心火上升……当此上腭有甘美水降下、咽,便以伸腰举腹,默运心火,暗引丹田真气上升,而又鼻中出息,同举真气,遍满四肢,上水下火,相见于重楼之下,号曰既济。"④"水火既济法",又曰"神气交合,三田既济"。

"金液还丹"、"太阳炼形"、"水火既济"三法,丘处机称为"中成之法"。《大丹直指》曰:"中成之法,以还丹、炼形、既济者,盖以留形住世,非金丹不可延年,非炼形不可换骨,非既济不可不死。"⑤丘处机将"中成之法"说成延年、换骨、不死之法,话说过头了。

《五气朝元炼神入顶图》介绍"炼气成神法"曰:"本法用子午卯酉时,甲乙日

① 丘处机著:《大丹直指》卷上,《道教五派丹法精选》本,第4集,第14页。
② 丘处机著:《大丹直指》卷上,《道教五派丹法精选》本,第4集,第15页。
③ 丘处机著:《大丹直指》卷上,《道教五派丹法精选》本,第4集,第18页。
④ 丘处机著:《大丹直指》卷上,《道教五派丹法精选》本,第4集,第21页。
⑤ 丘处机著:《大丹直指》卷上,《道教五派丹法精选》本,第4集,第23页。

炼肝,丙丁日炼心,庚辛日炼肺,壬癸日炼肾。脾不受炼气,寄四藏。戊己日不下功,此为炼五藏日也。"①此乃钟离权《灵宝毕法》所载四时五行炼气说。所谓甲乙日卯时下功炼肝,实比喻之说,非甲乙日一定要到卯时才炼功。若依"炼气成神法"的子午卯酉时刻炼功,则不胜其烦且劳矣,何来易简、浅近之说?

《内观起火炼神合道图》介绍"内观起火法"曰:"本无时候,每日有暇,举起为念,略有行持,终日静坐,神识内守,一意不散,常常升身正坐,默观五藏。"②"内观起火法",主张每日有暇,升身正坐;这种说法与"炼气成神法"中的"炼五藏日"说相比,较为公允恰当。

《弃壳升仙超凡入圣诀图》介绍"炼形合道法"曰:"本法无时,明有五法。"丘处机总结了海蟾子等五人的功法,实际上,丘处机并没有具体讲"炼形合道法"。他说:"修真之士,功到炼气成神,皆不愿长生住世,速要内观而炼形合道也。"③丘处机只说了"炼形合道"要通过"内观起火"才能速成。

"炼气成神"、"内观起火"、"炼形合道"三法,丘处机称为"大成之法"。丘处机将炼气、内观、炼形三法比喻为"三级红楼",他说只要层层修炼,最后弃壳成仙。从"小成之法"到"中成之法",再到"大成之法",丘处机的"三成之法",也是层层修炼,直到"弃壳成仙"。说炼功须循序渐进,可能不错;说循序炼功"自然弃壳",丘处机本人也没有实现。

丘处机说得"三成之法",实三成九法。丘处机说:依法渐次炼功,便"得一粒如黍米形"。作为掌天下道教者,丘处机的贡献,还是在于肯定了有卫生之道而无长生之药。不过,丘处机的"卫生之道",最后还归神仙之道。

明镏绩撰《霏雪录》载:"神仙修炼之说,有无虽不可究,然或因此致疾者,斯又不可不知也。元有张性虚(古同'虚')者,尝参东门老,其法专守下丹田,属纩之际,下田结块痛而绝。又一人守上田,鼻中终日涕浓。"④对神仙修炼之说,当

---

① 丘处机著:《大丹直指》卷下,《道教五派丹法精选》本,第 4 集,第 24 页。
② 丘处机著:《大丹直指》卷下,《道教五派丹法精选》本,第 4 集,第 26 页。
③ 丘处机著:《大丹直指》卷下,《道教五派丹法精选》本,第 4 集,第 32 页。
④ 镏绩撰:《霏雪录》卷下,《丛书集成初编》本,编号 0328 - 第 5 页。

以此为戒。

李道纯的"三关"功法

李道纯,字元素,号清庵,别号莹蟾子,为南派五祖白玉蟾之再传弟子,湖南都梁(今湖南省武冈市)人;一说江苏盱眙人。关于他的生平史实,《扬州府志》记他曾在扬州仪真长生观长住,《凤阳府志》记他为盱眙道士,《徽州府志》记他曾有一段军旅生活,史籍记载不一。

李道纯是宋末元初道士,精通儒、释、道三家经典,取《礼记》"喜怒哀乐之未发谓之中,发而皆中节谓之和"句"中和"二字为室名。在他死后,弟子将其遗著整编成《中和集》一书。

《中和集》六卷,记载了李道纯对内丹功法的诸多见解,尤其是对"玄关一窍"的解释。他说"玄关一窍","至玄至要之机关者",非人身一物,"亦不可离了此身向外寻",他觅得一个"中"字。李道纯写道:"中是儒宗,中为道本,中是禅机,这三教家风中为捷径。""把中来劈破方是男儿。"①李道纯说"中",融汇了儒、释、道三教学说的宗旨。

李道纯创立的内丹功法分为"三关"。《中和集·金丹或问》载:"或问:何谓三关? 曰:三元之机关也。炼精化气,为初关;炼气化神,为中关;炼神还虚,为上关。"②李道纯说"三关",初关炼精化气,中关炼气化神,上关炼神还虚,即"三元之机关也"。何谓三元? 李道纯说:"精、气、神,曰三元。"李道纯又说:"是故精、气、神为三元药物。"何谓药物?《中和集·金丹或问》曰:"真铅、真汞为药物;只是本来二物是也。"李道纯就将"三元药物",归为真铅、真汞。李道纯将"交感之精,呼吸之气"归为外药;又将"先天至精,虚无空气"归为内药。

李道纯又将精、气、神归结为身、心、意三字,他说:"乾坤、鼎器、坎离、药物、

① 李道纯著:《中和集》卷之六,《道教五派丹法精选》本,第1集,第105页。
② 李道纯著:《中和集》卷之三,《道教五派丹法精选》本,第1集,第54页。

八卦、三元、五行、四象，并不出身、心、意三字"。《中和集·全真活法》曰："炼精之要在乎身，身不动则虎啸风生，玄龟潜伏，而元精凝矣。炼气之要在乎心，心不动则龙吟云起，朱雀敛翼，而元气息矣。炼神之要在乎意，意不动则二物交，三元混一，而圣胎成矣。"①李道纯最后说："身、心、意，曰三家；精、气、神，曰三元……三家相见，曰胎圆；三元合一，曰丹成。"李道纯对"丹成"的解释，最为精要。"三元合一，曰丹成"；"身心合，性命全，形神妙，谓之丹成"。

初关炼精化气，李道纯以《坎》（☵）图表之。李道纯说：《坎》水也，"异名水中金，总名至精也，至精固而复祖气，祖气者，乃先天虚无真一之元气，非呼吸之气"。故"先要识天癸生时急采之"。《中和集·问答语录》曰："夫天壬地癸者，乃天地元精、元气也，亦丹经所云'《坎》戊'、'《离》己'，异名铅汞也。"炼精也就称为"采药"。《中和集·问答语录》又曰："采药者，采身中真铅、真汞也。"又曰："尝所谓采者，不采之采谓之采也，苟实有所采。坎中一画如何得升精，乃先天至灵之化，因动而有身，身中之至精，乃元阳也。"所谓炼精化气，即炼"身中之至精"，得"先天至灵之化"。

中关炼气化神，李道纯以《离》（☲）图表之。李道纯说："《离》中一阴本是坤土，故异名曰'砂中汞'是也。"《中和集》曰："《丹书》云：真土制真铅，真铅制真汞，铅汞归土釜，身心寂不动。斯言尽矣。既得真铅，则真汞何虑乎不凝？炼气之要贵乎运动，一阖一辟，一往一来，一升一降，无有停息。始者用意，后则自然。一呼一吸，夺一年之造化。"所谓炼气化神，即"调和真息，周流六虚。自太玄关逆流至天谷穴交合，然后下降黄房入中宫。乾坤交姤罢，一点落黄庭"。李道纯说"既得真铅，则真汞何虑乎不凝"？他强调了"炼气之要贵乎运动"。

上关炼神还虚，李道纯以《乾》（☰）图表之。李道纯就将炼精化气、炼气化神、炼神还虚，喻为取《坎》填《离》、补《离》成《乾》。《中和集·问答语录》载："问：如何是抽添？曰：身不动，气定，谓之抽。心不动，神定，谓之添。身心不动，神凝气结，谓之还元。所以取《坎》中之阳，补《离》中之阴而成《乾》，谓之抽铅添汞

---

① 　李道纯著：《中和集》卷之三，《道教五派丹法精选》本，第1集，第60页。

也。"李道纯解说抽添,虽然清楚,但他用八卦术语比喻内丹功法,并无太大的意义。

鼎炉、药物、火候,是内丹派的三大要素,李道纯本人就有三说。曰:"下乘者:以身心为鼎炉,精气为药物,心肾为水火。""中乘者:乾坤为鼎器,坎离为水火,乌兔为药物。""上乘者:以天地为鼎炉,日月为水火,阳阴为化机。"乾坤为鼎器,坎离为水火,乌兔为药物,丹家一般都是这样说的。内丹说的众多异名,不仅隐晦玄秘,在作种种"譬喻"时,也存在着太多的混乱,这是不利于"学者自得之"的。

《中和集》曰:"工夫到此一个字也用不着。"①《中和集·问答语录》曰:"如道家炼精化气,炼气化神,炼神还虚,即抱本归虚。""抱本还虚,归根复命,谓之丹成也,喻曰脱胎。"李道纯炼精、炼气、炼神,最后归入"虚"。何谓虚?《中和集·性命论》曰:"高上之士性命兼达,先持戒、定、慧而虚其心,后炼精、气、神而保其身。身安泰则命基永固,心虚澄则性本圆明,性圆明则无来无去,命永固则无死无生。"在李道纯看来,虚即"虚其心"、"心虚澄"。

李道纯的"三关"功法复归于"虚"。《中和集·炼虚歌》论"虚"曰:"道本至虚……以虚养心,心所以静;以虚养气,气所以运。""是知虚者大道之体,天地之始,动静自此出,阳阴由此运,万物自此生,是故虚者天下之大本也。"②《中和集·动静说》曰:"至于心归虚寂,身入无为,动静俱忘,精凝气化也。到这里,精自然化气,气自然化神,神自然化虚,与太虚混而为一,是谓返本还元也。咦,长生久视之道,至是尽矣。"③李道纯说长生久视之道,是一个"虚"字。

张三丰的"浅近"功夫

张三丰,名通,又名全一;字君实,又字玄谭,又字三峰;号昆阳,又号玄玄子。

---

① 李道纯著:《中和集》卷之二,《道教五派丹法精选》本,第1集,第20—21页。
② 李道纯著:《中和集》卷之四,《道教五派丹法精选》本,第1集,第73页。
③ 李道纯著:《中和集》卷之四,《道教五派丹法精选》本,第1集,第71—72页。

辽东懿州(今辽宁省彰武县)人。终生浪游,行无定止。初在宝鸡金台观居住;后多次往来武当山中,结草庐居住,为武当山开山祖师。明洪武二十四年(1391年),朱元璋派使者四处寻访他,竟毫无踪影。

张三丰学览百家,理综三教,他认为儒、佛、道三教,在"修己利人"上,"其趋一也"。张三丰说:儒家是行道者,佛家是悟道者,仙家是藏道者。张三丰《大道论》曰:"仙道者,长生之道也,而世人多以异端目之。夫黄老所传,亦正心修身治国平天下之理也,而何诧为异端哉?"①张三丰说得"仙道",即是"大道"。《大道论》又曰:"只要素行阴德,仁慈悲悯,忠孝信诚,全于人道,仙道自然不远也。"②张三丰又说"仙道"是"人道"。看来,张三丰讲三教"其趋一也",实是为他的"仙道"立论。

张三丰以"中"释"道"。张三丰讲了四个"中",儒家"致中"、道家"守中"、佛家"空中"和内丹家的"真中"。他的"真中"之"中"有二层含义,一、身中之中;二、不在身中之中。张三丰说,"大道从中字入门",要从"身中之中",来求"不在身中之中"。张三丰对"中"字的解释,比李道纯的解释更有一些新意。

《大道论》曰:"一阴一阳之谓道,修道者修此阴阳之道也。一阴一阳,一性一命而已矣。"张三丰以"一性一命"对之"一阴一阳",修道者修此阴阳之道,即修"性命"之道。《大道论》曰:"尽其性而内丹成矣";"炼气化神,炼神还天,复其性兼复其命,而外丹就矣。"③张三丰说修其性为内丹,修其命是外丹,他是主张性命双修的。《大道论》又曰:"外药者,在造化窟中而生;内药者,在自己身中而产。内药是精,外药是气;内药养性,外药立命。性命双修,方合神仙之道。"④张三丰的性命双修,为修"神仙之道"也。

《大道论》曰:"修道以修身为大。然修身必先正心诚意,意诚心正,则物欲皆除,然后讲立基之本,气为使焉,神为主焉。"⑤张三丰《大道论》讲的"立基之本",

---

①　张三丰著:《大道论》上篇,《道教五派丹法精选》本,第3集,第458页。
②　张三丰著:《大道论》上篇,《道教五派丹法精选》本,第3集,第463页。
③　张三丰著:《大道论》下篇,《道教五派丹法精选》本,第3集,第473页。
④　张三丰著:《大道论》下篇,《道教五派丹法精选》本,第3集,第477页。
⑤　张三丰著:《大道论》下篇,《道教五派丹法精选》本,第3集,第474页。

也即《玄机直讲》中的"初功"。"初功",谓筑基炼己之功。《玄机直讲》曰:"初功在寂灭情缘,扫除杂念。除杂念是第一着,筑基炼己之功也。"张三丰说的筑基炼己,清刘一明(悟元子)写作炼己筑基。刘一明在《修真后辩》一书中,特作《炼己筑基》篇。云:"所谓炼己者,以用功言;所谓筑基者,以固气言……炼己筑基,岂小事哉。"①

筑基炼己功法,亦即"养气"。张三丰《玄机直讲》曰:"凡修行者,先须养气。养气之法,在乎忘言守一。忘言则气不散,守一则神不出。诀曰:缄舌静,抱神定。"②筑基炼己功法,亦即"打坐"。张三丰《道言浅近说》曰:"大凡打坐,须将神,抱住气,意系住……功夫到此。筑基之效已得一半了,总是要勤虚炼耳。"③张三丰还是介绍了一些养生功法。

《玄机直讲》讲了筑基炼己功法,接着再讲炼精化气之功、炼气化神之功、炼神化虚之功。《玄机直讲》曰:"坐下闭目存神,使心静息调,即是炼精化气之功也。迴光返照,凝神丹穴,使真息往来,内中静极而动,动极而静,无限天机,即是炼气化神之功也。"④《玄机直讲》又曰:"我于此时将正念止于丹田,即是封固火候……到此乃是真空真静,或一、二年至十年、百年,打破虚空,与太虚同体,此为炼神还虚之功也。"《玄机直讲》讲了"四功",筑基炼己之功和炼精化气之功、炼气化神之功、炼神化虚之功。

《玄机直讲》又曰:"身不动,名曰炼精;炼精则虎啸,元神凝固。心不动,名曰炼气;炼气则龙吟,元气存守。意不动,名曰炼神;炼神则二气交、三元混,元气自回矣。三元者,精气神也;二气者,阴阳也。"⑤张三丰讲炼精、炼气、炼神,实际上含有炼功的阶梯意思;张三丰是要炼功者坚持个"一、二年至十年、百年"也。

张三丰的"四功",讲了八个字。《道言浅近说》曰:"凝神调息,调息凝神;

① 刘一明著:《修真后辩》,见《道书十二种》,中国中医药出版社,1990年版,第514页。
② 张三丰著:《玄机直讲》,《道教五派丹法精选》本,第3集,第517页。
③ 张三丰著:《道言浅近说》,《道教五派丹法精选》本,第3集,第537页。
④ 张三丰著:《玄机直讲》,《道教五派丹法精选》本,第3集,第485页。
⑤ 张三丰著:《玄机直讲》,《道教五派丹法精选》本,第3集,第521页。

八个字就是下手功夫。须一片做去,分层次而不断,乃可。"①《道言浅近说》曰:"心止于脐下曰凝神,气归于脐下曰调息。"《道言浅近说》曰:"凝神调息,只要心平气和。心平则神凝,气和则息调。心平'平'字最妙。心不起波之谓平,心执其中之谓平,平即在此中也。心在此中乃不起波,此中即丹经之玄关一窍也。"②张三丰的下手功夫,实际仅四个字,即"凝神调息";或曰二个字,即"打坐";或曰一个字,为"平"。

张三丰最后讲修身炼功,立得"一粒黍米"。《玄机直讲·一粒黍米说》曰:"此物在道门中,喻真铅真汞。一得真得,不可着于乾坤、日月、男女上,只于己身内外,安炉立鼎,炼己持心,明理见性之时,攒簇发火,不出半刻时辰,立得黍米玄珠。""此物在佛门中,说是真空真妙觉性,下手端的炼魔见性,片晌工夫,发起三昧真火,返本还元。""此物在儒门中,说是无极而太极。"③"一粒黍米",真"玄机直讲"。

道教的养生功法是否可用?余记清李南丰一论以警之。清沈时誉编《医衡》一书,其卷一载李南丰《养生主论》一篇。李南丰曰:"如运气之术,运任督者,久则生痈;运脾土者,久则腹胀;运丹田者,久则尿血;运顶门者,久则脑泄;其余丹砂烹炼之说,遗祸累累。"李南丰以医家身份记:运气之术,久则生疾,遗祸累累。李南丰之说,不可不切记。

陆西星的"阴阳双修"

陆西星,字长庚,号潜虚子,泰州兴化(今江苏省兴化市)人。生于明正德十五年(1520 年),卒于明万历三十四年(1606 年),一说卒于万历二十九年。

《玄肤论》一卷,这是陆西星的一部颇具代表性的著作。陆西星说他的《玄肤论》,"闻性命之学于圣师","乃述所传",并非道学精粹。《玄肤论》二十篇,每篇

---

① 张三丰著:《道言浅近说》,《道教五派丹法精选》本,第 3 集,第 529 页。
② 张三丰著:《道言浅近说》,《道教五派丹法精选》本,第 3 集,第 535 页。
③ 张三丰著:《玄机直讲》,《道教五派丹法精选》本,第 3 集,第 501 页。

一论,陆西星系统地论述了他的"阴阳双修"。

《玄肤论》首作《三元论》,"统论三才药品"。《三元论》曰:"丹有三元,皆可了命。三元者,天元、地元、人元之谓也。"①三元,李道纯、张三丰均说为精、气、神,陆西星解之天元、地元、人元。天元,可饵之神丹。地元,即银铅砂汞有形之物。人元,创鼎于外,炼药于内,谓之大丹。陆西星说"天元、地元、人元","皆可了命",但"其切近而精实者,莫要于人元",故以下十九篇就专论人元丹法。

《玄肤论》作《内外药论》,"论人元外药必资同类"。陆西星强调"人元",却说"人元外药必资同类",于是主张"创鼎于外,而炼药于内"。陆西星说:"创鼎者,圣人不得已焉而为之之事也。"那么,这个"不得已焉而为之"之事,究竟是指什么事呢?陆西星说:"童初之子",如"浑沦未凿",属先天之物"太阳乾金也";人因情窦一开,"而浑沦之体破矣","动皆落于后天";而后天之物"皆属于阴","不能以久存",故"不得不假夫同类之先天者以补之"。陆西星说得"不得已焉而为之"之事,竟然是假同类而"以阳炼阴"。陆西星说"以阳炼阴,形乃长存"。不过,李道纯早就说过:"今人外面安炉立鼎者,谬矣"。

陆西星继续说他的"以阳炼阴"。《内外药论》曰:"然又须知彼我之气,同一太极之所分。其中阴阳之精,互藏其宅,有不可以独修者。"陆西星说阴阳不可"独修",他说得"炼药于内",就成了"男女交"。这一点,陆西星说得很清楚。他在《金丹就正篇》中说:"故乾坤交,则乾不得不虚而成离,坤不得不实而成坎矣;男女交,则阴不得不含夫阳,而阳不得不根夫阴矣。此坎离彼我之别也。"②陆西星说乾成离、坤成坎,实借"乾坤交"而说"男女交"。陆西星从说"创鼎于外",到说假同类而"以阳炼阴",到最后说"男女交",这就是陆西星说得"圣人不得已焉而为之之事"。

何谓药物?陆西星说的药物,却是"一男一女,一离一坎,一铅一汞"。《金丹就正篇》曰:"予闻之师金丹之道,必资阴阳相合而成。阴阳者,一男一女也,一离

---

① 陆西星著:《玄肤论》,《道教五派丹法精选》本,第3集,第241页。
② 陆西星著:《金丹就正篇》上篇,《道教五派丹法精选》本,第3集,第271页。

一坎也，一铅一汞也，此大丹之药物也。夫坎之真气谓之铅，离之真精谓之汞。先天之精积于我，先天之气取于彼……故夫男女阴阳之道，顺之而生人，逆之而成丹，其理一焉者也。"①显然，陆西星表面说"一离一坎，一铅一汞"，实指"一男一女"。"顺之而生人，逆之而成丹"，陆西星谓之"盗机逆用"。故陆西星的"必资同类"，说的是"男女阴阳之道"。陆西星的金丹之道，因"必资阴阳相合而成"，成了"同类阴阳双修"。

《玄肤论》作《阴阳互藏论》，论"阴阳之交"。《阴阳互藏论》曰："离为日，日秉阳精，而离之中画却是阴，是阴藏于阳之宅也。坎为月，月秉阴精，而坎之中画却是阳，是阳藏于阴之宅也。"②陆西星从坎离的卦象上，存在所谓阴阳"互藏之精用"，证说"其在人也"，"阴阳之交也"。陆西星说："先天之体既破，后天之用逐行；后天之用既行，先天之真愈隐矣。造化之妙，发泄至此，谁曰不然，请问之师焉。"③陆西星的"必资同类"、"阴阳双修"之说，确有点"发泄"的味道。

《玄肤论》作《先天后天论》，论"先天之真"。陆西星说"有形滓质之物，俱属后天而不可用"，而精、气、神"而落于后天"亦不可用。陆西星认为："后天之用竭，而先天不存也"，故要通过同类阴阳双修，求得"先天之真"。那么，陆西星能从同类阴阳双修中求得"先天之真"吗？明伍守阳曰："彼后天交媾之精，即不真；先天元精，乃谓之真精。"④伍守阳也从先天后天上，予以了否定的回答。

《玄肤论》作《铅汞论》，论"阴精阳气"。陆西星说：坎之真气为真铅，离之真精为真汞；真铅真汞，"则阴精阳气而已"。陆西星又说："以先天未扰之真铅，制后天久积之真汞，则其相爱相恋，如夫妇子母之不忍离，是皆自然而然"之事。他的真铅真汞论，成了男女阴阳之道的"相爱相恋"。《铅汞论》曰："故男得其精，而用精者化；女得其气，而用气者昌。用精者化，故顺而成人；用气者昌，故逆而成丹。"⑤陆西星说：同类阴阳双修，男得其精，顺之则生人；女得其气，逆之则成丹。

①　陆西星著：《金丹就正篇》上篇，《道教五派丹法精选》本，第3集，第270页。
②　陆西星著：《玄肤论》，《道教五派丹法精选》本，第3集，第243—244页。
③　陆西星著：《玄肤论》，《道教五派丹法精选》本，第3集，第244页。
④　伍守阳撰：《仙佛合宗语录》，《道教五派丹法精选》本，第4集，第92页。
⑤　陆西星著：《玄肤论》，《道教五派丹法精选》本，第3集，第247页。

这一说法，暗藏着一定的危害性。

《玄肤论》作《元精元气元神论》，论"元神为性"。《元精元气元神论》曰："所谓元精，非交感之精之谓也；精藏于离，心中之真液也。所谓元气，非口鼻呼吸之谓也；气藏于坎，虚无中之真气也。所谓元神，非思虑之神之谓也；神通于无极，父母未生以前之灵真也。"①陆西星说"元神"，"未生以前之灵真也"，又说"神即性也"，神统精气。陆西星是要通过"元神为性，精气之主"说，来主张他的"男女阴阳之道"。

《玄肤论》作《神室论》，论人有三谷。陆西星说人身"三谷"，天谷泥丸，应谷绛宫，灵谷关元，谓之三田。陆西星又说元神居于绛宫（应谷），则耳有闻、目有见；元神居于灵谷，则视者返、听者收。表面看陆西星在说调息调心，但又说此三谷者，为本宫、明堂、密室，这就又在暗喻"阴阳双修"了。

陆西星的《玄肤论》，从内外药物、阴阳互藏、先天后天、真铅真汞等方面，对道教房中理论作了一种新的解析。然李道纯早已批判道："御女房中、三峰采战、食乳对炉，女人为鼎，天癸为药……此大乱之道也。乃下品之下，邪道也。"李道纯又记："有八十四家接法，三十六般采阴"，约有三百余条，乃下品之中；又有"服饵之法四百余条，乃下品之上"。李道纯说："下三品共一千余条，贪淫嗜利者行之"。这是对陆西星"阴阳双修"的一个定性。

---

① 陆西星著：《玄肤论》，《道教五派丹法精选》本，第3集，第247页。

第八章　佛教方技

第一节　早期传入的佛教方技

就现存的史料看,《四十二章经》是传入中国最早的一部佛经,这部佛经传入的佛道,阐述小乘佛教的基本教义,同时也介绍了小乘佛教的修行方法。

安世高翻译的《道地经》,记载了"八风"致病说、胞胎在母腹中之三十八周时,都是比较早传入的佛医学说。安世高翻译的《大安般守意经》,不仅是用道教的"清净无为"来解释"安般守意",也是一部与道教胎息、服气、吐纳相关的佛教经典。

佛教初传,安世高所译均属小乘。小乘佛教无十地阶位之说,强调自我解脱。安世高后,支谶译《般舟三昧经》,介绍了大乘三昧修行法。大乘佛教,即主张专念阿弥陀佛的名号,能使十方诸佛立于面前。

竺律炎与支谦共译《佛医经》、《摩登伽经》。《佛医经》介绍了地、水、火、风"四病",也介绍了养生事宜,养生也是佛教医学内容之一。《摩登伽经》带来的佛教天文学,一样包括了天文星占、术数占卜之类的内容。

《四十二章经》传入的早期佛道

《四十二章经》题:"后汉西域沙门迦叶摩腾共法兰译。"前有序曰:"昔汉孝明皇帝,夜梦见神人……于是上悟,即遣使者张骞、羽林中郎将秦景、博士弟子王遵等十二人,至大月支国,写取佛经四十二章,在第十四石函中。登起立塔寺,于是道法流布,处处修立佛寺。”①《四十二章经》的这篇序文,不像东汉时人所作,序中记“处处修立佛寺”,与东汉佛教初传时的史实不符。

《后汉书·西域列传》曰:“世传明帝梦见金人,长大,顶有光明,以问群臣。或曰:‘西方有神,名曰佛,其形长丈六尺而黄金色。’帝于是遣使天竺问佛道法,遂于中国图画形象焉。”②这段文字,便是传说的汉明帝求法故事。其实,这个故事倒也反映了汉明帝“遣使天竺”之前,佛教已经传入中国的事实。不然,傅毅和群臣何以知“号曰佛,轻举能飞,殆将其神也”。

佛教初传,亦以神仙喻佛。《牟子理惑论》曰:“佛者,谥号也,犹名三皇神、五帝圣也……为佛也。”③《牟子理惑论》说,佛如神仙一般,“恍惚变化,分身散体,或存或亡,能小能大,能圆能方,能老能少”。《四十二章经》称“佛教”为“佛道”。《四十二章经》言辞亲出家,修行二百五十戒,便可达到“四真道”。“四真道”分别为:阿罗汉,“能飞行变化”;阿那含,“寿终魂灵”;斯陀含,“一上一还”;须陀洹,“七死七生”。“四真道”代表了佛道的四个阶段(果位)。

佛道以持戒为根本,《四十二章经》就讲修行“十事”。“十事”,即“十戒”。《四十二章经》记载的“十事”,“身三、口四、意三”,即身要远离杀生、偷盗、邪淫,口要没有两舌、恶口、妄言、绮语,意要戒除贪、嗔、痴。《四十二章经》讲修行“十事”,“必得道也”。如何得道?《四十二章经》讲了一些修行方法,如曰:“顿止其心”、“断欲守空”、“牢持其心”、“急缓得中”。《四十二章经》讲的这些修行方法,当然并无系统性,笔者随文简介如下:

顿止其心。《四十二章经》曰:“佛言:人有众过,而不自悔,顿止其心。”④

---

①　迦叶摩腾、法兰译:《四十二章经》,《新修大正大藏经》,日本大正一切经刊行会编,1960 年版,第 30 册,第 722 页(以下凡引该丛书,只注《大正藏》本、册数、页码)。

②　范晔撰:《后汉书》卷八十八,中华书局点校本,1965 年版,第 10 册,第 2922 页。

③　《牟子理惑论》,见僧祐撰《弘明集》卷第一,上海古籍出版社,1991 年版,第 2 页。

④　迦叶摩腾、法兰译:《四十二章经》,《大正藏》本,第 30 册,第 722 页。

"顿止其心"，是针对"心"而言的。《四十二章经》曰："心垢除，恶行灭，内清静无瑕。"①"心垢除"即"断心"，"断心"即除去心中之"恶"；除去心中之"恶"，即除灭心中"三毒"。《四十二章经》曰："心中本有三毒涌沸在内……要心垢尽，乃知魂灵所从来、生死所趣向。"②"三毒"，指"贪婬、恚怒、愚痴"之毒，和"意三者"（嫉、恚、痴）有点类似，指心中产生的恶意，为身、口、意等"三恶行"之根源。

断欲守空。"欲"指"爱欲"、"色欲"、"情欲"。《四十二章经》曰："爱欲莫甚于色。"又曰："人怀爱欲不见道。"又曰："道人见爱欲，必当远之。"故《四十二章经》说，为道务在"断欲"。"守空"，在《四十二章经》中有这几句话："守大仁慈"，"守志奉道"，"要当守志行"。《四十二章经》曰："人为道能拔爱欲之根。譬如摘悬珠，一一摘之，会有尽时，恶尽得道也。"③断欲守空的修行方法，就是将爱欲一一拔去。

牢持其心。《四十二章经》曰："夫人能牢持其心，精锐进行，不惑于流俗狂愚之言者，欲灭恶尽，必得道矣。"④牢持其心，就是信道而"不惑于流俗狂愚之言者"。《四十二章经》又曰："人为道不为情欲所惑，不为众邪所诳，精进无疑，吾保其得道矣。"精进：专精、进步。为了得道，又要"牢持其心"，又要"精锐进行"，《四十二章经》的概念还是比较多的。

急缓得中。《四十二章经》说"顿止其心"，或曰息心止念，被后世总结为"顿悟法"。《四十二章经》又说"学道以渐深去心垢"，或曰次第渐进，又被后世总结为"渐悟法"。《四十二章经》是主张"顿悟"或还是主张"渐悟"？我们说《四十二章经》是更强调"急缓得中"的修行方法。《四十二章经》曰："佛呼沙门问之：汝处于家将阿修为？对曰：恒弹琴。佛言：弦缓何如？曰：不鸣矣。弦急何如？曰：声绝矣。急缓得中，何如？诸音普悲。"⑤"急缓得中"即不缓不急，如此"执心调适"，《四十二章经》谓"道可得矣"。

《四十二章经》讲"佛道"，对人事天地鬼神之类，也是持有异议的。《四十二

---

① 　迦叶摩腾、法兰译：《四十二章经》，《大正藏》本，第 30 册，第 722 页。
②④⑤　迦叶摩腾、法兰译：《四十二章经》，《大正藏》本，第 30 册，第 723 页。
③ 　迦叶摩腾、法兰译：《四十二章经》，《大正藏》本，第 30 册，第 724 页。

章经》曰："凡人事天地鬼神,不如孝其亲矣。二亲最神也。"①看来,东汉时期的佛道,受道教禁祭的影响,也是反对祭祀天地鬼神的。应该说,"二亲最神"的说法与"辞亲出家"的主张是矛盾的。但佛道反对祭祀的语言,却是儒家的"不如孝其亲矣"。《四十二章经》又曰:"夫人为道务博爱。"②用的也是儒家的"博爱"一词。

安世高传入的《道地经》

安世高,本名清,字世高,约公元 2 世纪人。三国时康僧会记安世高:"其为人也,博学多识,贯综神模,七正盈缩,风气吉凶,山崩地动,针脉诸术,睹色知病,鸟兽鸣啼,无音不照。"③梁僧祐《出三藏记集》曰:安世高,"七曜五行之象,风角云物之占,推步盈缩悉穷其变;兼洞晓医术,妙善针脉,睹色知病,投药必济。"④在康僧会、僧祐的笔下,安世高更像一位西域方技人物。

《道地经》是安世高所译的一部小乘佛经,其中记载了"八风"致病。《道地经·五种成败章》曰:"内见风起名刀风,令病者散节。复一风起名遮风,令病者断结。复一风起名针风,令病者筋缓。复一风起名破骨风,令病者骨髓伤。复一风起名藏风,令病者眼耳鼻孔皆青。""复一风起名复上风,令病者内身、膝、肋、肩、背、胸、腹、脐、小腹、大肠、小肠、肝、肺、心、脾、肾,亦余藏令断截。复一风起名成风,令病者青血、肪膏、大小便、生熟热寒涩,令干。""复一风起名节间居风,令病者骨骼直掣振。"⑤《道地经》记载的"八风"名:刀风、遮风、针风、破骨风、藏风、复上风、成风、节间居风。《道地经》借"八风"名,数说令人体百病的原因。《道地经》的"八风",与传统的"八节风"、"八方风"说不同,为"八病风"说。"内见风起"令病者云云,或谓人体内风。而《灵枢》的"八风"说,云"皆从其虚之乡来,乃能病人",更像是说自然界之风。

---

①② 迦叶摩腾、法兰译:《四十二章经》,《大正藏》本,第 30 册,第 722 页。

③ 僧祐著:《出三藏记集》卷第六,《佛藏要籍选刊》本,第 2 册,第 365 页。

④ 僧祐著:《出三藏记集》卷第十三,《佛藏要籍选刊》本,第 2 册,第 417 页。

⑤ 安世高译:《道地经》,《大正藏》本,第 15 册,第 233 页。

　　《道地经》又记"四百四病"。《道地经·五种成败章》曰："如是八十种虫着身中，日夜食身，身便生寒、热、风病各百一，杂余病复有百一；如是并四百四病在身中。"①《道地经》的病因说，是"八十种虫生身中"，而又分寒、热、风、杂余病"各百一"，为"四百四病"。四百四病，是佛教医学的一个专有名词，泛指各种疾病。寒、热、风、杂病，这可能是佛教医学"四大"致病说的早期表述。又《五王经》曰："何谓四大？地大、水大、火大、风大。一大不调，百一病生；四大不调，四百四病同时俱作。地大不调，举身沉重；水大不调，举身膖肿；火大不调，举身蒸热；风大不调，举身掘强，百节苦痛。"②《五王经》已失译人名，今附记东晋录。

　　《道地经》记载了胞胎在母腹中之三十八周时。《道地经·五种成败章》曰："精已，七日不减。二七日精生；薄如酪上酥肥。三七日精凝，如久酪在器中……三十八七日，为九月不满四日，骨节皆具足。"③二七日，指第二周；三七日，指第三周；余类推。《道地经》说：人体胚胎是母血父精的结合，初胚像乳酪，浑沌一团；经过在母腹中三十八周的胞胎发育，逐渐形成各种组织和器官。这些内容是佛教有关胞胎医学的第一次介绍。

　　又竺法护译《胞胎经》，也论述了受孕的早期形态。《胞胎经》曰："七日处彼停住而不增减，转稍而热。转向坚固则立地种，其软湿者则为水种，其中暖者则为火种，关通其中则为风种。"《胞胎经》亦说胞胎在母腹中有三十八周，又将受孕的早期形态归之地种、水种、火种、风种。"四种"，为"四大"说的应用。

　　在安世高所译的佛经中，我们还可以看到《柰女耆域因缘经》、《柰女耆婆经》这两部经名。耆域、耆婆同为一人，传说是释迦牟尼的弟子。释迦牟尼晚年住在王舍城，耆婆是王舍城的食医，也是佛陀时代的名医。经过安世高的翻译，耆婆的医术也被介绍到中国。僧祐《出三藏记集》载："《耆域术经》一卷。"下注："《旧录》云《耆域四术经》。"④"耆域四术"，指耆婆的四种医术，或曰四大、四病、四药。

---

① 安世高译：《道地经》，《大正藏》本，第15册，第235页。
② 失译人名，《五王经》，《大正藏》本，第14册，第796页。
③ 安世高译：《道地经》，《大正藏》本，第15册，第234页。
④ 僧祐著：《出三藏记集》卷第三，《佛藏要籍选刊》本，第2册，第341页。

如此看来,安世高的译经,早已介绍了一些佛教医学。大凡外教初传,都会以医学、天文学作敲门砖,古时如此,今天亦一样。

安世高传入的《大安般守意经》

安世高翻译的《大安般守意经》,也是一部专讲禅法的小乘佛经,康僧会对佛经作注,首选的就是这部《大安般守意经》。安般,旧译"安那般那"。在《大安般守意经》中,我们可以看到对"安般守意"的解释,曰:

> 安为身,般为息,守意为道。守者为禁,亦谓不犯戒……意者息意,亦为道也。①
>
> 安为生,般为灭,意为因缘,守者为道也。②
>
> 安为清,般为净,守为无,意名为;是清净无为也。③
>
> 安名为入息,般名为出息,念息不离是名为安般。④

这些引文,哪些是经书原文,哪些是安世高的解释,哪些是后人的注释,因原书经注不分而不可确考。但可以说明两件事:其一,安世高译《大安般守意经》,采用了道家的"清净无为"之类语言。其二,《大安般守意经》,这是一部与道教胎息、服气、吐纳相关的佛教经典。

《大安般守意经》讲的乃是数息、相随、止、观、还、净六事。

数息:《大安般守意经》曰:"闭口数息,随气出入。"又曰:"数息是气微不复觉出入。"⑤数息谓随气出入,分出息和入息。《大安般守意经》又曰:"数息有三事:一者当坐行,二者见色当念非常不净,三者当晓瞋恚、疑嫉,念过去也。""疑",通"痴"。数息三事,一者坐禅,二者念不净;三者念过去;如此数息,也即修行。数

---

①② 安世高译:《大安般守意经》卷上,《大正藏》本,第 15 册,第 163 页。

③⑤ 安世高译:《大安般守意经》卷上,《大正藏》本,第 15 册,第 164 页。

④ 安世高译:《大安般守意经》卷上,《大正藏》本,第 15 册,第 165 页。

息的最高目的,还是"欲得泥洹道",即修得长生不死之道。

相随:相随是和数息相对的另一概念。《大安般守意经》曰:"数息为四意止,相随为四意断。"数息和相随,如同相辅相成的关系。《大安般守意经》又曰:"数息欲疾,相随欲迟。有时数息当安徐,相随时当为疾。""数息断外,相随断内。""多事当数息,少事当相随。"数息和相随的区别还是清楚的。

止:止为制止之意。《大安般守意经》曰:"止有四,一为数止,二为相随止,三为鼻头止,四为息心止。"又曰:"一者念非常意止,二者念苦身意止,三者念空有意止,四者念不净、乐意止。"①道人修行四意止,也是一个"念"。

观:观为止观之"观"。观有观五阴。五阴,新译曰五蕴,梵文的音译;指色阴、受阴、想阴、行阴、识阴。观色阴,即观想一切有色有形的客观存在的物质,如"四大"观。《大安般守意经》曰:"有时观身,有时观意,有时观喘息,有时观有,有时观无,在所因缘当分别观也。"②又曰:"从(数)息至(还)净是皆为观。"是为修行"四禅"之"观"。

还:《大安般守意经》曰:"摄心还念诸阴皆灭,谓之还也。""不受世间为还。""不欲世间为还。""止与观同,还与净同也。""(还)谓弃身七恶。""还者谓意不复起恶。"③《大安般守意经》又曰:"还为七觉意。"七觉意者:一觉意,二法觉意,三力觉意,四爱觉意,五息觉意,六定觉意,七守觉意。

净:《大安般守意经》曰:"秽欲寂尽其心无想,谓之净也。""净为守意。""念断为净也。""(净)谓弃意三恶。""何等为净? 谓诸所贪欲为不净,除去贪欲是为净。"④《大安般守意经》又曰:"净为八行也。"⑤八行者:第一为直念,第二为直语,第三为直观,第四为直见信道,第五为不随四恶,第六为治断余意,第七为直不堕贪欲,第八为直定正心。七觉意讲"谛",八行讲"直",真是越讲越复杂。

数息、相随、止、观、还、净,为《大安般守意经》所说的"六事"。《大安般守意

---

① 安世高译:《大安般守意经》卷下,《大正藏》本,第15册,第170页。
② 安世高译:《大安般守意经》卷下,《大正藏》本,第15册,第168页。
③④ 安世高译:《大安般守意经》卷上,《大正藏》本,第15册,第167页。
⑤ 安世高译:《大安般守意经》卷上,《大正藏》本,第15册,第164页。

经》又曰："止与观同"，"还与净同"。故《大安般守意经》的"六事"也被说成"四事"。竺法护译《修行道地经》曰："数息守意有四事：一谓数息，二谓相随，三谓止观，四谓还净。"

《大安般守意经》的"四事"，又被总结为"四禅"。康僧会曰："系意着息，数一至十，十数不误，意定在之；小定三日，大定七日"，谓之一禅。"已获数定，转念着随……意定在随，由在数矣，垢浊消灭，心稍清净"，谓之二禅。"行寂止意，悬之鼻头"，谓之三禅。"还观其身，自头至足，反复微察"，谓之四禅。康僧会说通过"四禅"的修行，可以达到"制天地、住寿命"的境界。《大安般守意经》说的这些修炼方法，其目的是止意弃恶、罪断念灭，这与道家服气长生不死说，可谓有其目的上的不同。

道安说安世高，"其所出经，禅数最悉"。安世高译《大安般守意经》，不仅是用"清净无为"解释了"安般守意"，更是用道家的服气吐纳方法，说了一个"禅"字。后汉支曜译《阿那律八念经》曰：弃欲恶，为一禅行；专心守一，为二禅行；见苦乐，为三禅行；忧喜悉断，为四禅行。禅，弃也，还净也；佛教中的修行方法。

支谶传入的《般舟三昧经》

支谶，全名支娄迦谶，简称支谶，本月支国人。支谶在汉桓帝时来到洛阳，于东汉灵帝光和、中平年间，译出《般若道行品》、《首楞严》、《般舟三昧》等三经。《般舟三昧经》，又名《佛立三昧》，因讲修行三昧而得成就之人，能见十方诸佛现于面前，故又名《十方现在佛悉在前立定经》。《般舟三昧经》有一卷本、三卷本，本文主要据三卷本，引用一卷本时特别注出。

何谓"三昧"？梵语三昧，新译三摩提、三摩帝，意思是止息杂念，使心神平静。《般舟三昧经·问事品》曰："诸经中无不解安乐，入禅、入定、入空；无想无所著，于是三事中不恐。"[1]支谶所译，文字有些拗口，似说"三昧"特指入禅、入定、

---

[1]　支谶译：《般舟三昧经》卷上，《大正藏》本，第 13 册，第 903 页。

入空三事。《大智度论》卷第二十八曰："一切禅定,亦名定,亦名三昧。"所以《般舟三昧经》讲的"三昧",是禅是定亦为空。

定,即"定意"。佛告诉颰陀和菩萨:如果有菩萨修十方诸佛现在法门,必须定意向着十方诸佛。若有定意,就能获得菩萨的一切智慧。三昧即定意;定意即一心念佛,以至心意不乱。定意,要"四意止"。何谓"四意止"?《般舟三昧经》说:一者自观身、观他人身,本无身;二者自观痛痒、观他人痛痒,本无痛痒;三者自观意、观他人意,本无意;四者自观法、观他人法,本无法。《般舟三昧经》所说,定意即为"观"。

定意,亦为"念"。《般舟三昧经·行品》曰:"一切佛为一念入。"念佛为"一念入"。又曰:"自念三处:欲处、色处、无想处;是三处意所为耳。"自念三处,从欲处、色处,达到无想处,为"意所为"。"意所为",亦为"念所为"。《般舟三昧经·行品》又曰:"菩萨于是间国土,闻阿弥陀佛,数数念,用是念故,见阿弥陀佛。"①《般舟三昧经》讲,只需"常念我数数",这叫"守念",包括念名和观想,最后还要领悟"佛无所从来,我亦无所至"的深奥空理。

"守念",则是"使念为空",念亦为空。《般舟三昧经·行品》曰:"是法无可乐者,皆念所为,设使念为空耳;设有念者,亦了无所有。"②所以佛经中说"是三昧,知为空、定"。《般舟三昧经·行品》曰:"念佛故得空三昧,如是为念佛。"③《般舟三昧经》说念佛,为得"空三昧"。"空三昧"修行法,讲的是这一连串的"当作是念"。念佛"不用心得,亦不用身得,亦不用心得佛,亦不用色得",只需一个"念"。佛"亦不在边,亦不在中;亦不有,亦不无",这就叫"空"。《般舟三昧经》通过这一连串的"念",得出念为空、法为空、佛亦为空的结论。

《般舟三昧经》说:修行得有四个条件,才能得此法门。哪四个呢?一者不信外道,二者断绝爱欲,三者依法修行,四者对生命不贪图执着。具备这四点,就能得此念佛法门。法门,指修行入道的门径。

---

① ③ 支谶译:《般舟三昧经》卷上,《大正藏》本,第 13 册,第 905 页。
② 支谶译:《般舟三昧经》卷上,《大正藏》本,第 13 册,第 906 页。

《般舟三昧经》分别列举了四种人修习三昧的"行"。《般舟三昧经·四辈品》（一卷本）曰："比丘欲学是三昧者，当清净持戒。""比丘尼求是三昧者，不得自高，常当卑谦……常当清净，不得惜性命。""居士欲学是三昧者，当持五戒，令坚；不得饮酒。""优婆夷欲学者，当持五戒自归于三……不得有贪欲之心。"五戒：一不杀生，二不偷盗，三不邪淫，四不妄语，五不饮酒。《般舟三昧经》曰："佛告颰陀和，其有欲学是三昧者，清净自守，持戒完具；不谀谄，常为智所称誉；于经中：当布施、当精进，所志当强，当多信，当劝乐；承事于师，视当如佛。"①《般舟三昧经》讲的修行"四事"，都是些简单的"当持五戒"、精进勤修、布施事师之类，这是有利于佛教从白马寺走向普通民众的。

安世高的译经，选择的佛经全是小乘；支谶所译佛经，几乎全属大乘。大乘佛教，意谓人人可以成就佛陀一样的智慧。支谶译《宝积经》、《般若道行品经》、《兜沙经》，分别为大乘中的宝积、般若、华严的主要内容。如果说小乘讲的是"寂"，大乘讲的则是"智"，这是他们的一点区别。而就佛教方技而言，是没有这种区分的。在安世高借道家的清净无为讲安般守意后不久，支谶译《般舟三昧经》，讲"入禅、入定、入空"，讲"一切常念阿弥陀佛"，这毕竟给东汉社会带来了一些新的修行方法。《般舟三昧经》提倡的三昧修行法，对以后佛教的禅宗影响深远，成为后世显密二宗的基础。

竺律炎与支谦传入的《佛医经》

《佛医经》一卷，题"吴天竺沙门竺律炎共支越译"。竺律炎，一作竺律炎，史料极少；仅知其在黄武三年（公元 224 年）与维祇难同至武昌。支谦，字恭明，一名越。先世本大月支国人，随祖父法度迁居吴地；生卒年不详，约公元 3 世纪人。

安世高译《七处三观经》，言"世间有三大病，人身中各自有"。《七处三观经》曰："何等为三：一为风，二为热，三为寒，是三大病。比丘有三大药：风者，比丘大

---

① 支谶译：《般舟三昧经》卷上，《大正藏》本，第 13 册，第 900 页。

病,麻油大药,亦麻油辈。热大病者,酪酥大药,亦如酪酥辈。寒大病者,蜜大药,亦如蜜辈。是比丘三大病,是三大药。"《七处三观经》讲三大病,风、热、寒;讲三大药,麻油、酪酥、蜜。三大病、三大药或是佛经中早期医术的提法。早期佛经,对病大多作两种分类,一作"三大病"、"三大药"、"三大患"之分,一作"四病"、"四大"、"四药"之分。竺律炎与支谦共译的《佛医经》,主要讲人身中"四大"得病因缘,人得病之"十因缘",人避"九横"死,及一年四季的养生事宜等。

《佛医经》曰:"人身中本有四病。一者地,二者水,三者火,四者风。风增气起,火增热起,水增寒起,土增力盛。本从是四病,起四百四病。土属身,水属口,火属眼,风属耳。"①地、水、火、风叫"四大",《四十二章经》已提到"熟自念身中四大名"。《佛医经》说:"四大"的"增",分别导致"气起"、"热起"、"寒起"和"力盛",为地、水、火、风"四病"。与支谦差不多同时的支曜译《小道地经》,也提到"四病"。《小道地经》曰:"身有四病。或时地多身不得安,或时水多身不得安,或时火多身不得安,或时风多身不得安。此四得安乃得身止。"②《小道地经》说"四大"的增多,导致身不得安,故得"四病"。"四病"又可分"四百四病"。《佛医经》说"四病"、"四百四病",都是以"四大"为基础的。所以"四大",即是佛教医学的病因说,也是佛教医学对疾病的一种分类。

《佛医经》的"四大"即"四气"。《佛医经》认为,人得病因缘,是由"四大"或"四气"的侵害引起的。《佛医经》曰:冷病是由水风二气引起的,热病是由地火二气引起的。"四大"的产生和四时有关。《佛医经》曰:"春正月二月三月寒多,夏四月五月六月风多,秋七月八月九月热多,冬十月十一月十二月,有风有寒。何以故春寒多? 以万物皆生,为寒出,故寒多。何以故夏风多? 以万物荣华、阴阳合聚,故风多。"③"风"为佛教的"四大"之一,《佛医经》却用了"阴阳合聚"来解释夏季风多的原因。

除"四大"致病说之外,《佛医经》还说"人得病有十因缘"。《佛医经》曰:"一

①③ 竺律炎、支越译:《佛医经》,《大正藏》本,第17册,第737页。
② 支曜译:《小道地经》,《大正藏》本,第15册,第236页。

者久坐不饭,二者食无贷,三者忧愁,四者疲极,五者婬泆,六者瞋恚,七者忍大便,八者忍小便,九者制上风,十者制下风。从是十因缘生病。"①佛教的"四大"得病因缘,讲了人得病之外因。《佛医经》再提"人得病有十因缘",更多地讲了人得病之内因及养生、房室等诸多因素。

《佛医经》介绍了养生的具体事宜。《佛医经》曰:"春三月有寒,不得食麦、豆,宜食粳米、醍醐诸热物。夏三月有风,不得食芋、豆、麦,宜食粳米、乳酪。秋三月有热,不得食粳米、醍醐,宜食细米、𪎅、蜜、稻、黍。冬三月有风寒,阳与阴合,宜食粳米、胡豆、羹、醍醐。"②此佛经所载四季食疗养生法。醍醐是一种由奶酪中提炼出来的酥油制品,《雷公炮灸论》、唐《新修本草》均有记载。竺律炎与支谦前面用"阴阳合聚"解释了夏季风多,这里还使用了"阳与阴合"词语来解释冬季有风寒,这说明《佛医经》同《四十二章经》一样,也不全是"外国经抄";竺律炎与支谦共译的《佛医经》,也是一部"佛医说"。

佛教医学以龙树、婆罗门、耆婆为代表。龙树,是一位多才多艺之人,懂得医学和炼金术,传说他曾向遮罗迦习《医方集》。婆罗门,博学多闻,为天竺四姓之一,主掌占卜祭祀,也以药术解除人的疾病。耆婆,对印度的医药学有过贡献,被后人尊为印度的药王、神医。

竺律炎与支谦传入的《摩登伽经》

《摩登伽经》两卷,也系竺律炎与支谦共同翻译。《摩登伽经》带来了早期佛教天文学。

《摩登伽经·说星图品》曰:"星纪虽多,要者其唯二十有八。"③《摩登伽经》又将二十八宿分为四方。《摩登伽经》曰:东方七宿:昴毕觜参井鬼柳;南方七宿:星张翼轸角亢氐;西方七宿:房心尾箕斗牛女;北方七宿:虚危室壁奎娄胃;是《摩

---

①② 竺律炎、支越译:《佛医经》,《大正藏》本,第 17 册,第 737 页。
③ 竺律炎、支越译:《摩登伽经》卷上,《大正藏》本,第 21 册,第 404 页。

登伽经》分二十八宿为四方七宿。佛经中多说二十七宿，这种四方七宿说，必为来华后引俗入雅的增改。如《隋志》载《婆罗门阴阳算历》一卷，印度历法讲"六季"、"三季"，不可能出现"阴阳"二字。

我们已知：《淮南子·天文训》载"星分度"，是将二十八宿划分为"九野"；《史记·天官书》有"二十八舍主十二州"之说，却是分二十八宿为"五宫"。这些史料都未明确将二十八宿分为四方七宿，中国古人"天圆地方"说的传统，也不允许将周天分为四方。惟成书在西汉后期的《说苑》，说过二十八星分为四方七宿。但《说苑》的成书是有争议的。如同《春秋繁露》不能定为董仲舒所著一样，《说苑》也不能肯定为西汉刘向所撰。陈卓重订的二十八宿排序，同《说苑》的排序，唐王希明《太乙金镜式经》云取之佛书《天文玉历森罗纪》。可以说，将二十八宿分为四方七宿，还是以《摩登伽经》为先。

《摩登伽经·明时分品》曰："我今更说二十八宿所主之者。昴主帝王，毕主天下，嘴主旷野并及大臣，参、井亦然；柳主龙蛇，依山住者，七星主于种甘蔗人……如是分别星记所属。"①这段话，是佛经中一段较早的二十八宿所主之说。《史记·天官书》记载的二十八宿占，多为民事，如曰"东井为水事"，"危为盖屋；虚为哭泣之事"等。《摩登伽经·明时分品》记载的二十八宿所主之者，为帝王、大臣、居士、医筮者、耕种者等人物。

《摩登伽经》说月离二十八宿生者吉凶事。《摩登伽经·观灾祥品》曰："吾当更说星纪所行善恶之相。月离昴宿，是日生者，有大名称，人所恭敬。月离于毕者，所生豪贵，众共赞叹……"②接着说月离觜、参、井、鬼、柳、七星、张、翼、轸、角、亢、氐、房、心、尾、箕、斗、牛、女、虚、危、室、壁、奎、娄、胃。引文中说"月离牛星，生有名称"，与说"月离昴宿，是日生者，有大名称"，基本是重复的。这段引文有牛宿，《摩登伽经》说的是月离二十八宿"是日生者"占。

《摩登伽经》又说月离二十七宿置立城邑占，文中无牛宿，是说二十七宿。

---

① 竺律炎、支越译：《摩登伽经》卷下，《大正藏》本，第21册，第410页。
② 竺律炎、支越译：《摩登伽经》卷下，《大正藏》本，第21册，第405页。

《摩登伽经》又说月在二十七宿雨相灾祸,文中也无牛宿。在《摩登伽经·观灾祥品》这一篇文章中,是同时存在着二十八宿和二十七宿的使用。佛教天文学中,究竟是持二十八宿说,或还是持二十七宿说? 从《摩登伽经·说星图品》所记"牛宿"看,《摩登伽经》中说的二十八宿,很可能是来华后的提法。《摩登伽经·说星图品》记载了二十八宿的星数、宿形,但在说二十八宿"为有几星,形貌何类"时,均记载"其所祭祀,为用何等,何神主之,有何等姓"等,唯牛宿的记述有点特别,说"不须祭祀"。汉武帝镇压巫蛊道之后,直到东汉道教形成之时,道教还是反对祭祀的。东汉时期,佛教初传,不会不受到道教反对祭祀的影响,这才有"不须祭祀"之说。如此看来,《摩登伽经》记载的二十八宿,其"牛宿"是来华以后另加的。

　　月占,在佛教天文学中是很有特色的内容,有诸星宿月占为第一之说。马王堆出土的《天文气象杂占》讲了"月军(晕)",《孙子》讲了"月在箕、壁、翼、轸也,凡此四宿者,风起之日也"。《吕氏春秋·圜道》有"月躔二十八宿"语的记载,但无具体内容。《史记·天官书》、《汉书·天文志》讲"月行中道",《后汉书·律历志》也只讲"推月食"、讲"月入五星"。《摩登伽经》带来了"月离"、"月在"诸概念。月离,《摩登伽经》讲月离诸星宿日"生者吉凶事"。月在,《摩登伽经》讲月在诸星宿时所应为事。《摩登伽经》所说的月离、月在诸事,全为祭祀、宜忌之类,也包括对灾祸、疾病的某些推测。

　　《摩登伽经》还带来了"地动"之说。《摩登伽经·观灾祥品》说地动之相,其一,以年月说之,如曰:"三月地动,不过一旬,当有兵起;四月地动者,亦如上说;五月地动,二十五日,便有兵起;六月地动,七十五日,便有兵起……"①《摩登伽经》又说卯时地动者、午时地动者、未时地动者、酉时地动者;又说初旬地动者、中旬地动者、下旬地动者,此类记述,意义不大,只是按时、按日作了分叙。其二,以月在二十七宿说之,如曰:"月在昴宿,而地动者,火势炽盛……月在毕宿,而地动者,怀孕妇人,胎多夭殇"。《摩登伽经》以为地动引出的次生灾害,可由月在二十七宿而占。

————————

① 竺律炎、支越译:《摩登伽经》卷下,《大正藏》本,第 21 册,第 408 页。

《摩登伽经》说地动之相,还依次说了火动、水动、风动三大灾异。《摩登伽经·观灾祥品》曰:"其一地动,三大亦然。"《摩登伽经》说地动,将引出火动、水动、风动三大灾异。《摩登伽经》注意到地动后引出的次生灾害,这是正确的。但《摩登伽经》并没有细说火动、水动、风动"三大之相"。南朝真谛译《立世阿毗昙论》,则为火动、水动、风动建立了一个简单的模型。《立世阿毗昙论》说大三灾(火、水、风)次第为:先起七火灾,其次起一水灾,乃至满七水灾;复七火灾后一风灾起。如是总有八七火灾、一七水灾、一风灾,为六十四劫。《立世阿毗昙论》对大三灾的发生,假想了一个简单的循环模式。

顺便说一下,《越绝书》也记载了一条灾荒模式的史料。《越绝书·计倪内经》载:"太阴,三岁处金则穰,三岁处水则毁,三岁处木则康,三岁处火则旱。"[①]穰,丰盛之意,即丰年。《越绝书》说:岁星处金、水、木、火星,三岁为丰,三岁为灾,十二年一周期。《越绝书》又说:"天下六岁一穰,六岁一康,凡十二岁一饥。"穰,古同穰,指穰灾。秦汉典籍中,对灾荒模式的提出是极其罕见的,笔者只见《淮南子·天文训》载:"三岁而改节,六岁而易常。故三岁而一饥,六岁而一衰,十二岁一康"。另外,瞿昙悉达撰《唐开元占经》,其卷六十四载《灾变期应》,记载了巫咸、石氏、宋均、《荆州占》几家的灾变期应说。瞿昙悉达原是天竺人,隋时同祖父瞿昙逸来华定居。

《摩登伽经》说昼夜之法。《摩登伽经·明时分品》曰:"冬十一月,其日最短,昼夜分别有三十分,昼十二分,夜十八分。五月夏至日,昼十八分,夜十二分。八月二月,夜退日进。至于五月,日夜进退。亦一分进,亦一分退。""是三十分名一昼夜。三十昼夜,名一月。此十二月,名为一岁也。"[②]佛教中的时法,也无统一之说。有说一昼夜六时的,有说一昼夜八时的,有说一昼夜十二时的,也有说一昼夜三十时的。《摩登伽经》是说一昼夜三十分,一分二刻,共六十刻。

早期佛教天文学,以二十八宿、月占、地动之说为主,无十二宫之说,十二宫

---

① 袁康、吴平辑录:《越绝书》卷第四,《丛书集成初编》本,编号 3697 - 第 22 页。

② 竺律炎、支越译:《摩登伽经》卷下,《大正藏》本,第 21 册,第 408 页。

是隋时那连提耶舍译《日藏分》传入的。早期佛教天文学，通过天文星占而发展，作为一种占星术，也是假借星宿占说人的吉凶祸福。其中的代表人物为婆罗门、摩登伽。摩登伽，又作摩灯伽、摩邓伽；传说是佛陀化作贱民的王，精通占星术、相面术等。

第二节　佛教方技

佛教方技，指佛教中的"医历星筮"，这也是一个十分庞杂的题目；笔者也是通过研读几部佛教著作，初步研究南北朝时期佛教方技这一课题。

帛尸梨蜜多罗，本是一位佛教方技人物，初传佛教医方咒术，言口诵神名可护身除灾；本节研读他翻译的《灌顶经》。

昙无谶，被称为"西域大咒师"，他翻译的《大般涅槃经》，是南北朝时期密宗的经典，本节关注其中佛教医学的内容。

实叉难陀，是唐代密宗大师，他翻译的《如意轮陀罗尼神呪经》，也记载了佛教中的医方、医药。为集中研究佛教医学，笔者将他提前安排在昙无谶之后。

鸠摩罗什的《禅秘要法经》，讲了禅观三十法，或说"系念"，或说"谛观"，实际是一种"观想"。罗什端坐思物，由物及义，展示了对人与世界的观想。

那连提耶舍翻译的《日藏分》、《月藏分》，更是佛教天文学的经典名著。《日藏分·中星宿品》记载了印度历法，《月藏分·星宿摄受品》构造了二十八宿一种新的四方七宿排序。

金刚智译《不动使者陀罗尼秘密法》、《金刚顶经瑜伽观自在王如来修行法》，是密宗金刚藏的两部主要佛经，印、咒占其重要部分。

不空，唐代密宗大师，精通佛教天文学和佛教医学，这里选读他翻译的《宿曜经》。《宿曜经》将二十七宿分属十二宫，又记载了每周七日。《宿曜经》以"宿直"求人所属本命宿，借助了"虚加之法"。

从现存的史料看，一般释家所传习的天文星占、医方医药、占卜杂法，不全是佛教传来的东西,其中相当一部分内容,是中国传统的术数、方技。

《灌顶经》的"医方咒术"

帛尸梨蜜多罗,中名吉友,西域人。传云国王之子,当承继位而以国让弟,遂出家。晋怀帝永嘉中始到中国,晋咸康(公元335—342年)中卒,春秋八十余。

《高僧传》云:帛尸梨蜜多罗,医方咒术,瞻相吉凶,灾异祸福,靡不该博;出《孔雀王经》,为佛教咒术初传中土之始。早在帛尸梨蜜多罗译《孔雀王经》前,竺律炎与支谦共同翻译的《摩登伽经》,载明咒八首;支谦另译《华积陀罗尼神咒经》、《八吉祥神咒经》等六部密咒佛经;西晋竺法护译《诸神咒经》三卷、《八阳神咒经》等。佛教咒术,早在帛尸梨蜜多罗之前已传入中土。

《开元释教录》载《大灌顶经》十二卷,云帛尸梨蜜多罗译。今本《灌顶经》,又名《大灌顶经》、《大灌顶神咒经》等。《灌顶经》十二卷各有卷名,如卷第一名《灌顶章句七万二千神王护比丘经》,卷第十二名《灌顶拔除过罪生死得度经》等。《灌顶经》卷第十二云:"此经凡有三名:一名《药师琉璃光佛本愿功德》,二名《灌顶章句十二神王结愿神咒》,三名《拔除过罪生死得度》。"①指《灌顶经》卷第十二就有三个不同的经名。《灌顶经》的篇幅经过了不断的增补,它的内容也是经过了多人的增补。

《灌顶经》卷第一曰:"是故我今广演《灌顶》十二部章句真实咒术,化诸未信不解道者。"②这已说的很清楚,帛尸梨蜜多罗为了向"未信不解道者"传法,对《灌顶经》作了"广演"。如《灌顶经》所作"五方大神"说,即为其增广演绎的内容。《灌顶经》卷第五曰:东方大神,守护东方,辟除灾祸、恶梦如是灾厄;南方大神,辟除五瘟疫毒之病,守持南方;西方大神守持西方;北方大神守持北方;"今复更演中央神王……能为一切无量众生,除去四方灾恶诸变。"③《灌顶经》卷第五所说

---

① 帛尸犁蜜多罗译:《灌顶经》卷第十二,《大正藏》本,第21册,第536页。
② 帛尸犁蜜多罗译:《灌顶经》卷第一,《大正藏》本,第21册,第499页。
③ 帛尸犁蜜多罗译:《灌顶经》卷第五,《大正藏》本,第21册,第511页。

的"今复更演中央神王……",其内容与前四方大神重复,似是说完四方大神后的一个增补。

《灌顶经》卷第七所说的"黄色之神吐于黄气来入病者口中",其说却与前四方之神来入病者拇指中不同。因此,有理由怀疑《灌顶经》诸神原分为四方,五方诸神之说,系帛尸梨蜜多罗来华后的增广。唐李淳风《乙巳占》论天体象者八家,一曰浑天、二曰宣夜,"八曰四天,袄胡寓言"。李淳风已言佛教天体为四方天说。故《灌顶经》卷第五所说的"中央神王",卷第七所说的"黄色之神",可肯定是帛尸梨蜜多罗来华后"撮要引俗"的增补。

帛尸梨蜜多罗说过出《灌顶经》的目的。他说传授禁咒的目的:"不为利养",只为"化导诸众生故","令诸众生得苏息耳"。帛尸梨蜜多罗翻译的《灌顶经》,就是佛教咒术的一部专著。《灌顶经》卷第一曰:"佛先说诸经法有呪术者,或云应学诵持修行,或云不应修习禁呪,诸经法中更互不同、反复前后。"①咒术,或谓"禁咒"。帛尸梨蜜多罗说,佛经中对修习禁咒也是有不同看法,他对修习禁咒持肯定意见。

《灌顶经》说咒诵神王名字可主护人的身体。《灌顶经》宣称的咒术方法非常简单,只须口诵神王的名字。《灌顶经》所载神名,有七神王、九神王,有"须弥顶上七万神王,及海中五万神王等",有四天三十六神王,有"戒神二十五,归神三十六"等,总之,神王无数。口诵神王名字的作用,《灌顶经》给出了几个解释。《灌顶经》卷第七曰:"以神王名厌之,吉。"《灌顶经》说口诵神王名字,可"厌"灾祸。《灌顶经》卷第八曰:"唤其名字即摄毒气,还其所止不能为害,即便获得吉祥之福。"②口诵神王名字,可"摄毒气",这也是《灌顶经》的一个解释吧。

《灌顶经》除了说念诵神名以护身除灾之外,还说可书写神名制成符箓以消灾除疾。《灌顶经》卷第三又名《灌顶三归五戒带佩护身呪经》,经中提到要"以好素帛书持此神王名字",佩带在身上。佛教中符的制法,一般也是用朱沙书写在绢、

①　帛尸梨蜜多罗译:《灌顶经》卷第一,《大正藏》本,第 21 册,第 498 页。
②　帛尸梨蜜多罗译:《灌顶经》卷第八,《大正藏》本,第 21 册,第 520 页。

纸上。《龙树五明论》记载了十八符的制法:"以素生绢一尺,真朱沙书此符佩之。""以素绢七寸,朱书佩之。"①符除佩带之外,还有吞服的。《龙树五明论》又曰:"尚出神门,西向地户,先服七符,然后去之。子日出,先吞子符;丑日出门,先服符已;外准此法。"②此记"龙树十二时神符"。因此,佛教中的符,如同道家的符箓。

《灌顶经》记载了佛教中的诸多术数:口诵神名,召神护身,悬镜驱鬼,佩符消灾,燃灯烧香,柳枝除病,这类佛教中的"杂法之术",也即佛教中的术数。南北朝的甄鸾著《笑道论》曰:"道以自然为宗,佛以因缘为义。"甄鸾指出了道教和佛教的区别。从《灌顶经》记载的佛教术数,我们看到,佛教术数和道教术数,二者并无本质差异。

《大般涅槃经》中的"医方明"

昙无谶,或译昙无懺、昙摩懺,中天竺人。昙无谶"明解呪术",有"西域大呪师"之号。延和二年(北凉义和三年,公元 433 年),北魏太武帝拓跋焘闻昙无谶精通多种方技,于是派人到北凉迎请他。时北凉的沮渠蒙逊担心昙无谶到北魏后对他不利,就一面资助昙无谶再回西域,一面派人在路上暗杀了他。同扁鹊一样,昙无谶竟以方技死于非命;他被暗杀时,年仅四十九岁。

昙无谶在当时是与鸠摩罗什齐名的译经大师,他传译的《大般涅槃经》,主要阐述佛身常住不灭、涅槃常乐我净、一切众生悉有佛性等大乘教思想。特别"一切众生悉有佛性"之说,对中国佛教的影响甚大,后来的"渐悟"、"顿悟"二说,便是以此衍生出来的二种教义。就是在《大般涅槃经》这样一本大乘佛经中,可以看到"寿命品"、"现病品"这些字样,其中记载了一些佛教医学的内容。

《大般涅槃经·如来性品》曰:"譬如良医及良医子,所知深奥出过诸医,善知除毒无上呪术。若恶毒蛇、若龙、若蝮,以诸呪术呪药令良。"③又曰:"譬如良医,

---

① 不著撰人,《龙树五明论》卷上,《大正藏》本,第 21 册,第 957 页。
② 不著撰人,《龙树五明论》卷上,《大正藏》本,第 21 册,第 958 页。
③ 昙无谶译,《大般涅槃经》卷第九,《大正藏》本,第 12 册,第 419 页。

一切医方无不通达,兼复广知无量呪术。"①《大般涅槃经》说佛教医学就是"医方"、"呪术";"譬如良医",既通晓医方,又广知咒术。

《大般涅槃经》分佛教医学为八类。《大般涅槃经·如来性品》曰:"譬如良医,解八种药,灭一切病,唯除必死。"又曰:"复有良医,过(通)八种术,能除众生所有痛苦。"②八种药或八种术,均指八医。今疏解为:治身、治眼、治疮、治小儿、治邪鬼、治毒、治胎病、治知星;可视为今医之八科:内科、眼科、皮肤科、小儿科、神经科、外科、妇产科、心理科。

《大般涅槃经》云何为病?《大般涅槃经·圣行品》曰:"病谓四大毒蛇互不调适,亦有二种:一者身病,二者心病。"③《大般涅槃经》区别了"身病"和"心病"。身病有五:"一者因水,二者因风,三者因热,四者杂病,五者客病。"《大般涅槃经》在说身病有五时,包括客病四种。"客病有四:一者非分强作,二者忘误堕落,三者刀杖瓦石,四者鬼魅所著。"心病有四:"一者踊跃,二者恐怖,三者忧愁,四者愚痴。"这些医说与佛医传统"四大"说不同。《大般涅槃经·圣行品》又曰:"身心之病凡有三种。何等为三:一者业报,二者不得远离恶对,三者时节代谢。生如是等因缘、名字、受分别病。因缘者,风等诸病;名字者,心闷肺胀、上气咳逆、心惊下痢;受分别者,头痛、目痛、手足等痛。是名为病。"《大般涅槃经》又云"身心之病凡有三种"。

《大般涅槃经》又说佛教医学的病因论。《大般涅槃经·圣行品》曰:"四大不调所致病,谓之身病;或欢喜太过、或恐怖、或病等失心之平和,谓之心病。""四大不调",即"四大增损"。《大般涅槃经·现病品》曰:"世有病者,四大增损,互不调适,羸瘦乏极。"④《大般涅槃经》说"身病"是外因"四大增损"所致;"心病"是内因房中太过、或恐怖所致。《大般涅槃经》又将"心病"的病因归之"四毒箭"。《大般涅槃经·现病品》曰:"一切众生,有四毒箭则为病因,何等为四? 贪欲、瞋恚、愚

---

①　昙无谶译:《大般涅槃经》卷第九,《大正藏》本,第 12 册,第 420 页。
②　昙无谶译:《大般涅槃经》卷第九,《大正藏》本,第 12 册,第 419 页。
③　昙无谶译:《大般涅槃经》卷第十二,《大正藏》本,第 12 册,第 435 页。
④　昙无谶译:《大般涅槃经》卷第十一,《大正藏》本,第 12 册,第 429 页。

痴、憍慢。若有病因,则有病生。"①憍慢:持矜、傲慢。"四毒箭"也是指心中失去平和。佛教医学的病因论,一谓"四大不调",二谓"有四毒箭则为病因",说的也是外因和内因。

《大般涅槃经·现病品》曰:"有二因缘则无病苦。何等为二? 一者怜悯一切众生,二者给施病者医药。"②我们讲过,佛教医学不否认医药的作用。如《增一阿含经·声闻品》,记载了梵志击骨辨男女病原、命终之因及所生处。梵志,明于星宿,又兼医药能疗治众病。《杂阿含经》载:大医王者,有四法成就。"何等为四:一者善知病,二者善知病源,三者善知病对治,四者善知治病已。""大医王,成就四德,疗众生病。"《金光明经·除病品》曰:"病苦深重难疗治者,即共往诣长者子所,重请医疗。时长者子,即以妙药令服,皆得除差。"③《金光明经》又名《金光明最胜王经》,记"长者子"为病重难治者服食妙药。

《大般涅槃经》也记载了佛药的药型。《大般涅槃经·如来性品》曰:"譬如良医,善解八术,为治众生一切病苦与种种方,吐下诸药及以涂身、熏药、灌鼻、散药、丸药。"④涂身、灌鼻之类药,在南北朝时期的传统医学中,也是极其罕见的。

《如意轮陀罗尼神呪经》记载的药方

实叉难陀,一云施乞叉难陀,葱岭北于遁(即西域于阗国)人。武则天时期到洛阳。景云元年(公元710年)因病而卒,春秋五十九。

实叉难陀译《如意轮陀罗尼神呪经》,载《观世音陀罗尼和阿伽陀药法令人爱乐品》、《观世音如意轮含药品》、《观世音心轮眼药品》、《观世音火唵陀罗尼药品》数篇,其中记载了佛教中的医药、药方。

《如意轮陀罗尼神呪经》对病的分类,有了新的提法。曰:"若能诵此陀罗

①② 昙无谶译:《大般涅槃经》卷第十一,昙无谶译,《大正藏》本,第12册,第428页。

③ 义净译:《金光明最胜王经》卷第九,《大正藏》本,第16册,第448页。

④ 昙无谶译:《大般涅槃经》卷第九,《大正藏》本,第12册,第419页。

尼……若热病一日二日三日四日,若昼若夜,若风、黄、痰癊等病,诵此呪者悉
得除愈。"①《如意轮陀罗尼神呪经》对病的分类是"风、黄、痰癊等病"。黄病,即
热病。痰癊,亦称寒病,因春时寒多。"风、热、痰癊"三病之分,亦合西域"三
季"之意。《金光明经·除病品》曰:"病有四种别,谓风、热、痰癊及以总集病,
应知发动时。春中痰癊动,夏内风病生,秋时黄热增,冬节三俱起。"②《金光明
经》的"四种"病,指的是痰癊、风病、黄热及总集病。"总集病"为"风、热、癊俱
有"。故"总集病"亦称"杂病"。《金光明经》言"四种"病由四季所生,合"四大"
之说。

　　《观世音陀罗尼和阿伽陀药法令人爱乐品》载"阿伽陀药法":"牛黄、白檀、郁
金香、龙脑香、射(麝)香、豆谷子、丁香、迦俱罗、莲华、青莲华、金薄,各等分,白蜜
与药亦等分捣和。"③此药法的组方,除无计量外(仅说"等分"),也无其他特别
处,只是加了"诵前呪一千八遍",就说有了"一切厄难皆得解脱"的功效。实际
上,"阿伽陀药法"的组方,也即"转轮香"的组方。

　　又《观世音如意轮含药品》载:"龙脑香、射(麝)香、郁金香、细捣,和牛
黄……阴干,莫令风日到,是一一丸。"④龙脑,樟树种,俗称冰片,有毒。这是一
款配伍殊妙的口服药,虽有活络气血、提神解毒之功效,因含龙脑、牛黄,轻易
不可便服。佛教医药的药型也是"丸"。佛经记载的其他药型,包括汤剂、丸剂、
散剂、膏剂、油剂、糖浆、药酒等,与传统药型大致相同。香,一般烧熏时有避免疾
疫的作用。

　　《观世音心轮眼药品》载:"说眼药法……慢室迦拘竖　红莲花　青莲花　海
水末　或乌贼鱼末　牛黄　郁金香　汉郁金　毕拨　胡椒　干姜　并等分捣细
筛讫。前药有一两,即著射(麝)香、龙脑香半两,细研,观世音像前和合。"⑤慢室
迦拘竖,肉豆蔻的音译,有治积冷胀痛、宿食痰饮的功用。药方中已有一两、半两
剂量的记载,但须"观世音像前和合"。

――――――――――

① ③　实叉难陀译:《如意轮陀罗尼神呪经》,《大正藏》本,第20册,第198页。
②　义净译:《金光明最胜王经》卷第九,《大正藏》本,第16册,第448页。
④ ⑤　实叉难陀译:《如意轮陀罗尼神呪经》,《大正藏》本,第20册,第199页。

《观世音心轮眼药品》曰："治眼头一切病，瞖障、白晕、流泪、赤膜、清盲、头痛，每日一度著此药置眼中，一切眼病皆得除差。二日著，治身中一切病……二十一七日著，飞腾虚空，见色界诸天宫殿皆悉开辟，复见十方诸佛菩萨及佛净国；若一年著得五种净眼。"[1]《观世音心轮眼药品》载眼药涂法，一日一遍。涂之一遍，治一切眼病；涂之二遍，即除身中一切病；涂之一百四十七日，即得腾空无有障碍；涂之一年，得五种清净。佛经中基本是将"眼药"说成了"神药"。

鸠摩罗什的《禅秘要法经》

鸠摩罗什，天竺人，家世国相。罗什的生年，史籍无明确的记载。而罗什的卒年，诸家记载不同。按僧肇《鸠摩罗什法师诔》记载，罗什年七十，死于后秦弘始十五年（公元 413 年）。以此推算，罗什生于东晋建元二年（公元 344 年）。

罗什的译著，《出三藏记集》载"三十二部，三百余卷"，偏重大乘，而以禅宗最胜。禅是什么？罗什在《首楞严三昧经》曰："调伏其心是禅。"调伏，调和制伏，讲起心调己、制御其心的修行；禅是"自观"的一种修炼。罗什出《禅秘要法经》，讲了禅法三十观，或说"系念"，或说"谛观"，实际是一种"调想"，或曰"观想"。《禅秘要法经》载：

第一：沙门法。曰："沙门法者，应当静处敷尼师坛，结跏趺坐，齐整衣服，正身端坐，偏袒右肩，左手著右手上，闭目以舌拄腭，定心令住，不使分散。先当系念著左脚大指上，谛观指半节，作泡起想，谛观极使明了。"次观二节，次观三节，一一观去，直至五节。"谛观五节，不令驰（弛）散，心若驰（弛）散，摄令使还，如前念半节。念想成时，举身暖煴心下热。得此想时，名系心住。"[2]"经九十日，不移心想"；如是又名"系念法"。

从第一沙门法，第二白骨观（曰：系念额上，谛观额中；然后自观头骨，如是渐

---

① 实叉难陀译：《如意轮陀罗尼神咒经》，《大正藏》本，第 20 册，第 199 页。
② 鸠摩罗什译：《禅秘要法经》卷上，《大正藏》本，第 15 册，第 243 页。

见举身白骨），至第十一白骨流光观（曰：谛观右足大指两节间，令节相离，作白光想；从足至头，三百六十三骨节，皆令相离）。及第二十一暖法观（曰：谛观脚大指间，自观己身，见诸白骨；出定入定，身体温暖）。《禅秘要法经》都是讲系念于自己身体某处，一一谛观。

《禅秘要法经》接着讲谛观身外"四大"。如第十四地大观（曰：此时作易观法。火大动时，应起山想；当想诸山，犹如冰霜。谛观此身，地大者从空见有，空见亦空）。第十四外四大观（曰：谛观身外"四大"；次当更观身外火，复当更观身外水，复当更观身外风等）。《禅秘要法经》分"四大"为"身内四大"和"身外四大"，以观想身内"诸坚实物"为身内四大观，而以观想身外"诸坚实物"为身外四大观（第十四外四大观应为第十五，原书第十四有二法，但缺第二十八法）。《禅秘要法经》又说"易观法"：一易，"火大动时，应起山想"；二易，"当想诸山……谛观此身"，以观想身外转为观想身内。

《禅秘要法经》再讲谛观身内"四大"。如第十五：内四大观（曰：谛观身内"四大"。身内地大，骨齿爪发，诸坚实物。身内诸火，从外火无常；观诸骨上，一切火光，悉灭不见。身内诸水，因外水无常，势不支久，内水亦尔。身内诸风，假为合成，从妄想起，是颠倒见）。身内"四大"：所谓发毛爪齿皮肉筋骨皆归于地，唾涕脓血津液涎沫皆归于水，暖气归于火，动转归于风。

《禅秘要法经》第十七：身念处观（曰：见诸世间一切所有，皆悉明了。见诸身外一切众色及诸不净，亦见身内一切不净，皆悉明了）。第十八：一门观（曰：系念思维，谛观面骨；渐渐广大，见举身骨）。第十九：佛三昧观，亦名灌顶法（曰：一心系念，教使观像，三十二相，八十种好）。第二十：数息观（曰：系念住意在脐，或在腰中；随息出入，终而复始。随息往返至十，舍数而止）。从第十七至第二十，《禅秘要法经》再讲一心系念，或系念思维，或系念在脐，或观像，或数息。

《禅秘要法经》一书，不全为罗什的翻译，而是包含了罗什的论述。安世高译《大安般守意经》，以服气吐纳说禅；支谶译《般舟三昧经》，将禅说成一个"行"字；罗什译《禅秘要法经》，将禅说成"一一观去"，讲了一个"观"字。竺法护译《胞胎经》，讲了一个"人从何处来"的问题。罗什的禅秘三十观，端坐思物，由物及义。

先系念著脚指上,观指半节,次观一节,次观二节,直至五节;由此观想扩展至全身;再作地大观、火大观、风大观、水大观。如此观想,已不是简单的静坐呼吸,而是从人体的结构开始,展开对人与世界的观想,包括了对"人向何处去"这类主题的思索。

罗什讲坐禅三十观,昙摩蜜多总结为坐禅五门。昙摩蜜多《五门禅经要用法》曰:"坐禅之要法有五门:一者安般,二不净,三慈心,四观缘,五念佛。安般、不净二门、观缘,此三门有内外境界;念佛、慈心缘外境界。"①在昙摩蜜多看来,五门之间,没有次第,只有内外境界之别。但在具体修法中,昙摩蜜多讲的坐禅五门,还是有先后次第的。昙摩蜜多说:若欲坐禅,先当寂静端坐七日,然后修心数息七日。《五门禅经要用法》载"初习坐禅法",对应为"安般"门。又载"四大观",对应为"不净"门。又载"初教观佛",对应为"念佛"门;又载"初教慈心观法"、"续教作慈心观法",对应为"慈心"门;又载"四无量观法",则对应为"观缘"门。

那连提耶舍传入的《日藏分》

那连提耶舍,唐道宣《续高僧传》作那连提黎耶舍,北天竺乌场国人。年四十,于北齐天保七年(公元 556 年)来到京城,文宣皇帝礼遇隆重,安置在天平寺中。隋开皇九年(公元 589 年)卒,时年七十三岁。

那连提耶舍译《日藏分》十二卷、《月藏分》十一卷,被后僧合入昙无谶的《大集经》中,称为广本《大集经》。今据六十卷《大集经》本,研究《日藏分·中星宿品》、《月藏分·星宿摄受品》传入的印度天文律历内容。

《日藏分》记载了二十八宿的"形"。《日藏分·中星宿品》曰:昴宿"其星有六形如剃刀",一日一夜行三十时;属于火天,姓鞞耶尼;祭之用酪。毕宿"有五星形如立叉",一日一夜行四十五时;属于水天,姓颇罗堕;祭用鹿肉。

---

① 昙摩蜜多撰:《五门禅经要用法》,《大正藏》本,第 15 册,第 325 页。

　　《日藏分·中星宿品》曰:昴毕嘴参井鬼柳,此七宿当于东门。星张翼轸角亢氐,此七宿当于南门。房心尾箕斗牛女,右七宿当于西门。虚危室壁奎娄胃,此七宿当于北门。这套记法也称"起昴终胃"。《日藏分》二十八宿的排序与《摩登伽经》同,只是将四方七宿,分别说成"东门"、"南门"、"西门"、"北门"。

　　《日藏分·中星宿品》问:每月三十日如何安置?《日藏分》是用月在二十八宿的位置记一月中的每日。《日藏分·中星宿品》曰:"月合诸星起昴终胃,月行宿讫一月将满。"一月有三十日(黑月白月约各十五日),月行二十八宿只用二十八日,其余二日,再由"起昴终胃"从头记起。这样,每月初月延后二宿。如此,月合诸宿,循环不已。

　　以二十八宿名记一月中的每日,是极不方便的。印度历法又用十五个专名记白月黑月相对的二日。《宿曜经》载:凡一日及十六日,名为建名日。凡二日、十七日,名为得财日。凡十四日、二十九日,名为勇猛日。凡十五日、三十日,名为吉祥日。《宿曜经》所记是白月在前黑月在后,故经中所说的第十六日,即白月第一日;余下以此类推。

　　《日藏分》以一月中黑月为先,白月居后,且黑月白月各十五日,简称黑前白后。唐玄奘《大唐西域记》云:月生至满,谓之白月;月亏至晦,谓之黑月。玄奘所记西域月建,却是白月在前、黑月居后,简称白前后黑。《宿曜经》介绍的印度月纪法,从我国阴历初一日至十五日名为白月,从十六日至三十日(月小至二十九日)名为黑月。

　　《日藏分·中星宿品》还记载了昼夜时间的长短、日午之影长、其月所主神。《日藏分·中星宿品》曰:"九月合觜宿满,昼十四时,夜十六时。日午之影长八脚迹。日行南陆,昴宿夜行,尾在日前。其九月时,岁星用事……是九月时,射神主当。""十月合鬼宿满,昼十三时,夜十七时。日午之影长十脚迹。觜宿夜行,女在日前。当此之时,辰星用事。是十月时,磨竭之神主当其月。"①《日藏分·中星宿品》记载说一昼夜三十时。其月所主星神,《日藏分·中星宿品》说:"是九月

---

①　昙无谶等译:《大集经》卷第四十二,《大正藏》本,第13册,第280页。

时,射神主当";"是十月时,磨竭之神主当其月"。射神,当作弓神,又作人马宫,十二宫之一,主九月。磨竭之神亦为十二宫之一,主十月。如此,《日藏分·中星宿品》又以十二宫主当十二月。《日藏分》记载说一昼夜三十时,看来,这还是照着汉人的习惯意译的;印度的漏刻也同《淮南子》所记,正好是三十时,没那么巧的。

《日藏分·中星宿品》曰:"何者名为有六时也? 正月、二月名暄暖时,三月、四月名种作时,五月、六月求降雨时,七月、八月物欲熟时,九月、十月寒冻之时,十有一月合十二月大雪之时。是十二月分为六时。"①《日藏分》这里将十二月分为"六时",相等于一年"六季"。佛教天文学中也有分一年"三分"的,天竺三藏若罗严译《时非时经》载:"冬分,八月十六日至三十日……十二月一日至十五日";"春分,十二月十六日至三十日……四月一日至十五日";"夏分,四月十六日至三十日……八月一日至十五日。"②是说一年分为"三分",每分有八个十五日,相当于一年分为"三季"。

那连提耶舍传入的《月藏分》

《日藏分》构造了与《摩登伽经》相同的二十八宿的排序和构成,《月藏分》却构造了一种新的二十八宿的排序和构成。排序:二十八宿分成四方,或东南西北顺时针顺序,或东北西南逆时针顺序。构成:二十八宿分成四方七宿,或起角终壁,或起昴终胃,结果四方七宿的构成不同。

《淮南子·天文训》记二十八宿为:角、亢、氐、房、心、尾、箕、斗、牛、女、虚、危、室、壁、奎、娄、胃、昴、毕、觜、参、井、鬼、柳、星、张、翼、轸。但《淮南子·天文训》所记二十八宿,还未作四方七宿的分类。若按四方七宿的分类,可理解为东方七宿、北方七宿、西方七宿、南方七宿的逆时针顺序。

----

① 昙无谶等译:《大集经》卷第四十一,《大正藏》本,第 13 册,第 274 页。
② 若罗严译:《时非时经》,《大正藏》本,第 17 册,第 738 页。

《摩登伽经》记二十八宿为：东方七宿，昴毕嘴参井鬼柳；南方七宿，七星张翼轸角亢氐；西方七宿，房心尾箕斗牛女；北方七宿，虚危室壁奎娄胃。《日藏分·中星宿品》四方七宿的排序和构成同《摩登伽经》，也即所谓从昴终胃的排序。

《月藏分·星宿摄受品》曰："东方七宿：一者角宿，主于众鸟；二者亢宿，主于出家求圣道者；三者氐宿，主水生众生；四者房宿，主行车求利；五者心宿，主于女人；六者尾宿，主洲渚众生；七者箕宿，主于陶师。"①《月藏分》记二十八宿占，构造了一种新的四方七宿的排序和构成，分别为：东方七宿：角亢氐房心尾箕；南方七宿：井鬼柳星张翼轸；西方七宿：奎娄胃昴毕嘴参；北方七宿：斗牛女虚危室壁，也即所谓起角终壁的排序。与《摩登伽经》比较，虽说两者的顺序相同，但七宿的构成完全不同。《摩登伽经》记东方七宿，昴毕嘴参井鬼柳。《月藏分》记东方七宿：角亢氐房心尾箕；这种构成，斗宿分在北方七宿中，更符合实际天象。

《说苑》据《淮南子》作二十八宿逆时针排序，作东方七宿、北方七宿、西方七宿、南方七宿。可以说，《月藏分》的二十八宿排列方法，取自《说苑》。《月藏分》只是改变了《说苑》的排序，作东方七宿、南方七宿、西方七宿、北方七宿的顺时针排序。北周庾季才撰《灵台秘苑》一书，就是采用了《月藏分》的排序和构成（起角终壁），这种新的四方七宿的排序和构成，也就逐渐地固定了下来。

《月藏分》记十二辰。《月藏分·星宿摄受品》曰："所言辰者有十二种：一名弥沙，二名毘利沙，三名弥偷那，四名羯迦吒迦，五名（緫）呵，六名迦若，七名兜逻，八名毘梨支迦，九名檀尼毘，十名摩伽罗，十一名鸠槃，十二名弥那。"②这也是照着汉人的习惯意译的，哪有那么巧，前说"三十时"，此说十二辰。《月藏分》为昼夜十二时，取了十二种神兽的名字。这种计时方法，除了扯上神兽，没有使用十二地支来的简明。

七曜术，盛行在南北朝。《月藏分·星宿摄受品》曰："所言曜者，有于七种。

---

① 昙无谶等译：《大集经》卷第五十六，《大正藏》本，第 13 册，第 371 页。
② 昙无谶等译：《大集经》卷第五十六，《大正藏》本，第 13 册，第 373 页。

一者日，二者月，三者荧惑星，四者岁星，五者镇星，六者辰星，七者太白星。"①《月藏分》合日月五星为七曜。东汉刘洪上《七曜术》，造《乾象历》。何承天言其舅徐广，有往旧《七曜历》。唐太史监瞿昙悉达译《九执历》，记"闰及甲子算，七曜直等，在术中"。这些便是七曜术在中土流传的梗概。

佛经中的"契印"

唐代密宗有金刚界、胎藏界二部。金刚界以金刚智所译的《金刚顶经》为经典，胎藏界以善无畏所译的《大日经》为经典。密宗以修身密、口密、意密为三密瑜伽，印咒为其主要部分。

金刚智是佛教中密宗的代表，在其所译著中，涉及印咒为其最要，秘密流行一时。《不动使者陀罗尼秘密法》《金刚顶经瑜伽观自在王如来修行法》，就是金刚智所译的涉及了印咒的两部佛经。《不动使者陀罗尼秘密法》曰："若有人服毒欲死，作此印呪七遍，即可。"印咒，亦可作印、咒。咒谓"真言"，即密宗之咒语。印，即契印，谓从教义中立出的手指相，即以手指作教义的标识。

契印，也称结印。《金刚顶经瑜伽观自在王如来修行法》曰："次结莲华部三昧耶陀罗尼印。即以二羽莲华合掌，禅智、檀慧相拄头，六度，头相去一寸，置于右耳上。诵真言……"②真言，大多是梵文的汉语音译，本着删繁就简，本书全不引出。二羽既不是小指，也不是二无名指，又不是中指头、二食指，二羽当指二拇指。"禅智、檀慧相拄头"，与"合腕竖中指头相拄"意同，禅智、檀慧当指二中指。结印即以手指示意。禅智与檀慧，各代表了忍度和戒度，观想"忍度入力愿度间，戒度入慧方度间"，有右手为定、左手为慧之说。手指不仅有了禅名，还有"标义"。

《金刚顶经瑜伽观自在王如来修行法》曰："次结金刚部三昧耶陀罗尼及印。即以檀智与禅慧，翻覆互相钩；初结在当心，妙言置左耳；进密语，三度。"③结印

---

① 　昙无谶等译：《大集经》卷第五十六，《大正藏》本，第 13 册，第 373 页。
②③ 　金刚智译：《金刚顶经瑜伽观自在王如来修行法》，《大正藏》本，第 19 册，第 75 页。

有"初结"，初结要三念"密语"。又曰："次结发遣印。以根本印，从脐至面，然以散之。合掌于顶上，想观自在王如来还本宫。"①结印如坐禅观想，"端身正坐，身不摇动；舌拄上腭，止出入息"；成为密宗的一种修行方法。

　　我们再看一段密宗中对根本印的描述。菩提流志译《不空罥索神变真言经》曰："根本印：二手合掌虚掌，屈二头指头，当中指侧上第一节文，其二大拇指相并平伸。"金刚智译《不动使者陀罗尼秘密法》曰："次作根本心中咒印。先结眼印：以右手无名指小指握大母（拇）指头，直申（伸）头指中指，于额上两眉间，垂头指中指，向下渐向发际，引之向上，名不动使者天眼印……次作根本心印：两手合掌便内相叉，令十指头并入掌中，讫，直申（伸）二头指头相拄，二大母（拇）指拘取二无名指甲，名根本印。"②《不动使者陀罗尼秘密法》说的根本印，是先结天眼印，次作根本心印。根本心印，根本印之一。仅从根本印看，《不动使者陀罗尼秘密法》对结印方法的描述，与《不空罥索神变真言经》所载是不同的。一云"屈二头指头"，"其二大拇指相并平伸"；一云"直申（伸）二头指头相拄"，"二大母（拇）指拘取二无名指甲"。同一种结印，二经描述不同，这尚属正常；但在佛经中，甚至同一人也会对同一种结印作出不同的描述。

　　关于"印"的种类，菩提流志译《不空罥索神变真言经》，介绍了"根本印"、"莲华印"等三十四种印。《金刚顶经瑜伽观自在王如来修行法》提到金刚解脱印等三十三种印。又《不动使者陀罗尼秘密法》则记载了十五种印。如此看来，菩提流志、金刚智三藏，还没有对印的种类作出过分类或总结。金刚智弟子不空译《底哩三昧耶不动尊圣者念诵秘密法》，经中列举了以根本印为首的不动尊十四印。不空又译《蕤呬耶经》，经中提到了"十八大印"。后不空弟子慧果译《十八契印轨》一卷，也明确提到了"十八契印"。佛教中的印，似乎逐渐集中到"十八大印"上。

　　关于"印"的作用，概括地说，能速获诸成就，与咒术之作用"息灾"、"调伏"、

<hr />

① 金刚智译：《金刚顶经瑜伽观自在王如来修行法》，《大正藏》本，第19册，第79页。
② 金刚智译：《不动使者陀罗尼秘密法》，《大正藏》本，第21册，第26页。

"增益"大致相同。金刚智译《大胜金刚佛顶念诵仪轨》,说根本大印的作用,无相害,水火不能灾,金刚胎藏来增拥护。唐跋驮木阿译《施饿鬼甘露味大陀罗尼经》,说作"印"者当得十六种功德。曰:"一者寿命长远,二颜色姝美,三气力充盛,四心常欢乐,五辩才无滞,六者恒无饥想,七口中香洁,八人皆敬仰,九天神侍卫,十毘舍遮鬼现形供给,十一身无疾患,十二威德如王,十三恶人恶鬼见皆生喜,十四得千轮王福,十五梦见诸菩萨罗汉,十六所生之处世界震动。"[①]如果说道教中有"符"作标志,则佛教中有"印"为秘密特色。孙思邈的《禁经》记作"符印",就是欲将二者结合起来。本书将以金刚智译著为代表的"契印"说,视为佛教方技之一。

不空传入的《宿曜经》

不空,梵名阿月佉跋折罗,本北天竺婆罗门族。开元八年(公元720年),不空随金刚智一起来到洛阳(一说开元十二年来华)。不空历经玄宗、肃宗、代宗三朝,皆为灌顶国师。译经七十七部,凡一百二十余卷。大历九年(公元774年)卒,享年七十,封肃国公。

《宿曜经》,全名《文殊师利菩萨及诸仙所说吉凶时日善恶宿曜经》,不空译,扬景风更为修注,上下二卷。

《宿曜经》将二十七宿分属十二宫。《宿曜经》卷上《宿曜历经序分定宿直品》作第一师子宫,至第十二蟹宫。《宿曜经》卷下"行动禁闭法"记十二宫为:第一羊宫,第二牛宫,第三男女宫,第四蟹宫,第五狮子宫,第六女宫,第七秤宫,第八蝎宫,第九弓宫,第十摩竭宫,第十一瓶宫,第十二鱼宫。《宿曜经》的十二宫分属十二神,十二神各有所主。太阳分之六神,主军旅、宫房、库藏、疾病、将相、刑杀之事;大(太)阴分之六神,主学业、吏职、厨膳、马厩、户钥、狱讼等事。又《大集经》卷第四十二《日藏分·中星宿品》,记十二月分属十二神云:"是正月时,持羊之神

---

① 跋驮木阿译:《施饿鬼甘露味大陀罗尼经》,《大正藏》本,第21册,第488页。

主当其月";"是二月时,持牛之神主当其月"。余:三月,双鸟之神;四月,蟹神;五月,师子之神;六月,天女之神;七月,秤量之神;八月,蝎神;九月,射神;十月,磨竭之神;十一月,水器之神;十二月,天鱼之神。《大集经》所记的"主当其月"十二神,即《宿曜经》所记的十二宫。《宿曜经》所记十二宫起首不同,当以《宿曜经》卷下"行动禁闭法"所记为是。

《摩登伽经》说昴有六星如散花,毕有五星如飞雁;《宿曜经》说昴形六星如剃刀,毕形五星如半车。两书所说宿形不同。《摩登伽经》说二十八宿,《宿曜经》说二十七宿。两书所说宿数不同。《宿曜经》与《摩登伽经》最大差异,是《宿曜经》所说的十二宫的结构。《宿曜经》说羊宫的结构:"娄四足,胃四足,昴一足";羊宫而后,又说牛宫的结构:"昴三足,毕四足,觜二足。"羊宫的"昴一足"合牛宫的"昴三足",即昴宿的全部"四足"。故"昴三足",指昴宿的四分之三;"毕四足",指毕宿的全部;"觜二足",指觜宿的一半;其余类推。《宿曜经》将二十七宿划入黄道十二宫中,便会出现同属一宿的星宿被析分在不同的二宫中。如《宿曜经》所说的,昴宿的四分之一部分("昴一足")划入羊宫中,而另四分之三部分("昴三足")则入牛宫,两者合之为"四足"。故《宿曜历经序分定宿直品》曰:"凡天道二十七宿,有阔有狭,皆以四足均分别。"

《宿曜经》卷下曰:"西国皆以十五日望宿,为一月之名。故二月为角月(扬景风注:西国以二月为岁首……梵天折为历元),三月名氐月,四月名心月,五月名箕月,六月名女月,七月名室月,八月名娄月,九月为昴月,十月名觜月,十一月名鬼月,十二月名星月,正月名翼月。"①印度记每年十二个月,为翼、角、氐、心、箕、女、室、娄、昴、觜、鬼、星;以我国二月为岁首,又以十五日望宿日,为一月之末。即我国二月十六日至三月十五日,为印度正月。印度的月建,是从我国月建的十六日以后至次月十五日止(未计闰月)。印度的岁首,较我国的岁首递减了四十五日。也就是说,印度的月建,较我国的月建递减了十五日。但岁首递减四十五日,则实际月建时间都要递减四十五日。

---

① 不空译:《宿曜经》卷下,《大正藏》本,第21册,第394页。

十二宫即十二星座。当今说十二星座，一般只考虑到印度月建递减了十五日，全然不顾两国岁首的差异。《日藏分》、《宿曜经》所记十二月，均以印度历法为准，如磨竭之神主十月，不是指我国旧历十月十六日至十一月十五日；考虑到两国岁首的差异，而为我国旧历十一月十六日至十二月十五日。假如：1990 年 8 月 29 日生人，查《万年历》为阴历七月初十。若仅考虑月建递减了十五日，阴历七月初十系处女座；但考虑两国岁首的差异，阴历七月初十就是狮子座。

《宿曜经》说"七曜"直日。《宿曜历经七曜直日历品》曰："太阳直日，月与轸合；大阴直日，月与毕合；火曜直日，月与尾合；水曜直日，月与柳合；木曜直日，月与鬼合；金曜直日，月与房合；土曜直日，月与星合。已上名甘露日，是大吉祥，宜册立受灌顶，法造作寺。"[①]《宿曜经》讲的"七曜"直日，即月与宿合，是以"月在"为记。《宿曜经》云：月在轸毕尾柳鬼房星为"甘露日"，月在尾心壁昴井张亢为"金刚峰日"，月在胃鬼翼参氐奎柳为"罗刹日"。所谓"七曜"直日，实指一周七日。《宿曜经》曰："夫七曜者，所谓日月五星下直人间，一日一易，七日周而复始。"[②]《宿曜经》说的"七曜"直日：周日太阳直日，周一太阴（月亮）直日，周二火曜（荧惑）直日，周三水曜（辰星）直日，周四木曜（岁星）直日，周五金曜（太白）直日，周六土曜（镇星）直日（以周六为周末排）。从《宿曜经》所记七曜直日看，太阴指月亮。

《宿曜经》是如何定得"宿直"的？《宿曜历经序分定宿直品》曰："凡月宿有三种合法，一者前合，二者随合，三者并合；知此三，则宿直可知也。"[③]扬景风注曰："凡天象之法，西为前东为后。如月在宿东，宿在月西，则是宿在月前，月在宿后。他皆仿此也。"扬景风注，指明"宿在月前，月在宿后"（前合），即"月在宿东，宿在月西"。《宿曜经》说：奎娄胃昴毕觜六宿，宿在月前、月居宿后，为前合。参井鬼柳星张翼轸角亢氐房十二宿，宿月并行，为并合。心尾箕斗女虚危室壁九宿，月在宿前、宿在月后，如犊随母之像为随合。《宿曜经》是以月与宿的前合、并合与

---

①②　不空译：《宿曜经》卷下，《大正藏》本，第 21 册，第 398 页。

③　不空译：《宿曜经》卷上，《大正藏》本，第 21 册，第 388 页。

随合，来决定"宿直"。《宿曜经》卷下曰："夫取宿直者，皆月临宿处，则是彼宿当直。又月行有迟疾，宿月复有南北、前后、随合。"对月与宿的前合、并合、随合作了补充说明。

《宿曜经》以"宿直"求人所属本命宿，有"虚加之法"。《宿曜历经序黑白月分品》曰："夫欲求人所属宿者，即于图上。取彼生月十五日下宿，从此望宿逆顺数之，至彼生日止。则求得彼人所属宿也。又法：略算求人本命宿。先下生日数，又虚加十三讫，即从彼生月望宿，用上位数顺除，数尽则止，即得彼人所属本命宿（扬景风注：假令有人，二月十七日生者，则先下十七日为位，又虚加十三，共得三十。即从二月望宿角，亢氏房二十七宿一周法，除之讫余三等。即角除一，亢除二，氏除三，则彼人是氐宿生。他皆仿此）。"①《宿曜经》在求人的本命宿时，有着一套复杂的方法。人所属本命宿，并不是生年的本命宿，而是先以生日数为位数，虚加十三，和数除以位数，求余数，以余数在十二宫上推知人的本命宿。

"虚加之法"又有二说，《七曜攘灾诀》载："一说云：阴阳书倍月加日者。若人知生日不知本命宿（小字注：假令十一月二十八日生人者，先十月并置二十，月加二十八，日并得四十八，自室计之当心宿是也）。一说云：先置十三，算加二十八，并得四十一（扬景风注：假令十一月二十八日生人者，自十一月十五日宿鬼计之当斗，是也）。已上说犹仿佛也。"②"虚加十三"法，或是"倍月加日"，或是"先置十三，算加二十八"，这些方法，连《七曜攘灾诀》都说"犹仿佛也"。

第三节　宋初传入的佛教密法

佛教密宗，又称为真言宗、金刚顶宗、毘卢遮那宗等，亦称为"密教"。传入中

---

① 不空译：《宿曜经》卷下，《大正藏》本，第 21 册，第 395 页。
② 金俱吒撰：《七曜攘灾诀》，《大正藏》本，第 21 册，第 428 页。

国分三个时期，一以汉末三国时期的安世高、支谶、竺律炎、支谦等人为代表；二以南北朝的帛尸梨蜜多罗、昙无谶，唐朝的善无畏、金刚智、不空、菩提流志等人为代表；三以宋初的法天、法贤、施护、法护等人为代表。传入中国有两大流派：一谓善无畏、金刚智传入胎藏界的《大日经》、金刚界的《金刚顶经》两部大法；二谓莲华生、阿底峡诸上师传入藏地之密宗。密宗之所以称"密"，不仅仅是因为修法秘密，而更主要地是由于密宗保存了佛教中的方技。

宋初佛教方技人物，本节选了法贤、法天、施护、法护四人（按圆寂时间排列）。宋初佛教方技，延续早期的传统，翻译介绍了佛教医学、佛教天文学和佛教的修行方法。

法贤的译著，有《啰嚩拏说救疗小儿疾病经》、《迦叶仙人说医女人经》、《难你计湿嚩啰天说支轮经》等，法贤是三国竺律炎与支谦以来，又一位涉及了佛教医学和佛教天文学的译经大师。

法天译《妙臂菩萨所问经》，主要讲真言持诵的修行，对持戒、设坛、供养、护摩、诵咒等，均作了严格规定，同时介绍的种种密术，涉及了佛教中的术数。

施护翻译的《一切如来金刚三业最上秘密大教王经》，《圣六字大明王陀罗尼经》一卷、《圣六字增寿大明王陀罗尼经》等，介绍了佛教中"六字观想法"。

法护的主要译著有：《如来不思议秘密大乘经》十卷，《大悲空智金刚大教王仪轨经》五卷等，他在传授佛教修法时，也介绍了佛教中的术数。

法贤传入的《支轮经》

法贤，初名天息灾，生在北印度迦湿弥罗国，是中印度惹烂驮罗国密林寺僧。宋太平兴国五年（公元 980 年），天息灾与其同母兄弟施护一同携带梵本佛经来到洛阳。法贤（和以天息灾名）译经达二百五十二部、四百八十一卷，其中大乘秘密经就有一百二十六部、二百四十卷，整整占了一半。

法贤的译著，涉及佛教方技的多方面内容。《入菩萨行论》，是一部修行要典；《钵兰那赊嚩哩大陀罗尼经》，记密咒除灾密法；《栴檀香身陀罗尼经》，记密咒除病密法;《善乐长者经》,记密咒治眼病法;《辟除诸恶陀罗尼经》,记密咒除毒虫密法;《啰嚩拏说救疗小儿疾病经》,说初生至十二岁小儿所患病状及救疗方法;《迦叶仙人说医女人经》,说孕妇十二月安胎藏药法;《最上秘密那拏天经》,记大秘密主金刚手菩萨成就秘法;《难你计湿嚩啰天说支轮经》,为说十二宫星命书。

法贤译《难你计湿嚩啰天说支轮经》(以下简称《支轮经》),记十二宫如下:

"天羊宫,当火曜。直在娄宿、胃宿全分,昴宿一分。"

"金牛宫,当金曜。直在昴宿三分,毕宿、参宿各二分。"

"阴阳宫,当水曜。直在参宿二分,嘴宿、井宿各三分。"

"巨蟹宫,当太阴。直在井宿、鬼宿、柳宿,全分。"

"师子宫,当太阳。直在星宿、张宿、翼宿各一分。"

"双女宫,当水曜。直在翼宿三分,轸宿、角宿各二分。"

"天秤宫,当金曜。直在角宿二分,亢宿、氐宿各三分。"

"天蝎宫,当火曜。直在氐宿及房宿、心宿各一分。"

"人马宫,当木曜。直在尾宿、箕宿、斗宿各一分。"

"摩竭宫,当土曜。直在斗宿三分,牛宿、女宿各二分。"

"宝瓶宫,当土曜。直在女宿二分,危宿、室宿各三分。"

"双鱼宫,当木曜。直在室宿、壁宿、奎宿各一分。"[1]

不空译《宿曜经》已记十二宫。《支轮经》与《宿曜经》有关十二宫的名称,基本是相同的,仅有二宫的名称略有差异,有淫宫与阴阳宫、弓宫与人马宫的译名不同。淫宫、阴阳宫,也有译为夫妻宫或男女宫。《大集经》作磨竭之神,《宿曜经》《支轮经》作摩竭宫,今一般写作摩羯宫。二十七宿分属十二宫,《支轮经》与《宿曜经》虽然差别不大,但也有一些区别。如金牛宫,《宿曜经》作"昴毕觜"三宿,《支轮经》作"昴毕参"三宿。《支轮经》记十二宫所属,也算是一种新的组合。

---

① 法贤译:《难你计湿嚩啰天说支轮经》,《大正藏》本,第 21 册,第 463 页。

　　《支轮经》说的"一分"、"二分"、"三分"、"全分"，即《宿曜经》说的"一足"、"二足"、"三足"、"四足"。《支轮经》记载的十二宫的"分"，没有《宿曜经》记载的详细。如宝瓶宫，《支轮经》记"危宿、室宿各三分"；在双鱼宫，只记室宿的一分，而危宿的一分，就不见记载。又如双鱼宫，"壁宿、奎宿各一分"，壁宿、奎宿的其余三分，也不见《支轮经》的记载。

　　《宿曜经》十二宫说的是二十七宿；《支轮经》提及了牛宿，但少了虚宿，其十二宫说的仍是二十七宿。宋初佛家所译几部佛经，也是或说二十七宿，或说二十八宿。如法天译《圣曜母陀罗尼经》曰："及木星、火星、金星、水星、土星、太阴、太阳、罗睺、计都，如是等二十七曜恭敬围绕。"二十七曜，即二十七宿；意日月五星加罗睺、计都共"九曜"，"恭敬围绕"着二十七宿旋转。法成译《诸星母陀罗尼经》曰："日、月、荧惑、太白、填星、辰星、岁星、罗睺、长尾星神、二十八宿诸大众等。"长尾星神，即计都。

　　《宿曜经》说太阳分、太阴分，是以阴阳说十二宫；《支轮经》说十二宫当水曜、金曜、火曜、木曜、土曜（又说巨蟹宫当太阴，师子宫当太阳），是以五行说十二宫。《支轮经》与《宿曜经》说十二宫所属，都是为了说生时宿值。《支轮经》说人的贵贱贫富、疾病夭寿、性格爱好、信仰职业、一切美恶，都是"宿有因缘"，靠生时的"今值星曜"决定了。

　　《支轮经》总论曰："所谓奎娄参井鬼轸亢房牛等九宿，摄于天趣；胃昴嘴柳星角氐心尾等九宿，摄罗刹趣；箕室张毕女危斗壁翼等九宿，摄于人趣。若遇天趣诸宿照临生者，凡是男女皆处富贵，子孙昌盛，一切吉祥，最为第一。"[①]罗刹：佛经中原指恶鬼，或飞空、或地行，这里指"地"。《支轮经》将二十七宿分天、地、人"三趣"，从其说"若遇天趣……最为第一"看，《支轮经》的"三趣"，意二十七宿分为一、二、三等。

　　明初海达儿口授，李翀、吴伯宗翻译的《天文书》，亦介绍了十二宫。《天文书》对十二宫分类有二：一说十二宫分北六宫和南六宫。"自白羊宫至双女宫，为

---

① 　法贤译：《难你计湿嚩啰天说支轮经》，《大正藏》本，第21册，第464页。

北六宫;天秤宫至双鱼宫,为南六宫"。一说十二宫分为转宫(白羊宫、天秤宫、巨蟹宫、磨羯宫)、定宫(金牛宫、狮子宫、天蝎宫、宝瓶宫)、二体宫(阴阳宫、双女宫、人马宫、双鱼宫)。佛教天文学分四时为三季,故有十二宫分为转宫、定宫、二体宫说。《天文书》,又名《天文宝书》,原为阿拉伯人所撰历书,个别文字与传统佛经不同,但十二宫的涵义还是明确的。

法天传入的《妙臂菩萨所问经》

法天,中印度人,原为中天竺摩揭陀国那烂陀寺僧。宋开宝六年(公元 973 年)初来到中国,译经于瀧州蒲津(今山西省永济市)。咸平四年(1001 年)五月,法天示寂,享年不详,谥"玄觉"。

佛教密宗,以修持"秘密真言"为主,故亦称真言宗。雍熙四年(公元 987 年),法天译《妙臂菩萨所问经》,这是唐善无畏译《苏婆呼童子请问经》之后的异译。全书四卷十二分,主要讲真言持诵的修行,对诵咒、持戒、设坛、供养、护摩等,均作了严格规定,同时介绍的种种密术,涉及了佛教中的术数(以下直出《妙臂菩萨所问经》的"分"名)。

真言修行,《妙臂菩萨所问经》先讲了两点:

第一,选择上师及修行助伴。上师,即阿阇梨,又作阿舍梨、阿阇黎,意译为轨范师。《妙臂菩萨所问经》言其为"戒德清净,无诸缺犯福德最胜者"。选好上师还要选择修行助伴。修行助伴不仅要种姓尊胜、形貌端严,还要心性调柔、好修善法。《妙臂菩萨所问经》说选好修行助伴,能"速获成就"。

第二,选求修行胜处建立居所。《选求胜处分》载:若欲修真言行求成就者,先选求修行胜处。只要在大河岸边或小河边或泉池侧,别填净土于上建立修行居所,并用净土作内外泥饰。"其室开门唯得向东向西或向于北,不得向南。"①这与中土造房习惯向南不同。

_____

① 法天译:《妙臂菩萨所问经》卷第一,《大正藏》本,第 18 册,第 747 页。

　　选好上师、助伴及修行胜处，就开始修行悉地。悉地，梵语，意译作成就、妙成就，即修法时所求之愿如意现前，故曰成就。如何修行悉地，诸宗所说极不相同。《妙臂菩萨所问经》说：一者修行、二者真言，"成是二法定得悉地"。

　　《妙臂菩萨所问经》说，为速得悉地，当须入曼拏罗。曼拏罗有种种说法，常说的有四种。依《金刚顶经》记载：其一，诸尊具足相好容貌之图画，具足三密之业用，称为大曼拏罗。其二，诸尊之三昧耶，即以手结印契，表示器杖、刀剑、供品等物，称为三昧耶曼拏罗。其三，诸尊之种子及真言，或书种子之梵字于诸尊本位，或以法身之三摩地以及一切经论之文义等，称为法曼拏罗。其四，将诸尊之威仪事业铸造成像，称为羯磨曼拏罗。以上四种曼拏罗，简称"四曼"。《妙臂菩萨所问经》主张，"于诸曼拏罗中，随作一种曼拏罗"。曼拏罗，亦曰曼陀罗、曼荼罗，即建立祭坛，或曰建立坛城，有着一套极具隐秘的复杂仪轨。

　　建曼拏罗的时间。《妙臂菩萨所问经》说，"于白月八日或十四日或十五日"建曼拏。法护译《如来不思议秘密大乘经》说，"取黑月分于第八日或十四日，建曼拏罗"。建曼拏罗的时间，或说在白月，或说在黑月，这或是佛经中对月的记载，存在"白先黑后"、"黑先白后"二说而造成的。

　　曼拏罗的布置。《选求胜处分》曰："随彼相应所作事业，于彼方所安置尊像。"其所作尊像，或以雕刻，或是铸成，或是彩画。《知近悉地分》曰："又于曼拏罗四维，画金刚杵三股叉等。"①《说成就分》曰："于曼拏罗中排四贤瓶，瓶中添水各各令满，或用苦水。然求随时蔓花，或种种异花插于瓶内。于曼拏罗如是作已。"最后洒之香水以除魔障。

　　建曼拏罗后，须供养八方天神。供养对象除八方天神外，还包括"三宝及本部大金刚族明主、真言主等"。供养的次第。《知近悉地分》曰："先献佛，次献大金刚族本部明主，次献所持真言主。"供养的作用。《知近悉地分》说，供养八方天神，因神能"摧诸作障难者"；"亦能灭一切罪、增无量福"。《妙臂菩萨所问经》提到的供品，主要是香花和水，其次才是"酒肉、芦卜（胡萝卜）、蔬果之类"。如无力

---

① 法天译：《妙臂菩萨所问经》卷第二，《大正藏》本，第 18 册，第 753 页。

置办,亦可"随有供养"。

曼拏罗的作用。《说金刚杵频那夜迦分》说:作诸法事之后,"以此瓶水灌着障人顶",使"彼着障人即得解脱"。又说:"此曼拏罗非独解脱魔障,亦能灭一切罪、增无量福。若能依法修持,无不获得果验者。"①解脱、灭罪、增福,佛教的三大诉求。

密宗凡求种种成就,必作护摩,指祝祷、祭祠、火烧之类的佛教法术。护摩,须先作护摩炉。《说胜道分》曰:"作护摩炉亦有数种。所谓莲花相、团圆相、三角相、四方相,如是四种所用不同。并须虔心制造当令如法。"②《妙臂菩萨所问经》说护摩炉四种,根据所求目的,须制作不同的形状。《说胜道分》曰:若作善事及求财宝,须作圆炉。若为求一切事,须作莲花炉。若为调伏诸龙及一切鬼类,须作四方炉。若为作恶法欲令冤家心生怖畏,须作三角炉。护摩炉生火所用物,主要是木柴,"或以脂麻或白芥子或是莲花",也有用大麦或用稻花等物。

建曼拏罗、作护摩炉之后,《妙臂菩萨所问经》说必定速得悉地。《分别悉地相分》曰:"应知或于一月半月,或一日或一刹那间,必定获得广大悉地。"速得悉地,最快"一刹那间"。《说八法分》说,速得悉地后,不久必定成仙,还可获得富贵。

悉地成就,《大悲空智金刚大教王仪轨经》说了息灾、增益、降伏、信爱、钩召、忿怒。息灾,指"除灾生德";增益,指"增进福智,圆满万行";降伏,指"损减怨敌,克服强暴";信爱,即敬爱,指"得人宗仰,使众和合";钩召,即摄召,"能遣诸魔"。因"钩召如信爱同,忿怒与降伏同",故一般只说息灾、增益、降伏、钩召四种。

施护传入的"六字观想法"

施护,生年不详,与天息灾为同母异父,两人在宋太宗太平兴国五年(公元980年)一同来到洛阳。天禧二年(1018年)正月,施护病死,谥明悟(据《宋会要辑

---

① 法天译:《妙臂菩萨所问经》卷第二,《大正藏》本,第 18 册,第 750—751 页。
② 法天译:《妙臂菩萨所问经》卷第三,《大正藏》本,第 18 册,第 756 页。

稿》考)。

施护译《一切如来金刚三业最上秘密大教王经》(以下简称《秘密大教王经》),介绍了佛教中"六字观想法"。《秘密大教王经》曰:"如是名为虚空金刚三昧法……即说此大明曰:吽、唵、阿、发、吒、弱。"虚空金刚大明"六字"为:吽、唵、阿、发、吒、弱。大明:指一段佛经咒文。

《秘密大教王经》又曰:"即一切如来身语心所出持明大士,当观想此。"如来,亦称如来金刚。又曰:"勃笼(二字合引,下同)字,即成虚空金刚心曼拏罗。""二字合引",云"勃笼"二字要合起来念成一个字,近似"蹦"字。又曰:"吽字、唵字,成金刚曼拏罗本部诸相。""盍字,成本尊曼拏罗。""吽字、阿字,成法曼拏罗。""亢字,成大金刚平等智曼拏罗。"①《秘密大教王经》又将如来大明"六字"作勃笼(二字合引)、吽、唵、盍、阿、亢。施护又译《圣六字大明王陀罗尼经》一卷、《圣六字增寿大明王陀罗尼经》一卷,都是"六字观想法"的专著。

唐金刚智三藏译《金刚顶经瑜伽观自在王如来修行法》载:"轮缘谛观,一一字义与心相应,不得差错。唵字是流注义,亦是不生灭义,于一切法中为最胜义。阿字者无生义,亦是一切如来法中寂静智。噜字者,一切诸法无有行义,亦无起住义。力字是一切如来无等觉义,亦无取舍义。娑嚩(二字合引)字者,一切如来无等亦无言说义。呵字者,无因寂静义,亦无住涅槃义。如上所说字义,皆是无所说文字义。"②修行"六字观想法",要"字义与心一一相应"。金刚智又将如来"六字"作:唵、阿、噜、力、娑嚩(二字合引)、呵。

《秘密大教王经》说如来金刚"六字"法,强调了"唵、阿、吽"三字。《秘密大教王经》曰:"唵阿字即诸佛真实语,阿吽字即诸佛大智心,又复吽字亦即无上菩提。此即一切如来无上菩提。"《秘密大教王经》又曰:"所谓唵字为智本,即身金刚平等。阿字法无我,即语金刚平等。吽字不可坏,即心金刚平等。"③《秘密大教王经》说"唵、阿、吽"三字,为最上大印。《秘密大教王经》于"唵、阿、吽"三字中,又

①③　施护译:《一切如来金刚三业最上秘密大教王经》卷第二,《大正藏》本,第18册,第479页。
②　金刚智译:《金刚顶经瑜伽观自在王如来修行法》,《大正藏》本,第19册,第77页。

强调了"唵"字。如曰:"唵字,即成最上佛曼拏罗,于中想现阿閦如来。""唵字,即成最上佛曼拏罗,于中想现宝生如来。"阿閦如来,为不动如来。"唵"字系"六字"的第一个字,亦叫种子字。

佛教中"六字观想法"的"六字",各宗都有各宗的"六字"。如"六字观想法",又分观音之六字和文殊之六字。观音六字为:唵、嘛、呢、叭、哒、吽;文殊六字为:闍、婆、计、陀、那、摩,或作:唵、婆、鸡、陀、那、莫,音译不同故。

在藏传佛教中,流传"六字大明咒"为:嗡、嘛、呢、叭、哒、吽。按佛教所传,此"六字大明咒",是阿弥陀佛见观世音菩萨而叹称之语,被视为一切福德、智慧及诸行的根本。"嗡、嘛、呢、叭、哒、吽",系梵文音译,意"归命莲华上之宝珠",但有多方面的涵义。"嗡"(同"唵")字表示佛部心,念此字时要身、语、意相应,与佛成为一体。"嘛、呢"二字是如意宝的意思,表示宝部心,又叫"聚宝",用来比喻人的本性清净无染。"叭、哒"二字是莲花的意思,表示莲花部心,比喻佛法像莲花一样出污泥而不染,永远纯洁。"吽"字表示金刚部心,是祈愿成就的意思,可理解依靠佛的力量,最后修成正果。这些还只是字义上的简单解释。广义地解释,说"六字"包含了三藏十二部一切显密的经典内容,是将这"六字"视为一切佛教经典的根源。

藏传佛教,也有流传"十六字观想法","十二因缘字",或"四字观想法",其至有仅念"嗡、阿、吽"三字的。在藏传佛教中,"嗡、阿、吽"三字含义最深,是所诵咒语中的根本咒,统领其他所有咒语,被称为"三字明"或"金刚颂"。藏传佛教的教法众多,解说分歧也多,略而不说。

法护传入的大乘密经

法护,中天竺国人,真宗景德元年(1004 年)来华。法护前后译经十有二部,达二百卷,号曰普明慈觉传梵大师。嘉祐三年(1058 年)示寂,寿九十余二(民国喻谦《新续高僧传》作九十有六,我们从清徐松《宋会要辑稿》的记载),谥演教大师。

　　法护的主要译著有:《如来不思议秘密大乘经》二十卷,法护译了前五卷,弟子惟净译了后十五卷;《大悲空智金刚大教王仪轨经》五卷;《大乘中观释论》九卷、《大力明王经》二卷等。

　　《如来不思议秘密大乘经》是一部讲密宗修行的佛典。密宗,亦称真言宗,以修习瑜伽"三密"为主要密法。

　　《大悲空智金刚大教王仪轨经》是一部讲密宗术数的佛典。仪轨:佛教密部所说的一切法式准则,包括印咒、念诵、灌顶、三昧耶、曼荼罗、护摩、供养等仪式程序。

　　《大悲空智金刚大教王仪轨经》记载了人身的脉道。经曰:"法身轮者具八辐相,报身轮者具十六辐,化身轮者具莲华相六十四叶,大乐轮者具三十二辐。"[1]道教讲三黄庭、三丹田,佛教通常讲四轮。法身轮指"心轮",八辐相指八条脉道;报身轮指"喉轮",有十六条脉道;化身轮指"脐轮",有六十四条脉道;大乐轮即"顶轮",有三十二条脉道。脉道,在藏传佛教中有更多的研究。

　　《大悲空智金刚大教王仪轨经》载请雨。经曰:"佛言:若天旱时欲请雨者,先建曼荼罗,用寒林线,絣量界道。"[2]请雨的仪轨比较复杂。先于坛中心,以寒林线绘画五色粉线。寒林,佛经中指西域弃尸的处;寒林线或指"骨作白粉,炭作黑粉,砖作赤粉,雄黄作黄粉,陬罗叶作缘(绿)粉"绘画的"界道"。然后用五色粉绘画空智金刚大明王,接着用香泥捏造阿难陀龙王像等。再以五甘露沐浴散黑色花,次以龙华树汁涂之,复以大象眼睛分泌出来的淡黄色液体涂龙王顶上(或以白蒿汁代之)。"于黑月十四日,取黑牛乳盛满器中。令黑色童女合青色线。于坛西北隅开一小池,以阿难陀龙王安彼池中。然后阿阇梨依法厉声,无间诵此请雨真言。"经说咒语加这套术数,竟能请雨、止雨。

　　《大悲空智金刚大教王仪轨经》又言咒语可去兵。经曰:"谓降伏他军速令破坏,当用画石为末入五甘露,以断铁草和合为丸,加持诵此真言……得成就已,即

①　法护译:《大悲空智金刚大教王仪轨经》卷第一,《大正藏》本,第18册,第588页。
②　法护译:《大悲空智金刚大教王仪轨经》卷第一,《大正藏》本,第18册,第589页。

用前药丸画瓶器顶,悉令周匝无使断绝,即得他军速皆破坏。"①五甘露,或指五种秽物;断铁草,或指某种有毒植物。经说咒语加这套术数,竟能去兵。

《大悲空智金刚大教王仪轨经》又言咒语可去疾。经曰:"若欲作诸疟病,于阿哩迦树叶上,用唧多迦毒辣药,书彼设睹噜名字,弃掷稻糠火中,诵此真言……"②"设睹噜",或设咄嚧、窣睹噜,为梵语音译,意冤家。将冤家名字掷弃火中,亦佛经中记载的被襀之法。经说咒语加这套术数,竟可去疾。

《大悲空智金刚大教王仪轨经》又言咒语可问三世之事。经曰:"于日后分,令一具相童女,以诸香华供养。念此真言一百八遍,然后用油沐浴。取多罗树汁,涂于童女大拇指上。及用此真言加持,即时应现乃问三世之事,时彼童女随问为说。"③多罗树,盛产南亚,其叶名贝多罗叶,简称贝叶;用贝叶书写的经书,习称贝叶经。经说咒语加这套术数,竟可得知三生之事。

《大悲空智金刚大教王仪轨经》记载的这些术数,集中在请雨、止雨、除灾、除疾、去兵几个方面。宋初法天、法贤、施护、法护等人带来的佛经,术数占了相当多的分量。法天《金刚针论》曰:"解诸术数,名婆罗门。彼采鱼人及诸乐人,了解术数种种差别,亦可得名婆罗门邪?"④邪,古同"耶",疑问词。从文中的语气看,法天认为术数只能是高贵的"婆罗门"所掌握,"彼采鱼人及诸乐人",即便了解了种种术数,亦不可得名婆罗门。

第四节　藏传佛教密法

藏传佛教一般分为五派,即宁玛、噶当、萨迦、噶举、格鲁派,为藏传佛教五大宗派。宁玛,藏语意为古、旧,因该派遵循前弘时期所传之密宗得名,以修行大圆满法为主;又因该派僧人戴红色僧帽,俗称红教。噶当,噶,藏语指佛语,当,藏语

---

① ② ③　法护译:《大悲空智金刚大教王仪轨经》卷第一,《大正藏》本,第18册,第589页。
④　法天撰:《金刚针论》,《大正藏》本,第32册,第592页。

指教授;该派以始祖阿底峡的《灯论》为宗旨,后并入格鲁派。萨迦,藏语意为白土,因萨迦寺所在地的土色呈灰白得名,该派以道果法为主;又因该派寺院围墙涂有象征文殊、观音和金刚手菩萨的红、白、黑三色花条,俗称花教。噶举,藏语意为佛语传承,该派重视"大手印"传承,不重文字;因该派僧人穿白色僧衣,俗称白教。格鲁,藏语意为善律,宗喀巴大师创建;因该派僧人头戴黄色僧帽,俗称黄教。

藏地密宗传"作"、"行"、"瑜伽"、"无上瑜伽"四部大法;按宗喀巴大师《密宗道次第广论》则分为:"事续"、"行续"、"瑜伽续"、"无上瑜伽续"。续,旧译经,与"部"义同。"无上瑜伽"修行方法,更多地保存在藏传佛教中。本节选读无垢光的《大圆满虚幻休息论妙车释》,白莲花的《涅般道大手印瑜珈法要释》,珀玛迦尔波的《明行道六成就法》,克主大师的《密宗道次第论》,以期对藏传佛教的修身功法有些了解。佛教方技,同道教方技一样,也是以修身功法见长,可谓万法归宗。

无垢光的"大圆满"次第修法

大圆满,阿底瑜伽修法的总称,是西藏宁玛派中所特有的修行密法,也是这一派中所有密法中最高深的一种。大圆满的传承有二:一派由吉祥狮子传莲华生、空行智慧海王,叫密行宁提。一派由吉祥狮子传智经、无垢光。无垢光,又作无垢友,藏名隆钦然将巴,也有写作陇勤饶降巴。他曾受学空行宁提,又遍学后密时期新派密法;著作极多,被推为旧派中智者之首,尊称上师宁提。从现有史料看,由无垢光开创的大圆满教义,藏传佛教才形成有系统的学说。

《大圆满虚幻休息论妙车释》(合编本),无垢光普者著,刘立千译(以下直出篇名)。

无垢光曰:"盖大圆满之体者,乃心性自然之本智。""此智慧到彼岸,即是大圆满。"大圆满修行,是谓使人的"心性"智慧,达到彼岸真理的本性;故刘立千注之为"觉性"。修行"此智慧到彼岸",无垢光说"实修之次第",也即通常所说的修行之阶梯。

《正说体义分三》曰：

（一）金刚理第一指示修禅定之地方。

修习大圆满禅定，仍有四时、处所之差别。四时之差别者，无垢光曰：夏季乃火时，故住所及行动应依清凉者；秋季乃风时，故应依清净分明之处所及受用；冬者乃水时，故住处及行动皆应依温暖者；春者乃地时，故应注意于寒温均匀之处所及行动。此修习大圆满禅定四季之要。处所之差别者，无垢光曰："凡所住处，若是树林及岩山背等，为意能内住之处所，住此修法颇为吉祥。若地势高，住之头脑清新，应知此为观慧之处所"。此修习大圆满禅定处所之要。修禅定之地方，即"观慧之处所"。

（二）金刚理第二指示修禅定之人。

修习大圆满禅定之人，皆应学习三种律戒。无垢光曰："欲求小乘，应守别解脱戒；欲求三阿僧祇等成无上佛果，应守菩提心戒；欲即身速成佛之道，应守密呪戒。"[1]三种律戒：小乘戒叫"别解脱戒"，大乘戒叫"菩提心戒"，密乘戒叫"密呪戒"。三阿僧祇，又作三大阿僧祇劫，指修道的三大阶段。"劫"是时间名，指修行由发心至成佛的长远时间。

（三）金刚理第三指示所修禅定之次第。

修习大圆满禅定之次第有二：前行；正行。

甲、前行

前行分初入修行圆满者；修行成熟灌顶者；修行解脱道者；修行大圆满者。

初入修行圆满者。无垢光曰：初入修行圆满者，须得灌顶。灌顶，即由一位具足实证资格的上师，授予本尊的修行方法。"此分为二，令成熟灌顶，及令解脱之生起、圆满。"圆满修法众多，总归为二，成熟灌顶及解脱道者。

修行成熟灌顶者，分四种次第。无垢光曰：成熟灌顶：有瓶灌顶、秘密灌顶、智慧灌顶、句义宝灌顶四种。句义宝，又译语表、语辞、名词。初入修行圆满者，先次第修行四种成熟灌顶，为"获得解脱之道首"。

---

[1]　无垢光著，刘立千译：《大圆满虚幻休息论妙车释等合编》，民族出版社，2000 年版，第 141 页。

修行解脱道者。无垢光曰：修行解脱道者，分生起、圆满二种。生起次第，"即离凡夫之分别"；圆满次第，"即内心之分别"。无垢光的解说，相对较为简明。

修行大圆满者。无垢光曰："大圆满次第者：(1)先于无作本住之自性菩提心前，则显现无常。(2)大悲菩提心。(3)现有生起为佛土及佛而诵咒，心持微细瑜伽。(4)观想上师瑜伽而作启请等。无不以此四种为前行者。"①无垢光说：修行大圆满者，亦分四种次第。

从初入修行圆满者到修行大圆满者，前行一共讲了十二种次第。

乙、正行

正行分三法：乐空法、空明法、无念法。无垢光曰："此法乃上师熙日僧哈指示莲花生大士者。今如所有耳传，指示不可思议之乐、明、无念法。"②

（子）乐空法

乐空修法之次第。乐空法讲观想人身的"四轮"，为头顶大乐轮、喉间受用轮、心间法轮、脐间幻轮。"四轮"共有脉瓣一百二十，其中"右有'若马脉'白色，左'蒋马脉'红色，中'滚大马脉'蓝色"。中脉是有形的细管，"如脉管许、如箭杆许、如取乳筒许"。如同道教功法讲"三田返复"，藏传佛教讲了"三脉四轮"。

无垢光曰：修行"乐空"时，观想中脉之内，"在脐对直处"，有短"阿"字，"如火形相，仅发尖许"；随后有"杭"字，"燃如马尾之火"，到达头顶；最后有青灰色"谤"字，如"降红白露"，流入心中。这里似乎讲了"阿、杭、谤"三字修行法。

（丑）空明法

空明修法之次第。无垢光曰："如前，前行观三脉，若、蒋（左右二脉，右若马脉，左蒋马脉），下屈入中脉（滚大马脉）。观其上端对鼻孔，三呼吸气消病障，缓吸三气动静世。化光入鼻达若、蒋，至中脉内于心中，寸光光圆相溶入，能若干时

---

① 无垢光著，刘立千译：《大圆满虚幻休息论妙车释等合编》，民族出版社，2000年版，第161页。
② 无垢光著，刘立千译：《大圆满虚幻休息论妙车释等合编》，民族出版社，2000年版，第162页。

而定住,上下闭口微放妙,应当重视缓呼吸。"无垢光说:观脉如同修气,应当重视柔缓吸气,使气化光入鼻达左右二脉,最后"至中脉内于心中"。中脉充满五智之气,成五种光色。

(寅)无念法

无念修法之次第。无垢光曰:"总的来说,心专注于中脉内渐大而成就无念,与他法相同,特别以射、持、净三者达到觉性之关要,故要用强迫法直接无念。"①气入中脉,使心专注于中脉,这点与他法相同;无念法强调了以射、持、净三者,直接达到无念。无垢光曰:"射者心中心性明";"持者背向太阳坐";"净者眼注空不散"。无垢光说:直接无念,也就是观修射、持、净三者;一要修中脉,二要修"觉性本体之功力"。

丙、后要结义

无垢光在"后要结义"中总结说:"观乐时,由七法中,两手交叉抱于肘,觉受乐及调正精气为要;观明时,颈稍许向外,手压膝,气舒徐,眼谛视定住于光明自然境中为要;无念者,以七法本仪而得成就。"②受乐:指身心增益受者。复有二种:"一者身乐,二者心乐。五识相应,名为身乐;意识相应,名为心乐。""前行"记修行大圆满次第"四法","正行"记乐空、空明、无念修行"三法",故无垢光说修行"七法"。无垢光说,乐空法以修精为要,空明法以修气为要,无念法以修脉为要。藏传佛教更强调修脉,它"以七法本仪而得成就"。

无垢光在"后要结义"中,也讲了修行的注意事宜。无垢光曰:"昏沉者,乃散失无念之力,则用冰片、红花、红白菩提之丸服之即除。"③修行还是要服食冰片、红花、红白菩提合成之丸除疾。红白菩提:这里指药,一名菩提子,一名川谷,产于雪山地区,一年生草,春生苗,开红白花,夏秋结果,壳可作念佛之数珠;入药,取坚硬之性。

---

① 无垢光著,刘立千译:《大圆满虚幻休息论妙车释等合编》,民族出版社,2000 年版,第 167 页。
② 无垢光著,刘立千译:《大圆满虚幻休息论妙车释等合编》,民族出版社,2000 年版,第 180 页。
③ 无垢光著,刘立千译:《大圆满虚幻休息论妙车释等合编》,民族出版社,2000 年版,第 181 页。

白莲花的"大手印瑜伽"密法

《涅般道大手印瑜珈法要释》(以下简称《大手印瑜珈法》),题"西藏白教二十四代上师白莲花造,藏德喀齐达瓦桑杜喇嘛英译,美国伊文思温慈博士佐译校释,三密弟子光明心再译中文"。白莲花,17 世纪白教上师,曾携带是书前往不丹传法。白教,通常称为喀觉宗,喀觉即教敕传承之意,流传在西藏南部。白莲花的撰述极为丰富,如占星、医方、工巧、密法等,据传有五十二至五十八种之多,均为垂范之作。白莲花与第五世达赖喇嘛为同时代人,入灭于 1680 年。

大手印,或谓大相状,或谓实相,藏语谓之"差珍",译作"大手印";译者谓"取其意符合藏语也"。大手印又可名为中道,以其不离两端也。今以禅坐修法、缘于外物修法、不缘于外物修法、瑜伽三昧修法、非常修法读之。

一、禅坐修法

《大手印瑜珈法》曰:"端直其身,坐金刚座,专系一缘,为大手印。准此,双足应作佛坐之式;双手平衡,置于脐下(此为禅坐之式——原书注,下同);脊柱劲挺,胸部前突;屈颈如钩状,下颏紧压喉结,舌抵上颚;心流常随感觉而起,以感于外物者为甚,是以目勿转瞬,或勿迁动,惟应注视一处,约当于五英尺有半之距离。"[①]金刚座《大手印瑜珈法》由英文转译而来,故出现"英尺"计量单位。藏传佛教提到的禅坐之式有:佛坐、金刚坐、瑜伽坐、跏趺坐、蹲踞坐、莲花坐等。

《大手印瑜珈法》曰:"至少应在少分时间内,保持禅观,勿任间断。令身安静,恰如婴孩酣睡之状,同时使心住于本性(勿任心念流转也)。"心清净,谓"身住本性"。修行时,使身"恰如婴孩酣睡之状,同时使心住于本性",即可到达心清净。《大手印瑜珈法》曰:"出息既尽,止息出入,名为语清净,或语不动,或语住本

---

① 　白莲花著:《涅般道大手印瑜珈法要释》,《大藏经补编》本,第 10 册,第 233 页。台北华宇出版社,1984 年版(以下凡引该丛书本,只注作者、书名、丛书名、册数、页数)。

性。"语清净,谓"语住本性"。《大手印瑜珈法》曰:"谛洛巴祖师云:勿作意,勿思维,勿推究,勿观想,勿忆念,心安住,本性境……上来所引教言,名为意清净,或意无动,或意住本性。"意清净,谓"意住本性"。如此"证取身、语、意清净之境,既禅定之境"。

二、缘于外物修法

《大手印瑜珈法》曰:借一小球,或小木一段为外物所缘,"一心紧系所缘"。先观想上师,依次观想佛像、字相、种子,此谓缘于寻常之物体。

复次,缘于体内五大。《大手印瑜珈法》曰:"复次,应就体内五大(即地水火风空等大),分别细观,勿使相混。观时,应注意吐纳次数之或增或减。"①

复次,缘于"嗡、吽、阿"三字。《大手印瑜珈法》曰:"次当观想每一出息为白色嗡字,每一入息为蓝色吽字,息在停留期间则为红色阿字。如是出入息之每一部分,须若干时间。"

复次,缘于壶形。《大手印瑜珈法》曰:"复次,缘壶形者,应用力吐出内部浊气,移使尽绝,分三步行之。(一)自鼻孔,徐徐吸入外气。(二)气入后,观想成为壶形。(三)使气留住,以能持久为度。"②壶形,云修宝瓶气者,分吸入、观想、持久三步行之。

缘于外物修法,或缘于寻常之物体,或缘于体内五大,或缘于"嗡、吽、阿"三字,或缘于壶形,说到底,还是"使气留住"。

三、不缘于外物修法

不缘于外物修法,分三:立断想念;任念运行,不加制止;心住圆妙清净之境。

其一,立断想念。《大手印瑜珈法》曰:"禅定时,力避起念。为时既久,终觉念起念落,接踵而至,为数无量,是为念之觉知……如是境界,谓之初住。初住

---

① 白莲花著:《涅槃道大手印瑜珈法要释》,《大藏经补编》本,第 10 册,第 243 页。
② 白莲花著:《涅槃道大手印瑜珈法要释》,《大藏经补编》本,第 10 册,第 244 页。

者,所臻最初寂静之境。于是行者静观念起念落,不绝如缕,而漠然无动于中。"①此法使心"漠然无动于中"。

其二,任念运行,不加制止。《大手印瑜珈法》曰:"任念运行,心勿倾倒之法,即置念于度外,任其所之。既不为念所左右,也不勉强断绝,务使心如牧人任羊觅食,而继住于定。如是念将不起,心臻清净而系于一缘矣。"②此法"务使心如牧人任羊觅食"。

其三,心住圆妙清净之境。《大手印瑜珈法》曰:"禅定之初,行顿断想念法故,心易紧张,行久则疲劳,应令心放弛,任意运行。本宗所传,张弛交用修法,今已说明。心之张弛,犹纺梵线之疏密,是以名为心应持平如纺梵线之境。"③此法又名心张弛交用修法。强调通过"心张弛交用修法",达到"心应持平"之境。

四、瑜伽三昧修法

瑜伽三昧修法,又分三:观察三时;观察心色;观察一多。

其一,观察三时修法。《大手印瑜珈法》曰:"观察三时,当如下说:过去之念已灭;未来之念犹未出生,自属无体;当前之念,亦不能确认其为现在。"三时,指过去、未来、当前。《大手印瑜珈法》曰:"依是观察,久之自能了悟一切生灭性,不异三时之性。"④生灭:一个事物出生时叫"生",这个事物消灭时叫"灭"。《大手印瑜珈法》说观察生灭之性,"不异三时之性"。通过三时修法,"自能了悟"一切事物,都是此生彼生、此灭彼灭的互存关系。

其二,观察心色修法。《大手印瑜珈法》曰:"观察心色修法如下:心者为成自色法而有乎? 抑非成自色法而无乎? 如为色法,成自何色? 如为外在境界,是何相状? 是何色彩? 如为内虑功能,亦如念之刹那生灭乎? 如非色法,如何作种种相,又其如何生成?"心色修法如同哲学的辩证法,心者为色法而又不为色法。在

---

① 白莲花著:《涅般道大手印瑜珈法要释》,《大藏经补编》本,第 10 册,第 245 页。
② 白莲花著:《涅般道大手印瑜珈法要释》,《大藏经补编》本,第 10 册,第 246 页。
③ 白莲花著:《涅般道大手印瑜珈法要释》,《大藏经补编》本,第 10 册,第 248 页。
④ 白莲花著:《涅般道大手印瑜珈法要释》,《大藏经补编》本,第 10 册,第 257 页。

今之西藏,还存留类似的"辩经"。"如是观察其心,如属色法,自可视为实在。但以胜慧观照,便知所谓心者,了不可得,是以不得谓为成自色法。再以胜慧观察,非为色法,亦非空无,如是非色亦非非色,不落两边,名为中道。"①校释者说"中道":"是为一端,非则另一端,如来避于两端。"《大手印瑜珈法》一书,藉心色修法,探究了心、色关系,得出"中道"之说。

其三,观察一多修法。《大手印瑜珈法》曰:心者为一,因"见有种种相",又为多;终因"一切法本性无二",复为一。一多修法,通过"离于(一多)两端","使知心者非多"。《大手印瑜珈法》曰:"所谓心者,恒随息出入,念念转变,以不能离息专其所司故,甚难控制。今依如是修法,可以调伏,不复倚息起伏。"②此说一多修法,可以调和制伏身心,不再倚靠呼吸起伏了。校释者曰:"学人应知按瑜珈教法纳入之空气,其主要养生部分非系藉借肺部功能,输入血内之养气,而为前文所示,心物赖以运行之气流。"③

五、非常修法

非常修法可分一体瑜伽和无禅瑜伽两种次第。

其一,一体瑜伽。《大手印瑜珈法》曰:"转不可分离之一切色与心,为一体之瑜珈。"《大手印瑜珈法》曰:"藉睡梦之喻,了悟色即是心。藉水冰之喻,了悟万象本体无二区别。藉水波之喻,转一切法为融合一性之境。"④一体瑜伽修法,更类似一种哲学上的思考。

其二,无禅瑜伽。《大手印瑜珈法》曰:"今说一切法藉俱生无垢心(或大手印)之力,得以转成法身之无禅瑜珈。"《大手印瑜珈法》对无上瑜珈说得很少,只称其能"证入无住涅般之境"。"无禅瑜伽",或"无上瑜伽"之意。宗喀巴将无上瑜伽视为一种"密咒道",称之曰"无上咒道",他认为"以密咒道较之他法更为希贵"。

---

① 白莲花著:《涅般道大手印瑜珈法要释》,《大藏经补编》本,第10册,第259页。
② 白莲花著:《涅般道大手印瑜珈法要释》,《大藏经补编》本,第10册,第244页。
③ 白莲花著:《涅般道大手印瑜珈法要释》,《大藏经补编》本,第10册,第242页。
④ 白莲花著:《涅般道大手印瑜珈法要释》,《大藏经补编》本,第10册,第262页。

珀玛迦尔波的《明行道六成就法》

《明行道六成就法》，为西藏迦居尔宗二十四祖珀玛迦尔波喇嘛原著，由西藏达瓦桑杜格西喇嘛、从学弟子美国伊文思温慈博士译成英文，再由佛者张妙定译成汉文。

所谓"六成就法"，共有六种成就法门：一灵热成就；二幻观成就；三梦观成就；四净光成就；五中阴成就；六转识成就。我们看"六成就法"，其要在"灵热成就"，故这里主要简介灵热成就法门。

《大手印瑜珈法》校释者曰："灵热者，保持寿命之气。上来五种气流，系指体内机能运行之力。""中脉者，人体灵热经过之主要孔道，径自脊柱中心伸出，支（肢）末灵脉，由此分枝。心物赖以运行之灵热，即自各灵脉分布，流入莲穴。"校释者已将"灵热"解为"保持寿命之气"，又云此气在人体运行的主要孔道是中脉，由"支（肢）末灵脉"，"流入莲穴"。莲穴：即顶轮，位于两眉之间偏上的部位。

灵热成就法门分三步修习：一前行修习；二根本修习；三实验修习。

前行修习分五个阶梯。

其一，观外粗身空者：即观自身刹那变作金刚佛。"初则观其体积之大，与自体身量相等。"继渐增大，以至整个宇宙之大；继渐缩小，竟小至一芝麻之微。以如此观想，断绝所有一切幻想妄念。

其二，观内细身空者："其法先观自身……其内有备具如下四相之灵识中脉道，下抵密处，上抵梵穴。四相者，谓红如渥丹之色，明如酥油之灯，直如芭蕉之干，空如纸卷之筒。"①观内细身空者，即观自体"中枢灵识脉道"，有中脉四相之喻。

其三，观身拥护轮者："复分三：曰正身、正息、正意是也。初、正身者，即著坐

---

① 珀玛迦尔波著：《明行道六成就法》，《大藏经补编》本，第 10 册，第 281 页。

安身之法。次、正息者,将体中陈息,呼出尽已,引入深长吸息,极令满足,乃提举膈膜,将息逼紧于胸腔中,勿令下泄,如水壶不漏。于是保持其息,至尽力能持之久。后、正意者,即作意观息法。呼息出时,观想无数无量之五色光芒,由一一毛孔,向外放射,充满空中。"①观身拥护轮者,分正身、正息、正意三者练习。

其四,灵息之训练者:"于中枢灵脉道之两侧,观有两傍脉道上,自左右两鼻孔通入,上行入脑,绕顶及后脑,分循中脉两侧,下行均抵近密处,以与中脉会合。此左右两傍脉,亦各中空;于其左傍脉管之空腔中,观有依序铺叠之十六母音藏文字母之字珠;于右脉道中,观有三十四父音字母。"②灵息之训练者,当观想简单的字母。

其五,灵力之加持者:"于中央灵脉道中部,即当心之处,观想自之传法上师,作瑜伽者之坐式,于其头顶,顺序逆溯而上。"③灵力之加持者,"作瑜伽者之坐式"。脉道中部,即心之处。观想脉道传法,自中部而上,自上部而下。

根本修习分三个阶梯。

第一阶梯,灵热之发生。"又分四:一、着坐安身;二、轻调风息;三、重调风息;四、灵热观想。"④

其一,着坐安身:端身如佛坐,即跏趺坐;脊梁竖直,伸放膈膜,令其宽松;低首前俯,下巴压喉结;舌抵上腭;双手位于脐下,手心向上,置于大腿上,两拇指相触(手结定印)。

其二,轻调风息者:"分二,即三三九之风箱式,及呼吸四种合法,是也。三三九之风箱式者,先用右鼻孔三呼吸,吸时头须随之由右转向左。次用左鼻孔三呼吸,吸时头须随之由左转向右。末次头不动,两鼻孔同用,亦三呼吸。此三三呼吸,共三作,即共作三九二十七呼吸也。"⑤风箱式呼吸法,即增加气流量进入身

---

① 珀玛迦尔波著:《明行道六成就法》,《大藏经补编》本,第10册,第282页。
② 珀玛迦尔波著:《明行道六成就法》,《大藏经补编》本,第10册,第283页。
③ 珀玛迦尔波著:《明行道六成就法》,《大藏经补编》本,第10册,第284页。
④ 珀玛迦尔波著:《明行道六成就法》,《大藏经补编》本,第10册,第286页。
⑤ 珀玛迦尔波著:《明行道六成就法》,《大藏经补编》本,第10册,第287页。

体内。呼吸四种合法,所谓"引、满、均、射,一气依次行之";类似无垢光说的"射、持、净"三法。

其三,重调气息者:"与上诸法大率相同,惟作时加重气力而为之。此有五意义:谓用力以作风箱式之三三九息,所以防息之破断,一也。用力满引吸息,令能充分达入各应到之处,二也。肺量务令极尽扩张,俾能充分纳入风息,则灵息入体多,而灵热易发生,三也。用力保持风息,极令满足,俾灵脉穴道,得充分摄入风息中之灵力活素,四也。驰息时,亦用力为之,使体外及体内之灵力活素,震荡加剧,则混合交融,及引摄力亦大,五也。"①重调气息者,一个简单的"吸息"、"驰息",竟分五步。

其四,灵热观想者:"此复分三:一、外灵热;二、内灵热;三、秘密灵热。初,外灵热者:诀云:刹那变成金刚母,专注观彼幻变身……则外之灵热加持具足矣。二、内灵热者:诀云:专注观想于四轮,犹如车轮或伞盖……三、秘密灵热者:诀云:阿字半体为观点,发生灵热秘密法。于脐下四指,左右脉与中脉会合处,观想半'阿'字,细如毫毛,长仅半指,色棕红,飘动,发如风吹绳索之蹦蹦声,有热触。又于顶轮千叶莲台处之中脉内,观想'涵'字,白色,如欲降滴甘露之状。于是引入风息,而摄灵力入于左右脉道中。"②观想身外、观想身内、观想阿字、涵字,为外灵热、内灵热、秘密灵热。灵热观想,借助呼吸产生的"灵力流",充满身中各脉道中,终还是"观想"的东西。

第二阶梯,灵热之经验;第三阶梯,灵热之超胜;略。

实验修习又分两个阶梯:获证热益之修习;获证乐益之修习。

获证热益之修习。"复分三:谓练身、练息及练观。"《明行道六成就法》曰:

初、练身者:"交两小腿作蹲踞之坐,右小腿在外,两足跟垫置两大腿之下;两足之趾,适压于两膝之下;又于膝内湾隙中,插入两手,以兜攀抓住大腿。"

---

① 珀玛迦尔波著:《明行道六成就法》,《大藏经补编》本,第 10 册,第 288 页。
② 珀玛迦尔波著:《明行道六成就法》,《大藏经补编》本,第 10 册,第 289—291 页。

次、练息者："即前文所详述，用力将吸息逼入肺部最下端已，乃更收窄膈膜，愈紧逼胸腔，令如盛水不漏之壶式等法。"

后、练观者："观想自身为内体空明之金刚瑜祇尼母，体内左右中三大灵脉，及脐下四指之半阿字等，如上述者，一一专念观想，务极了了分明。后乃观想两手两足之掌心，各有一日，令此四日，两两对合，即两手两足各合掌。又观想脐下命门处，亦有一日，正当三脉合孔处……如是当呼息出体时，观想此灵热之火，喷出充满空间，作此观想，须随作上述之举身体离地，及猛力抛跌而坐之法，三七遍。又为此修习，除手足相搓时外，余即保持如上述蹲踞坐式。"①观想自身内体、观想两手两足、观想脐下命门、观想此灵热之火，此四步观想。

获证乐益之修习。"复分三：一、观于意变胜慧女身；二、菩提液之镕降；三、秘密之体功。"

其一，观于意变胜慧女身者："于自面前，宛然观想，有极尽美妙之女体，具足率起欲乐之美妙。"重译者张妙定注："此观想法，特为助发欲乐，使表阳极之。菩提心月液，居于顶轮中'涵'字体者，得以融解流降。莲菩提谨按：此属'欲乐定'之极秘密法……非具有根基者，不可妄为。"②获证乐益之修习，《大乘要道密集》，述载详明，读者可参。

其二，菩提液之镕降者："须行者先于灵热六体功法、呼吸四种合法，及种种发生灵热观想等，均已修习惯熟后，乃可为此。此时行者，观想自身变作蓝色之'火集轮'，金刚通体空明，如蓝色极薄绢所张的帐篷，通明透亮，中有三道大灵轮，及四灵脉轮，乃至半阿字，涵字等，一一均如前文所述者。"③六体功法，即下文秘密之体功者。三道大灵轮，或指身、语、意三轮。四灵脉轮，或指法身轮、报身轮、化身轮、大乐轮。三道大灵轮、四灵脉轮，泛指人身脉道。

其三，秘密之体功者："谓纳喏巴祖上师之秘传根本体功法。"即前文所提"灵热六体功法"，亦曰"纳谟嘛哈穆雅"大手印：（一）两拳安膝上，两足跏趺而坐，扭

---

① 珀玛迦尔波著：《明行道六成就法》，《大藏经补编》本，第10册，第297页。
②③ 珀玛迦尔波著：《明行道六成就法》，《大藏经补编》本，第10册，第298页。

转身体左右,各三作。(二)次则扭转及俯仰,以活动头项。(三)开掌覆于膝上,由右而左,由左而右,扭动上节身躯。(四)伸缩四肢,用臀部坐稳,乃将两腿足,互换向前上空中,用力伸踢直出,而抖动之。(五)提举身体,离地高起,用力向下抛跌而坐。(六)身向前俯曲,以两手撑支于地或坐垫,用力抖振其体。且力作"呜"声,以呼出陈息,乃起而以手周身擦摸之。

灵热成就法,通过灵息之训练、灵力之加持,达到灵热之发生。《明行道六成就法》叙曰:"是法简而约,精而审,条理井然,次第郎然,依法修持,必得受用。"我们看到灵热成就法是"六成就法"之一,仅灵热成就法,就需前行修习、根本修习、实验修习三步,共十个阶梯修行。

余五成就法:

幻观成就法,分三种幻观。曰:"一、认证不清净之幻色身为'嘛雅';二、认证清净之幻色身,亦为'嘛雅';三、认证一切法,皆为'嘛雅'。""嘛雅",幻观,犹幻视、幻觉。

梦观成就法,分四种梦观。曰:"一、明悉梦境;二、转变梦境;三、认识梦境为'嘛雅';四、习观梦境之实相。"通过依心愿力、依风息力、依观想力三种方法,以梦境之形式修习。

净光成就法,分三种净光。曰:"一、根本净光;二、道净光;三、果净光。"此所谓"净"者,为无上清静大安乐之境时;此所谓"光"者,为彼空明大安乐现前之境时。净光成就法,又称光明成就法。

中阴成就法,亦分三种证入。曰:"一、证入净光境之清净法性身;二、证入净报身;三、证入胜化身。"人死后欲求复生,共有四十九天,此谓命终入中阴。中阴成就法,又称中阴救度法。

转识成就法,有三等成就之分。曰:"一、上等者,转识成法性身;二、中等者,转识成净报身;三、下等者,转识成胜化身。"一、上等者,即初期中阴之际;二、中等者,即中期中阴之境;三、下等者,即获取胜善转生身。

克主的"无上瑜伽"密法

《密宗道次第论》，又名《密续部总建立广释》，西藏克主大师造，世苑汉藏院法尊教授译。克主(1385—1438 年)，法名善利吉祥贤，法号格勒白桑(一作格雷倍桑)，今公称克主杰(一作克珠杰)。克主是宗喀巴两大弟子之一。宗喀巴著《密宗道次第广论》，亦称《德胜主大金刚次第道开显一切密要论》，堪称阐述密宗义理及修习次第之经典。克主为之注释，即成这部《密宗道次第论》(以下简称《续部广释》)，重点阐述了密教的四部密法，甚为精要。

密宗，《续部广释》总分四部：一为事部(亦作部)，二为行部，三为瑜伽部，四为无上瑜伽部。克主解释说：其一，"为爱乐事所化而说者，名为事部"；其二，"为乐等分行所化而说者，名为行部"；其三，"为诸爱乐内三摩地瑜伽所化而说者，名瑜伽部"；其四，"为专爱乐内瑜伽所化而说"，名无上瑜伽部。本节仅叙述《续部广释》的"无上瑜伽"密法。

无上瑜伽修行之次第，《续部广释》略说四项：第一，能成熟之灌顶；第二，守护三昧耶及律仪；第三，正修自体生起、圆满；第四，近因行(近因行，必须经灌顶后始可听闻，故译者略而未译)。

第一能成熟之灌顶。

密宗金刚乘的所有道法，都是由成熟法门和解脱法门组成。因此，修行"金刚乘不共道前"，需首先获得灌顶。灌顶，《续部广释》分三：一曰入曼陀罗；二曰由金刚上师灌顶；三曰灌顶之法。

一曰入曼陀罗。《续部广释》曰："先令弟子入曼陀罗后方灌顶。所入曼陀罗者，如金刚铃论师云：'灌顶坛为先'等。其曼陀罗决定为四，谓彩土、布绘、静虑、身曼陀罗。"[1]曼陀罗：藏语称"吉廓"，最初是为防止众魔侵入而修建的坛城。在

---

[1]　克主著：《密宗道次第论》卷第五，《大藏经补编》本，第 10 册，第 200 页。

密宗修行密法处,筑一圆形或方形的土平台,上绘诸圣之像,后发展成多种形式和类别的曼陀罗,亦曰坛场、坛。

二曰由金刚上师灌顶。灌顶,即"得本尊开许";是由金刚上师(本尊),给已经具足信心和智慧的弟子,依靠"密咒律仪",使弟子身中获得"咒道之基"。作为接受灌顶的弟子,要"善修生起次第,如法满足承事之量";包括对金刚上师的具信、恭敬、供养、传承之事。

三曰灌顶之法。又分三:于彩土坛;于布绘坛;于身曼陀罗灌顶之法。其中"于布绘坛"、"于身曼陀罗灌顶"两科,摄于"入曼陀罗"科中已略说,故未重说。《续部广释》这里只说了"于彩土坛"法,分为三法:绘曼陀罗法;修曼陀罗法;修已灌顶之法。

绘曼陀罗法。又分三:择地仪轨;预备仪轨;绘曼陀罗仪轨。择地仪轨,即选择造坛的位置。又细分五:观地;乞地;净地;摄地;守护加持地。预备仪轨又细分四:地神预备;曼陀罗诸尊预备;瓶预备;弟子预备。曼陀罗诸尊预备:先弹羯摩线,一般涂以白石粉浆,谓一色白线。次弹智线,谓五色线,当为"诸尊相无错乱故"。造坛预备有非常严格的要求,对坛城的大小比例、线条粗细、色彩装饰等,都有着一些秘密的规定。

修曼陀罗法:《续部广释》曰:此略有三:地法差别;预备差别;正行差别。地法差别,即择地仪轨,惟地净之即可。预备差别,"安设香点及花聚者,是为绘时诸尊不乱";"若修诸尊预备,则于布绘曼陀罗上,应须具弹智线与羯摩线故"。正行差别,正修。克主指出:布绘与彩土修行仪轨,二者并无太大差别,可视如通规。

修已灌顶之法。又分二:为成熟相给弟子灌顶法和为令久住给诸尊灌顶法(《续部广释》未著给诸尊灌顶法一科)。

为成熟相给弟子灌顶法,再分二(原文作三,误):入曼陀罗;入已灌顶。

入曼陀罗:"入坛场时,须先受三昧耶与律仪,方可入内。其受五部律仪,先无密咒不共戒,能令新生。"[1]入曼陀罗,"须先受三昧耶与律仪"。后"任学何道,亦皆须受彼戒",谓"共戒"。三昧耶及律仪,指三昧耶戒。密宗三昧耶戒,又称三

---

[1]　克主著:《密宗道次第论》卷第五,《大藏经补编》本,第10册,第208页。

摩耶戒、秘密三昧耶戒,即密宗之根本戒律,意不可超越的法度。

入已灌顶:灌顶,简单说即授权。无上瑜伽续所传灌顶决定惟四:瓶灌顶;秘密灌顶;智慧灌顶;语表灌顶。据克主所论:瓶灌顶,"由于彼一切皆有瓶水随行,故名瓶灌顶"。即授权弟子修习观想,能成熟自身为本尊。秘密灌顶,由上师授以"菩提心甘露",即授权弟子修习自身脉轮,"能加持血脉及发语之脉息","成就圆(满)报身之功能也"。智慧灌顶,由上师"赐以智印",使弟子"想生乐空",即授权弟子修习自性乐空,能"成俱生法身之功能也"。语表灌顶,由上师用语词解说乐空智慧的理性境界,即授权弟子修习身心双运,"明了观想乐空",能"成就真实虹体金刚身,与现证空性胜义光明之心"。

密宗四部所传灌顶。《续部广释》曰:"无畏生论师于《灌顶仪轨金刚鬘论》,正说若受华鬘、水、冠、杵、铃及名六种灌顶……此说事续,惟有华鬘、水、冠灌顶。行续之中,彼上增加杵、铃及名三种灌顶。瑜伽续中,惟于彼上加不退转金刚阿阇黎灌顶,无余灌顶。无上续中,其上更有三种灌顶。"①华鬘:花鬘,即将花串成一串。依事续而言,是授惟有"华鬘、水、冠"灌顶;行续除以上三种灌顶外,于弟子另加传授"杵、铃及名"三种灌顶。除此以外,瑜伽续又别有"不退转金刚阿阇黎灌顶"。无上瑜伽续,在瑜伽续之上"更有三种灌顶"。这便是密宗四部所传灌顶。

瑜伽续与无上瑜伽续所传灌顶的异同。《续部广释》曰:"其瑜伽续与无上续,虽二俱有金刚阿阇黎灌顶,瑜伽续中铃、杵、三昧耶,与无上续无大差殊,然印三昧耶差别极大。"克主说:"印三昧者,谓授与明妃令修乐空。"②此说与无垢光说的"乐空法"大异。克主说:"彼瑜伽续中印三昧耶,以修天身便名大印,故惟令弟子修金刚萨埵身。"金刚萨埵,即金刚手、金刚手秘密主。密宗所涉这类事,克主指出:其他三续部中,"皆未宣说"。

第二守护三昧耶及律仪。

获得以上灌顶以后,必须守护三昧耶及律仪。《续部广释》曰:"建立律仪及

---

① 克主著:《密宗道次第论》卷第三,《大藏经补编》本,第 10 册,第 173 页。

② 克主著:《密宗道次第论》卷第三,《大藏经补编》本,第 10 册,第 173—174 页。

三昧耶,最为重要。以得真实后,即须善解十四根本四(堕)罪、八种粗罪等……于根本罪,舍命防护。设犯支分诸粗罪等,亦须各各依还净法,善为还净……犯根本罪即舍密戒。如是灌顶之阿阇黎,虽修密道获得悉地,经说死后当堕地狱。故于此处极应慎重。"①"犯根本罪即舍密戒",无法守持密宗戒律,"死后当堕地狱"。密宗三昧耶及律仪,是在接受灌顶中获得的,守护三昧耶戒便成了"最为重要"的一切心法。克主并没有详解三昧耶戒的涵义及建立次第,而只是说:"如是已得圆满灌顶,必须如理守护三昧耶及律仪"。

　　第三正修自体生起、圆满次第。

　　无上瑜伽续所修次第,谓生起、圆满二种;"须先修生起次第",次当修圆满次第。其修法以身远离、语远离、心远离,"成不清净之幻身"。我们回忆一下无垢光"大圆满"修法次第:初入修行圆满者、修行成熟灌顶者、修行解脱道者、修行大圆满者;圆满修法分二,成熟及解脱;修行解脱道者,再分生起、圆满二种。克主所说的无上瑜伽续之次第,与无垢光所说的"大圆满"之次第基本相同。两人都强调先须灌顶,都说先修生起、次修圆满。

　　《续部广释》曰:生起次第,"以内心假想生起所修";圆满次第,"为念诸息入住融化于中脉"。克主于生起、圆满次第的训释,应该说是非常简明的。无上瑜伽续在建立曼陀罗后,认为还不能达到"即身成佛"的境界,故主张必须俱修生起、圆满次第。克主说:修生起次第,"即是完备能成熟道";次修圆满次第,"即是完备能解脱道"。

　　《续部广释》的"无上瑜伽"修法,对曼陀罗之相、四种灌顶、生起圆满次第,皆依次作了阐述。其对师徒关系、观地、净地、绘坛的阐述,表明藏传佛教在实践上,非常重视上师的作用和秘密的仪式。这既是藏传佛教的修行仪轨,也是佛教方技的密法。

　　佛教方技,亦最终沉淀在修身功法上。

———————

① 　克主著:《密宗道次第论》卷第五,《大藏经补编》本,第10册,第211页。

结束语

非常感谢读者耐心地读到这里,因为能够读到结尾的读者,确实耗费了不少时间。这里想再说几句话,以作为本书的结束语。

(一) 方技史与科技史的关系

笔者在本书中探究了传统的天文学和医学,这些都是当今科技史的课题,且都已各成独立的学科,取得的成果也是有目共睹的。那么还需不需要一部方技史? 笔者认为:现代科技主题,常常是古代科技主题的某种变异;将古代天文学和古代医学结合在一起研究,更能反映出中国古代科技的本来面貌。一部方技史,揭示了中国古代科学技术发展的四种特性:第一,交叉性。中国古代的天文学和医学,有着共同的基础理论——阴阳、五行、四时,有着共同的研究对象——天、地、人,这就使得古代的天文学和医学,相互影响,交叉发展。第二,开放性。中国古代的科技,有着一种兼容并蓄的开放性,无论是印度的早期学说,或还是西方的科技文化,都能被中国古代科技文化所吸纳。第三,早熟性。无论是中国古代的天文学,或还是中国古代的医学,都表现出了一种早期的完美性,这种近乎结构的早熟性,并不有利于古代科技的进一步发展。第四,独立性。中国古代的天文学和医学,有着自己的出发点,有着独特的理论工具,有着独立的系统,这也是中国古代科技能够独自发展的深层原因。中国古代科技的这四种特性,前人或许都已提出过,笔者的研究也证明了这些观点。

(二) 方技史与文化史的关系

笔者在本书中探究了传统的占卜学,占卜学是当今文化史的课题。占卜,在文化史的分量中,所占的比重太少,笔者的研究,也是想客观地揭示中国古代占卜学的本来面貌。古代的占卜学,有着一个预测的目的,围绕着这一目的,产生了以阴阳、五行、四时为代表的基础理论,使用了以八卦、"三式"为代表的基本工具。正是因为古代的占卜学,与古代的天文学和医学,有着相同的基础理论,有着相同的基本工具,我们祖先才将三者并立统称方技。但对古代的占卜学,不能简单地归之为古代科技,同样也不能用现代科学的眼光去衡量它。笔者的研究证明了,传统的理论、传统的工具,解决不了预测国运人命的难题;它不能预测将要发生什么,也不能告诉我们发生的原因。反之,用现代科学的理论,用现代先进的工具,再去预测国运人命,也必然重蹈覆辙。

(三) 方技史与道教史、佛教史的关系

笔者在本书中探究了道教和佛教中的方技内容,这部分内容,在专业的道教史和佛教史的著作中,往往是附带一笔。从本书对道教方技、佛教方技的研究中,可以看到道教徒、佛教徒也掌握着天文、医药和占卜术,他们的目的不外有二,一是预测国运人命,二是追求长生不死;尽管他们永远无法达到他们的目的,倒是为传统的天文学和医学,作出了他们自己的贡献。道教方技、佛教方技在追求长生不死的同时,留下了一份养生功法的遗产,对这份遗产,不能评价过高,也不能过低地估计。我们看到其中有不断进步的一面,同时也注意到,过则反而生害的严重后果。"长生不死"其实是一个理想的命题,现代生命科学,还正在努力地破解这一课题。

图书在版编目(CIP)数据

中国方技简史/赵洪联著.—上海:上海书店出
版社,2021.11
　ISBN 978-7-5458-2111-6

　Ⅰ.①中… Ⅱ.①赵… Ⅲ.①科学技术-技术史-中
国-古代 Ⅳ.①N092

中国版本图书馆 CIP 数据核字(2021)第 209285 号

责任编辑 曹勇庆
封面设计 郦书径

中国方技简史

赵洪联 著

出 版	上海书店出版社	
	（201101　上海市闵行区号景路 159 弄 C 座）	
发 行	上海人民出版社发行中心	
印 刷	江阴市机关印刷服务有限公司	
开 本	710×1000　1/16	
印 张	31.75	
字 数	450,000	
版 次	2021 年 11 月第 1 版	
印 次	2021 年 11 月第 1 次印刷	
ISBN 978-7-5458-2111-6/N・2		
定 价	168.00 元